"十三五"国家重点出版物出版规划项目

名校名家基础学科系列

Textbooks of Base Disciplines from Top Universities and Experts

辽宁省首批"十二五"普通高等教育本科省级规划教材

辽宁省优秀教材建设奖

大学物理实验

第3版

主　编　张映辉

副主编　殷　燕

机械工业出版社

本书依据教育部高等学校大学物理课程教学指导委员会编制的《理工科类大学物理实验课程教学基本要求》（2023年版）编写而成。

全书分为"测量、不确定度评定与数据处理""物理实验的基本训练""基础性实验""综合性实验""设计性实验"及"研究性实验"6章，共71个备选实验。

本书贯彻"两性一度"要求，以培养高素质人才为目标，融入国内外高校物理实验教学先进理念和教学改革新经验、新成果，增加新一轮技术革命和新质生产力发展相关内容，提供"实验操作演示""理论讲解视频""物理思想与物理方法解析（思政提要）"以及"知识图谱"二维码链接，以期在帮助学生打牢实验基础、培养科学素养、增强创新意识、提高创新能力、树立正确的价值观等方面发挥更好的作用。

本书可作为普通高等院校理工科各专业的大学物理实验课程教材，也可供教师备课或学生学习参考。

图书在版编目（CIP）数据

大学物理实验 / 张映辉主编. -- 3版. -- 北京：机械工业出版社，2024. 12. --（辽宁省首批"十二五"普通高等教育本科省级规划教材）. -- ISBN 978-7-111-77375-7

Ⅰ. O4-33

中国国家版本馆CIP数据核字第20252BJ377号

机械工业出版社（北京市百万庄大街22号　邮政编码100037）
策划编辑：张金奎　　责任编辑：张金奎　汤　嘉
责任校对：王　延　薄萌钰　　封面设计：张　静
责任印制：刘　媛
三河市骏杰印刷有限公司印刷
2025年7月第3版第1次印刷
184mm×260mm · 24.5印张 · 604千字
标准书号：ISBN 978-7-111-77375-7
定价：64.90元

电话服务　　网络服务
客服电话：010-88361066　　机 工 官 网：www.cmpbook.com
010-88379833　　机 工 官 博：weibo.com/cmp1952
010-68326294　　金 书 网：www.golden-book.com
封底无防伪标均为盗版　　机工教育服务网：www.cmpedu.com

序

物理实验是人类探索自然规律的重要手段，是物理学理论发展的基石。从伽利略的斜塔实验到爱因斯坦的相对论验证，实验始终扮演着检验真理、推动科学进步的核心角色。对于物理学学习者而言，实验不仅是理论知识的延伸，更是培养科学思维、动手能力和创新意识的关键途径。

张映辉教授在先前版本的基础上对教材进行了大面积的修订，新版《大学物理实验》以“夯实基础、拓展视野、注重创新”为核心理念，系统设计了涵盖经典物理实验的系列内容。书中不仅包含了光、热、力、电等基础领域的实验项目，还融入了现代技术手段和跨学科应用案例，旨在帮助学生构建完整的物理实验知识体系，提升解决复杂问题的综合能力。

本教材主体部分四个章节，形成了层次分明的实验教学框架。经典物理实验：通过牛顿环、劈尖干涉、布儒斯特角测量等经典实验，引导学生掌握基础物理量的测量方法，理解光的干涉、偏振、表面张力等核心概念。进阶实验与技术创新：引入虚拟仿真、图像分析等技术，拓展实验的深度和广度。综合应用与跨学科实践：设计液体表面张力、金属弹性模量等实验，结合工程实际需求，强调物理原理在技术中的应用价值。现代物理前沿：涉及超声波速测量、磁滞回线分析等内容，展现物理学在现代科技中的前沿地位。

教材紧扣《理工科类大学物理实验课程教学基本要求》（2023 年版），编写注重以下特色。系统性：从基础到高阶，循序渐进，覆盖物理实验的核心领域。创新性：融入数字化工具和跨学科案例，培养学生的创新思维和科技应用能力。启发性：通过实验现象的观察与分析，引导学生提出问题、设计解决方案，深化对物理本质的理解。

物理实验不仅是验证理论的工具，更是培养科学素养的熔炉。通过实验，学生能够：深化理论认知，将抽象的物理公式转化为直观的实验现象，增强对理论的理解和记忆；掌握研究方法，学习如何设计实验、控制变量、处理数据，培养科学研究的规范意识；激发探索兴趣，在实验中发现新现象、提出新问题，体验科学发现的乐趣。

物理实验是连接理论与现实的桥梁，是科学精神的具象化体现。希望该教材能够帮助学生在实验中感受物理学的魅力，锤炼严谨的科学态度，为未来的学术研究或技术创新奠定坚实基础。

2025 年 3 月 7 日

前言

《大学物理实验》（第 2 版，2017）列入“十三五”国家重点出版物出版规划项目——名校名家基础学科系列，获评辽宁省首批“十二五”普通高等教育本科省级规划教材，并被多所院校选用为教材。

本次修订适应新时代理工科人才培养新形势、新要求和《理工科类大学物理实验课程教学基本要求》（2023 年版），融入教学改革新理念、新成果，以培养高素质人才为目标，凝练了作者多年来在教学研究和教学实践中形成的先进教学思想、教学方法和教学经验，融合了近几年来国内外高校物理实验教学的先进经验和优秀的教学成果，力求在帮助学生打牢实验基础、培养科学素养、提高创新意识和创新能力等方面发挥更好的作用。在教学内容上，贯彻“两性一度”要求，增加适应新一轮技术革命和产业发展新要求的内容：（1）采用现行国家标准 GB/T 27418—2017 评价不确定度；（2）调整部分实验选题（删除 21 个，增加 15 个设计性、研究性实验选题；打“*”的实验 5.3.13 ~ 5.3.20 为可供选择的设计性实验选题，选自全国大学生物理实验竞赛创新赛题目，本部分只给出了实验“设计目的”和“设计要求”），将入选国家级、省级一流课程的仿真实验编入教材，且每个实验项目都明确了基础内容、提升内容、进阶内容和高阶内容。在呈现形式上，既立足传统，又适应信息时代特点，提供“实验操作演示”“理论讲解视频”和“物理思想与物理方法解析（思政提要）”二维码 125 个，“知识图谱”二维码 27 个，供扫码学习。在价值引领上，贯彻课程思政纲要精神，将课程内容所蕴含（揭示）的科学思想、科学方法展现给学生，以引导学生树立正确的世界观、人生观和价值观。

除“绪论”外，全书分为“测量、不确定度评定与数据处理”“物理实验的基本训练”“基础性实验”“综合性实验”“设计性实验”“研究性实验”，共 6 章，包括 71 个备选实验。

参加本书编写的有：张映辉（绪论，第 1 章，第 2 章，第 5 章的 5.1、5.2、5.4 节，实验 3.1、3.10、3.16、4.1、4.3、4.17、4.19、5.3.3、5.3.7、5.3.11、5.3.13 ~ 5.3.20、6.5），陈宝玖（实验 6.1、6.2），于涛（实验 6.3），尹鸿鸣（实验 6.4）、张芝涛（实验 6.7、6.8），孙佳石（实验 4.20），陈季香（实验 3.11、4.7、4.18），付姚（实验 6.6），殷燕（实验 3.13、3.15、3.17、4.9 ~ 4.13、5.3.4、5.3.10），孙敏（实验 3.3、3.9、4.2），郭彦青（实验 3.4、3.6、3.7），程铁（实验 4.14、5.3.8、6.14），荆波（实验 3.8），王轶卓（实验 4.5），邵颖（实验 3.5），刘开颖（实验 6.13），李香萍（实验 3.12、4.16），刘伟（实验 4.4、5.3.1），邢明铭（实验 3.2、5.3.2、6.10），张朋波（实验 3.14、4.8、5.3.12、6.11、6.12），俞哲（实验 6.9），董爱义（实验 4.6、4.15、5.3.5、5.3.6），张小芳（实验 5.3.9）。全书由张映辉负责统稿。

由衷感谢张增明教授的不吝指教。感谢各位同仁的鼓励和支持。再次感谢机械工业出版社张金奎编审为本书编辑出版付出的辛勤劳动。

因编者水平所限，书中疏漏之处在所难免，诚望包涵与指正。

张映辉

2024 年 5 月

目　录

绪　论

0.1　物理实验的地位和作用

物理学是研究物质的结构、基本运动形式、相互作用及其转化规律的自然科学。物理学的基本理论渗透在自然科学的各个领域，应用于生产技术的许多部门，是其他自然科学和工程技术的重要基础。

物理学本质上是一门实验科学。例如，为了研究行星与太阳的相对运动，第谷·布拉赫在位于哥本哈根附近的汶岛上的天文台里进行了多年的行星位置观测，并记录了大量的数据，开普勒正是对这些数据进行了细致研究，“发现了几条非常漂亮、卓越而又简单的关于行星运动的定律”——开普勒定律，从而揭示了太阳与行星的运动关系。正是在包括伽利略、牛顿等科学先驱们以实验方法对自然规律进行探索研究，并不断取得突破性成果的推进下，才逐渐形成了物理科学。从那时起，物理概念的确立、物理规律的发现、物理理论的建立都有赖于实验，并受实验的检验。

物理实验是现代技术和科学实验的先驱。在现代技术中，物理和物理实验一直起着独特的先导作用。工程技术以及各种仪器、仪表、通信设备等都是以物理和物理实验为前导和支撑的。同时，物理实验很好地体现了科学实验的共性，为各学科进行科学实验提供了先进的实验思想、实验方法以及大量仪器设备。物理实验的构思、物理实验的方法和技术也为化学、生物学、天文学等学科的发展发挥了巨大作用，为许多交叉学科的产生和发展奠定了基础，如利用迈克耳孙干涉仪原理进行的引力波测量。随着时间的推移，物理和物理实验的不断前进仍将在各学科的发展进步中发挥积极的促进作用。

0.2　物理实验课的任务

物理实验课是高等学校理工科类专业对学生进行科学实验基本训练的必修基础课程，是本科生接受系统实验方法和实验技能训练的开端。

物理实验课覆盖面广，具有丰富的实验思想、方法、手段，同时能提供综合性很强的基本实验技能训练，学好物理实验，对于加深物理规律的理解、学习探索自然规律的方法，培养严谨的科学态度和提高创造性解决问题的能力起着至关重要的作用。

本课程的具体任务是：

（1）通过对实验现象的观察、分析和对基本物理量的测量，培养学生的基本科学实验技能，提高学生的科学实验基本素质，使学生初步掌握实验科学的思想和方法。

（2）在提高学生学习物理实验兴趣的同时，培养学生的科学思维和创新意识，使学生掌握实验研究的基本方法，提高学生的基本科学实验能力。

独立实验能力方面：通过阅读本书、配套资料及仿真实验预习，构建测量模型，掌握实验原理及方法，做好实验前的准备；正确使用仪器设备，独立完成实验内容，撰写合格的实验报告；引导学生独立完成实验，培养学生自主实验的基本能力。

分析与研究能力方面：本书融合实验原理、设计思想、实验方法及相关的理论知识，提供大量对实验结果进行分析、判断、归纳与综合的方法。系统介绍进行物理现象和物理规律研究的基本方法，初步培养学生的分析与研究能力。

理论联系实际能力方面：通过阅读和教学帮助学生学习在实验中发现问题、分析问题和解决问题的基本方法，培养学生综合运用所学知识和技能解决实际问题的能力。

创新能力培养方面：引导学生完成符合规范要求的设计性、综合性内容的实验，进行初步的具有研究性或创意性内容的实验，激发学生的学习主动性，逐步培养学生的创新能力。

（3）提高学生的科学素养，通过实验教学培养学生理论联系实际和实事求是的科学作风，认真严谨的科学态度，积极主动的探索精神，遵守纪律，团结协作，爱护公共财产的优良品德。

0.3　物理实验课的基本教学环节

物理实验是学生在教师指导下独立进行实验的一种实践活动。物理实验包括内容很多，对同一内容，测量方法也不尽相同，但是基本教学环节大都相同，一般可分为两种模式：全开放式的实验教学模式和常规模式；三个阶段，即实验前的预习，进行实验，撰写实验报告。

0.3.1　全开放式的实验教学模式

1. 实验前的预习

学生通过“物理虚拟仿真实验教学平台”进入“物理实验预习与自动评判系统”，在预习大厅中预习，并完成准入试卷内的理论题及仿真实验操作题，达到教师设置的准入成绩，获得开放实验室准入资格，进入下一环节。

2. 进行实验

通过在线实验预习考试后，学生在“开放式实验室管理系统”选好实验项目和时间，就可用校园卡自主前往实验室刷卡开门，系统自动打开实验台电源，学生自主实验。由“实验教学交互系统”提供帮助。

3. 撰写实验报告

学生做完实验后，在“物理实验报告自动评阅系统”完成电子实验报告，并提交。

0.3.2　常规教学模式

1. 实验前的预习

由于大学物理实验独立设课，每次实验从构建测量模型、理解原理、熟悉仪器，到精确测量，任务很重，而课时是有限的。为了有效地利用课上时间，高质量地完成实验教学任务，学生应在课前对实验内容进行预习。

预习的主要要求是：按预习提示认真阅读实验教材中所做实验的章节及仿真实验，了解本次实验的目的、内容、依据的基本原理，使用仪器以及实验方法步骤，要测哪些物理量，等等。写出预习报告，内容包括：

（1）实验名称。

（2）实验目的。

（3）实验依据的简要原理（包括构建测量模型、主要原理公式、各量代表的物理含义及有关的测量条件，电磁学实验应绘出电路原理图、光学实验应绘出光路图）。

（4）主要仪器设备。

（5）实验的主要步骤。

（6）记录数据需用的表格。表中要标明已知物理量和待测物理量的符号及单位，测量次数，等等。

（7）实验中的注意事项。

2. 进行实验

（1）实验前要对照教材及仿真实验熟悉仪器，了解仪器的工作原理及用法。

（2）经教师允许后，开始安装、调节仪器。实验时要先观察实验现象后进行测量。

（3）实验数据原始、真实。每次测量后，应立即用钢笔或签字笔将数据记录在预习报告中的数据表格内。

数据记录应包括以下几个部分：

① 实验条件：如室温、湿度、气压等。

② 仪器的规格和初始条件：如初读数、主要仪器的型号、量程、精度等级等。

③ 实验数据（不经运算的原始数据）。

3. 撰写实验报告

实验报告是实验工作的全面总结，内容要全面准确地反映实验内容和结果。实验报告不仅是给自己看的，有的还能够作为他人进行科学研究的重要依据。因此，要求文字通顺、字迹清楚、图表规范、数据完整、实事求是。一般要用统一的实验报告纸书写。

实验报告一般应写出如下各项：

（1）实验的年、月、日、天气、温度、湿度、气压、姓名、专业、班、组等。

（2）实验题目。

（3）实验目的。要写明在实验中解决什么问题。

（4）实验原理。写明实验的基础理论，不是简单地抄写教科书，而是经过自己认真研究、归纳、整理，简明易懂地精练写出。一般应写出测量中所依据的主要公式，式中各量的物理含义及单位，公式成立所应满足的实验条件。必要时画出电路图或光路图。

（5）仪器设备。写明实验中所用的仪器、材料和工具。

（6）主要实验步骤。

（7）实验数据和数据处理。以列表形式来反映完整而清晰的原始测量数据。数据处理是对原始数据整理的过程，数据处理过程包括计算、作图、不确定度分析等。计算要有计算式，代入的数据都要有根据，注意有效数位，既让别人看懂，也便于自己检查。

（8）不确定度评定。

（9）正确地表示实验结果。

（10）小结或讨论。包括回答【实验报告思考题】，分析实验中观察到的异常现象及可能的解释，对于实验仪器装置和实验方法的改进建议等。对印象很深的实验，还可写出收获和体会。

其中，重点注意以下几点：

（1）不确定度评定。处理实验数据时，通常先做不确定度分析，必要时谨慎剔除高度异常值，修正已定的系统影响，然后评定不确定度。

A. 从各来源的不确定度分量，说明测量有待改进的重点。

B. 从仪器引入的不确定度和非仪器引入不确定度的比较，说明仪器配置是否合理。

C. 增强分析不确定度的能力，对以后独立进行实验，预测不确定度是有利的基础。

（2）测量结果的评价。在实际工作中，对测量的质量总是有要求的，比如实验要求相对不确定度不能大于多少。在学生实验中往往不明确提出具体的质量指标，这时如何评价测量的质量呢？

A. 计算不确定度和相对不确定度。如果总的不确定度比来源于仪器的不确定度不是显著过大，可以认为测量达到了仪器可以达到的准确度。

B. 测量估计值（x）和其公认值（标准值）x_0 相差不超过其测量列标准差 σ 的 3 倍，即 $|x-x_0|\leqslant 3\sigma$，则可以认为测量结果和公认值在测量误差范围内是一致的。

C. 当 $|x-x_0|>3\sigma$ 时，可能是：

a. 测量有错误；

b. 存在未发现的比较大的不确定度来源；

c. 实验原理或仪器有问题；

d. x 作为估计值是不合适的，即 x 不可与 x_0 进行比较，要经分析，重复测量或调整实验去探索问题的存在。

D. 实际工作中的测量一般是面对未知的，因为如果已知就不必测量了。我们在不断地学习中，做各种测量和分析，提高测量与分析的准确性。使我们对自己的测量结果和不确定度计算越来越有信心，这样实验报告不仅是针对一个实验，而是和我们的科学素养的提高密切相关。

（3）分析与思考。实验后可供思考的问题很多，但是问题有两类：一类是对原理、方法、实验装置不甚了解的问题；另一类是对原理、方法、仪器有明确认识后的问题。这后一类的问题更重要。

A. 实验中遇到的困难的处理。

B. 实验设计的特点是什么？普遍意义何在？

例如用单摆测重力加速度的实验，实验设计并不复杂，但是从测量设计上它有很多巧妙之处。重力加速度的值较大，通过落体运动难以测好，而作为单摆它使加速度由 g 成为 $g\sin\theta$，$\sin\theta$ 很小，所以单摆运动加速度较小，振动较慢，容易测出振动周期；又单摆将落下的单向运动变成等周期的往复运动，测量 n 个周期的时间 $t=nT$，扩展被测量可减小测量误差影响，以提高测量的准确度。再有使用钢球为锤，由于钢的密度远大于空气的密度，使空气浮力引入的影响大为减小。

C. 对实验设计改进的设想和问题。

D. 对实验中出现的异常现象的分析与判断。

E. 对实验更引起学习兴趣的设想。

F. 对实验有不同的意见。

G. 我可以将某实验引申一步，再做一次吗?

H. 我建议一个实验，等等。

学生实验一般是按指定的方法，使用指定的仪器进行的。由于实验方法与仪器是经仔细设计和反复实验检验过的，一般均可能获得较好的结果。对于学生实验，虽然希望实验有好的结果，但从根本上讲，重要的不仅是结果如何好，而是要学会构建测量模型，加深对实验设计的认识，使学生得到实验全过程的锻炼，在思索中提高科学素养，增强独立进行实验的能力。

第1章　测量、不确定度评定与数据处理

物理实验通过建立待研究对象的物理模型，利用一系列仪器设备对模型所含的物理量进行观测，获得待测对象的数值，明晰物理图像，加深对待研究对象的理解。当报告物理量的测量结果时，应对结果的质量给出定量的评价，这里我们用测量的不确定度表示。

测量、不确定度评定与数据处理贯穿于物理实验的全过程，它表现在实验前的实验设计与论证，实验进行过程中的控制与监测，实验结束后的数据处理和结果分析。本章从大学物理实验教学的角度出发，主要介绍测量、不确定度和有效数字的基本概念，测量不确定度的评定、实验数据处理、物理实验的基本方法等方面的基础知识。这些知识不仅在每个实验中都要用到，而且对今后从事科学实验也是必须要了解和掌握的。

1.1　测量

测量是物理实验的基本操作，其实质是准确地确定被测量的值。在测量过程中，需要明确被测量的定义，即测量的具体内容和特性；选择合适的测量方法和程序；这些因素直接影响测量结果的准确性和有效性。

被测量的定义或规定的详细程度是随所要求的测量准确度而定的。针对所要求的准确度，被测量的定义应该足够完整。

例1　若一根名义值为0.7m长的钢棒需测至微米准确度，对该长度的定义应该包括确定长度时的温度和压强。如被测量应说明为：钢棒在22.00℃和101325Pa时的长度（可加上任何其他认为有必要的参量，如支承钢棒的方式等）。如果仅需测至毫米准确度，则对被测量的定义无须规定温度、压强或任何其他参量的值。

在大学物理实验教学中，以掌握测量方法、测量程序为主，受测量仪器精度的限制，测量的准确度要求不高，定义被测量时，除非特别说明，一般可以忽略温度、湿度、磁场、电场、气压等环境因素变化的影响。

通常，测量结果只是被测量值的近似或估计，只有当此估计值附有不确定度声明时，测量结果才被视为完整。因此，物理量的测量结果包括测量值的估计值、不确定度和单位（所选定的计量标准）。

1.1.1　直接测量和间接测量

直接测量是指将待测物理量直接与标准量（量具或仪表）进行比较，直接得到被测量值的测量方法。相应的物理量称为直接测量量。例如，用米尺测量长度、用数字电流表测量电流、用温度计测量温度等都是直接测量。直接测量是测量的基础。

间接测量是指先通过与待测量相关的一个或几个物理量的直接测量，再根据物理原理、公式计算出待测物理量值的测量方法。相应的物理量称为间接测量量。例如，单摆法测重力加速度 g 时，先直接测得单摆的摆长 l 和周期 T，再根据公式 $g=4\pi^2 l/T^2$ 计算出重力加速度 g。重力加速度的测量就是间接测量，重力加速度就是间接测量量。

值得注意的是，有的物理量既可以直接测量，也可以间接测量，这主要取决于使用的仪器和测量方法。随着测量技术的发展，用于直接测量的仪器越来越多。但在物理实验中所要测量的物理量大多是间接测量量。

1.1.2 等精度测量

等精度测量是指在对某一物理量进行多次（n 次）重复测量的过程中，每次的测量条件都相同（即同一观测者在同一环境下，用同一组仪器、同一种方法）。由于测量条件相同，每次测量的可靠程度都相同，因此这样的测量是等精度测量。相应的一组测量值为 x_1，x_2，…，x_n，称为一个等精度测量列（简称测量列）。

实际上，保持测量条件完全相同的多次重复测量是相当困难的，只要其变化对实验结果的影响很小，乃至可以忽略，就可以认为是等精度测量。以后说到对一个物理量的多次重复测量，如无特殊说明，都是指等精度测量，应尽可能保持等精度测量条件不变。

1.1.3 测量的精度、误差

测量结果的精度和误差是评估所有测量过程质量的关键因素。精度是指测量结果接近真实值的程度，它反映了结果的正确性。一方面，精度越高，意味着测量结果越接近被测量的实际值。另一方面，测量的不完善使测量结果存在误差，误差是测量结果与真实值之间的差异。传统上认为误差有随机误差和系统误差两类分量。随机误差源于无法控制的随机变量（随机影响），通常通过增加测量次数和采用统计方法来减小。而系统误差则是由于测量设备的不完善、操作者的误差、测量方法的局限性或环境变化等因素引起的（系统影响），这种误差可以通过校准和修正来减小。误差是一个理想的概念，由于测量对象的真值未知，误差不可能准确获知，根据 GB/T 27418—2017《测量不确定度评定和表示》中的建议，用不确定度对测量结果进行评定。

1.1.4 仪器的精确度等级

测量结果的精度与仪器的规格直接相关。高精度仪器具有更高的分辨率和更小的允许误差。但实际精度受多种因素影响，如材料均匀性、制造工艺、环境条件等。现代标准规定，在规定的使用条件下，每种仪器都有明确的最大允许误差（也称为示值误差限），这通常在产品说明书或手册中有所描述。例如，模拟电表（指针式电表）按照等级 0.1、0.2、0.5、1.0、1.5、2.5、5.0 等划分，其最大允许误差为量程乘以等级百分比。对于实验室常用的旋钮式电阻箱来说，误差主要来源于电阻箱内电阻器阻值误差和旋钮的接触电阻误差；接触电阻一般小于 0.001Ω，对于 10Ω 以上的阻值来说，最大允差 Δ_R 的主要贡献是电阻箱的阻值误差

$$\Delta_R = \sum_i k_i \% R_i$$

式中，k_i 是第 i 量程的等级；R_i 是电阻箱第 i 量程的示数。

例 2　某六挡电阻箱挡位（等级）如下：×0.1(0.5)、×1(0.5)、×10(0.2)、×100(0.1)、×1000(0.1)、×10000(0.1)。如果电阻 $R=564.6\Omega$，则有

$$\Delta_R=\sum_i k_i\%R_i=(0.1\%\times500+0.2\%\times60+0.5\%\times4.6)\Omega=0.643\Omega\approx0.64\Omega$$

而数字电表的误差则更为复杂，其最大允许误差（最大允差）通常依赖于读数的百分比（对应仪表的精度等级）加上最后几位数字的固定单位。这些参量指导了正确使用仪器时可能出现的最大误差。常用仪器量具的主要技术要求和仪器的最大允差如表 1.1-1 所示。

表 1.1-1　常用仪器量具的主要技术要求和最大允差

仪器(量具)	量程	分度值	最大允差
钢直尺	150mm	1mm	±0.10mm
	500mm	1mm	±0.15mm
	1000mm	1mm	±0.20mm
钢卷尺	1m	1mm	±0.8mm
	2m	1mm	±1.2mm
游标卡尺	125mm	0.02mm	±0.02mm
	300mm	0.05mm	±0.05mm
螺旋测微器(千分尺)	0~25mm	0.01mm	±0.004mm
七级天平(物理天平)	500g	0.05g	0.08g(接近满量程)
			0.06g(1/2 量程附近)
			0.04g(1/3 量程和以下)
三级天平(分析天平)	200g	0.1mg	1.3mg(接近满量程)
			1.0mg(1/2 量程附近)
			0.7mg(1/3 量程和以下)
普通温度计(水银或有机溶剂)	0~100℃	1℃	±1℃
精密温度计(水银)	0~100℃	0.1℃	±0.2℃

一般而言，有刻度的仪器、量具的最大允差大约对应于其分度值所代表的物理量。“最大允差”是指所制造的同型号同规格的所有仪器中有可能产生的最大误差，并不表明每一台仪器的每个测量值都有如此之大的误差。它既包括仪器在设计、加工、装配过程中乃至材料选择中的缺欠所造成的系统影响，也包括正常使用过程中测量环境和仪器性能随机涨落的影响。

1.1.5　物理量的单位

物理量的计量单位采用中华人民共和国法定计量单位，包括国际单位制（SI）单位。

1960 年，第 11 届国际计量大会规定了用于一切计量领域的国际单位制（简称 SI），国际单位制规定了 7 个基本物理量单位，分别是长度单位米（m）、质量单位千克（kg）、时间单位秒（s）、电流单位安培（A）、热力学温度单位开尔文（K）、物质的量单位摩尔（mol）和发光强度单位坎德拉（cd），还规定了两个辅助单位：平面角单位弧度（rad）和立体角

单位球面度（sr）。有了这几个基本单位，其他一切物理量的单位就都可以导出，如体积单位（m^3）、密度单位（$kg \cdot m^{-3}$）等，称为国际单位制的导出单位。

2018 年，第 26 届国际计量大会通过了修订国际单位制（SI）的决议，国际单位制中的 4 个基本单位改由自然常数来定义，并于 2019 年国际计量日（5 月 20 日）起正式生效。这 4 个基本单位分别是质量单位千克（kg）、电流单位安培（A）、热力学温度单位开尔文（K）以及物质的量单位摩尔（mol）。其中，千克采用普朗克常量定义，安培采用基本电荷量定义，摩尔采用阿伏伽德罗常量定义，开尔文采用玻尔兹曼常量定义。尽管这些单位的大小不会发生变化，例如 1kg 还将是原来的 1kg，但修订后的基本单位，提高了 SI 的整体稳定性和实用性。至此，国际单位制 7 个基本单位将全部由基本物理常数定义。

1.2 测量的不确定度

在报告物理量的测量结果时，应对测量结果的质量给出定量的说明，以便使用者能评价其可靠程度，进行测量结果之间、测量结果与标准或规范中给定的参考值之间的比较。

这就需要有一个便于实现、容易理解和公认的方法来表征测量结果的质量，这里，用测量的不确定度来评定和表示。

1.2.1 不确定度

测量不确定度：利用可获得的信息，表征赋予被测量量值分散性的非负参数。是指对测量结果的有效性的可疑程度，反映了对被测量的值缺乏精确的认识。

1.2.2 不确定度的来源

在测量过程中，存在多种不确定度的来源，这些因素共同影响着测量结果的准确性和可靠性。首先，被测量的定义如果不完整，或者在实际操作中无法完美复现这一定义，都会导致不确定度。此外，取样的代表性也至关重要，如果所取的样本不能准确地代表整个被测量，就会引入误差。环境条件对测量的影响也不容忽视，包括对这些条件的认识不足或是环境参数的测量不准确。人为因素，如读取指示仪器时的读数偏倚，也是一个重要的因素。技术限制，如仪器的分辨率或识别阈值，同样会对结果产生影响。此外，使用的测量标准和标准物质如果本身存在不准确性，也会导致不确定度。在数据处理过程中，外部来源的常量和参量的不准确性，以及测量方法和程序中的近似和假设，都可能引入额外的误差。最后，即便在相似的条件下进行，被测量的重复观测中也可能存在变异性，这种随机变化同样是不确定度的一个来源。

1.2.3 不确定度的评定

根据 GB/T 27418—2017《测量不确定度评定和表示》及 Uncertainty of measurement——Part 3：Guide to the expression of uncertainty in measurement（GUM：1995）[ISO/IEC GUIDE 98-3：2008（E）] 国际标准，大学物理实验教学中采用如下程序评价不确定度：

Ⅰ. 构建待测量的测量模型，模型应尽可能详细地考虑对测量结果的不确定度有贡献的量；

Ⅱ. 分析模型中每个输入量的标准不确定度（A 类和/或 B 类评定）；

Ⅲ. 通过公式对每个输入量的标准不确定度进行合成，获得待测量的合成标准不确定度；

Ⅳ. 通过包含因子扩大置信区间，获得高置信水平的扩展不确定度。

这里所介绍的评价程序中构建测量模型十分重要，要对测量对象、测量准确度、测量环境、测量方法、测量程序等有充分认识；基于所有输入量的标准不确定度进行合成；与自由度相关的包含因子仅在扩展不确定度中出现。

1. 标准不确定度的评定

不确定度的评定方法将不确定度分为 A、B 两类。A、B 分类的目的只是指出评定不确定度分量的两种不同方法，不是指这两类分量本身性质上有差别。两类评定都基于概率分布，并且由两类评定得到的不确定度分量都是用方差或标准差定量表示。

A 类标准不确定度是由一组观测得到的频率分布导出的概率密度函数得到。而 B 类标准不确定度是由一个假定的概率密度函数得到，此函数基于对一个事件发生的信任程度（通常称为主观概率）。

注：不确定度分量的 B 类评定通常基于一组相对可靠的信息。

（1）标准不确定度的 A 类评定。标准不确定度的 A 类评定是一个统计过程，用于量化测量中随机变量的不确定度。对于由多次独立观测值确定的输入量，其标准不确定度是根据实验标准差计算得出的。

当对被测量 x 进行 n 次独立观测时，随机变量 x 的最佳估计通常是这些观测值的算术平均值$\bar{x}$。这个平均值根据式（1.2-1）计算：

$$\bar{x} = \frac{1}{n}\sum_{k=1}^{n} x_k \tag{1.2-1}$$

式中，x_k 是在相同测量条件下得到的第 k 次观测值。每次独立观测值 x_k 的实验方差是随机变量 x 的概率分布方差 σ^2 的估计值。这个方差的估计值可以通过式（1.2-2）计算：

$$s^2(x) = \sigma^2 = \frac{1}{n-1}\sum_{k=1}^{n}(x_k - \bar{x})^2 \tag{1.2-2}$$

式中，$s^2(x)$ 是观测值的实验方差，它表征了观测值在其平均值$\bar{x}$ 周围的分散性。

这里的相同测量条件，指重复测量时，测量条件近似。被测量对某些测量条件不敏感或变化不占不确定度分量的主导地位，即使这些条件发生了变化，也可近似为相同测量条件。

表达式中的因子 $n-1$ 来自 x_k 与$\bar{x}$ 的关联，并反映集合 $\{x_k-\bar{x}\}$ 只有 $n-1$ 个独立项目（也称自由度）。

实验方差的正平方根，称为实验标准差 $s(x)$，可以通过式（1.2-3）计算，用于表征观测值的变异性。它是测量不确定度的一个重要度量。

$$s(x) = \sqrt{s^2(x)} \tag{1.2-3}$$

平均值的实验标准差 $s(\bar{x})$ 等于平均值的实验方差 $s^2(\bar{x})$ 的正平方根，用式（1.2-4）计算，表征$\bar{x}$ 与 x 的期望值 μ_x 的接近程度，用作 x 的不确定度的度量。

$$s^2(\bar{x}) = \frac{s^2(x)}{n} \tag{1.2-4}$$

对于由 n 次独立重复观测值 x_k 确定的被测量 x，其估计值$\bar{x}$ 的标准不确定度 $u(\bar{x})$ 由式（1.2-5）给出：

$$u(\bar{x}) = s(\bar{x}) = \sqrt{\frac{s^2(x)}{n}} = \sqrt{\frac{1}{n(n-1)}\sum_{k=1}^{n}(x_k - \bar{x})^2} \tag{1.2-5}$$

$u(\bar{x})$ 也被称为 A 类标准不确定度。一般来说观测次数 n 应该足够多，以确保算术平均值是随机变量期望值的可靠估计，并使实验方差成为可靠的估计值。如果 x 的概率分布是正态分布，当测量次数有限时，可通过 t 分布进一步考虑。

（2）规范化常规测量和单次测量的 A 类标准不确定度。规范化常规测量指的是在明确规定的方法、程序和条件下进行的测量。这种测量通常包括：在制定标准操作程序之前，进行一系列的重复测量（如在不同时间进行了 n 组系列测量，每组重复观测 m 次或不同次数），以评估测量过程的内部一致性和重复性。这些数据用于计算实验标准差。一旦实验标准差确定，它就可以被用作后续相似测量的 A 类标准不确定度的估计值。这意味着，在规范化常规测量中，每次新测量的 A 类标准不确定度可以直接使用预先评定的实验标准差。对预先测量所得数据进行统计分析，确保评估的准确性。这通常包括计算平均值、标准差和可能的置信区间。

在考虑到事先进行某次规范化测量之后，A 类标准不确定度的一般评定流程如下：

① 事先对被测量 X 进行 n 次独立重复观测，得到 x_1，x_2，…，x_i，…，x_n，求平均值$\bar{x}$和实验标准差 $s(x)$：

$$\bar{x} = \frac{1}{n}\sum_{i=1}^{n}x_i$$

$$s(x) = \sqrt{\frac{1}{(n-1)}\sum_{i=1}^{n}(x_i - \bar{x})^2}$$

② 随后按照规范化测量对同类被测量 X 进行 m 次测量，得到 x_1，x_2，…，x_m，计算测量结果$\bar{x} = \sum_{i=1}^{m} x_i/m$。

③ 本次测量的被测量 X 的 A 类标准不确定度为 $u(\bar{x}) = s(x)/\sqrt{m}$，自由度为 $v = m-1$。也可以根据 m 次观测的值，利用式（1.2-5）计算本次重复观察结果的 A 类标准不确定度。

④ 如果是单次测量（$m=1$），对应的 A 类标准不确定度是 $u(\bar{x}) = s(x)$。

注：如果预先没有进行一系列的重复测量，被测量的实验标准差未知，且需对测量值进行标准不确定度评估，应进行重复测量。

（3）标准不确定度的 B 类评定。当被测量 X 的估计值 x 不由重复观测得到时，标准不确定度 $u(x)$ 可根据 X 可能变化的全部有关信息的判断来评定。这种不同于 A 类评定方法的标准不确定度，称为 B 类标准不确定度。

标准不确定度的 B 类评定用于在缺乏重复观测数据的情况下评估测量不确定度。这种评定不是基于实验数据，而是依赖于各种其他可用信息源。这些信息源可能包括以往的测量数据、对相关技术材料和测量仪器特性的经验认识、生产厂家提供的技术说明书、校准证书或其他认证数据，以及手册中提供的参考数据及其不确定度。B 类评定的关键在于合理地利用这些信息，并需要经验和对相关知识的理解来进行准确评估。

虽然B类评定不是基于直接的观测数据，但它在某些情况下可以和基于统计独立观测的A类评定一样可靠。尤其是在A类评定的数据基于较少的观测次数时，B类评定的重要性和可靠性变得尤为显著。它允许在缺乏充分实验数据的情况下，依靠其他形式的信息来评估和量化不确定度，从而确保测量结果的完整性和可靠性。下面介绍几种物理实验中常见的评定B类标准不确定度 $u(x)$ 的方法。

① 如果输入量 X_i 的估计值 x_i 取自制造厂的技术说明书、校准证书、手册或其他来源，并且明确给出了其不确定度是标准差的若干倍，则标准不确定度 $u(x_i)$ 可取为给定值除以该倍数所得之商。

例3 校准证书声明标称值为1kg的不锈钢标准砝码 m_s 的质量为1000.000325g，并说明该值的不确定度按三倍标准差计为240μg。则该标准砝码的标准不确定度 $u(m_s)=(240\mu g)/3=80\mu g$，相应的相对标准不确定度 $u(m_s)/m_s=\dfrac{80\times10^{-6}g}{1000.000325g}\approx80\times10^{-9}$。

在很多情况下，能获得给定不确定度分量的信息很少，甚至没有。根据GB/T 27418—2017来表示不确定度时，当计算测量结果的合成标准不确定度时，所有的标准不确定度分量都是用同样的方法进行处理。

② x_i 的不确定度不仅可以由标准差的倍数给出，也可以将不确定度定义为具有90%、95%或99%置信水平的一个区间。除另有说明外，可以假定不确定度是用正态分布来计算的，而标准不确定度 $u(x_i)$ 可以通过将该不确定度除以对应正态分布的置信因子来得到。对应上述三个置信水平的置信因子分别为1.64、1.96和2.58。

例4 校准证书声明标称值为10Ω的标准电阻器 R_s 的阻值在23℃时为10.000742Ω±129μΩ，并说明“给定的129μΩ不确定度所给出的区间具有99%的置信水平”，则电阻器的标准不确定度 $u(R_s)=(129\mu\Omega)/2.58=50\mu\Omega$，相应的相对标准不确定度 $u(R_s)/R_s=5.0\times10^{-6}$。

③ 考虑输入量 X_i 的值有50%的机会落在 a_- 到 a_+ 的区间内（换言之，X_i 的值落在这个区间的概率为0.5或50%）。

如果假设 X_i 的可能值近似为正态分布，那么 X_i 的最佳估计值 x_i 可取为该区间的中点。进而，设该区间的半宽度为 $a=(a_+-a_-)/2$，则可以取 $u(x_i)=1.48a$，因为对一个数学期望为 μ、标准差为 σ 的正态分布，区间 $\mu\pm\sigma/1.48$ 约包含分布的50%。

例5 一个机械师在测定零件的尺寸时，估计其长度以0.5的概率落在[10.07mm，10.15mm]区间，并报告长度 $l=(10.11\pm0.04)$mm，表示±0.04mm对应50%置信水平的区间。因此，区间的半宽度 $a=0.04$mm。假设长度 l 的可能值服从正态分布，则长度 l 的标准不确定度 $u(l)=1.48\times0.04\text{mm}=0.059\text{mm}$。

④ 考虑根据获得的信息声明：X_i 的值约以2/3的可能性落在 a_- 到 a_+ 的区间内（换言之，X_i 的值落在这个区间的概率为0.67）。可合理地取 $u(x_i)=a$，因为对一个数学期望为 u、标准差为 σ 的正态分布，区间 $u\pm\sigma$ 约包含分布的68.3%。

注：若用对应于概率 $P=2/3$ 的实际正态偏离0.96742，即写成 $u(x_i)=a/0.96742=1.034a$，则给出的 $u(x_i)$ 值比上述所取的值要合理得多。

对于测量过程中的常见分布，B类评定需要假定分布求方差和实验标准差。

⑤ 正态分布（也称高斯分布）。正态分布是指输入量 X 的质量指标 δ（$\delta=x_i-\bar{x}$）的概率

密度分布为高斯函数，用式（1.2-6）表示。正态分布曲线如图 1.2-1 所示。

$$f(\delta)=\frac{1}{\sigma\sqrt{2\pi}}e^{-\frac{\delta^2}{2\sigma^2}} \tag{1.2-6}$$

从正态分布函数积分表得

$$\begin{cases}\int_{-\infty}^{+\infty} f(\delta)\,d\delta = 1 \\ \int_{-\sigma}^{+\sigma} f(\delta)\,d\delta = P(\sigma) = 0.6826895 \\ \int_{-2\sigma}^{+2\sigma} f(\delta)\,d\delta = P(2\sigma) = 0.9544997 \\ \int_{-3\sigma}^{+3\sigma} f(\delta)\,d\delta = P(3\sigma) = 0.9973002 \end{cases} \tag{1.2-7}$$

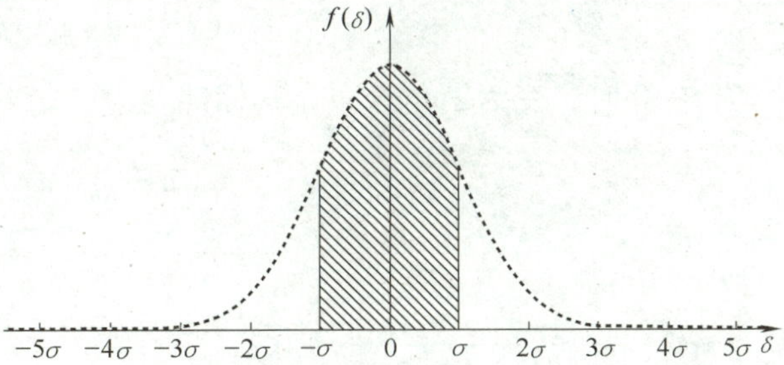

图 1.2-1　正态分布曲线

式（1.2-7）表明，不同积分区间高斯函数的积分值不同。不同积分区间对应的置信水平如表 1.2-1 所示。

表 1.2-1　高斯函数不同积分区间对应的置信水平（置信度、置信概率）

积分区间	±σ	±2σ	±3σ	±4σ	±5σ	±∞
置信水平	0.6826895	0.9544997	0.9973002	0.9999367	0.9999994	1

3σ 判据：

σ 是正态分布的标准差，式（1.2-7）表明：测量结果在 $[\bar{x}-\sigma,\ \bar{x}+\sigma]$ 区间的概率为 0.683；测量结果在 $[\bar{x}-2\sigma,\ \bar{x}+2\sigma]$ 区间的概率为 0.954；测量结果在 $[\bar{x}-3\sigma,\ \bar{x}+3\sigma]$ 区间的概率为 0.997。测量 1000 次时，测量结果在 $[\bar{x}-3\sigma,\ \bar{x}+3\sigma]$ 区间以外仅 3 次。对于有限次测量，这种可能性微乎其微，可以认为 3σ 对应最大不确定度（或极限不确定度）。

粒子物理测量事件中，由于数据量特别大，影响的因素特别多，一般需要测量结果满足 5σ 条件，才可以确认事件成立（也称 5σ 准则），5σ 准则可以帮助物理学家判别"空间噪声"，从而排除它在物质研究中的干扰作用。

⑥ 均匀分布（也称矩形分布）。在某些情况下，输入量 X_i 落在 a_- 到 a_+ 区间内的概率等于 1，图 1.2-2 是期望值的估计值为 100℃ 的待测温度分布。如果对 X_i 的可能值落在该区间内的情况缺乏更多的认识，可假设 X_i 是按等概率落在该区间的任何地方。则 X_i 的数学期望或期望值 x_i 是该区间的中点，$x_i=(a_-+a_+)/2$，其标准差为

$$u(x_i)=a/\sqrt{3} \tag{1.2-8}$$

其中

$$a=(a_+-a_-)/2 \tag{1.2-9}$$

如果输入量 X_i 不在 $[a_-,\ a_+]$ 区间中点，可由宽度为 (a_+-a_-) 的矩形分布近似获得其标准差：

$$u(x_i)=(a_+-a_-)/\sqrt{12} \tag{1.2-10}$$

⑦ 梯形分布和三角分布。上述矩形阶跃式不连续函数分布在实际测量中并不常见。多数情况下，靠近界限的值比靠近中点的值要少。因此用斜边相等的对称梯形分布（一个等

腰梯形）来代替对称矩形分布更为合理，梯形分布的底部宽 $a_+-a_-=2a$，顶部宽为 $2a\beta$，其中 $0\ll\beta\leq1$。当 $\beta\to1$ 时，此梯形分布接近于矩形分布，而当 $\beta=0$ 时，就成为三角分布，如图 1.2-3 所示。假设 X_i 服从梯形分布，X_i 的期望值 $x_i=(a_++a_-)/2$，其标准差为

$$u(x_i)=a\sqrt{(1+\beta^2)/6} \tag{1.2-11}$$

当 $\beta=0$ 时，变为三角分布，其标准差为

$$u(x_i)=a/\sqrt{6} \tag{1.2-12}$$

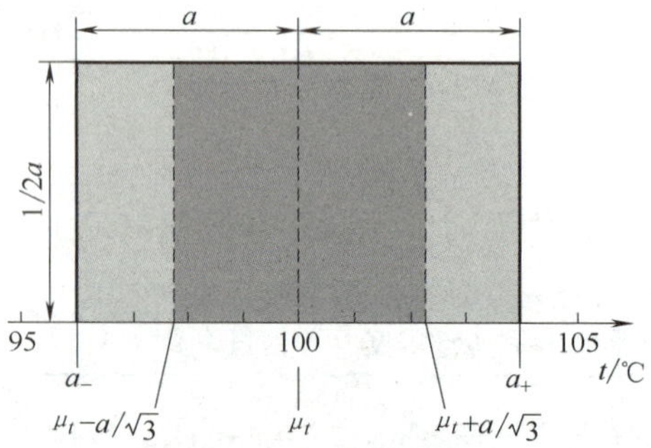

图 1.2-2　均匀分布（期望值的估计值为 100℃ 的待测温度分布）

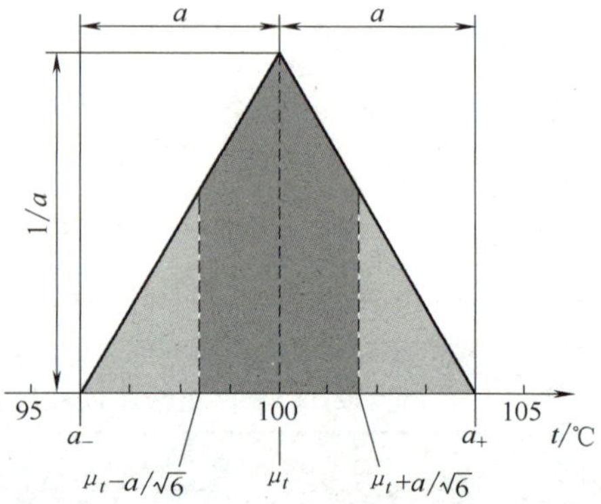

图 1.2-3　梯形分布（三角分布，期望值的估计值为 100℃ 的待测温度分布）

上述描述中因子 3、$\sqrt{3}$、$\sqrt{6}$ 分别对应正态分布、均匀分布、三角分布的置信因子，相应分布的标准不确定度等于极限不确定度除以置信因子。除上述几种常用分布外，还有反正弦分布、瑞利分布等。

例 6　某手册中给出了纯铜在 20℃ 时的线膨胀系数 $\alpha_{20}(\mathrm{Cu})=16.52\times10^{-6}℃^{-1}$，并且指出这个值的误差不应超过 $0.40\times10^{-6}℃^{-1}$。假设 $\alpha_{20}(\mathrm{Cu})$ 的值等概率地分布在 $[16.12\times10^{-6}℃^{-1}, 16.92\times10^{-6}℃^{-1}]$ 区间内，而且这个值不太可能落在此区间之外。区间的半宽度 $a=0.40\times10^{-6}℃^{-1}$。根据对称矩形分布的公式，线膨胀系数 $\alpha_{20}(\mathrm{Cu})$ 的标准不确定度 $u(\alpha_{20})$ 为：$u(\alpha_{20})=(0.40\times10^{-6}℃^{-1})/\sqrt{3}\approx0.23\times10^{-6}℃^{-1}$。

这个例子展示了如何从给定的误差范围估计出线膨胀系数的标准不确定度。该方法适用于处理具体的概率分布未知，但估计的误差范围已知的情况。假设一个对称的矩形分布，可以对线膨胀系数的不确定度进行合理的量化。

例 7　一台数显电子秤，其最小有效显示数字为 1g。其分辨力（引起相应示值产生可觉察到变化的被测量的最小变化）是不确定度来源。重复测量的显示值都相同，但仪器的输入信号可能在一个已知的区间内变化却显示相同的读数，因此它仍然对重复性测量的不确定度有所贡献。

该装置的分辨力为 δx，则产生某一指示值 X 的激励值以等概率分布在 $[(X-\delta x/2), (X+\delta x/2)]$ 区间内。该激励值可以用宽度为 δx 的矩形概率分布来描述。电子秤的分辨力 $\delta x=1\mathrm{g}$，那么由于分辨力引入的方差 $u^2(x)=(1\mathrm{g})^2/12$。相应的标准不确定度 $u(x)=0.5\mathrm{g}/\sqrt{3}=0.29\mathrm{g}$。

注：不同分布的 B 类标准不确定度对应的置信水平不同，如 0.683（正态分布）、0.577

（矩形分布）、0.408（三角分布）。

（4）数显仪器的不确定度。在物理实验中，数字化仪器越来越多。数显仪器的不确定度通常涉及测量结果的稳定性和可重复性，这与模拟仪器的极限误差（最大允差）略有不同。数显仪器的不确定度可能来源于多个方面，如内部电子组件的精度、仪器内部算法的准确性、以及传感器的灵敏度和响应时间。

数显仪器的另一个影响因素是分辨力。分辨力越高，仪器的不确定度通常越低。然而，即使分辨力很高，其他因素，如量程的选择、测量条件的变化（例如温度波动或电磁干扰），以及仪器使用者的操作技巧都可能对最终的测量结果产生影响，从而增加了不确定度。

在实际应用中，数显仪器的不确定度往往通过一系列的校准和测试来确定。这包括在特定条件下重复测量同一量值，并记录测量值的波动范围。这种测试能够揭示仪器在相同操作条件下测量值的一致性，也就是它的可重复性。此外，通过与已知标准或参考值的比较，可以进一步验证仪器的测量准确性。

2. 合成标准不确定度的一般方法

（1）测量模型。建立被测物理量的测量模型是十分重要的，常通过函数关系将一个或多个其他量转换为被测量的值。

在许多情况下，被测量 Y 不能直接测得，而是根据 N 个其他量（$X_1,X_2,\cdots,X_N$）通过一个函数关系 f 确定，即

$$Y=f(X_1,X_2,\cdots,X_N) \tag{1.2-13}$$

这个函数关系 f 可能非常简单，也可能非常复杂，取决于测量的性质和精度要求。

例 8 一个随温度变化的电阻的损耗功率 P 取决于电阻两端电压 U、初始电阻 R_0、电阻的温度系数 α 和温度 t。损耗功率 P 的测量模型可以表示为

$$P=f(U,R_0,\alpha,t)=\frac{U^2}{R_0[1+\alpha(t-t_0)]} \tag{1.2-14}$$

这只是损耗功率 P 的一种可能的计算方法，不同的测量方法可能会有不同的数学模型。

输出量 Y 的输入量（$X_1,X_2,\cdots,X_N$）本身可能取决于其他量，包括修正值和修正因子。

如果数据表明函数 f 没有将测量过程模型化至所需的准确度，则必须在 f 中引入反映对影响被测量现象认识不足的附加输入量。例如，在测量电阻损耗功率的例子中，可能需要考虑电阻上已知的非均匀温度分布、电阻的非线性温度系数或电阻与大气压力的关系作为附加输入量。

测量模型的建立是一个涉及多方面考量的过程，需要综合考虑所有可能影响测量结果的因素，确保模型能够准确地反映实际测量情况。

式（1.2-13）中每个输入量估计值 x_i 及其标准不确定度 $u(x_i)$ 是由输入量 X_i 的可能值的分布获得的。这个概率分布可能是根据 X_i 的一系列观测值 $x_{i,k}$ 得到的频率分布，或者也可能是一种先验分布。标准不确定度分量的 A 类评定根据的是频率分布，而 B 类评定根据的是先验分布。

（2）合成不确定度。当测量结果受多种因素影响形成了若干个不确定度分量，测量结果 y 作为被测量 Y 的估计值时，其标准不确定度是由输入估计值（$x_1,x_2,\cdots,x_N$）的标准不

确定度分量通过适当的方法合成得到的。这个合成的标准不确定度用 $u_c(y)$ 表示。

当各个分量不相关时，合成标准不确定度 $u_c(y)$ 是通过合成方差 $u_c^2(y)$ 的正平方根计算出来的，公式为

$$u_c^2(y)=\sum_{i=1}^{N}\left(\frac{\partial f}{\partial x_i}\right)^2 u^2(x_i) \tag{1.2-15}$$

式中，f 是函数关系；$u(x_i)$ 是根据 A 类或 B 类评定方法评定的标准不确定度。公式中的偏导数 $\left(\frac{\partial f}{\partial x_i}\right)$ 在 $(X_i=x_i)$ 时评定，常被称为灵敏系数。这些系数描述了输出量估计值 y 如何随输入估计值 $(x_1,x_2,\cdots,x_N)$ 的变化而变化。特别是，由估计值 x_i 的标准不确定度引起的 y 的变化可以表示为 $\frac{\partial f}{\partial x_i}u(x_i)$。

合成方差 $u_c^2(y)$ 可以看作各项之和，每一项代表了由每一个输入量估计值 x_i 相关联的估计方差产生的输出量估计值 y 的估计方差。式（1.2-15）也被称作不确定度传递律。常用函数的不确定度合成（传递）公式见表 1.2-2。

表 1.2-2 常用函数的不确定度合成（传递）公式

函数表达式	合成(传递)公式
$N=x\pm y$	$u_N=\sqrt{u_x^2+u_y^2}$
$N=x\cdot y$	$\frac{u_N}{N}=\sqrt{\left(\frac{u_x}{x}\right)^2+\left(\frac{u_y}{y}\right)^2}$
$N=\frac{x}{y}$	$\frac{u_N}{N}=\sqrt{\left(\frac{u_x}{x}\right)^2+\left(\frac{u_y}{y}\right)^2}$
$N=\frac{x^k y^n}{z^m}$	$\frac{u_N}{N}=\sqrt{k^2\left(\frac{u_x}{x}\right)^2+n^2\left(\frac{u_y}{y}\right)^2+m^2\left(\frac{u_z}{z}\right)^2}$
$N=kx$	$u_N=ku_x,\ \frac{u_N}{N}=\frac{u_x}{x}$
$N=k\sqrt{x}$	$\frac{u_N}{N}=\frac{1}{2}\frac{u_x}{x}$
$N=\ln x$	$u_N=\frac{u_x}{x}$
$N=e^x$	$u_N=e^x u_x$
$N=\sin x$	$u_N=\lvert\cos x\rvert u_x$

合成标准不确定度的计算涉及识别所有影响测量结果的输入量及其不确定度，并将这些不确定度通过函数关系和统计方法合成一个总的不确定度。这要求对测量过程和相关的物理量有深入的了解，以及能够适当地应用数学和统计方法。通过这种方法，可以确保合成的不确定度能够准确地反映测量结果的可靠性和准确性。

(3) 相关输入量的合成标准不确定度。在处理测量中相关的输入量时，合成不确定度的计算变得更为复杂。

相关系数 $\gamma(x_i,x_j)$ 是衡量两个变量的相互依赖关系的量，它等于这两个变量的协方差与它们的方差的乘积的正平方根之比，用式（1.2-16）表示：

$$\gamma(x_i,x_j)=\frac{s(x_i,x_j)}{s(x_i)s(x_j)} \tag{1.2-16}$$

式中，

$$s(x_i,x_j)=\frac{1}{n-1}\sum_{m=1}^{n}(x_{im}-\bar{x}_i)(x_{jm}-\bar{x}_j)$$

$$s^2(x_i)=\frac{1}{n-1}\sum_{m=1}^{n}(x_{im}-\bar{x}_i)^2$$

$$s^2(x_j)=\frac{1}{n-1}\sum_{m=1}^{n}(x_{jm}-\bar{x}_j)^2$$

在非常特殊的情况下，如果所有的输入估计值都相关，并且相关系数 $\gamma(x_i,x_j)=+1$，则合成标准不确定度 $u_c(y)$ 可以简化为每个输入估计值 x_i 的标准不确定度产生的输出估计值 y 的变化的和。

例 9 假设有 10 个电阻，每个电阻的标称值为（$R_i=1000\Omega$）。这些电阻通过校准，与标准电阻（R_s）进行比对，比对的不确定度可以忽略不计。校准证书给出标准电阻（R_s）的不确定度为 $u(R_s)=100\text{m}\Omega$。

当将这些电阻通过电阻可忽略的导线串联起来时，得到的总电阻，即参考电阻 R_{ref} 的标称值为 10kΩ。因此，R_{ref} 可以表示为各个电阻 R_i 值的总和，即

$$R_{ref}=\sum_{i=1}^{10}R_i$$

由于每个电阻的标称值是相互关联的［相关系数 $\gamma(x_i,x_j)=1$］，在计算参考电阻 R_{ref} 的合成标准不确定度时，需要考虑这种相关性。在这种情况下，由于每个电阻的偏导数 $\frac{\partial R_{ref}}{\partial R_i}=1$，并且每个电阻的标准不确定度 $u(R_i)$ 等于标准电阻器 R_s 的不确定度，即 $u(R_i)=u(R_s)$。因此，参考电阻 R_{ref} 的合成标准不确定度 $u_c(R_{ref})$ 计算为所有电阻器不确定度的线性和，即

$$u_c(R_{ref})=\sum_{i=1}^{10}u(R_s)=10\times 100\text{m}\Omega=1.0\Omega$$

这个例子说明了在处理相关输入量时合成标准不确定度的计算方法。由于电阻器的标称值是相互关联的，因此不能单独计算每个电阻器的不确定度再简单地将它们相加，而是需要考虑它们之间的相关性，通过线性和的方式来计算合成标准不确定度。这种方法确保了合成不确定度的计算能够准确反映电阻器整体的不确定性。

总之，当输入量之间存在相关性时，合成不确定度的计算需要考虑这些相关性。这通常涉及计算输入量之间的协方差以及使用相关系数来评估这些输入量之间的相关程度。这种情况下的合成不确定度计算比独立输入量的情况更为复杂，需要更细致的数学处理。

（4）合成标准不确定度评定方法举例。

例 10 一台数字电压表的技术说明书中说明：“在仪器校准后的两年内，示值的最大允许误差为 $14\times10^{-6}\times$读数$+2\times10^{-6}\times$量程。”在校准后的 20 个月时，在 1V 量程上测量电压 U，一组独立重复观测值的算术平均值为 $\overline{U}=0.928571\text{V}$，其重复性导致的标准不确定度为 A 类

评定得到：$u(\overline{U})=12\mu V$，附加修正值 $\Delta\overline{U}=0$。求该电压测量结果的合成标准不确定度。

解　测量模型：$U=\overline{U}+\Delta\overline{U}$

标准不确定度 A 类：$u(\overline{U})=12\mu V$

标准不确定度 B 类：读数 $\overline{U}=0.928571V$，量程 1V，则区间半宽度 $a=14\times10^{-6}\times0.928571V+2\times10^{-6}\times1V=15\mu V$。

假设可能值在区间内为均匀分布，置信因子 $k=\sqrt{3}$，则

$$u(\Delta\overline{U})=\frac{a}{\sqrt{3}}=\frac{15}{\sqrt{3}}\mu V=8.7\mu V$$

合成标准不确定度：可以判断这两个不确定度分量不相关，则

$$u_c(U)=\sqrt{u^2(\overline{U})+u^2(\Delta\overline{U})}=\sqrt{(12\mu V)^2+(8.7\mu V)^2}\approx15\mu V$$

所以，电压测量结果为：最佳估计值为 0.928571V，其合成标准不确定度为 15μV，相应的相对合成标准不确定度 $\frac{u_c(U)}{U}=\frac{15\times10^{-6}V}{0.928571V}=16\times10^{-6}$。

3. 自由度和有效自由度

自由度通常指的是在进行估计或计算统计量时，样本中可以自由变化的值的个数。它与样本中的独立信息量有关。

自由度的概念对于理解和计算方差至关重要。在计算一组数据的方差时，自由度等于数据点总数减去对这些数据施加的限制数量。当计算标准差时，自由度是数据数量减 1，即 $n-1$。这个“减 1”源于我们在计算标准差时使用了这些数据的平均值，这个平均值本身就是一个限制。

自由度的大小直接影响到对测量结果可信度的评估。自由度越大，意味着有更多的数据点来支持我们的统计推断，从而使得计算出的标准差更加可靠和有代表性。当样本量较小时，使用标准正态分布来估计置信区间可能不够准确。在这种情况下，t 分布提供了一个更好的替代方案，t 分布的 $t_P(v)$ 值表见表 1.2-3。t 分布的形状取决于样本的自由度——自由度越高，t 分布越接近标准正态分布，如图 1.2-4 所示。

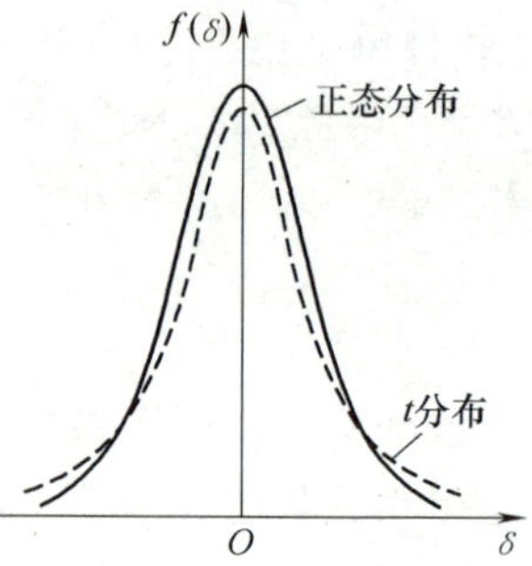

图 1.2-4　t 分布与正态分布

用 n 次独立观测值的算术平均值来估计单个量时，自由度 v 为 $n-1$；如果 n 次独立观测值用于确定最小二乘法拟合的直线的斜率和截距两个量，则它们各自的标准不确定度的自由度都为 $v=n-2$。对由 n 个数据点拟合 m 个参数值的最小二乘法，其每个参数的标准不确定度的自由度是 $v=n-m$。

表 1.2-3　t 分布的 $t_P(v)$ 值表（自由度为 v，置信概率为 P）

自由度 v	P(%)					
	68.27	90	95	95.45	99	99.73
1	1.84	6.31	12.71	13.97	63.66	235.80

（续）

自由度 v	P（%）					
	68.27	90	95	95.45	99	99.73
2	1.32	2.92	4.30	4.53	9.92	19.21
3	1.20	2.35	3.18	3.31	5.84	9.22
4	1.14	2.13	2.78	2.87	4.60	6.62
5	1.11	2.02	2.57	2.65	4.03	5.51
6	1.09	1.94	2.45	2.52	3.71	4.90
7	1.08	1.89	2.36	2.43	3.50	4.53
8	1.07	1.86	2.31	2.37	3.36	4.28
9	1.06	1.83	2.26	2.32	3.25	4.09
10	1.05	1.81	2.23	2.28	3.17	3.96
11	1.05	1.80	2.20	2.25	3.11	3.85
12	1.04	1.78	2.18	2.23	3.05	3.76
13	1.04	1.77	2.16	2.21	3.01	3.69
14	1.04	1.76	2.14	2.20	2.98	3.64
15	1.03	1.75	2.13	2.18	2.95	3.59
16	1.03	1.75	2.12	2.17	2.92	3.54
17	1.03	1.74	2.11	2.16	2.90	3.51
18	1.03	1.73	2.10	2.15	2.88	3.48
19	1.03	1.73	2.09	2.14	2.86	3.45
20	1.03	1.72	2.09	2.13	2.85	3.42
25	1.02	1.71	2.06	2.11	2.79	3.33
30	1.02	1.70	2.04	2.09	2.75	3.27
35	1.01	1.70	2.03	2.07	2.72	3.23
40	1.01	1.68	2.02	2.06	2.70	3.20
45	1.01	1.68	2.01	2.06	2.69	3.18
50	1.01	1.68	2.01	2.05	2.68	3.16
100	1.005	1.66	1.984	2.025	2.626	3.077
∞	1.000	1.645	1.960	2.000	2.576	3.000

表1.2-3的最后一行表明，对某量 z 可用数学期望为 μ_z、标准差 σ 的正态分布描述；区间为 $\mu_z \pm k\sigma$，当 $k=1$、2和3时，该区间包含分布的分数 $P=68.27\%$、95.45%和99.73%。

例11 测量某一金属圆柱体直径得到10个值，分别为（单位：mm）：32.37、32.35、32.35、32.37、32.33、32.30、32.40、32.48、32.35、32.29。求该测量列的平均值、标准差和置信概率为0.68、0.95、0.99对应的A类标准不确定度。

解 由式（1.2-1）得到平均值 $\bar{x}=32.359\text{mm}$。由式（1.2-3）得到测量值的标准差 $\sigma=0.054\text{mm}$。由式（1.2-5）得到A类标准差 $u_A=0.017\text{mm}$。测量次数为10，对应自由度 $v=9$，查表1.2-3得不同的置信概率下的 t 因子，对应的A类标准不确定度 $t_P u_A$ 分别为

$$P=0.68, t_{0.68}(9)=1.06, u_{0.68}=1.06\times0.017\text{mm}=0.018\text{mm}$$
$$P=0.95, t_{0.95}(9)=2.26, u_{0.95}=2.26\times0.017\text{mm}=0.038\text{mm}$$
$$P=0.99, t_{0.99}(9)=3.25, u_{0.99}=3.25\times0.017\text{mm}=0.055\text{mm}$$

B 类不确定度是基于先验概率分布来估计的，假设由这样评定得到的 $u(x_i)$ 值是准确知道的，如矩形分布得到 $u(x_i)=a/\sqrt{3}$ 被看作一个没有不确定度的常数，表明 B 类不确定度的自由度接近∞。

如果 $u_c^2(y)$ 是两个或多个估计方差分量的合成，$u_c^2(y)=\sum_{i=1}^{N}[c_i u(x_i)]^2=\sum_{i=1}^{N}u_i^2(y)$，$c_i$ 为测量模型中的各输入量的灵敏度。当各分量相互独立且输出量接近正态分布或 t 分布时，这个变量的分布可以通过 t 分布来近似，其有效自由度（v_{eff}）可以使用韦尔奇-萨特思韦特（Welch-Satterthwaite）公式得到：

$$v_{\text{eff}}=\frac{u_c^4(y)}{\sum_{i=1}^{N}u_i^4(y)/v_i} \tag{1.2-17}$$

式中，$u_c^2(y)=\sum_{i=1}^{N}u_i^2(y)$，每个 $u_i^2(y)$ 是通过 $u_i^2(x_i)$ 的合成得到的估计方差分量。v_i 是对应分量的自由度，A 类评定可以取为 $n-1$，B 类评定可取为∞。

有效自由度的概念用于估计的数据点的独立信息量。在合成不确定度的情况下，有效自由度提供了一个用于近似 t 分布的度量，使得可以通过 t 分布来近似估计置信区间。

4. 扩展不确定度和包含因子

扩展不确定度是用于表示测量结果不确定度的一个重要概念，尤其在商业、工业、法规应用以及涉及健康和安全的场合中极为关键。扩展不确定度，通常用符号 U（或 U_P）表示，是由合成标准不确定度 $u_c(y)$ 乘以一个包含因子 k（或 k_P）得到的。包含因子 k（或 k_P）是一个扩大因子，用于生成一个包含大部分可能值的区间。因此，扩展不确定度 U（或 U_P）可以通过以下公式计算：

$$U_P=k_P\cdot u_c(y) \tag{1.2-18}$$

在这里，$u_c(y)$ 是合成标准不确定度，根据所要求的置信水平 P 及根据式（1.2-17）计算的有效自由度 v_{eff}，从表 1.2-3 查得 t 因子 $t_P(v_{\text{eff}})$。如果 v_{eff} 不是整数，可将 v_{eff} 内插或修约到靠近的较小的整数。取 $k_P=t_P(v_{\text{eff}})$，可计算出 $U_P=k_P u_c(y)$。

通常，k 的值选取在 2 到 3 的范围内，这意味着测量结果的扩展不确定度区间会覆盖被测量值的一个相对较大的概率分布。然而，在一些特殊的应用中，k 的值可能需要超出这个范围。选择合适的 k 值需要依赖于对测量过程和结果的深入了解以及丰富的经验。

在一些情况下，特别是当测量值 y 和其合成标准不确定度 $u_c(y)$ 的概率分布近似正态且 $u_c(y)$ 的有效自由度较大时，可以采用较为简便的方法。例如，如果设定 k 为 2，所形成的区间通常具有约 95%的置信水平；若设定 k 为 3，则置信水平约为 99%。

5. 不确定度的报告与表示

当报告合成标准不确定度 $u_c(y)$ 的测量结果时，应遵循一定的指南来确保准确性和透明性。这些指南包括：

（1）完整描述被测量 Y：应提供被测量 Y 的充分描述，确保其定义明确。

(2) 给出估计值和合成标准不确定度：应报告被测量 Y 的估计值 y 及其合成标准不确定度 $u_c(y)$，并确保 y 和 $u_c(y)$ 都以适当的单位给出。

(3) 报告相对标准不确定度：如果适用，应当给出相对标准不确定度 $u_c(y)/y$。

(4) 选择提供附加信息：估计的有效自由度 v_{eff}。

(5) 报告格式：为避免误解，最好采用以下方法之一来报告测量结果，假设被报告的量值是标称值为100g 的标准砝码，u_c 为 0.35mg。则记为

"$m_s = 100.02147\text{g}$，$u_c = 0.35\text{mg}$"

或

"$m_s = 100.02147(35)\text{g}$，其中括号中的数是 u_c 的数值，u_c 与说明的结果的最后位对齐"。

或

"$m_s = 100.02147(0.00035)\text{g}$，括号中的数是 u_c 的数值，以所给出结果的单位表示"。

注：以前常用 $m_s = (100.02147 \pm 0.00035)\text{g}$ 形式表示测量结果及其不确定度，应当尽可能避免使用±号的形式。现在这种形式已经用于扩展不确定度表示：$Y=y\pm U$，$U=ku_c(y)$。

(6) 当使用扩展不确定度 $U=ku_c(y)$ 报告测量结果时，应提供被测量 Y 的定义、说明测量结果为 $Y=y\pm U$、给出 y 和 U 的单位、报告获得 U 时所用的 k 值、说明与区间 $y\pm U$ 有关的近似置信水平，并且提供相关信息的公开文件。

(7) 数值的精确度：估计值 y 及其标准不确定度 $u_c(y)$ 或扩展不确定度 U 不应给出过多位数的数字。通常，这些值最多保留两位有效数字。

(8) 在报告中详细描述测量过程及其不确定度时，应包括每个输入量估计值 x_i 及其标准不确定度 $u(x_i)$ 的获取方式、所有相关输入量的估计协方差或相关系数、每个输入量估计值的标准不确定度的自由度以及函数关系 $Y=f(X_1, X_2, \cdots, X_N)$。

总之，生成不确定度报告和表示的过程中，需要提供详细、准确和透明的信息，以便使用者能够充分理解测量结果及其不确定度。这包括明确报告测量值、不确定度的计算方式、以及可能影响解读结果的任何其他相关信息。

注：合成标准不确定度或扩展不确定度，其有效数字很少超过2位数（中间计算过程的不确定度，可以多取一位）。带低位数的扩展不确定度不按数据修约规则舍取，而是直接进位。测量不确定度的有效位取到测量结果相应的有效位数。

6. 不确定度分析的意义

不确定度表征测量结果的可靠程度，反映测量的精确度，也对被测量物体的质量做出某种描述。假设用球磨机加工一批钢球，取出一个，测量其直径为 12.345mm。据此，我们并无法确定这个球"圆的程度"，更谈不上对这批球"圆的程度"以及大小"均匀度"进行描述了。如果我们沿着不同方位多次（如 10 次）测量这个球的直径，并计算出它们的平均值及其标准差，得到 12.347(10)mm 这样的结果，我们就可以描述这个球"圆的程度"了；该球直径最可能值为 12.347mm，其直径在 12.337～12.357mm 之间的概率为 68%左右。如果从这批产品中抽取多个样本进行测量，就可以描述这批球的大小"均匀度"了。

人们在接受一项测量任务时，要根据对测量不确定度的要求设计实验方案，选择仪器和实验环境。在实验过程中和实验后，通过对不确定度大小及其成因的分析，找到影响实验精

确度的原因并加以校正。比如，有一项测量重力加速度的任务，要求相对不确定度小于1.0%，我们可以用最简单的单摆法。但如若要求相对不确定度小于0.10%，如果仍采用单摆法，就必须注意到公式 $T=2\pi\sqrt{\frac{l}{g}}$ 的近似性，而考虑摆角的高次方、摆线的质量以及线长在振动中的变化、空气阻力的影响等诸多因素。而这些因素是难以准确测量的，因此可考虑用物理摆来测量。

历史上不乏科学家精益求精，通过对实验不确定度的分析并不断改进实验做出重大发现的例子。比如科学家曾通过对氢原子量实验值不确定度的研究，认定有未知系统误差的存在，最终发现了氢的同位素氘和氚。19世纪，许多科学家历经多年实验，排除了多种系统误差，不断提高实验准确度，从而较准确地测定了热功当量值。这为人类认知能量转化和守恒定律起到了奠基的作用。

每个独立测量的量的不确定度都会对最终结果的不确定度有贡献。如果已知各测量的量之间的函数关系，可通过式（1.2-15）计算不确定度。以往利用均分原理：即将测量结果的总不确定度均匀分配到各个分量中，由此分析各物理量的测量方法和使用的仪器，指导实验。这种方法在手工计算年代是一种简易评估手段。在当今智能时代，利用式（1.2-15）确定各输入量的标准不确定度对结果的贡献，选择合适的仪器（如单摆实验中用数字毫秒计代替秒表）或测量装置参数（如增加摆长）等手段减少不确定度的主要贡献，最终降低测量结果的不确定度，提高测量精度是更加科学的方法。

7. 不确定度评定和表示的程序

评定和表示测量结果的不确定度的步骤归纳总结如下：

（1）构建测量模型：$Y=f(X_1,X_2,\cdots,X_N)$，输入量应包括所有对测量结果的不确定度有显著影响的分量，满足准确程度要求。

（2）确定输入量 X_i 的估计值 x_i，如多次测量的平均值、线性拟合的值等。

（3）评定每个输入估计值 x_i 的标准不确定度 $u(x_i)$。对由一系列观测值的统计分析获得的输入估计值，其不确定度按标准不确定度A类评定。对由其他方法得到的输入估计值，其不确定度 $u(x_i)$ 按标准不确定度的B类评定。

（4）通过函数关系 f 计算被测量 Y 的估计值 y。

（5）确定测量结果 y 的合成标准不确定度 $u_c(y)$。

（6）确定扩展不确定度 U_P。计算有效自由度 v_{eff}，取对应的包含因子 $k_P=t_P(v_{\mathrm{eff}})$，计算 $U_P=k_Pu_c(y)$，产生一个具有接近规定的置信水平的区间。

（7）报告测量结果 y 及其合成标准不确定度 $u_c(y)$ 或扩展不确定度 U_P。

1.3　有效数字

实验中总要记录很多数值，并进行计算，但是记录时应写几位，运算后应留几位，这是实验数据处理的重要问题，必须有一个明确的认识。

1.3.1　测量值的有效数字

实验时处理的数值，应是能反映出被测量的实际大小的数值，即记录与运算后保留的应为能传递出被测量实际大小信息的全部数字，这样的数字称为有效数字。但是实验中接触的数字，哪些是传递了被测量大小信息的有效数字应予保留，哪些则不是而应舍弃呢？

一般地讲，仪器上显示的数字均应读出（包括最后一位的估读）并记录。人们常把能读准的数字叫作可靠数字，而把估读的一位数字叫作可疑数字。测量值的误差往往在这最后一位。例如，用150mm长的毫米分度钢直尺测量一棒的长度为124.3mm，它的有效数字位数就是4位。其中124mm是与钢直尺上的刻线准确地对应、可以准确地读出的数，是可靠数字；最后一位数字3是估读的，是可疑数字。虽然最后这位数字是可疑的，但是记上它客观地反映出该物体比124mm长，比125mm短的实际情况。

有效数字位数的多少，直接反映实验测量的精度。当被测物理量和测量仪器选定以后，测量值有效数字的位数就已经确定了。用不同量具或仪器测量同一物理量，所用的量具或仪器精度越高，得到的测量结果有效数字位数越多。另外，有效数字位数的多少还与被测量的大小有关。

1.3.2　直接测量量有效数字的读取

在进行直接测量时，要用到各种各样的仪表和量具。通过仪表、量具等读取原始数据时，一般要充分反映计量器具的精度，通常要把计量器具所能读出或估出的位数全读出来。

（1）对于标有刻度的量具和仪器，如果被测量的量很明确，照明好，仪器的刻度清晰，要估读到最小刻度的几分之一（如1/10、1/5、1/2）。

（2）游标类量具，如游标卡尺、分光计方位角的游标度盘、水银大气压力计的读数游标尺等，一般应读到游标分度值的整数倍。

（3）数字式仪表上稳定显示的数值应完整记录，显示的数值位数即为测量值的有效数字。如果末位数字变化不定，记录稳定数值加下一位正在显示的值，或者根据其变化规律，四舍五入到读数稳定的那一位。

（4）实验仪器或仪表给出仪器的示值误差时，应读到仪器误差所在的那一位。

（5）在读取数据时，如果测量值恰好为整数，则必须补“0”，一直补到可疑位。例如：用分度值为1mm的钢直尺测量某物体的长度恰为12mm时，应记为12.0mm，3位有效数字；如果改用游标卡尺测量同一物体，读数也为整数，应记为12.00mm，4位有效数字；如再改用螺旋测微器来测量，读数仍为整数，则应记为12.000mm，5位有效数字，切不可一律记为12mm。可见仪器上显示的最后一位（或几位）数是“0”时，此“0”也是有效数字，也要读出并记录。

（6）有效数字的位数与小数点位置无关，用以表示小数点位置的“0”不是有效数字。在单位换算时，有效数字的位数不变。例如，4.070mm和0.004070m都是四位有效数字。

（7）为了方便地反映有效数字的位数，对较大或较小的数，应尽量采用科学计数法。即在小数点前只写一位数字，用10的$\pm n$次幂来表示其数量级。例如，地球的平均半径6371km可写作6.371×10^6m，表明有四位有效数字。这样可避免有效数字写错，也便于识别和记忆。

1.3.3　间接测量量有效数字的运算

间接测量量测量结果的有效数字，最终应由测量不确定度的所在位来决定。但是在计算不确定度之前，间接测量量需要经过一系列的运算。运算时，参加运算的量可能很多，有效数字的位数也不一致。为了简化运算过程，一般可按以下规则粗略地确定：

（1）加减运算后的有效数字。加减运算后的末位，应当和参与运算各数中最先出现的可疑位一致。例如：求 278.2+12.451=？

$$\begin{array}{r} 278.2 \\ +\ \ 12.451 \\ \hline 290.651 \end{array}$$

列算式，可看出 278.2 的十分位的 2 是最先出现的可疑位，则“和”的十分位、百分位、千分位均为可疑数字，因此“和”的末位只能保留到十分位，与 278.2 的末位（十分位）一致。则 278.2+12.451=290.7。

注意：加法由于进位可能使有效数字位数增多。例如：5.32+5.32=10.64，两个 3 位有效数字相加，和为 4 位有效数字。减法由于借位可能使有效数字位数减少。如：11.26−11.21=0.05，两个 4 位有效数字相减，差为 1 位有效数字。因此，间接测量时尽量避免两个直接测量量相减。

（2）乘除运算后的有效数字。乘除运算后的有效数字位数，可估计为和参加运算各数中有效数字位数最少的那个相同。例如：求 5.34×1.1=？

$$\begin{array}{r} 5.34 \\ \times\ \ 1.1 \\ \hline 534 \\ +534\ \ \\ \hline 5.874 \end{array}$$

列算式，可看出“积”的十分位、百分位、千分位均为可疑数字，因此“积”的末位只能保留到十分位，有两位有效数字，与 1.1 有效数字位数一致。则 5.34×1.1=5.9。

注意：如果两数的第一位数字相乘加上后面进位数大于等于 10 时，积的有效数字位数多取一位。如 4.2×0.510=2.14。

（3）乘方开方运算。一个数进行乘方、开方运算，其结果的有效数字位数一般与被乘方、开方数的有效数字位数相同。例如：$\sqrt{200}=14.1$。

（4）对数运算。以 10 为底的对数（常用对数）$\lg x$ 的运算结果：由首数与尾数（其小数点后面数值）构成。首数不算有效数字，尾数的位数与真值的有效数字位数相同。例如：$\lg x=\lg 543=2.735$。小数点后取 3 位，与真值的有效数字位数相同。

若计算对象为以 e 为底的自然对数，则需利用换底公式对该对数进行换底，之后按照上述规则，并利用有效数字运算的除法规则进行运算。例如：$\ln 1.25=\dfrac{\lg 1.25}{\lg e}=\dfrac{0.097}{0.434}=0.22$。

（5）指数运算。指数函数运算结果的有效数字中，按科学计数法小数点后的有效数字位数取成与指数中小数点后的有效数字位数相同。例如：$e^{9.14}=9.32\times10^3$。

（6）三角函数的有效数字。结果中有效数字的取法为：将自变量欠准位变化 1，运算结果产生差异的最高位就是应保留的有效数字的最后一位。例如：$\sin30°2'=0.500503749$，$\sin30°3'=0.500755559$，两者差异出现在小数点后第 4 位上，故 $\sin30°2'=0.5005$。

(7) 物理公式中有些数值，不是实验测量值，例如，测量圆柱体的质量为 m、直径为 d 和高为 h，求其密度 ρ 的公式 $\rho=\dfrac{4m}{\pi d^2 h}$ 中的常数 4 不是测量值，根据计算规则可以取任意多位，在确定 ρ 的有效数字位数时不必考虑 4 的位数。对于常数 π、$\sqrt{2}$、$\sqrt{3}$ 等可看成有任意多位有效数字，不影响最后的计算结果。运算中其位数比计算式中其他测量值中有效位最少的多取一位。

1.3.4 估计值及不确定度有效数字的取位规则

在对数据进行运算时，会得到多位有效数字的结果，而实验通常无法达到初步计算得到的精密度，测量结果的有效数字受结果的不确定度制约。测量结果的末位需与不确定度的末位对齐。如果不确定度的位数低于测量结果的若干数量级，可能需修正测量模型。不确定度的有效数字：通常取 2 位，如需要补零，则取 1 位。这就需要对最终运算结果进行修约，除去多余的位数。修约的具体做法是“四舍六入五凑偶”。即当要舍弃数字的第一位为 5 时，若前一位数为奇数，则进 1；为偶数，则舍弃，但这时如果 5 的后面尚有非零的数时仍然要进位。有效数字不可连续修约。对于不确定度的修约同此。

例如：$y=5.2350\text{g}$，$u_c(y)=0.25\text{g}$；$y=5.24(25)\text{g}$

$y=5234.56\text{mA}$，$U=16\text{mA}$；$y=5235\text{mA}\pm16\text{mA}$

$y=5.20146\text{ms}$，$u_c(y)=12535\text{ns}$；$y=5.201(13)\text{ms}$

$y=5.2350\text{g}$，$u_c(y)=0.00025\text{g}$；$y=5.2350(2)\text{g}$

1.4 常用数据处理方法

某些实验的观测对象是互相关联的两个（或两个以上）物理量之间的变化关系，实验的任务就是寻求这些物理量互相依存的变化规律。数据处理是指用简明而严格的方法把获得的实验数据所代表的物理量之间的对应关系表示出来、得出结果的加工过程，包括数据记录、描绘曲线，从带有误差的数据中提取参数，验证和寻找经验规律，外推实验数据等等。处理数据常用方法有列表、作图、最小二乘法等。

1.4.1 列表法

获得实验数据后的第一项工作就是记录，记录原始数据的最好方法是列表法。列表法就是把数据按一定规律列入表中。这是在记录和处理实验数据时最常用的方法，也是其他数据处理方法的基础。列表法的优点：①数据易于参考比较，便于检查数据的合理性、发现问题，指导实验；②一个表可同时记录多个变量间的变化而不紊乱；③对应关系清楚、简捷，有助于发现实验中的规律；④便于以后随时处理数据，分析问题。所以在每一个实验中对所测得的数据首先应考虑列表处理。例如：测一电阻丝在不同温度下的电阻值的测量数据如表 1.4-1 所示。

表 1.4-1 电阻丝电阻 R 与温度 t 关系

t/℃	24.0	30.0	40.0	50.0	60.0	70.0	80.0	90.0
R/Ω	3.500	3.581	3.724	3.875	4.025	4.170	4.302	4.443

列表的基本要求如下：

（1）表格设计合理，简单明了，一目了然，重点考虑如何能完整地记录原始数据，便于看出有关量之间的关系。

（2）表的上方应有表头，写明所列表格的表号和名称；如果在一个实验中有两个以上的数据表，在每个表上方都要标记表号和名称。

（3）物理量的名称和单位（用SI单位的国际符号字母表示）写在标题栏内，单位一般不要重复地记在各数字的后面。名称应尽量用符号表示，数量级也写在该符号的标题栏中。

（4）用钢笔/签字笔如实记录原始测量数据。确实要修改时，应将原来的数据画条杠以备查，正确数据记在被画数据的上（或下）方，不可用橡皮擦掉（或涂掉）。为了便于揭示或说明物理量之间的联系，可以根据需要增加原始数据以外的处理结果。

（5）表格中的数据要正确反映测量数据的有效数字。

（6）如果多次等精度测量，应标出测量序号，表后留出平均值、标准差和A类标准不确定度的空位，以便进一步做数据处理。

（7）若为测量函数关系的数据表，一般把作为自变量的数据列在上方（按由小到大或由大到小的顺序排列），把作为因变量的数据对应列在下方，便于反映出物理量之间的内在联系。

（8）提供与表格有关的说明和参数，包括主要仪器的规格型号、量程及精度等级，有关环境参数（如温度、湿度、大气压强）等。

1.4.2　作图法

把实验测得值按其对应关系在坐标纸上描绘成曲线，以此揭示各物理量间的相互关系，这种方法称为作图法。作图法是研究物理规律最常用的方法之一。用作图法可以直观地揭示出物理量之间的规律，粗略显示对应的函数关系，具有简单、使函数关系一目了然的优点。作图法包括：作图的基本方法、图解法处理实验数据和曲线改直。

1. 作图的基本方法

为了使图线能清楚地、定量地反映出物理现象的变化规律，并能准确地从图线上确定物理量值或求出有关常数，所作的图应符合精度要求，基本规则如下：

（1）选取合适的坐标纸。作图参量确定后，可以根据需要选用直角坐标纸、对数坐标纸、半对数坐标纸或极坐标纸。其中直角坐标纸使用最广泛。

（2）标明坐标轴。用粗实线在坐标纸上描出坐标轴，在轴的末端标出坐标轴的方向，并注明物理量的符号和单位（要用斜线，如质量 m/kg）。通常以横轴表示自变量，纵轴表示因变量。一般是以被测量的数值为变量，但有时为了使获得的图线是一条直线，而将被测量作某种变换后的数值作为变量。

（3）选择合适的坐标分度值。规定坐标轴上每条刻线所代表数值的大小，并按顺序标出整分格的量值。其原则是：可靠数字在图中应可靠，估读位在图中应是估计的，即图纸中的一小格对应数值中可靠数字的最后一位。具体标度时，应注意以下几点：

① 适当选取横轴和纵轴的比例和坐标的起点，使图线比较对称地充满整个图纸，不要缩在一边或一角。除特殊需要以外，坐标轴的起点一般不一定取为零值，横纵轴的分度比例可以不一样。

② 坐标范围应恰好包括全部测量值，并略有富裕。在一组数据中，自变量和因变量都有最大值和最小值，通常选取比数据中最小值小一点的数作标度的起点，而用比最大值略大一些的某一数作标度的终点。

③ 分度划分要得当，应便于读数，以不用计算就能直接读出图线上每一点的坐标值为宜。分度值一般应是一系列正整数（如1,2,3,4,…，或0,2,4,6,…，或0,5,10,…）及其10^n（n为正负整数）倍，而不以3、6、7、9等作为分度值，也不要标注实验点的测量数据。

（4）标明实验点。实验点可用“+”“×”“○”等符号中的一种标出。同一曲线上各点用同一符号，同一坐标纸中的不同曲线则应用另一种符号以示区别。符号在图纸上的大小，由两个物理量的不确定度决定。如果因变量和自变量的不确定度相等，习惯上用“×”“○”或“+”等符号，中心是平均值，半径则代表不确定度大小。如果因变量和自变量的不确定度不相等，则常用矩形符号，其中心代表平均值，两边边长分别代表两个变量的不确定度大小。由于不确定度一般很小，描点时半径取1mm左右为宜。

（5）连成图线。连线一定要用直尺或曲线板等作图工具。根据不同情况，按实验点的总趋势连成光滑的曲线（直线为曲线的特例）。由于测量存在误差，所以曲线不一定通过所有的点，但应该使曲线两侧的所有实验点与曲线的距离都最为接近且分布大体均匀，这样描绘出来的曲线具有“取平均”的效果。连线时，如果发现个别点偏离曲线过大，应重新审核、分析，决定取舍。

对于仪器校准，即用高等级仪器校准低等级仪器，可将直角坐标的横轴作为低级表读数，纵轴作为高级表读数与低级表读数之差，把各校准点连成折线，即为仪器校准曲线。

（6）写图号和图名。在图纸的明显处写出图线的图号和名称、测试条件、实验者姓名和实验日期，将图纸与实验报告订在一起。当需要从图线上读取点值时，应在图线上用特殊记号（如“△”）标明该点的位置，并在记号的旁侧标明它的坐标值(x,y)。

2. 图解法处理实验数据

利用已作好的实验曲线，定量地求得待测量或得出经验方程，称为图解法。当曲线为直线时，采用此法很方便。一般是求出斜率和截距，进而得出完整的线性方程。

设自变量x和因变量y之间有$y=a+bx$的关系，通过实验数据的处理可以确定参数a、b。

（1）求斜率b。通常采用两点法。即在直线的两端任取两点$A(x_1,y_1)$和$B(x_2,y_2)$，这是因为直线不一定通过原点。点的选取一般不用实验点，而是在直线上选取，用不同于测量值实验点的符号（如“△”）标出，并注明其坐标值。为了减小误差，A、B两点的距离应尽量大一些，如果靠得太近，计算斜率时会使结果的有效数字减少。将A、B两点的坐标值代入直线方程，可得斜率为

$$b=\frac{y_2-y_1}{x_2-x_1}$$

（2）求截距a。如果横坐标原点为零，则直线的截距a为$x=0$时的y值，可直接从图上读出。如果横坐标原点不为零，则可用下式计算：

$$a=\frac{x_2y_1-x_1y_2}{x_2-x_1}$$

为了便于计算，x_1和x_2两数值可取为整数。

下面以表1.4-1中的数据为例进行图示和图解。

例 12　根据表 1.4-1 中数据，作 R-t 关系曲线，并求斜率和截距。

解　作图时以自变量 t（温度）为横轴、因变量 R（电阻丝电阻）为纵轴。横轴 t 的变化范围约 70℃，可以在坐标纸上取 110mm，即 1mm 代表 1℃；纵轴 R 的变化范围约 1.000Ω，可以在坐标纸上取 130mm，即 1mm 代表 0.01Ω；如图 1.4-1 所示。电阻丝电阻与温度为一线性关系，满足关系式为

$$R=a+bt$$

在图上任取两点 $A(20.0,3.441)$、$B(100.0,4.598)$ 可得

$$b=\frac{4.598-3.441}{100.0-20.0}\Omega\cdot℃^{-1}=\frac{1.157}{80.0}\Omega\cdot℃^{-1}=0.0145\Omega\cdot℃^{-1}$$

$$a=\frac{100.0\times3.441-20.0\times4.598}{100.0-20.0}\Omega=\frac{252.1}{80.0}\Omega=3.15\Omega$$

最后可得该电阻丝的电阻与温度的关系为

$$R=(3.15+0.0145t)\Omega$$

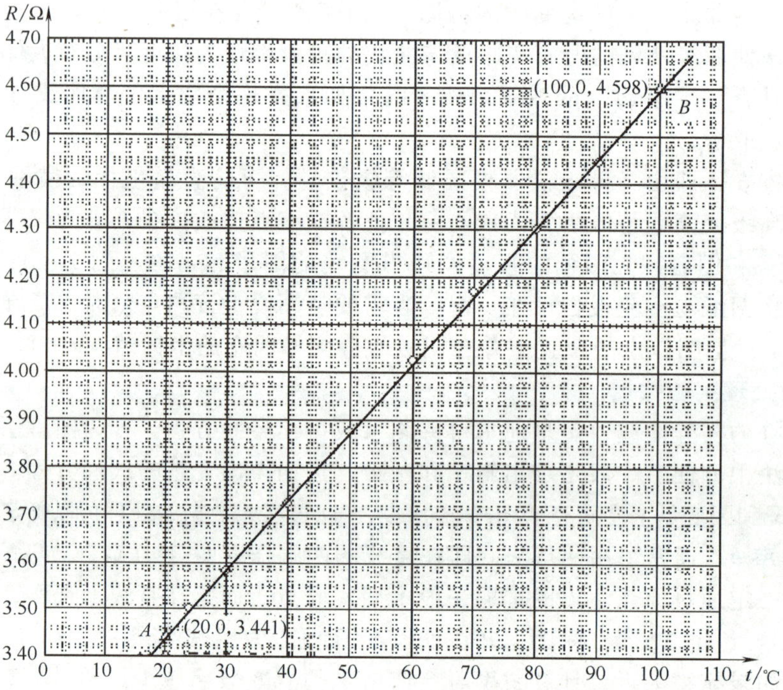

图 1.4-1　R-t 关系曲线

应该指出，在报告实验结果时，一份精良的曲线图胜过数百个文字的描述，它能够使人们对实验中各物理量之间的关系一目了然。

3. 曲线改直

在物理实验中，多数物理量之间的关系不是线性的，但是在许多情况下，通过适当的变化可以使它们成为线性关系，即把曲线改为直线（或称线性化）。这样对于实验数据的处理会很方便。常用的可以线性化的函数举例如下：

（1）$y=ax^b$，a、b 为常数，则 $\lg y=\lg a+b\lg x$，$\lg y$-$\lg x$ 图是直线，斜率为 b，截距为 $\lg a$。

（2）$y=a\mathrm{e}^{-bx}$，a、b 为常数，则 $\ln y=\ln a-bx$，$\ln y$-x 图是直线，斜率为 $-b$，截距为 $\ln a$。

（3）$y=ab^x$，a、b 为常数，则 $\lg y=\lg a+x\lg b$，$\lg y$-x 图是直线，斜率为 $\lg b$，截距为 $\lg a$。

（4）$x\cdot y=c$，c 为常数，则 $y=\frac{c}{x}$，y-$\frac{1}{x}$图是直线，斜率为 c。

（5）$y^2=2px$，p 为常数，则 y^2-x 图为直线，斜率为 $2p$。

（6）$x^2+y^2=a^2$，a 为常数，则 $y^2=a^2-x^2$，y^2-x^2 图为直线，斜率为-1，截距为 a^2。

1.4.3 最小二乘法

用作图法处理数据虽然有许多优点，但它是一种粗略的数据处理方法。不同的人，用同一组测量数据作图，由于在拟合直线（或曲线）时，有一定的主观随意性，因而拟合出的直线（或曲线）往往是不一样的。

由一组实验数据找出一条最佳的拟合直线（或曲线），更严格的方法是最小二乘法。最小二乘法认为：若最佳拟合的方程为 $Y=f(x)$，则所测各 y_i 值与拟合方程上相应的点 $Y_i=f(x_i)$ 之间的偏离的平方和为最小，即

$$s=\sum_i[y_i-f(x_i)]^2=\min$$

线性的函数关系，则可写成 $y=a+bx$；指数函数关系，则可写成：$y=ae^{bx}+c$；函数关系不明确，则常用多项式来表示：$Y=a_0X+a_1X^2+\cdots$。

由最小二乘法所得的变量之间的函数关系称为回归方程。最小二乘法拟合亦称为最小二乘法回归。

这里我们只讨论用最小二乘法进行一元线性拟合。由于某些曲线的函数（如指数函数、对数函数和幂函数）可以通过数学变换改写为直线，所以这一方法也适用于某些曲线型的规律。

1. 求一元线性回归方程

如果从一组实验数据 x_i 及 y_i（$i=1,2,\cdots,n$）判断出 y 与 x 是线性关系，则可设 $y=a+bx$。确定了斜率 b 和截距 a 也就确定了直线。所以线性回归（线性拟合）就是由实验数据组 (x_i,y_i) 确定 a 和 b 的过程。最小二乘法线性拟合的原理是：若最佳拟合的直线为 $y=a+bx$，则所测各 y_i 值与拟合直线上相应的点 $a+bx_i$ 之间的偏差的平方和为最小（见图 1.4-2），即

$$s(a,b)=\sum_{i=1}^{n}[y_i-(a+bx_i)]^2=\min \tag{1.4-1}$$

为讨论简便，不妨假设 x_i 值是准确的，所有的误差都体现在 y_i 上。根据最小二乘法原理，a 和 b 应是如下方程组的解：

$$\begin{cases}\dfrac{\partial s}{\partial b}=-2\sum\limits_{i=1}^{n}[(y_i-bx_i-a)x_i]=0\\[2ex]\dfrac{\partial s}{\partial a}=-2\sum\limits_{i=1}^{n}(y_i-bx_i-a)=0\end{cases}$$

解之得

$$b=\frac{l_{xy}}{l_{xx}} \tag{1.4-2}$$

$$a=\overline{y}-b\overline{x} \tag{1.4-3}$$

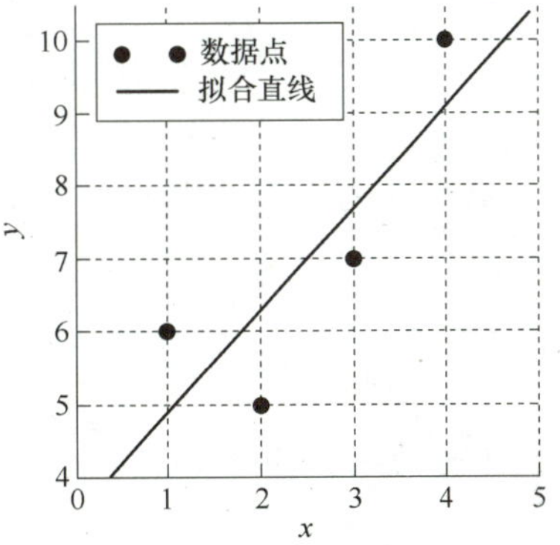

图 1.4-2 最小二乘法原理（拟合直线）示意图

式中，

$$l_{xy}=\sum_{i=1}^{n}(x_iy_i)-\frac{1}{n}\sum_{i=1}^{n}x_i\sum_{i=1}^{n}y_i$$

$$l_{xx}=\sum_{i=1}^{n}x_i^2-\frac{1}{n}\left(\sum_{i=1}^{n}x_i\right)^2$$

$$\bar{x}=\frac{1}{n}\sum_{i=1}^{n}x_i,\ \bar{y}=\frac{1}{n}\sum_{i=1}^{n}y_i$$

由 a、b 所确定的方程 $y=a+bx$ 是由实验数据（x_i，y_i）所拟合出的最佳直线方程，即回归方程。

为了检验线性拟合的好坏，定义相关系数

$$\gamma=\frac{l_{xy}}{\sqrt{l_{xx}\cdot l_{yy}}} \tag{1.4-4}$$

式中，$l_{yy}=\sum_{i=1}^{n}y_i^2-\frac{1}{n}\left(\sum_{i=1}^{n}y_i\right)^2$

相关系数 γ 表示两个变量之间的关系与线性函数符合的程度。γ 值总是在 0 与±1 之间，γ 值越接近 1，x 和 y 的线性关系越好。若 $\gamma=\pm1$，表示变量 x、y 完全线性相关，拟合直线通过全部实验点；$\gamma>0$ 时拟合直线的斜率为正，称为正相关；$\gamma<0$ 时拟合直线的斜率为负，称为负相关。相反，如果 $|\gamma|$ 远小于 1，而接近于 0，说明 x 与 y 不相关，不能用线性函数拟合，必须用其他函数重新试探。因此用最小二乘法拟合直线时要算相关系数。在用最小二乘法进行回归运算时，应借助带有回归运算功能的计算器，只要把相关测量数据 x_i 和 y_i 输入计算器，显示屏上能立刻显示出 γ 及 a、b 的量值。

2. y、a、b 的标准偏差

一般地说，一列测量值 y_i 的偏差 $v_i=y_i-(bx_i+a)$ 大（即数据点对直线的偏离大），那么由这列数据求出的 a、b 值的误差也大，由此确定的回归方程的可靠性就差；如果一列测量值的偏差 v_i 小，那么由这列数据求出的 a、b 值的误差也小，回归方程的可靠性就好。可以证明，在前述假定只有 y_i 有明显误差条件下，y 测量值及 a 和 b 的标准差可以用下列式子来估算。

测量值 y 的标准差为

$$s_y=\sqrt{\frac{l_{yy}-\frac{l_{xy}^2}{l_{xx}}}{n-2}} \tag{1.4-5}$$

截距 a 的标准差为

$$s_a=s_y\sqrt{\frac{\sum_{i=1}^{n}x_i^2}{n\cdot l_{xx}}} \tag{1.4-6}$$

斜率 b 的标准差为

$$s_b=b\sqrt{\frac{\left(\frac{1}{\gamma^2}-1\right)}{n-2}} \tag{1.4-7}$$

斜率 b 和截距 a 的扩展不确定度为

$$U_b = t_P s_b,\ U_a = t_P s_a$$

式中，t_P 是置信概率 P（或显著性水平 $\alpha=1-P$），根据自由度 $v=n-2$ 查 t 分布表所得到的 t 值。

例 13　根据表 1.4-1 中测得的数据，用最小二乘法作直线拟合。按公式 $R=R_0(1+\alpha t)$，求 0℃时的电阻 R_0 和温度系数 α。

解

$$R=R_0(1+\alpha t)=R_0+R_0\alpha t$$

令：$y=R$，$x=t$，$a=R_0$，$b=R_0\alpha$，则方程变为

$$y=a+bx$$

按照实验数据算出下列各值，见表 1.4-2。

表 1.4-2　实验数据及计算值

i	x_i/℃	x_i^2/℃^{2}	y_i/Ω	y_i^2/Ω^2	x_iy_i/℃·Ω
1	24.0	576	3.500	12.250	84.0
2	30.0	900	3.581	12.82356	107.43
3	40.0	1600	3.724	13.86818	148.96
4	50.0	2500	3.875	15.01562	193.75
5	60.0	3600	4.025	16.20062	241.5
6	70.0	4900	4.170	17.38890	291.9
7	80.0	6400	4.302	18.50720	344.16
8	90.0	8100	4.443	19.74025	399.87
求和	444.0	28576	31.620	125.79433	1811.57

$$l_{xy}=\sum_{i=1}^{n}(x_iy_i)-\frac{1}{n}\sum_{i=1}^{n}x_i\sum_{i=1}^{n}y_i=\left(1811.57-\frac{1}{8}\times 444.0\times 31.620\right)℃\cdot\Omega=56.66℃\cdot\Omega$$

$$l_{xx}=\sum_{i=1}^{n}x_i^2-\frac{1}{n}\left(\sum_{i=1}^{n}x_i\right)^2=\left(28576-\frac{1}{8}\times 444.0^2\right)℃^2=3934℃^2$$

$$l_{yy}=\sum_{i=1}^{n}y_i^2-\frac{1}{n}\left(\sum_{i=1}^{n}y_i\right)^2=\left(125.79433-\frac{1}{8}\times 31.620^2\right)\Omega^2=0.81628\Omega^2$$

$$\bar{x}=\frac{1}{n}\sum_{i=1}^{n}x_i=\frac{1}{8}\times 444.0℃=55.50℃,\ \bar{y}=\frac{1}{n}\sum_{i=1}^{n}y_i=\frac{1}{8}\times 31.620\Omega=3.9525\Omega$$

由式（1.4-2）、式（1.4-3）求得

$$R_0\alpha=b=\frac{l_{xy}}{l_{xx}}=\frac{56.66}{3934}\Omega\cdot℃^{-1}=0.01440\Omega\cdot℃^{-1}$$

$$R_0=a=\bar{y}-b\bar{x}=(3.9525-0.01440\times 55.50)\Omega=3.1533\Omega$$

所以

$$\alpha=\frac{b}{R_0}=(0.01440/3.1533)℃^{-1}=4.567\times 10^{-3}℃^{-1}$$

由式（1.4-4）可得

$$\gamma=\frac{l_{xy}}{\sqrt{l_{xx}l_{yy}}}=\frac{56.66}{\sqrt{3934\times 0.81628}}=0.99986$$

由式（1.4-7）可得

$$s_b^2=b^2\frac{\left(\frac{1}{\gamma^2}-1\right)}{n-2}=0.01440^2\times\frac{\left(\frac{1}{0.99986^2}-1\right)}{8-2}\Omega^2\cdot ℃^{-2}=9.68\times10^{-9}\Omega^2\cdot ℃^{-2}$$

$$s_b=9.8\times10^{-5}\Omega\cdot ℃^{-1}$$

由式（1.4-5）可得

$$s_R^2=s_y^2=\frac{l_{yy}-\frac{l_{xy}^2}{l_{xx}}}{n-2}=\frac{0.81628-\frac{56.66^2}{3934}}{8-2}\Omega^2=3.77\times10^{-5}\Omega^2$$

$$s_R=s_y=6.1\times10^{-3}\Omega$$

由式（1.4-6）可得

$$s_{R_0}^2=s_a^2=s_y^2\frac{\sum_{i=1}^{n}x_i^2}{n\cdot l_{xx}}=\frac{3.77\times10^{-5}\times28576}{8\times3934}\Omega^2=3.423\times10^{-5}\Omega^2$$

$$s_{R_0}=s_a=5.9\times10^{-3}\Omega$$

因为 $b=a\alpha$，所以

$$s_b^2=\alpha^2s_a^2+a^2s_\alpha^2$$

$$s_\alpha^2=\frac{s_b^2-\alpha^2s_a^2}{a^2}=\frac{(9.8\times10^{-5})^2-(4.567\times10^{-3})^2\times(5.9\times10^{-3})^2}{3.1533^2}℃^{-2}$$

$$=8.929\times10^{-10}℃^{-2}$$

$$s_\alpha=3.0\times10^{-5}℃^{-1}$$

由以上结果可以看出，R 与 t 有着较密切的线性关系。最终结果为

$$R_0=3.1533(59)\Omega$$

$$\alpha=4.567(30)\times10^{-3}℃^{-1}$$

$$R=R_0+R_0\alpha t=[3.1533(59)+14.4011(2)\times10^{-3}t]\Omega$$

$$R=R_0(1+\alpha t)=[3.1533\times(1+4.567\times10^{-3}t)](61)\Omega$$

以上所得的 a、b 值与作图法所得结果之间的差别说明人工作图存在着主观随意性。

利用计算机软件（Origin、MATLAB、Mathematica 等）可以方便快捷地处理实验数据、作图、拟合、计算结果及其标准差等。

随着视频追踪技术的应用，一些高速或无规则运动的实验也可以在教学实验中开展。应用手机、高速摄像机等设备采集动态视频，再利用视频追踪技术确定每帧图像中物体的运动轨迹，进而可以进行速度测量，研究物体的动力学过程。

下面介绍 Origin 软件的使用。

1.4.4 Origin 软件在数据处理中的应用

Origin 是 Microcal 公司生产的一款数据分析和制图软件。该软件具有良好的操作界面，完善的数据分析能力（如数据的输入/输出、数据的统计运算、频谱变换及曲线拟合等），强大的绘图及编辑功能，深受广大科研工作者的喜爱，在各个工程领域都有广泛的应用。

打开 Origin 后，可以看到如图 1.4-3 所示的窗口。这里我们使用的版本是 Origin 7.0。Origin 中把要完成的一个数据处理任务称为一个“工程”（Project），文件的扩展名为 .OPJ。我们以实验“霍尔法测磁场”为例建立了一个工程（实验数据摘自学生实验报告）。打开该工程后，软件自动建立一个空白表格，表格的每一列都有一个名称（A(X),B(Y),…），可以通过右键菜单中的“Add New Column”来增加列。下面我们具体介绍如何使用 Origin 实现该实验的数据处理。

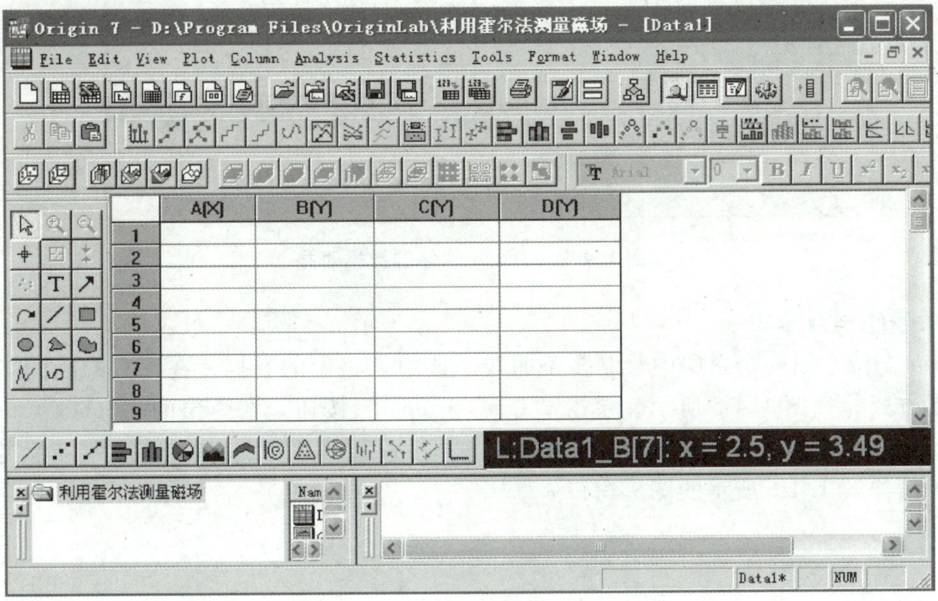

图 1.4-3 Origin 软件界面

1. 数据的输入/输出

从实验中获得的数据如表 1.4-3 所示，我们将实验数据存储在二进制数据文件 hr.dat 中。Origin 提供了三种数据输入的方法，一种是通过“File”菜单中的“Import”命令进行数据导入（或者通过快捷键 Ctrl+K），可以导入的数据文件类型为“＊.dat”“＊.txt”“＊.csv”等二进制数据文件。另一种方法是打开数据文件或数据表格，拷贝某一列数据，并粘贴在 Origin 表格的相应列。此外，可以在 Origin 表格中逐个输入和编辑数据。输入数据后的工程如图 1.4-4 所示。同样，可以通过“File”菜单中的“Export”命令进行数据导出，导出的数据文件类型同样为“＊.dat”“＊.txt”“＊.csv”。

表 1.4-3 霍尔法测磁场的实验数据

I_s/mA	U_H/mV (x=50.0mm)	U_H/mV (x=30.0mm)	U_H/mV (x=10.0mm)
0.50	1.00	0.73	0.17
1.00	1.90	1.39	0.33
1.50	2.53	1.84	0.44
2.00	3.05	2.22	0.53
2.50	3.49	2.54	0.60
3.00	3.84	2.79	0.66

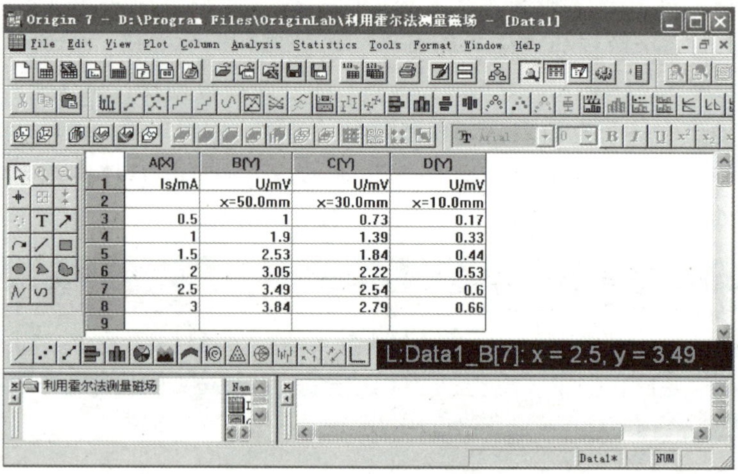

图 1.4-4　Origin 软件的数据表格

2. 曲线绘制及编辑

Origin 支持在同一个图层中绘制多条曲线。选中表格中的数据，在下方的绘图工具栏中选择绘图方式，如图 1.4-5 所示，单击“Line+Symbol”按钮。在弹出的“Select Columns for Plotting”窗口中将 A(X)+B(Y)、A(X)+C(Y)、A(X)+D(Y) 加入选择列，单击“OK”按钮后弹出如图 1.4-6 所示的图形窗口。

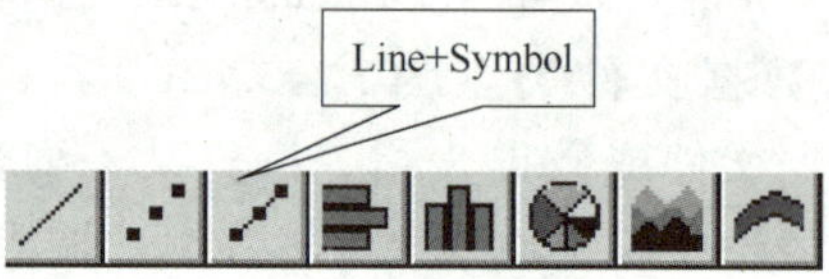

图 1.4-5　线性拟合工具条

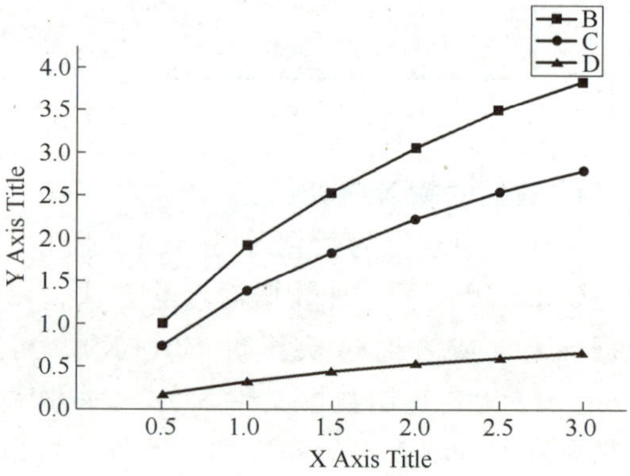

图 1.4-6　图形界面

(1) 设定坐标轴物理量及名称。在“X Axis Title”上单击右键，单击“Properties…”命令，在弹出的标注设置对话框中输入“I_s/mA”，并单击“OK”按钮。并将修改后的横轴标注拖至坐标轴右端。同样在标注设置对话框中将“Y Axis Title”修改为“U_H/mV”。

(2) 设置坐标轴标度。双击电流 I_s 的坐标轴标度值，弹出标度设置对话框，如图 1.4-7 所示。设置水平坐标轴标度的字体和字号，单击“Scale”选项卡，设置水平坐标轴显示的标度范围，设置坐标轴分度值，次标度线（“Minor”）个数设为“10”。单击“Title & Format”选项卡，将主标度线（“Major”）和次标度线都设定为“In”。同样设置电压 U_H 的坐标轴标度。

提示：如果想显示格线，则单击“Grid Lines”选项卡，选中主格线“Major Grid”和次格线“Minor Grid”复选框。如果想显示四条边框，则可以在“Title & Format”选项卡中将上方及右方的“Show Axis & Tick”复选框选中，并且加以设定。

在曲线上双击鼠标，在弹出的对话框中设置曲线的线型、粗细和颜色。选中图例框，将其拖动至图形窗口左上角。双击图例框，将三条线的图注分别修改为50.0mm、30.0mm和10.0mm。在左侧工具栏单击“T”，插入文本，输入图名、姓名、学号、班级和日期。结果如图1.4-8所示。

(3) 图形输出。在Origin中可以将所绘图形打印输出或者保存为图形文件。单击“File”菜单中的“Export Page”命令，可以将图形保存为“.BMP”“.EPS”“.TIF”等位图或矢量图文件，从而可以在撰写论文时直接使用。

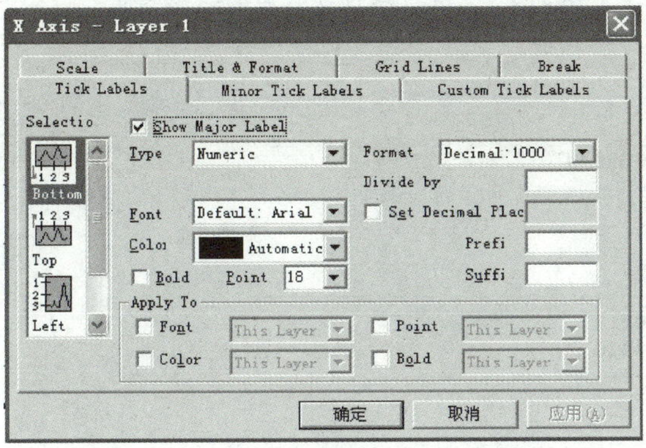

图1.4-7 坐标轴标度设置对话框

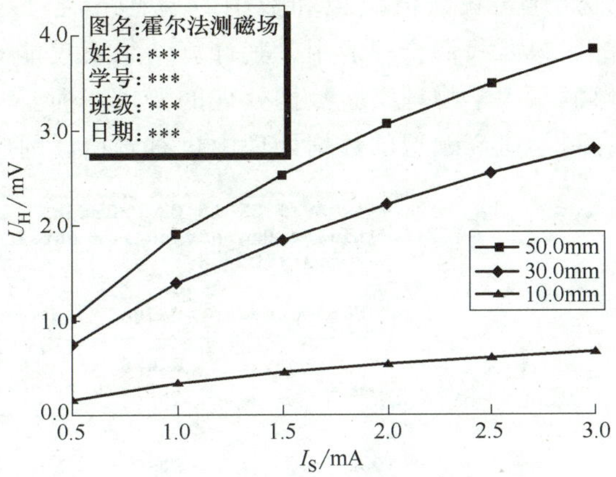

图1.4-8 编辑好的图形界面

3. 数据处理

利用Origin自带的数据统计处理功能，可以实现实验数据的线性拟合和非线性拟合。

进行线性拟合的方法有两种，一种是通过“Analysis”菜单中的“Fit Linear”命令，另一种是通过“Tools”菜单中的“Linear Fit”命令。两者的不同在于，前者用默认的方式进行拟合，后者则可以设定拟合的参数。此外，Origin提供了一种屏蔽粗大误差数据的方法，单击“Mask”工具栏上的“Mask Range”按钮，可以将粗大误差数据点屏蔽，然后再进行线性拟合操作。

Origin提供了多种非线性拟合的方案，在Analysis菜单中有多项式拟合、指数衰减拟合、指数增长拟合、S形或C形拟合、Gaussian拟合、Lorentzian拟合和多峰值拟合等，在“Tools”菜单中则有多项式拟合和S形或C形拟合。此外，通过“Analysis”菜单中的“Non-linear Curve Fit”命令，可以自定义拟合函数，并在处理数据时，根据实际实验数据的规律和图形趋势选择合理的参数，实现最优拟合。下面我们对上述实验数据进行线性拟合。

在数据表格中选中所要拟合的数据列，单击“Tools”菜单中的“Linear Fit”命令，对该列数据进行线性拟合，拟合的结果如图1.4-9所示。

进行线性拟合后，在窗口右下方出现如图1.4-10所示的数据栏，显示了线性拟合 $Y=A+BX$ 的相关结果。其中，“Error”为 A 和 B 的标准差［一般记为 $\sigma(A)$ 和 $\sigma(B)$］，“R”为线性拟合的相关系数（记为 γ）。一般来讲，γ 值越接近1，线性拟合的结果越好，“SD”为测量值（U_H）的标准差［$\sigma(Y)$］，“N”为测量数据的个数，“P”为 $\gamma=0$ 的概率。

除了上述图形绘制功能外，Origin 还提供了在同一个图层绘制不同标度的曲线的功能。通过“Tools”菜单中的“Layer”命令，可以新建图层和曲线坐标轴，并将不同图层的曲线合并在同一个图层中，这里不再赘述。

利用传统的手工绘图，不同的实验者使用同样的数据会得到不同的实验曲线和实验结果，并带来不同的实验误差。Origin 软件则是建立在数值模拟和数值计算理论之上的，只要我们合理运用，其计算结果不仅能够满足大学物理实验数据处理的要求，而且在科学研究领域的数据处理中也有着广泛的应用。

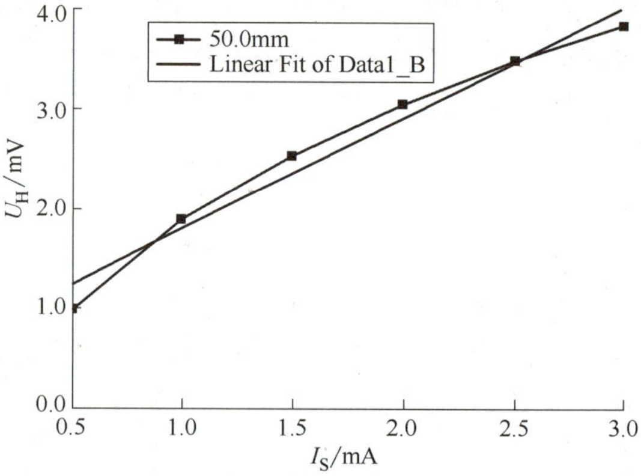

图 1.4-9 进行线性拟合后的图形界面

```
[2009-9-25 13:03 "/Graph3" (2455099)]
Linear Regression for Data1_B:
Y = A + B * X

Parameter    Value       Error
------------------------------------------------------------
A            0.686       0.18218
B            1.11371     0.09356
------------------------------------------------------------

R            SD          N          P
------------------------------------------------------------
0.98618      0.19569     6          2.85238E-4
```

图 1.4-10 线性拟合数据栏

1.5 物理实验的基本方法

物理量的测量是一个以物理理论为依据，以实验技术和实验装置为手段得出待测物理量的测量结果的过程。物理实验的测量结果与测量方法和手段密切相关。同一种物理量，在量值的不同范围，测量方法可能不同，即使在同一范围内，不确定度要求不同也可以有多种测量方法，选用何种方法要看待测物理量在哪个范围和我们对测量不确定度的要求如何。随着人类对物质世界更深入的了解，待测物理量的内容越来越广泛；随着科学技术的飞速发展，测量方法和手段也越来越丰富，越来越先进。下面介绍在科学实验中具有共性的物理实验基本方法。

1.5.1 比较法

比较法是物理实验中最常用的基本方法。它是将待测量与标准量进行比较来确定待测量量值的一种实验方法。按比较方式可分为直接比较法和间接比较法两类。

1. 直接比较法

直接比较法是将待测物理量与同类物理量的标准量具或标准仪器直接进行比较测出其量值的方法。例如，用米尺测量长度、用天平测量质量等都是直接比较法。

2. 间接比较法

有些物理量难于直接比较，需要通过物理量之间的函数关系将待测量与某种标准量进行间接比较，求出其大小，这就是间接比较法。例如，根据李萨如图形测量交流电信号频率就是先将被测信号和标准信号同时输入示波器转换为特殊图形后，再由标准信号的频率换算出被测信号之频率，就是间接比较法。

实际上，所有测量方法本质都是比较法，都是将待测量与标准量进行比较的过程，只不过比较的形式不都是那么明显而已。为了进行比较，常用以下方法：

（1）直读法。米尺测长、电流表测电流强度、电子秒表测时间等，都是由标度尺示值或数字显示窗示值直接读出被测值，称为直读法。直读法操作简便实用，但它的测量精度取决于标准量具（或测量仪器）的精度。因此，标准量具和测量仪器一定要定期校准，还要按照规定条件使用，否则就会产生很大的系统影响。

（2）平衡法、补偿法或示零法。把标准量具的值 S 选择或调节到与待测物理量 X 的值相等，用于抵消（或补偿）待测物理量的作用，使系统处于平衡（或补偿）状态。处于平衡状态的测量系统，待测物理量 X 与标准量具的值 S 具有确定的关系，这种测量方法称为平衡法（或补偿法）。平衡法（或补偿法）的特点是测量系统中包含有标准量具和平衡器（或示零器），在测量过程中，待测物理量 X 与标准量具 S 直接比较，调整标准量 S，使 S 与 X 之差为零（故也称其为示零法）。这个测量过程就是调节平衡（或补偿）的过程。其优点是可以免去一些附加的系统影响，当系统具有高精度的标准量具和平衡指示器时，可获得较高的分辨率、灵敏度及测量的精确度。在物理实验的测量操作中，此法的运用非常广泛。例如，用等臂天平称物体的质量是一种平衡测量，用惠斯通电桥测电阻也是一种平衡测量。以上两例均在指针（天平读数长指针和电桥检流计指针）示零时获得测量值，所以又可称为示零测量。而惠斯通电桥实际上又是一种电压补偿（电桥平衡时，桥臂上电压互相补偿，检流计示零）的测量装置。

（3）比率测量法。将一个未知量 X 与一已知量 S 的某分数或倍数进行比较，$X=KS$（K 为比例系数，可由实验定出），从而得到未知量 X 值的方法。例如，惠斯通电桥的倍率旋钮挡的设计就是利用了比率测量法的原理，即利用 $\dfrac{R_1}{R_2}=K$（$K=0.001$、0.01、0.1、1、10、100、1000）来达到改变量程的目的。

（4）交换法和替代法。

① 用天平称量物体质量时，第一次称量在左盘放置被测物体，右盘放砝码；第二次称量在右盘放置被测物体，左盘放砝码，取两次称量结果的几何平均值作为被测物体的质量可以消除可能存在的天平不等臂误差的影响。类似的测量方法称为交换法。

② 在用平衡电桥测电阻时，先接入待测电阻，调电桥平衡，再用可调电阻箱替换待测电阻，并保持其他条件不变，调电阻箱重新使电桥平衡，则电阻箱示值即为被测电阻的阻值。类似的测量方法称为替代法。

交换法和替代法常被用来消除系统影响，提高测量的精确度。

1.5.2　放大法

在测量中，有时由于被测量过分小，以至于无法被实验者或仪器直接感觉和反映，那么可以先通过某种途径将被测量放大，然后再进行测量。放大被测量所用的原理和方法便称为放大法。由于待测物理量的不同，放大的原理和方法也不同，常用的放大法有以下几种。

1. 累积放大法

在物理实验中，有时由于受测量仪器精度的限制，或受人的反映时间的限制，单次测量的误差很大或无法测出待测量的有用信息，这就需要采用累积放大法进行测量。例如，用秒表测量单摆摆动的周期，如果摆长为 1m，则周期 T 约为 2s，而人开启和关闭秒表的平均反应时间为 $\Delta t=0.2\text{s}$，则单次测量周期的相对误差为 $\Delta t/T=10\%$。若我们测量 50 个周期，则将由人开启和关闭秒表的平均反映时间引起的误差降到 $\Delta t/50T=0.2\%$。回旋加速器也是利用了累积放大的原理：电子每通过加速器半圆的出口进行一次加速，使电子的能量不断增加。

2. 机械放大法

机械放大是利用力学量之间的几何关系进行转换放大的一种最直观的放大方法。例如，利用游标可以提高测量的细分程度。原来分度值为 y 的主尺，加上一个 n 等分的游标后，组成的游标尺的分度值 $\Delta y=y/n$，即对 y 细分了 n 倍，这对直游标和角游标都是适用的。

螺旋测微原理也是一种机械放大。将沿螺距的移动转换为沿周长的移动，其放大率 $\beta=\pi D/L$，若螺距 $L=0.5\text{mm}$，微分筒直径 $D=16\text{mm}$，则 $\beta\approx100$。由于放大作用提高了测量仪器的分辨力，从而提高了测量精度。而迈克耳孙干涉仪又将游标放大和螺旋放大结合起来，位置分度值可达 0.0001mm，从而实现了精密测量。

3. 电学放大法

电学放大法就是利用电子学的放大电路将微弱的电信号（电压、电流、功率等）放大后进行测量的方法。随着微电子技术和电子器件的发展，各种电信号的放大都很容易实现，而且电学放大的放大率可以远高于其他放大方式，因而提高了实验的可观察度和测量精确度。然而，为了避免失真，要求电信号的放大过程尽可能是线性放大。

4. 光学放大法

光学放大法分为视角放大和微小变化量（微小长度、微小角度）放大两种。

正常人的眼睛能够分辨的角度约为 1′，它在明视距离（约为 25cm）所对应的长度约为 0.07mm，小于这个距离的图样细节人眼便不能分辨，一些复杂的图样的细节因不能分辨而被看成只是一个点。为了提高人眼分辨图样细节的能力，可将图形对人眼的张角加以放大。放大镜、显微镜和望远镜等都属于视角放大的光学仪器。这类仪器只是在观察中放大视角，并不是实际尺寸的变化，所以并不增加误差。因而许多精密仪器都是在最后的读数装置上加一个视角放大装置以提高测量精度。

微小变化量的放大原理常用于光点检流计、光杠杆等装置中。例如测量微小长度变化的光杠杆镜尺法就是通过测量放大的物理量来获得微小的长度变化。

1.5.3　转换法

转换测量法是根据物理量之间的各种效应和定量函数关系，利用变换原理将不能或不易测量的待测物理量转换成能测或易测的物理量进行测量，然后再求待测物理量。实际上就是间接测量法的具体应用。

由于物理量之间存在多种关系和效应，因此也就有不同的转换法，这恰恰反映了物理实验中最有启发性和开创性的一面。转换法一般可分为参量转换法和能量转换法两大类。

1. 参量转换法

参量转换法是利用物理量之间变换的某种函数关系进行的间接测量。

(1) 把测不准的量转换成可测量的量。例如，测不规则物体的体积或密度，将不易测量的不规则物体的体积转化为易测量的液体体积，只需一个有较精确刻度的量筒就行。

(2) 用测量物理量的改变量代替测量物理量。例如，密立根油滴实验中，通过测量油滴带电量的改变量从而得到一个电子的电量。

(3) 把不可测的量转换成可测的量。如关于引力波的实验，物理学家通过测量双星由于辐射引力波而导致轨道周期的减小来检验引力波的存在，实现了实验室中无法达到的既可以直接测量到宇宙内的引力波、又同时能排除电磁辐射干扰的目的。我国古代曹冲称象的故事也是一个参量转换的很好范例，把当时不可测量的大象重量变换成可测量的石头重量。

(4) 把单个测量点的计算方法，改变为多个测量点的作图法或回归法。把不易测的物理量放在截距上，而把要测的物理量放在斜率中去解决，如实验4.20金属电子逸出功的测定。

2. 能量转换法——传感器转换法

与参量转换不同，能量转换是利用一种运动形式转换为另一种运动形式时物理量之间的对应关系进行的间接测量。能量转换的关键是传感器——根据某一物理原理或效应制成的一种能量转换装置。由于热敏、光敏、磁敏、压敏等各种新型功能材料不断涌现，以及这些材料的性能不断提高，各种各样的敏感器件和传感器也就应运而生，为科学实验和物理测量方法的改进提供了很好的条件。考虑到电磁学参量测量方便、迅速、容易实现，所以最常见的传感器转换法是将某些物理量的测量转换为电学量的测量（亦称电测法）。常见的能量转换方式有以下几种。

(1) 热电转换。将热学量通过热电传感器转换为电学量的测量。热电传感器的种类很多，它们虽然依据的物理效应不同，但都是利用了材料的温度特性。例如，利用材料的温差电动势原理，将温度测量转换成对热电偶的温差电动势的测量。也可利用材料的电阻温度特性，将温度的测量转换成对电阻的测量。

(2) 压电转换。利用压敏元件或压敏材料（如压电陶瓷、石英晶体等）的压电效应，将压力转换成电信号进行测量。反过来，也可以用某一特定频率的电信号去激励压敏材料使之产生共振，来进行其他物理量的测量。例如，"实验4.3 超声速的测量"中，就是利用压电换能器将电信号转换为压力变化产生超声波发射，又利用其逆变化将接收的声波信号转换回电信号在示波器上显示，由此测定声音在空气中的传播速度。

(3) 光电转换。利用光敏元件将光信号转换为电信号再进行测量。例如，在弱电流放大的实验中，把激光（或日光、灯光等）照射在硒光电池上直接将光信号转换为电信号，再进行放大。光电管、光电倍增管、光电池、光敏二极管、光敏三极管等器件都可以实现光电转换。

(4) 磁电转换。利用半导体霍尔效应进行磁学量与电学量的转换测量。最典型的磁敏元件有霍尔元件、磁记录元件（如读、写磁头，磁带，磁盘）等。利用磁敏元件（或电磁感应组件）将磁学参量转换成电压、电流或电阻的测量。例如，在"实验3.12 霍尔法测磁场"中，利用霍尔效应将磁感应强度转换为霍尔电势差。

(5) 几何变化量与电学参量的转换。利用电学元件或参量（如电感、电容、电阻等）对几何变化量敏感的特性，实施对长度、厚度或微小位移等几何量的测量。

转换法灵敏度高、反应快、控制方便并能进行自动记录和动态测量，与其他方法综合运用，可使许多过去认为难以解决、甚至不能解决的技术难题迎刃而解。

1.5.4　模拟法

模拟测量法是根据相似性原理，人为地制造一个类似于被研究对象或运动过程的模型，用模型的测试代替对实际对象的测试的实验方法。这是因为在探求物质的运动规律或解决工程技术问题时，往往会遇到像被研究的对象非常庞大或非常微小、非常危险或者是研究对象变化非常缓慢这样一些特殊的、难以对研究对象进行直接测量的情况。模拟法一般可分为以下几种。

1. 几何模拟法

几何模拟是将所研究对象按比例制成模型，以此作为观察研究的辅助手段，此法简单实用，但只能做定性研究，不易弄清被模拟量的内部变化规律，物理实验中很少采用。

2. 物理模拟法

物理模拟的特点是模拟量与被模拟量的变化服从同一物理规律。例如，为了研究高速飞行的飞机上各部位所受的力，以便于飞机的设计，人们首先制造一个飞机模型，将模型放入风洞，创造一个与实际飞机在空中飞行完全相似的物理过程，对模型飞机受力情况进行测试，以便获得可靠的实验数据。

物理模拟可使观察的现象反复出现，生动形象，因此具有广泛的应用价值。

3. 数学模拟法

数学模拟法又称类比法。这种模拟的模型与原型在物理形式上和实质上可能毫无共同之处，但它们却遵循相同的数学规律。例如，力电类比中，力学的共振与电学的共振虽然不同，但它们却有相同的二阶常微分方程。又如，模拟静电场的实验就是根据电流场与静电场具有相同的数学方程式，用稳恒电流场来模拟静电场得到所需的实验结果。

随着计算机的不断发展和广泛应用，人们可以通过计算机模拟实验过程，预测可能的实验结果。这种方法称为计算机模拟法。

模拟法虽然具有上述的许多优点，但也有很大的局限性，因为它仅能够解决可测性问题，并不能提高实验的精度。

以上分别介绍了物理实验中最常用的基本方法，但是每一种方法都不是孤立的。在物理实验课程学习中应当注重深刻理解各种实验方法的基本思想，并在实践中学会运用，特别是学会综合应用各种实验方法解决问题，提高科学素质和实验能力。

1.6　物理思想与物理方法解析

“真理是客观存在的”（肯定有一个真值），“世界是可知的”，同时，“真理又是相对的、有限的”（测量只能得到估计值），“真理永远处在发展中”。

1. 加深对真理相对性原理的理解

“不确定度”是真理相对性、有限性的度量——加深对“估计值”“不确定度”的理解。

2. 充分认识科研探索的意义

“真理是客观存在的”（肯定有一个真值），“世界是可知的”——这是我们对于客观世界的基本判断，是科学研究和探索的基础和意义所在。

3. 强化探索、创新意识

“真理又是相对的、有限的”（实验只能得到估计值），“真理永远处在发展中”——这是我们不断深入进行研究探索的价值和动力所在。

习　　题

1. 指出下列各数是几位有效数字。

（1）1.0000　（2）0.001　（3）自然数 1　（4）9.800　（5）0.0300

（6）325.700　（7）1.15　（8）0.0115　（9）0.001150

2. 把下列各数修约成三位有效数字。

（1）1.0751　（2）0.86249　（3）27.05　（4）3.1350　（5）0.002000

（6）0.463500　（7）52.65　（8）10.8000　（9）8.971×10^{-6}

3. 改错。

（1）$L=(10.8000\pm0.20)\text{cm}$　（2）$q=(1.61248\pm0.28765)\times10^{-19}\text{C}$

（3）28cm = 280mm　（4）$E=(1.93\times10^{11}\pm6.79\times10^{9})\text{V}\cdot\text{m}^{-1}$

（5）$R=6371\text{km}=6371000\text{m}$

4. 按有效数字规则计算。

（1）$107.50-2.5=$　（2）$98.754\div1.3=$

（3）$\dfrac{300\times1500}{11.60-10.6}=$　（4）$\dfrac{(2.480-2.2)\times5.989}{2.00}=$

（5）$\dfrac{8.0421}{6.038-6.034}+30.9=$

5. 被测电压 $U\approx25\text{V}$，用下列仪表中哪一台进行测量，可使测量结果的不确定度最小？（　　）

A. 量程为 30V 的 2.5 级电压表

B. 量程为 300V 的 0.5 级电压表

C. 量程为 1000V、$\Delta_{\text{INS}}=(0.08\%U+1)\text{V}$ 的三位半数字电压表

D. 量程为 100V 的 1.5 级电压表

6. 在测量铜环密度的实验中，其密度测量模型为 $\rho=\dfrac{4m}{\pi(D^2-d^2)h}$，其中 m 为铜环的质量；d、D、h 分别为铜环的内、外径和高。试推导密度 ρ 的合成标准不确定度公式。

7. 用米尺对一钢管的长度 l 进行 8 次等精度测量，数据如下（单位：mm）：30.29、30.25、30.29、30.26、30.23、30.26、30.24、30.27。假设所用米尺的示值误差限（最大允差为 3 倍标准差）为 $\Delta_d=0.8\text{mm}$。求测量模型的平均值、测量列标准差 σ、测量列的 A 类标准不确定度 u、合成标准不确定度 $u_c(l)$，以及 $P=0.95$ 和 $P=0.99$ 的扩展不确定度 U_P。

8. 金属丝长度与温度关系为 $L=L_0(1+\alpha t)$，其中 α 为线膨胀系数，测量数据见表 1，试用作图法和线性回归法求出 α 值，并分析其不确定度。

表 1　金属丝长度随温度变化数据

t/℃	10.0	15.0	20.0	25.0	30.0	35.0	40.0	45.0
L/mm	1003	1005	1008	1010	1014	1016	1018	1021

9. 用单摆测重力加速度 g，当摆角很小时测量模型为 $g=\dfrac{4\pi^2L}{T^2}$，其中 L 为摆长，T 为周期，它们的测量结果分别为：$L=97.69(12)$ cm；$T=1.9482(21)$ s。试求重力加速度 g 的测量结果。

【参考文献】

[1] 张增明，韦先涛，浦其荣，等．大学物理实验：第一册［M］．北京：高等教育出版社，2024.

[2] 全国认证认可标准化技术委员会．测量不确定度评定和表示：GB/T 27418—2017［S］．北京：中国标准出版社，2018.

[3] 教育部高等学校大学物理课程教学指导委员会．理工科类大学物理实验课程教学基本要求［M］．2023 年版．北京：高等教育出版社，2023.

[4] 刘绒侠，王党社，彭首军．用 Origin 软件处理物理实验数据［J］．大学物理实验，2008，22（2）：91.

[5] 张映辉．大学物理实验［M］．2 版．北京：机械工业出版社，2017.

[6] 张映辉．大学物理实验学习指导书［M］．2 版．北京：高等教育出版社，2021.

[7] 张映辉．大学物理实验数字课程［M］．北京：高等教育出版社，2020.

【本章相关数字资源】

1. 测量讲解视频

2. 不确定度讲解视频-1：不确定度概念

2. 不确定度讲解视频-2：直接测量量不确定度的评定

2. 不确定度讲解视频-3：间接测量量不确定度的评定

3. 有效数字讲解视频-1：概念、直接测量量有效数字读取

3. 有效数字讲解视频-2：运算、修约、取位

4. 数据处理讲解视频-1：列表法、最小二乘法

4. 数据处理讲解视频-2：作图法

5. 物理实验的基本方法讲解视频

思维导图（知识图谱）

第2章　物理实验的基本训练

2.1　基本物理量的测量

物理实验需要定量研究物理量之间的关系。在实验方法确定后，必须选择恰当的仪器进行测量。了解常用仪器的性能，并学会其使用方法是课程教学的基本要求之一。物理实验仪器种类繁多，本节仅介绍基本物理量的定义、测量范围和一些最基本的常用仪器。其他物理量和仪器将结合各实验教学介绍。

2.1.1　长度测量

长度是一个基本物理量。国际单位制中长度的单位是米（m），1983 年国际计量大会将米的长度定义为真空中光在 1/299792458s 内的行程；2018 年，国际计量大会将米的定义更新为：当真空中光速 c 以 $m \cdot s^{-1}$ 为单位表达时选取固定数值 299792458 来定义米。

大学物理实验中经常测量的长度范围在 10^{-8} ~ 10m 之间。在精度要求不高的情况下可以用米尺（钢卷尺、钢直尺等）测量长度，其分度值为 1mm；要求稍高时可采用游标卡尺和螺旋测微器（千分尺）测量长度；要求更高时可采用迈克耳孙干涉仪或激光测距仪测量长度。

1. 游标卡尺

游标是为了提高角度、长度的微小量测量精度而采用的一种读数装置。长度测量用的游标卡尺就是用游标原理制成的典型量具。游标卡尺的外形结构如图 2.1-1 所示。

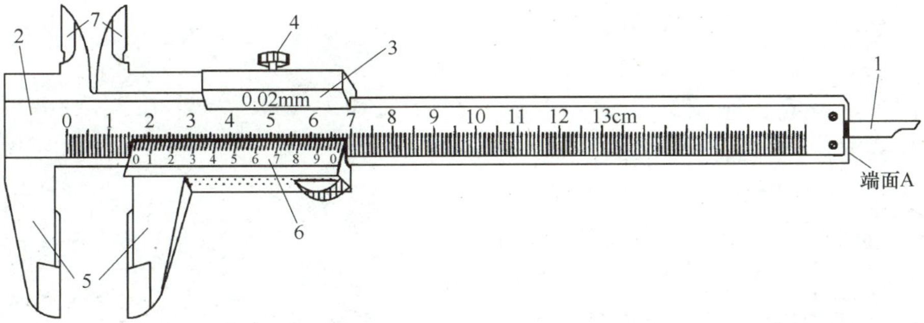

图 2.1-1　游标卡尺

1—深度尺　2—尺身　3—尺框　4—紧固螺钉　5—下量爪　6—游标　7—刀口型量爪

当拉动尺框 3 时，两个量爪做相对移动而分离，其距离大小的数值从游标 6 和尺身 2 上读出。下量爪 5 用于测量各种外尺寸；刀口型量爪 7 用于测量深度不深于 12mm 的孔的直径和各种内尺寸；深度尺 1 固定在尺框 3 的背面，能随着尺框在尺身 2 的导槽（在尺身背面）内滑动，用于测量各种深度尺寸。测量时，尺身 2 的端面 A 为测量定位基准。

（1）游标读数原理。游标量具由尺身（固定不动）和沿尺身滑动的游标组成。

尺身一格（两条相邻刻线间的距离）的宽度与游标一格的宽度之差，称为游标卡尺的分度值。目前，游标卡尺的尺身刻度为每格 1mm，游标分度值有 0.1mm、0.02mm 和 0.05mm 三种。

把游标等分为十个分格，叫“十分游标”。图 2.1-2 是它的读数原理示意图。游标上的 10 个分格，其总长正好等于尺身的 9 个分格。尺身上一个分格是 1mm，因此游标上 10 个分格的总长等于 9mm，一个分格长度是 0.9mm，与尺身一格的宽度之差（游标分度值）为 0.1mm。

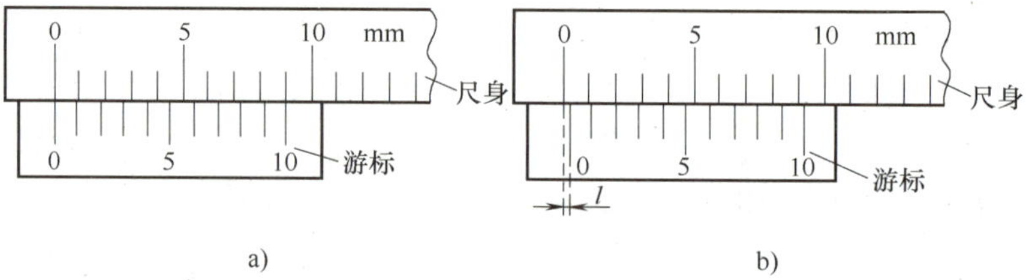

图 2.1-2　十分游标的尺身与游标

从图 2.1-2a 中两尺（游标和尺身）的“0”线对齐开始向右移动游标，当移动 0.1mm 时，两尺上的第一条线对齐，两根“0”线间相距为 0.1mm；当移动 0.2mm 时，两尺的第二条线对齐，两条“0”线间相距为 0.2mm。显而易见，当游标移动 0.9mm 时，两尺的第九条线对齐，这时两条“0”线相距为 0.9mm，这个值就是游标在该位置时尺身的小数值。

可见，利用游标原理可以精确地判断游标的“0”线与尺身上刻线间相互错开的距离。该距离的大小，就是尺身的小数值。例如，当量爪 5 之间夹一纸片时，游标尺上第二条线与尺身第二条线对齐，则纸片厚度为 0.2mm，如图 2.1-2b 所示。

（2）游标卡尺的读数。游标的“0”线是毫米读数的基准。尺身上挨近游标“0”线左边最近的那根刻线的数字就是尺身的毫米值（整数值）；然后，再看游标上哪一条线与尺身上的刻线对齐，将该线的序号乘游标分度值之积，就是尺身的小数值（也可在游标上直接读出）。将整数和小数相加，就是所求的数值。

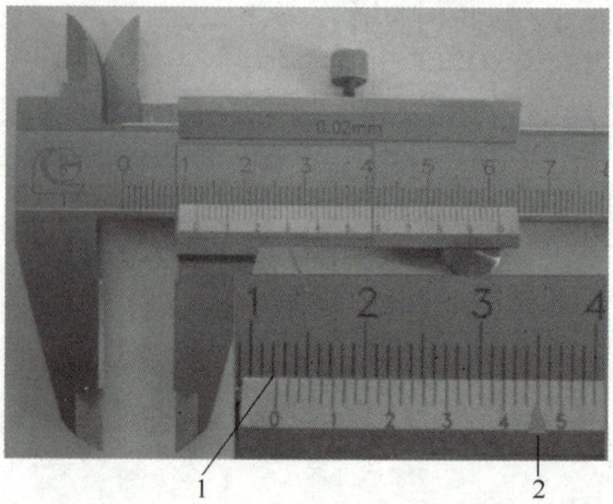

图 2.1-3　游标卡尺的读数方法

1—整数　2—小数

读数时要注意，尺身上刻的数字是厘米数，如尺身上刻 1 是表示 1cm，即 10mm；游标上刻的数字是游标分度值，例如刻 0.02mm 和 0.05mm 分别表示游标分度值为 0.02mm 和 0.05mm。从图 2.1-3 看到，整数是 12mm，因为尺身的第 12 条刻线挨近游标的“0”线的左边；小数是 0.02mm×23=0.46mm，因为游标的第 23 条刻线与尺身上的一条刻线对齐。故两次读数之和为 12.46mm。

用游标卡尺测量前应校零，即将两量爪 7 合紧，看尺身和游标零线是否重合。若不重合，要记下此时读数，以便测量后进行修正。例如，读

数值为 l_1，零点读数为 l_0，则待测量 $l=l_1-l_0$（l_0 可正可负）。注意在推游标前要把固定螺钉 4 松开。

游标卡尺测长原理在许多力学和光学仪器上都有应用。尺身和游标不仅可以做成直的，用于长度测量，如卡尺；也可做成圆形的，用于角度测量，如分光计。

2. 螺旋测微器（千分尺）

(1) 螺旋测微器的结构与原理。螺旋测微器的精度比游标卡尺更高。小型螺旋测微器的外形如图 2.1-4 所示。固定在套筒上的标尺刻度在水平基线的上下，其下面刻度线是 mm 数，上面刻度线在下面两刻线之中，表示 0.5mm。在微分筒端部圆周上等分 50 个刻度。

螺旋测微器结构的主要部件是一个高精度螺旋丝杆，螺距是 0.5mm。根据螺旋推进原理，微分筒转过一周，测微螺杆位移一个螺距距离 0.5mm。所以，微分筒转过一分度，相当于测微螺杆位移 0.5mm/50＝0.01mm。这种螺旋测微器的分度值就是 0.01mm。

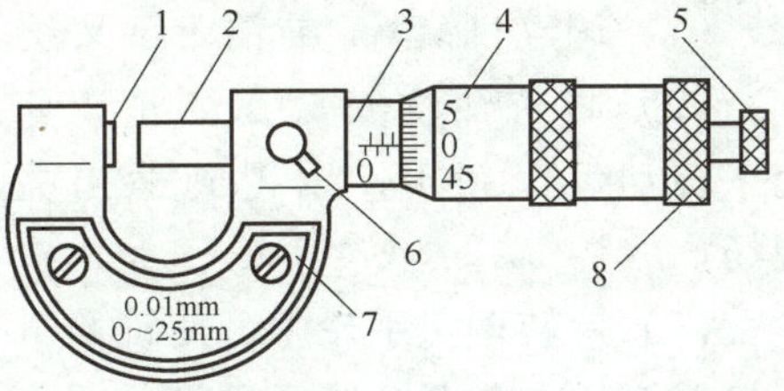

图 2.1-4　小型螺旋测微器

1—测砧　2—测微螺杆　3—固定套筒　4—微分筒　5—测力装置　6—锁紧装置　7—护板　8—后盖

(2) 螺旋测微器的读数。螺旋测微器和游标的读数一样，也分三步：

① 读整数。微分筒的端面是读取整数的基准。读数时，看微分筒端面左边固定套筒上露出的刻度的数字，该数字就是尺身的读数，即整数。

② 读小数。固定套筒的基线是读取小数的基准。读数时，看微分筒上是哪一条刻线与固定套筒的基线重合。如果固定套筒上的 0.5mm 刻线没有露出，则微分筒上与基线重合的那条刻线的数字就是测量所得的小数；如果 0.5mm 刻线已经露出，则从微分筒上读得的数字再加上 0.5mm，才是测量所得的小数。这点要特别注意，不然会少读或多读 0.5mm，造成读数错误。

当微分筒上没有任何一条刻线与基线恰好重合时，应该估读到小数点后第 3 位数。

③ 求和。将上述两次读数相加，即为所求的测量值。图 2.1-5 给出了读数示例。

使用螺旋测微器测量时也应该先校零，即转动测力装置 5，使测砧 1 和测微螺杆 2 轻微接触，看此时读数是否为零。不为零时可用专用工具调整，使其指零；也可记下此初始值（称为零点读数），测量后用于数据修正。

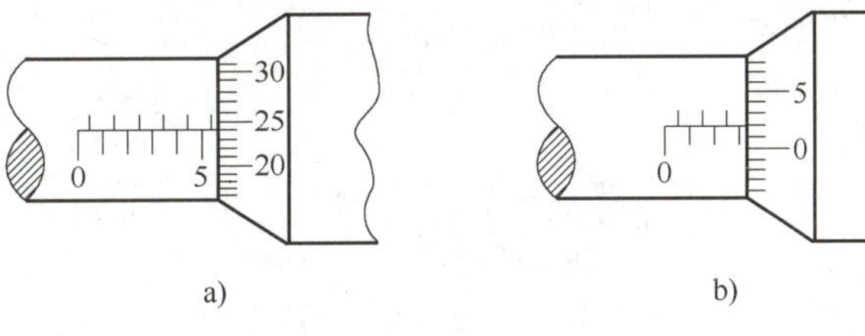

图 2.1-5　螺旋测微器读数

a）5.740mm　b）3.019mm

校准或测量时不能直接拧微分筒 4，一定要拧测力装置 5 来带动螺杆，听到内部摩擦片打滑引起的“咔咔”声时就要停止转动，以免两测量头间或测量件与测量头之间产生过大的压力而引起变形和损坏。测量完毕应使测砧与测微螺杆间留出间隙，以免因热膨胀而损坏螺纹。旋转螺旋测微器时，必须放松锁紧装置 6。

螺旋测微原理不仅用于螺旋测微器，也可用于光学测微目镜和读数显微镜等。

3. 读数显微镜

读数显微镜是用于精确测量微小长度的专用显微镜。它主要由用于测量的螺旋测微装置和用于观察的显微镜两部分组成。图 2. 1-6 就是一种实验室常用的读数显微镜。它的镜筒可以通过螺旋机构左右移动（有的读数显微镜的镜筒与测量件之间可以在二维平面上相对移动或转动）。移动距离可以通过以 1mm 为分度的尺身和测微鼓轮 A 读出。其中测微鼓轮 A 的读数原理与螺旋测微器一样，它的螺距为 1mm，A 的周边上刻有 100 个分格，每转动一个刻度镜筒移动 0. 01mm。水平移动的距离（毫米数）由水平标尺 F 上读出，小于 1mm 的数，由测微鼓轮读出，两者之和就是此时读数显微镜的位置坐标值。图 2. 1-6b 是读数显微镜的螺旋测微装置，它包括标尺 F、读数准线 E_1 和 E_2、测微鼓轮 A。

读数显微镜的使用方法：

（1）调整目镜 C，看清十字叉丝。

（2）将待测物安放在测量工作台 G 上，转动反光镜 H，以得到适当亮度的视场。

（3）旋转调焦手轮 D，使镜筒 B 下降到接近待测物表面，然后逐渐上升，至看清待测物为止。

（4）转动测微鼓轮 A，使叉丝交点和待测物上的某点（或一条线）对准，记下读数。继续沿同一方向转动鼓轮，使叉丝交点对准待测物的另一点，再记下读数。两次读数之差就是待测物上两点间的距离。

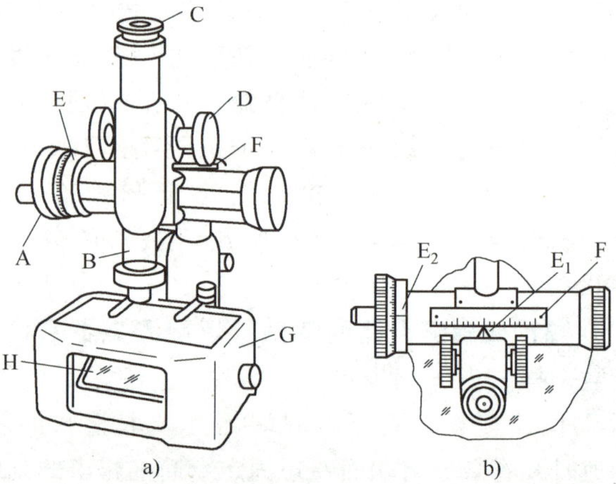

图 2. 1-6　读数显微镜

A—测微鼓轮　B—显微镜筒　C—目镜　D—调焦手轮
E（E_1、E_2）—准线　F—标尺　G—工作台　H—反光镜

测量时，显微镜筒的移动方向要和被测两点间连线平行。测量中必须保证两次读数时叉丝像是沿同一方向移动的。这样做是为了消除螺杆与螺母间空隙引起的“空程”误差。如果不小心使叉丝像移动过大，超过了测量点，不能立即反方向移动退回读数，必须退回较大距离后，再沿原方向移动到测量点进行读数，如图 2. 1-7 所示。

图 2. 1-7　读数显微镜的读数方法

a）正确读法　b）错误读法

另外，在用眼睛从目镜中观察时，千万不能将物镜向下移向待测物体，以免使物镜压在被测物体上而损坏物镜或被测物体。

读数显微镜特别适用于测量细孔内径、刻痕宽度、刻痕间距等用卡尺、螺旋测微器难以测量的对象。

2.1.2　质量测量

质量是力学中的三个基本物理量之一。国际单位制中质量的单位是千克（kg）。2019 年前，1kg 的国际标准是 1889 年国际计量大会所确定的由铂铱合金制成的国际千克原器。2019 年，基于国际计量大会的决定，千克被重新定义为：当普朗克常量 h 以单位 $m^2 \cdot kg \cdot s^{-1}$ 表示时，将其固定数值取为 $6.62607015 \times 10^{-34}$ 来定义千克。这一定义的更新，将千克从传统的实物原型转变为基于不变的物理常量，标志着国际单位制向更加稳定和科学的方向迈进。

常用的质量测量器具是天平。

1. 机械天平

（1）天平的构造和原理。天平是利用等臂杠杆原理和示零法，采用比较测量进行质量测量的仪器。物理实验室常用的机械天平是物理天平，它是一种双盘天平，其结构如图 2.1-8 所示。在横梁 BB′的中点和两端共有三个刀口。中间刀口 a 安置在支柱 H 顶端的玛瑙刀承上，作为横梁（杠杆）的支点。在两端的刀口 b 和 b′上悬挂两个称盘 P 和 P′。横梁下装有一读数长指针 J，支柱 H 上装有读数标尺 S。在底座左边装有托盘支架 Q。止动旋钮 K 可以使横梁升降。平衡螺母 E 和 E′是天平空载时调平衡用的。

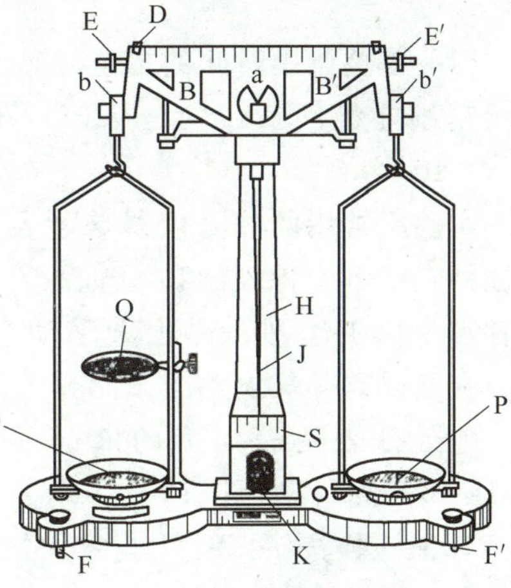

图 2.1-8　物理天平

天平的性能由称量和感量表示。称量是天平所允许称的最大质量；感量是天平能称准的最小质量。

物理天平都配有一套砝码。实验室常用的一种物理天平，其称量为 500g，感量为 0.05g/格。

（2）天平的使用方法。物理天平的操作步骤可以归纳为：调水平、调零点、左称物、常止动。

① 调水平：调节水平螺钉 F 和 F′使立柱铅直。这可以由底座上水准仪中的气泡是否居中来检查。

② 调零点：先把游码 D 移到横梁零线上，天平空载时，转动旋钮 K 支起横梁，横梁即会摆动，观察指针 J 的摆动情况。当指针 J 在标尺 S 的中线（第 10 条刻线，称为零点）两边做等幅摆动时，天平即平衡了。如摆动中心不在零点，则应先使刀承下降，天平止动，然后再调节横梁两边的平衡螺母 E 和 E′的位置，再启动横梁，观察指针位置……如此反复调节，直到天平达到平衡。

③ 称衡（称物）：将待测物体放在左盘，砝码放置右盘（包括移动游码），使天平达到平衡进行称衡。

④ 将止动旋钮 K 向左旋转，使刀承下降，天平止动，记下砝码和游码读数。将待测物体从盘中取出，砝码放回盒内，游码移到零位（最后将称盘摘离刀口），天平复原。

（3）天平的操作规则。为了正确使用和保护天平，必须遵守以下操作规则：

① 天平的负载不能超过其最大称量，以免损坏刀口或压弯横梁。

② 常止动。在调节天平、取放物体、取放砝码（包括移动游码）以及不用天平时，都必须将天平止动，以免损坏刀口。只有在判断天平是否平衡时才将天平启动。天平的启动和

止动的动作要轻。止动时最好在天平指针接近标尺中线刻度时进行。

③ 待测物体和砝码要放在盘的正中。砝码只准用镊子夹取，不得直接用手拿取。称量完毕，砝码必须放回砝码盒内的指定位置，不得随意乱放。

④ 天平的各部件以及砝码都要注意防锈、防腐蚀。高温物体、液体及带腐蚀性的化学药品不得直接放在盘内称量。

在需要更高精度的测量时，可以使用分析天平和精密分析天平。分析天平的构造原理与物理天平基本相同，分度值一般小于 1mg，精密分析天平为 0.1mg，而微量天平的分度值最高可以达到 0.001mg。

2. 电子天平

电子天平使用各种压力传感器将压力变化转变为电信号输出，放大后再通过 A/D 转换直接用数字显示出来。电子天平使用方便，操作简单。现在市售电子精密天平的分度值为 1mg，电子分析天平的分度值达到 0.1mg。

2.1.3　时间测量

国际单位制中时间的单位是秒（s）。1967 年国际计量大会确定铯（Cs^{133}）原子基态两个超精细能级间跃迁的 9192631770 个周期为 1s，这就是 Cs^{133} 原子钟标准，其精度达到 10^{-12} ~ 10^{-13}。

实验室常用的计时仪器是秒表（或称停表）。秒表有机械秒表和电子秒表两种。前者的最小计时单位为 0.1s，后者常为 0.01s。秒表是由人手动来操作计时的起止，这样会引起误差，该误差因人而异，低的在 0.1s 以内。

电子秒表由表面上的液晶显示时间，最小显示为 0.01s，外形结构如图 2.1-9 所示。S_1 为启动和暂停按钮；S_2 为功能转换按钮；S_3 为复零按钮。

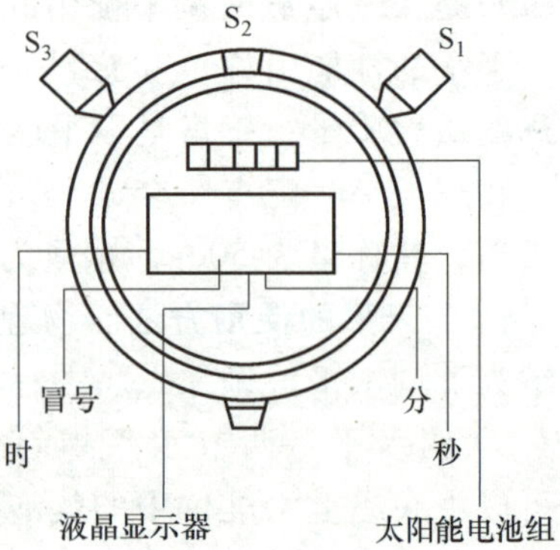

图 2.1-9　电子秒表

数字毫秒计有更高的计时精度。它采用石英晶体振荡产生的频率稳定的脉冲信号作为计时标准，最小计时单元很容易达到 0.1ms 甚至更小。数字毫秒计一般用光电信号来控制计时的起止，时间通过数码管显示，读取方便，仪器误差很小。

2.1.4　电学量的测量

电流是基本物理量之一，以安培（A）为单位。国际计量标准定义：在真空中，截面积可忽略的两根相距 1m 的无限长平行圆直导线内通以等量恒定电流时，若导线间相互作用力在每米长度上为 2×10^{7}N，则每根导线中的电流为 1A。2018 年 11 月 16 日，第 26 届国际计量大会通过给予元电荷确定的电荷量，确定了安培的新定义，即安培，符号 A。SI 的电流单位：当元电荷 e，以单位 C，即 A · s 表示时，将其固定数值取为 $1.602176634\times10^{-19}$ 来定义安培，其中秒用 $\Delta\nu_{Cs}$ 定义。

测量电流的常用仪器是电表。

在当今科学和技术应用中，电学测量起着非常重要的作用。无论是物理、化学还是生物、医学的各种精密测量仪器中都不可缺少地会使用到电学仪表。在实验室和工程技术应用中测量电流一般采用模拟式和数字式两大类仪表。

1. 电表

电表按照测量机构工作原理的不同可以分为磁电式、电磁式、电动式、热电式、感应式等多种类型。每一种类型的表又有其各自的特性，因而具有不同的用途。磁电式电表具有精度高、稳定性好、刻度的线性度好以及受外磁场和温度影响小等优点，是物理实验中最常用的仪表之一。

（1）表头。表头是磁电式电表的核心部分，所有磁电式电表均由表头与电阻元件等组装而成，表头的基本结构如图 2.1-10 所示。

表头的测量机构由固定部分和活动部分组成。固定部分主要有永久磁铁、极掌、圆柱形铁心、支架、轴承等；活动部分主要有动圈、轴尖、指针、游丝或张丝。永久磁铁在极掌与圆柱形铁心的间隙中产生均匀辐射状磁场，动圈置于其中。当动圈中有电流通过时，在磁场中就要受到电磁力矩 M 的作用而偏转，发生偏转的动圈同时又要受到游丝（或张丝）的反作用力矩 M_D 的作用，当两力矩相平衡，即 $M=M_D$ 时，动圈偏转的大小与被测电流相对应。表头实际上是一个小量程的电流表，只能测量微弱电流。通过理论计算和并联适当电阻后，可以将表头改装成各种量程的直流电流表；也可以对表头进行改装，使其串联一系列适当的电阻，成为不同量程的伏特表。

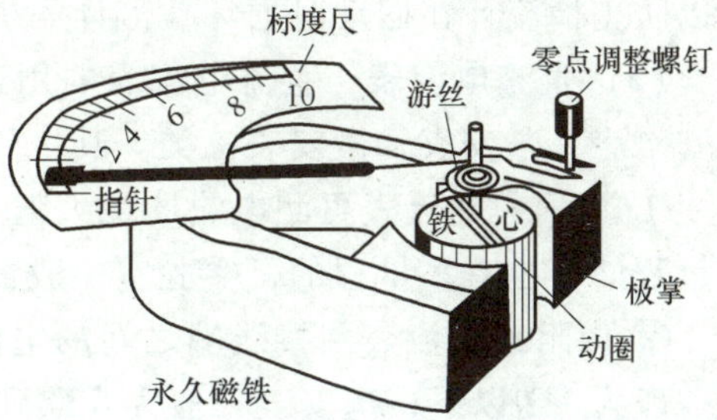

图 2.1-10 磁电式电表表头

（2）指针式检流计。对于微弱的电流或电压用一般的磁电式电表很难测出。为了适应这种需要，特别设计了高灵敏度的指针式检流计。它的动圈用扭力矩较小的张丝为转轴，并适当增加线圈的匝数。微弱电流产生的电磁力矩就可以使动圈偏转，提高了电表的灵敏度。检流计的特征是标尺零点在标尺的中央，便于检测不同方向的电流，因此它常作为电桥和电位差计的示零仪器。

检流计指针偏转一小格时所对应的电流值称检流计常数。实验室常用的 AC5 系列指针式检流计一般为 10^{-6}A · div^{-1}。检流计两接线端的电阻值称内阻，一般从几十欧到几千欧不等。

图 2.1-11a 是 AC5 系列检流计的面板图，图 2.1-11b 所示为它的内部电路。其使用方法和注意事项为：

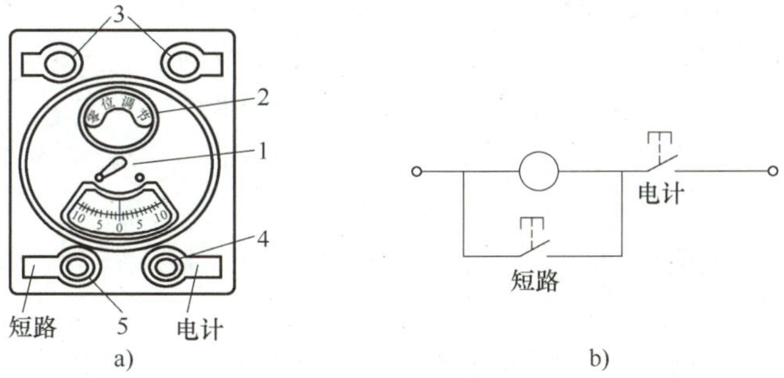

图 2.1-11 AC5 系列检流计

1—安全制动旋钮 2—零位调节旋钮 3—接线柱端钮 4—电计按钮 5—短路按钮

① 使用时首先将检流计接线柱端钮 3 按其“+”“-”标记接入电路。

② 将安全制动旋钮 1 移向白点位置（此时仪表处于测量状态，指针可以自由偏转），并用零位调节旋钮 2 调整指针指在零位。

③ 按下电计按钮 4，检流计即被接入电路。如需将检流计长时间接入电路时，可以将电计按钮按下，并转一角度即可。

④ 使用中检流计指针若是不停地摆动，待指针摆至零点附近时，迅速按下短路按钮 5（实际为一阻尼按键），然后松开，这样可以迅速止动。

⑤ 检流计使用完毕后，必须将安全止动旋钮 1 移向红色圆点位置（此时指针被锁住，可以防止检流计在搬动时损坏检流计的机械结构），电计和短路按钮必须放松。

（3）直流电流表。直流电流表的用途是测量电路中电流。根据其量程不同，大致可分为安培表、毫安表、微安表三类。其主要规格有：

① 量程：电流表可测电流的最大值，也就是表盘上满刻度对应的电流数值。电流表有单量程的，也有多量程的，实验室一般常用多量程电流表。

② 内阻：电流表两接线端之间的电阻。电流表的内阻越小，其量程越大。安培表的内阻一般为 1Ω 以下；毫安表一般为几欧到几百欧；微安表一般为几百欧至几千欧。它们均可以由实验测定。

（4）直流电压表（伏特表）。直流电压表的用途是测量电路中两点间电压的大小。

电压表指针偏转满刻度时的电压值称量程。既有单量程电压表，也有多量程电压表。实验室常用多量程电压表。

电压表两接线端之间的电阻称内阻。电压表内阻越大，其量程越大。但对于多数多量程的电压表，各量程的内阻与相应的量程之比为一常量，电压表标度盘上一般都标明这一常量，其单位为“$\Omega \cdot V^{-1}$”，它是电压表的一个重要参量，称为“每伏欧姆数”或“电压灵敏度”。通过这一常量可以计算出相应量程的内阻：

$$\text{内阻} = \text{量程} \times \text{每伏欧姆数}$$

（5）直流电表的使用方法和注意事项。

① 测量前应先微调调零螺钉使电表指针指零。对于多量程电表，由于其表盘刻度一般只可能为 1~2 种，且表盘分度与其精度等级相关联，所以一般读到仪表最小分度的 1/10 或 1/5。

② 高精度电表表盘上有反射镜，读数时应正对表盘，指针与镜中像重合时读数。

③ 直流电表是有极性的，接线时必须注意电表上接线柱的“+”“-”标记。“+”表示电流的流入端，“-”表示电流的流出端，切不可接错极性。

④ 根据待测电流或电压的大小，选择合适的电表量程。一般情况下，测量读数在电表量程的 2/3 以上比较合适。

⑤ 电流表应串联在被测电路中，电压表应以并联方式接入待测电路。电流表不能与电源直接连接，否则将会烧坏。

⑥ 在电表的表盘上用数字或符号标有该表的精度等级、仪表的类型、使用条件及其他参数，常用的标识符号见表 2. 1-1。

⑦ 电表的示值误差在 1. 1. 4 中已介绍过，这里不再重述。

表 2.1-1　电表常用标识符号

名称	符号	名称	符号
指示测量仪表的一般符号	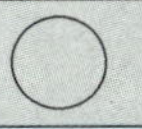	磁电式	
检流计		静电式	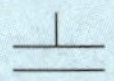
安培表	A	直流	—
毫安表	mA	交流(单相)	～
微安表	μA	交直流两用	
伏特表	V	以满标百分数表示的精度等级，如 1.5 级	1.5
毫伏表	mV	以指示值百分数表示的精度等级，如 1.5 级	
千伏表	kV	标度尺为垂直放置	⊥
欧姆表	Ω	标度尺为水平放置	
兆欧表	MΩ	绝缘强度试验电压为 2kV	
负端钮	-	接地	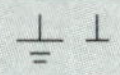
正端钮	+	调零器	
公共端钮	*	Ⅱ级防外磁场	

(6) 交流电流表。电磁式电表的线圈中有定、动两个铁片。线圈中通过电流时，无论是直流电还是交流电，都会使两个铁片同时同方向磁化，两者之间产生斥力，使指针偏转。电动式电表中有定、动两个线圈。两个线圈同时通过电流，产生斥力，带动线圈偏转。这两种电流表都是交、直流两用的。电磁式、电动式电表也有共同的缺点，表盘的起始部分精度低，而且容易受到外磁场的干扰。

磁电式仪表加上整流装置后也可以用来测量交流电。

(7) 数字电压表。数字电压表是一种有源电压表。直流电压经过 A/D 模数转换电路变成数字量，再经过译码电路将数字信号显示在数码管或液晶显示屏上。

常用数字电压表表头有 $3\frac{1}{2}$位、$4\frac{1}{2}$位、$5\frac{1}{2}$位等。

1	9	9	9

图 2.1-12　$3\frac{1}{2}$位数字表表头

$3\frac{1}{2}$位表头如图 2.1-12 所示。其中右边三位可显示 0~9 共 10 个不同的数字。左边第一位只能显示 0 或 1，就是所谓的“1/2”位。当 $3\frac{1}{2}$位数字表量程为 1.999V 时，其最小分度为 0.001V。如果上述表头输入端加上一个放大倍数为 10 倍的电压放大电路，分度值就变成 0.1mV，表的量程变成 0.1999V。

实验室常用的数字表是 $3\frac{1}{2}$位或 $4\frac{1}{2}$位的，在需要精确测量的场合，可以使用 $7\frac{1}{2}$位数字电压表，其分度值可以达到 0.1μV。

由于集成电路的应用，电子放大电路的输入阻抗可以很大，达到 $10^6\Omega$ 以上，所以数字电压表的内阻可以视为无穷大。

(8) 毫伏表。毫伏表也是一种有源仪表，主要用来测量交流电压（也有交、直流两用毫伏表）。与数字电压表相近，毫伏表的输入阻抗大，可以测量较低的电压。毫伏表一般分有多挡，量程从 30μV～30V 不等。

若将指针式表头换成数字表头，就构成了数字式毫伏表，使用起来更加方便。

(9) 万用表。万用表是实验室电学测量的常用仪表。它集多量程直流电压表、交流电压表、直流电流表、交流电流表、欧姆表等功能于一身，共用一个表头，通过旋钮进行功能转换，使用非常方便。有的万用表还有频率测量、电感测量、电容测量等功能。

万用表有指针式和数字式两种。指针式万用表的测量精度较低。数字式万用表又有便携式与台式之分。便携式万用表一般为 $3\frac{1}{2}$位和 $4\frac{1}{2}$位，台式万用表精度很高，一般为 $5\frac{1}{2}$位至 $7\frac{1}{2}$位。

2. 电源

电源是输出电能的装置，用于提供能量。通常分为交流电源和直流电源两种。

(1) 交流电源。交流电一般用符号“～”（或 AC）表示，例如“～220V”（或 AC220V）表示电动势为 220V 的交流电源。通常由市电网提供的交流电源分为 220V 和 380V，其频率都为 50Hz。实验室多数使用单相 220V/50Hz 的市电。在使用时一定要注意：①避免人体直接接触所谓“火”线；②避免将电源“火”“地”两线短路。

(2) 直流电源。直流电一般用符号“-”（或 DC）表示。例如“-12V”（或 DC12V）表示电动势为 12V 的直流电源。目前实验室常用的是晶体管直流稳压电源和干电池。干电池体积小、重量轻，便于携带，使用方便，但容量较小，适用于耗电少的实验。晶体管直流稳压电源的电压稳定性好、内阻低、功率大，多数还带有短路保护装置，使用方便，只要接到 220V 交流电源上即可获得连续可调的直流输出电压，是实验室最常用的直流电源。使用直流电源时，应该注意其极性和输出电压、电流的大小，如果盲目使用，轻则损坏仪器，重则引起危险。

3. 变阻器

电阻分为固定和可变两类。实验中常用可变电阻——电阻箱和滑线变阻器等来改变电路中的电流和电压。

(1) 电阻箱。电阻箱的型号较多，实验室常用的 ZX21 型电阻箱的面板如图 2.1-13a 所示，图 2.1-13b 是其内部电路示意图。旋转电阻箱上的旋钮，可以得到不同的电阻值。电阻箱每个旋钮的边缘上都标有 0, 1, …, 9 等 10 个数字；旋钮下面的面板上刻有×10000、×1000、×100、×10、×1、×0.1 等字样，称为倍率。各个旋钮上对准倍率箭头处的数字与倍率相乘并相加的结果，即为实际使用的电阻值。图中所示的电阻值为 87654.3Ω。电阻箱面板上方有 0, 0.9Ω, 9.9Ω, 99999.9Ω 共 4 个接线柱，0 分别与其余 3 个接线柱构成电阻箱的三种不同的调整范围。使用时可以根据需要选择其中的一种。如使用电阻小于 10Ω 时，可以选择 0 和 9.9Ω 两接线柱。这种接法可以避免电阻箱其余部分的接触电阻和接线电阻的影响，以减小测量的误差，这在小电阻时尤为重要。

电阻箱主要技术指标有：

① 总电阻：为电阻箱所能达到的最大电阻值。图 2. 1-13a 所示的 ZX21 型电阻箱总电阻为 99999. 9Ω。

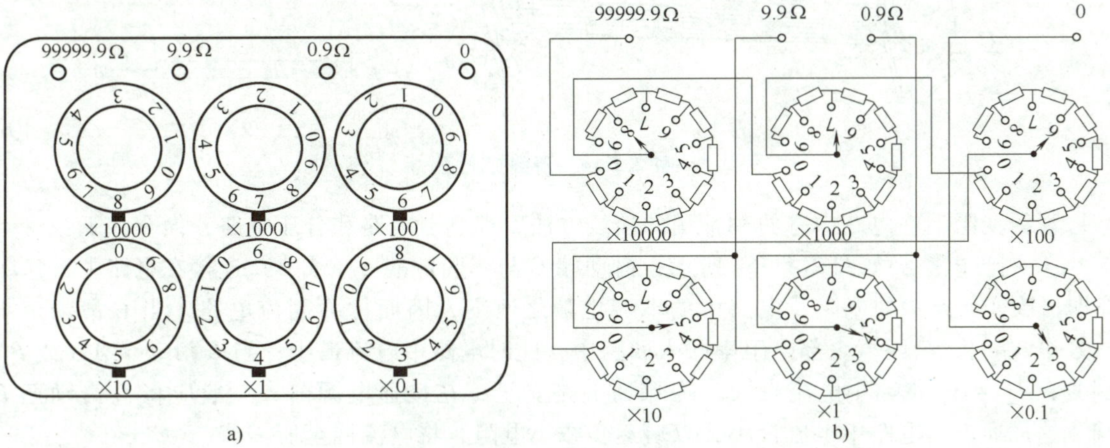

图 2. 1-13 ZX21 型电阻箱

a) 面板 b) 线路

② 额定功率：电阻箱内部每个电阻的功率额定值，使用时不得超过此值。一般的电阻箱额定功率为 0. 25W，由此可以计算出电阻箱各挡允许通过的电流最大值见表 2. 1-2。

表 2. 1-2 电阻箱各挡允许通过的电流最大值

旋钮倍率	×0. 1	×1	×10	×100	×1000	×10000
允许电流/A	1. 5	0. 5	0. 15	0. 05	0. 015	0. 005

③ 示值误差

$$\Delta_R = \sum_i k_i \% R_i + m\delta$$

式中，m 为所用十进位电阻箱旋钮的个数，与选用的接线柱有关；k_i 是第 i 量程的等级；R_i 是电阻箱第 i 量程的示数；δ 为盘间接触电阻的允许值，见表 2. 1-3。

表 2. 1-3 δ 与 k 的关系

等级 k	0. 02	0. 05	0. 1	0. 2
δ/Ω	0. 001	0. 001	0. 002	0. 005

(2) 滑线变阻器。滑线变阻器常用来控制电路中的电流和电压，其构造如图 2. 1-14a 所示。电阻丝均匀密绕在绝缘瓷管上，两端分别与固定在瓷管上的接线柱 A、B 相连。电阻丝上涂有绝缘层，使圈与圈之间相互绝缘。瓷管上方装有一根与瓷管平行的金属杆，一端连有接线柱 C。金属杆上套有滑动接触器 C'，它紧压在电阻丝圈上。接触器与电阻丝圈接触处的绝缘层已被刮掉，所以接触器沿金属杆滑动，就可以改变 AC 或 BC 间的电阻值。图 2. 1-14b 为滑线变阻器在电路中的符号。其主要技术参数为：

全电阻：AB 接线柱间的电阻值。

额定电流：变阻器允许通过的最大电流。

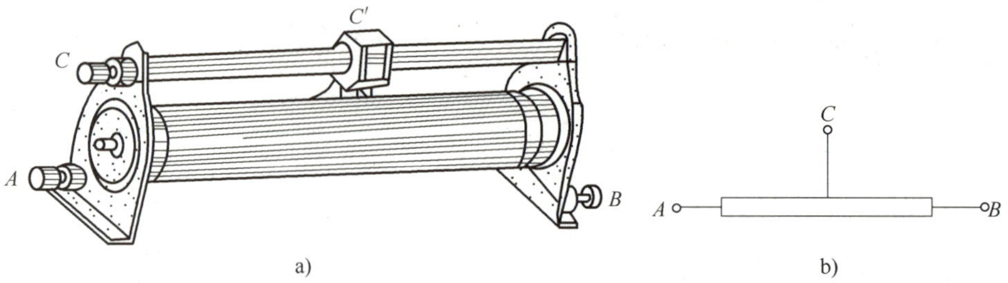

图 2.1-14　滑线变阻器

滑线变阻器在电路中有两种常用的接线方法，即制流电路和分压电路，简介如下：

① 制流电路：如图 2.1-15a 所示，滑动端 C 与一固定端 A（或 B）连接在电路中，移动 C 即可改变回路中的电阻，电路中的电流也随之改变，因而称为制流电路。当 C 滑动至 B（或 A）端时，变阻器全部电阻串联入回路中，此时电路中电流最小；当 C 滑动至 A（或 B）端时，$R_{AC}=0$，电路中电流最大。为保证电路安全，在接通电源前，一般应将 C 滑动至 B 端，这样通电后电路中电流最小，以后逐步减小电阻，将电流调至所需值。

② 分压电路：如图 2.1-15b 所示，滑线变阻器的两个固定端 A、B 通过开关分别与电源的两极相连。滑动端 C 和一个固定端 A（或 B）连接到用电器上。当电源接通后，根据分压原理不难得出，AC 间的电压 U_{AC} 应是全电阻上的电压 U_{AB} 的一部分，所以称为分压电路。输出端电压随滑动端 C 的位置变化而改变。当 C 滑动到 B 端时，$U_{AC}=U_{AB}$，达到最大值；当 C 滑动到 A 端时，$U_{AC}=0$。因此，输出端电压 U_{AC} 可以在 0 到电源电压之间调节。为保证安全，在接通电源前，一般应将 C 端调至输出电压为 0 的一端，通电后逐步调节 C，使电压增至所需值。

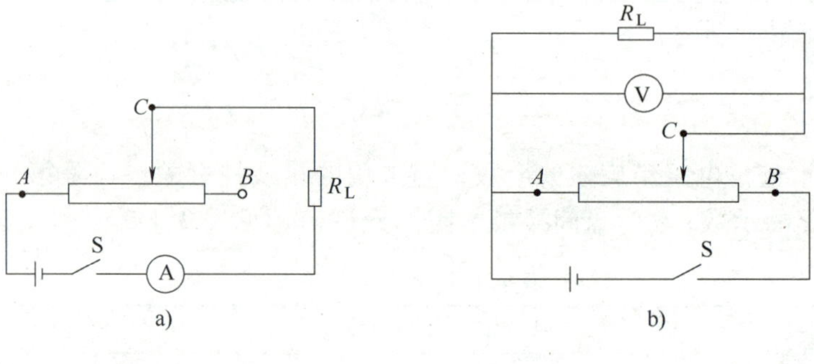

图 2.1-15　滑线变阻器在电路中的两种常用接线方法

4. 箱式直流电桥

QJ23 型携带式直流单电桥，采用惠斯通电桥线路，主要由比例臂、比较臂、检流计及电池组等组合而成，其内部简化电路图及外形俯视面板图如图 2.1-16 所示。适用于测量 1～$9.999\times10^6\Omega$ 范围内的电阻。

(1) 主要技术指标。

① 测量范围：1～$9.999\times10^6\Omega$；基本量程：100～$9.999\times10^4\Omega$；比较臂：$9\times1\Omega$，$9\times10\Omega$，$9\times100\Omega$，$9\times1000\Omega$ 四个读数盘总电阻值可达到 9999Ω。

② 比例臂、精度等级及电源电压见表 2.1-4。

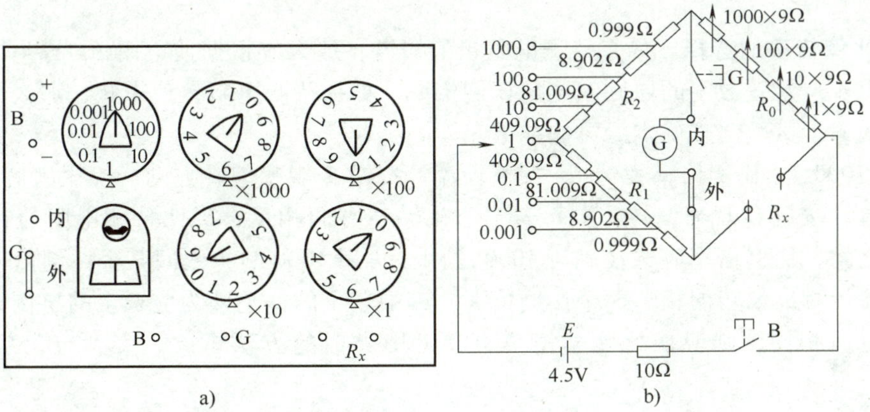

图 2.1-16　QJ23 型惠斯通电桥面板图及电路图

a）面板图　b）电路图

表 2.1-4　QJ23 型箱式直流电桥有关参数

<table>
<tr><th>倍率</th><th>测量范围/Ω</th><th>检流计</th><th>精度等级</th><th>电源电压/V</th></tr>
<tr><td>0.001</td><td>1～9.999</td><td rowspan="4">内附</td><td>±2</td><td rowspan="4">4.5</td></tr>
<tr><td>0.01</td><td>10～99.99</td><td rowspan="3">±0.2</td></tr>
<tr><td>0.1</td><td>100～999.9</td></tr>
<tr><td>1</td><td>1000～9999</td></tr>
<tr><td>10</td><td>10^4～9.999×10^4</td><td rowspan="3">外附</td><td rowspan="2">±0.5</td><td>6</td></tr>
<tr><td>100</td><td>10^5～9.999×10^5</td><td rowspan="2">15</td></tr>
<tr><td>1000</td><td>10^6～9.999×10^6</td><td>±2</td></tr>
</table>

③ 内附检流计：电流常数 $<6\times10^{-7}\text{A}\cdot\text{mm}^{-1}$，周期 4s 以内。

④ 示值误差：

$$\Delta_R = k\%\left(R+\frac{R_s}{b}\right)$$

式中，k 是精度等级；b 值一般取 10；R 为标度盘示值即测量值；R_s 是基准值，该基准值与测量时所用量程有关，取值为该量程内 10 的最大整数幂。具体需参看各仪器说明书或产品上所附的说明。

（2）使用说明。电桥面板左侧上方两接线柱 B（+、-）供外接电源之用（外接电源时要取出内附干电池），左侧下方三接线柱 G 内外为换接外加检流计而设。当实验中内接检流计时，最下两接线柱 G 外应用铜片短接。

测量时，在不接通电源的情况下，先调好检流计零点。接好待测电阻，选好比例倍率 K 后先按下电源按钮 B，再按下检流计按钮 G。调节电阻 R_0 的 4 个旋钮，由大到小使检流计指零，达到平衡。此时 R_0 的 4 个旋钮读数之和乘以比例倍率 K 即为待测电阻之值。调节电桥平衡后，应先放松检流计按钮 G，然后再放松电源按钮 B，避免具有电感性质的电阻在突然断电时产生较大的自感电动势而将检流计烧坏。调节平衡过程中，每次按检流计按钮 G 时应采用跃按法，只有检流计指针偏转不大时才可锁紧。使用完毕后，要将电源按钮 B 弹起，以免浪费电源。将 G 外处铜片接到 G 内处，以达到线圈短接阻尼自锁，指针就不易晃动。

(3) 比例倍率的选择。如果待测电阻粗值知道，那么应根据使电阻 R_0 的 4 个旋钮都能用上以获得 4 位有效数字的原则来选定比例倍率。如果待测电阻粗值未知，那么比例倍率的选择用逐次逼近试验法来确定。方法如下：

R_0 选 1000Ω，比例倍率暂选 1，按下检流计按钮 G 观察偏转方向。换比例倍率为 1000，再按下检流计按钮 G 观察偏转方向，若与原来偏转方向相反，说明待测电阻值在千欧姆和百万欧姆之间，比例倍率应选在 1 与 1000 之间。再用 1000 与 1 之间某个比例倍率试之，直到找出检流计相反偏转的相邻两个比例倍率，其中较小的一个即为应选定的比例倍率。若与原来偏转方向相同，则应换比例倍率为 0.001 用类似的方法试之，直到定出应选的比例倍率。

5. 开关

控制电路通断的装置都可称作开关，在电路图中一般用符号 S 表示。开关的活动部分称作“刀”，所要连通的路数称作“向”。可以根据“刀”和“向”的数目命名开关，常用的开关有单刀单向、单刀双向、双刀双向和双刀换向等等。分别由图 2.1-17 所示的各种符号表示。

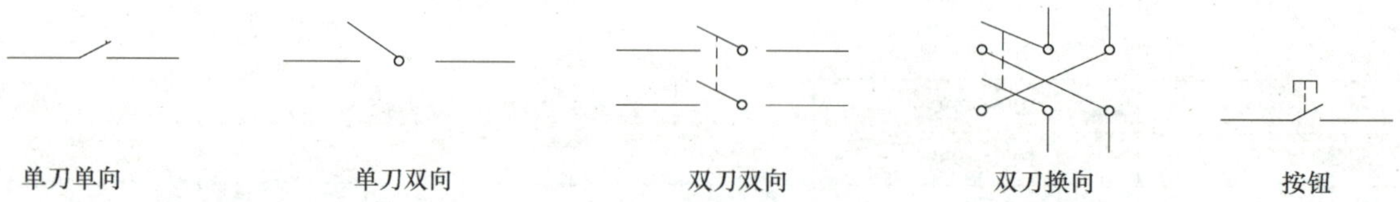

图 2.1-17 各种开关符号

双刀双向及双刀换向开关常用来改换不同电源（或负载），如图 2.1-18a 所示；改变电路中电流的流向，如图 2.1-18b 所示。

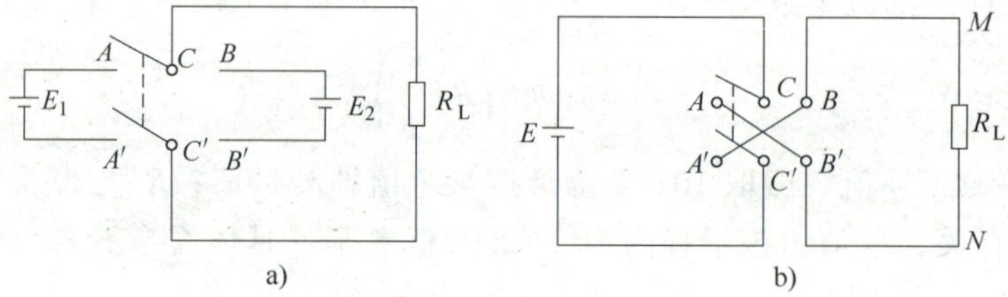

图 2.1-18 双刀双向及双刀换向开关

2.1.5 温度测量

国际单位制的温度采用热力学温标，并定义水的三相点温度的 1/273.16 为 1 开尔文 (1K)。我们日常生活中常用的摄氏温标由热力学温标标出。定义摄氏温度 t（单位为℃）

$$t=T-273.15$$

式中，T 是热力学温度。

物理实验中常用的测温器具有水银温度计、酒精温度计和热电偶等。

水银温度计的测温范围为 −35～350℃。作为计量标准的水银温度计的分度值可达 0.05℃，实验室常用的水银温度计的分度值一般为 0.5℃或 1℃。水银温度计结构简单，读数方便。但是由于肉眼读数的人为因素及玻璃膨胀变形等温度计结构和材料的问题，它的误差也比较大。另外温度读数较难转换成电信号，不便于自动测量和计算机数据处理。

2.1.6　发光强度测量

发光强度是光度学（光度学是研究可见光能量计量的科学）中的基本物理量。国际单位制中发光强度的单位是坎德拉（cd）。1979 年第十六届国际计量大会通过决议，规定：坎德拉（cd）是一光源在给定方向上的发光强度，该光源发出频率为 540×10^{12}Hz 的单色辐射，且在此方向上的辐射强度为 1/683W · sr^{-1}。

测量发光强度的仪器是光度计，常用的有陆末-布洛洪光度计、本生油斑光度计以及普尔弗里希（Pulfrich）光度计等。

1. 陆末-布洛洪光度计

（1）光度计的测量原理。单位面元上所接受的光通量称为照度，即 $E=\mathrm{d}\Phi/\mathrm{d}S$。设点光源的发光强度为 I，由图 2.1-19 可知，点光源的照度为

$$E=\frac{\mathrm{d}\Phi}{\mathrm{d}S}=\frac{I\cos\theta}{r^2}$$

当两点光源垂直照明某一平面上相邻的两面元，或者对两面元有相同的倾角（$\theta_1=\theta_2$），且由人眼确定两光照度相等时，有

$$I_1=I_2\frac{r_1^2}{r_2^2}$$

当光源之一的发光强度为已知时，由测出的距离 r_1 和 r_2 就能得到另一光源的发光强度。光度计就是根据这一原理制成的。

（2）光度计的结构。图 2.1-20a 是陆末-布洛洪光度计的结构图，S 是一块反光板，即两表面涂有反射系数接近 1 的材料（如氧化镁）的平板，它使由光源 L_1 和 L_2 射进的光分别漫（反）射到全反射棱镜 M_1 和 M_2 中，两束光再经由全反射棱镜 P_1 和 P_2 出射，观察者在望远镜 T 中可以同时观察到由反光板 S 的两表面反射来的光线，当 S 板两表面照度不等时，在视场内会看到由这两束光形成的交错的图样，如图 2.1-20b 所示，这是因为 P_1 和 P_2 两块棱镜中的一块斜面上蚀刻有一定的图形所至。若 S 板两表面照度相等，则视场内是一片均匀的照明，如图 2.1-20c 所示。G_1 和 G_2 是两个相同的且能转动的薄玻璃片，当两束光的照度几乎相等时，转动 G_1、G_2 可减弱部分入射光线，从而能更精确地判断视场的照度是否相等。

光度计的所有光学元件固定在一个盒子内，整个仪器盒可绕水平轴 xx'旋转 180°。盒上开有两窗 W_1、W_2，使用时打开窗使光束射向 S，不用时把窗关闭以免尘土进入仪器内。

测量是通过比较屏 S 的两面的照度进行的，如果两面的照度相同，而其反射系数亦相等，则照度 E_1 等于照度 E_2，为了校正两个面的反射系数的差别，光度计可绕水平轴线 xx' 翻转 180°，分别在两个位置进行测量，然后由这两组结果取其平均值。

2. 光源

能够发光的物体统称为光源。实验室中常用的是将电能转换为光能的光源——电光源，常见的有热辐射光源、气体放电光源和激光器三类。

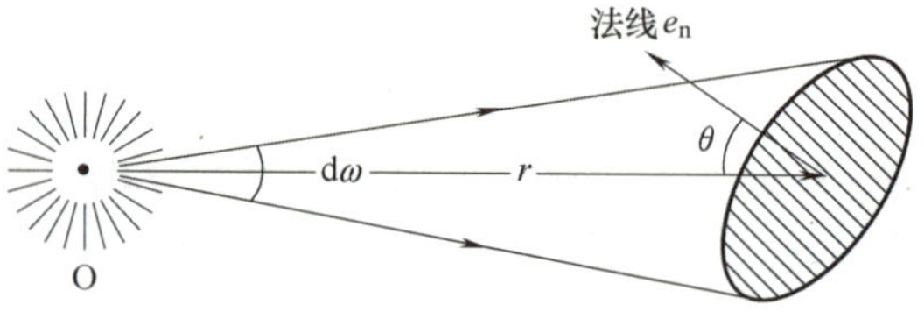

图 2.1-19　点光源的照度

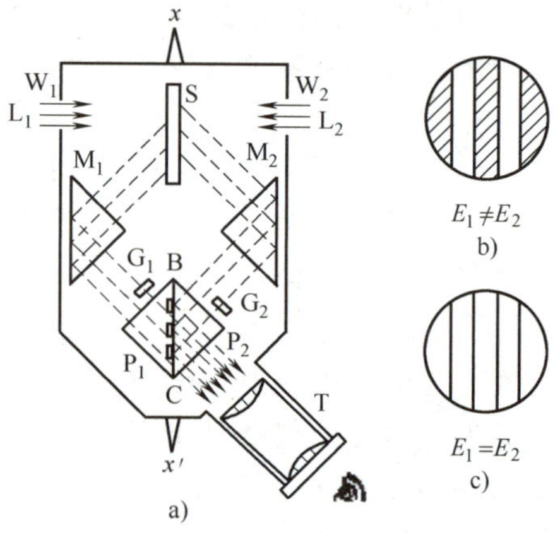

图 2.1-20　陆末-布洛洪光度计光学系统图

（1）热辐射光源。

① 白炽灯：白炽灯是通过加热钨丝而发射连续辐射的光源。它的发光频率一般分布在近红外及整个可见光范围，也包括部分紫外光。白炽灯基本上可以看作点光源（与灯丝的大小及形状有关）。放在凸透镜焦点上的白炽灯通过透镜后成为近似的平行光。

② 卤素灯：如果在白炽灯泡内加入微量的碘或溴，就制成碘钨灯或溴钨灯（统称金属卤素灯）。灯泡内加热灯丝蒸发的钨可以与碘、溴等卤族元素反应生成卤钨化合物。在灯丝周围，化合物又受热分解，钨重新沉淀回灯丝，形成卤钨循环，起到保护灯丝的作用。金属卤素灯可以增加工作电流、提高发光效率并能延长使用寿命。金属卤素灯一般在12~24V电压下工作，功率为100~300W。

（2）气体放电光源。

① 钠光灯：钠光灯是一种气体放电灯。在放电管内充有金属钠和氩气。与家用日光灯类似，点燃灯管需要外接镇流器，而启辉器是装在灯管内的。

在开启电源的瞬间，由于启辉器的作用，产生高压使氩气放电，发出粉红色的光。氩气放电后金属钠被蒸发成钠蒸气，钠蒸气放电发出黄色光。随着钠不断蒸发，黄光越来越强，几分钟后形成稳定的黄光，又称“钠黄光”。钠光在可见光范围内有两条谱线，波长分别为589.6nm和589.0nm。这两条谱线很接近，所以可以把它视为单色光源，并取其平均值589.3nm为钠光灯波长。

在钠光灯工作过程中不要轻易将其熄灭，频繁开关不仅耗费时间，还会极大影响使用寿命。

② 汞灯：汞灯（又称水银灯）也是一种气体放电光源。汞灯灯管中充有汞蒸气，按工作时汞蒸气压大小又分为低压汞灯、高压汞灯和超高压汞灯。

低压汞灯的结构、工作原理及使用注意事项与钠光灯相近。低压汞灯发光的能量主要集中在紫外波段253.7nm的谱线上，发光颜色为青紫色，在可见光波段主要有6条谱线，波长分别为404.7nm、435.8nm、491.6nm、546.1nm、577.0nm和579.1nm。

高压汞灯工作时汞蒸气压在几个大气压以上，工作电流也比较大。它在可见光部分的辐射能量增加，其主要谱线有435.8nm、546.1nm、577.0nm和579.1nm等，是光学实验和光谱分析的理想光源。

③ 氢灯：氢灯是一种高压气体放电光源。其结构是在两个大的玻璃管中间用一根毛细玻璃管连接，内充氢气。氢灯工作时需要霓虹灯变压器提供 8kV 的高压电，所以使用时要注意安全。氢灯发出粉红色的光，其原子谱线波长主要有 656.3nm 和 486.1nm。

(3) 激光器。激光器是由工作物质受激辐射而发光的光源，它具有单色性好、发光强度大、方向性好、相干长度大等特点。

He-Ne 激光器是物理实验室中最常见的激光器。激光器内充有 He 气和 Ne 气的混合气体，激发后经谐振腔的作用，只让 Ne 原子的波长为 632.8nm 的光得到放大并射出，得到红色激光。He-Ne 激光器需要专用电源供电，电极上加有高达数千伏的直流电压。实验室常用的小型 He-Ne 激光器输出功率为 1mW。尽管这个功率远低于钠光灯等光源，但是激光束很细，只有 1~2mm^2，单位面积光通量为 0.1$W \cdot mm^{-2}$，达到了太阳光直射的能量通量。

使用激光器时要注意工作电流不要太大，1mW 激光器工作电流在 3~5mA，过大的电流反而引起输出下降并影响激光管寿命。由于激光束的能量高度集中，应注意防护，切勿迎着激光束直接观看。

2.2　物理实验的基本调整和操作技术

掌握实验中的基本调整和操作技术是物理实验课的一项重要训练内容。正确调整和操作各种仪器、仪表和装置，使其达到最佳状态，不仅可将系统影响减小到最低限度，而且对提高实验结果的精确度有直接影响。有关仪器设备的调整和操作技术内容相当广泛，需要通过具体的实验训练逐渐积累。本节只介绍一些最基本的通用调整和操作技术，一些专门技术可通过相应的实验去学习。

1. 仪器初态和安全位置

所谓“初态”是指仪器设备在进入正式调整、实验前的状态。正确的初态可保证仪器设备安全，保证实验工作顺利进行。如设置有调整螺钉（迈克耳孙干涉仪上反光镜的方位调整螺钉、测读望远镜的俯仰调整螺钉等）的仪器，在正式调整前，应先调整螺钉处于松紧合适的状态，具有足够的调整量，以便于仪器的调整，这在光学仪器中常会遇到。

在电学实验中有所谓安全位置问题。例如，未合电源前，应使电源的输出调节旋钮处于使电压输出为最小的位置；使滑线变阻器的滑动端处于对电路最“保险”的控制状态（若作分压，使电压输出最小；若作制流，使电路中电流最小）；在平衡调节前，把保护电阻接入示零电路等等。这样既保证了仪器设备的安全，又便于控制调节。

2. 零位（零点）调整

绝大多数测量工具及仪表，如螺旋测微器、指针式电表等都有其零位（零点），在使用它们进行测量之前，都必须校正零位。

零位校准有两种情况，一种是测量仪器本身有零位校准器，如电表等，可进行调整，使仪器在测量前处于零位；另外一种，仪器虽然零位不准，但无法调整、校准，如磨损了的米尺、螺旋测微器等，则需在测量前记录最初读数，以备在测量结果中修正。

3. 水平、铅直调整

在实验中经常遇到要对使用的仪器或装置进行水平或铅直调整，如调平台的水平或支柱的铅直。大部分需调整的仪器（如天平、密立根油滴仪）自身就装有水准仪或悬锤，底座有两个或三个（排成等边或等腰三角形）可调节的螺钉。我们只需调节螺钉，使水准仪的气泡居中或铅锤的锤尖对准底座上的座尖，即可达到调整要求。有些仪器虽然没有水准仪及铅锤，但用自身装置就可进行调整，如焦利秤等；有些不能用自身装置来调整的仪器，可选用相应的水准仪来调整。

4. 消除视差的调整

实验测量中，经常会遇到视差现象，即当读数标线与标尺刻度平面（如电表的指针与标度面、光学仪器中被观察物的像与叉丝）不重合时，眼睛从不同方向观察会出现读数有差异或读数标线与标尺刻度有分离的现象。有无视差可根据观测时人眼睛稍稍移动，标线与标尺刻度是否有相对运动来判断。

从仪器上读取数据时必须消除视差。消除视差的方法有两个：一是使视线垂直标尺平面读数。1.0 级以上的电表表盘上均附有平面反射镜，当观察到指针与其像重合时，指针所指刻度为正确读数值。二是使标尺平面与被测物密合于同一平面内，如游标卡尺的游标被做成斜面，便是为了使游标的刻线端与尺身接近处于同一平面，减小视差。使用光学测读仪器均需做消视差调节，使被观测物的像成在作为标尺的叉丝分划板上。

5. 调焦

在使用望远镜、显微镜和测微目镜等光学仪器时，为了进行正确测量或看清目的物，均需进行调焦。例如，望远镜要调节叉丝到物镜的距离使之处于透镜的焦面上；使用显微镜要使被观察对象处于物镜的工作距离处，而测微目镜则要使叉丝在目镜的焦距内作适当的调节。这种调节统称为调焦。调焦是否已调好常以光学规律（如自准成像）或是否能看清目的物上的局部细小特征为准。

6. 等高共轴调整

在由两个或两个以上的光学元件组成的实验系统中，为满足近轴光线条件，必须进行共轴调整，即：所有光学元件的主光轴重合，且其物面、屏面垂直于光轴。调整一般分为两步，第一步进行粗调（目测调整），把光学元件和光源的中心都调到同一高度，同时要求调节各光学元件所在平面相互平行且均垂直于水平面；第二步利用光学系统本身或者借助其他光学仪器，根据光学成像的基本规律进行细调，常用的方法有自准法和二次成像法。

7. 消除空程误差

由丝杠、螺母构成的转动与读数机构，由于螺母与丝杠之间有螺纹间隙，往往在测量刚开始或刚反向转动丝杠时，丝杠需转过一定角度才能与螺母啮合。结果，与丝杠连接在一起的鼓轮已有读数改变，而由螺母带动的机构尚未产生位移，造成虚假读数而产生空程误差。为避免产生空程，使用这类仪器（如测微目镜、读数显微镜等）时，必须单方向旋转鼓轮待丝杠与螺母啮合后，才能开始测量，并且保持整个读数过程继续沿同一方向前进，切勿忽正忽反旋转。

8. 逐次逼近调整

依据一定的判据，逐次缩小调整范围，使系统较快地收敛于所需状态的方法称为逐次逼近调节法（如 2.1.4 中介绍的用电桥测阻值未知的待测电阻时，选择比例倍率的方法）。判据在不同的仪器中是不同的，如天平是看天平指针是否指在标尺的中间（或指针在标尺的中线两边做等幅摆动）；平衡电桥是看检流计指针是否指零。逐次逼近调节法在天平、电桥等仪器的平衡调节中都要用到，在光路共轴调整、分光计调整中也要用到，是一种经常使用的快捷而有效的调整方法。

9. 先定性、后定量原则

实验前，我们通过预习对实验内容、使用的仪器设备都已有所了解，在进行实验时，不要急于获得测量结果，而是采取“先定性、后定量”的原则进行实验。具体做法是：调整好仪器，在进行定量测定前，先定性地观察实验变化的全过程，了解物理量的变化规律。对于有函数关系的两个或多个物理量，要注意观察一个量随其他量改变而变化的情况，得到函数曲线的大致图形；在定量测试时，可根据曲线变化趋势分配测量间隔：曲线变化平缓处，测量间隔大些，变化急剧处，测量间隔就小些。这样采用由不同测量间隔测得的数据作图就比较合理。

10. 回路接线法

一个电路图可分解为若干个闭合回路。接线时，循回路由始点（如某高电势点）依次首尾相连，最后仍回到始点，此接线方法称回路接线法。按照此法接线和查线，可确保电路连接正确无误。

11. 跃接法

在示零法测量中（如电桥测电阻、电位差计测电源电动势），经常采用瞬间（而不是较长时间）接通示零电路的方法来对平衡状态或平衡偏离的方向作出判断。这样做的好处是，在远离平衡状态时保护仪表，使其免受长时间的大电流冲击；在接近平衡时，通过电路的瞬间通断比较，提高检测灵敏度。

以上介绍的是实验调整和操作技术中的普遍原则和方法。随着科学技术的发展，实验仪器、设备不断更新，实验调整技术也会增加新的内容。我们应当不断关注科学技术的发展，养成良好的实验习惯，在进行任何测量前首先要调整好仪器，并且按规程正确操作。熟练的实验技能只能来源于实践。

2.3　基本操作练习

2.3.1　长度与体积的测量

【预习提示】

1. 总结游标卡尺、螺旋测微器、读数显微镜的结构特点和读数原理（参考 2.1 节）。
2. 用游标卡尺、螺旋测微器、读数显微镜等正确测量物体长度时需注意哪些问题？

【实验目的】

1. 掌握游标卡尺、螺旋测微器、读数显微镜等仪器的原理及正确使用方法。
2. 掌握直接测量量和间接测量量的数据处理方法。
3. 掌握预习报告和实验报告的编写要求，初步学会编写预习报告和实验报告。
4. 巩固学过的有关物理实验数据处理的基础知识。

【实验仪器】

游标卡尺，螺旋测微器，读数显微镜及各种待测物。

练习 1　游标卡尺测铜环体积

【实验内容】

用游标卡尺在铜环的不同部位测内、外径和高度各 6 次，并将数据记录在表 2.3-1 中。按有效数字运算法则求出体积的测量结果。

【注意事项】

操作时应注意保护量爪不被磨损，只要轻轻把物体卡住就可读数，不能把卡住的物体在卡口内移动。

【数据处理】

表 2.3-1　铜环体积测量数据

游标卡尺的分度值：________ mm

序号 i	1	2	3	4	5	6	平均
外径 D/mm							
内径 d/mm							
高度 h/mm							

体积 $\overline{V}=\frac{\pi}{4}(\overline{D}^2-\overline{d}^2)\ \overline{h}$ [代入数据] = ____________ mm^3。

计算合成标准不确定度 $u_c(V)$，给出测量结果。

求相对标准不确定度 $u_c(V)/\overline{V}$。

练习 2　螺旋测微器测钢球体积

【实验内容】

用螺旋测微器在钢球不同位置测直径 6 次，将数据填入表 2.3-2 中。按有效数字运算法则求出钢球体积的测量结果。

【注意事项】

使用螺旋测微器测量前，必须进行零点校正，并记下零点读数值 l_0，在以后的读数中加以修正。测量时，应轻轻转动螺旋测微器尾部的棘轮推进螺杆，只要听到“咔咔”声就要停止转动。

【数据处理】

表 2.3-2　钢球体积测量数据

螺旋测微器的规格及技术指标：等级________　量程________ mm　分度值________ mm

示值误差________ mm　零点读数值 l_0 ________ mm

序号 i	1	2	3	4	5	6	平均
直径 D/mm							

钢球体积$\overline{V}=\frac{\pi}{6}(\overline{D}-l_0)^3$ [代入数据] = ________ mm^3。

计算合成标准不确定度 $u_c(V)$，给出测量结果。

求相对标准不确定度 $u_c(V)/\overline{V}$。

练习 3　读数显微镜测圆孔面积

【实验内容】

移动读数显微镜至尺身刻度的不同位置测圆孔直径 6 次，将数据填入表 2.3-3 中。求出圆孔面积的测量结果。

【注意事项】

眼睛在观察目镜调焦时，读数显微镜镜筒必须自下而上移动，不得由上而下移动，以防碰坏被测物和物镜。测量时要注意消除空程误差，每组数据均应为与显微镜镜筒同方向移动的读数。

【数据处理】

表 2.3-3　圆孔直径测量数据

序号 i	1	2	3	4	5	6	平均
x_1/mm							
x_2/mm							
直径 $d=x_1-x_2$/mm							

圆孔面积$\overline{S}=\frac{1}{4}\pi\overline{d}^2$ [代入数据] = ________ mm^2。

计算合成标准不确定度 $u_c(S)$，给出测量结果。

求相对标准不确定度 $u_c(S)/\overline{S}$。

【实验报告思考题】

1. 用“10 分游标卡尺”和“50 分游标卡尺”测同一物体的直径，测得的有效数字位数是否相同，为什么？如果用“50 分游标卡尺”和“螺旋测微器”测同一金属丝的直径，测得的有效数字位数是否相同，为什么？

2. 如果以 a 表示尺身上最小刻度的长度，n 表示游标的总格数，试证明游标卡尺的分度值等于$\frac{a}{n}$。

3. 如果要测量一长方体铝块的体积，铝块长约为 24cm，宽约为 4cm，厚约为 0.1cm，问各应选用哪种仪器进行测量，才能使其体积的测量结果有四位有效数字？

【附录】　光学仪器使用规则

光学仪器大多精密昂贵，具有精度高、结构紧凑、操作轻便灵活的特点。其核心部件是光学元件，它性能脆弱易损坏。因此，使用光学仪器时，必须遵守下列操作规则：

（1）必须在了解仪器的操作和使用方法后方可使用。

（2）光学仪器结构复杂，使用前需进行仔细调整，以达到最佳使用状态。光学仪器的机械部分很精密，操作时动作要轻缓，用力均匀平稳，调节不能超过行程范围。不用的仪器或光学元件应随时装入专用盒内，并放在桌子的里侧。

（3）光学元件大部分都是特种玻璃经过精密加工制成（如三棱镜），表面光洁；有些元件表面有均匀镀膜（如平面反射镜）。在使用时要防止磕、碰、打碎，也不要擦、划、污损表面。若发现光学元件表面不洁，需根据元件表面的具体情况，用镜头纸或用无水乙醇、乙醚等来处理，切忌哈气、手擦等违规操作。切忌用手触摸元件的光学表面。当必须用手拿光学元件时，只能接触其磨砂面，如透镜的边缘、棱镜的上下底面等。

（4）在暗室工作，各种器具、药品要按固定位置摆放，不能随意放置，以防用错药品，造成操作失误。

（5）对于光学实验所用的各种光源，实验前应了解其性能、正确使用，光源的高压电源要注意防护。高亮度的光源不要直视，特别是激光，绝对不要用眼睛正视，以防灼伤眼睛。

（6）实验完毕后，应将仪器放入专用箱内（箱内应置干燥剂，以便防潮）或加防护罩盖起来，以防灰尘沾污。

2.3.2 电学基本仪器使用

【预习提示】

1. 阅读 2.1 节，了解电学基本仪器的性能和使用方法。
2. 电桥平衡的条件是什么？实验时如何选择比例倍率？
3. 电学实验的操作原则是什么？

【实验目的】

1. 掌握电流表、电压表、滑线变阻器及电阻箱的使用方法和基本测量电路的连接方法。
2. 学会箱式直流电桥的使用，掌握比例倍率的选择和调节电桥平衡的方法。
3. 掌握万用表的使用方法。

【实验仪器】

直流稳压电源，毫安表 mA（量程为 0~3mA，精度等级为 1.0 级），标准毫安表 $mA_{标}$（量程为 0~5mA，精度等级为 0.5 级），电压表（量程为 0~3V，精度等级为 1.0 级），滑线变阻器，电阻箱，QJ23 型惠斯通电桥，万用表，开关及导线，待测电池，二极管，电阻。

【实验内容】

1. 滑线变阻器的使用。

按图 2.3-1 分压接法接线，合上开关 S，改变滑动头 C 的位置，观察对应的电压表的示值变化。对某一位置写出电压表的读数 U。

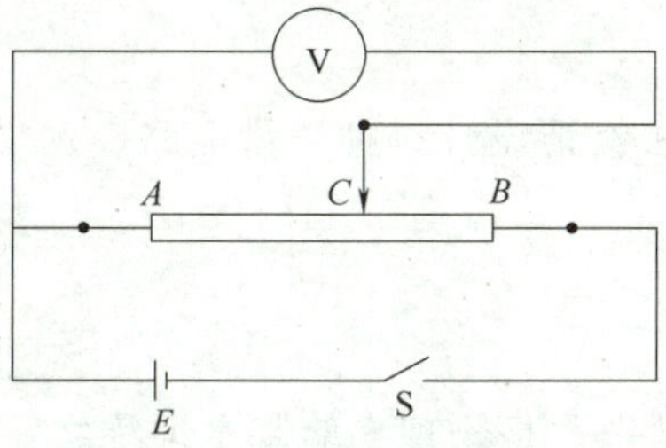

图 2.3-1 滑线变阻器的分压接法

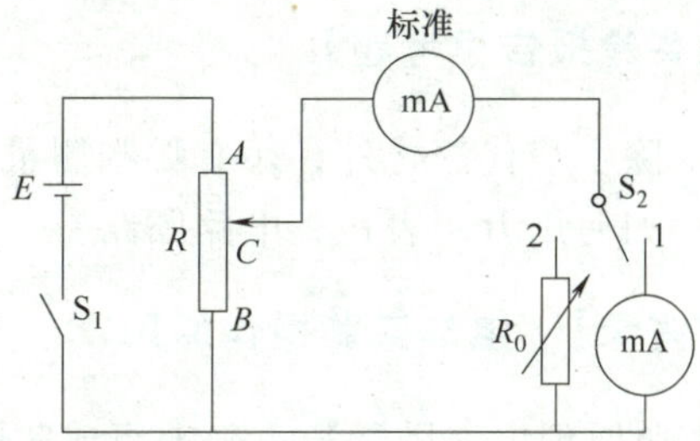

图 2.3-2 替代法测量毫安表 mA 内阻

2. 用替代法测量毫安表（1 端的 mA）的内阻 R_g。

按图 2.3-2 接线。将开关 S_2 接向 1 端，合上开关 S_1，接通电源 E，调节滑线变阻器 R 的滑动头 C，改变输出电压，使 mA 表满偏，记下标准表的读数 l_0，切断电源 E。

电阻箱 R_0 的阻值先调到 50Ω，将开关 S_2 接向 2 端，合上开关 S_1，接通电源 E，再调节电阻箱 R_0 的阻值，使标准表的读数回复到原来的读数 I_0，记录此时电阻箱 R_0 的读数，即为 R_g。

将以上数据填入表 2.3-4 中。

3. 用 QJ23 型惠斯通电桥测 3 个待测电阻的阻值，将数据填入表 2.3-5 中。

4. 用万用表测量电池电压、电阻箱电阻、二极管电阻，将数据填入表 2.3-6 中。

【注意事项】

1. 电表的仪器误差限由精度等级和量程确定，电阻箱的仪器误差限由精度等级和测量值确定。

2. 用 QJ23 型惠斯通电桥测电阻时应注意选择合适的比例倍率，使比较臂电阻 R_0 的 4 个旋钮都能用上，获得 4 位有效数字。

3. 用万用表测量二极管电阻时应注意根据表内电池实际情况连接。

【数据处理】

表 2.3-4 电表、电阻箱读数

电压表读数 U/V	
标准毫安表读数 I_0/mA	
毫安表内阻 R_g/Ω	

表 2.3-5 用 QJ23 型惠斯通电桥测电阻的数据

i	1	2	3
比较臂电阻 R_{0i}/Ω			
比例倍率 K_i			
待测电阻的阻值 R_i/Ω			

表 2.3-6 用万用表测量的数据

电池电压 U/V		电阻箱电阻 R/Ω	
二极管电阻 $R_{正}$/Ω		二极管电阻 $R_{反}$/Ω	

【实验报告思考题】

1. 除了替代法之外，还有哪些测量电表内阻的方法？请设计一种测量电路。
2. 如何用万用表检查电路断路？

【附录】　电学实验操作原则

按照原理电路图迅速正确地组成实际电路并正确操作，是物理实验基本训练之一。其基本原则如下：

(1) 合理安排仪器。实验仪器和装置的摆放可以基本参照实验原理电路图的次序排列，以便于对照电路图接线，同时也要兼顾到读数与操作的方便。经常操作和读数的仪器放在近处，开关应放在便于使用的位置。

(2) 接线原则。在理解实验电路的基础上，按电路图的逐个分回路接线，一个分回路接完后再接另一个分回路。查线时也要这样按回路查线。每个回路一般都应按由高电位到低电位的顺序接线；合理分配每个接线端上的导线，注意利用等势点，以使每个接线端的线尽量少。实验中所用的电子仪器，如示波器、信号发生器等，其“地”端要接到一个端子上，以防止杂乱信号串入影响测试。特别要注意直流电表的“+”“-”极性。

接线时电源电键应断开，接线柱要拧得松紧适中，以保证良好的电气接触。此外在接线时，还应注意利用不同颜色的导线，一般以红色接电源正极或高电势，黑色接电源负极或低电势，这样便于检查。

(3) 检查。电路连接好后应对照电路图逐一认真检查。即各种器件是否都置于正常使用状态，如滑线变阻器的滑动端是否置于安全位置（即使电路中电流最小、电压最低的位置），电表量程是否合适，电表和电源的正负极是否正确等。确认电路无误，经指导教师检查同意后，才可接通电源进行实验。接通电路的顺序为：先接通电源，再接通测试仪器；断电时顺序相反。目的是防止电源通电或断电时因含有感性元件产生瞬间高压损坏仪器。

(4) 通电。在正式接通电源前，先瞬间接通一下电源，观察各仪表的反映是否正常。如有异常立即断电，找出原因，排除故障，正常后才能接通电源，进行实验。

实验过程中如需暂停，应断开有关的电源电键。若需要更换电池，应将电路中的各个仪器调到安全位置后，断开电源电键，才可更换。电池更换后，仍需认真检查，确认无误后方可接通电源继续实验。

(5) 归整。实验完成后，经教师检查数据，合格后，先切断电源，再拆除线路，整理好仪器，并注意将仪器恢复到原来状态（如电源输出调节置于零位），有零点保护的仪器（如灵敏检流计）要置于保护状态（开关扳至短路挡）。

2.4　物理思想与物理方法解析

1. 科学实验必须严谨细致，真实可靠

科学是以实验数据（和现象）为基础的，科学技术的可靠性以实验（试验）的可靠性为依据。因此，科学实验（试验）的数据必须真实可靠。这就要求科学实验（试验）必须做到态度严谨，工作（操作）细致，数据（现象、结果）真实可靠。而这种态度、作风和

素养要从学生时代开始培养，从每一堂课、每一次实验、每一个操作中养成。

本章的内容看起来简单，标准却不能降低。简单的动作更要注重科学素养的培育。就是要严谨细致、真实可靠。仔细观察、认真测量，严格按操作规程，扎扎实实做好每一个动作，认认真真记录好每一个数据（现象），培养严谨细致、实事求是的作风。老师要这样教，学生要这样做，课程要这样上，科研要这样搞。学生刚开始接触实验，不需要火花，不需要创新，要扎扎实实，一步一个脚印，打好基础。

认真是科学工作者最重要的素质，也是工程技术人员最起码的要求。毛主席曾说："世界上怕就怕'认真'二字，共产党就最讲认真。""认真"应成为我们搞科研、干事业的重要原则。没有认真，一切事都做不好。

2. 做好小事情，是做成大事业的基础

列宁说，"要成就一件大事业，必须从小事做起。"没有基本的观察、测量，没有基本的东西，其他的都不存在。要提高科研能力，或工程设计、制造、施工能力，必须从最基础的理论学起，从最基本的技能练起。本章的内容——基本物理量的测量、物理实验的基本调整和操作技术——简单而重要，所有的科学研究、发明创造都是在这个基础上进行的。某种意义上说，这些小事情也是量的积累。

【参考文献】

[1] 张映辉. 大学物理实验 [M]. 2 版. 北京：机械工业出版社，2017.

[2] 张映辉. 大学物理实验学习指导书 [M]. 2 版. 北京：高等教育出版社，2021.

【本章相关数字资源】

思维导图

（知识图谱）

第3章　基础性实验

实验 3.1　用三线摆法测量物体的转动惯量

转动惯量是表征刚体转动惯性大小的物理量。它不仅取决于刚体的总质量，而且与刚体的形状、质量分布以及转轴的位置有关。转动惯量是研究、设计和控制转动物体（如电动机转子、机械零部件、枪炮弹丸等）运动规律的重要参数，因此转动惯量的测量具有重要意义。如果刚体形状简单，且质量分布均匀，可以直接计算出它绕特定转轴的转动惯量。对于形状复杂，质量分布不均匀的物体，很难用数学的方法计算出它的转动惯量，通常采用实验方法测定。

实验上测定刚体转动惯量的方法有多种，一般是使刚体以一定形式运动，通过表征这种运动特性的物理量（如周期）与转动惯量的关系进行转换测量，如三线摆法、扭摆法、复摆法等。本实验采用三线摆法测量刚体的转动惯量。

【实验目的】

1. 掌握用三线摆法测定物体转动惯量的原理。
2. 验证转动惯量的平行轴定理。
3. 学会用累积放大法测量周期运动的周期。

【预习提示】

1. 如何调试三线摆使上、下圆盘水平？
2. 怎样正确起动三线摆？测量周期时如何选取摆动次数。
3. 三线摆测量公式中的 r 和 R 是否一定是上、下圆盘的半径？本实验中用的三线摆上、下圆盘的悬点并不在边沿上，而是在盘内的某一同心圆周上，怎样测量 r 和 R？
4. 如何验证平行轴定理？

【实验原理】

三线摆如图 3.1-1 所示，有一均匀圆盘，在小于其周界的同心圆周上作一内接等边三角形，从三角形的三个顶点引出三条悬线（悬线为不易拉伸的细线）对称地连接在置于上部的一个水平匀质小圆盘的下面，小圆盘可以绕自身的垂直轴 $O'O$ 转动。当均匀圆盘（以下简称悬盘）水平，即三条悬线等长时，轻轻转动上部小圆盘，在悬线的张力作用下，悬盘绕两圆盘的中心连线 $O'O$ 轴转动。由于三线摆的转动周期与悬盘的转动惯量有一定关系，所以把待测样品放在悬盘上后，三线摆系统的转动周期就要相应地随之改变。这样，根据转动周期、转动系统质量及有关的参量，就能求出悬盘系统的转动惯量。

1. 测量悬盘绕中心轴的转动惯量 J_0

如图 3.1-2 所示，使上、下圆盘均处于水平且同轴，将上圆盘绕竖直的中心轴线 $O'O$ 转动一个小角度，借助悬线的张力使悬盘绕中心轴 $O'O$ 转动，当悬盘离开平衡位置转过某一个小角度 θ（扭转角）时，整个悬盘的位置也随之升高 h。若忽略摩擦力的影响，可知悬盘转动过程中系统机械能守恒，即

$$\frac{1}{2}J_0\left(\frac{\mathrm{d}\theta}{\mathrm{d}t}\right)^2+\frac{1}{2}m_0\left(\frac{\mathrm{d}h}{\mathrm{d}t}\right)^2+m_0gh=\text{恒量} \tag{3.1-1}$$

式中，m_0 是悬盘的质量；J_0 是悬盘对 $O'O$ 轴的转动惯量；g 为重力加速度。$\frac{1}{2}J_0\left(\frac{\mathrm{d}\theta}{\mathrm{d}t}\right)^2$ 对应于悬盘绕中心转轴 $O'O$ 的转动动能，$\frac{1}{2}m_0\left(\frac{\mathrm{d}h}{\mathrm{d}t}\right)^2$ 对应于悬盘做上下升降运动时的平动动能，m_0gh 对应于某时刻悬盘的重力势能（取悬盘在平衡位置时重力势能为零）。在悬线足够长，且悬盘绕 $O'O$ 轴做小角度转动时，$\frac{1}{2}J_0\left(\frac{\mathrm{d}\theta}{\mathrm{d}t}\right)^2\gg\frac{1}{2}m_0\left(\frac{\mathrm{d}h}{\mathrm{d}t}\right)^2$。略去式（3.1-1）中平动动能并对时间求导，则有

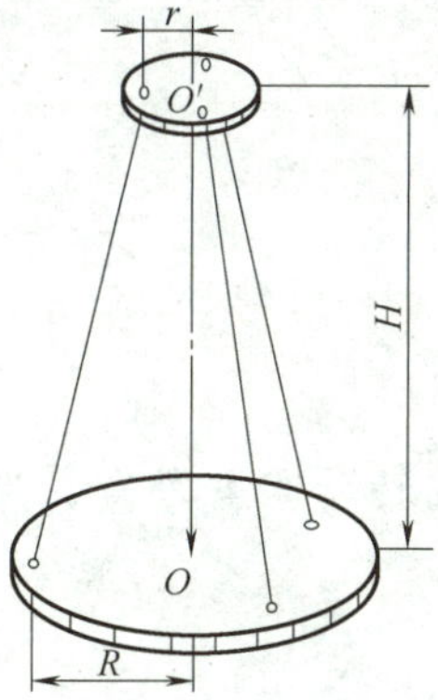

图 3.1-1　三线摆

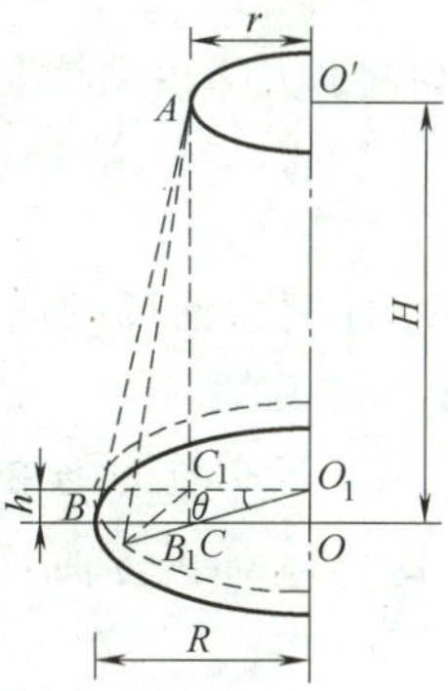

图 3.1-2　三线摆的几何参量

$$J_0\frac{\mathrm{d}\theta}{\mathrm{d}t}\frac{\mathrm{d}^2\theta}{\mathrm{d}t^2}+m_0g\frac{\mathrm{d}h}{\mathrm{d}t}=0 \tag{3.1-2}$$

设 r 和 R 分别为上、下圆盘悬点离各自圆盘中心的距离，分析图 3.1-2 中各量的关系，在角 θ 很小的条件下，有 $h=\frac{Rr\theta^2}{2H}$（推导见本实验附录），则

$$\frac{\mathrm{d}h}{\mathrm{d}t}=\frac{\theta Rr}{H}\frac{\mathrm{d}\theta}{\mathrm{d}t} \tag{3.1-3}$$

将式（3.1-3）代入式（3.1-2）后可得

$$\frac{\mathrm{d}^2\theta}{\mathrm{d}t^2}+\frac{m_0gRr}{HJ_0}\theta=0 \tag{3.1-4}$$

显然，式（3.1-4）是一个简谐运动方程，其解为

$$\theta=\theta_0\cos(\omega t+\varphi)$$

式中，$\omega=\sqrt{\dfrac{m_0gRr}{HJ_0}}$是悬盘转动的角频率，则悬盘做简谐运动的周期 $T_0=2\pi/\omega$，于是有

$$J_0=\frac{m_0gRr}{4\pi^2H}T_0^2 \tag{3.1-5}$$

这就是测量悬盘绕中心轴转动的转动惯量的计算公式。实验中，测出 m_0、R、r、H 及 T_0，就可求出悬盘对 $O'O$ 轴的转动惯量 J_0。

2. 测量圆环绕中心轴的转动惯量 J_1

将质量为 m_1 的待测圆环放在悬盘上，使待测圆环的转轴与 $O'O$ 轴重合，组成一个系统。测出它们绕 $O'O$ 轴转动的周期 T_1 和上、下圆盘间的垂直距离 H_1。根据与式（3.1-5）相同的推导过程，可求得待测圆环和悬盘对中心轴 $O'O$ 的总转动惯量为

$$J_1=\frac{(m_0+m_1)gRr}{4\pi^2H_1}T_1^2 \tag{3.1-6}$$

如果不计因重量变化而引起的悬线伸长，则有 $H_1\approx H$。那么，待测圆环绕中心轴 $O'O$ 的转动惯量为

$$J_{圆环}=J_1-J_0=\frac{(m_0+m_1)gRr}{4\pi^2H}T_1^2-J_0 \tag{3.1-7}$$

圆环绕中心轴 $O'O$ 转动惯量的理论计算公式为

$$J_{圆环理论}=\frac{1}{2}m_1(R_1^2+R_2^2) \tag{3.1-8}$$

式中，R_1 和 R_2 分别为圆环的内、外半径。

3. 验证平行轴定理

平行轴定理：若质量为 m 的物体绕通过其质心轴 $O'O$ 的转动惯量为 J_C，当转轴平行移动距离 x 时，此物体对新转轴 $O_1'O_1$ 的转动惯量为

$$J=J_C+mx^2 \tag{3.1-9}$$

这一结论称为转动惯量的平行轴定理。

将两个质量均为 m_2、半径为 R_x、形状和质量分布完全相同的圆柱体对称地放置在悬盘上，圆柱体中心离悬盘中心的距离为 x。按上面的方法，测出两圆柱和悬盘绕中心轴 $O'O$ 的转动周期为 T_2，则两圆柱体和悬盘绕中心轴 $O'O$ 的总转动惯量为

$$J_2=\frac{(m_0+2m_2)gRr}{4\pi^2H}T_2^2 \tag{3.1-10}$$

则单个圆柱体对中心轴 $O'O$ 的转动惯量为

$$J_{圆柱}=\frac{1}{2}(J_2-J_0)=\frac{1}{2}\left[\frac{(m_0+2m_2)gRr}{4\pi^2H}T_2^2-J_0\right] \tag{3.1-11}$$

根据转动惯量的平行轴定理式（3.1-9），此时圆柱体绕中心轴 $O'O$ 转动惯量的理论计算公式为

$$J_{圆柱理论}=m_2x^2+\frac{1}{2}m_2R_x^2 \tag{3.1-12}$$

比较式（3.1-11）与式（3.1-12）所得结果的大小，即可验证平行轴定理。

【实验仪器】

三线摆（含待测圆环、圆柱体），智能测时仪，游标高度尺，游标卡尺。

1. 三线摆实验装置如图 3.1-3 所示。

2. 智能测时仪使用方法。

（1）打开电源，程序预置周期数 n 为 30（数显）。

（2）根据实验要求，可设置周期数（如 50），先按“置数”，开锁；再按上调（或下调），改变周期数（如 50）；再按“置数”，锁定。此时即可按“执行”键开始计时（信号灯不停闪烁，即为计时状态），此时仪器显示的数字为遮光杆遮光次数。当遮光杆来回经过光电门的次数为 $2n+1$ 次（如 101 次）时，即周期次数达到设定值时，数显将显示设定周期数的时间（如 50 个周期的时间），单位“s”。

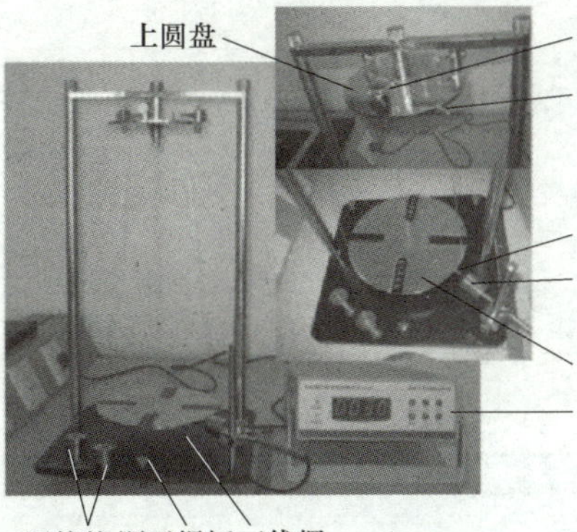

图 3.1-3 三线摆实验装置

（3）如需再测 50 个周期时，只要按“返回”键，再按“执行”键，即可第二次计时。但如果上一次没执行满 50 个周期就停止了计时，则需按步骤（2）重新设置。

（4）若测量的周期数改变时，按步骤（2）重新设置；若要改测 30 个周期，直接按“复位”键即可。

【实验内容】

1. 基础内容

测量悬盘和圆环转动惯量。

（1）调上圆盘水平：将水平仪置于上圆盘任意两悬线调节旋钮之间，调节三线摆底脚的三个调平螺钉使水平仪的气泡居中；再把水平仪放到另外两悬线调节旋钮之间，调底脚的调平螺钉使水平仪的气泡居中，此时上圆盘水平。

（2）调悬盘水平：将水平仪置于悬盘中间，调节上圆盘上的三个悬线调节旋钮，改变三条悬线的长度，直至悬盘水平，将三个悬线调节旋钮固定。

（3）测悬盘转动周期：先使已调水平的悬盘保持静止，然后轻轻拨动上圆盘凸出的小杆使上圆盘转动约 5°，随即退到原处，在悬线的张力矩作用下，悬盘绕中心轴 $O'O$ 转动。用智能测时仪测出悬盘摆动 30 个周期的时间，填入表 3.1-1，重复 5 次求平均值，求出悬盘的摆动周期 T_0。

（4）测圆环与悬盘系统转动周期：把待测圆环置于悬盘上，使两者中心轴重合，按以上方法测出圆环与悬盘系统的转动周期 T_1，取下圆环。

（5）测量相关常数：用游标卡尺分别测出上圆盘和悬盘相邻两悬点之间的距离 a 和 b，测出圆环的内直径 $2R_1$、外直径 $2R_2$ 和圆柱体直径 $2R_x$，用游标高度尺测出上、下两圆盘之间的垂直距离 H。将数据填入表 3.1-2 中。

（6）记录圆盘、圆环、圆柱体的质量于表 3.1-2 中。

表 3.1-1　累积法测转动周期数据表

	悬盘		悬盘+圆环		悬盘+两圆柱体	
摆动 30 个周期所需时间 t/s	1		1		1	
	2		2		2	
	3		3		3	
	4		4		4	
	5		5		5	
	求和		求和		求和	
	平均		平均		平均	
周期/s	$T_0=$		$T_1=$		$T_2=$	

表 3.1-2　有关长度测量数据和质量数据表

上、下两圆盘之间垂直距离 H/mm					
上圆盘相邻两悬点间距离/mm		a_1	a_2	a_3	$\bar{a}=\frac{1}{3}(a_1+a_2+a_3)$
上圆盘悬点距圆心距离 $r=(\bar{a}/\sqrt{3})$/mm					
悬盘相邻两悬点间距离/mm		b_1	b_2	b_3	$\bar{b}=\frac{1}{3}(b_1+b_2+b_3)$
悬盘悬点距圆心距离 $R=(\bar{b}/\sqrt{3})$/mm					
待测圆环	内直径 $2R_1$/mm				
	内半径 R_1/mm				
	外直径 $2R_2$/mm				
	外半径 R_2/mm				
圆柱体直径 $2R_x$/mm					
圆柱体半径 R_x/mm					
悬盘质量 m_0/g	圆环质量 m_1/g	圆柱体质量 m_2/g			$g_{大连}$/m·s^{-2}

（7）数据处理。

① 由式（3.1-5）计算悬盘绕中心轴的转动惯量 J_0。

② 由式（3.1-7）计算待测圆环绕中心轴的转动惯量 $J_{圆环}$。

③ 由式（3.1-8）计算圆环绕中心轴 $O'O$ 转动惯量的理论值 $J_{圆环理论}$，求出相对误差。

2. 提升内容

用三线摆验证平行轴定理。

（1）将质量和形状都完全相同的两个圆柱体对称地置于悬盘上的插孔中，测出其与悬盘共同转动的周期 T_x 和两小圆柱体的间距 $2x$，依次改变放置的位置，测量 5 次，将数据记录于表 3.1-3 中。

表 3.1-3 平行轴定理验证

次数	对称小孔间距 2x/cm	x^2/cm^2	周期 T_x/s	实验值/(kg·m²) $J_x=\frac{1}{2}\left[\frac{(m_0+2m_2)gRr}{4\pi^2H}T_x^2-J_0\right]$	理论值/(kg·m²) $J'_x=m_2x^2+\frac{1}{2}m_2R_x^2$	相对误差
1						
2						
3						
4						
5						

(2) 由表 3.1-3 中数据，分析实验误差，由得出的数据给出是否验证了平行轴定理的结论。

(3) 作 J_x-x^2 曲线，由曲线求出 J_C 和 m，并与实验测量值比较，由此结果的比较，给出结论。

3. 进阶内容

(1) 研究物体几何轴与转轴有一定夹角的情况下，物体转动惯量。

(2) 用其他不同的方法（如扭摆法、复摆法等）测量物体的转动惯量。

4. 高阶内容

设计利用转动惯量仪测量重力加速度方案，并实施。

【实验注意】

1. 测量前，必须调整三线摆使上、下圆盘水平。测量时，摆角不能超过 5°，以满足小角度近似。

2. 光电探头宜放在挡光杆的平衡位置处，挡光杆不能和它接触，以免增大摩擦力矩。

3. 启动三线摆时不要直接扭转悬盘，以免三线摆在转动时发生晃动，影响测量结果。

4. 待三线摆转动稳定后再测周期。测周期最好从三线摆悬盘遮光杆通过平衡位置时按智能测时仪的“执行”键开始计时。

5. 测量圆环绕中心轴转动惯量时，将圆环共轴放在悬盘上。

【实验报告思考题】

1. 在三线摆的悬盘加上待测物体后的转动周期 T 是否一定比三线摆原来的周期 T_0 大？试根据式 $T_0=2\pi\sqrt{\frac{H}{m_0gRr}J_0}$ 与式 $T=2\pi\sqrt{\frac{H}{(m_0+m)gRr}J}$ 进行分析。

2. 如何利用三线摆测定不规则物体绕特定轴的转动惯量？

【参考文献】

[1] 隋成华，魏高尧，徐志君，等. 大学物理实验［M］. 北京：高等教育出版社，2016.

[2]　周殿清. 基础物理实验 [M]. 北京：科学出版社，2013.
[3]　张映辉. 大学物理实验 [M]. 2 版. 北京：机械工业出版社，2017.
[4]　张映辉. 大学物理实验学习指导书 [M]. 2 版. 北京：高等教育出版社，2021.
[5]　张映辉. 大学物理实验数字课程 [M]. 北京：高等教育出版社，2020.

【附录】

设悬线长为 l，由图 3.1-2 可得

$$h=AC-AC_1=\frac{(AC)^2-(AC_1)^2}{AC+AC_1}$$

因为
$$(AC)^2=(AB)^2-(BC)^2=l^2-(R-r)^2$$
$$(AC_1)^2=(AB_1)^2-(B_1C_1)^2=l^2-(B_1C_1)^2$$

利用余弦定理，得
$$(B_1C_1)^2=R^2+r^2-2Rr\cos\theta$$

所以有
$$(AC_1)^2=l^2-(R^2+r^2-2Rr\cos\theta)$$

根据以上各式，可以得到 h 的表达式为

$$h=\frac{2Rr(1-\cos\theta)}{AC+AC_1}=\frac{2Rr\cdot 2\sin^2\dfrac{\theta}{2}}{AC+AC_1}$$

因为悬线长度 l 很长，悬盘的转角 θ 很小，故上式中的 $AC\approx AC_1\approx H$，$\sin\dfrac{\theta}{2}\approx\dfrac{\theta}{2}$。那么，

$$h=\frac{2Rr\sin^2\dfrac{\theta}{2}}{H}=\frac{Rr\theta^2}{2H}$$

【本实验相关数字资源】

1-讲课视频

2-水平调整

3-拨动上盘

4-周期测定

5-物理思想与物理方法解析

思维导图（知识图谱）

实验3.2 物体密度的测量

密度是物质的基本属性之一，其值与物质的纯度有关，在工业上常常通过物质密度的测定进行成分分析和纯度鉴定。对于不同的物质或形态，测密度的方法不相同，掌握这些方法有很重要的实际意义。

【实验目的】

1. 理解物体密度的测量原理。
2. 掌握用流体静力称衡法测量物体密度的方法。
3. 了解比重瓶法测量物体密度的特点。
4. 掌握物理天平的使用方法。

【预习提示】

1. 了解物理天平的构造和使用方法。
2. 流体静力称衡法和比重瓶法的原理分别是什么？
3. 待测物上的气泡对实验结果有什么影响？应如何排除？
4. 对于密度比水小的物体，比如石蜡块，其体积如何求得？

【实验原理】

物体的密度定义为

$$\rho=\frac{m}{V} \tag{3.2-1}$$

式中，m 为物体的质量；V 为物体的体积。m 可由天平精确测定，形状规则的固体体积可通过测量其尺寸间接获取。然而，不规则物体的体积则难以通过测量尺寸和计算得到。对于不规则固体和液体的密度，可采用以下方法测得：

1. 流体静力称衡法测量密度

（1）测量不规则固体密度。根据阿基米德原理，物体所受液体的浮力等于物体浸入液体排开同体积液体的重力，即

$$(m_1-m_2)g=\rho_0 Vg \tag{3.2-2}$$

式中，m_1 为物体在空气中的质量；m_2 为物体全部浸入液体中的质量；ρ_0 为液体密度。由此可得物体的体积

$$V=\frac{m_1-m_2}{\rho_0} \tag{3.2-3}$$

将式（3.2-3）代入式（3.2-1），得物体密度

$$\rho=\frac{m_1}{m_1-m_2}\rho_0 \tag{3.2-4}$$

(2) 测量液体密度。测液体密度时，先选取 1 个不溶于水且不与被测液体发生化学反应的固体，测出其在空气中的质量 m_1，然后测出其浸入水中的质量 m_2，最后测出该物体浸在待测液体中的质量 m_x。则有

$$\rho=\frac{m_1}{m_1-m_2}\rho_{水}$$

$$\rho=\frac{m_1}{m_1-m_x}\rho_x \tag{3.2-5}$$

故可导出

$$\rho_x=\frac{m_1-m_x}{m_1-m_2}\rho_{水} \tag{3.2-6}$$

式中，ρ_x 为待测液体的密度。

2. 比重瓶法测量密度

比重瓶是用玻璃制成的容积固定的容器，为了保证瓶中容积固定，比重瓶的瓶塞用一个中间有毛细管的磨口塞子做成。使用时，把液体注入瓶中，用塞子塞紧，多余的液体就会通过毛细管流出，这样就可以保证比重瓶的容积固定。应用比重瓶可测定液体和固体微粒的密度。

(1) 测固体密度。先测出固体的质量 m，然后将比重瓶盛满水并测出比重瓶及水的总质量 m_1，再把固体投入装满水的比重瓶内，测出此时比重瓶、水及待测固体的总质量 m_2。显然，投入固体时被固体排出水的质量是 m_1+m-m_2，所以，固体的体积为

$$V=\frac{m+m_1-m_2}{\rho_{水}} \tag{3.2-7}$$

因此，固体的密度为

$$\rho=\frac{m}{m+m_1-m_2}\rho_{水} \tag{3.2-8}$$

(2) 测液体密度。对于液体密度的测定，可先在质量为 m_0 的空比重瓶中盛满与待测液体同温度的纯水，并测出比重瓶和纯水的总质量为 m_1，由此可得比重瓶的容积为

$$V=\frac{m_1-m_0}{\rho_{水}} \tag{3.2-9}$$

然后再将待测液体注入空比重瓶，并测出待测液体与比重瓶的总质量为 m_x。由于比重瓶在同一温度下的容积一定，所以待测液体的密度为

$$\rho_x=\frac{m_x-m_0}{m_1-m_0}\rho_{水} \tag{3.2-10}$$

【实验仪器】

物理天平，比重瓶，铜环，石蜡，细线，水杯，温度计，压强计，湿度计。

【实验内容】

1. 基础内容

(1) 用流体静力称衡法测量匀质金属密度。

① 将待测物用细线挂在天平左边秤钩上，称量其质量为 m_1。

② 将待测物浸入水中，称量其在水中的质量为 m_2。

③ 将 m_1、m_2、$\rho_{水}$ 代入式（3.2-4），计算出待测物密度。

（2）用流体静力称衡法测量液体密度。

① 将一铜块用细线挂在天平左边秤钩上，称量其质量为 m_1。

② 将铜块浸入水中，称量其在水中的质量为 m_2。

③ 将铜块浸入待测液体中，称量其在待测液体中的质量为 m_x。

④ 将 m_1、m_2、m_x、$\rho_{水}$ 代入式（3.2-6）中，计算出待测液体密度。

（3）数据处理。计算物体的密度及其不确定度。

2. 提升内容

（1）用比重瓶法测定固体微粒密度。

① 用天平称量待测物体在空气中的质量 m。

② 在比重瓶中注满水，测量瓶和水的总质量 m_1。

③ 将待测物体浸湿后放入盛满水的比重瓶内，摇晃几下排出瓶内气泡后再将水注满，称出瓶、水和待测固体的总质量 m_2。

④ 将 m、m_1、m_2、$\rho_{水}$ 代入式（3.2-8）中，计算出固体微粒的密度。

（2）用比重瓶法测量液体密度。

① 用天平称量空比重瓶的质量 m_0。

② 在比重瓶中注满待测液体，测量瓶和液体的总质量 m_x。

③ 将比重瓶中的待测液体倒掉，用纯水将比重瓶清洗干净后注满与待测液体同温度的纯水，测量瓶和水的总质量 m_1。

④ 将 m_0、m_x、m_1、$\rho_{水}$ 代入式（3.2-10），计算出液体的密度。

（3）数据处理。计算液体的密度及其不确定度。

3. 进阶内容

测量几何形状不规则的蜡块密度。

（1）将蜡块用细线挂在天平左边秤钩上，称量其质量为 m。

（2）将蜡块和同一重物捆绑在一起，其中，蜡块置于空气中，重物浸入水中，称量二者共同质量 m'_1。

（3）将蜡块和重物（密度大于水）捆绑在一起全部浸入水中，称量二者在水中的共同质量 m'_2。

（4）将 m、m'_1、m'_2、$\rho_{水}$ 代入下式，计算出蜡块密度：

$$\rho_{蜡块}=\frac{m}{m'_1-m'_2}\rho_{水} \tag{3.2-11}$$

4. 高阶内容

测量气体密度。

设计实验方案，通过精确称量一定体积的气体质量，测量气体密度。

【实验注意】

1. 切忌在天平启动状态下加减砝码。

2. 用流体静力称衡法测密度时，不能使固体接触到杯壁或杯底。

3. 流体静力称衡法测量物体密度时，如果待测固体上有气泡，应把固体取出，重新放入。

4. 比重瓶内残留的气泡应及时排除。

【实验报告思考题】

1. 用流体静力称衡法测密度时，如果固体接触到了杯壁或杯底，对测量结果会有什么影响？

2. 为什么称量固体在空气中的质量时也要将固体悬挂起来称量，而不是放到托盘中称量？

【参考文献】

[1]　张映辉．大学物理实验［M］．2 版．北京：机械工业出版社，2017．

[2]　张映辉．大学物理实验学习指导书［M］．2 版．北京：高等教育出版社，2021．

[3]　孔祥洪，郭阳雪．大学物理实验教程［M］．上海：同济大学出版社，2012．

【本实验相关数字资源】

1-讲课视频　　2-物理天平操作演示　　3-物理思想与物理方法解析　　思维导图（知识图谱）

实验 3.3 弦线上的驻波实验

驻波（Standing wave）为两个振幅、波长、周期皆相同的正弦波相向行进干涉而成的合成波。本实验重点在于观测弦线上形成的驻波，验证弦线上驻波的振动规律，并通过实验研究弦振动时，驻波波速与张力的关系，驻波波长与弦长的关系，以及驻波波速与弦线密度之间的关系。实验中常用获得驻波的方法有两种：一是采用振动频率固定的电动音叉作为振源，通过改变弦线长度或张力，形成稳定驻波；二是采用频率连续可调的振动体，改变弦长或张力，形成稳定驻波。根据驻波原理测量横波波长的方法不仅在力学中有重要的应用，在声学、无线电学和光学等学科的实验中都有许多应用。

【实验目的】

1. 理解无驱动无阻尼波动方程及弦上振动传播规律。
2. 理解驻波形成的原理及条件。
3. 掌握利用驻波性质测量均匀弦波速 v、弦线密度 ρ 及弦线张力 T 的方法。
4. 了解弦振动现象与弦乐器间联系。
5. 掌握测量非线性受迫阻尼振动幅频特性的方法。

【预习提示】

1. 了解波动方程及波的叠加原理。
2. 理解驻波形成原理及驻波形成需满足的条件。
3. 了解弦线的共振频率和波速与哪些物理量有关，理解利用驻波测量均匀弦波速 v、弦线密度 ρ 及弦线张力 T 的原理和方法。
4. 了解弦乐器发音机理及影响其频谱的因素有哪些，了解音阶与频率之间的关系。

【实验原理】

本实验中，将磁钢放置在金属弦线下方，通有正弦交流电的金属弦线会受到磁场力（安培力）的作用，其方向与磁场方向和电流方向均为垂直，其大小也将随电流正弦变化。移动劈尖改变弦长，当弦长是半波长的整倍数时，弦线上便会形成驻波。此时我们认为磁钢所在处对应的弦为振源，振动向两边传播，在劈尖与吉他骑码两处反射后又沿各自相反的方向传播，入射波与反射波相干叠加最终形成稳定的驻波。如图 3.3-1 所示。

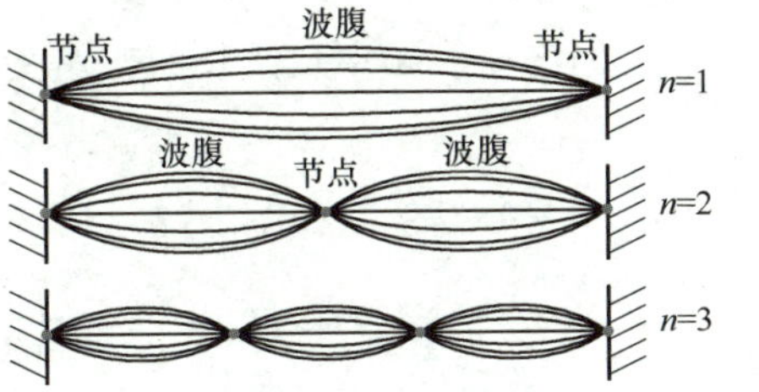

图 3.3-1 驻波波形

对驻波的形成可进行如下数学分析。设沿 x 轴正方向传播的波为入射波，沿 x 轴负方向传播的波为反射波，取它们振动相位始终相同的点作坐标原点“O”，且在 $x=0$ 处，振动质点向上达最大位移时开始计时，则它们的波动方程分别为

$$\begin{cases} y_1 = A\cos 2\pi(ft - x/\lambda) \\ y_2 = A\cos 2\pi(ft + x/\lambda) \end{cases} \tag{3.3-1}$$

式中，A 为简谐波的振幅；f 为频率；λ 为波长；x 为弦线上质点的坐标位置。两波叠加后的合成波为驻波，其方程为：

$$y_1+y_2=2A\cos2\pi(x/\lambda)\cos2\pi ft \tag{3.3-2}$$

由此可见，入射波与反射波合成后，弦上各点都在以同一频率做简谐振动，它们的振幅为 $|2A\cos2\pi(x/\lambda)|$，且只与质点的位置 x 有关，与时间无关。

由于波节处振幅为零，即 $|2A\cos2\pi(x/\lambda)|=0$，则

$$2\pi(x/\lambda)=(2k+1)\pi/2 \quad (k=0,1,2,3,\cdots)$$

可得波节的位置为

$$x=(2k+1)\lambda/4 \tag{3.3-3}$$

而相邻两波节之间的距离为

$$x_{k+1}-x_k=\lambda/2 \tag{3.3-4}$$

又因为波腹处的质点振幅为最大，即 $|\cos2\pi(x/\lambda)|=1$，则

$$2\pi(x/\lambda)=k\pi \quad (k=0,1,2,3,\cdots)$$

可得波腹的位置为

$$x=k\lambda/2 \tag{3.3-5}$$

这样相邻的波腹间的距离也是半个波长。因此，在驻波实验中，只要测得相邻两波节（或相邻两波腹）间的距离，就能确定该波的波长。

在本实验中，由于弦的两端是固定的，故两端点为波节，所以，只有当均匀弦线的两个固定端之间的距离（弦长）等于半波长的整数倍时，才能形成驻波，其数学表达式为

$$L=n\lambda/2 \quad (n=1,2,3,\cdots)$$

由此可得沿弦线传播的横波波长为

$$\lambda=2L/n \tag{3.3-6}$$

式中，n 为弦线上驻波的段数，即半波数。

根据波动理论，弦线横波的传播速度为

$$v=(T/\rho)^{\frac{1}{2}} \tag{3.3-7}$$

即

$$T=\rho v^2$$

式中，T 为弦线中张力；ρ 为弦线单位长度的质量，即线密度。

根据波速、频率及波长的普遍关系式 $v=f\lambda$，将式（3.3-6）代入可得

$$v=2Lf/n \tag{3.3-8}$$

再由式（3.3-7）、式（3.3-8）可得

$$\rho=T\left(\frac{n}{2Lf}\right)^2 \quad (n=1,2,3,\cdots) \tag{3.3-9}$$

即

$$T=\rho(2Lf/n)^2 \quad (n=1,2,3,\cdots) \tag{3.3-10}$$

由式（3.3-9）可知，当给定 T、ρ、L 时，频率 f 只有满足该关系式才能在弦线上形成驻波。

本实验中，弦线通过导轮与砝码连接，改变砝码可以改变弦线的张力。当金属弦线在周期性的安培力激励下发生共振干涉形成驻波时，通过骑码的振动激励共鸣箱的薄板振动，薄板的振动引起吉他音箱的声振动，经过释音孔释放，我们能听到相应频率的声音，当用间歇

脉冲激励时尤为明显。

【实验仪器】

ZCXS-A 型弦音实验仪。实验装置如图 3.3-2 所示。

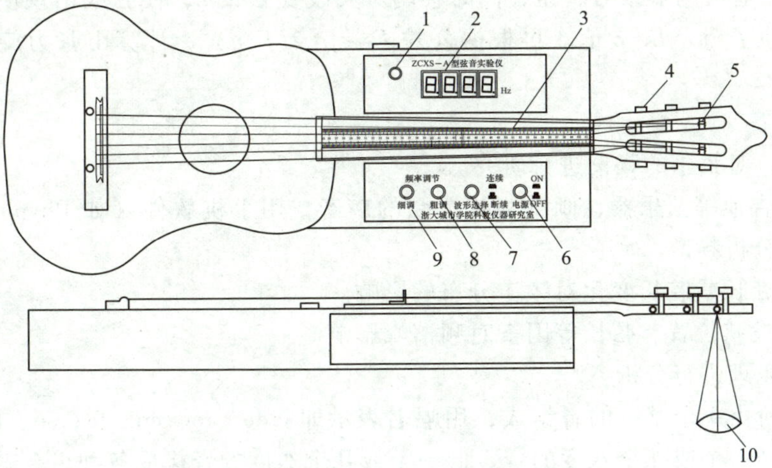

图 3.3-2 实验装置示意图

1—接线柱插孔 2—频率显示 3—钢质弦线 4—张力调节旋钮 5—弦线导轮 6—电源开关 7—波形选择开关 8—频段选择开关 9—频率微调旋钮 10—砝码盘

【实验内容】

1. 基础内容

(1) 频率 f 一定，测量弦线上横波传播速度和弦线的线密度 ρ。

① 波形选择开关 7 选择连续波位置，将信号发生器输出插孔 1 与弦线接通。

② 将频率调整至 $f=300.0\text{Hz}$。

③ 张力 F_T 由挂在弦线一端的砝码及砝码钩产生，以 150g 砝码为起点逐渐增加至 450g 为止。砝码钩质量为 $m'=0.004\text{kg}$。

④ 在各张力的作用下调节弦长 L，使弦线上出现 $n=2$ 或 3 个稳定且明显的驻波段。

⑤ 设计表格，记录数据 m'、m、f、n、L 值。

⑥ 由公式 $v=2Lf/n$，求出波的传播速度 v 及在各张力下速度的平均值。

⑦ 作 v^2-M 关系图，求出直线斜率 k，根据 $\rho=g/k$ 求得弦线的线密度。

(2) 张力 F_T 一定，测量弦线上横波传播速度 v 和弦线的线密度 ρ。

① 选择合适质量的砝码悬挂在悬线一端，确定张力大小并保持不变。

② 在张力 F_T 一定的条件下，改变频率 f 分别为 200.0Hz,250.0Hz,300.0Hz,…。

③ 移动劈尖，调节弦长 L，使弦线上出现 $n=3$ 个稳定且明显的驻波段。

④ 设计表格，记录数据 m'、m、f、n、L 值。

⑤ 根据公式 $F_T=(0.150\text{kg}+m')\times 9.801\text{N/kg}$，$v=2Lf/n$ 和 $\rho=\dfrac{F_T}{\bar{v}^2}$，分别计算横波波速 v

和弦线的线密度 ρ。

2. 提升内容

测量弦线张力 F_T。

选择与张力调节旋钮 4 相连的弦线 a 或 b，与信号发生器输出插孔 1 连接，调节频率 f= 300.0Hz 左右，适当调节张力旋钮，同时移动劈尖改变弦长 L，使弦线出现明显驻波。设计表格，记录数据 f、n、L、ρ 值。再根据公式 $F_T=\rho(2LF/n)^2$，计算由张力旋钮调节设置的任意张力大小。

3. 进阶内容

设计实验，对弦乐的频谱进行研究。

（1）采用吉他等弦乐器，倾听调弦拨弦的声音，用手机软件（如 Phyphox 中的声音频谱功能）采集分析频谱。

（2）观察弦长或腔长变化对频谱分布的影响。

（3）研究拨弦位置、弦长等因素对频谱峰影响。

结合下述乐理进行分析。

常见的音阶由 7 个基本的音组成，用唱名表示即：do、re、mi、fa、so、la、si。用 7 个音以及比它们高一个或几个八度的音、低一个或几个八度的音构成各种组合就成为各种乐器的“曲调”。每高一个八度的音的频率升高一倍。

振动的强弱（能量的大小）体现为声音的大小，不同物体的振动体现的声音音色是不同的，而振动的频率 f 则体现音调的高低。f= 261.6Hz 的音在音乐里用字母 c 表示。其相应的音阶表示为 c、d、e、f、g、a、b，在将 c 音唱成“do”时定为 c 调。人声及器乐中最富有表现力的频率范围约为 60～1000Hz。c 调中 7 个基本音的频率，以“do”音的频率 f= 261.6Hz 为基准，按十二平均律的分法，其他各音的频率为其倍数，其倍数值如表 3.3-1 所示。

表 3.3-1　c 调 7 个基本音的频率

音名	c	d	e	f	g	a	b	c
频率倍数	1	$(\sqrt[12]{2})^2$	$(\sqrt[12]{2})^4$	$(\sqrt[12]{2})^5$	$(\sqrt[12]{2})^7$	$(\sqrt[12]{2})^9$	$(\sqrt[12]{2})^{11}$	2
频率/Hz	261.6	293.7	329.6	349.2	392.0	440.0	493.9	523.2

金属弦线形成驻波后，产生一定的振幅，从而发出对应频率的声音。如果将弦线驱动频率设置为表 3.3-1 所定的值，通过调节弦线的张力或长度，形成驻波，就能听到与音阶对应的频率了。

4. 高阶内容

非线性受迫振动特性研究。

理论分析与数值计算结果显示如图 3.3-3 所示，与线性系统的共振相比较，在非线性系统中，如果外力的角频率 ω 从一个小值缓慢增加，这时振幅 X_0 会沿着曲线逐渐变大，当达到 q 点时，由于曲线不再继续延伸，所以振幅会急剧减小（下降跳跃，箭头所示）。反之，当外激励力的频率 ω 从较大值缓慢减小时，当到达 p 点时，振幅会急剧增大（上升跳跃，箭头所示)。所以在 p、q 点对应的角频率 ω 附近,ω 发生很小的变化时,系统振幅会发生剧烈的变化,这种振幅剧烈变化的现象称为突跳现象(jump phenomena)。同时,由于在频率增加和较小时,发生跳跃现象的角频率不同,这种现象称为滞后现象(hysteresis phenomenon)。跳跃和滞后现象是非线性受迫振动系统重要的特征之一。

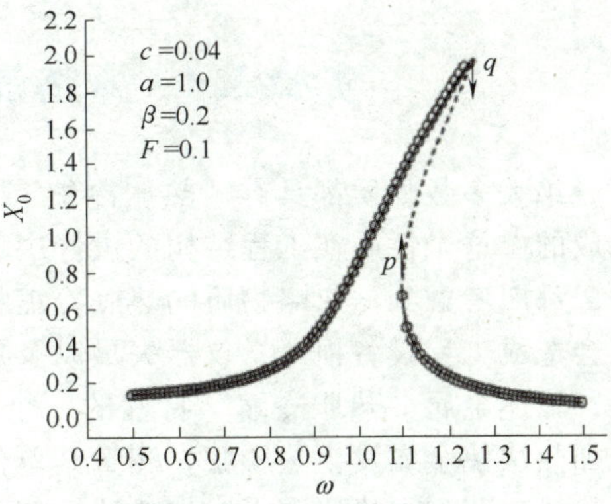

图 3.3-3 主共振的幅频特征曲线

设计实验,探究受迫振动在非线性行为下的振幅随频率增大或减小的响应滞后特性,并与理论研究结果进行比较。

【实验注意】

1. 张力调节旋钮 4 与弦线连接时应避免与相邻弦线短路。
2. 改变挂在弦线一端的砝码后,要使砝码稳定后再测量。
3. 磁钢不能处于波节下位置。
4. 每次调节驻波时,要等波稳定后,再记录数据。

【实验报告思考题】

1. 通过实验,说明弦线的共振频率和波速与哪些因素有关?
2. 换用不同弦线后,共振频率有何变化?存在什么关系?
3. 如果弦线有弯曲或者不是均匀的,对共振频率和驻波有何影响?
4. 频率相同的驻波,不同的弦线产生的声音是否相同?
5. 试用本实验的内容阐述吉他工作原理。

【参考文献】

[1] 张三慧. 大学物理:第四册:波动与光学 [M]. 北京:清华大学出版社,2003.
[2] 贾玉润,等. 大学物理实验 [M]. 上海:复旦大学出版社,1987.
[3] 张映辉. 大学物理实验 [M]. 2 版. 北京:机械工业出版社,2017.
[4] 刘延柱,陈立群. 非线性振动 [M]. 北京:高等教育出版社,2001.
[5] 王海波. Duffing 方程非线性振动特性的计算与分析 [D]. 西安建筑科技大学,2009.

【本实验相关数字资源】

1-讲课视频

2-实验操作演示

3-物理思想与物理方法解析

思维导图(知识图谱)

实验 3.4　水浴加热法测量金属线膨胀系数

绝大多数物质都具有“热胀冷缩”的特性，这是由于物体内部分子热运动加剧或减弱造成的。这个性质在工程结构的设计中，在机械和仪器的制造中，在材料的加工（如焊接）中，都应考虑到。忽略物质的热胀冷缩特性将影响材料结构的稳定性和仪表的测量精度，甚至会造成工程设备损毁、仪器失灵以及加工焊接中的缺陷和失败等。

描述金属“热胀冷缩”特性的一个物理量是线膨胀系数，为测量金属线膨胀系数，常用加热法使金属发生热膨胀，测量其单位温度变化时的微小长度变化。常用的加热方法有电加热法、蒸汽加热法和水浴加热法。前两者易导致金属非均匀受热，使金属内部产生较大的温度梯度，金属发生非均匀膨胀，影响实验测量精确度。水浴加热法则可以达到较好的恒温均匀加热效果，金属内部均匀线性膨胀，测量结果能够较真实反应金属膨胀状态。如今，该实验的基本原理和方法已被广泛应用在钢建筑结构变形预测、机械工程应力传感、电子设备热传导性能设计等众多工程技术领域，成为物理学和工程学的重要实验技术手段。

【实验目的】

1. 学习并掌握利用水浴法测量金属线膨胀系数。
2. 学会用千分表测量长度的微小变化量。

【预习提示】

1. 如何定义金属的线膨胀系数？
2. 什么是水浴法？水浴加热过程中金属的膨胀特点是什么？
3. 千分表的分度值是多少？如何用千分表测量长度的微小变化量？
4. 若金属材料原长度为250mm，其温度变化量为100℃，线膨胀系数约为10^{-5}℃$^{-1}$，试估计其长度变化量并列举几种可测量该变化量的长度测量装置。

【实验原理】

固体材料的线膨胀是指材料受热膨胀时在一维方向的伸长。线膨胀系数是描述材料性能的一个重要物理参数，是新材料研发和应用的一项重要评定指标。

大量实验结果表明，在一定的温度范围内，原长为 L 的物体，受热后其伸长量 ΔL 与其温度的增量 Δt 近似成正比，与原长 L 也成正比，即

$$\Delta L=\alpha L\Delta t \tag{3.4-1}$$

式中的比例系数 α 称为固体材料的线膨胀系数（简称线胀系数），单位为℃$^{-1}$。不同固体材料的线膨胀系数不同，表 3.4-1 给出几种固体材料的线膨胀系数的数量级，可以看出，塑料的线膨胀系数最大，金属次之，殷钢、熔融石英的线膨胀系数很小。殷钢和石英的这一特性在精密测量仪器中有较多的应用。

表 3.4-1　几种固体材料的线膨胀系数的数量级

材料	普通塑料	铜、铁、铝	普通玻璃、陶瓷	殷钢	熔融石英
线膨胀系数/℃$^{-1}$	$>2\times10^{-5}$	$\times10^{-5}$	$\times10^{-6}$	$<2\times10^{-6}$	$\times10^{-7}$

实验中还发现，同一材料在不同温度区域，其线膨胀系数不一定相同。某些合金，在金相组织发生变化的温度附近也发生线膨胀系数的突变。另外还发现线膨胀系数与材料纯度有关，某些材料被掺杂后，线膨胀系数发生较大变化。因此测定线膨胀系数是了解材料特性的一种重要手段。一般地，在温度变化不大的范围内，线膨胀系数可认为是常量。

为测量线膨胀系数，我们将材料做成长管状，为使材料均匀受热膨胀，用水浴法进行加热。由式（3.4-1）可知，测量出温度为 t_1 时的杆长 L、受热后温度从 t_1 升高到 t_2 时的伸长量 ΔL，则该材料在温度区域（t_1，t_2）的线膨胀系数为

$$\alpha = \frac{\Delta L}{L\Delta t} \tag{3.4-2}$$

式中，$\Delta t = t_2 - t_1$，是材料受热前后的温度增量。由此可见，α 的物理意义是固体材料在温度区域（t_1，t_2）内，温度每升高一摄氏度时材料的相对伸长量。

【实验仪器】

金属线膨胀系数测定仪，水循环加热器，米尺，千分表（量程 0～1mm，示值误差 0.0005mm）。

【实验内容】

1. 基础内容

水浴加热法测量金属线膨胀系数。

（1）安装材料并测量原长度。把样品材料-铜管（铝管）安装在水循环加热器的测试架上。在室温下用米尺重复测量金属棒的长度六次，记录实验数据。

（2）连接测定仪装置。参照图 3.4-1 安装线膨胀系数测定仪，连接好加热皮管，打开电源开关，从仪器面板水位显示器上观察水位情况。水箱容积大约为 750mL。

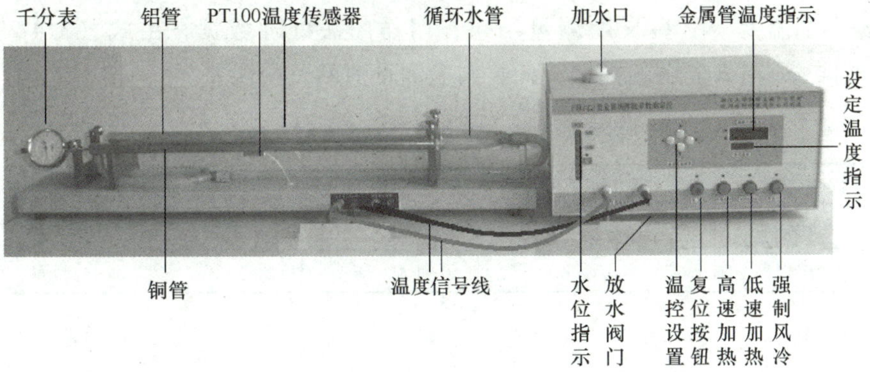

图 3.4-1　水浴加热法测量金属线膨胀系数实验装置图

（3）加水至适当水位。打开机箱顶部的加水口和后面的溢水管口塑料盖，用漏斗从加水口往系统内加水，管路中的气体从溢水管口跑出，加至系统的水位计仅有上方一个红灯亮，关闭溢水管口塑料盖。按下强制冷却按钮，让循环水泵试运行。注意，系统内可能存在大量气泡，造成水位计显示虚假水位，可利用循环水泵试运行，将系统内气体排出，此时水位下降，仪器自动保护性停机。（为了防止加热器空烧，仪器设计了自动保护装置，只有水

位正常状态才能启动加热或强制冷却装置，系统水位过低时将自动停机。）因此，在虚假水位显示已满的情况下，可采用反复启动强制冷却按钮，利用循环水泵的间断工作把管路中的空气排除，即启动强制冷却按钮→自动停机→再加水的反复过程，直到系统的水位计稳定显示，水位计只剩上方一个红灯未转变为绿灯，停止加水。此时可正常进行实验，实验过程中发现水位下降，应该适时补充。

（4）设置好温度控制器加热温度。金属管加热温度设定值可根据金属管所需要的实际温度值设置。

（5）连接温度传感器并安装千分表。将铜管（铝管）对应的测温传感器信号输出插座与测试仪的介质温度传感器插座用红黑两色温度信号线连接。将千分表安装在铜管（铝管）的自由伸缩端固定位置上，使千分表测试端与被测材料接触，如图 3.4-2 所示。为了保证接触良好，可使千分表初读数调节为 0.200mm 左右，将该数值作为初读数处理，千分表不必调零。

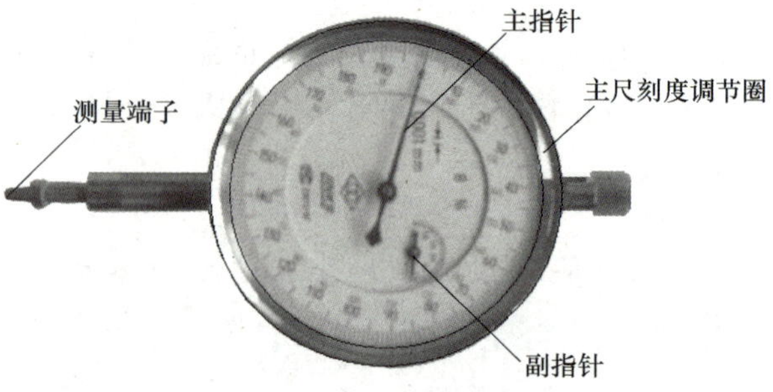

图 3.4-2 千分表装置图

（6）测量不同温度下材料长度。测量时，按下加热按钮（高速或低速均可，但低速挡由于功率小，一般最多只能加热到 50℃ 左右），观察被测金属管温度的变化，直至金属管温度等于所需温度值，读出千分表数值，记录实验数据。

（7）数据处理。

① 计算铜管和铝管有效长度的平均值，注意有效长度应等于总长度减去固定螺钉外的一小段（约 5mm）。

② 根据不同温度下材料长度测量结果，用作图法处理数据。由式（3.4-2）计算 $\alpha_{铜}$（$\alpha_{铝}$），并根据表 3.4-2 提供的数据，计算实验测量值的百分误差。

表 3.4-2 纯铜（铝）的线膨胀系数

材料名称	温度范围/℃$^{-1}$	线膨胀系数/10^{-5}℃$^{-1}$
纯铜	0~100	2.38
纯铝	0~100	1.71

2. 提升内容

利用本实验的水浴加热装置，设计一个用光杠杆测量材料线膨胀系数的实验方案。

（1）画出光杠杆装置的原理图，并给出光杠杆放大倍数。

（2）写出用光杠杆测量材料线膨胀系数（基于水浴加热法）的实验测量步骤。

（3）自制实验记录表格，按步骤完成实验测量过程。用作图法处理数据，将测量结果与前述结果对比。

3. 进阶内容

设计温度控制系统，并用于金属线膨胀系数的测量。

4. 高阶内容

（1）研究不同材料线膨胀系数的某一温度点的线膨胀系数和某一温度区间的平均线膨胀系数差异。

（2）研究影响和决定材料线膨胀系数的物理机制。

【实验注意】

1. 使用循环水泵反复试运行将系统中空气排除，水位计稳定显示，水位计只剩上方一个红灯未转变为绿灯，此时应停止加水，以防止水从系统溢出，造成实验仪器损坏。

2. 如认为有必要，可以通过转动千分表表面，把千分表主指针读数调零，副指针无调零装置。

3. 由于材料提炼和加工的难度，例如纯铝几乎无法进行机械加工，所以一般使用的材料并非纯金属。实际使用的金属材料线膨胀系数比纯金属线膨胀系数小10%~15%，铜合金约为$1.4\times10^{-5}℃^{-1}$，铝合金约为$2.0\times10^{-5}℃^{-1}$。

【实验报告思考题】

1. 叙述千分表的工作原理。利用千分表测量材料伸长量时应注意哪些问题？如何消除或减小其测量误差？

2. 如何使用外力拉伸法测量固体线膨胀系数？与外力拉伸法相比，水浴加热法的优缺点是什么？

【参考文献】

[1] 凌川，雷猛，朱肖平，等. 金属杆线膨胀系数的水浴法测量研究［J］. 后勤工程学院学报，2001（3）.

[2] 金属线胀系数测定仪使用说明书. 杭州精科仪器有限公司.

实验3.5　光杠杆法测量固体线膨胀系数

实验3.4学习了用水浴加热法测量金属的线膨胀系数，本实验学习用光杠杆法测量固体线膨胀系数。

【实验目的】

1. 掌握测量微小长度的光杠杆方法。
2. 学会测定固体的线膨胀系数的方法。

【预习提示】

1. 掌握光放大原理及放大倍数计算。
2. 了解游标卡尺的读数方法。

【实验原理】

当金属杆温度由 t_1 升高到 t 时，长度由 L_1 变到 L，其线膨胀系数为

$$\alpha=\frac{\delta L}{L(t-t_1)} \tag{3.5-1}$$

式中，δL 是微小变化量，$\delta L=L-L_1$。测量微小伸长量的方法很多，有光杠杆放大法、电桥法、光学干涉法等。

图3.5-1所示为待测金属棒的加热装置，其内部是一个玻璃管，其上绕有电阻丝，用于加热待测金属棒。加热管内有放置待测金属棒和插入温度计X的管道。

光杠杆是利用光学中的反射定律和力学中的杠杆原理测量微小长度的放大工具。光杠杆装置包括平面镜M、直标尺 n_1n 和望远镜W。

光杠杆平面镜M装在一个金属镜座上，座下有两足尖B、C。座上有一杆R，其远端有另一足尖A，如图3.5-2所示。测量时将足尖A置于变形的物体上，当物体变形时，足尖A上升或下降一段距离 δL，于是平面镜M将以B、C连线为轴旋转一个角度 θ。

尺读望远镜的直尺竖直置于望远镜旁。待测金属棒变形前，平面镜法线N垂直于直尺，则来自直尺刻度 n_1 处的光线经平面镜M反射沿原路线射入望远镜W（见图3.5-3）。此时，

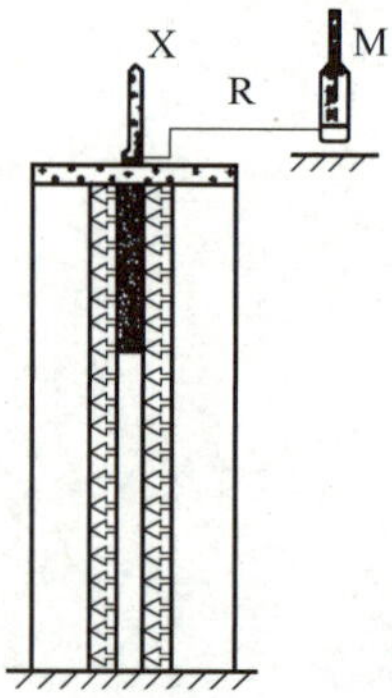

图3.5-1　待测金属棒加热装置

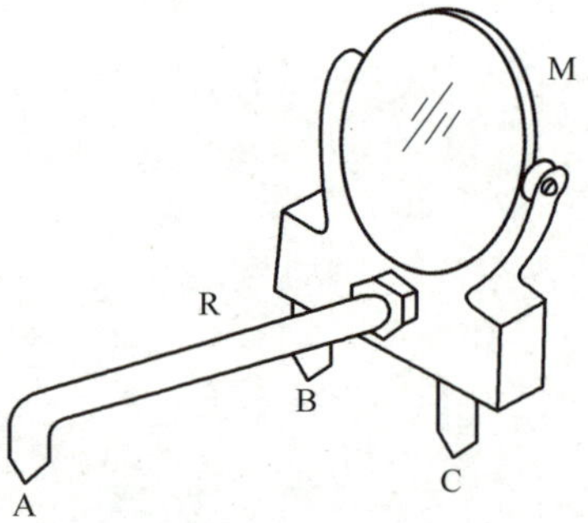

图3.5-2　光杠杆平面镜

望远镜中十字叉丝的交点与镜中直尺刻度 n_1 的像重合。当物体形变为 δL 时，平面镜转过 θ 角到 M′位置，显然平面镜的法线 N 也转过 θ 角到 N′位置。此时，从望远镜中观察到来自直标尺 n 处的光线 O，根据反射定律，光线 O 和法线 N′之间的角等于 θ。

设三足光杠杆的小杆 R 长为 b，直尺到平面镜距离为 S，n_1 到 n 的距离为 $|n-n_1|$，由三角公式得 $\tan\theta=\dfrac{\delta L}{b}$，$\tan2\theta=\dfrac{1}{S}|n-n_1|$，在实验中，$\theta$ 很小，故可令 $\tan\theta\approx\theta$，$\tan2\theta\approx2\theta$，代入得

$$\delta L=\frac{b}{2S}|n-n_1| \tag{3.5-2}$$

将式（3.5-2）代入式（3.5-1）可得

$$\alpha=\frac{b(|n-n_1|)}{2SL(t-t_1)} \tag{3.5-3}$$

式中，$b/2S$ 称为光杠杆常数，其倒数为放大倍数。

【实验仪器】

热管加热器，光杠杆，尺读望远镜，长度已知的待测金属棒，温度计，游标卡尺。

【实验内容】

1. 基础内容

（1）光杠杆法测固体线膨胀系数。

① 调节光杠杆和望远镜：使 S 大约为 2m，平面镜 M 铅直且与 R 垂直，望远镜水平地对准平面镜。望远镜内要有清晰的叉丝和直尺像。

② 测量光杠杆的小杆 R 长度 b：将光杠杆在白纸上按一下，留下三足尖印，用游标卡尺测量出足尖 A 与足尖 B、C 连线的垂直距离。

③ 测量室温 T_1 及此时标尺读数 n_1。

④ 通电加热，温度升高 6℃后断电，待温度稍微稳定后，读取一次温度 T 与标尺读数 n 的值均匀测量 8~10 组数据。

⑤ 测量平面镜 M 到直尺之间的距离 S：从望远镜中可以看到中央十字叉丝和上下两条平丝，如图 3.5-4 所示。调节望远镜，使能清楚地看到直尺的像。加热前从望远镜中直接读出中央十字叉丝的平丝与上平丝的位置读数 S_1（即 n_1）和 S_2，取其差 $|S_2-S_1|$，乘以 100，

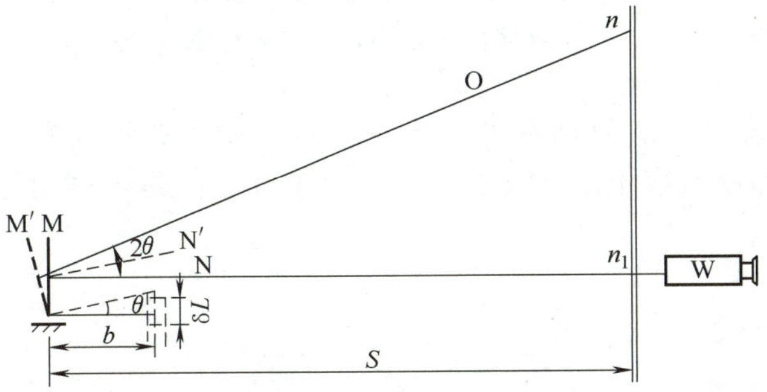

图 3.5-3 光杠杆装置原理图

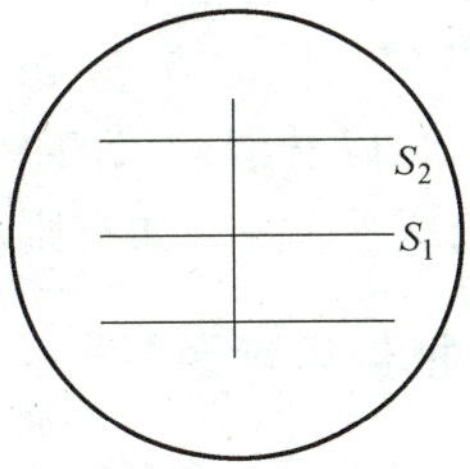

图 3.5-4 望远镜中的视野

即为 S。不确定度 $u(S)$ 取 2cm。

（2）数据处理。以 $|T-T_1|$ 为横轴、$|n-n_1|$ 为纵轴作图，从图上取点代入式（3.5-3），计算 α 值并求 α 的测量结果。

2. 提升内容

（1）用光杠杆法测定金属丝的弹性模量。

① 调节数显气（液）压加力弹性模量拉伸仪水平，将液压调节螺杆沿减力方向调至“零位”。同前法调节光路。

② 测量：用液压加力盒的调节螺杆加力，将数显拉力从 14kgf（千克力）开始，每间隔 1kgf 记录一次标尺读数，并记录数据。隔数分钟后，连续减载，每减少 1kgf 记录一次标尺读数。

（2）数据处理。自行设计实验数据表格，并用作图法计算金属丝的弹性模量。

3. 进阶内容

用电桥法测定金属丝的微小伸长量。

实验原理如图 3.5-5 所示，设计实验方案，测量金属丝的线膨胀系数。

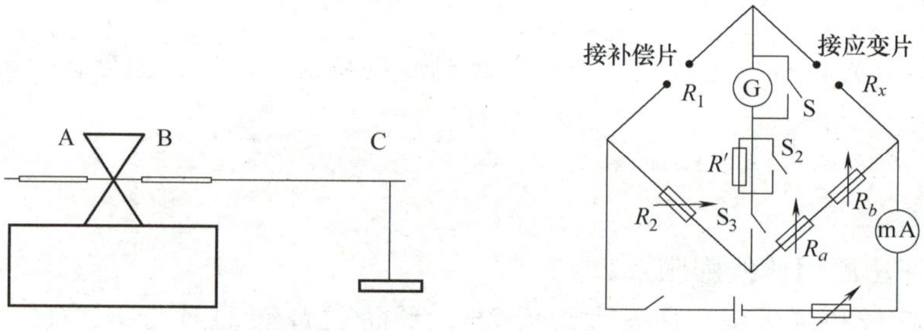

图 3.5-5　电桥法测定金属丝的微小伸长量原理图

4. 高阶内容

用迈克耳孙干涉仪测定金属丝的微小伸长量。

实验原理如图 3.5-6 所示，设计实验方案，测量金属丝的线膨胀系数。

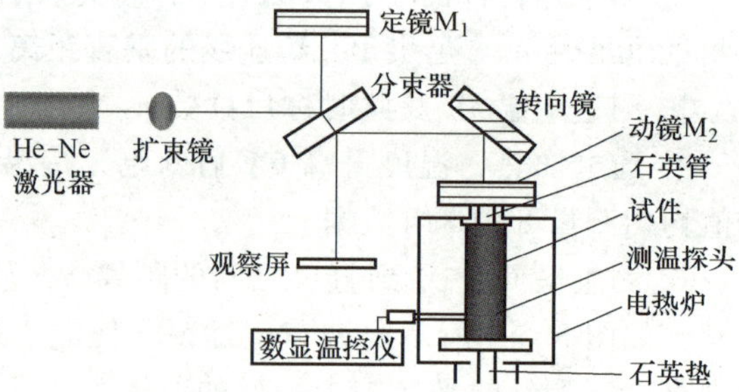

图 3.5-6　迈克耳孙干涉仪测定金属丝的微小伸长量原理图

【实验注意】

1. 正式加热前必须认真检查各仪器装置。注意金属杆底端必须顶在支架下端的支柱上，以避免杆向下伸长，影响测量。

2. 调节望远镜的方法：先调目镜，在镜中看清分划板上的十字叉丝，然后通过改变望远镜筒调焦，以看清标尺的像。眼睛上下移动观察十字叉丝和标尺的刻度线之间是否有相对移动（即有无视差），如有则应将视差消除。

【实验报告思考题】

1. 光杠杆为什么能有放大作用？如何调节？

2. 什么是光杠杆常数？其值大对测量有利，还是小有利？

3. 在升温过程中，如果断电，温度 t 是否会立即开始下降？你怎样才能使最高温度接近95℃而不超过此数值呢？

4. 实验过程中，怎样测取 t 和 n 的值为好？

【参考文献】

[1]　张映辉. 大学物理实验［M］. 2版. 北京：机械工业出版社，2017.

[2]　张映辉. 大学物理实验学习指导书［M］. 2版. 北京：高等教育出版社，2021.

[3]　余虹，大学物理实验［M］. 2版. 北京：科学出版社，2015.

[4]　孙晶华，梁艺军，关春颖，等. 操纵物理仪器 获取实验方法——物理实验教程［M］. 北京：国防工业出版社，2009.

实验 3.6　冷却法测量金属的比热容

所谓比热容是指单位质量的某种物质温度升高或降低 1℃ 所吸收的热量。它是物质的一种基本物理属性，反映了它的吸热、散热能力。由于物质的比热容随温度变化而变化，因此，一般所讲的某种物质的比热容是指其在某一温度范围内的平均值。

对比热容的测量是实验物理学中的一种基本测量，属于量热学的范畴，其中的许多概念与方法已被广泛应用在如新能源开发、新材料研制等工程技术领域。测量金属比热容的方法很多，本实验介绍的冷却法即是常见的一种。该方法以牛顿冷却定律为理论基础，特点是测量过程简单，所需实验仪器比较常见，实验操作性强。但是，高温物体的散热冷却过程受很多内在及外在因素的影响，有些因素难以精确控制和测量，使得测量结果的精确度往往不高。为做好本实验，除了深刻理解实验原理外，还需要仔细分析可能产生误差的具体原因，提出优化测量过程、提高测量精确度的具体方案。

【实验目的】

1. 了解牛顿冷却定律及其实际应用。
2. 掌握冷却法测定金属比热容的方法。
3. 了解金属的冷却速率与环境之间的温差关系，以及进行测量的实验条件。

【预习提示】

1. 物体的冷却速率与哪些条件有关？
2. 为方便实验测量，用 $\Delta T/\Delta t$ 代替了 $\mathrm{d}T/\mathrm{d}t$，这种代换有哪些优缺点？实验中 ΔT 取多少？

【实验原理】

当物体表面与周围存在温度差时，单位时间从单位面积散失的热量与温度差成正比，比例系数为表面传递系数，这就是牛顿冷却定律，它是温度高于周围环境的物体向周围介质传递热量并逐渐冷却时所遵循的规律。牛顿冷却定律是牛顿在 1700 年用纯实验方法确定的，在强迫对流时与实际符合较好，在自然对流时只在温度差不太大的情况下才成立（物体在不同情况下的冷却曲线见图 3.6-1），本实验中，物体加热温度不高，因此实验条件为自然冷却。牛顿冷却定律在许多领域中有广泛的应用（如刑侦鉴定领域，见课后思考题）。由于比热容反映了物体的散热能力，因此可以利用物体的散热冷却过程测量物体的比热容。

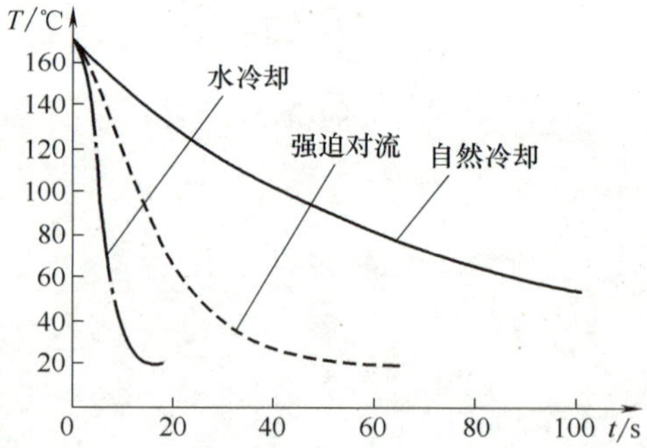

图 3.6-1　高温物体冷却曲线

将质量为 m_1 的金属样品加热后，放到较低温度的环境中，金属样品将逐渐冷却。其单位时间的热量损失（$\Delta Q/\Delta t$）与温度下降的速率成正比，即

$$\frac{\Delta Q_1}{\Delta t_1}=c_1 m_1 \frac{\Delta T_1}{\Delta t_1} \tag{3.6-1}$$

式中，ΔQ_1 为 1 号样品散发的热量；Δt_1 为所用的时间；c_1 为 1 号样品的比热容；ΔT_1 为 1 号样品的温度变化量。根据牛顿冷却定律有

$$\frac{\Delta Q_1}{\Delta t_1}=\alpha_1 S_1 (T_1-T_0)^n \tag{3.6-2}$$

$$c_1 m_1 \frac{\Delta T_1}{\Delta t_1}=\alpha_1 S_1 (T_1-T_0)^n \tag{3.6-3}$$

式中，α_1 为表面传热系数，其依赖于物体表面几何形状、表面粗糙度及介质的性质；S_1 为金属外表面积；T_1 与 T_0 分别为金属与其环境的温度；n 为常数。

同理，对质量为 m_2、比热容为 c_2 的 2 号金属样品，可有同样的表达式，即

$$c_2 m_2 \frac{\Delta T_2}{\Delta t_2}=\alpha_2 S_2 (T_2-T_0)^n \tag{3.6-4}$$

由式（3.6-3）和式（3.6-4），可得

$$\frac{c_1 m_1 \dfrac{\Delta T_1}{\Delta t_1}}{c_2 m_2 \dfrac{\Delta T_2}{\Delta t_2}}=\frac{\alpha_1 S_1 (T_1-T_0)^n}{\alpha_2 S_2 (T_2-T_0)^n}$$

所以

$$c_2=c_1 \frac{m_1 \dfrac{\Delta T_1}{\Delta t_1}\alpha_2 S_2 (T_2-T_0)^n}{m_2 \dfrac{\Delta T_2}{\Delta t_2}\alpha_1 S_1 (T_1-T_0)^n}$$

假设两样品的形状尺寸都相同，即 $S_1=S_2$；两样品的表面粗糙度也相同，周围介质（空气）的性质保持不变，则有 $\alpha_1=\alpha_2$。于是当周围介质温度不变（即室温 T_0 恒定），两样品又处于相同温度（即 $T_1=T_2=T$）时，上式简化为

$$c_2=c_1 \frac{m_1 \left(\dfrac{\Delta T}{\Delta t}\right)_1}{m_2 \left(\dfrac{\Delta T}{\Delta t}\right)_2} \tag{3.6-5}$$

本实验中，热电偶的热电动势与温度的关系在同一小温差范围内可以看成线性关系，即 $\Delta E=\kappa\Delta T$，则 $\dfrac{\dfrac{\Delta T_1}{\Delta t_1}}{\dfrac{\Delta T_2}{\Delta t_2}}=\dfrac{\dfrac{\Delta E_1}{\Delta t_1}}{\dfrac{\Delta E_2}{\Delta t_2}}$，其中，$E$ 即为热电动势，如果限定 $\Delta E_1=\Delta E_2$，则式（3.6-5）可以简化为

$$c_2=c_1 \frac{m_1 \Delta t_2}{m_2 \Delta t_1} \tag{3.6-6}$$

由式（3.6-6）看出，如果选定1号金属为标准样品，即 c_1 为已知，则可以测量2号金属的比热容 c_2。

【实验仪器】

金属比热容测量仪，热电偶，待测金属样品（铜、铁、铝），物理天平，秒表，冰块，保温杯。实验装置如图3.6-2所示。

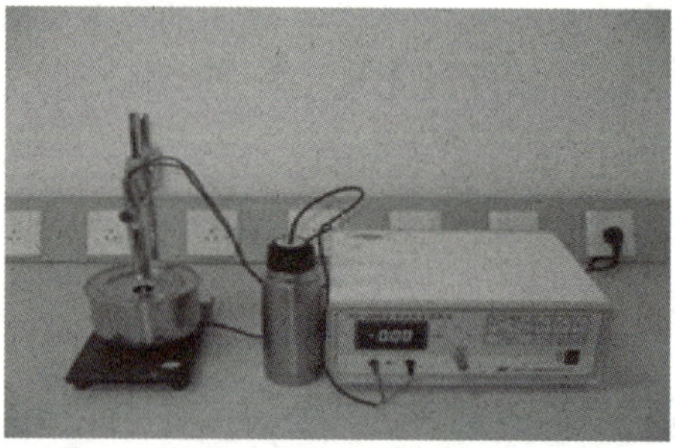

图3.6-2　冷却法测金属比热容仪器装置图

【实验内容】

1. 基础内容

冷却法测量金属的比热容。

（1）准备实验样品。选取长度、直径、表面粗糙度尽量相同的三种金属样品（铜、铁、铝），用物理天平测量其质量 m_{Cu}、m_{Fe}、m_{Al}，依据其质量区分三种样品。

（2）连接加热仪和测试仪。使热电偶热端的铜导线与数字表的正极相连；冷端的铜导线与数字表的负极相连。冷、热端温度相同时（如两者都处于室温），将数字电压表调零。

（3）测量样品冷却时间。将热电偶冷端插入冰水混合物，将样品安装在热电偶热端。转动固定平台的升降旋钮，降下加热棒，使加热棒完整套住样品。打开加热电源开关，给样品加热。热电动势显示约为4.70mV（此时样品温度约为109℃）时，关闭加热电源开关，转动升降旋钮，升起加热棒。样品继续安放在防风筒内自然冷却（筒口须盖上盖子），利用秒表测量数字电压表示数从 $E_1=4.40\text{mV}$（约102℃）降到 $E_2=4.20\text{mV}$（约98℃）所需的时间 Δt，每一样品重复测量6次。记录实验数据。

（4）数据处理。以Cu为标准样品，100℃下其比热容理论值 $c_1=c_{Cu}=0.0940\text{cal}\cdot\text{g}^{-1}\cdot℃^{-1}$，热电偶冷端温度为0℃。已知在100℃时Fe和Al的比热容理论值分别为 $c_{Fe}=0.110\text{cal}\cdot\text{g}^{-1}\cdot℃^{-1}$、$c_{Al}=0.230\text{cal}\cdot\text{g}^{-1}\cdot℃^{-1}$。

① 计算Fe的比热容及其不确定度，写出测量结果。并将测量值与理论值比较。

② 计算Al的比热容及其不确定度，写出测量结果。并将测量值与理论值比较。

2. 提升内容

强迫对流冷却法测量金属的比热容。

如前所述，牛顿冷却定律在强迫对流时与实际符合较好。利用低功率风扇提供强迫对流源，重复上述基础内容的实验测量，每次测量时需保证风扇转速和风向相同。将三种样品的比热容测量结果与自然冷却时的结果进行比较，研究并讨论实验方案的优劣。

3. 进阶内容

利用自然冷却法测量高温物体冷却曲线。

（1）选择一种金属样品（铜、铁、铝）。给样品加热至电压表示数5.20mV（样品温度约为120℃）。

（2）使样品自然冷却。记录电压表示数每降低0.10mV所用的时间，直至电压表示数稳定（样品温度降至室温）。

（3）数据处理。查询铜-康铜热电偶分度特性表，将温差电动势转换为热电偶热端温度。用作图法处理数据，以时间为横坐标、温度为纵坐标作图，绘制样品自然冷却曲线。

4. 高阶内容

提出一种给铜-康铜温差电动势定标的实验方案（确定其灵敏度，即热电动势随温度的变化关系），提示：可借助于水浴法加热铜-康铜温差热电偶的热端。

【实验注意】

1. 加热装置向下移动时，动作要慢，应使被测样品竖直放置，以使加热装置能完全套入被测样品。

2. 仪器的加热指示灯亮，表示正在加热；如果连接线未连好或加热温度过高（超过200℃）导致自动保护时，指示灯不亮。升到指定温度后，应切断加热电源。

3. 测量降温时间时，按秒表的“计时”或“暂停”按钮应迅速、准确，以减少人为计时误差。

4. 重复测量前，应使防风筒及其内部空气温度降为室温，以减少它们对表面传热系数 α 的影响。

【实验报告思考题】

1. 为什么本实验应该在防风筒中进行？

2. 如何利用该实验测量三种金属的冷却速率 $\frac{\mathrm{d}E}{\mathrm{d}t}=\kappa\frac{\mathrm{d}T}{\mathrm{d}t}$？试设计实验过程，并在图纸上绘出冷却曲线，求出它们在同一温度点的冷却速率。

3. 人体在死亡后，温度调节功能随即消失，刑侦专家可以利用牛顿冷却定律判定死亡的时间。实际上，由式（3.6-2）及式（3.6-3）可以得到，当 $\Delta t\to 0$ 及 $n=1$ 时，有 $\frac{\mathrm{d}T}{\mathrm{d}t}=\beta(T-T_0)$。由此出发讨论如下问题：凌晨，某警局得到报案，在公园中发现一尸体，凌晨5时测量其体温为24℃，凌晨6时其体温已降至20℃，若室外温度维持在9℃左右，试估计其死亡时间。

【参考文献】

[1] 张映辉. 大学物理实验［M］. 2版. 北京：机械工业出版社，2017.

[2] 张映辉. 大学物理实验学习指导书［M］. 2版. 北京：高等教育出版社，2021.

[3] 张映辉. 大学物理实验数字课程［M］. 北京：高等教育出版社，2020.

【本实验相关数字资源】

1-讲课视频

2-物理思想与物理方法解析

实验 3.7　空气比热容比的测定

气体的质量定压热容（比定压热容）与质量定容热容（比定容热容）之比称为气体的比热容比，它是一个重要的热力学常量，在热力学方程特别是绝热过程中是一个很重要的参量。在工程技术的实际应用中也起着重要的作用，如热机的效率及声波在气体中的传播特性等都与空气的比热容比有关。

测量空气比热容比的方法有多种，如绝热膨胀法、振动法、EDA 法等，绝热膨胀测量是一种重要的方法。与传统的用压力计测量空气压强、用温度计测量空气温度不同，本实验用新型扩散硅压力传感器测量空气的压强，用电流型集成温度传感器测量空气的温度变化，从而得到空气的比热容比。本实验要求观察气体的热力学现象，掌握一种测量空气比热容比的方法，并了解压力传感器和电流型集成温度传感器的使用方法及特性。

【实验目的】

1. 用绝热膨胀法测定空气的比热容比。
2. 观测热力学过程中状态变化及基本物理规律。
3. 了解压力传感器和电流型集成温度传感器的使用方法及特性。

【预习提示】

1. 了解理想气体物态方程，知道理想气体的等温及绝热过程特征和过程方程。
2. 预习比定压热容与比定容热容的定义，进而明确二者之比即比热容比的定义。
3. 认真预习实验原理及测量公式。

【实验原理】

在准静态绝热过程中，理想气体的压强 p、体积 V 和温度 T 遵守绝热过程方程：$pV^{\gamma}=$恒量，其中，γ 是气体的质量定压热容 c_p 和质量定容热容 c_V 之比，通常称 $\gamma=c_p/c_V$ 为该气体的比热容比（亦称绝热指数）。

如图 3.7-1 所示，我们以贮气瓶内空气（近似为理想气体）作为研究的热力学系统，进行如下实验过程。

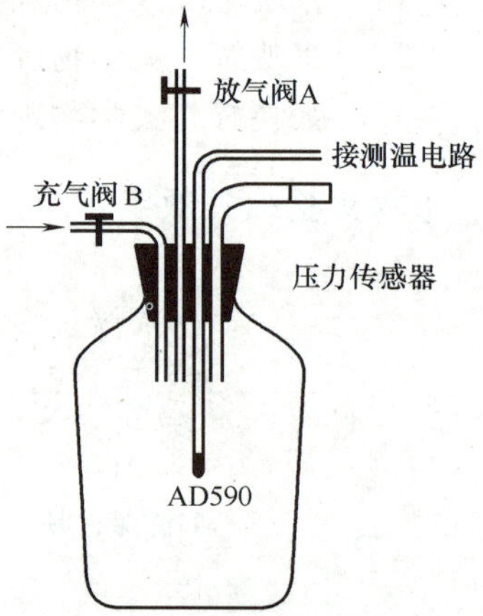

图 3.7-1　实验装置简图

(1) 首先打开放气阀 A，贮气瓶与大气相通，再关闭 A，瓶内充满与周围空气同温（设为 T_0）同压（设为 p_0）的气体。

(2) 打开充气阀 B，用充气球向瓶内打气，充入一定量的气体，然后关闭充气阀 B。此时瓶内空气被压缩，压强增大，温度升高。等待内部气体温度稳定，即达到与周围温度平衡，此时的热力学系统处于状态 I (p_1, V_1, T_0)。

(3) 迅速打开放气阀 A，使瓶内气体与大气相通，当瓶内压强降至 p_0 时，立刻关闭放气阀 A，将有体积为 ΔV 的气体喷泻出贮气瓶。由于放气过程较快，瓶内保留的气体很难与外界进行热交换，可以认为是一个绝热膨胀过程。在此过程后该系统由状态Ⅰ(p_1，V_1，T_0）转变为状态Ⅱ(p_0，V_2，T_1)。

(4) 由于瓶内气体温度 T_1 低于室温 T_0，所以瓶内气体缓慢地从外界吸热，直至达到室温 T_0 为止，此时瓶内气体压强也随之增大为 p_2。则稳定后该系统状态为Ⅲ（p_2，V_2，T_0)。从状态Ⅱ→状态Ⅲ的过程可以看作一个等容吸热的过程。状态Ⅰ→Ⅱ→Ⅲ的过程如图 3.7-2 所示。Ⅰ→Ⅱ是绝热过程，由绝热过程方程得

$$p_1V_1^{\gamma}=p_0V_2^{\gamma} \tag{3.7-1}$$

状态Ⅰ和状态Ⅲ的温度均为 T_0，由气体状态方程得

$$p_1V_1=p_2V_2 \tag{3.7-2}$$

联立式（3.7-1)、式（3.7-2)，消去 V_1、V_2 得

$$\gamma=\frac{\lg p_1-\lg p_0}{\lg p_1-\lg p_2}=\frac{\lg(p_1/p_0)}{\lg(p_1/p_2)} \tag{3.7-3}$$

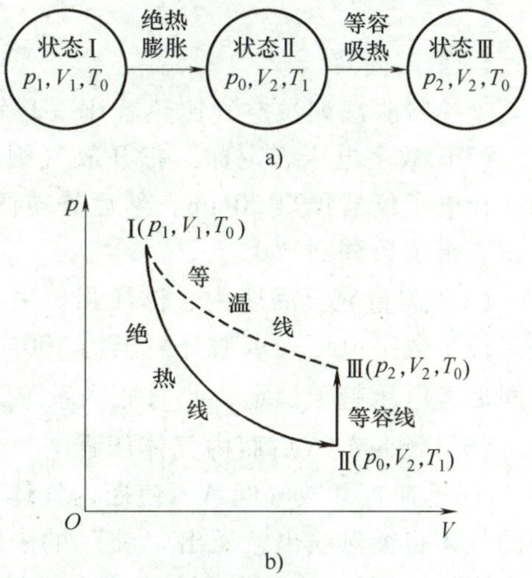

图 3.7-2 气体状态变化及 p-V 图

由式（3.7-3）可以看出，只要测得 p_0、p_1、p_2 就可求得空气的比热容比 γ。

【实验仪器】

空气比热容比测定仪，贮气玻璃瓶，气压计，水银温度计。

(1) 扩散硅压力传感器。扩散硅压力传感器是把压强转换为电压，最终由同轴电缆线输出电压信号，与仪器内的放大器及三位半数字电压表相连接。它显示的是容器内的气体压强大于容器外环境大气压的压强差值。当待测气体压强为 p_0+10.00kPa 时，数字电压表显示为 200mV，仪器测量气体压强灵敏度为 20mV/kPa（或 2000mV/10^5Pa)，测量精度为 5Pa。可得测量公式为

$$p_1=p_0+U/2000 \tag{3.7-4}$$

式中，电压 U 的单位为 mV；压强 p_1、p_0 的单位为 10^5Pa。

(2) AD590 温度传感器。AD590 温度传感器是一种新型的半导体温度传感器，测温范围为−50～150℃。当施加+4～+30V 的激励电压时，这种传感器起恒流源的作用，其输出电流与传感器所处的温度呈线性关系。如用摄氏度 t 表示温度，则输出电流为

$$I=Kt+I_0 \tag{3.7-5}$$

式中，系数 K 的单位为 μA·℃$^{-1}$；对于 I_0，其值从 273～278μA 略有差异。本实验所用 AD590 温度传感器也是如此。AD590 温度传感器输出的电流可以在远距离处通过一个适当阻值的电阻 R，转化为电压 U，由公式 $I=U/R$ 算出输出的电流，从而算出温度值。如图 3.7-3 所示。若串接 5kΩ 电阻后，可产生 5mV·℃$^{-1}$ 的电压信号，若接 0～2V 量程四位半数字电压表，最小可检测

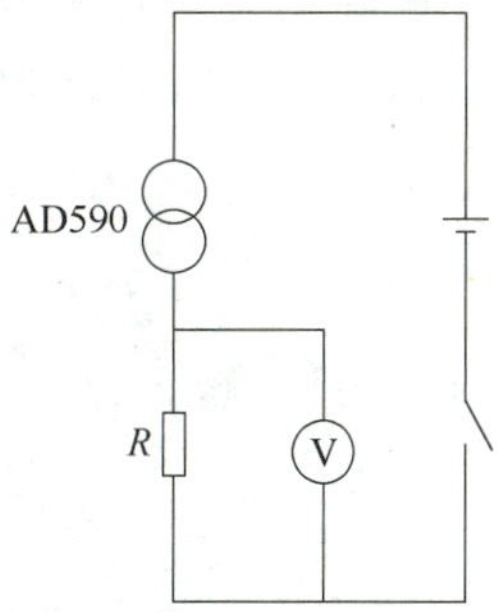

图 3.7-3 AD590 电路简图

到 0.02℃温度变化。

【实验内容】

1. 基础内容

绝热膨胀法测量空气比热容比（环境温度恒定）。

(1) 数字电压表定标。打开放气阀 A，连接电路。用气压计测定大气压强 p_0。开启电源，让电子仪器预热 20min，然后旋转调零电位器旋钮，把用于测量空气压强的三位半数字电压表指示数调到“0”。

(2) 测量充气后瓶内气体压强。关闭放气阀 A，打开充气阀 B，用充气球向瓶内打气，使三位半数字电压表示值升高至约 100mV。然后关闭充气阀 B，观察 U_{p_1} 的变化，经历一段时间后，电压趋于稳定，此时瓶内系统为状态Ⅰ(p_1，T_0)，T_0 为室温。记录 U_{p_1}。

(3) 测量放气后瓶内气体压强。

① 迅速打开放气阀 A，使瓶内气体与大气相通，由于瓶内气压高于大气压，瓶内 ΔV 体积的气体将突然喷出，发出“嗤”的声音。当瓶内空气压强降至环境大气压强 p_0 时（即放气声刚好结束），立刻关闭放气阀 A，这时瓶内气体温度降低，系统状态变为Ⅱ。

② 当瓶内气体的温度上升至温度 T_0 且压强稳定时，系统为状态Ⅲ(p_2，T_0)。记录 U_{p_2}。

(4) 改变初始充气压强并重复多次测量。打开放气阀 A，使贮气瓶与大气相通，之后重复步骤（2），但需使三位半数字电压表示数升高至约 110mV，并重复步骤（3）。之后每次测量时，需使初始充气后的数字电压表示数比上次升高约 10mV。

(5) 数据处理。由式（3.7-4）计算 p_1、p_2。利用作图法处理数据。以 $\lg(p_1/p_2)$ 为横坐标、$\lg(p_1/p_0)$ 为纵坐标作图并计算直线斜率。

已知标准状况下空气的比热容比理论值为 $\gamma=1.402$。据此计算相对误差。

2. 提升内容

绝热膨胀法测量空气比热容比（环境温度有变化）。

实际实验测量中，室温始终波动。若室温变化明显，则前述测量公式需要进一步修正。

设充气后，瓶内气体平衡时室温为 T_0，在状态Ⅱ缓慢等容吸热至最终状态的过程中，若环境温度有一定变化，则可将终态记为Ⅳ（p_3，T'_0），并将状态Ⅲ（p_2，T_0）定义为虚态。状态Ⅳ至状态Ⅲ为等容过程，由等容过程方程可知

$$\frac{p_3}{p_2}=\frac{T'_0}{T_0} \tag{3.7-6}$$

式（3.7-3）修正为

$$\gamma=\frac{\lg(p_1/p_0)}{\lg(p_1T'_0/p_3T_0)} \tag{3.7-7}$$

(1) 实验测量过程。重复基础内容的测量过程，但需记录每次测量时的温度测量电压表示数 T_0、T'_0 以及压强测量电压表示数 p_3。

(2) 数据处理。由式（3.7-4）及式（3.7-6）计算 p_1、p_2。利用作图法处理数据。

3. 进阶内容

AD590 温度传感器定标。

在提升内容中，为减小环境温度波动引起的测量误差，需要借助 AD590 温度传感器测量瓶内气体温度。由式（3.7-5）可知，输出电流与传感器所处的温度呈线性关系，为了得出温度的较精确而直观值，需要给 AD590 温度传感器进行准确定标，即标定出式（3.7-5）中 I_0 的具体值，在此基础上，可把 AD590 温度传感器改装成为数字温度计。

设计实验方案，测量并绘制 AD590 温度传感器的 I-t 关系曲线，并求出直线斜率和截距。

4. 高阶内容

空气比热容比的声速测量法。

绝热膨胀法测量空气比热容比方法简单易操作，然而依靠人耳听气流声来判断关闭放弃阀门的时机易产生较大测量误差。声速测量法可以较好地减小误差。由于声波传播是绝热过程，声速可以表示为

$$v=\sqrt{\frac{\gamma R(273.15+t)}{M}}$$

式中，R 为普适气体常数；t 为室温；M 为空气的平均摩尔质量。只需测得声速 v，即可测出空气比热容比，即

$$\gamma=\frac{Mv^2}{R(273.15+t)} \tag{3.7-8}$$

试利用声速测量仪及示波器测量空气比热容比，将测量结果与绝热膨胀法测量结果比较。

【实验注意】

1. 实验中贮气玻璃瓶及各仪器应放于合适位置，最好不要将贮气玻璃瓶放于靠桌沿处，以免打破。

2. 转动充气阀和放气阀的活塞时，一定要一手扶住活塞，另一只手转动活塞，避免损坏活塞。

3. 实验前应检查系统是否漏气，方法是关闭放气阀 A，打开充气阀 B，用充气球向瓶内打气，使瓶内压强升高 1000～2000Pa（对应电压值为 20～40mV），关闭充气阀 B，观察电压值是否稳定，若始终下降则说明系统有漏气之处，需找出原因。

4. 做好本实验的关键是放气要进行得十分迅速，即打开放气阀后又关上放气阀的动作要敏捷，使瓶内气体与大气相通的过程应充分且尽量快地完成。

【实验报告思考题】

1. 本实验研究的热力学系统，是指哪部分气体？在各操作步骤中，该部分气体体积有何变换？

2. 实验时若放气不充分，则所得 γ 值是偏大还是偏小？为什么？若放气时间过长呢？

3. 推导式（3.7-4）。

【参考文献】

[1] 张三慧. 大学物理学［M］. 2 版. 北京：清华大学出版社，2005.

[2] 丁慎训，张连芳. 物理实验教程［M］. 2版. 北京：清华大学出版社，2002.
[3] 唐亚陆，胡光，张俊. 空气比热容比之声速测量法［J］. 大学物理实验，2010，23（5）：59-61.
[4] 张映辉. 大学物理实验学习指导书［M］. 2版. 北京：高等教育出版社，2021.
[5] 张映辉. 大学物理实验数字课程［M］. 北京：高等教育出版社，2020.

【本实验相关数字资源】

1-讲课视频

实验3.8 电阻元件伏安特性的研究

为了研究电路中电学元件的伏安特性，通常要测量其伏安特性曲线，了解它的电压和电流的关系。伏安特性是直线的元件称为线性元件，如线性电阻；伏安特性不是直线的元件称为非线性元件，如半导体二极管等。这些电学元件的伏安特性都可以用伏安法来测量。

【实验目的】

1. 掌握电阻元件伏安特性的测定方法。
2. 了解系统误差的分析方法，熟悉几种基本电学仪器的使用方法。
3. 学会用作图法处理实验数据。

【预习提示】

1. 了解电学基本仪器的性能和使用方法。
2. 了解稳压管的正向特性和反向特性的特点。
3. 如何计算电阻的不确定度？

【实验原理】

1. 伏安特性曲线

（1）线性电阻。实验中常用的线绕电阻、碳膜电阻和金属电阻等，它们都具有以下的共同特性：即加在该电阻上的电压与通过其上的电流总是成比例地变化（忽略电流热效应对阻值的影响）。若以横轴表示电压，纵轴表示电流，电流和电压的关系就表示为一条直线，如图3.8-1所示。具有这种特性的电阻元件称为线性电阻元件。

（2）非线性电阻。如果元件两端的电流、电压关系是曲线，如图3.8-2所示，则这类电阻元件称为非线性元件（如热敏电阻、二极管等），这种元件的特点是电阻随加在它两端的电压改变而改变。一般均用伏安特性曲线来反映非线性电阻元件的特性。

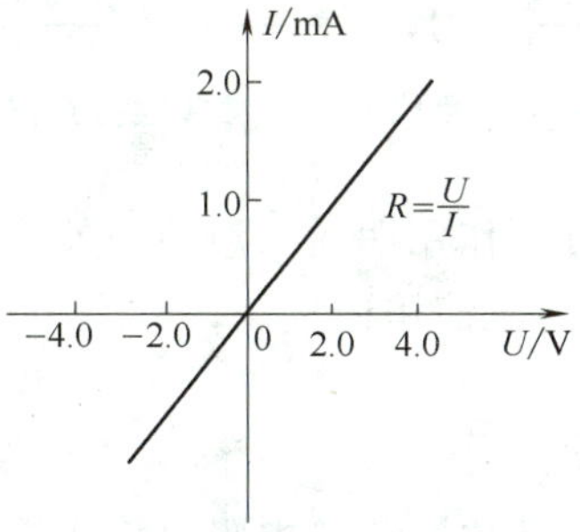

图3.8-1 线性电阻的伏安特性曲线

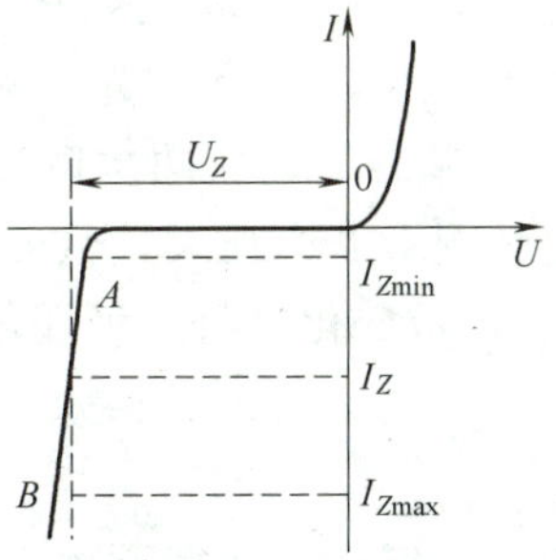

图3.8-2 稳压管的伏安特性曲线

2. 伏安法的两种接线方式及其误差

伏安法测电阻有两种接线方式，即电流表外接法和电流表内接法，如图3.8-3a、b所示。由于电表内阻的影响，无论采用哪种接法总存在一定的误差，但经修正之后，都可获得较好结果。

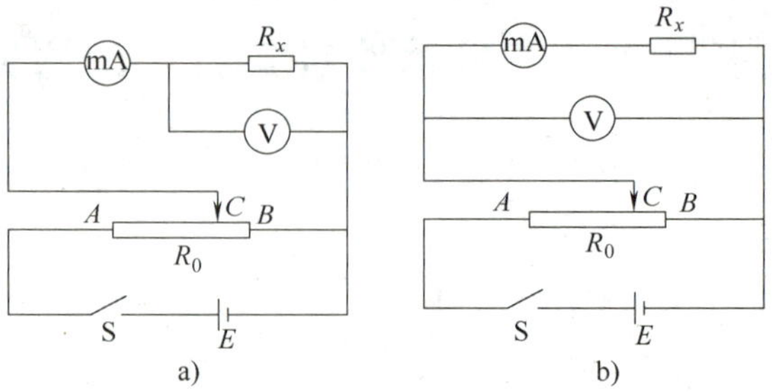

图 3.8-3 伏安法的两种接线方法

（1）电流表外接法。在图 3.8-3a 中，电压表的读数 U 等于电阻 R_x 两端的电压 U_x；电流表的读数为 $I=I_x+I_V$。所以，实验中测得的待测电阻阻值为

$$R=\frac{U}{I}=\frac{U_x}{I_x+I_V}=\frac{U_x}{I_x}\frac{1}{1+\frac{I_V}{I_x}}=R_x\left(1+\frac{R_x}{R_V}\right)^{-1} \tag{3.8-1}$$

式中，R_V 为电压表的内阻。由此可见，采用电流表外接法测得的 R 值比实际值 R_x 偏小，当 $R_V \gg R_x$ 时，有 $R_x \approx U/I$，所以电流表外接法适合测低值电阻。

（2）电流表内接法。在图 3.8-3b 中，电流表的读数 I 为通过电阻 R_x 的电流 I_x，电压表的读数为 $U=U_x+U_A$。所以，实验中测得的待测电阻阻值为

$$R=\frac{U}{I}=\frac{U_x+U_A}{I}=R_x+R_A=R_x\left(1+\frac{R_A}{R_x}\right) \tag{3.8-2}$$

式中，R_A 为电流表的内阻。采用电流表内接法，测得的 R 值比实际值 R_x 偏大，只有当 $R_x \gg R_A$ 时，才有 $R_x \approx U/I$，所以电流表内接法适合测高值电阻。

（3）如何选择内接法还是外接法。在粗略已知 R_x、R_A 和 R_V 阻值大小的情况下，当 $R_x^2>R_AR_V$ 时，选择内接；当 $R_x^2 \leqslant R_AR_V$ 时，选择外接。

而在 R_x、R_A 和 R_V 阻值大小未知的情况下，采用下面方法判断：①将待测电阻 R_x 与电流表、电压表如图 3.8-4 接好，并将电压表的一根接线 K 空出。②将 K 先后触碰电流表的两个接线柱 a、b。③比较两次触碰中两个电表的读数变化情况：若电压表读数变化显著，说明电流表分压作用明显，应使用外接法，K 接 a；若电流表读数变化显著，说明电压表的分流作用明显，应使用内接法，K 接 b。

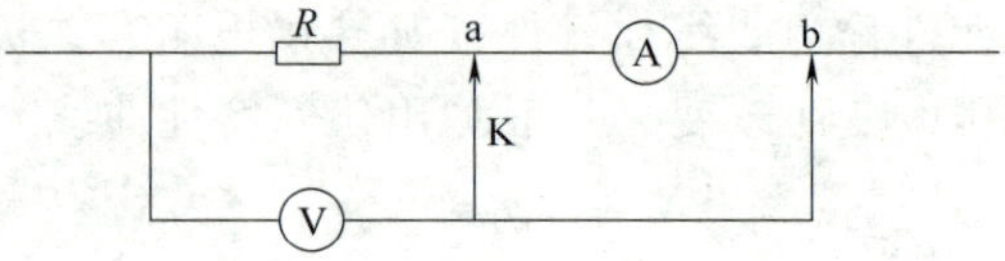

图 3.8-4 判断伏安法两种接线方法的原理图

【实验仪器】

电压表，毫安表，数字万用表，电源，滑线变阻器，开关，待测电阻，稳压管。仪器描述略。

【实验内容】

1. 基础内容

（1）测量线性电阻的伏安特性。对给定的两个待测电阻（阻值约为 1.2kΩ 和 51Ω），

选择合适的电路分别测量其伏安特性。在 0 ~ U_{max} 之间等间隔地测量 10 个点。

（2）数据处理。

① 在坐标纸上画出用两种接线方式测得的线性电阻元件的伏安特性曲线，并求被测元件在这两种情况下的电阻值（未经修正）。

② 根据测量所用电表的内阻（自测），对两种方法所得结果进行修正。

2. 提升内容

（1）测量稳压管的伏安特性曲线。用数字万用表的欧姆挡（×100Ω 或×1kΩ 挡）判别稳压管的正反向。

① 测量稳压管的正向特性。按图 3.8-5a 接好电路，滑线变阻器 R_0 的滑动端置于 B 端，使分压为零，电源电压取 1.5V。合上开关，缓慢调节滑线变阻器的滑动端，使电压表的读数逐渐增大，观察并测量稳压管上的电流随电压变化的情况。

② 测量稳压管的反向特性。按图 3.8-5b 接好电路，滑线变阻器 R_0 的滑动端置于 B 端，使分压为零，电源电压取 7.5V，缓慢调节滑线变阻器的滑动端，使电压表的读数逐渐增大，观察并测量稳压管上的电流随电压的变化情况。

（2）数据处理。根据作图法得到稳压管的正、反向伏安特性曲线，求出稳压二极管的动态电阻。

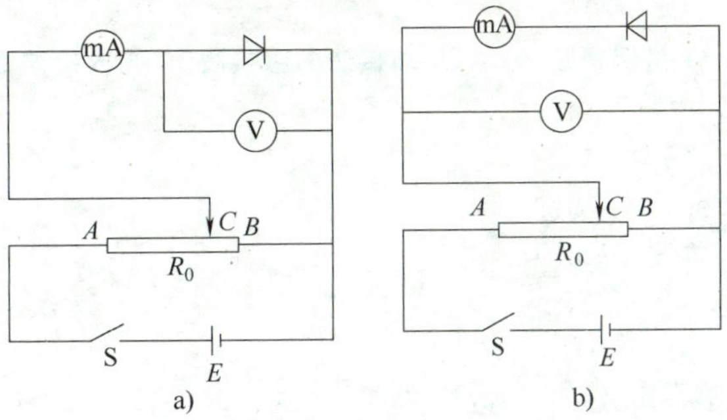

图 3.8-5　测量稳压管伏安特性的电路

3. 进阶内容

设计实验电路，选择合理电表接法，测量发光二极管或稳压二极管的正、反向伏安特性。分析二极管的单向导电特性和稳压二极管的稳压特性，求二极管的反向饱和电流。

4. 高阶内容

使用信号源与示波器对二极管伏安特性进行测量。设计电路，用示波器测量二极管整流前后的电压信号。

【实验注意】

1. 接通和断开电源前先将其输出调为零。更换测量内容前，必须使电源输出为零，然后再逐步增加至所需要值，以免损坏元件。

2. 测定稳压管的在反伏安特性时，在电流变化缓慢区间，电压间隔取疏一些；在电流变化迅速区间，电压间隔取密一些。

3. 测定稳压管的在反伏安特性曲线时，电流不应超过其最大稳定电流 $I_{Z max}$。

4. 记录所用电压表和毫安表的量程及精度等级。

【实验报告思考题】

1. 用伏安法测电阻时，电表的接法有何不同？为什么要采用这样的接法？

2. 稳压管为什么可以起到稳压作用？

3. 稳压管的正反伏安特性各有什么特点？为什么测量正向特性时采用了电流表外接法，

而测量反向特性时采用了电流表内接法？

【参考文献】

[1]　张映辉．大学物理实验［M］．2版．北京：机械工业出版社，2017.

[2]　张映辉．大学物理实验学习指导书［M］．2版．北京：高等教育出版社，2021.

[3]　张映辉．大学物理实验数字课程［M］．北京：高等教育出版社，2020.

【本实验相关数字资源】

1-讲课视频

2-外接法回路接线

3-内接法回路接线

4-替代法回路接线

5-物理思想与物理方法解析

思维导图（知识图谱）

实验 3.9　平衡电桥与非平衡电桥特性的研究

电桥是将电阻、电容、电感等电参数变化量变换成电压或电流输出的一种电路。用电桥法测电阻属于比较测量法。在电磁测量技术中比较测量法方法简单、准确度高，因此应用非常广泛。1943 年惠斯通首次采用桥式电路成功地进行了直流电阻的测量。根据激励电源的性质不同，可把电桥分为直流电桥和交流电桥两种；根据桥臂阻抗性质的不同，可分为电阻电桥、电容电桥和电感电桥三种；根据电桥工作时是否平衡来区分，可分为平衡电桥和非平衡电桥两种。电桥法是精确测量电阻或其他模拟量的一种有效方法。随着测量技术的发展，电桥的应用不再局限于平衡电桥测量电阻、电容和电感的范围，非平衡电桥在非电量的测量中已得到广泛应用。将各种电阻型传感器接入电桥回路，桥路的非平衡电压就能反映出桥臂电阻的微小变化，因此，通过测量非平衡电压就可以检测出外界物理量的变化，如温度、压力、湿度等。

【实验目的】

1. 理解平衡电桥测量电阻的基本原理和方法。
2. 掌握单臂和双臂电桥平衡调节方法。
3. 掌握非平衡电桥电压输出特性。
4. 学习双臂电桥测低值电阻的方法，并拓展应用到铜丝电阻温度系数的测量。
5. 学习利用非平衡电桥实现压力等非电量测量的方法。

【预习提示】

1. 理解单臂电桥测量电阻的基本原理，掌握判断电桥平衡方法。
2. 理解双臂电桥工作原理及其实现精准测量的思想方法。
3. 了解非平衡电桥电压输出特性。
4. 了解非平衡电桥实现非电量测量的基本原理和方法。

【实验原理】

1. 单臂平衡电桥（惠斯通电桥）测电阻

单臂平衡电桥测未知电阻原理如图 3.9-1 所示。对于由可变电阻 R_1、R_2、R_0 和待测电阻 R_x 组成的单臂电桥，当电桥平衡（$I_g=0$）时，可以得到待测电阻

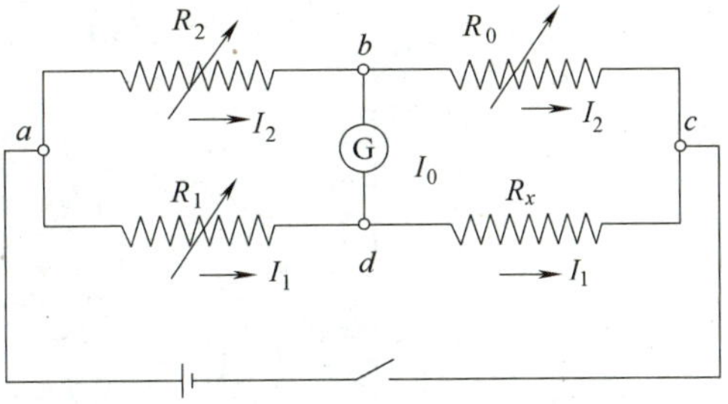

图 3.9-1　单臂平衡电桥测量原理图

$$R_x=\frac{R_1}{R_2}R_0=KR_0 \tag{3.9-1}$$

K 为比率。

2. 双臂平衡电桥（开尔文电桥）测电阻

受单臂电桥未知臂的内引线、被测电阻的连接导线及端钮的接触电阻等影响，单臂电桥测量小电阻时准确度难以提高。双臂电桥通过双臂设计较好地解决了测量小电阻时线路灵敏

度、接线电阻、接触电阻所带来的测量误差，而且属于一次平衡测量，读数直观、方便。

为减小接触电阻和接线电阻引入的误差，在双臂电桥中采用了四端接线法，如图 3.9-2 所示。下面通过伏安法测电阻说明四端接线法减小误差的原理。考虑到接线电阻和接触电阻后，伏安法测电阻的等效电路如图 3.9-3 所示。其中，R_{i1} 和 R_{i2} 代表与电流表间的接触电阻，R_{i3} 和 R_{i4} 代表与毫伏表间的接触电阻。

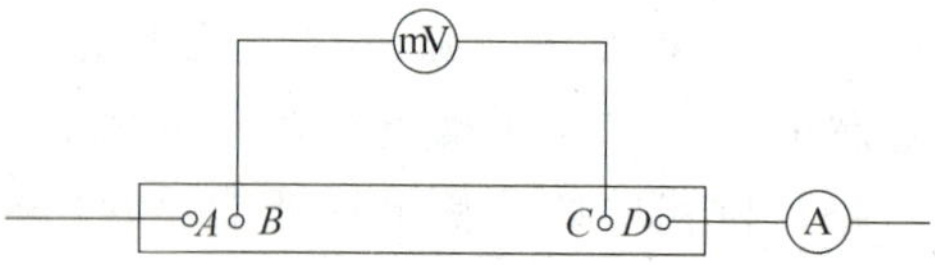

图 3.9-2 低值电阻四端接线示意图

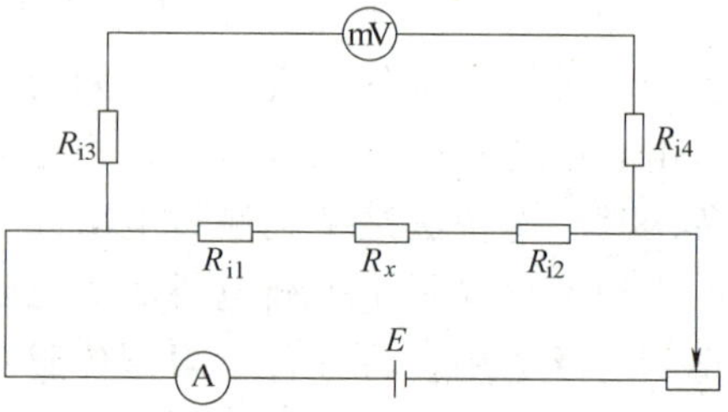

图 3.9-3 伏安法测电阻等效电路

由于毫伏表内阻 R_g 远大于接触电阻 R_{i3} 和 R_{i4}，因此它们对于毫伏表的测量影响可忽略不计，此时按照欧姆定律 $R=U/I$ 得到的电阻是 $(R_x+R_{i1}+R_{i2})$。为了消除接触电阻 R_{i1} 和 R_{i2} 对于测量结果的影响，将低电阻 R_x 以四端接法方式连接，等效电路如图 3.9-4 所示。此时毫伏表上测得电压为 R_x 的电压降，由 $R_x=U/I$ 即可测准确地计算出 R_x。接于电流测量回路中成为电流头的两端（A、D）与接于电压测量回路中称电压接头的两端（B、C）是各自分开的，许多低电阻的标准电阻都做成四端钮方式。

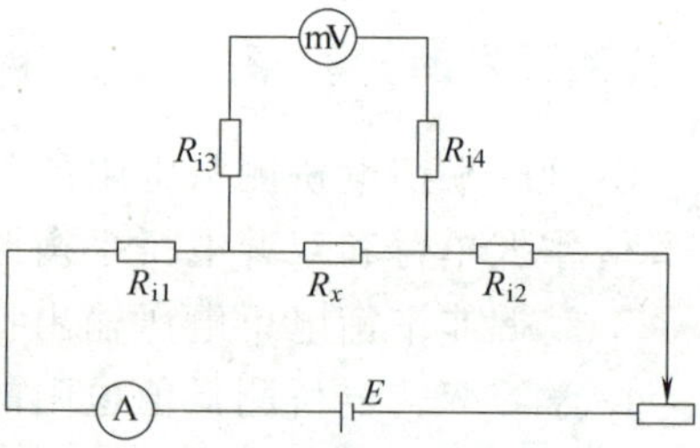

图 3.9-4 四端接线伏安法测电阻等效电路

基于上述原理，双臂电桥在单臂电桥的基础上，增设了电阻 R_a、R_b 构成另一臂，如图 3.9-5 所示。

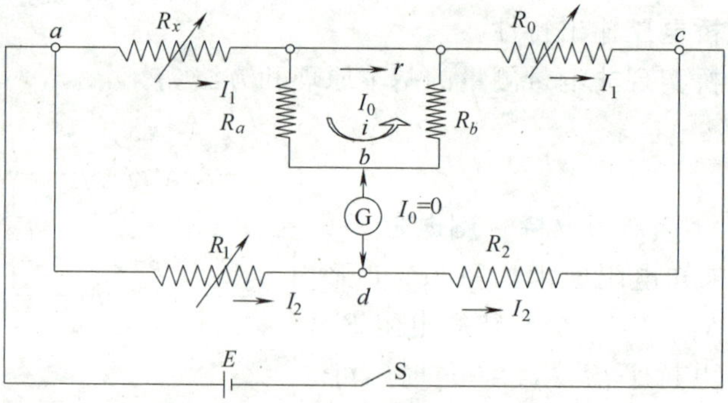

图 3.9-5 双臂电桥测量原理图

同时规定 R_a、R_b、R_1、R_2 为高值电阻，R_0、R_x 为低值电阻。依据基尔霍夫定律，可得方程组

$$\begin{cases} I_1R_x+I_0R_a=I_2R_1 \\ I_1R_0+I_0R_b=I_2R_2 \\ I_0(R_a+R_b)=(I_1-I_0)r \end{cases} \tag{3.9-2}$$

联立消去 I_1、I_2、I_0 得

$$R_x=\frac{R_1}{R_2}R_0+\frac{R_b r}{R_a+R_b+r}\left(\frac{R_1}{R_2}-\frac{R_a}{R_b}\right) \tag{3.9-3}$$

若

$$\frac{R_1}{R_2}=\frac{R_a}{R_b}$$

可得到双臂电桥平衡（$I_g=0$）时，有

$$R_x=\frac{R_1}{R_2}R_0 \tag{3.9-4}$$

3. 非平衡电桥电压输出特性

（1）单臂输入时电压输出特性。若 R_1、R_2、$R_3=R_0$、R_4 可使单臂平衡电桥平衡，即 $R_1/R_2=R_0/R_4$，此时使一个电桥臂的电阻（如 R_3）增加很小的电阻 ΔR，即 $R_3'=R_0+\Delta R$，则电桥失去平衡，如图 3.9-6 所示。若电桥供电电源 E 的电压为 U_0，则电桥的输出电压 U_{AB} 为（以 C 点为电势参考点）

$$U_{AB}=\left(\frac{R_3'}{R_3'+R_4}-\frac{R_1}{R_1+R_2}\right)U_0 \tag{3.9-5}$$

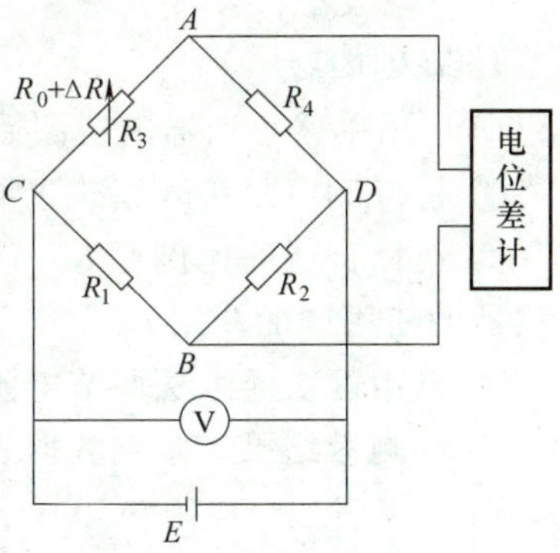

图 3.9-6 非平衡电桥电路

令 $K=R_1/R_2$，则有

$$U_{AB}=\frac{\Delta R/R_0}{(1+K)+\Delta R/R_0}\frac{K}{1+K}U_0$$

当 $\Delta R\ll R_0$ 时，有

$$U_{AB}=KU_0\Delta R/(1+K)^2R_0 \tag{3.9-6}$$

定义 $S_u=U_{AB}/\Delta R$ 为电桥的输出电压灵敏度，则有

$$S_u=KU_0/(1+K)^2R_0 \tag{3.9-7}$$

由式（3.9-4）可知，当 $\Delta R\ll R_0$ 时，非平衡电桥的输出电压与 ΔR 呈线性关系。由式（3.9-5）知，电桥的输出电压灵敏度由选择的电桥比率 K 及供电电源电压决定。在电桥电源电压一定时，电桥输出电压灵敏度最大为

$$S_{max}=U_0/4R_0 \tag{3.9-8}$$

（2）双臂输入时电压输出特性。在单臂平衡电桥电路中，假设 $R_1=R_2=R_3=R_4=R_0$，则电桥是平衡的。此时若令相邻两臂的电阻分别变化 $\pm\Delta R$，即 $R_3'=R_0+\Delta R$，$R_4'=R_0-\Delta R$，则这种电桥电路称为半桥差动电路。与式（3.9-5）类似，可以得到半桥差动电路输出电压为 $U_{AB}=U_0\Delta R/2R_0$，电桥的输出电压灵敏度最大值为

$$S_{max}=U_0/2R_0 \tag{3.9-9}$$

可见，半桥差动电路的输出电压灵敏度比单臂输入时提高了一倍。

（3）四臂输入时电桥的电压输出特性。对图 3.9-6 中的电路，若电桥的四个臂均采用可变电阻，并将所有相邻桥臂电阻分别变化 $\pm\Delta R$，即 $R_1'=R_0-\Delta R$，$R_2'=R_0+\Delta R$，$R_3'=R_0+\Delta R$，$R_4'=R_0-\Delta R$，这样构成的电桥电路称为全桥差动电路。可以证明，全桥差动电路输出电压为

$U_{AB}=U_0\Delta R/R_0$，电桥的输出电压灵敏度为

$$S_{max}=U_0/R_0 \tag{3.9-10}$$

可见，全桥差动电路的输出电压灵敏度是单臂输入的4倍。

【实验仪器】

ZX21型、ZX36型电阻箱，AC51型检流计，直流稳压电源，待测电阻，箱式惠斯通电桥，开尔文电桥，低电阻四端测试架，滑线变阻器，电压表（或数字式万用表），待测金属丝等。

【实验内容】

1. 基础内容

（1）用单臂惠斯通电桥测待测电阻。

① 将待测电阻接入箱式惠斯通电桥，调节电桥供电电源电压 $U_0=3\text{V}$。

② 选择合适的比例臂 K，使测量结果具有更多位的有效数字（方法参见第2章基本电学仪器的使用中的介绍）。

③ 采用逐次逼近法调节电阻 R_0 使电桥平衡，即检流计指针指中间，无电流通过。

④ 将测量结果记录到数据表格中，根据式（3.9-1）算出待测电阻值。

（2）采用三个电阻箱和一个待测电阻按照图3.9-1搭建电桥电路，根据式（3.9-1）实现未知电阻的测量。

2. 提升内容

用双臂电桥测金属丝电阻率。

（1）用螺旋测微器测量金属丝的直径 d，选择不同部位测量六次，求平均值。

（2）测量金属丝的电阻。

① 将待测金属丝插入未知四端电阻盒中，滑动端移至200mm处，测量200mm长的金属丝电阻，注意四端旋钮都要旋紧。

② 按照四端接线法将金属丝连接到开尔文电桥上。首先把检流计旋钮打到调零端对检流计进行调零，合上开关S，调定 $R_1=R_2$ 的阻值。按下“粗”“电源”按钮进行粗调，合理选取 R_s，保证 R 的×100挡取非零值，调节 R 电阻的“×100”“×10”“×1”三位旋钮，使检流计指示为零后，按下“细”“电源”按钮进行细调，调节 R 电阻的“×1”“×0.1”“×0.01”三位旋钮，使检流计指示为零，双臂电桥调节平衡，记下 R_1、R_2、R 和 R_s 阻值。

将开关S合向另一方，使电路中电流反向，重新调节电桥平衡，设计数据表格，记下 R_1、R_2、R 及 R_s 阻值。

（3）根据公式 $\rho=\dfrac{\pi D^2 R_x}{4L}$，计算金属丝的电阻率及不确定度。

（4）改变未知四端电阻滑动端至400mm处，重复（2）、（3）两步骤，测量400mm长金属丝的电阻，计算电阻率及不确定度，并比较两次测量结果。

3. 进阶内容

铜丝温度系数测量。

设计实验方案，采用变温法，利用直流双臂电桥测量并绘制铜丝电阻-温度特性曲线，

并利用斜率与 Y 轴截距计算铜丝温度系数。

4. 高阶内容

(1) 测定非平衡电桥的电压输出特性。

① 按图 3.9-6 接好测量电路，调节电桥供电电源电压 $U_0=6\text{V}$，用万用表测得实际电源电压值。

② 调节 $R_1=R_2=R_3=R_4=300.0\Omega$ 使电桥平衡，即使 $U_{AB}=0$。但由于电阻箱存在着一定的误差，以及受接触电阻等因素的影响，此时电桥未必能平衡，即 $U_{AB}\neq 0$。为此需微调 R_1 或 R_2，使 $U_{AB}=0$ 或使检流计在正方向偏离最小，这一步也称为零点漂移调节。

③ 测量单臂变化电桥电压输出特性。使 R_3 每次增大 2.0Ω，测量 U_{AB} 值，直到 R_3 增大到 10.0Ω。

④ 测量半桥差动电桥电压输出特性。使 R_3 每次增大 2.0Ω，而 R_4 相应地减小 2.0Ω，测出电桥的相应输出电压 U_{AB}，直至 R_3、R_4 的最大改变量增大到 10.0Ω。

⑤ 测量全桥差动电桥电压输出特性。使 R_2、R_3 每次增大 2.0Ω，而 R_1、R_4 相应地减小 2.0Ω，测出电桥的相应输出电压 U_{AB}，直至每个电阻的最大改变量为 10.0Ω。

⑥ 将实验数据记录到实验数据表格中。

⑦ 分别以 ΔR 为横轴、U_{AB} 为纵轴作出非平衡电桥电压输出特性曲线，并从图线上取点求出电桥输出电压灵敏度，并与理论值比较。

(2) 利用非平衡电桥的电压输出特性实现应力的测量。

设计实验方案，将电桥四个臂换成电阻应变片，根据非平衡电桥电压输出特性，构成测力电桥进行力的测量。

金属电阻应变片的工作原理是吸附在基体材料上应变电阻随机械形变而产生阻值变化的现象，俗称为电阻应变效应。金属导体的电阻值可表示为 $R=\rho L/S$，其中 ρ 是金属导体的电阻率（$\Omega\cdot\text{m}$），S 是导体的截面积（m^2），L 是导体的长度（m）。当金属丝受外力作用时，其长度和截面积都会发生变化，从中可很容易看出，其电阻值即会发生改变：假如金属丝受外力作用而伸长时，其长度增加而截面积减少，电阻值便会增大；假如金属丝受外力作用而压缩时，长度减小而截面增加，电阻值则会减小。只要测出电阻的变化（通常是测量电阻两端的电压），即可获得应变金属丝的应变情况，进而求出应力来。

【实验注意】

1. 平衡电桥测未知电阻和非平衡电压输出特性研究时供电电源电压不同。
2. 比例臂选择的原则为尽可能获得多的有效数字。
3. 研究非平衡电桥电压输出特性时，每次测量前均需调节零点。零点调节时尽量增加电阻值而不是减少阻值。
4. 电桥有规律变化时，应在调零阻值基础上每次增加或减少 2Ω。

【实验报告思考题】

1. 单电桥和双电桥测量电阻的测量范围各有多大？为什么可用双电桥测量低值电阻？
2. 在用单电桥测量电阻的过程中，可能会出现检流计不发生偏转的现象，试分析原因。如果检流计只向一个方向偏转，原因又如何？

3. 检流计在实验中的作用是什么？它的精度对实验中电桥的平衡有无影响？

4. 根据测量误差分析情况，实验中电阻率测量精度影响最大的因素是什么？

5. 双电桥测量金属丝电阻测量时，如果被测低电阻的电压头接线电阻较大对测量准确度有无影响？

【参考文献】

[1] 沈元华，陆申龙．基础物理实验［M］．北京：高等教育出版社，2003.

[2] 吕斯骅，段家忯．基础物理实验［M］．北京：北京大学出版社，2002.

[3] 张映辉．大学物理实验［M］．2版．北京：机械工业出版社，2017.

[4] 吴泳华，霍剑青，浦其荣．大学物理实验：第二册［M］．2版．北京：高等教育出版社，2005.

【本实验相关数字资源】

1-讲课视频

2-惠斯通电桥测电阻操作演示

3-开尔文电桥测低电阻操作演示

4-物理思想与物理方法解析

思维导图（知识图谱）

实验 3.10 电位差计的原理和使用

用电位差计测量电池电动势，是将未知电动势与电位差计上的已知电压相比较。由于电路设计中采用补偿法原理，其特点是不从测量对象中支取电流，因而不干扰被测量的数值，测量结果仅依赖于准确度极高的标准电池、标准电阻以及高灵敏度的检流计，因此电位差计曾是精密测量中应用最广的仪器之一。它以很高的准确度直接测量电动势、电压，间接测量电流、电阻、电功率等电学量，并常用来校准各种精密电表。除此以外，在科学研究和工程技术中，电位差计配以各种换能器还广泛应用于温度、压力、位移和速度等非电学量的测量技术中。

近年来，随着集成电路和计算机技术的发展，电位差计在电磁测量中的地位已逐渐被高性能的数字电压表所取代，但是研究补偿法原理的物理思想在测量技术中仍有重要意义。

【实验目的】

1. 了解电位差计的设计思想和箱式电位差计的基本结构，掌握其调节方法。
2. 掌握利用自组电位差计和箱式电位差计测量电压、电阻等物理量的方法。

【预习提示】

1. 什么是补偿法？
2. 电位差计由哪几部分组成，测量前为什么要校准工作电流？
3. 了解使用标准电池应注意哪些事项。

【实验原理】

1. 电位差计测量电池电动势原理

用电位差计测量电池电动势的原理是补偿法。如图 3.10-1 所示，移动滑线变阻器 AB 的滑动端 C 的位置，可以找到一处使检流计 G 中的电流为零。此时，C、B 两点间的电压 $U_{CB}=E_x$，与未知电动势 E_x 互相补偿。若滑线变阻器上的电压分布事先加以标定，则可求出 E_x，这种测量电动势的方法称为补偿法。

要精确测出 E_x，必须要求分压器（滑线变阻器）上的电压标度稳定而且准确。为此，实际用的电位差计会在电源回路中接入一个可变电阻 R，如图 3.10-2 所示，称为工作电流 I_0 调节电阻。E 和 R 串联后给分压器 AB（标准电阻 R_{AB}）供电，调节 R，使加到分压器 AB 两端的电压保持不变，从而保证分压器 AB 上的电压标度不变。

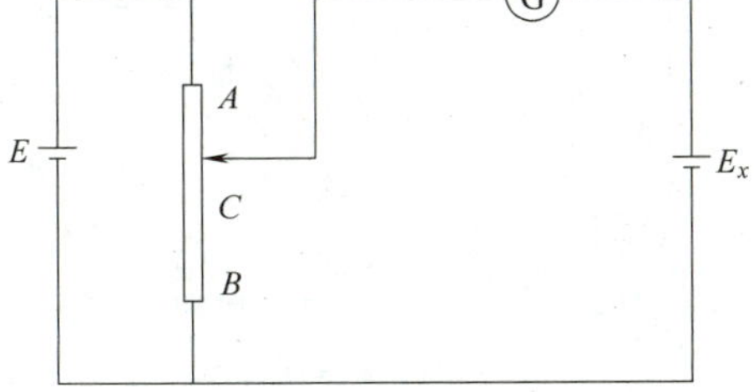

图 3.10-1 补偿法测电池电动势原理图

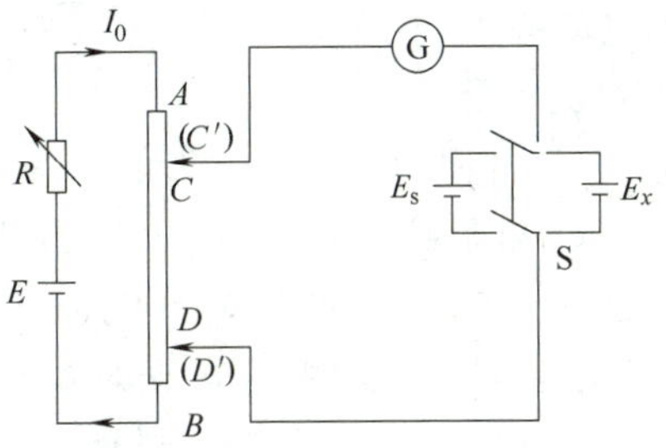

图 3.10-2 电位差计原理示意图

为保证分压器 AB 上的电压标度不变，通常将一已知电动势为 E_s 的标准电池接在待测电池位置，如图 3.10-2 所示，然后将分压器调到标度等于 E_s 的 C、D 位置，此时若检流计 G 中没有电流，则说明电压 U_{CD} 与 E_s 能互相补偿，分压器上的电压标度值未变；若 G 中有电流，则说明标度值变了，此时，调节 R 使 G 中电流为零。经这样的校准后，电位差计就能按标度值进行测量了。这个过程称为电位差计的标准化，亦即校准工作电流。

实际上，电位差计可以看成由三个回路组成，如图 3.10-2 所示：一是工作电流回路，由 E、R、R_{AB} 组成，在校准工作电流和测量过程中都是通路；二是校准回路，由 E_s、R_{CD}、G 和 S 组成，将开关 S 倒向 E_s，就形成此回路，在测量过程中此回路不通；三是测量回路，由 E_x、R_{CD}、G 和 S 组成，将 S 倒向 E_x 时形成，在校准工作电流时此回路断开。校准回路和测量回路也称为补偿回路。

使用电位差计分为两个步骤：第一步是校准工作电流 I_0，将开关 S 倒向 E_s，分压器调到标度等于 E_s 的 C、D 位置（此时 C、D 间电阻为 R_s），调节 R，使检流计 G 中电流为零，则 $I_0=E_s/R_s$，完成校准工作；第二步是测量过程，将开关 S 倒向 E_x，保持 R 不变（即工作电流 I_0 不变），移动 C、D 两点到 C'、D'位置，使检流计 G 指针指零，由 C'、D' 所在位置的标度读出待测电动势 E_x 值（此时 C'、D'间电阻为 $R_x=R_{C'D'}$，则 $E_x=I_0R_x=\dfrac{R_x}{R_s}E_s=\dfrac{R_{C'D'}}{R_s}E_s$）。

可见，用电位差计测量电池电动势具有以下优点：

（1）电位差计是一个电阻分压装置，可用来产生准确、已知、又有一定调节范围的电压，用它与被测电动势（或电压）补偿，以得到被测电动势（或电压）值，使得被测电动势（或电压）的测量值仅取决于电阻比及标准电池电动势，因而能达到较高的测量准确度。这种实验方法称为抵消法或补偿法。

（2）上述“校准”和“测量”两步骤中检流计 G 两次均指零，表明测量时既不从校准回路内的标准电动势源（通常用标准电池）中，也不从测量的回路中分出电流，因此不改变被测回路的原有状态，同时可避免测量回路导线电阻、标准电池内阻及被测回路等效内阻等对测量准确度的影响，这是补偿法测量的准确度较高的另一原因。

2. 电位差计的应用

电位差计所具有的优点，使得它在高精度测量电压方面得到广泛的应用。

（1）测量各种电动势。特别是微小电动势，如温差电偶的温差电动势，各种电解液、电极组成的化学电池电动势，霍尔元件的霍尔电动势等。

（2）测电阻。

① 测电池内阻 r：在待测电池 E_x 两端连接一个已知阻值的电阻 R_0，如图 3.10-3 所示。合上开关 S′，将开关 S 倒向 E_x，若流过 R_0 的电流为 I，测得电池的端电压为 U，因为 $U=E_x-Ir$，$I=U/R_0$，则有

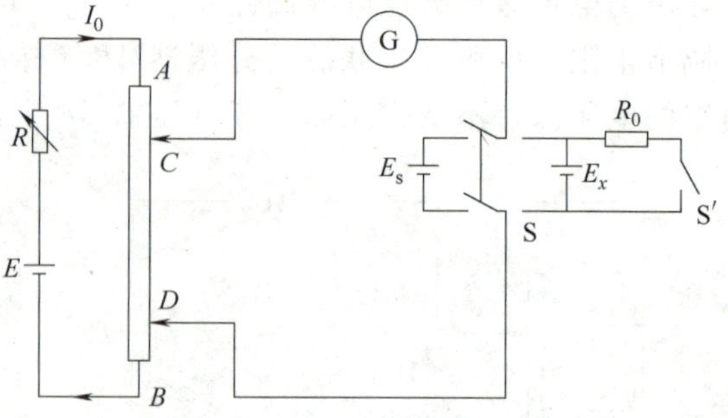

图 3.10-3　电位差计测电池电动势和内阻原理图

$$r=R_0\left(\frac{E_x}{U}-1\right) \tag{3.10-1}$$

② 精确测量电阻：如图 3.10-4 所示，未知电阻 R_x 与标准电阻 R_s 串联，用电位差计分别测得 R_s 和 R_x 上的电压 U_s 和 U_x，则 $R_x=\frac{U_x}{U_s}R_s$。

(3) 校准电流表。如图 3.10-5 所示，将待校电流表 mA 与一标准电阻 R_s 串联，当电流表读数为 I 时，用电位差计测出 R_s 上的电压 U_s，则流经 R_s 的电流为 $I_s=U_s/R_s$。由于电位差计对电路无分流作用，所以 I_s 为实际流过电流表的电流，$|I-I_s|=\Delta I$ 即为电流表的测量误差。

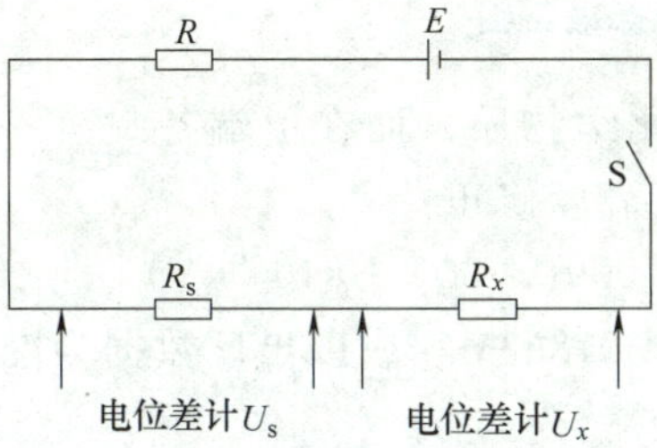

图 3.10-4 精确测量电阻原理图

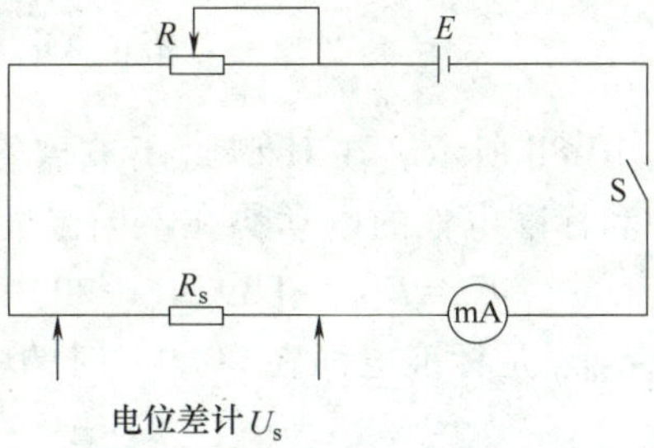

图 3.10-5 校准电流表原理图

(4) 校准电压表。如图 3.10-6 所示，V 为待校电压表，调节分压输出，同时记录电压表和电位差计的读数 U 和 U_s，则 $\Delta U=U_s-U$，ΔU-U 曲线即为电压表的校正曲线。

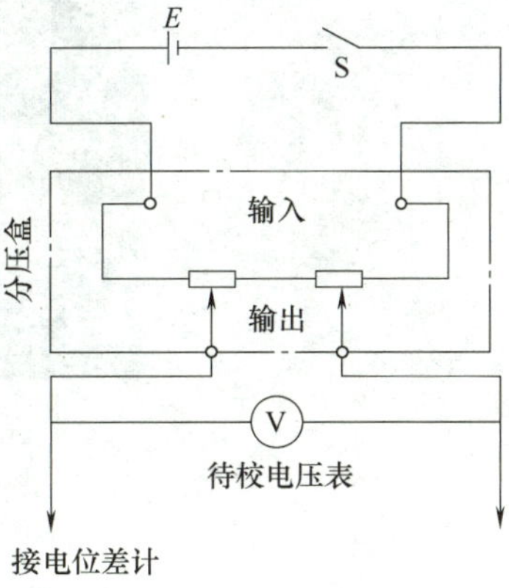

图 3.10-6 校准电压表原理图

【实验仪器】

学生式电位差计，BC9a 饱和标准电池，ZX21 型电阻箱，待测电池，待校准电压表，待校准电流表。

1. 学生式电位差计

学生式电位差计内部电路如图 3.10-7 点画线内所示，图 3.10-3 中的标准电阻 R_{AB} 在这里由 M、N 两个挡位旋钮和 K 调节盘组成。可见 BA^+ 和 R^- 两个接头相应于图 3.10-3 中 R_{AB} 的 A、B 两点，E^-、E^+ 两个接头则相应于 D、C 两点。当标准工作电流流过时，M 挡位旋钮上每挡电压为 0.1V，N 挡位旋钮上每挡电压为 0.01V；K 全段的电压为 0.011V，每 10 等分为 0.001V，这些数字分别在 M、N、K 旁标明。如 M 挡位旋钮（D 点）刻线指 1.4，N 挡位旋钮刻线指 0.08，K 盘（C 点）刻线指 0.00863，则 C、D 两点间电压是 1.48863V。

2. BC9a 饱和标准电池

标准电池是一种作为电动势标准源的电池。标准电池在使用过程中通过的电流不得超过 1μA，否则会造成电动势发生变化甚至损坏。因此不能用磁电式电压表测量其电动势，更不能将其当作普通电池使用。标准电池不能剧烈振动或倾倒，严禁置于高温和强光下。

标准电池分饱和标准电池和不饱和标准电池。本实验所用的 BC9a 型饱和标准电池结构

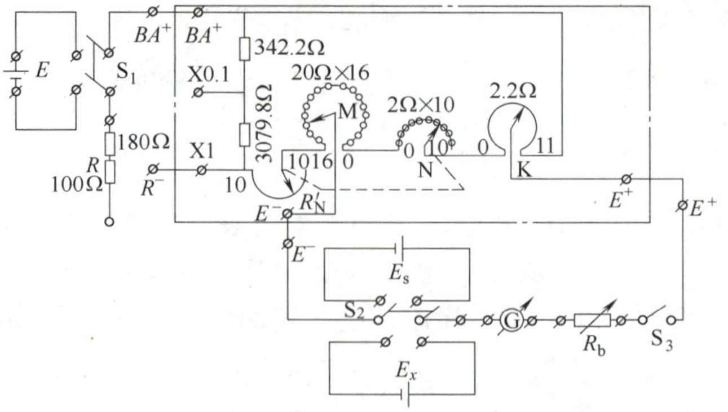

图 3.10-7　学生式电位差计内部电路图

如图 3.10-8b 所示。在 H 型封闭玻璃管内，装有几种化学物质，而在下端各封有一支铂电极。饱和标准电池的电动势在不同温度下需按下式进行温度修正：

$$E_{st}=E_{20.0}-[39.9(t-20)+0.94(t-20)^2-0.009(t-20)^3]\times10^{-6}(\text{V}) \qquad (3.10\text{-}2)$$

式中，$E_{20.0}$ 是标准电池在 20.0℃时的电动势，$E_{20.0}=1.01863\text{V}$（或以出厂数据为准）；t 为室温。

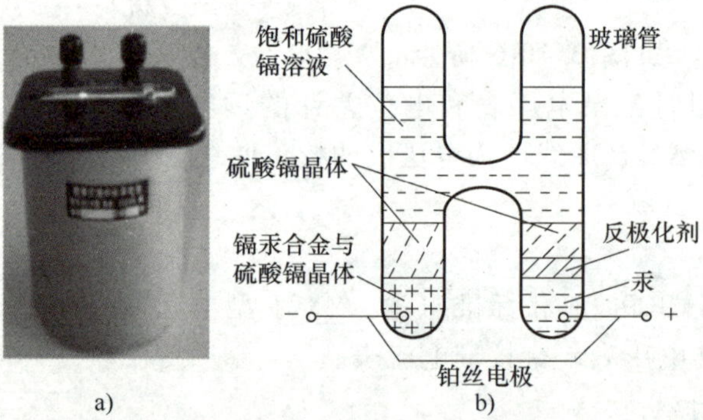

图 3.10-8　BC9a 型饱和标准电池

a）实物图　b）内部结构示意图

【实验内容】

1. 基础内容

用学生式电位差计测量电池的电动势。

（1）接线。按图 3.10-9 接好电路，S_1 为电源开关；S_2 为换向开关，可使 E_s 和 E_x 相互迅速替换；S_3 为检流计开关；S_4 置开，相当于检流计取掉短路线。R_b 是可变电阻箱，用以保护检流计和标准电池。

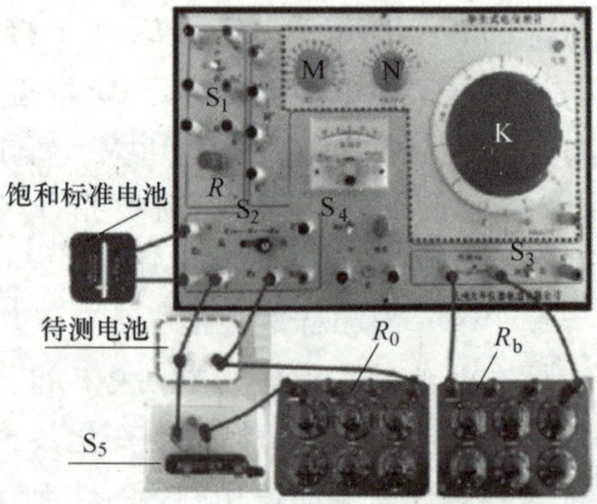

图 3.10-9　电位差计面板及实验电路图

（2）校准工作电流。测室温 t，根据式（3.10-2）

计算标准电池的电动势为 E_{st}，调 M、N 两个挡位旋钮和 K 调节盘使其读数之和为 E_{st}。将 R_b 调至较大值（如 $R_b=91000.0\Omega$）。打开学生式电位差计电源开关（仪器背面），置 S_1 为内，S_3、S_4 为开，S_2、S_5 断开，调节检流计调零旋钮使检流计指针指零。用跃接法使 S_2 合向 E_s 一侧，调节 R 使检流计指针偏转减小；逐渐减小 R_b 并调节 R，直到 R_b 为零时检流计指针无偏转。此时工作电流回路电流即为工作电流 I_0，电位差计已校准完闭。

（3）测量电池电动势 E_x。校准工作电流后保持 R 不变。将 N 挡位旋钮、K 盘都旋至 0，R_b 调至较大值，用跃接法将 S_2 合向 E_x 一侧，旋转 M 挡位旋钮，找到 M 上相邻的两挡，使检流计指针偏转方向相反，然后把 M 挡位旋钮固定在读数小的一挡；依次找到 N 上相邻的两挡，使检流计指针偏转方向相反，把 N 挡位旋钮固定在读数小的一挡；最后旋转 K 盘使检流计指针基本指零；逐渐减小 R_b 并调节 N、K，直到 R_b 为零时检流计指针无偏转。此时 M、N、K 的读数之和即为待测电池电动势 E_x。

2. 提升内容

（1）测量待测电池内阻 r。

① 保持 R 不变，选取 $R_0=100.0\Omega$，合上开关 S_5。同 1 中步骤（3），测出此时待测电池两端的电压 U，根据式（3.10-1）即可求得待测电池的内阻。

② 重复“校准”与“测量”两个步骤，测量电池电动势 E_x 和端电压 U 各 6 次，将数据记录于表 3.10-1 中。

③ 测量结束后先将 S_3 置关，断开 S_4，然后断开 S_1，关闭电位差计电源。

表 3.10-1　测量数据

E_s（20.0℃）= 1.01863V（BC9a 型饱和标准电池）

R_0 = ________ Ω，t = ________ ℃，E_{st} = ________ V

i	1	2	3	4	5	6	平均
E_x/V							
U/V							

④ 数据处理与分析。

A. 分别求电池电动势 E_x 与端电压 U 的平均值、标准不确定度，并写出测量结果。

B. 计算电池内阻及其标准不确定度，写出测量结果。

C. 用电压表测量电池电动势，并与电位差计的测量结果进行比较，分析差异原因。

（2）根据原理图 3.10-5，校准电流表。自行设计方案，并自拟数据表格，校准电流表。

（3）根据原理图 3.10-6，校准电压表。自行设计方案，并自拟数据表格，校准电压表。

3. 进阶内容

（1）设计并搭建自组电位差计的实验线路。

（2）用自组电位差计测量干电池的电动势。

（3）测量自组电位差计的灵敏度。

4. 高阶内容

将微安表改装成不同量程的电流表，并用箱式电位差计校准电流表。

【实验注意】

1. 使用电位差计必须先接通工作回路，然后再接补偿回路；断电时须先断开补偿电路，后断开工作回路。

2. 标准电池允许通过的电流小于1μA，并应间歇使用，因此，校准时要先取 R_b 较大值进行粗调，再逐渐减小 R_b 并调节 R，直到 R_b 为零时检流计指针无偏转。

3. S_2 采用“跃接”的方法，以保护标准电池和检流计，检流计指针指零后立即断开 S_2。

4. 每测量两次电动势（或电压），校准一次工作电流。

5. 待测电路不允许通过大电流，所以测其内阻时 R_0 值不能太小，应先定好（如 $R_0=100.0\Omega$）再接入电路。

6. 实验中只有测量端电压 U 时才合上 S_5，测量完毕立即断开，以免待测电池放电过多。

【实验报告思考题】

1. 补偿法的基本原理是什么？从分析电位差计基本线路中三个回路的作用入手，说明补偿法的优点。

2. 如何产生连续可调的标准电压？学生式电位差计是怎样实现这一要求的？

3. 由式（3.10-1）推导出电池内阻标准不确定度计算公式。

【参考文献】

[1]　隋成华，魏高尧，徐志君，等. 大学物理实验［M］. 北京：高等教育出版社，2016.

[2]　钱锋，潘人培. 大学物理实验［M］. 北京：高等教育出版社，2009.

[3]　张映辉. 大学物理实验［M］. 2版. 北京：机械工业出版社，2017.

[4]　张映辉. 大学物理实验学习指导书［M］. 2版. 北京：高等教育出版社，2021.

[5]　张映辉. 大学物理实验数字课程［M］. 北京：高等教育出版社，2020.

【附录】保护电阻 R_b

标准电池 E_s 和检流计G都不能通过较大的电流，但在测量开始时，可能因 C、D 之间的电势差与 E_s（或 E_x）相差较大而使标准电池和检流计中通过较大的电流，因此，需在该回路中串接一只大电阻 R_b（见图3.10-9）。电阻 R_b 起保护标准电池和检流计的作用，故称保护电阻。由于 R_b 的引入将降低电位差计的灵敏度，即 C、D 之间的电压与 E_s（或 E_x）之间可能还没有达到完全补偿时，由于大电阻 R_b 的存在而使检流计指针无明显偏转。因此，在电位差计补偿平衡后，应减小 R_b 的阻值至零，以提高电位差计的灵敏度。本实验采用ZX21型电阻箱作为 R_b。

【本实验相关数字资源】

1-讲课视频　2-接线　3-校准工作电流　4-测量电池电动势　5-测量端电压　6-物理思想与物理方法解析　思维导图（知识图谱）

实验3.11 示波器的使用

示波器是一种用途广泛的电子测量仪器，用来直接观察电信号波形，显示函数关系，测量信号电压、周期和频率等物理量，可以把看不见的电量或非电量的变化转化成可见的图像。

【实验目的】

1. 了解数字示波器和模拟示波器的结构和工作原理。
2. 学会正确使用数字示波器和模拟示波器。
3. 学习利用示波器观察信号波形、测量信号电压和信号频率。

【预习提示】

1. 示波器的主要构件是什么？它的工作原理如何？
2. 李萨如图形是怎样形成的？
3. 示波器面板上各旋钮的作用是什么？如何正确使用？

【实验原理】

1. 数字示波器的结构和工作原理

数字示波器是一种电子测量仪器，用于观察和分析电信号波形。与模拟示波器相比，数字示波器具有更高的分辨率、更快的响应速度和更多的功能，因此在现代电子工程中得到了广泛的应用。

数字示波器的原理是基于模拟信号数字化和信号处理技术。当被测信号输入到示波器中时，首先经过模拟信号采样器采样，将模拟信号转化为数字信号。采样频率越高，数字化精度就越高，因此数字示波器具有更高的分辨率和更精确的波形显示。数字化后的信号通过存储器存储，并且可以通过处理器进行处理和分析，如图3.11-1所示，虚线框内的模块是数

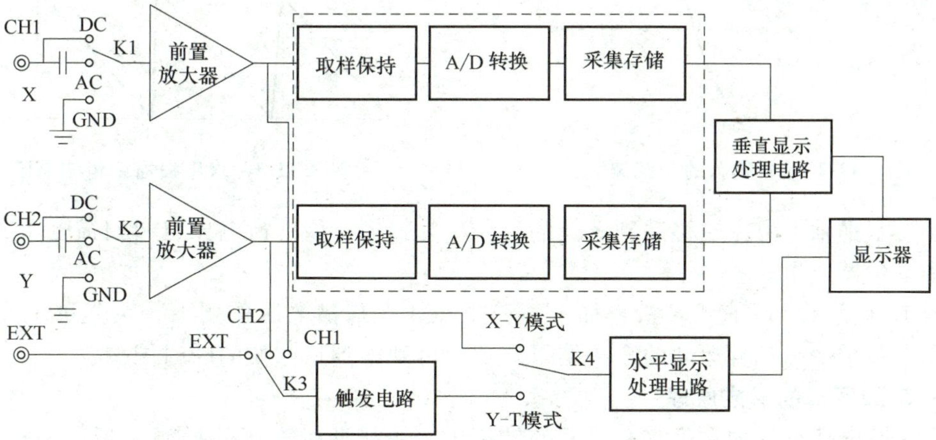

图3.11-1 数字示波器原理框图

字示波器特有的功能模块，而模拟示波器没有这个模块。数字示波器的处理器可以对信号进行各种数字信号处理，如FFT变换、滤波、数学运算、自适应触发等。处理器还可以通过计算机接口将数据传输到计算机中进行进一步处理和分析。

数字示波器的工作方式可以分为两种模式：实时采样模式和等时采样模式。实时采样模式是最常见的模式，它可以实时采集信号并显示波形。等时采样模式则是对周期性信号的一种特殊采样方式，可以在不同的时间间隔内等间隔地对信号进行采样，以便更好地观察信号的周期性和相位关系。

数字示波器的优点在于其高精度、高速度和丰富的功能。数字示波器可以采集高速信号，而模拟示波器则无法满足这种要求。数字示波器还可以进行更精确的波形分析和处理，因此在电子设计和调试中具有重要的作用。此外，数字示波器还具有可编程性和自动化测试功能，可以大大提高测试效率和准确性。

2. 屏上波形形成的原理

理论和实践都证明，荧光屏上光点偏离屏中心的距离与所加电压的大小成正比。设垂直偏转板上所加电压为 U_y，光点偏离屏中心的距离为 y，则 $y=A_yU_y$，其中 A_y 称为垂直偏转板的偏转灵敏度，表示了加在偏转板上每伏电压所引起光点偏离屏中心的距离。如果所加电压是交变的正弦电压 $U_y=U_{ym}\sin\omega t$，则应观察到光点随着电压的变化而周期性的上下移动。由于眼睛的视觉暂像作用和荧光屏的余辉效应，观察到的将是一条竖直亮线。为了能观察到如图3.11-2所示的正弦波形（y 轴上正弦电压的波形），必须在水平偏转板上加入与时间成正比的电压 $U_t=Kt$，使光点在横向偏转距离与时间成正比，亦即光点在水平方向上偏转成为一个时间坐标，常称为时间基线。这时垂直偏转板加入任意变化的电压就在时间基线上展开成 U_y 随 t 变化的波形。

为了重复观察波形，要求光点从屏面左端到右端后，马上熄灭，又立即从左到右重复进行。也就是要求横向电压从零开始随时间正比地增加到一定值后，突然变到零，然后再重新增长，反复进行。这种变化的电压如图3.11-3所示，常称为锯齿波电压。

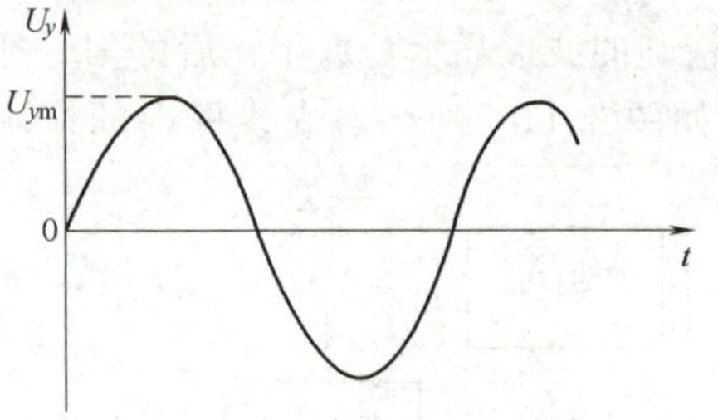

图 3.11-2 y 轴输入的正弦波

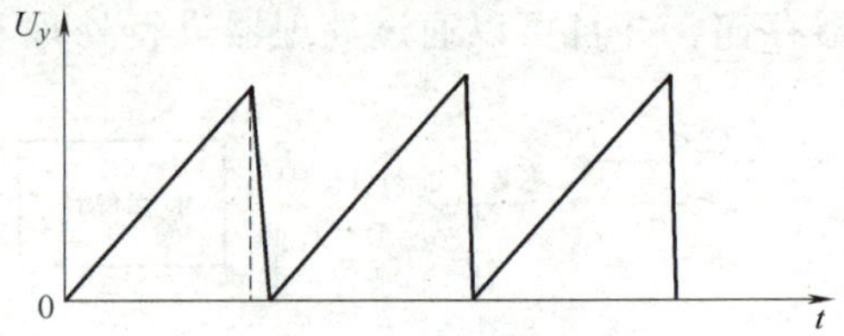

图 3.11-3 水平扫描锯齿波电压

光点在水平轴上由左端移动到右端的现象称为扫描，该锯齿电压也叫扫描电压，由示波器内扫描发生器产生。

图3.11-4表示了垂直偏转板上加上正弦电压，在扫描电压作用下，荧光屏上光点的运动轨迹，它是水平和垂直运动的合成结果，从而可观察到正弦波的瞬时图像。

3. 李萨如图形的形成原理

两个正弦电压分别加在垂直和水平偏转板上，由于两个电压的振幅、频率和相位不同，在荧光屏上合成的波形也各不相同，这些图形常称为李萨如图形。

假设两个同频率的正弦电压为 $U_1=U_{1m}\sin(\omega t+\varphi_1)$，$U_2=U_{m2}\sin(\omega t+\varphi_2)$。它们的相位差为

$$\varphi=(\omega t+\varphi_1)-(\omega t+\varphi_2)=\varphi_1-\varphi_2$$

如果令 $\varphi_2=0$，则 $\varphi=\varphi_1$。图 3.11-5 画出了其合成结果。一般地说，合成的波形为椭圆。它的具体形状由两正弦电压的相位差和振幅的比值决定。通常利用简单的李萨如图形进行频率测量。如果相位不能保持恒定，则图形形状将随之变化。当相位差周期性变化时，图形形状也相应地做周期性变化。

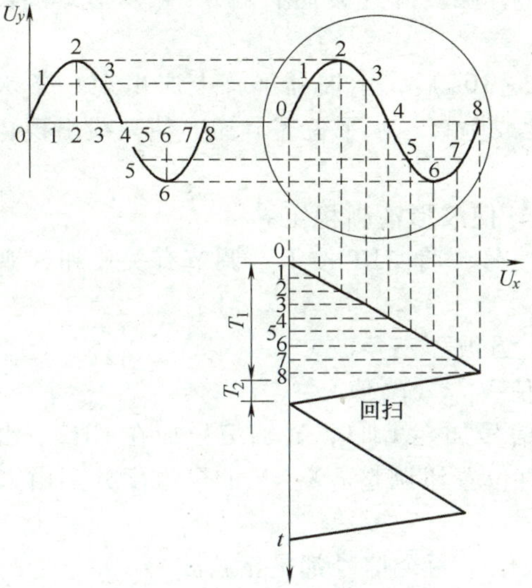

图 3.11-4　屏上波形形成原理

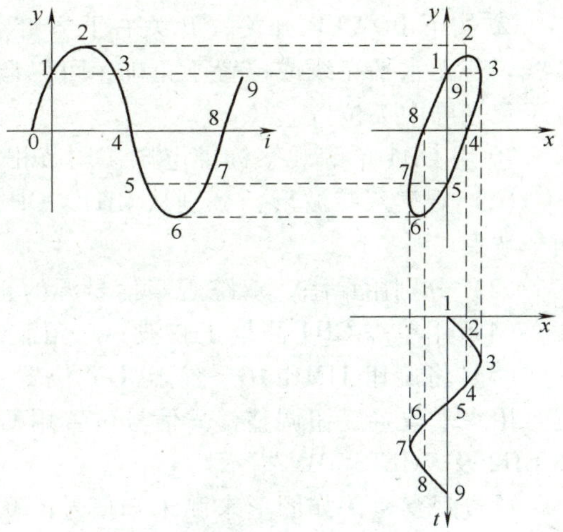

图 3.11-5　李萨如图形形成原理

如果两电压的振幅、频率和初相位都不相同，则合成波形是较复杂的李萨如图形。但是不管图形怎样复杂，由确定的电压频率比而得的图形仍有规律。可在李萨如图形上引适当的水平线和垂直线。若水平线和垂直线与图形的最多交点数分别是 m 和 n，则频率之比为 $f_y/f_x=m/n$。其中 f_x 为取用信号发生器的已知频率，f_y 为未知信号的频率。则由李萨如图形画出的交点数以及 f_x，便可求得未知信号的频率 f_y。图 3.11-6 画出了一些不同振幅、不同频率比、不同相位差的李萨如图形。从图形不难看出上面结论的正确性。

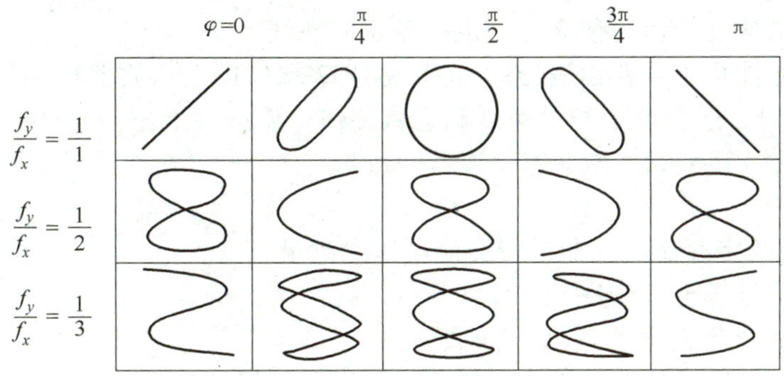

图 3.11-6　李萨如图形

【实验仪器】

VP-5220D 型双踪示波器，SDS2102X 数字存储示波器，信号源，配套导线若干。

【实验内容】

1. 基础内容

用 VP-5220D 型双踪示波器进行观察和测量。

(1) 熟悉示波器面板上各旋钮的作用，检查示波器工作是否正常。

① 开机前将各个常用旋钮置于常规状态：垂直方式选择开关选为 CH1，内触发信号源开关选为 CH1；CH1、CH2 选择开关均旋转在 GND；触发源开关置于 INT；触发信号耦合开关置于 AC；将开关 TIME/DIV 置于 20ms。

② 按下 POWER 开关，开关右上方灯点亮。5~10s 后，示波器屏幕上应出现一条水平亮线。若无水平亮线或位置不正确，可以调节亮度或垂直、水平位置旋钮，使亮线出现，且位于荧光屏中央位置。

③ 用 CH1 单踪观察标准电压，调节相应旋钮，使波形清晰稳定。

(2) 观察双踪波形，分别从 CH1、CH2 送进信号，将 ALT 按下，调节有关旋钮，观察两个波形。

(3) 分别用单踪、双踪观察信号源的正弦波、方波、三角波。

(4) 用单踪 CH1 测量正弦波、三角波的电压值 $V_{P\text{-}P}$（峰值）。

(5) 将旋钮 TIME/DIV 置于 X-Y 位置，X 轴信号加在 CH1，Y 轴信号加在 CH2。水平位置用水平位置旋钮调整，Y 信号位置用 CH2 垂直位置钮调整。X、Y 的灵敏度分别由 CH1 和 CH2 及 VOLTS/DIV 指示。

通过观察李萨如图形来测未知信号的频率（只限于两个信号都是正弦波）。

CH1 送进一个未知的正弦被（最好 1000Hz 左右），CH2 送进一个已知频率可调节的正弦波。通过调节 CH2 的输入频率，观察各种李萨如图形，从而测出 CH1 的输入频率。

2. 提升内容

用 SDS2102X 数字存储示波器进行观察和测量。

(1) 通电前将灰度、聚焦电位器和扫描速度及衰减电位器调至最左端。

(2) 打开电源开关通电预热 3~5min。

(3) 慢慢将灰度旋钮顺时针调至荧光屏上亮点可见，然后缓慢调节聚焦旋钮，使亮度圆而细。

(4) 调节扫描速度旋钮，使亮点变成一条水平亮线。

(5) 示波器方波校正：在示波器的 CH1 或 CH2 端口连上示波器探头，将探头挂在校正信号输出端（CAL），适当调节扫描速度和衰减旋钮，使屏幕上出现清晰可见的方波。

(6) 测量（同 VP-5220D 型双踪示波器一致）。

3. 进阶内容

用 SDS2102X 数字存储示波器进行交流电压的测量。

(1) 将待测信号送至（CH1 或 CH2）输入端。

(2) 把输入耦合开关置于“AC”位置。

(3) 调整垂直灵敏度开关于适当位置，垂直微调旋钮“CAL”位置顺时针到头。

(4) 调整水平扫描速度开关，使屏幕上能显示一个周期以上的稳定波形。

(5) 计算电压值 $V_{P\text{-}P}$（峰值）。

4. 高阶内容

用 SDS2102X 数字存储示波器测量脉冲宽度和时间。

自拟设计实验方案。

【实验注意】

1. 使用 VP-5220D 型双踪示波器时应注意：

（1）波形模糊不清时，调节水平扫描频率旋钮，使之清晰。

（2）观察李萨如图形时，输入必须是正弦波，旋钮 TIME/DIV 置于 X-Y 位置。

2. 使用 SDS2102X 数字存储示波器时应注意：

（1）在调节水平亮线时如果出现偏斜，可用小一字旋具轻轻调节扫描水平线校正微调电位器，使之水平。

（2）调节聚焦旋钮使扫描线尽可能细，以提高测量精度。扫描线亮度（辉度）应适当，过亮不仅会降低示波器的使用寿命，而且也会影响聚焦特性。

（3）正确选择触发源和触发方式：如果测量的是单通道信号，就应该选该通道信号作为触发源。首次观察被测信号时，触发方式应该置于“AUTO”，待观察到稳定信号后，调好其他设置，最后将触发方式应该置于“AORM”，以提高触发的灵敏度。

（4）正确选择输入耦合方式：被测信号是直流或脉冲信号时，应选择“DC”耦合方式；被测信号是交流时，应选择“AC”耦合方式。

（5）合理调整扫描速度：提高扫描速度，屏幕上显示的波形个数就减少，反之增多。为了提高测量精度，屏幕上显示的波形个数不宜过多。

（6）观察信号时，波形应尽可能处于屏幕的中央；正确调整垂直衰减旋钮，使波形幅度占一半以上，以提高测量精度。

【实验报告思考题】

1. 怎样利用示波器测定未知电压（例如脉冲高度）？

2. 在实验过程中暂时不用示波器，为什么只要拧小辉度而不应关闭示波器？

3. 示波器性能良好，但开启电源后无光点，试分析是哪些旋钮位置不合适造成的？如果有光点而无扫描线，分析又是哪些旋钮位置不合适？

【参考文献】

[1] 朱道云，庞玮，吴肖. 大学物理实验［M］. 2版. 北京：北京大学出版社，2024.

[2] 张映辉. 大学物理实. ［M］. 2版. 北京：机械工业出版社，2017.

[3] 陆金龄，杜树槐. 大学物理实验［M］. 北京：中国铁道出版社，1993.

[4] 沈韩. 基础物理实验［M］. 北京：科学出版社，2015.

【本实验相关数字资源】

1-讲课视频　2-校准演示　3-观察信号波形　4-观察李萨如图形　5-物理思想与物理方法解析　思维导图（知识图谱）

实验 3.12　霍尔法测磁场

1879 年，霍尔在研究载流导体在磁场中的受力性质时发现，当工作电流在垂直于外磁场方向通过导体时，在与电流和磁场都垂直的方向上，载流导体内会产生一个横向电势差和电场，这种现象称为霍尔效应，这种电势差和电场分别称为霍尔电压和霍尔电场。

在霍尔效应发现约 100 年后，德国物理学家克利青（Klaus von Klitzing）等在研究极低温度和强磁场中的半导体时发现了整数量子霍尔效应，克利青为此获得 1985 年诺贝尔物理学奖。1982 年，美籍华裔物理学家崔琦（Daniel C. Tsui）和美国物理学家劳克林（Robert B. Laughlin）、施特默（Horst L. Störmer）在更强磁场下研究量子霍尔效应时发现了分数量子霍尔效应，这个发现使人们对量子现象的认识更进一步，他们为此获得 1998 年的诺贝尔物理学奖。2013 年，清华大学薛其坤院士领衔的实验团队从实验上首次观测到量子反常霍尔效应，其不依赖于强磁场而由材料本身的自发磁化产生，在零磁场中就可以实现量子霍尔态，该效应在未来低能耗高速电子器件中将发挥特殊作用。

【实验目的】

1. 理解霍尔效应的原理。
2. 了解影响霍尔电压输出的主要因素，不等位电势差的产生机理，以及减小霍尔电压测量误差的基本方法。
3. 掌握利用霍尔元件测量磁场的基本方法。
4. 学会使用霍尔效应实验装置。
5. 掌握亥姆霍兹线圈的磁场分布。

【预习提示】

1. 理解霍尔效应的本质。
2. 明确霍尔效应中副效应的产生原因与消除方法。
3. 系统了解霍尔效应实验装置的使用方法。
4. 明确亥姆霍兹线圈的组成、基本条件及磁场分布特点。

【实验原理】

1. 霍尔效应

霍尔效应从本质上讲是运动的带电粒子在磁场中受洛伦兹力作用而发生的偏移。如图 3.12-1 所示，以 N 型半导体材料（参与导电的载流子是电子）制成的霍尔元件为例，如果沿 x 轴方向在 M、N 两端施加工作电流（I_S），沿 z 轴方向施加恒定磁场 $\boldsymbol{B}$，则沿 x 轴负方向运动的电子将受到指向 y 轴负方向的洛伦兹力 $F_B(=evB)$ 的作用，从而使得材料内部的电子向材料前表面聚集，而在后表面剩余正电荷，结果沿 y 轴负方向产生一个横向电场 E_H，这个电场对电子产生一个与洛伦兹力方向相反的作用力 $F_E(=eE_H)$，当两个力达到平衡，即当

$$evB = eE_H \tag{3.12-1}$$

时沿 y 轴方向半导体材料前后两端就建立起了稳定的电场——霍尔电场，两表面之间（P、S 间）的电势差即为霍尔电压 U_H（$=bE_H$）。假定 N 型半导体材料内部电子浓度为 n，则施加的工作电流 I_S 可表示为

$$I_S = envbd \tag{3.12-2}$$

由式（3.12-1）和式（3.12-2）可得

$$U_H = vbB = \frac{I_S B}{end} = KI_S B \tag{3.12-3}$$

式中，$K=1/end$，称为霍尔元件的灵敏度，单位为 $mV \cdot mA^{-1} \cdot T^{-1}$。霍尔元件的灵敏度 K 表示霍尔元件在单位磁感应强度 B 下，流过单位工作电流 I_S 时霍尔电压 U_H 的大小。由 K 的定义式可以看出，其与半导体材料内部的载流子浓度 n 和材料厚度 d 有关，n 越高，用其制作的霍尔元件的灵敏度越低，这也是金属材料具有比半导体材料更低的霍尔元件灵敏度的原因。同时，为了获得高的霍尔元件灵敏度，需要尽可能减小材料的厚度 d。

从式（3.12-3）可以看出，如果已知霍尔元件的灵敏度，则可通过霍尔电压的测试完成磁感应强度 B 的测量。然而，在实际测试过程中，测得的 P、S 两点间的电压并不只是霍尔电压，还包括其他因素带来的附加电势差。

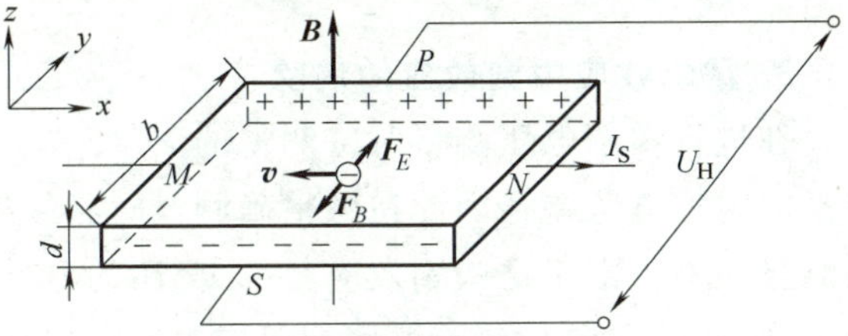

图 3.12-1　霍尔效应原理示意图

2. 霍尔效应中的副效应

（1）不等位电势差。当电流流过霍尔元件时，霍尔元件中电场的等势面分布如图 3.12-2 中虚线所示。由于霍尔元件在实际制备过程中很难做到两个霍尔电极 P 与 S 位于同一个等势面上，因而无论施不施加磁场，只要通有 I_S，P、S 之间总存在一个电势差，该电势差称为不等位电势差（U_0）。在测量霍尔电压时，U_0 总会叠加在其上。U_0 仅与 I_S 的方向有关，与 $\boldsymbol{B}$ 的方向无关。

（2）埃廷斯豪森效应。1887 年，埃廷斯豪森发现半导体中载流子的运动速率不同，对速率大的载流子，洛伦兹力起主要作用；对速率小的载流子，霍尔电场力起主要作用。如图 3.12-3 所示，速率小的载流子和速率大的载流子将分别向 P、S 两端偏转，偏转的载流子的动能将转化为热能，使两端温升不同。两端面之间由于存在温度差而出现温差电动势 U_t，并叠加在霍尔电压上，这种现象被称为埃廷斯豪森效应。U_t 与 I_S 和 $\boldsymbol{B}$ 的方向均有关。

（3）能斯特效应。如图 3.12-4 所示，由于霍尔元件电流引线两接点 M、N 处的接触电阻不同，工作电流在霍尔元件两端产生的焦耳热也不同，从而在 M、N 之间出现热扩散电流。

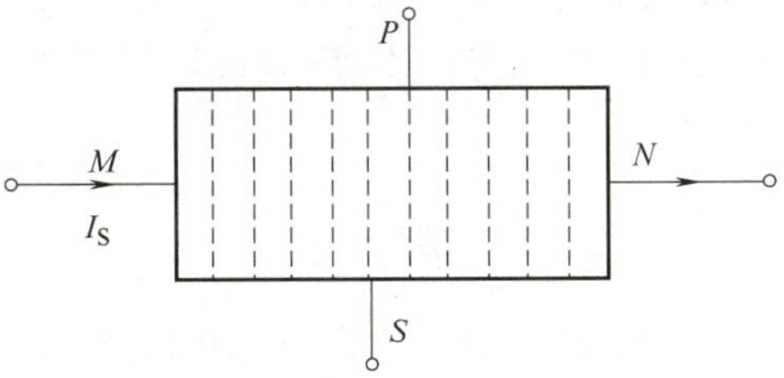

图 3.12-2　不等位电势差示意图

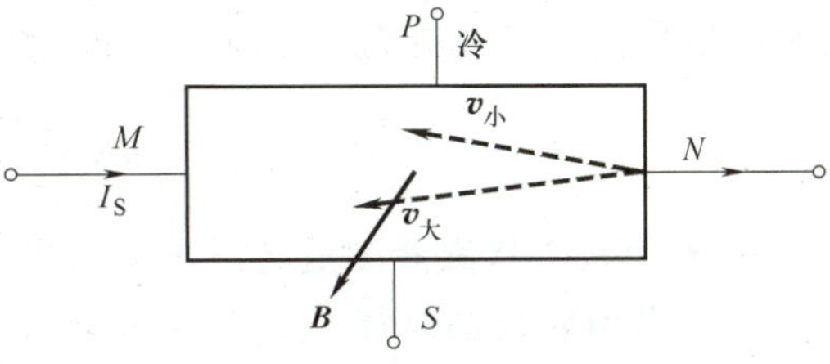

图 3.12-3　埃廷斯豪森效应示意图

在磁场的作用下，受热的影响而扩散的载流子的运动轨迹将会发生偏转，并在 P、S 两侧产生电势差（U_P）。U_P 仅与 $\boldsymbol{B}$ 的方向有关，而与 I_S 的方向无关。

（4）里吉-勒迪克效应。如图 3.12-5 所示，里吉-勒迪克效应是在能斯特效应的基础上，由于热扩散载流子的运动速率不一致引起的。根据埃廷斯豪森效应，速率不同的热载流子在 P、S 两侧会产生温差电动势（U_S），这就是里吉-勒迪克效应。U_S 仅与 $\boldsymbol{B}$ 的方向有关，而与 I_S 的方向无关。

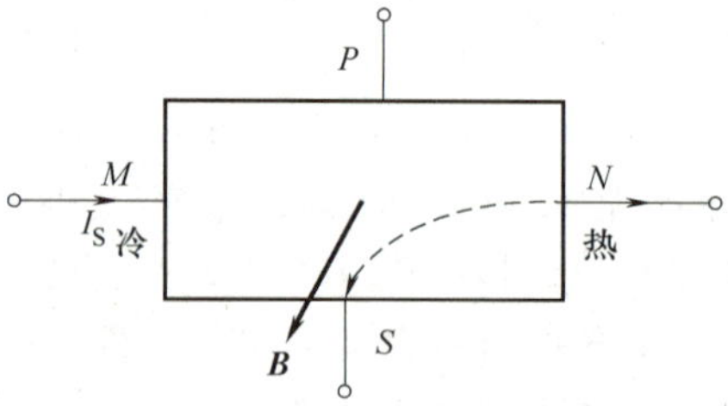

图 3.12-4　能斯特效应示意图

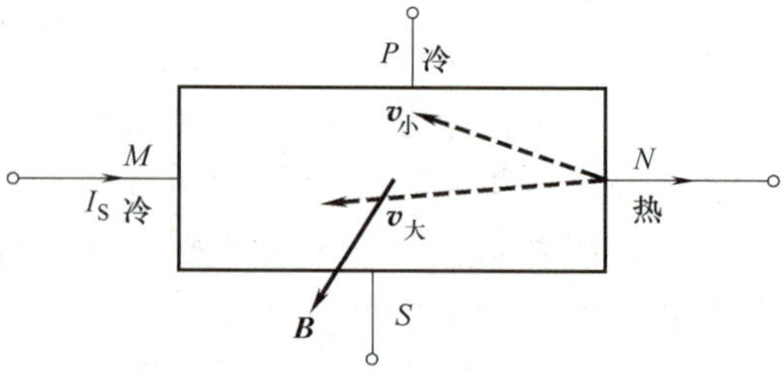

图 3.12-5　里吉-勒迪克效应示意图

3. 霍尔效应中副效应的消除

在进行霍尔电压测量时，测得的 P、S 两点间的电势差，实际上包含了上述各种副效应带来的附加电势差，因此在做精确测量时必须考虑这些副效应的影响，并消除由副效应引起的测量误差。由于这些副效应与 I_S 或 $\boldsymbol{B}$ 的方向有关，因此，可采用对称交换测量法（即改变 I_S 和 $\boldsymbol{B}$ 的方向）消除这些副效应对霍尔电压测量的影响。

假设 I_S 和 $\boldsymbol{B}$ 的方向均为正向（$+I_S$，$+B$）时，测得 P、S 之间的电压为 U_1，即

$$U_1=+U_H+U_0+U_t+U_P+U_S$$

当 $\boldsymbol{B}$ 换向，而 I_S 的方向不变（$+I_S$，$-B$）时，测得的电压为 U_2，此时 U_H、U_t、U_P 和 U_S 均变号，而 U_0 的符号不变，即

$$U_2=-U_H+U_0-U_t-U_P-U_S$$

同理，当 I_S 和 B 的方向组合为（$-I_S$，$-B$）时，测得的电压为 U_3，可表示为

$$U_3=+U_H-U_0+U_t-U_P-U_S$$

当 I_S 和 B 的方向组合为（$-I_S$，$+B$）时，测得的电压为 U_4，可表示为

$$U_4=-U_H-U_0-U_t+U_P+U_S$$

求 U_1、U_2、U_3 和 U_4 的代数平均值，可得

$$U_H+U_t=\frac{U_1-U_2+U_3-U_4}{4} \tag{3.12-4}$$

由于 U_t 的符号与 I_S 和 B 两者方向的关系和 U_H 与它们的关系是相同的，因此无法完全消除。但是，在非大电流和非强磁场下，$U_H \gg U_t$，因此 U_t 可以忽略不计，所以 U_H 为

$$U_H=\frac{U_1-U_2+U_3-U_4}{4} \tag{3.12-5}$$

4. 利用霍尔传感器测量亥姆霍兹线圈的磁场

（1）载流圆线圈磁场。根据毕奥-萨伐尔定律，一个半径为 R、通以直流电流 I 的圆线圈，其轴线上与圆线圈中心距离为 x 处的磁感应强度为

$$B=\frac{\mu_0 NIR^2}{2(R^2+x^2)^{\frac{3}{2}}} \tag{3.12-6}$$

式中，μ_0 为真空磁导率，其值为 $4\pi\times10^{-7}\mathrm{H\cdot m^{-1}}$；$N$ 为圆线圈的匝数。单个载流圆线圈轴线上的磁场分布如图 3.12-6 所示，其是一条单峰曲线。本实验所用仪器的圆线圈半径 R 为 110 mm，圆线圈的匝数 N 为 500 匝。

(2) 亥姆霍兹线圈。两个完全相同的圆线圈彼此平行且共轴放置，在两线圈中通以同方向、大小相等的电流（$I_1=I_2$），当两线圈间距离 d 等于线圈半径 R 时，在两圆线圈轴线上较大范围内存在一均匀磁场，具有这样特点的一对圆线圈称为亥姆霍兹线圈。如图 3.12-7 所示为亥姆霍兹线圈轴线上的磁场分布曲线，在两线圈中心连线一段的平坦区域为匀强磁场区。

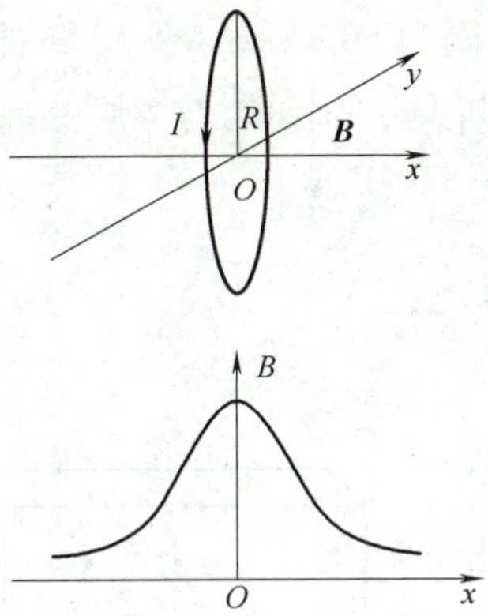

图 3.12-6 单个载流圆线圈轴线上磁场分布曲线

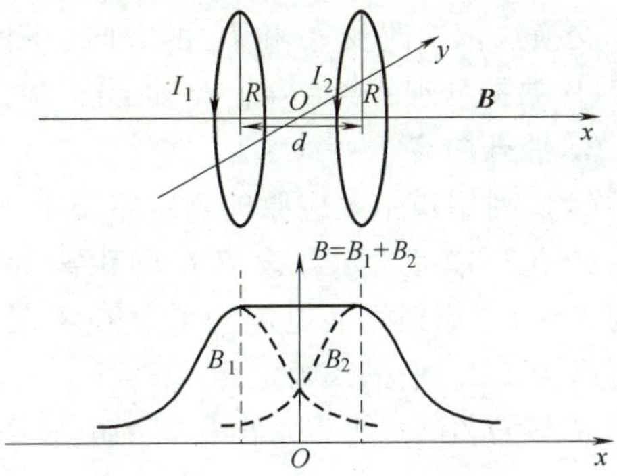

图 3.12-7 亥姆霍兹线圈轴线上磁场分布曲线

【实验仪器】

1. 霍尔效应实验装置，包括双线圈实验仪和测试仪。
2. 亥姆霍兹线圈磁场实验仪，包括亥姆霍兹线圈架和亥姆霍兹线圈磁场测量仪。

【实验内容】

1. 基础内容

本实验是通过给双圆线圈施加励磁电流（I_M）来改变 $\boldsymbol{B}$ 的大小的，通过改变 I_M 的方向来调节 $\boldsymbol{B}$ 的方向。

（1）研究并验证 U_H 与 I_S 的关系，测量双圆线圈中心位置的 B 值。

① 将 I_S、I_M 设置为零，调节电压表，使其示值为 0.00mV。

② 通过调节架调整霍尔元件至双圆线圈中心位置，设定 I_M 为 500mA，并保持不变。

③ 将 I_S 分别取为 0.50mA、1.00mA、1.50mA、2.00mA、2.50mA 和 3.00mA，利用对称交换法依次改变 I_S 和 I_M 的方向，测量 U_1、U_2、U_3 和 U_4，记录实验数据。

④ 数据处理：绘制 U_H-I_S 曲线，验证其线性关系，利用作图法求斜率，求出双圆线圈中心位置的 B 值。

（2）测量双圆线圈横向轴线上的磁场分布。

① 将 I_S、I_M 设置为零，调节电压表，使其示值为 0.00mV。

② 保持 $I_S=3.00\text{mA}$，$I_M=500\text{mA}$，固定霍尔元件在纵轴方向位于双圆线圈的纵向中心位置。

③ 通过调节架调整霍尔元件在双圆线圈横向轴线上的位置，从 0.0mm 调节至 70.0mm 处，每次采样距离间隔为 5.0mm，利用对称交换法依次改变 I_S 和 I_M 的方向，测量 U_1、U_2、U_3 和 U_4，记录实验数据。

④ 数据处理：绘制双圆线圈横向轴线上的磁场分布曲线，即 B-x 曲线。

（3）研究并验证 U_H 与 I_M（改变外加磁场大小）的关系。

① 将 I_S、I_M 设置为零，调节电压表，使其示值为 0.00mV。

② 通过调节架调整霍尔元件至双圆线圈中心位置，设定 I_S 为 3.00mA，并保持不变。

③ 将 I_M 设定为 100mA，开始测量，测至 500mA，间隔为 50mA。每个 I_M 条件下，利用对称交换法依次改变 I_S 和 I_M 的方向，测量 U_1、U_2、U_3 和 U_4，记录实验数据。

④ 数据处理：绘制 U_H-I_M 曲线，验证两者的线性关系。

2. 提升内容

（1）利用霍尔效应原理测定室温下半导体样品的电导率。

如图 3.12-8 所示，设 $B'C$ 间距离为 L，样品横截面积为 $S=bd$，流经样品电流为 I_S，在零磁场下，测得 $B'C$ 间电压为 U_σ，根据欧姆定律（$R=U_\sigma/I_S$）和电阻表达式（$R=\rho L/S=L/\sigma S$）可以求出材料的电导率为

$$\sigma=\frac{I_S L}{U_\sigma S} \tag{3.12-7}$$

求工作电流 $I_S=0.10\text{mA}$ 时的电导率 σ。

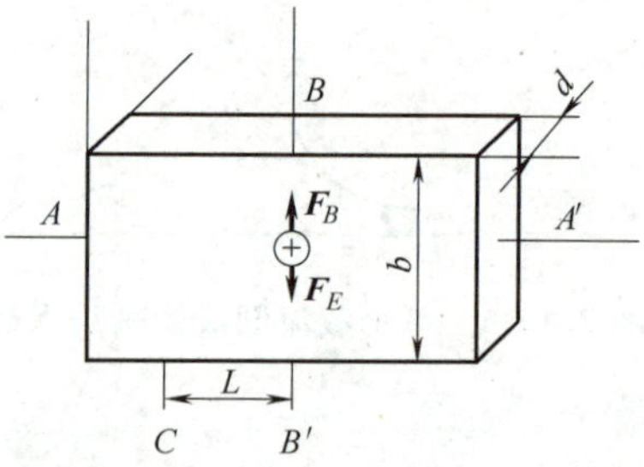

图 3.12-8　电导率测量原理图

（2）设计实验方案，利用霍尔效应原理判断半导体材料的导电类型。

3. 进阶内容

（1）设计实验方案，利用霍尔效应测定变温条件下半导体样品的典型参数，进一步确定半导体材料的禁带宽度、杂质能级等参数。

（2）测量亥姆霍兹线圈的磁场分布，并与理论值比较。

① 仪器使用前，开机预热 10~20min。

② 为了消除地磁场及实验室内存在的磁场等对测量结果的影响，实验开始前需将励磁电流调零，然后借助测量仪面板上的“零位调节”按钮对高斯计进行调零处理。

高斯计清零方法：长按“零位调节”按钮，直到数码管上显示的数值从“1111”变到“3333”，再放开按钮。如果高斯计的示数仍不为零，重复上述过程，直至高斯计的示值为零，调零结束。

③ 亥姆霍兹线圈轴线上磁场的分布。

A. 分别将两个圆线圈两端的接线柱与测量仪上的励磁电流两端相连，同时将左、右两个圆线圈的正、负接线柱用短接片连接。

B. 调节励磁电流为零，将高斯计上显示的磁感应强度清零。

C. 调节励磁电流为500mA。

D. 以亥姆霍兹线圈中心为坐标原点，沿轴线方向每隔10.0mm测一个磁感应强度B的值，记录数据。

④ 数据处理：绘制亥姆霍兹线圈轴线上的磁场分布曲线。

4. 高阶内容

(1) 设计实验方案，利用霍尔元件测量磁场多维分量的空间分布。

(2) 设计实验方案，利用量子霍尔效应精确测定电阻。

(3) 设计实验方案，利用亥姆霍兹线圈测量地磁场的强度。

【实验注意】

1. 霍尔元件体积小、薄脆易断，切勿触碰。

2. 霍尔元件允许通过的电流很小，切勿将励磁电流I_M与工作电流I_S或霍尔电压U_H引线接错！

3. 仪器开机前，应将“I_S调节”和“I_M调节”旋钮逆时针方向旋到底（即置零位），再开机。关机前，同样将其调零后再切断电源。

【实验报告思考题】

1. 为什么霍尔效应在半导体材料中特别显著？

2. 霍尔效应的副效应能否彻底消除？为什么？

3. 在测量圆线圈内部磁感应强度分布时，哪种附加电压起了主要作用？

4. 采用霍尔法测磁场时，为何励磁电流为零时，高斯计显示的磁场值不为零？

【参考文献】

[1] 余虹. 大学物理实验 [M]. 北京：科学出版社，2012.

[2] 李钰，李云宝. 大学物理实验教程 [M]. 北京：科学出版社，2009.

[3] 张映辉. 大学物理实验学习指导书 [M]. 2版. 北京：高等教育出版社，2021.

【本实验相关数字资源】

1-原理讲解　　2-实验内容讲解　　3-实验操作指导　　4-物理思想与物理方法解析　　思维导图（知识图谱）

实验3.13　薄凸透镜焦距的测定

透镜是光学仪器中最基本的元件，反映透镜特性的一个主要参量是焦距，它决定了透镜成像的位置和性质（大小、虚实、倒立）。对于薄透镜焦距测量的准确度，主要取决于透镜光心及焦点（像点）定位的准确度。本实验采用三种不同方法分别测定薄凸透镜的焦距，以便了解透镜成像的规律，掌握光路调节技术，比较各种测量方法的优缺点，为今后正确使用光学仪器打下良好的基础。

【实验目的】

1. 理解薄透镜成像的原理及规律。
2. 掌握简单光路的分析和光学元件等高共轴调节的方法。
3. 学会薄凸透镜焦距的测量方法。

【预习提示】

1. 如何调节光路等高共轴？
2. 如何通过薄凸透镜获得等大的像？
3. 用位移法测薄凸透镜焦距时，物与屏需满足什么条件？

【实验原理】

1. 薄透镜成像公式

透镜分为凸透镜和凹透镜两类，当透镜厚度与焦距相比甚小时，这种透镜称为薄透镜，如图3.13-1所示。在近轴光线的条件下，透镜成像的高斯公式为

$$\frac{f'}{s'}+\frac{f}{s}=1 \tag{3.13-1}$$

式中，f'为像方焦距；f为物方焦距；s'为像距；s为物距。式（3.13-1）中的各线距均从透镜中心（光心）量起，与光线进行方向一致为正，反之为负。凸透镜的焦距取正值，凹透镜的焦距取负值。

2. 薄凸透镜焦距的测定

（1）物距像距法。利用透镜成像的高斯公式（3.13-1），得出透镜的焦距为

$$f'=-f=\frac{s's}{s-s'} \tag{3.13-2}$$

注意：测量值s、s'须添加符号，求得量f'则根据求得结果中的符号判断其物理意义。

（2）自准直法。如图3.13-2所示，在待测透镜L的一侧放置被光源照明的物屏AB，在另一侧放一平面反射镜M，移动透镜（或物屏），当物屏AB正好位于凸透镜前的焦平面时，物屏AB上任一点发出的光线经透镜折射后，将变为平行光线，然后被平面反射镜将其反射，则其反射光也是平行光。再经透镜折射后，仍会聚在它的焦平面上，即原物屏平面上，形成一个与原物等大的倒立实像$A'B'$。此时物屏AB到透镜L之间的距离，就是待测透镜的焦距，即

$$f'=-s \tag{3.13-3}$$

由于这种方法是利用调节实验装置本身使之产生平行光以达到聚焦的目的，所以称为自准法。

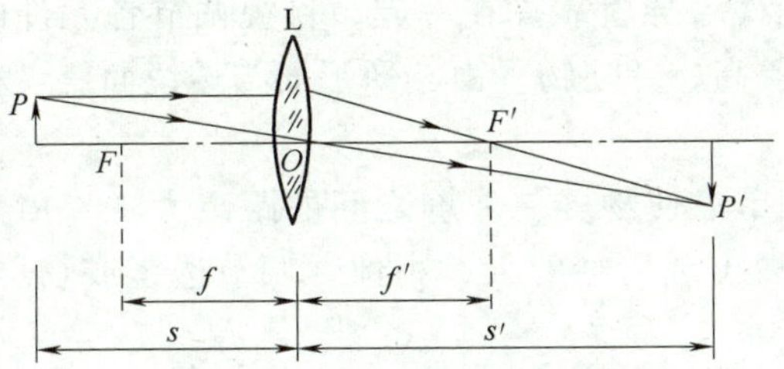

图 3.13-1　薄透镜成像

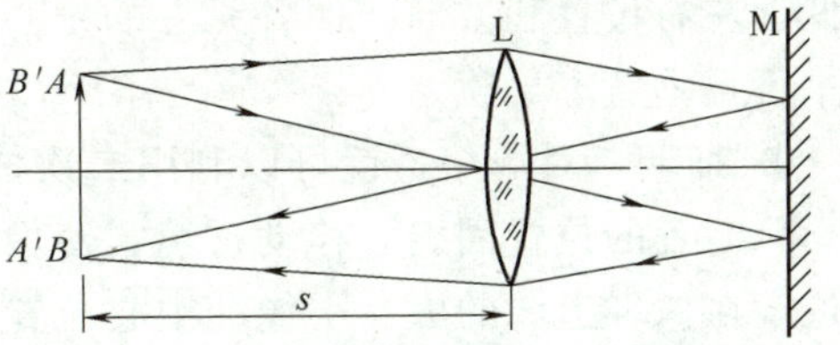

图 3.13-2　凸透镜自准法成像

（3）位移法（又称共轭法或二次成像法）。如图 3.13-3 所示，取物与屏间的距离为 D（要求 $D>4f$），且在实验中保持不变，在物与屏之间移动透镜时，则在屏上观察到两次成像。当透镜移动到Ⅰ处时，屏上出现一放大、倒立的实像 P'，物距为 s_1；当透镜移动到Ⅱ处时，在屏上出现一缩小、倒立的实像 P''，物距为 s_2。透镜两次成像之间的位移为 d，根据透镜成像公式（3.13-1），有

$$s_1=-s_2'=-(D-d)/2$$
$$s_1'=-s_2=(D+d)/2$$

将上面两式代入式（3.13-2）即得

$$f'=\frac{D^2-d^2}{4D} \tag{3.13-4}$$

位移法中，只要测得 D 和 d，就能求出 f，避免了自准法和物距像距法透镜中心位置不容易确定所带来的测量误差。

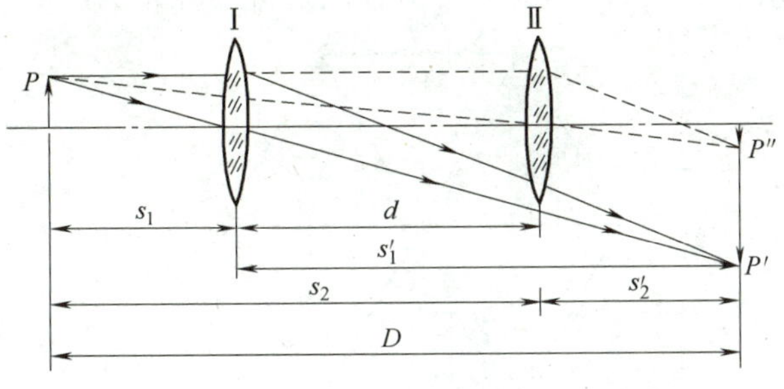

图 3.13-3　二次成像

【实验仪器】

光学导轨，凸透镜（焦距 $f=150.0$mm），白光源，物屏，像屏，平面反射镜，刻度尺，调整架，底座。

【实验内容】

1. 基础内容

（1）调节各光学元件等高共轴。薄透镜成像公式仅在近轴光线的条件下才成立。对于

几个光学元件构成的光学系统进行共轴调节是光学测量的先决条件，对几个光学元件组成的光路，应使各光学元件的主光轴重合，才能满足近轴光线的要求，习惯上把各光学元件主光轴的重合称为等高共轴。本实验要求光轴等高且与光学导轨平行，调节分两步进行：

① 粗调。将安装在光学导轨上的所有光学元件沿导轨靠拢在一起，目视调节各元件的高低、左右位置和方向，使各元件的中心与光源等高，并使物平面、像平面与透镜面三者相互平行且垂直于导轨。

② 细调。对单个透镜可以利用二次成像法调节。使物屏与像屏之间的距离大于 4 倍焦距，且二者的位置固定。移动透镜，使像屏上先后出现清晰的大、小像，调节透镜或物屏，使透镜在像屏上成的大、小像的中心位置相同。

对于多个透镜组成的光学系统，则应先调节好与一个透镜的共轴，不再变动，再逐个加入其余透镜进行调节，直到所有光学元件都共轴为止。

（2）测量薄凸透镜的焦距。

① 物距像距法。先对光学系统进行等高共轴调节，然后取物距 $s \approx 2f$，保持 s 不变，移动像屏，仔细寻找像清晰的位置，测出像距 s'，重复 6 次，将实验数据记录于表 3.13-1 中。保持物屏和凸透镜位置不变，将凸透镜转 180°朝向另一侧，重复上述内容。由式（3.13-2）求出焦距 f'。

② 自准直法。光路如图 3.13-2 所示，先对光学系统进行等高共轴调节，要求平面镜垂直于凸透镜光轴。移动凸透镜，直至物屏上得到一个与物大小相等、倒立的实像（见图 3.13-4），则此时物屏与凸透镜的间距就是透镜的焦距。为了判断成像是否清晰，可先让透镜自左向右逼近成像清晰的区间，待像清晰时，记下透镜位置 x_1，再让透镜自右向左逼近，在像清晰时记下透镜的位置 x_2，取这两次读数的平均值作为成像清晰时透镜位置的读数 x。重复测量 3 次，将实验数据记录于表 3.13-2 中。保持物屏位置不变，将凸透镜转 180°朝向另一侧，重复上述内容。求出 x 的平均值，凸透镜的焦距为$f' = |\bar{x} - x_0|$。

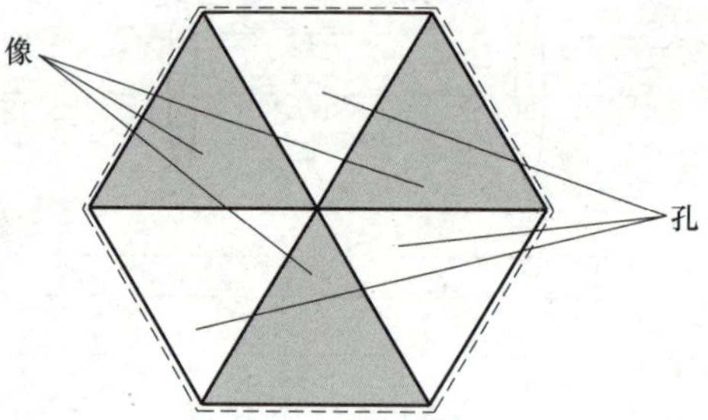

图 3.13-4　自准直法物屏上物与像的互补图案

③ 位移法。取物屏与像屏距离 $D>4f$，固定物屏和像屏，然后对光学系统进行等高共轴调节，记录物屏和像屏之间距离 D。移动凸透镜，当像屏上成清晰放大实像时，记录凸透镜位置 x_1；移动凸透镜当像屏上成清晰缩小实像时，记录凸透镜位置 x_2，则两次成像透镜移动的距离为 $d = |x_2 - x_1|$，重复测量 3 次，将实验数据记录于表 3.13-3 中。由式（3.13-4）求出焦距 f'。

（3）数据处理。分别用三种方法求薄凸透镜的焦距 f'，与理论值进行比较，求其相对误差。

表 3.13-1 物距像距法实验数据

物屏位置 x_0 =__________透镜位置 x_1 =__________物距 $s=-|x_1-x_0|$ =__________长度单位：mm

次数	1	2	…	6	平均值
像屏位置 x_2					
像距 $s'=\|x_2-x_1\|$					

表 3.13-2 自准直法实验数据

物屏位置 x_0 =__________ 长度单位：mm

次数	1	2	3	$\bar{x}$
凸透镜位置 x_1(左→右)				
凸透镜位置 x_2'(右→左)				

表 3.13-3 位移法实验数据

物屏位置 x_0 =__________像屏位置 x_3 =__________ $D=|x_3-x_0|$ =__________ 长度单位：mm

次数	1	2	3	平均值
凸透镜位置 x_1(大像)(左→右)				$\bar{x}_1$ =
凸透镜位置 x_1'(大像)(右→左)				
凸透镜位置 x_2(小像)(左→右)				$\bar{x}_2$ =
凸透镜位置 x_2'(小像)(右→左)				

2. 提升内容

自准直法测量薄凹透镜焦距。

(1) 先对光学系统进行等高共轴调节。将物屏、凸透镜 L_1 和像屏放置光学导轨上，移动像屏，寻找像 P 清晰的位置，记录像屏位置 x_3。将凹透镜 L_2 和平面反射镜 M 置于凸透镜 L_1 和像 P 之间，如图 3.13-5 所示，移动凹透镜 L_2，当透过 L_1、L_2 之后的光变为平行光线，然后被平面反射镜 M 将其反射，则其反射光也是平行光。再经 L_1、L_2 后，仍会聚物屏平面上，形成一个与原物等大的实像 S'，记录此时凹透镜 L_2 的位置 x_2。重复测量 3 次。保持物屏和凸透镜位置不变，将凹透镜转 180°朝向另一侧，重复上述内容。

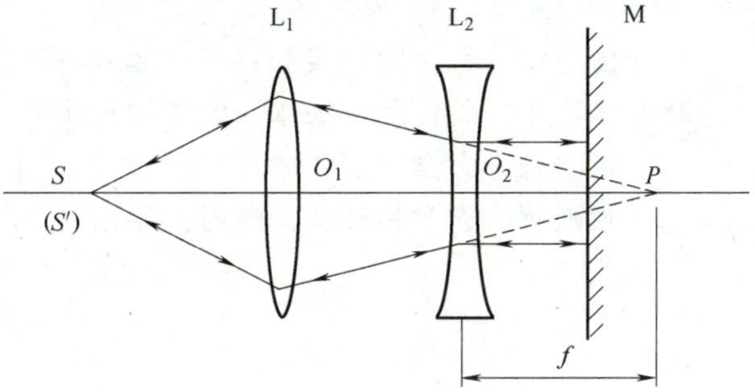

图 3.13-5 自准直法测凹透镜焦距光路图

(2) 数据处理。求薄凹透镜的焦距 $f'=|\bar{x}_2-x_3|$，与理论值进行比较，求其相对误差。

3. 进阶内容

(1) 测量测微目镜的焦距。设计实验方案，说明原理及测量方法，画出光路，测量测微目镜的焦距。

(2) 若凸透镜的焦距大于光具座的长度，试设计实验方案，在光具座上能测定它的焦距。

4. 高阶内容

(1) 用薄透镜自组显微镜。设计实验方案，设计用薄透镜自组显微镜的光路，组装显微镜，求其放大率。

（2）观测显微镜物镜的球差。了解球差的种类，分析产生的原因和影响因素，设计校正球差的实验方案。

【实验注意】

1. 光学元件应轻拿轻放，要避免震动和磕碰，以防破损。使用完毕，放入防尘袋中。

2. 为了区别凸透镜和凹透镜，可以持镜看书，将字放大者为凸透镜，缩小者为凹透镜。

3. 不准用手触摸光学元件的光学面（如透镜的镜面），只能接触非光学面（如毛玻璃面）。不准对着光学元件咳嗽、打喷嚏，以防污损。

4. 光学表面附有灰尘、污物时，不能用手或布甚至用纸去擦，应在教师的指导下用专用的擦镜纸或洗耳球进行处理。

【实验报告思考题】

1. 如何调节光学系统共轴？

2. 自准直法测凸透镜焦距时，平面镜与凸透镜之间的距离对成像位置和清晰度有什么影响？

3. 采用位移法测凸透镜焦距 f 时，为什么选取物和像的距离要大于 $4f$？

4. 试分析比较各种测凸透镜焦距方法的误差来源，如何减小实验中的系统误差？

【参考文献】

[1]　杨述武. 普通物理实验：光学部分 [M]. 北京：高等教育出版社，2000.
[2]　张志东，魏怀鹏，展永. 大学物理实验 [M]. 6 版. 北京：科学出版社，2019.
[3]　张映辉. 大学物理实验 [M]. 2 版. 北京：机械工业出版社，2017.
[4]　张映辉. 大学物理实验学习指导书 [M]. 2 版. 北京：高等教育出版社，2021.

实验 3.14 阿贝折射仪测定折射率和色散

折射率和平均色散是透明物质的重要光学常数，能借以了解物质的光学性能、纯度及色散大小等特性。测定透明物质折射率的方法很多，如全反射法和最小偏向角法。全反射法具有测量方便快捷，对环境要求不高，不需要单色光源等优点，被广泛使用。因全反射法属于比较测量，故其缺点有测量准确度不太高（大约 $\Delta n=3\times10^{-4}$），被测物质的折射率的大小受到限制（一般为 1.3~1.7），且对固体材料还需制成试件。

阿贝折射仪是根据全反射原理制成的一种专门用于测量透明或半透明液体和固体折射率及平均色散的仪器。若阿贝折射仪与恒温器连接，则可以测量物质在 0~70℃ 范围内的折射率。阿贝折射仪也能测量蔗糖溶液的含糖浓度（质量分数 0~95%）。故阿贝折射仪是光学仪器、石油化工、日化、制药、制糖、食品等行业以及科研机构和高校的常用仪器之一。

【实验目的】

1. 了解阿贝折射仪的结构和工作原理。
2. 加深对全反射原理的理解，掌握应用方法。
3. 掌握测量液体折射率、平均色散及糖水浓度的方法。
4. 通过对糖溶液折射率的测定确定其纯度。

【预习提示】

1. 什么是光的全反射临界角？阿贝折射仪是如何运用全反射原理？
2. 阿贝折射仪能够测量哪些物理量？
3. 阿贝折射仪测量折射率受到哪些限制？
4. 如何确定折射率和溶度读数的有效位数？

【实验原理】

当光线从光密介质进入光疏介质时，入射角小于折射角，增大入射角可使折射角到达 90°，此时入射角称为全反射临界角。反之，若光线自光疏介质进入光密介质时，入射角大于折射角，当光线以 90°入射角入射（掠射）时仍有光线进入光密介质，此时折射角即为全反射临界角。本实验测量折射率的原理及阿贝折射仪的工作原理，就是基于测量临界角的原理。阿贝折射仪测量有透射法（掠入射法）与反射法（全反射法）两种方法。

1. 透射法测量液体折射率

光路原理图如图 3.14-1 所示，测量时，将折射率为 n_x 的被测介质放在已知折射率为 n（$n>n_x$）的棱镜的 AB 面上，并用发散光从掠射方向照亮放有待测物体的折射面 AB，AB 面上某点 O 处的入射光经 2 次折射，从 AC 面出射。当沿着或平行 BA 掠射的光线经 AB 面折射后，就会以全反射临界角 α 进入折射棱镜，然后以 i 角从棱镜另一侧面 AC 出射到空气中。

若 $n_x<n$，则由折射定律得

$$n_x \sin 90° = n\sin\alpha \tag{3.14-1}$$

$$n\sin\beta = n_{空气}\ \sin i \tag{3.14-2}$$

式中，α 为 AB 面上的折射角；β 为 AC 面上的入射角。由图 3.14-1 得棱镜顶角 φ 与 α 角及 β 角的关系为

$$\varphi = \alpha + \beta \tag{3.14-3}$$

已知 $n_{空气}=1$，将式（3.14-1）、式（3.14-2）代入式（3.14-3），消去 α 和 β 得

$$n_x = \sin\varphi\sqrt{n^2 - \sin^2 i} + \cos\varphi \sin i \tag{3.14-4}$$

若已知棱镜折射率 n 和 φ，测出 i 角，代入式（3.14-4），即可算得待测物体的折射率 n_x。

如何测定 i 角呢？如图 3.14-1 所示，当所有入射角小于 90°的入射光线经 AB 面折射后折射角均小于临界角 α，在 AC 面出射时光线均在光线 1 的下方。因此，用阿贝折射仪观测出射光线时，在对准 i 方向能够看到视场半明半暗，中间有明显的分界线，由此分界线可以确定 i 角。故不同的 i 角对应着不同的折射率，测量时只要使明暗分界线与望远镜叉丝交点对准，就可从视场中折射率刻度读出 n_x 值。

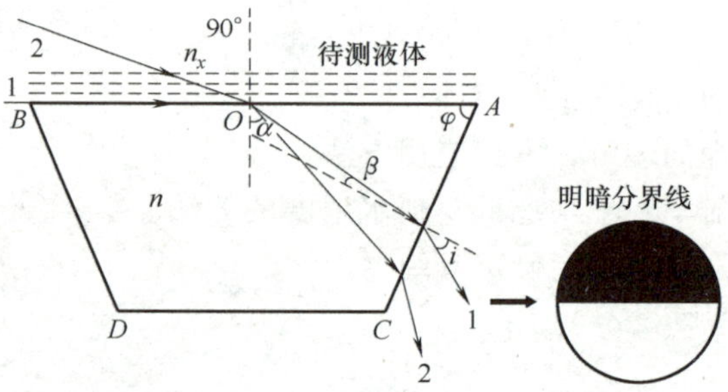

图 3.14-1　阿贝折射仪光路原理图

2. 全反射法测定固体的折射率

全反射法测量原理与透射法相似，若待测固体有两个互成 90°角的抛光面，则可用透射光测定其折射率，在待测固体和折射棱镜 AB 面上滴一滴接触液（其折射率为 n_2，要求 $n_2 > n_x$，一般用折射率较高的溴代苯），光线直接进入待测固体（不用进入光棱镜），经过接触液进入折射棱镜，其中一部分光线在通过待测固体时，传播方向平行于固体与接触液的交界面。当 $n_x < n_2$、$n_x < n$ 时，同理，由折射定律和几何关系可得待测固体折射率为

$$n_x = \sin\varphi\sqrt{n^2 - \sin^2 i} \pm \cos\varphi \sin i \tag{3.14-5}$$

当出射光线与顶角 φ 分居于 AC 面法线两侧时，公式取“-”号；反之，若在同侧时，公式取“+”号。测量时，将明暗分界线对准望远镜叉丝交点，就可直接读出 n_x 值。

3. 液体平均色散值（$n_F - n_C$）

$$n_F - n_C = A + B\delta \tag{3.14-6}$$

该公式用于描述光学中的平均色散现象，其中 n_F 和 n_C 分别是 F 光和 C 光的折射率，F 光（青光）是氢光谱中的 F 线，波长为 486.1nm，C 光（红光）是氢光谱中的 C 线，波长为 656.3nm；A 为常数项，与材料特性有关；B 为系数项，与波长变化量 δ 相关；δ 为波长变化量，表示不同波长的光在材料中的折射率差异。一般情况下，物质的折射率越大，色散也越大。

【实验仪器】

1. 实验仪器

阿贝折射仪，标准试样，待测液（蒸馏水、糖溶液），溴代萘，酒精，滴管，脱脂棉签，擦镜纸。

2. 仪器描述

阿贝折射仪的光学系统由望远系统和读数系统组成，如图 3.14-2 所示。阿贝折射仪结构如图 3.14-3 所示。

望远系统：光线进入进光棱镜 1 与折射棱镜 2 之间有一微小均匀的间隙，被测液体就放在此空隙内。当光线（太阳光或日光灯）射入进光棱镜 1 时便在磨砂面上产生漫反射，使被测液层内有各种不同角度的入射光，经折射棱镜 2 产生一束折射角均大于出射角度 i 的光线。由摆动反射镜 3 将此束光线射入消色散棱镜组 4。再由望远物镜组 5 将此明暗分界线成像于分划板 7 上，分划板上有十字分划线，通过目镜 8 能看到如图 3.14-4 望远镜视场所示的像。

读数系统：光线经聚光镜 12 照明刻度盘 11（刻度板与摆动反射镜 3 连成一体同时绕刻度中心做回转运动）。通过反射镜 10、读数物镜 9、平行棱镜 6 将刻度板上不同部位折射率示值成像于分划板 7 上（见图 3.14-4 读数镜）。读数镜视场中下面为液体折射率刻度，上面为溶液溶度（质量分数 0~95%）。

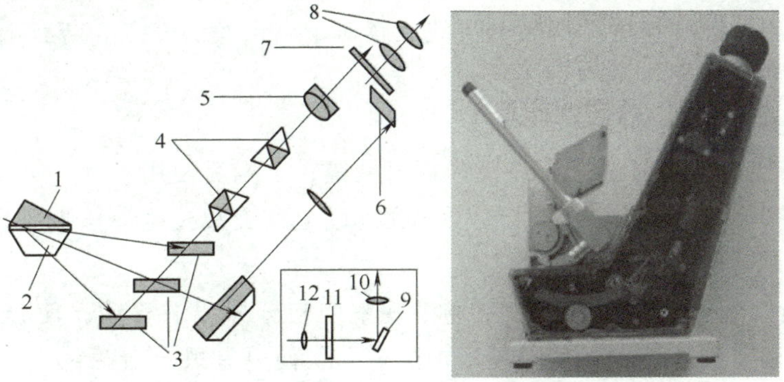

图 3.14-2 望远系统读数系统光路图

1—进光棱镜 2—折射棱镜 3—摆动反射镜 4—消色散棱镜组 5—望远物镜组 6—平行棱镜 7—分划板 8—目镜 9—读数物镜 10—反射镜 11—刻度盘 12—聚光镜

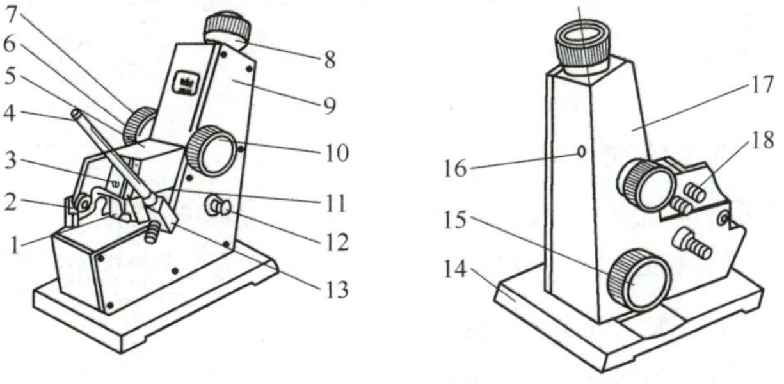

图 3.14-3 阿贝折射仪结构图

1—反射镜 2—棱镜座连接转轴 3—遮光板 4—温度计 5—进光棱座 6—色散调节手轮 7—色散值刻度圈 8—目镜 9—盖板 10—锁紧手轮 11—折射标棱镜座 12—刻度盘聚光镜 13—温度计座 14—仪器底座 15—折射率刻度手轮 16—校准螺钉 17—壳体 18—恒温器接头

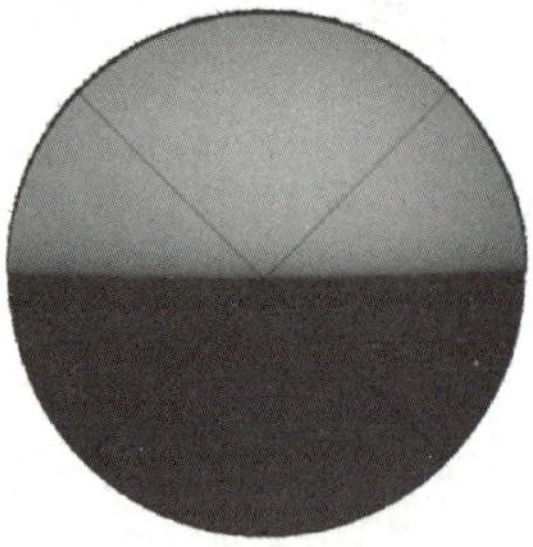

望远镜视场

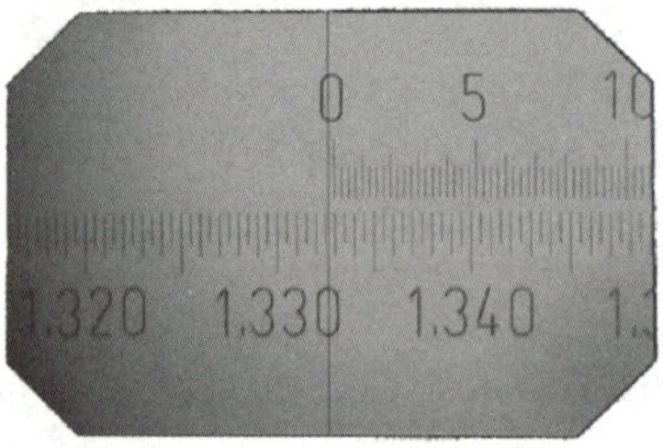

读数镜视场

图 3.14-4　阿贝折射仪的测量视场

【实验内容】

1. 基础内容

(1) 校准阿贝折射仪读数。

① 检查标准试样是否与仪器配套，检查目镜中视场是否明亮。

② 在标准试样的光学面上滴少许溴代萘，把它贴在折射棱镜的光学面上。

③ 关闭反射镜，旋转棱镜转动手轮，使读数镜视场中的刻线对准标准试样上所标刻的折射率值，此时望远镜视场中的明暗分界线应正对十字叉丝的交点。若有偏差，则需调节刻度校准螺钉 16，使分界线对准叉丝交点。

(2) 测量液体的折射率。

① 用脱脂棉签沾酒精清洗进光棱镜和折射棱镜，干燥后使用。

② 用滴管将少许待测液滴在进光棱镜的磨砂面上，旋紧棱镜锁紧扳手，使两镜面靠紧，待测液在中间形成一层均匀无气泡的液膜。

③ 旋转棱镜转动手轮，在望远镜视场中观察明暗分界线的移动，使分界线对准十字叉丝的交点。然后调节色散手轮，消除视场中的色彩，使只有黑、白两色。

④ 再次微调棱转动手轮，使明暗分界线正对十字叉丝的交点。此时，读数镜视场中下半部刻度值，即待测液体折射率 n，分别测定蒸馏水和糖溶液的折射率各 6 次。

⑤ 数据处理。计算蒸馏水、糖水的折射率及相应的不确定度 u，写出结果表达式，并与理论值比较。

2. 提升内容

(1) 测量糖水溶液的含糖浓度。

① 用脱脂棉签沾酒精清洗进光棱镜和折射棱镜，干燥后使用。

② 用滴管将少许待测液滴在进光棱镜的磨砂面上，旋紧棱镜锁紧扳手，使两镜面靠紧，待测液在中间形成一层均匀无气泡的液膜。

③ 旋转棱镜转动手轮，在望远镜视场中观察明暗分界线的移动，使分界线对准十字叉丝的交点。然后调节色散手轮，消除视场中的色彩，使只有黑、白两色。

④ 再次微调棱转动手轮，使明暗分界线正对十字叉丝的交点。此时，按视场中上半部刻度值读数，即为糖溶液的浓度，重复测量 6 次，记录数据于表 3.14-1 中。

⑤ 数据处理。计算糖水溶液浓度及相应的不确定度 u，写出结果表达式。

（2）测量蒸馏水的平均色散值。

① 经过清洗和校准后，打开辅助棱镜，用滴管滴少许蒸馏水在磨砂面上。

② 从目镜中观察出射光线，分别沿着顺时针或逆时针转动色散手轮。当分界线及视野中无任何彩色时，记录色散手轮上的读数（Z 值），顺时针和逆时针各测一次，并取两个方向的平均值。反复多次测量，计算各次 Z 值的总平均值，数据记录于表 3.14-2 中。

③ 数据处理。计算蒸馏水的平均色散值（n_F-n_C），其中，通过查表获得 A、B 和 δ。查表时，色散刻度值 Z 小于 30 时，表上数值（δ）前取（+）号，Z 大于 30 时数值 δ 前取（-）号。

3. 进阶内容

测量不同透明或半透明固体的折射率。

（1）经过清洗和校准后，打开辅助棱镜，用滴管滴 2~3 滴溴代萘在进光棱镜的磨砂面上，放上待测固体，按照基础内容（2）中的①~④步骤操作完成后，记录数据，重复测量 6 次。

（2）数据处理。计算透明或半透明固体的折射率及相应的不确定度 u，写出结果表达式。

4. 高阶内容

（1）设计实验方案，测量不同温度下液体的折射率，探索液体折射率与温度的关系。

（2）设计实验方案，测量不同温度下糖水溶液的浓度。

表 3.14-1 测定液体的折射率数据表格

环境温度 t=__________℃，理论值 $n_{水}$=__________

次数		蒸馏水折射率 n_1		糖溶液折射率 n_2		糖溶液浓度 C	
		刻度值	平均值	刻度值	平均值	刻度值	平均值
1	正						
	反						
2	正						
	反						
3	正						
	反						
测量平均值							

表 3.14-2 测定蒸馏水的平均色散数据表格

环境温度 t=__________℃，蒸馏水的平均色散理论值=__________（查表）

n_D =	1	2	3	4	5	Z 平均值
色散刻度（正向）						
色散刻度（反向）						

【实验注意】

1. 仪器使用前后都应检查并清洗进光棱镜的磨砂面及标准试样的光学面。

2. 校准前，应该检查标准试样与仪器是否配套，用标准试样校准仪器读数时，所滴折射率液不宜太多，使折射率液均匀布满接触面即可。

3. 在加入的折射率液或待测液中，应防止留有气泡，以免影响测量结果。

4. 实验过程中要注意爱护光学器件，不允许用手触摸光学器件的光学面。

【实验报告思考题】

1. 阿贝折射仪使用什么光源？所测得的折射率是对哪条光线的折射率？
2. 校准时，接触液溴代苯起何作用？对待测物质折射率有没有影响？
3. 进光棱镜的工作面为什么是磨砂？
4. 若待测物质折射率大于折射棱镜的折射率，能否测量？为什么？

【参考文献】

[1]　张杰，赵明，叶柳，等. 大学物理实验［M］. 合肥：中国科技大学出版社，2009.
[2]　李钰、李云宝. 大学物理实验教程［M］. 北京：科学出版社，2009.
[3]　杨昌权，尹建武，冯杰. 大学物理实验［M］. 北京：科学出版社，2011.
[4]　张映辉. 大学物理实验［M］. 2 版. 北京：机械工业出版社，2017.
[5]　张映辉. 大学物理实验学习指导书［M］. 2 版. 北京：高等教育出版社，2021.
[6]　张映辉. 大学物理实验数字课程［M］. 北京：高等教育出版社，2020.

【本实验相关数字资源】

1-讲课视频　2-校准阿贝折射仪读数　3-测量折射率　4-消除色散和测量 Z 值　思维导图（知识图谱）

实验3.15　分光计的调节与使用

分光计是一种能精确测量光线之间夹角的光学仪器，通过直接测量某些角度（如反射角、衍射角、最小偏向角、布儒斯特角等）来确定光波波长、光栅常数、物质折射率、色散率等物理量。同时，许多精密光学仪器（如棱镜光谱仪、光栅光谱仪、分光光度计、单色仪等）的基本结构也是以分光计为基础的。因此，熟悉和掌握分光计的基本结构、调节原理和使用方法，对调整和使用其他精密光学仪器具有普遍的指导意义。

【实验目的】

1. 了解分光计的结构及基本功能。
2. 学会调节分光计。
3. 掌握分光计的使用方法。
4. 学会用分光计测量角度。

【预习提示】

1. 如何使平行光管发射出平行光?
2. 如何调节望远镜接收平行光?
3. 采用什么方法使望远镜的光轴、载物台平面与分光计的中心转轴垂直?
4. 分光计角游标的分度值是多少？如何进行读数?

【实验原理】

调整分光计，最后要达到的标准是：

（1）望远镜对平行光聚焦（即接收平行光），平行光管发出平行光。

（2）望远镜的光轴与分光计的中心转轴垂直。

（3）载物台平面与分光计的中心转轴垂直。

（4）平行光管发出平行光。

（5）平行光管的光轴与分光计的中心转轴垂直。

【实验仪器】

分光计，汞灯，双面平面镜。

分光计主要由底座、平行光管、望远镜、载物台和读数圆盘五部分组成，外形如图3.15-1所示。

（1）底座。中心有一固定竖轴，望远镜和读数圆盘可绕该轴转动，该轴称为分光计的中心转轴。

（2）平行光管。是产生平行光的装置。管的一端装有会聚透镜，另一端是带有狭缝的套管。旋转手轮2可调节狭缝宽度，伸缩套管可改变狭缝至透镜间的距离。当其间距等于透镜的焦距时，就能使照射在狭缝上的光经过透镜后成为平行光射出。

（3）望远镜。观测用，由目镜和物镜组成，如图3.15-2所示。A筒为阿贝目镜。B筒上装有45°全反射小棱镜和分划板（为了调节和测量，板上刻有上十字叉丝和中十字叉丝），在棱镜与分划板的粘贴部分涂成黑色，仅留一个绿色的小十字窗口。灯泡3发射的光线从小棱镜的另一直角边入射，从45°反射面反射到分划板上，透光部分便形成一个在分划板上的明亮的十字窗。C筒上装有固定物镜。调节A筒可改变目镜与分划板之间的距离，使在目镜视场中能清晰地看到叉丝像（即目镜对叉丝调焦）；调节B筒可改变分划板与物镜之间的距离，使叉丝位于物镜的焦平面上，则无穷远处的物体会成像在分划板上（即望远镜接收并观测平行光）。

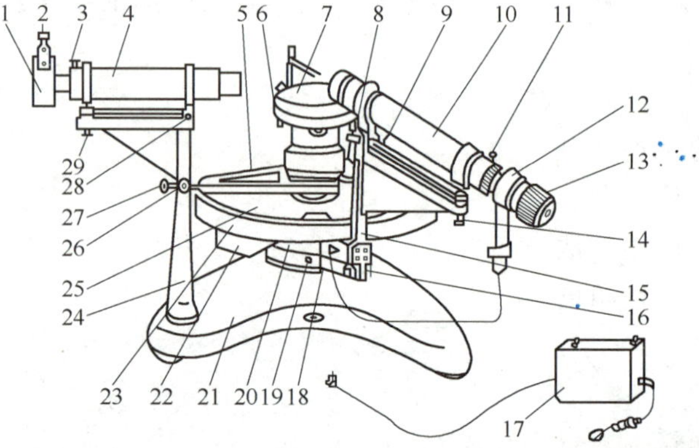

图3.15-1　分光计的结构

1—狭缝装置　2—狭缝宽度调节手轮　3—狭缝锁紧螺钉　4—平行光管　5—制动架（二）　6—载物台水平调节螺钉　7—载物台　8—载物台锁紧螺钉　9—望远镜水平调节螺钉　10—望远镜　11—目镜锁紧螺钉　12—阿贝式自准直目镜　13—目镜调焦手轮　14—望远镜光轴仰角调节螺钉　15—支臂　16—游标盘微调螺钉　17—电源变压器　18—制动架（一）　19—望远镜止动螺钉　20—转座与刻度盘止动螺钉　21—底座　22—转座　23—刻度盘　24—立柱　25—游标盘　26—游标盘微调螺钉　27—游标盘止动螺钉　28—平行光管水平调节螺钉　29—平行光管仰角调节螺钉

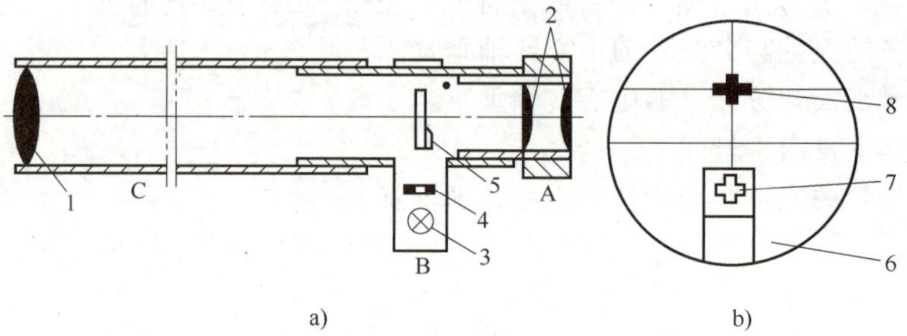

图3.15-2　望远镜的结构

1—物镜　2—目镜　3—灯泡　4—小方孔　5—小棱镜　6—分划板　7—透光窗　8—反射像

（4）载物台。放平面镜、棱镜等光学元件用。载物台可绕分光计的中心转轴旋转，也可沿轴升降（先旋松载物台锁紧螺钉8升降，调到合适位置再锁紧该螺钉），台面下三个水平调节螺钉6可调节台面的倾斜角度。

（5）读数圆盘。由可绕中心转轴转动的刻度盘和游标盘组成。刻度盘上刻有720等分刻线，每格为30′。在游标盘对称方向设有两个角游标，分度为1′。测量时分别将两个角游标得到的测量值取平均值，这样可消除刻度盘和游标盘的圆心与分光计中心转轴的轴心不重合所引起的偏心误差。读数方法与游标卡尺相似，读数时，以角游标零线为准，读出刻度盘上的整度值 $A°$，再找角游标上与刻度盘上刚好重合的刻线为其分值 B'，则该角位置读数为 $A°B'$。如果角游标零线落在半度刻线之外，则读数应加上 30′，即为 $A°B+30'$。

【实验内容】

1. 基础内容

（1）调整望远镜。

① 目镜调焦。这是为了使眼睛通过目镜能清楚地看到图 3.15-2b 所示分划板上的十字叉丝。调焦方法是把目镜调焦手轮 13 轻轻旋出或旋进，从目镜中观察，直到分划板有清晰的成像为止。

② 调望远镜对平行光聚焦。这是要将分划板上的十字叉丝调到物镜焦平面上，调整方法是：

Ⅰ. 把变压器 17 的电源插头插到分光计底座的插座上，照明目镜，将双面平面镜放到载物台上。为了便于调节，平面镜与载物台下三个水平调节螺钉 6 的相对位置如图 3.15-3a 所示。

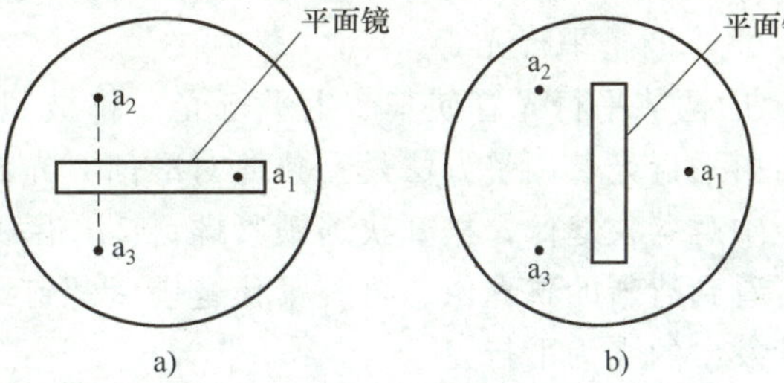

图 3.15-3　载物台上双面镜放置位置图

Ⅱ. 粗调望远镜光轴与镜面垂直：用眼睛估测一下，把望远镜调成水平，再调载物台水平调节螺钉 6，使镜面大致与望远镜垂直。

Ⅲ. 观察与调节镜面反射像：固定望远镜，松开游标盘止动螺钉 27，转动游标盘，于是载物台跟着一起转动。转到平面镜正好对着望远镜时，在目镜中应看到一个绿色亮十字线随着镜面转动而动，这就是镜面反射像。如果像有些模糊，只要沿轴向移动目镜筒，直到像清晰，再旋紧目镜锁紧螺钉 11，则望远镜已对平行光聚焦。

Ⅳ. 通过调节载物台水平调节螺钉 6 和游标盘微调螺钉 16，使绿色十字像与分划板上十字叉丝重合，如图 3.15-2b 所示。

（2）望远镜的光轴、载物台平面与分光计的中心转轴垂直（各调一半法）。调节如图 3.15-3a 所示的载物台水平调节螺钉 a_2 和 a_3 以及望远镜光轴仰角调节螺钉 14，使分别从平面镜的两个面反射的绿十字像皆与分划板上十字叉丝重合，这表明望远镜的光轴、载物台平面与分光计的中心转轴垂直。具体调节方法如下：

① 调节望远镜光轴仰角调节螺钉 14，使从平面镜反射的绿十字像与分划板上十字叉丝重合，如图 3.15-4a 所示。

② 旋转载物台，使平面镜转过 180°，使平面镜另一面镜面与望远镜光轴垂直，此时绿十字像与分划板上十字叉丝有一点的高度差 h（偏高或偏低），如图 3.15-4b 所示。

③ 调节望远镜光轴仰角调节螺钉 14，使高度差 h 减小一半，如图 3.15-4c 所示；再调节载物台水平调节螺钉 a_2 和 a_3，使高度差全部消除，如图 3.15-4d 所示。

④ 旋转载物台，使平面镜再转过 180°，则望远镜中所看到的绿十字像可能又不在分划板上十字叉丝位置，重复③所述的各调一半法，使绿十字像与分划板上十字叉丝再次重合。

⑤ 重复③、④步骤，使绿十字像与分划板上十字叉丝无高度差。

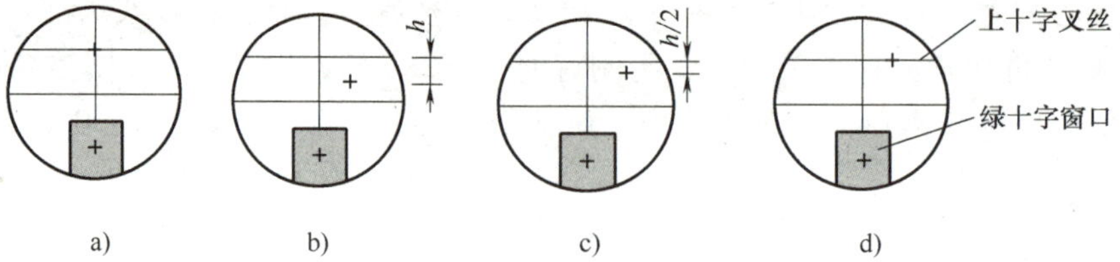

图 3.15-4　各调一半法

⑥ 放置平面镜与载物台下三个水平调节螺钉 6 的相对位置如图 3.15-3b 所示。调节载物台水平调节螺钉 a_1，使绿色十字像与上十字叉丝重合。转动载物台，使平面镜转过 180°，微调螺钉 a_1，使绿色十字像与上十字叉丝再次重合。

此时，望远镜的光轴、载物台平面与分光计的中心转轴垂直。

（3）调整平行光管。

① 调节平行光管使其产生平行光。将被照明的狭缝调到平行光管物镜焦平面上，物镜将出射平行光，调整方法是：狭缝对准前方光源，使望远镜转向平行光管方向，在望远镜的目镜中观察狭缝像，松开狭缝锁紧螺钉 3，沿轴向前后移动平行光管的套管，直到从望远镜中可看到清晰的狭缝像，再旋紧狭缝锁紧螺钉 3，则狭缝位于平行光管物镜焦平面上，平行光管发出的光为平行光。

② 使平行光管光轴与分光计的中心转轴垂直。将狭缝转向横向，调节平行光管仰角调节螺钉 29，将狭缝像调到分划板中十字叉丝中心横线上，如图 3.15-5a 所示。这表明平行光管光轴已与望远镜光轴共轴，即与分光计中心转轴垂直。再将狭缝调成垂直，锁紧狭缝锁紧螺钉 3，如图 3.15-5b 所示。

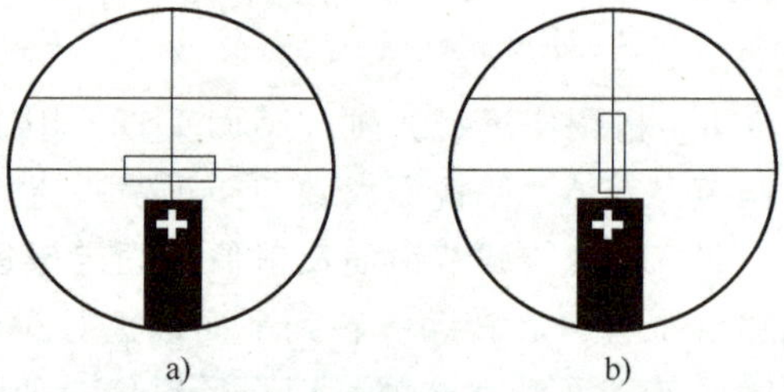

图 3.15-5　平行光管的调节

（4）用分光计测量平面镜的入射光与反射光的夹角。

① 转动望远镜，使望远镜竖直叉丝对准入射光白色狭缝像，记录读数圆盘上左、右角游标对应的读数 θ_1 与 θ_2。

② 将平面镜放置载物台上，转动望远镜，使望远镜竖直叉丝对准反射光白色狭缝像，记录读数圆盘上左、右角游标对应的读数 θ_1' 与 θ_2'。

③ 求出入射光与反射光的夹角 $\phi=\dfrac{1}{2}(\phi_1+\phi_2)=\dfrac{1}{2}(|\theta_1'-\theta_1|+|\theta_2'-\theta_2|)$。

2. 提升内容

用分光计测量三棱镜顶角，见实验 4.9 用分光计测三棱镜顶角和折射率。

3. 进阶内容

用最小偏向角法测量三棱镜的折射率，见实验 4.9 用分光计测三棱镜顶角和折射率。

4. 高阶内容

利用汞灯的各可见谱线测定玻璃折射率随波长变化的色散曲线。

【实验注意】

1. 勿用手触摸光学元件的光学面。

2. 测量时，必须锁紧底座与刻度盘止动螺钉和游标盘止动螺钉，以免转动望远镜时刻度盘和游标盘一起转动。

3. 使用望远镜微调螺钉前，应先锁紧望远镜的止动螺钉。

4. 在读数前先将望远镜的止动螺钉锁紧，以防读数过程中，望远镜或游标盘转动。

5. 读数时，读数圆盘上左、右角游标数据不要弄混。

【实验报告思考题】

1. 如何消除分光计的偏心误差？

2. 测量时，若越过了刻度圆盘的零点，如何计算望远镜转过的角度？

【参考文献】

[1]　张映辉. 大学物理实验 [M]. 2 版. 北京：机械工业出版社，2017.

[2]　张映辉. 大学物理实验学习指导书 [M]. 2 版. 北京：高等教育出版社，2021.

[3]　张映辉. 大学物理实验数字课程 [M]. 北京：高等教育出版社，2020.

【本实验相关数字资源】

1-讲课视频

2-分光计读数系统

3-调节望远镜光轴与转轴垂直

4-物理思想与物理方法解析

思维导图（知识图谱）

实验 3.16　等厚干涉实验

光的干涉现象表明了光的波动性质，牛顿环和劈尖是等厚干涉实际应用的典型例子，都是用分振幅法产生的等厚干涉现象。这些实验既不需要很复杂的仪器，也不需要特殊的光源，在白光下即可看到清晰的干涉条纹。

干涉现象在科学研究与计量技术中有着广泛的应用。不论是何种干涉，相邻干涉条纹的光程差的改变都等于相干光的波长。由于干涉条纹间的距离或干涉条纹的数目是可以计量的，可见光的波长虽然很小，通过对干涉条纹数目或条纹移动数目的计算，可以得到以光的波长为单位的光程差。因此，利用光的等厚干涉现象可以测量光的波长，测量球面的曲率半径，检验光学元件表面的平面度、球面度、光洁度，精确地测量长度、角度，测量液体折射率，测量微小形变以及研究工件内应力的分布等。

【实验目的】

1. 理解牛顿环和劈尖等厚干涉的原理和仪器结构。
2. 掌握利用牛顿环测量平凸透镜曲率半径的方法。
3. 掌握利用劈尖的等厚干涉测量薄片厚度的方法。
4. 学习利用光的干涉原理测量液体折射率，检验光学元件表面几何特征。

【预习提示】

1. 理解牛顿环产生的原理及用牛顿环测量平凸透镜曲率半径的理论公式，明确要测量哪些物理量。

2. 系统了解读数显微镜的结构及使用方法，思考如何安排具体实验测量过程以避免空程差的产生。

3. 设计测量牛顿环曲率半径的数据记录表格。

4. 理解用空气劈尖测量薄片厚度的原理和方法，了解要测量哪些量，如何测量。

5. 理解本实验是如何产生相干光的。

【实验原理】

1. 等厚干涉

如图 3.16-1 所示，一束单色光入射到楔形介质薄片（两个表面是平面，其间有一个很小的夹角 θ）上表面 A 点时，一部分就在 A 点反射，成为反射线 1；另一部分则折射入介质内部，到达介质下表面 B 点时又被反射，然后再通过上表面 C 点折射出来，成为光线 2。光线 1 与光线 2 相交于空间 P 点。因为这两条光线是从同一条入射光线，或者说入射光的波阵面上的同一部分分出来的，所以它们是相干光。它们的能量也是从那同一条入射光线分

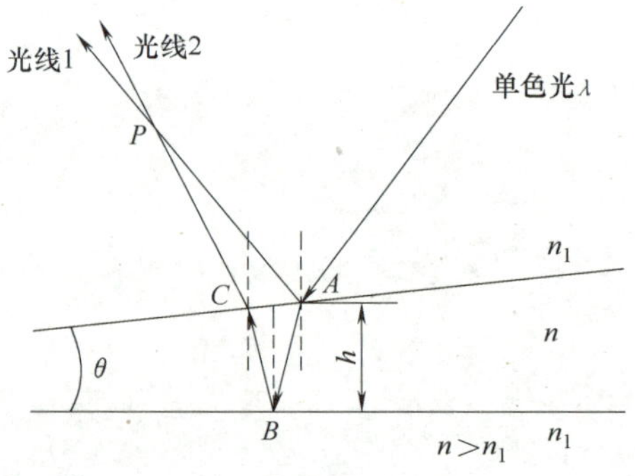

图 3.16-1　楔形介质薄片在 P 点产生的干涉

出来的，而波的能量和振幅有关，所以这种产生相干光的方法叫分振幅法。

两束相干光在 P 点的干涉情况由两束光的光程差

$$\Delta=n\cdot(AB+BC)+n_1\cdot CP-n_1\cdot AP+\frac{\lambda}{2} \tag{3.16-1}$$

决定。式中，n 为楔形介质薄片的折射率；n_1 为周围介质的折射率，假设 $n>n_1$；$\lambda/2$ 为光束在上表面反射时有半波损失附加的光程差。若光线接近垂直入射，则

$$\Delta=2hn+\frac{\lambda}{2} \tag{3.16-2}$$

式中，h 为楔形介质薄片在 A 点的厚度。

如果楔形介质薄片的折射率 n 是均匀的，由式（3.16-2）可知，两束反射光在相遇点的光程差只依赖于反射光反射处介质膜的厚度 h。因此，干涉条纹是介质薄片上厚度相同点的轨迹，这种条纹称为等厚条纹，产生的干涉称为等厚干涉。

明暗纹条件为

$$\Delta=2hn+\frac{\lambda}{2}=\begin{cases}k\lambda & (k=1,2,\cdots) \quad \text{明条纹}\\ (2k+1)\dfrac{\lambda}{2} & (k=0,1,2,\cdots) \quad \text{暗条纹}\end{cases} \tag{3.16-3}$$

由式（3.16-3）可知，相邻两明条纹或两暗条纹对应的光程差相差一个波长 λ。所以从一个条纹过渡到另一条纹，介质的厚度改变 $\lambda/2n$，介质上相邻两明条纹或暗条纹之间的距离为 $\Delta l=\dfrac{\lambda}{2n\theta}$。在这里，通过数明条纹或暗条纹的个数，就实现了以半波长为最小长度单位测出微小长度量。这种方法可以应用到许多场合，如测量薄膜变形量、光学元件的平整度等。

2. 用牛顿环测平凸透镜的曲率半径

如图 3.16-2 所示，将一个曲率半径 R 很大的平凸透镜的凸面置于一块光学平面玻璃片上，组成牛顿环装置。在透镜与玻璃片之间形成一层空气膜，其厚度从中心 O 向四周逐渐增加。由于平凸透镜与玻璃片之间的等高线是一组以接触点 O 为圆心的圆环，因此，当一束平行单色光垂直照射在透镜上时，等厚干涉条纹是一组定域在空气层上表面的以 O 点为圆心的明暗相间的同心圆环，如图 3.16-3 所示。这一现象是 1675 年牛顿在制作天文望远镜时，偶然将一个望远镜的物镜放在平板玻璃上发现的，后人就把这样的干涉圆环称为牛顿环。

波长为 λ 的平行单色光垂直透镜表面入射，由空气膜上下两表面（凸透镜的下表面和平面玻璃片的上表面）反射的两条反射光在空气膜上表面相遇，若光程差满足条件

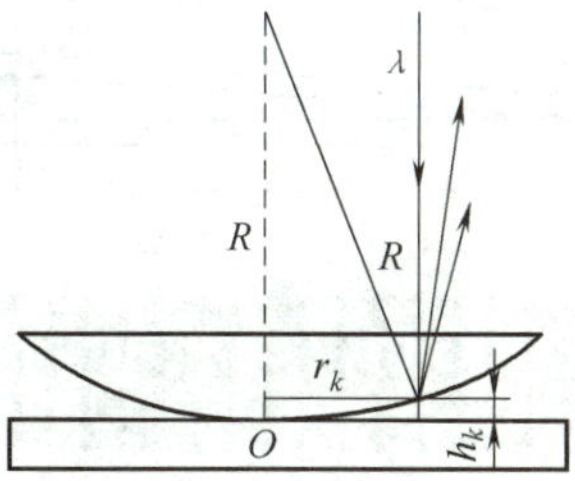

图 3.16-2　牛顿环测平凸透镜曲率半径原理示意图

图 3.16-3　牛顿环

$$\Delta = 2h_k + \frac{\lambda}{2} = (2k+1)\frac{\lambda}{2} \quad (k=0,1,2,\cdots) \tag{3.16-4}$$

则形成暗环。式中，h_k 为第 k 个暗环处空气膜的厚度；$\lambda/2$ 是考虑到在膜的下表面反射（从空气到玻璃）存在半波损失。因此

$$h_k = k\frac{\lambda}{2} \quad (k=0,1,2,\cdots) \tag{3.16-5}$$

在环心 O 点（透镜凸表面与玻璃片的接触点）处，空气膜的厚度为零，光程差取决于半波损失，因此牛顿环的中心是一个暗点。

由图 3.16-2 可知，k 级暗环半径 r_k 与透镜的曲率半径 R 的几何关系为

$$r_k^2 = R^2 - (R-h_k)^2 = 2Rh_k - h_k^2$$

因为 $R \gg h_k$，所以可以忽略高阶小量 h_k^2，由此有 $h_k \approx \frac{r_k^2}{2R}$，代入式（3.16-5），可得第 k 级暗环的半径

$$r_k^2 = Rk\lambda \quad (k=0,1,2,\cdots) \tag{3.16-6}$$

可见，若用读数显微镜测得第 k 级暗环的半径 r_k，便可由已知 λ 求 R，或者由已知 R 求 λ 了。但是，由于玻璃接触处受压，引起局部的弹性形变，使透镜凸面与平面玻璃片不可能很理想地只以一个点相接触，所以圆心位置很难确定，环的半径 r_k 也就不易测准。同时因玻璃表面的不洁净所引入的附加光程差，使实验中看到的干涉级数并不代表真正的干涉级数 k。为此，可将 k 级干涉与 m 级干涉组合，将式（3.16-6）变为如下形式：

$$D_k^2 - D_m^2 = 4R\lambda(k-m)$$

即

$$R = \frac{D_k^2 - D_m^2}{4(k-m)\lambda} \tag{3.16-7}$$

可见，如果我们测得第 k 级、第 m 级暗环的直径 D_k 和 D_m，就可由式（3.16-7）计算透镜的曲率半径 R。

经过上述的公式变换可知，只要数出所测暗环的环数差 $k-m$，而无须确定各环的实际级数；而且不难证明，直径的平方差等于弦的平方差；另外，牛顿环的直径可以用读数显微镜在圆环中心不确定的情况下测出，避开了难测的量 r_k 和 k，从而提高了测量的精度，这是物理实验中常采用的方法。

3. 用劈尖干涉法测量薄片厚度

如图 3.16-4 所示，将两块光学平玻璃片一端重叠在一起，在另一端插入一薄片（或细丝等），则在两玻璃片间形成一空气劈尖。当用平行单色光垂直照射时，如前所述，会产生干涉现象。因为光程差相等的地方是平行于两玻璃片交线的直线，所以等厚干涉条纹是一组明暗相间、平行于交线的直线。

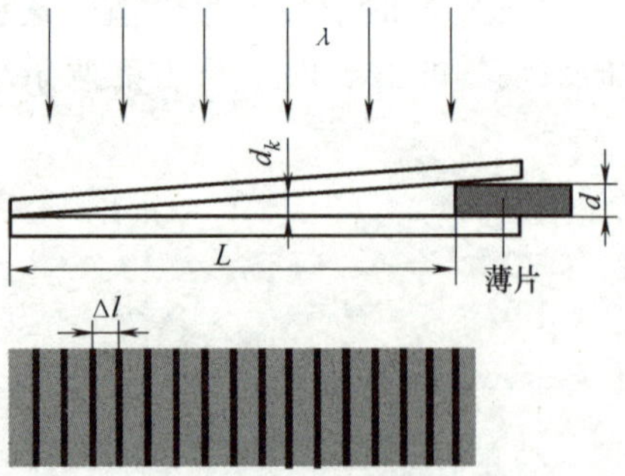

图 3.16-4　劈尖等厚干涉

设入射光波长为 λ，则由式（3.16-5）得第 k 级暗纹处空气劈尖的厚度

$$d_k = k\frac{\lambda}{2} \quad (k=0,1,2,\cdots) \tag{3.16-8}$$

由式（3.16-8）可知，$k=0$ 时，$d=0$，即在两玻璃片交线处，为零级暗条纹；如果在待测薄片处呈现 $k=N$ 级暗条纹，则待测薄片的厚度为

$$d = N\frac{\lambda}{2} \tag{3.16-9}$$

若劈尖总长为 L，相邻两暗纹之间的距离为 Δl，21 条暗纹间距为 l，则有

$$d = \frac{L}{\Delta l}\cdot\frac{\lambda}{2} = \frac{L}{l/20}\cdot\frac{\lambda}{2} \tag{3.16-10}$$

4. 利用干涉条纹检验光学表面面形

待测表面呈微凸球面或微凹球面，将待测物表面接触平面平晶，可看到同心圆环状的干涉条纹，参见图 3.16-5。用手指轻按待测物表面中心部位，如果干涉圆环向中心收缩，表明面形是凹面；如果干涉圆环从中心向边缘扩散，则面形是凸面。这是因为当手指向下按时，空气膜变薄，各级干涉条纹要发生移动，以满足式（3.16-5）。

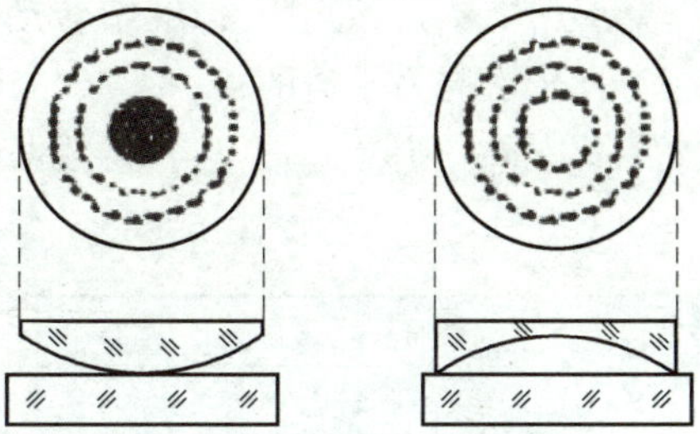

图 3.16-5 球面面形的干涉条纹

5. 应用牛顿环的干涉方法测量透明液体折射率

将牛顿环装置的镜面充满透明的液体光学介质，由式（3.16-7）可得测量其折射率的公式

$$n = \frac{4R(k-m)\lambda}{D_k^2 - D_m^2} \tag{3.16-11}$$

【实验仪器】

读数显微镜（测量精度为 0.01mm），牛顿环仪，劈尖，钠光灯（波长 589.3nm）。

【实验内容】

1. 基础内容

测平凸透镜的曲率半径。

（1）观察牛顿环。

① 调节牛顿环仪上的三个螺钉，使干涉圆环位于中央位置（一般实验中不需要调）。

② 打开钠光灯开关。将牛顿环仪按图 3.16-6 所示放置在读数显微镜镜筒正下方的载物台上，调节分光镜，使其与水平方向成 45°角，从而使平行光照到其上后垂直射到牛顿环仪表面，使通过显微镜目镜观察时视场最亮。

③ 先调节显微镜目镜看清叉丝；再调节显微镜镜筒对干涉圆环调焦。使显微镜镜筒下降到接近牛顿环，然后缓慢上升，直到观察到干涉条纹，再微调分光镜角度及读数显微镜，使条纹最清晰。

④ 观察干涉条纹的分布特征，如形状、中央斑的亮暗情况、条纹疏密等。

（2）测牛顿环直径。

① 轻微移动牛顿环仪，使显微镜的十字叉丝交点与牛顿环中心重合（标尺 F 读数位于 25mm 左右），并使水平方向的叉丝与标尺平行（与显微镜镜筒移动方向平行）。

② 转动显微镜测微鼓轮，使显微镜筒沿一个方向移动，同时数出十字叉丝竖丝移过的暗环数，直到竖丝与第 28 环相切为止。

③ 反向转动鼓轮（以消除空程误差），当竖丝与第 24 环相切时，记录读数显微镜上的位置读数 d_{24}，然后继续转动鼓轮，使竖丝依次与第 20、16、12、8、4 环相切，顺次记下读数 d_{20}、d_{16}、d_{12}、d_8、d_4；继续转动鼓轮，越过干涉圆环中心，记下竖丝依次与另一边的 4、8、12、16、20、24 暗环相切时的读数 d'_4、d'_8、d'_{12}、d'_{16}、d'_{20}、d'_{24}，将数据记录于表 3.16-1 中。

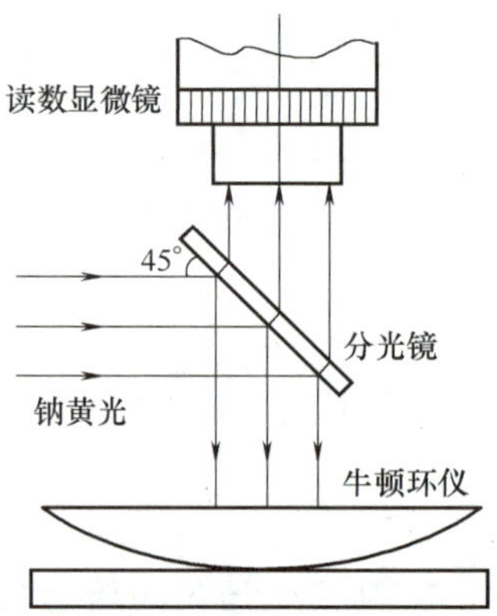

图 3.16-6　观测牛顿环实验装置图

表 3.16-1　牛顿环实验数据

干涉暗环级数 i	4	8	12	16	20	24
暗环位置(左) d_i/mm						
暗环位置(右) d'_i/mm						
干涉暗环直径 $D_i=\|d_i-d'_i\|$/mm						

(3) 数据处理。第 i 级暗环直径为 $D_i=|d_i-d'_i|$（$i=4, 8, \cdots, 24$），将直径分成对应两组 $k=16$、20、24 和 $m=4, 8, 12$，取 $k-m=12$，求出 $a_j=D_k^2-D_m^2$（$j=1, 2, 3$）和 $\overline{a}$，记录于表 3.16-2 中。由式（3.16-7）计算 R 及其不确定度。

表 3.16-2　$a_j=D_k^2-D_m^2$ 计算数据

序号 j	1	2	3	平均值
$a_j=(D_k^2-D_m^2)$/mm^2　$k=16、20、24, m=4、8、12$				

2. 提升内容

测薄片厚度。

(1) 观察干涉条纹。将劈尖放在读数显微镜载物台上，同前法调节，观察到干涉条纹，使条纹最清晰。

(2) 测量。

① 调整显微镜及劈尖的位置，当转动测微鼓轮使镜筒移动时，十字叉丝的竖丝要保持与条纹平行。

② 以某一条暗纹为第 0 条暗纹，由读数显微镜读出其位置 l_0。转动显微镜测微鼓轮，使显微镜筒沿一个方向移动，至第 20 条暗纹，再读出第 20 条暗纹的位置 l_{20}，则 20 条暗纹的总长度 $l=l_{20}-l_0$。

③ 方法同②，测出劈尖两玻璃片交线处到夹薄片处的总长度 L。

(3) 数据处理。实验数据记录表格自行设计。由式（3.16-10）求薄片厚度 d 及其不确定度。

3. 进阶内容

检验光学表面面形。

设计实验方案（利用干涉条纹），检验光学表面面形及平整度。记录观测现象并解释。

4. 高阶内容

测透明液体折射率。

设计实验方案（用牛顿环干涉法）测量透明液体折射率。选择合适的溶液，考虑溶液浓度、透明度对实验的影响。

【实验注意】

1. 测量过程中，读数显微镜的测微鼓轮只能向一个方向转动，不许倒转，以免螺杆与螺母间空隙引起空程误差。

2. 由于环有一定厚度，因此如果左侧内切，则对应环的右侧外切，如图 3.16-7 所示，环的直径为 $D_i = |d_i(\text{左内切点}) - d_i'(\text{右外切点})|$。

3. 用眼睛从目镜中观察时，千万不能将物镜向下移向待测物体，以免使物镜压在被测物体上而损坏物镜或被测物体。

4. 如图 3.16-8 中所示，用分度值为 0.01mm 的读数显微镜测得一圆环左侧位置，读数应为 22.940mm。

5. 由于计算 R 时只需要知道环数差 $k-m$，因此可以任选一个暗环作为第一环，一旦选定，在整个测量过程中就不能再改变。不要数错条纹数。

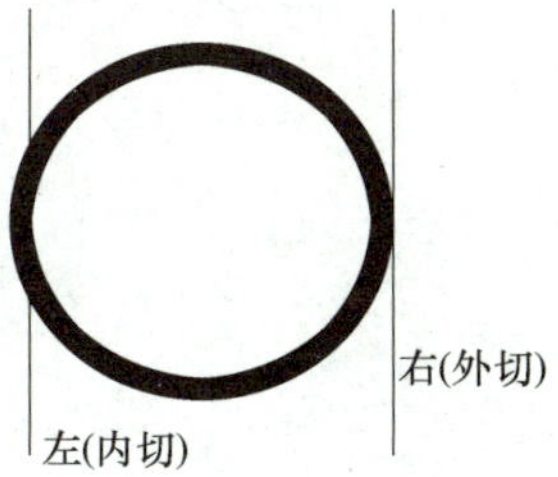

图 3.16-7 竖直叉丝与牛顿环各条暗环相切图

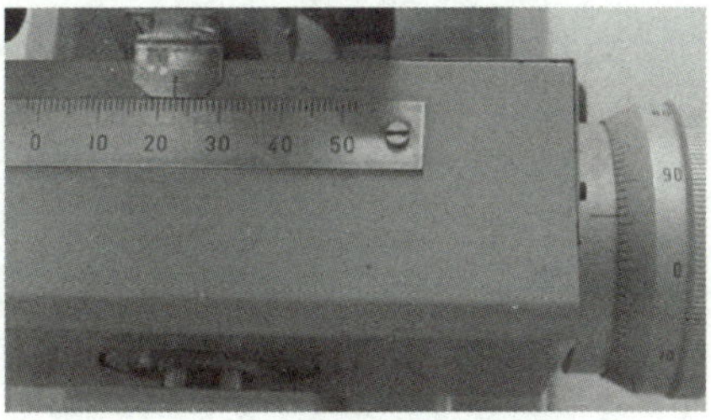

图 3.16-8 读数显微镜读数系统

【实验报告思考题】

1. 牛顿环的中心在什么情况下是暗的？在什么情况下是亮的？

2. 干涉环的中心级次是多少？是亮斑还是暗斑？你实验时看到的牛顿环中心是亮斑还是暗斑？为什么？

【参考文献】

[1] 张增明，韦先涛，浦其荣，等. 大学物理实验：第一册 [M]. 北京：高等教育出版社，2024.

[2] 吴平. 大学物理实验教程 [M]. 2 版. 北京：机械工业出版社，2015.

[3] 毛骏健，顾牡. 大学物理学：下册 [M]. 北京：高等教育出版社，2013.

[4] 孙晶华，梁艺军，关春颖，等．操纵物理仪器 获取实验方法——物理实验教程［M］．北京：国防工业出版社，2009.

[5] 张映辉．大学物理实验［M］．2版．北京：机械工业出版社，2017.

[6] 张映辉．大学物理实验学习指导书［M］．2版．北京：高等教育出版社，2021.

[7] 张映辉．大学物理实验数字课程［M］．北京：高等教育出版社，2020.

【本实验相关数字资源】

1-讲课视频

2-读数显微镜的使用

3-用读数显微镜测牛顿环

4-用读数显微镜测薄片厚度

5-物理思想与物理方法解析

思维导图（知识图谱）

实验 3.17 偏振光的观测与研究

光的干涉和衍射揭示了光的波动性质，而偏振现象表明光是横波。光的偏振使人们对光的波动理论和光的传播规律有了新的认识，同时偏振光理论在光学计量、晶体性质研究、光量子通信、航海、航空、立体电影等领域有广泛的应用。

【实验目的】

1. 观察光的偏振现象，加深理解偏振的基本概念。
2. 了解偏振光的获得和检验方法。
3. 观测布儒斯特角及测定玻璃折射率。
4. 观测椭圆偏振光和圆偏振光。

【预习提示】

1. 什么是自然光、线偏振光和椭圆偏振光？
2. 马吕斯定律内容是什么？
3. 什么是布儒斯特角？其反射光是什么偏振光？
4. 如何测量椭圆偏振光长短轴之比？

【实验原理】

按照光的电磁理论，光波是电磁波，以电矢量作为其振动矢量。振动矢量的空间取向称为偏振，而偏振是横波的一种特性，因此光波是横波。按其偏振状态划分，光可分为三类：

（1）偏振光：电矢量的振动只限于某一确定方向的光称为平面偏振光，也称线偏振光；电矢量绕着传播方向匀速转动，其末端在垂直于传播方向的平面上的投影呈椭圆（或圆），这样的光称为椭圆偏振光（或圆偏振光）。

（2）非偏振光：电矢量的取向与大小都随时间做无规则变化，且各方向的概率相同，称为自然光。

（3）部分偏振光：介于偏振光与自然光之间的光称为部分偏振光，是偏振光与自然光的混合。

偏振光的应用遍及工农业、医学、国防等部门。利用偏振光装置的各种精密仪器，已为科研、工程设计、生产技术的检验等提供了极有价值的方法。

1. 偏振片与马吕斯定律

偏振片能吸收某一方向振动的光，能透过与此垂直方向（该方向为偏振片的偏振轴方位）振动的光。偏振片按应用分为两种，一种用来产生偏振光，一种用来检验偏振光，两者分别称为起偏器和检偏器。

按照马吕斯定律，强度为 I_0 的线偏振光通过偏振片后，透射光的强度为

$$I=I_0\cos^2\theta \tag{3.17-1}$$

式中，θ 为入射线偏振光振动方向与偏振片的偏振轴间的夹角。当 $\theta=0°$时，透射光强最大；当 $\theta=90°$时，透射光强为零，此时的现象称为消光；当 $0°<\theta<90°$时，透射光强介于最大值

和最小值之间。图 3. 17-1 所示为自然光通过起偏器与检偏器后偏振态的变化。

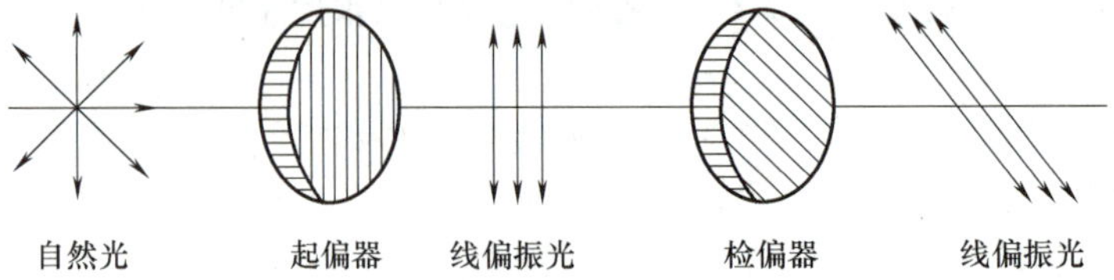

图 3. 17-1　自然光通过起偏器与检偏器的变化

2. 布儒斯特角

当自然光从空气照射在折射率为 n 的非金属镜面（如玻璃、水等）上时，反射光与折射光都成为部分偏振光。当入射角以某一特定值 φ_0 入射时，反射光成为线偏振光，其振动方向垂直于入射面，该角称为布儒斯特角，也称起偏角，由布儒斯特定律得

$$\tan\varphi_0 = n \tag{3.17-2}$$

3. 波长片及其作用

当波长为 λ 的单色线偏振光垂直入射到厚度为 L、表面平行于自身光轴的单轴晶片时，产生寻常光（o 光）和非常光（e 光）两种线偏振光，这种现象称为双折射。这两种光在晶体中的折射率不同，传播的速度不同，产生的相位差 φ 为

$$\varphi = \frac{2\pi}{\lambda}(n_o - n_e)L \tag{3.17-3}$$

这样的晶片称为波长片。当 $\varphi=(2k+1)\pi$（相当于光程差为 $\lambda/2$ 的奇数倍）时，该波长片为该单色光的 1/2 波片（$\lambda/2$ 波片），若 $\varphi=(2k+1)\pi/2$（相当于光程差为 $\lambda/4$ 的奇数倍）时，则称为 1/4 波片（$\lambda/4$ 波片）。

如图 3. 17-2 所示，当振幅为 A 的线偏振光垂直入射到 $\lambda/4$ 波片上，振动方向与波片光轴成 θ 角时，由于 o 光和 e 光的振幅分别为 $A\sin\theta$ 和 $A\cos\theta$，所以通过 $\lambda/4$ 波片后合成的偏振状态也随角度 θ 的变化而不同。

① 当 $\theta=0$ 时，$A_o=0$，$A_e=A$，获得振动方向平行于波片光轴的线偏振光。

② 当 $\theta=\pi/2$ 时，$A_o=A$，$A_e=0$，获得振动方向垂直于波片光轴的线偏振光。

③ 当 $\theta=\pi/4$ 时，$A_o=A_e$，获得圆偏振光。

④ 当 θ 为其他值时，$A_o\neq A_e$，获得椭圆偏振光。

4. 椭圆偏振光的测量

椭圆偏振光的测量包括长、短轴之比和长、短轴方位的测定。如图 3. 17-3 所示，当偏

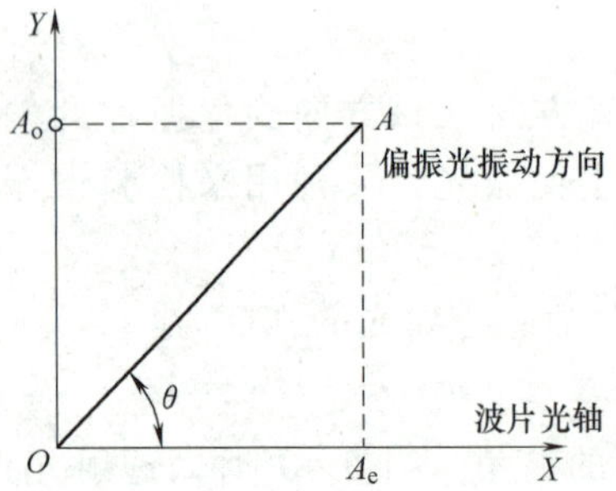

图 3. 17-2　线偏振光经过 $\lambda/4$ 波片后的偏振状态

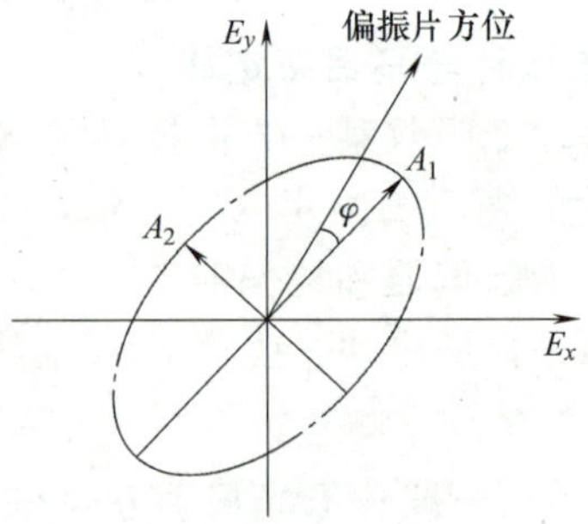

图 3. 17-3　椭圆长轴方位测定

振片方位与椭圆长轴的夹角为 φ 时，则透射光强为 $I=A_1^2\cos^2\varphi+A_2^2\sin^2\varphi$。当 $\varphi=k\pi$ 时，$I=I_{\max}=A_1^2$；当 $\varphi=(2k+1)\dfrac{\pi}{2}$时，$I=I_{\min}=A_2^2$。则椭圆偏振光长、短轴之比为

$$A_1/A_2=\sqrt{I_{\max}/I_{\min}} \tag{3.17-4}$$

椭圆偏转光长轴的方位即 $I_{\max}$ 的方位。

【实验仪器】

起偏器，检偏器，$\lambda/4$ 波片，$\lambda/2$ 波片，布儒斯特角装置，白屏，小孔光屏，He-Ne 激光器，光电转换装置，万用表，光具座等，实验装置如图 3.17-4 所示。

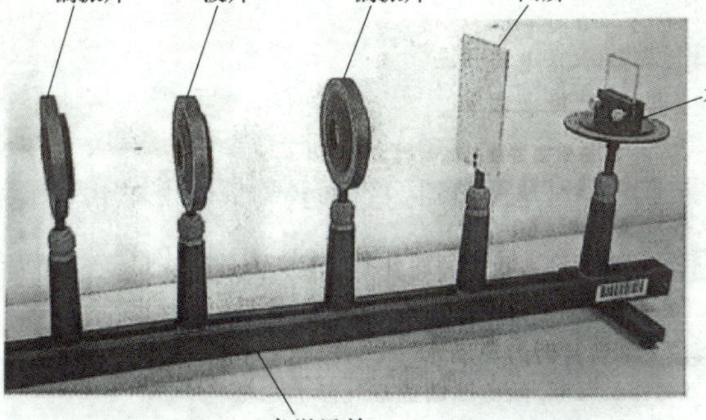

图 3.17-4 实验装置图

【实验内容】

1. 基础内容

（1）起偏与检偏鉴别自然光与偏振光。

① 在光源至白屏的光路间插入起偏器 P_1，旋转 P_1 360°，观察白屏上光强的变化情况。

② 在起偏器 P_1 后面再插入检偏器 P_2，旋转 P_2 360°，观察白屏上光强的变化情况，旋转过程中有几个消光？

③ 旋转 P_2，找到消光现象，即 $\theta=90.0°$。再旋转 $P_2$90°，即 $\theta=0.0°$。用硅光电池取代白屏，旋转 P_2，用万用表依次测出 $\theta=0.0°$，10.0°，20.0°，…，90.0°时透射光的光电流值 I，将实验数据记录于表 3.17-1 中。

图 3.17-5 布儒斯特角的测量

（2）观察布儒斯特角及测定玻璃折射率。

① 在起偏器 P_1 与布儒斯特装置之间插入一带小孔的光屏，调节玻璃平板，使其反射光束与入射光束在同一垂线上（见图 3.17-5），即入射角和反射角为 0°，记录玻璃平板的初始角位置 φ_1。

② 转动玻璃平板大约 60°，转动 P_1 使反射光光强最小，一边转动玻璃平板一边转动

P_1，反复调节直至反射光消失为止，将此时玻璃平板的角位置 φ_2 记录于表 3. 17-2 中，重复测量 3 次。计算出布儒斯特角 $\varphi_0=|\varphi_2-\varphi_1|$。

③入射光以布鲁斯特角入射到玻璃平板上，去掉起偏器 P_1，在反射光束中插入检偏器 P_2，旋转 P_2 360°，观察到几次消光？判断反射光的偏振态。

（3）观测椭圆偏振光和圆偏振光。

① 将起偏器 P_1 调至 0°位置，转动检偏器 P_2，使透过 P_2 后的光处于消光状态。

② 在 P_1 与 P_2 之间插入 $\lambda/4$ 波片，转动 $\lambda/4$ 波片，使白屏上的光仍处于消光状态。

③ 将 P_1 转过 20. 0°，用硅光电池取代白屏，沿一个方向转动 P_2，用万用表交替测出最大光电流 I_{max} 和最小光电流 I_{min}，重复测量 3 次，将实验数据记录于表 3. 17-3 中。

④ 转动 P_1，使得 P_1 的偏振轴与 $\lambda/4$ 波片的光轴的夹角依次为 45. 0°、60. 0°、90. 0°，旋转 P_2 360°，观察透射光强的变化，判断其偏振态。夹角分别为多少时获得的是圆偏振光和线偏振光？

（4）数据处理。

① 由表 3. 17-1 作 I-$\cos^2\theta$ 关系曲线图，验证马吕斯定律。

② 求出布儒斯特角 $\varphi_0=|\varphi_2-\varphi_1|$，并由式（3. 17-1）计算出平板玻璃的折射率 n。

③ 由式（3. 17-4）计算出 20. 0°时椭圆偏振光的长、短轴之比 A_1/A_2。

表 3. 17-1　透射光的光电流实验数据

θ/(°)	90. 0	80. 0	…	10. 0	0. 0
$\cos\theta$					
$\cos^2\theta$					
I/mA					

表 3. 17-2　布儒斯特角实验数据

次数	1	2	3	平均值
φ_1/(°)				
φ_2/(°)				
$\varphi_0=\|\varphi_2-\varphi_1\|$/(°)				

表 3. 17-3　椭圆偏振光最大光电流和最小光电流实验数据

次数	1	2	3	平均值
I_{max}/mA				
I_{min}/mA				

2. 提升内容

（1）观察线偏振光通过 $\lambda/2$ 波片时的现象。

① 先使起偏器 P_1 和检偏器 P_2 的偏振轴垂直（即出现消光状态），在 P_1 和 P_2 之间插入 $\lambda/2$ 波片，转动 $\lambda/2$ 波片 360°，观察到几次消光？

② 将 $\lambda/2$ 波片旋转任意角度，这时消光现象被破坏，旋转 $P_2$360°，观察到几次消光？

③ 将 P_2 调至0°位置，转动 P_1，使透过 P_2 后的光处于消光状态。在 P_1 和 P_2 之间插入 $\lambda/2$ 波片，转动 $\lambda/2$ 波片，使其消光，再将 $\lambda/2$ 波片旋转 15.0°，破坏其消光。旋转 P_2 至消光位置，将 P_2 所转动的角度记录于表 3.17-4 中。

表 3.17-4　检偏器转动的角度实验数据

$\lambda/2$ 波片转动的角度 α/(°)	15.0	30.0	…	90.0
检偏器 P_2 转动的角度 α'/(°)				

④ 依次将 $\lambda/2$ 波片转动的角度为 30.0°、45.0°、60.0°、75.0°、90.0°，重复步骤③，分别算出 P_2 至消光时所转动的角度。

（2）数据处理。

① 透射光消光后，P_1 与 P_2 之间插入 $\lambda/2$ 波片，转动 $\lambda/2$ 波片 360°，有几次消光？

② 将 $\lambda/2$ 波片转任意角度，转动 $P_2$360°，有几次消光？判断通过 $\lambda/2$ 波片后的光的偏振态。

③ 总结实验规律。

3. 进阶内容

偏振光的干涉。

将单色光入射到厚度不均匀的晶体上，观察屏上的干涉条纹，产生偏振光的干涉现象。设计用偏振光的干涉测量单色光波长的实验方案。

4. 高阶内容

双折射晶体光轴取向的测定。

设计实验方案测定双折射晶体光轴的取向，探究 o 光和 e 光在双折射晶体中的传播特性。

【实验注意】

1. 保持 He-Ne 激光器、偏振片和波片共轴，保证激光光束透过偏振片中心到达白屏上。
2. 用硅光电池接收透射光束时，应尽量让光束最大限度的到达硅光电池上，使测得的光电流数值不要过小。
3. 用于测量光电流的数字式万用表应使用直流电流 2mA 挡。
4. 转动布儒斯特角装置上的玻璃平板时，应用手固定好刻度盘，以免刻度盘随玻璃平板一起转动，影响布儒斯特角的测量。

【实验报告思考题】

1. 通过对起偏和检偏的实验观测，如何来鉴别自然光和偏振光？
2. 当自然光以布儒斯特角入射到玻璃平板上时，反射光束是什么偏振光？它的振动是在平行于入射面内还是在垂直于入射面内？
3. 当 $\lambda/4$ 波片与 P_1 的夹角为何值时产生线偏振光和圆偏振光？

【参考文献】

[1]　张映辉. 大学物理实验 [M]. 2 版. 北京：机械工业出版社，2017.

［2］　张映辉. 大学物理实验学习指导书［M］. 2版. 北京：高等教育出版社，2021.
［3］　张映辉. 大学物理实验数字课程［M］. 北京：高等教育出版社，2020.

【本实验相关数字资源】

1-讲课视频　　2-消光现象　　3-测量布儒斯特角　　4-物理思想与物理方法解析　　思维导图（知识图谱）

第4章 综合性实验

实验4.1 液体表面张力系数的测量

天宫课堂的液桥演示实验、“天宫二号”里的液桥热毛细对流实验装置（2016年）、中国空间站“天宫”太空授课——水膜张力，这些都与液体的表面张力有关。

表面张力是液体的重要性质之一。在工业技术上，如结晶、焊接、浮选技术、液体输送技术、电镀技术、铸造成型等方面都涉及对液体表面张力的应用和研究。表面张力能够解释涉及液体表面的许多现象，如雨后树叶、草上的小水珠都接近于球形，少量水银在干净的玻璃板上收缩成球形，钢针放在水面上不会下沉等，以及毛细现象、润湿现象、泡沫形成、喷液成雾等。动植物体内液体的运动与平衡，土壤中水的运动，药物制备及调制技术等也与液体的表面现象有关。此外，在船舶制造、水利学、化学化工、凝聚态物理中都能找到表面张力的应用。

测量液体表面张力系数有多种方法，常用的有拉脱法（硅压阻力敏传感器拉脱法和约利弹簧秤拉脱法）、毛细管法，还有滴重法、悬滴法、卧滴法、液桥法、最大泡压法以及激光衍射表面毛细波法等。

【实验目的】

1. 了解液体表面的性质及其液体表面张力系数的测量方法背景、发展历程。
2. 掌握表面张力系数测定仪的结构、原理及使用方法。
3. 学习拉脱法、毛细管法等测量液体表面张力系数的原理；了解滴重法、悬滴法、卧滴法、液桥法、最大泡压法以及激光衍射表面毛细波法等测量方法。
4. 学会用作图法或最小二乘法处理数据。

【预习提示】

1. 理解用拉脱法测量液体表面张力系数的原理。
2. 了解硅压阻力敏传感器的性能。
3. 熟悉实验过程与步骤。

【实验原理】

1. 润湿

当液体和固体接触时，若固体和液体分子间的吸引力大于液体分子间的吸引力，液体就会沿固体表面扩展，这种现象叫润湿。若固体和液体分子间的吸引力小于液体分子间的吸引力，液体就不会在固体表面扩展，叫不润湿。润湿与否取决于液体、固体的性质，如纯水能完全润湿干净的玻璃，但不能润湿石蜡；水银不能润湿玻璃，却能润湿干净的铜、铁等。润湿性质与液体中杂质的含量、温度以及固体表面的清洁程度密切相关。

2. 表面张力

液体表面张力实质上是分子间相互作用力的宏观表现。由于液面上方气相层内的分子数很少，液体表面层（其厚度为分子的作用半径，约为 10^{-8}cm）内的分子受到向上的引力比向下的引力小，产生一个垂直于液面并指向液体内部的合力，使表面层中的分子有从液面挤入液体内部的趋势。

设想在液体表面上引进一条假想的线 L，把液面分割为两部分（见图 4.1-1），表面张力就是这两部分液面相互之间的拉力 f。这也是一对作用力和反作用力。拉力 f 的大小正比于线 L 的长度，即

$$f=\alpha L \tag{4.1-1}$$

比例系数 α 称为液体表面张力系数，表示通过单位长度分界线两边液面之间的相互作用力，其单位为 $N \cdot m^{-1}$。显然，表面张力 f 是存在于液体表面上任何一条分界线两侧间的液体的相互作用拉力，其方向沿着液体表面，且垂直于该分界线。

事实表明，表面张力系数的大小不仅与液体的性质、种类及其形成界面的物质有关，而且与液体掺杂情况、液体浓度以及温度也有关。

3. 用硅压阻力敏传感器拉脱法测量液体表面张力系数

拉脱法就是测量一个已知周长的金属圆环从待测液体表面脱离时需要的力，进而求得该液体表面张力系数的实验方法。

如图 4.1-2 所示，将一表面洁净的铝合金圆形吊环挂在力敏传感器挂钩上，使吊环竖直地浸入与它润湿的液体中，并使其下沿保持水平，然后轻轻提起，则吊环就会拉出一层与液体相连的液膜，其附近的液面将呈现如图 4.1-2 所示的形状。此时，液膜对吊环产生向下的拉力 $f\cos\theta$，其中 f 为液体的表面张力，θ 为液膜与竖直方向的夹角。当缓慢拉起吊环时，θ 逐渐减小而趋于零，此时，表面张力 f 的方向竖直向下。

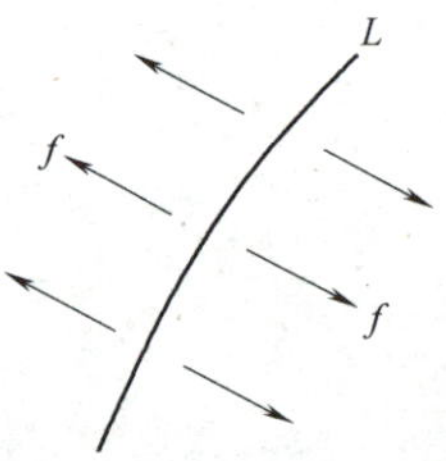

图 4.1-1　表面张力示意图

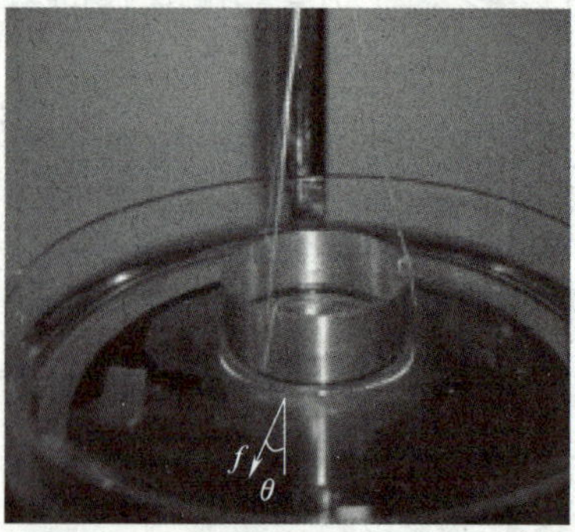

图 4.1-2　液膜拉断前示意图

假设力敏传感器所受到的拉力 F_1 为将铝合金圆形吊环以匀速即将拉出液面时所施的外力；圆环拉脱后，力敏传感器受到的拉力 $F_2=mg$ 为吊环和其上液膜所受的重力。由作用在吊环上各力的平衡条件可得液体表面张力 $f=F_1-F_2$。

实验中所用力敏传感器受到的拉力与其输出电压成正比，即

$$U_1=BF_1,U_2=BF_2$$

式中，B 为力敏传感器灵敏度，单位为 $V\cdot N^{-1}$；U_1 和 U_2 分别为即将拉断液面时和拉断液面后数字电压表的读数。则

$$f=\frac{U_1-U_2}{B} \tag{4.1-2}$$

由于液体表面张力的大小与受其作用的接触面的周界长成正比，液膜有两个表面，故两表面作用在金属圆环上的总的表面张力为 $f=\alpha\pi(D_1+D_2)$。代入式（4.1-2），得液体表面张力系数

$$\alpha=\frac{U_1-U_2}{\pi B(D_1+D_2)}=\frac{\Delta U}{\pi B(D_1+D_2)} \tag{4.1-3}$$

式中，D_1 和 D_2 分别是金属圆环的内、外直径。

4. 用约利弹簧秤拉脱法测量液体表面张力系数

测量表面张力系数的关键是测量表面张力 f。用普通的弹簧秤是很难迅速测出液膜即将破裂时的 f，应用约利弹簧秤则克服了这一困难，可以方便地测量表面张力 f。

约利弹簧秤由固定在底座上的秤框、可升降的金属杆和锥形弹簧秤等部分组成，如图 4.1-3 所示。在秤框上固定有下部可调节的载物平台、作为平衡参考点用的玻璃管和作弹簧伸长量读数用的游标；升降杆位于秤框内部，其上部有刻度，用以读出高度，框顶端带有螺旋，供固定锥形弹簧秤用，杆的上升和下降由位于秤框下端的升降旋钮控制；锥形弹簧秤由锥形弹簧、带小镜子的金属挂钩及砝码盘组成。带镜子的挂钩从平衡指示玻璃管内穿过，且不与玻璃管相碰。

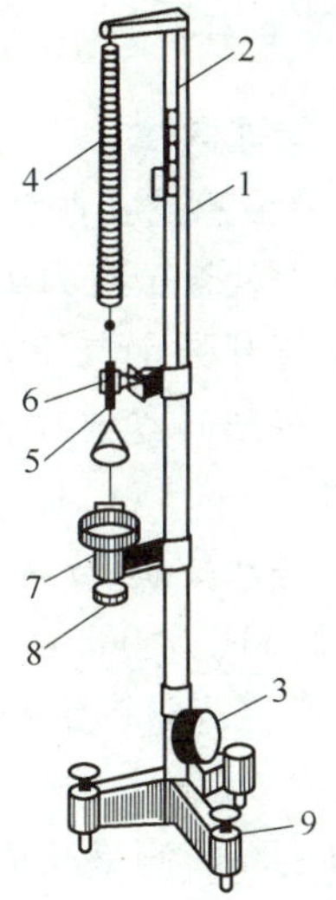

图 4.1-3　约利弹簧秤装置图

1—秤框　2—升降金属杆　3—升降钮　4—锥形弹簧　5—带小镜子的挂钩　6—平衡指示玻璃管　7—平台　8—平台调节螺钉　9—底角螺钉

约利弹簧秤和普通的弹簧秤有所不同：普通的弹簧秤是固定上端，通过下端移动的距离来称衡，而约利弹簧秤则是在测量过程中保持下端固定在某一位置，靠上端的位移大小来称衡。其次，为了克服因弹簧自重引起弹性系数的变化，把弹簧做成锥形。由于约利弹簧秤的特点，在使用中应保持让小镜中的指示横线、平衡指示玻璃管上的刻度线及其在小镜中的像三者对齐，简称三线对齐，作为弹簧下端的固定起算点。

【实验仪器】

1. 硅压阻力敏传感器拉脱法测量液体表面张力系数实验装置如图 4.1-4 所示，主要由硅压阻力敏传感器（又称半导体应变计）、数字电压表、支架、微调升降台、玻璃器皿和铝合金圆形吊环、砝码等组成。另有温度计、游标卡尺。

（1）硅压阻力敏传感器。受力量程 0～0.098N；灵敏度约 3.00V · N^{-1}；非线性误差≤0.2%；供电电压为直流 5～12V。

（2）三位半数字电压表。读数显示：200mV；调零：手动多圈电位器；连接方式：5 芯

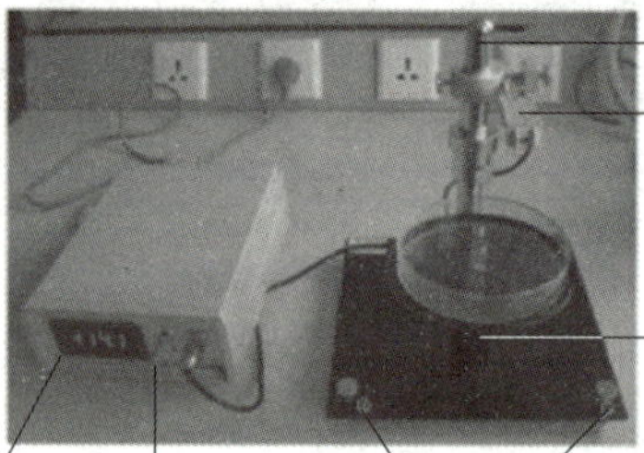

图 4.1-4　硅压阻力敏传感器测量液体表面张力系数实验装置

航空插头。

2. 约利弹簧秤测量液体表面张力系数（仿真实验）：约利弹簧秤，砝码，金属环，镊子，游标卡尺，烧杯。

【实验内容】

1. 基础内容

力敏传感器拉脱法测量表面张力系数。

（1）对硅压阻力敏传感器定标。

① 打开数字电压表的电源开关，整机预热 15min。

② 将砝码盘挂在传感器挂钩上，调节数字电压表上的调零旋钮，使数字电压表显示为 00.0。

③ 每次往砝码盘内加 0.50g 砝码，使砝码盘内砝码质量分别为 0.50、1.00、1.50、2.00、2.50、3.00、3.50（单位：g）。测量相应这些砝码质量的力 F 作用下，数字电压表的读数值 U，并将数据记录于表 4.1-1 中。用作图法或最小二乘法进行直线拟合，求出传感器灵敏度 B。

（2）环的测量与清洁。

① 用游标卡尺测量铝合金圆形吊环的外径 D_1 和内径 D_2 各 6 次，记录于表 4.1-2 中。

② 用 NaOH 溶液清洗玻璃器皿和铝合金圆形吊环，然后用净水洗净。

（3）测量液体的表面张力系数。

① 将吊环挂在力敏传感器的挂钩上，调节升降台，将液体升至靠近环的下沿，观察吊环的下沿与待测液面是否平行。如果不平行，将吊环取下后，调节吊环上的细丝，使吊环与待测液面平行。

② 挂上吊环，逆时针转动升降调节螺母使液面上升。当吊环下沿浸入液体中时，改为顺时针转动升降调节螺母，则液面下降，这时，吊环和液面间形成一环形液膜，该过程中保持吊环不动，观察吊环进入液体中及从液体中拉起时的物理过程和现象。继续下降液面，直至液膜拉断。也可以用手机录下这一过程。测出环形液膜即将拉断前数字电压表读数最大值 U_1 和液膜拉断后数字电压表读数值 U_2，将实验数据记录于表 4.1-3 中。

（4）测量肥皂水的表面张力系数。在测完水的表面张力系数后，将金属环擦干。将自来水换成肥皂水溶液，然后重复步骤（3）即可。

（5）根据式（4.1-3），计算水、肥皂水的表面张力系数，与理论值比较，求相对误差。

(6) 分析测量误差来源，进行不确定度分析。

表 4.1-1 硅压阻力敏传感器灵敏度定标数据

砝码 m/g	0.50	1.00	1.50	2.00	2.50	3.00	3.50
电压 U/mV							

大连地区的重力加速度 $g=9.8011\mathrm{m}\cdot\mathrm{s}^{-2}$。

经最小二乘法拟合得 $B=$________ $\mathrm{mV}\cdot\mathrm{N}^{-1}$，拟合的线性相关系数 $\gamma=$________。

表 4.1-2 金属环内、外径测量值

次数	1	2	3	4	5	6	平均值
D_1/mm							
D_2/mm							

表 4.1-3 竖直液膜拉断前数字电压表电压值和拉断后电压值

次数	1	2	3	4	5	6	平均值
U_1/mV							
U_2/mV							
$\Delta U=U_1-U_2$/mV							

水的温度 $t=$________℃。

2. 提升内容

约利弹簧秤拉脱法测量液体表面张力系数（仿真实验）。

(1) 利用虚拟仿真实验资源，测量弹簧弹性系数，进而根据拉膜过程中弹簧的伸长量及胡克定律求出拉力，计算表面张力系数。

(2) 分析测量误差来源，进行不确定度处理。

(3) 了解地面及太空中表面张力的应用。

3. 进阶内容

(1) 针对各种拉脱法，更换样品，测量其表面张力系数。

(2) 毛细管法：了解毛细管法测量液体表面张力系数的原理，使用毛细管上升法进行液体表面张力系数测量，搭建装置，测量毛细管直径和上升高度，测量水温。对水在毛细管中上升的高度进行修正，考虑毛细管是有限截面容器，对毛细管内外压强差进行修正。分析测量误差来源，进行不确定度分析。用毛细管法测量温度相关的表面张力系数。

(3) 最大泡压法：了解最大泡压法测量液体表面张力系数的原理，能够自己动手组建负压法装置并进行测量。了解实验室中可以采用精度低、成本低的 U 型计或者高精度的压力计进行压力差读数。可以通过气泵改进实验装置为正压法测量。

(4) 滴重法：了解理想情况下滴落的液滴重量与管径以及表面张力系数的关系；搭建滴重法实验装置，测量管径，多个液滴质量求平均，得到管径与液滴体积决定的修正系数，并利用修正方法求解表面张力系数。

(5) 悬滴法：了解利用特征长度来表征液滴形状的一种方法，通过拍摄悬停的液滴形状，进行图像识别，计算其形状因子-特征长度比值，通过查表得到液体的表面张力系数。

（6）提高设计实验能力，了解图像分析相关知识。

4. 高阶内容

（1）运用各种拉脱法、毛细管法，增加温控装置，研究温度与表面张力系数的关系。

（2）了解悬滴法、液桥法、卧滴法的形貌识别方法。

（3）激光衍射表面毛细波法：利用表面波的色散关系，改变信号发生器频率，测量衍射条纹间距，拟合频率和光斑间距，求解液体的表面张力系数。探究表面张力系数与液体的其他物性参量，例如黏度的关系。

（4）根据表面张力系数相关知识，研究生活中常见的物理现象：铝箔小船实验；曲别针、图钉、硬币漂浮实验；托里拆利规律探究中的表面张力系数测量。学生通过查阅资料等方式进行的其他设计等。

（5）设计新的实验仪器，如接触角测量仪、旋转滴法表面张力系数测量仪。

【实验注意】

1. 实验操作前仪器预热 15min 以上。

2. 对硅压阻力敏传感器进行定标时，原则上在加砝码前应首先对电压表调零；增减砝码时要托住砝码盘，尽量轻拿轻放，硅压阻力敏传感器受力不宜大于 0.098N，以免损坏；测量过程中尽量在砝码盘、吊环静止时读数。

3. 吊环和玻璃器皿使用前先用 NaOH 溶液清洗，再用清水冲净。测量时不可用手直接拿取吊环，手也不要接触被测液体。

4. 挂吊环前先对吊环不同径向多次测量内、外径，取平均值；调节悬挂吊环的三根细铜线长度相等，使吊环与待测液面平行。

5. 旋转升降台时，尽量减小液体的波动。

6. 测量电压时应在数字电压表的不同示数范围内多次测量。

【实验报告思考题】

1. 分析实验中的误差来源以及如何消除这些误差？

2. 在对力敏传感器定标时，如果初始未清零，则对仪器灵敏度有何影响？

【附录】

表 4.1-4　不同温度下与空气接触纯水的表面张力系数

t/℃	α/(10^{-3}N·m^{-1})	t/℃	α/(10^{-3}N·m^{-1})
0	75.64	15	73.49
5	74.92	16	73.34
10	74.22	17	73.19
11	74.07	18	73.05
12	73.93	19	72.90
13	73.78	20	72.75
14	73.64	21	72.59

（续）

t/℃	α/(10^{-3} N · m^{-1})	t/℃	α/(10^{-3} N · m^{-1})
22	72.44	28	71.50
23	72.28	29	71.35
24	72.13	30	71.18
25	71.97	35	70.38
26	71.82	40	69.56
27	71.66	45	68.74

【参考文献】

[1] 张增明，韦先涛，浦其荣，等．大学物理实验：第一册［M］．北京：高等教育出版社，2024.

[2] 吴平．大学物理实验教程［M］．2 版．北京：机械工业出版社，2015.

[3] 赵凯华，罗蔚茵．新概念物理教程力学［M］．2 版．北京：高等教育出版社，2004.

[4] 孙晶华，梁艺军，关春颖，等．操纵物理仪器 获取实验方法——物理实验教程［M］．北京：国防工业出版社，2009.

[5] 张映辉．大学物理实验［M］．2 版．北京：机械工业出版社，2017.

[6] 张映辉．大学物理实验学习指导书［M］．2 版．北京：高等教育出版社，2021.

[7] 张映辉．大学物理实验数字课程［M］．北京：高等教育出版社，2020.

【本实验相关数字资源】

1-讲课视频　　2-拉脱前后现象　　3-物理思想与物理方法解析　　思维导图（知识图谱）

实验 4.2　金属丝弹性模量的测定

弹性模量是工程材料重要参数之一，它反映了材料弹性形变与内应力之间的关系，它只与材料性质有关，是选择工程材料的重要依据之一。常见的弹性模量的测量方法可分为静态测量法和动态测量法。动态测量法又包括弯梁法、共振法、超声法等。

一般情况下，金属在较小外力作用下的形变不明显，测量这种微小形变量需要用到放大法。放大法是一种在机械、电子、光学等各个领域应用都十分广泛的测量技术。例如，螺旋测微器是通过机械放大而提高测量精度的，示波器是通过将电子信号放大后进行观测的。本实验采用的光杠杆放大法属于光放大技术。此外，本实验还将利用非平衡电桥的电压输出特性，实现金属丝微小伸长量的电量测量，这是转换法在实验中的一个典型应用。

【实验目的】

1. 掌握静态拉伸法和动态共振法测量弹性模量的原理和方法。
2. 了解光杠杆法的放大原理及适用条件。
3. 掌握光学、电学等多种测量微小伸长量的原理及方法。

【预习提示】

1. 理解弹性模量的物理意义。
2. 了解测量微小长度的几种方法。
3. 理解光杠杆的光放大原理，能够利用光杠杆的光放大原理推导出弹性模量计算公式。
4. 了解非平衡电桥电压输出特性及转换测量法。明确本实验中金属丝的微小伸长量是如何通过非平衡电桥电压输出值实现测量的。
5. 查阅资料，了解共振测量法实现弹性模量测量的基本原理。

【实验原理】

1. 光杠杆法（拉伸法）测金属丝的弹性模量

设长为 L、截面积为 S 的均匀金属丝，在两端以外力 F 相拉后伸长 ΔL。实验表明，在弹性范围内，单位面积上的垂直作用力 F/S（正应力）与金属丝的相对伸长 $\Delta L/L$（线应变）成正比，其比例系数就称为弹性模量，用 E 表示，即

$$E=\frac{F/S}{\Delta L/L}=\frac{FL}{S\Delta L} \tag{4.2-1}$$

若金属丝的直径为 d，则可以得到

$$E=\frac{4FL}{\pi d^2\Delta L} \tag{4.2-2}$$

式中，ΔL 为微小量，用光杠杆放大法测量。光杠杆放大的基本原理见实验 3.5。与实验 3.5 略微不同，本实验中的标尺处在光杠杆反射镜一侧，如图 4.2-1 所示。利用与实验 3.5 类似

的处理方法，可以得到该光杠杆的放大倍数为

$$A_0=\frac{N}{\Delta L}=\frac{P_1-P_0}{\Delta L}=\frac{4D}{b}$$

因此，

$$E=\frac{16FLD}{\pi d^2 bN} \tag{4.2-3}$$

式中，b 为光杠杆后足尖 A 到两前足尖 B、C 连线的垂直距离，如图 4.2-2a 所示；N 为外加拉力 F 时对应的伸长量；D 为反射平面镜到标尺的距离，可用光学方法在望远镜中间接测得。调节望远镜的目镜，聚焦后可清晰地看到叉丝平面上有上、中、下三条平行基准线，如图 4.2-2b 所示，其中间基准线称为测量准线，用于读金属丝长度变化的测量值 n_1，n_2，…，上下两条准线称为辅助准线。它们之间的距离 n_a-n_b 称为视距，则有 $D=\frac{100}{3}\cdot|n_a-n_b|$。

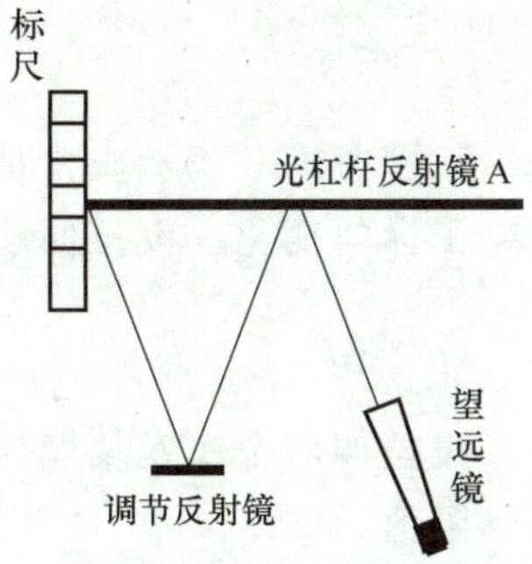

图 4.2-1 光杠杆装置图

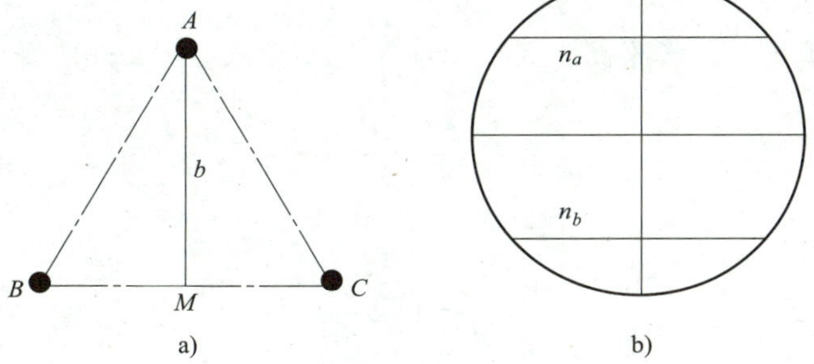

图 4.2-2 光杠杆三足示意图及目镜视场

a）光杠杆三足示意图 b）目镜视场

2. 非平衡电桥法测金属丝的弹性模量

在金属材料弹性模量的测量中，由于金属丝拉伸后的伸长量很小，很难直接测量。因此可以考虑转换测量法，即通过非平衡电桥测量金属丝经拉伸后的微小电阻变化而间接得到金属丝的伸长量。图 4.2-3 为非平衡电桥测电阻变化的电路图，其中电阻箱 R_1、R_2、R_3 构成电桥的三个臂，电阻箱 R_4 与待测金属丝电阻 R_s 串联构成第四臂，R_0 为电位器，c 是滑动头，当电桥平衡时有以下关系：

$$\frac{R_1}{R_2}=\frac{R_3}{R_4+R_s} \tag{4.2-4}$$

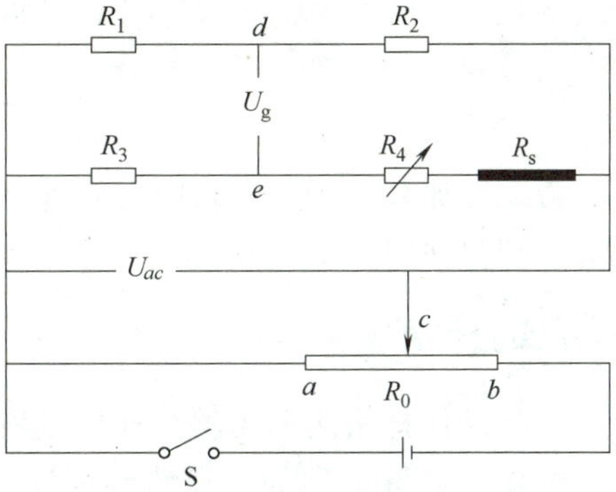

图 4.2-3 非平衡电桥测电阻变化电路图

任意桥臂阻值变化时，电桥将偏离平衡位置。金属丝受到拉伸引起电阻变化 ΔR_s，当 R_4+R_s 的相对阻值变化量小于 1%时，桥电压 U_g（即 d、e 之间的电压）与该桥臂的化量近似满足

$$U_g=\frac{U_{ac}}{4}\frac{\Delta R_s}{R_4+R_s} \tag{4.2-5}$$

下面考虑金属丝拉伸后电阻变化情况。式（4.2-1）中只考虑了材料的微小纵向应变，忽略了横向变化。设拉伸前金属丝长度为 L，截面积为 S，则拉伸前金属丝阻值为

$$R_s=\rho\frac{L}{S} \tag{4.2-6}$$

设拉伸后金属丝长度为（$L+\Delta L$），截面积为 S'，且电阻率不随应力变化。则拉伸后金属丝阻值为

$$R_s'=\rho\frac{(L+\Delta L)}{S'} \tag{4.2-7}$$

由于拉伸前后的金属丝体积不变，故有

$$LS=(L+\Delta L)S' \tag{4.2-8}$$

联立式（4.2-6）、式（4.2-7）、式（4.2-8）可得

$$\frac{R_s'}{R_s}=\frac{(L+\Delta L)^2}{L^2}=1+2\frac{\Delta L}{L}+\left(\frac{\Delta L}{L}\right)^2 \tag{4.2-9}$$

在拉力 F 不太大的情况下，省略高阶无穷小项$\frac{\Delta L}{L}$，结合式（4.2-1）得

$$\frac{\Delta L}{L}=\frac{F}{SE}$$

可得

$$\frac{R_s'}{R_s}=1+2\frac{F}{SE}$$

整理得弹性模量

$$E=\frac{2FR_s}{S(R_s'-R_s)}=\frac{2FR_s}{S\Delta R_s} \tag{4.2-10}$$

将式（4.2-5）代入式（4.2-10），可得

$$E=\frac{2FR_sU_{ac}}{\pi d^2U_g(R_4+R_s)}=\frac{2mgR_sU_{ac}}{\pi d^2U_g(R_4+R_s)} \tag{4.2-11}$$

若通过加载砝码的方式确定施加在金属丝上的拉力大小，就可以依据式（4.2-11）求出金属丝的弹性模量。

【实验仪器】

（1）光杠杆法测金属丝弹性模量所需仪器：

数显气（液）压加力弹性模量拉伸仪，光杠杆，螺旋测微器，直尺，游标卡尺各一个。

数显气（液）压加力弹性模量拉伸仪如图 4.2-4 所示，金属丝上下两端用钻头夹具夹紧，上端固定于双立柱的横梁上，下端钻头卡的连接拉杆穿过固定平台中间的套孔与拉力传感器相连。加力装置施力给传感器，从而拉伸金属丝。所施力大小由电子数字显示系统显示在液晶显示屏上。加力大小由液压调节阀进行调节。

（2）电桥法测量弹性模量所需仪器：

电阻箱，开尔文电桥，伏特表，滑动变阻器，直流稳压电源，砝码，定滑轮，托盘，待测金属丝，导线，螺旋测微器等。

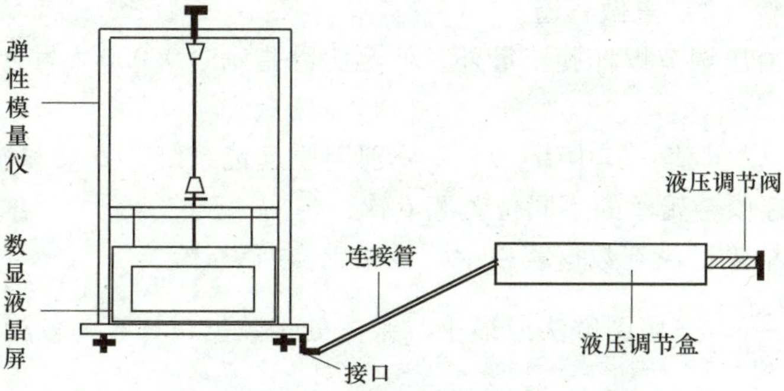

图 4.2-4　数显气（液）压加力弹性模量拉伸仪

【实验内容】

1. 基础内容

采用光杠杆法测量金属丝的弹性模量。

（1）观察弹性模量拉伸仪上的圆形水准仪的气泡是否居中，若不居中可调节底脚螺钉直至气泡居中为止，此时意味着弹性模量拉伸仪的立柱铅直，平台水平。

（2）将液压连接管头插入弹性模量拉伸仪接口，并拧紧压紧螺帽。使液压调节螺杆沿减力方向调至“零位”。

（3）将照明标尺插入弹性模量拉伸仪平台左边的小柱内，再将照明线接头插入拉伸仪左侧照明电源接口。

（4）调节光路。

① 将光杠杆放置好，两前足尖放在平台槽内，后足尖置于与钢丝固定的圆形托盘上，并使光杠杆反射镜平面与照明标尺基本在一个平面上。调节光杠杆反射镜的倾角螺钉，使反射镜与平台面基本垂直。

② 调节望远镜与调节反射镜高度，使其与光杠杆基本处于等高位置。再调反射镜的倾角螺钉，使反射镜镜面与光杠杆镜面基本平行。

③ 小心转动调节反射镜，至目测能看到照明标尺经调节反射镜投射到光杠杆反射镜的像为止。

④ 通过望远镜找到标尺的像，若找不到，应调节光杠杆镜面和反射镜倾角螺钉以及望远镜的位置，直至找到为止。

（5）调节望远镜的目镜焦距，看清叉丝平面的三条准线。调节物镜焦距清晰地看清反射回的标尺像并无视差。

（6）测量。

① 按下数显测力秤的“开/关”键。待显示器出现“0.000”后，用液压加力盒的调节螺杆加力，显示屏上会出现所施拉力值。

② 为测量数据准确方便，先测量加载过程，将数显拉力从 14kgf（千克力）始，每间隔 1kgf 记录一次标尺读数，共记录 10 组数据，分别记作 n_0、n_1、n_2、n_3、n_4、n_5、n_6、n_7、

n_8、n_9。隔数分钟后，连续减载，每减少 1kgf 观测一次标尺读数。读取相应的十组数据，记录数据，表格自行设计。

③ 重复上述步骤（2）重做一遍。

④ 观测完毕将液压调节螺杆旋至最外，使测力秤指示“0.000”附近后，再关掉测力秤“电源”。

⑤ 测量 D、L、b、d 值，其中 D、L、b 分别用望远镜系统、直尺和游标卡尺测一次，d 用“螺旋测微器”选取金属丝的不同位置测 6 次。

⑥ 将上述测量结果记录到数据表格中，表格请自行设计。

⑦ 根据 $E=\dfrac{16FLD}{\pi d^2 bN}$，采用图解法或最小二乘法处理数据，计算弹性模量。根据间接测量量相对不确定度传递公式，推导并计算弹性模量 E 的不确定度。

2. 提升内容

采用非平衡电桥法测量金属丝的弹性模量。

（1）选择六个不同位置，测量金属丝直径 d，记录数据表格自行设计。

（2）用开尔文电桥测出金属丝电阻 R_s 的初始值，重复测量 3 次，取平均值。

（3）用电阻箱充当电阻，按照电路图 4.2-3 自组电阻电桥电路。

（4）设置电阻箱 $R_1=R_2=R_3=R_4=300.0\Omega$，再进一步调节 R_4 大小，使电桥处于平衡，此时 $U_g=0V$，并记录 R_4 电阻值。

（5）用伏特表测出电压 U_{ac}。

（6）在砝码盘中依次放入 200g、250g、300g、350g、400g、450g、500g 砝码，并用伏特表测出对应的非平衡电桥输出电压 U_g，并记录到数据表格中（表格自行设计）。

（7）根据式（4.2-11），采用作图法或最小二乘法，求得金属丝的弹性模量，并与光杠杆法测得的结果进行比较。

3. 进阶内容

波动光学法实现弹性模量的测量。

设计实验方案，根据光的干涉或衍射理论，实现金属丝微小伸长量的测量。搭建实验装置，开展金属丝的弹性模量的测量实验。分析比较上述力学、电学及光学测量方法的优缺点。

4. 高阶内容

任何物体都有其固有的振动频率，这个固有振动频率取决于试样的振动模式、边界条件、弹性模量、密度以及试样的几何尺寸、形状等。只要从理论上建立了一定振动模式、边界条件和试样的固有频率及其他参量之间的关系，就可通过测量试样的固有频率、质量和几何尺寸来计算弹性模量。

查阅资料，以质量均匀分布金属圆杆为例，探究弹性模量与振动频率之间的关系。设计实验方案，实现动态共振法测量金属弹性模量。

【实验注意】

1. 由于液压变化需要时间，因此加压时要缓慢。
2. 务必在压力为零附近关机，否则再开机会出现非正常工作状态。

3. 非平衡电桥法测量弹性模量时注意悬挂砝码静止后再进行测量。
4. 非平衡电桥法测量弹性模量时注意输出电压零点漂移的调整。

【实验报告思考题】

1. 根据误差分析，要使弹性模量测量的实验结果理想，关键应抓住什么量进行测量？为什么？
2. 用光杠杆放大法测量微小长度变化有什么优点？怎样提高光杠杆放大系统的放大倍数？
3. 非平衡电桥法测量微小长度变化采用了什么实验方法，怎样提高测量的准确度？
4. 比较静态拉伸法和动态共振法测量弹性模量的优缺点。

【参考文献】

[1] 刘子臣，刘少杰，朱箭．大学基础物理实验［M］．天津：南开大学出版社，2001.
[2] 吴泳华，霍剑青，浦其荣．大学物理实验：第一册［M］．2版．北京：高等教育出版社，2005.
[3] 张映辉．大学物理实验［M］．2版．北京：机械工业出版社，2017.
[4] 林春丹，张程．平衡电桥法测金属丝弹性模量［J］．大学物理实验，2019，32（6）：40-42.

【本实验相关数字资源】

1-讲课视频　2-实验操作　3-物理思想与物理方法解析　思维导图（知识图谱）

实验 4.3 超声速的测量

在弹性介质中，频率从 20Hz~20kHz 的振动所激起的机械波称为声波；频率低于 20Hz，称为次声波；频率高于 20kHz，称为超声波，超声波的频率范围为 $2\times10^4 \sim 5\times10^8$Hz。超声波在介质中的传播速度（超声速）与介质的特性及状态等因素有关，因而通过介质中声速的测定，可以了解介质的特性或状态变化。超声波具有波长短、能量大、易于定向传播、遇到障碍物时易形成反射等优点，可用于超声波测距、定位，测液体流速，测气体温度瞬间变化；也可用于切割、焊接、钻孔、清洗机件；还可用于无损探测工件内部的缺陷（如超声波探伤仪），探测人体内的病变（如 B 超）等。在超声波段进行声速测量比较方便。本实验就是用压电陶瓷换能器来测定超声波在气体、液体和固体中的传播速度，实现了非电学量的电学测量。

【实验目的】

1. 了解声波和超声波的概念及特点。
2. 了解驻波的特点。
3. 理解压电陶瓷换能器的工作原理及非电学量的电学测量技术。
4. 学习用驻波法、相位比较法和时差法测量固、液、气三种介质中声速的方法。

【预习提示】

1. 理解测量波长的驻波法、相位比较法和时差法。
2. 了解形成驻波和李萨如图形的基本理论。
3. 明确需要测量的物理量。
4. 熟悉仪器的调节方法和步骤。

【实验原理】

1. 超声波的产生和接收

实验中使用压电陶瓷换能器完成声压和电压之间的转换，从而测定超声波在空气中的传播速度，实现非电量的电测。实验所用声速测量仪的主要器件为产生和接收超声波的传感器（压电陶瓷换能器），它的外形及内部结构如图 4.3-1 所示。它是由压电陶瓷晶片、锥形辐射喇叭、底座、引线、金属外壳及金属网构成的。其中，压电陶瓷晶片是传感器的核心，它是利用压电体的逆压电效应产生超声波，即在信号发生器产生的交变电压作用下，压电体产生机械振动，从而在空气中激发出声波；压电陶瓷换能器还可以利用压电体的压电效应来接收超声波。锥形辐射喇叭使发射和接收超声波的能量比较集中，使发射和接收超声波有一定的方向角。本实验使用的压电陶瓷晶片的振荡频率约为 37kHz，相应的超声波波长约为几毫米，定向发射性能好。实验中将正弦电压信号的频率自动设置在 37kHz，在此频率基础上仔细调节频率旋钮，使其等于压电陶瓷晶片的振荡频率（此频率就是超声波的频率），此时传感器发生共振，输出的超声波能量最大（通过观察示波器 CH2 通道上的正弦波形的幅度变化来判断）。

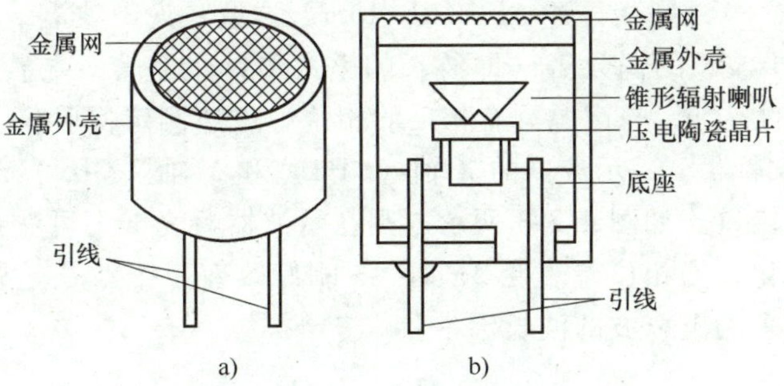

图 4.3-1 压电陶瓷换能器

a）外形结构 b）内部结构

2. 声速测量原理

声速是声波在介质中传播的速度。声波在空气中的传播速度为

$$v=\sqrt{\frac{\gamma RT}{M}} \tag{4.3-1}$$

式中，γ 是空气的比热容比；R 是摩尔气体常量；M 是空气的摩尔质量；T 是热力学温度。由式（4.3-1）可见，温度是影响空气中声速的主要因素。如果忽略空气中的水蒸气和其他夹杂物的影响，在0℃（$T_0=273.15\text{K}$）、$p=101.3\text{kPa}$ 时的声速为

$$v_0=\sqrt{\frac{\gamma RT_0}{M}}=331.45\text{m}\cdot\text{s}^{-1} \tag{4.3-2}$$

在 t（℃）时的声速

$$v_t=v_0\sqrt{1+\frac{t}{273.15}} \tag{4.3-3}$$

（1）利用声速与频率、波长的关系测量声速。由波动理论知道，声波在空气中传播速度 v 与波长 λ 及声源振动频率 f 的关系为

$$v=f\lambda \tag{4.3-4}$$

据此，只要测出声波的波长和频率，即可求出声速。本实验中声波的频率可由测量声源的振动频率得到，因此，测量声波的波长是主要任务。声波波长常用以下两种方法测量：

① 相位比较法。由于发射器发出的声波近似于平面波，所以空气在发射器与接收器之间同一截面处各质点的振动情况相同。设声源从 $x=0$ 处（O 点）发出的平面简谐波沿 x 轴正向传播，在 $x=0$ 处的振动方程为 $y_0=A\cos\omega t$。式中，A 为振幅；$\omega(=2\pi f)$ 为圆频率；y_0 为位于 $x=0$ 处质点 t 时刻离开平衡位置的位移。如图 4.3-2 所示，设在传播过程中，各点振动的振幅不变，则沿传播方向任一点 P 在任一时刻的位移为

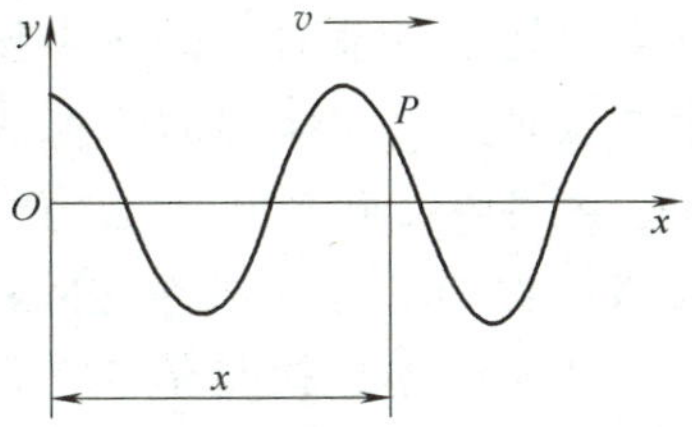

图 4.3-2 平面简谐波的波形曲线

$$y_P=A\cos\omega(t-x/v)=A\cos2\pi(ft-x/\lambda) \tag{4.3-5}$$

式中，v 为声速。由此可见，距 O 点不同距离的各点，具有不同的振动相位，O 与 P 两点间的相位差为 $\Delta\varphi=2\pi x/\lambda$。如 $x=2k\lambda/2$（$k=0,\pm1,\pm2,\cdots$），则相位差 $\Delta\varphi=2k\pi$。如 $x=(2k+$

1) $\lambda/2$ ($k=0,\pm1,\pm2,\cdots$)，则相位差 $\Delta\varphi=(2k+1)\pi$。这就是说声波沿 x 轴传播，随 x 的不同有不同的相位：x 为半波长的偶数倍（即波长的整数倍）的各点，与声源具有相同的相位；x 为半波长的奇数倍的各点，与声源具有相反的相位。声速测定实验仪上的发射器连接换能器 S_1，接收器连接换能器 S_2，示波器的 X 轴（CH1）和 Y 轴（CH2）分别连接声速测定实验仪上的两个示波器接口。如图 4.3-3 所示，则在示波器荧光屏上可看到李萨如图形。图形随相位差的变化而变化，当相位差改变 2π 时，x 刚好改变一个波长。故可用示波器观察李萨如图形变化的方法来测出声波的波长。

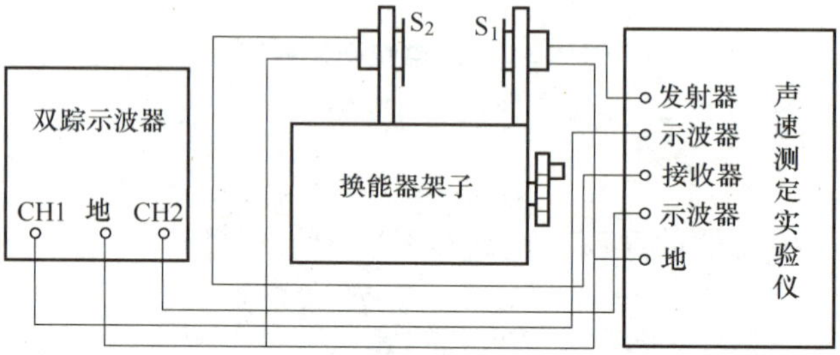

图 4.3-3 相位比较法测波长仪器连接示意图

② 共振干涉法（驻波法）。由发射换能器 S_1 发出的声波近似于一沿 x 轴正方向传播的平面波，经接收换能器 S_2 反射后，又沿 x 轴负向返回，在两端面间入射波与反射波叠加。如入射波和反射波的波函数分别为 $y_1=A\cos2\pi f(t-x/v)$，$y_2=A\cos2\pi f(t+x/v)$，则在两波相遇处，叠加波为

$$y=A\cos2\pi f(t-x/v)+A\cos2\pi f(t+x/v)=(2A\cos2\pi x/\lambda)\cos2\pi ft \tag{4.3-6}$$

该叠加波是一驻波，各点都在做同一频率的振动，而各点的振幅 $2A\cos2\pi x/\lambda$ 是 x 的余弦函数。对应于 $\left|\cos2\pi\frac{x}{\lambda}\right|=1$，即 $x=\pm k\frac{\lambda}{2}$ ($k=0,1,2,\cdots$) 处，振幅最大为 $2A$，称为波腹；对应于 $\left|\cos2\pi\frac{x}{\lambda}\right|=0$，即 $x=\pm(2k+1)\frac{\lambda}{4}$ ($k=0,1,2,\cdots$) 处，振幅最小为 0，这些点永远静止不动，称为波节。其余各点的振幅在零和最大值之间。两相邻波腹（或波节）之间的距离均为 $\lambda/2$，即半个波长。由纵波的性质可以证明，当接收器端面按振动位移来说处于波节时，则按声压来说是处于波腹。当发生共振时，接收器端面近似为波节，接收到的声压最大，经接收器转换成的电信号也最强，声压变化与接收器位置的关系可由实验测出，如图 4.3-4 所示。共振干涉法仪器连接与图 4.3-3 一致，但示波器 CH1 通道的耦合方式选择 GND（接地）功能，CH2 通道的耦合方式选择直流（DC）或交流（AC）功能，即示波器只显示 CH2 通道的正弦波。当接收器端面移动到某个共振位置时，如果示波器上出现了最强的电信号，继续移动接收器，将再次出现最强的电信号，则两次共振位置之间的距离为 $\lambda/2$。

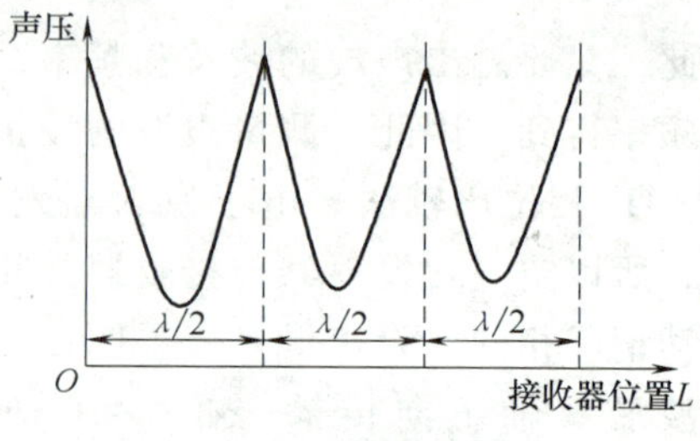

图 4.3-4 驻波法测波长

(2) 利用声波传播时间和传播距离计算声速（时差法或脉冲法）。以上两种方法测量空气中的声速，是用示波器观察波峰和波谷，或者观察两个波的相位差，原理是正确的，但是

测量精度欠佳。测量固体中声速常采取较精确的时差法。时差法在工程中有广泛的应用。如图 4. 3-5 所示，它是将脉冲调制的电信号加到发射换能器上，声波在介质中传播，经过时间 t 后，到达距离为 L 处的接收换能器，用以下公式求出声波在介质中传播的速度：

$$v=L/t \tag{4.3-7}$$

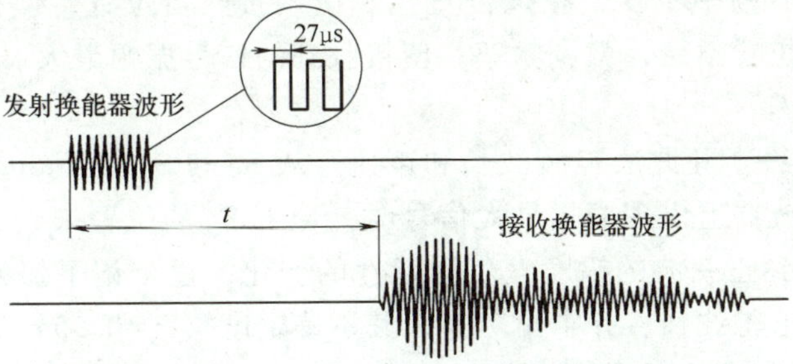

图 4. 3-5 用时差法测量声速的波形图

【实验仪器】

声速测定实验仪，双踪示波器，游标卡尺，尼龙杆，水槽等。

1. 声速测定实验仪装置：主要由声速测定实验仪和换能器架子组成，如图 4. 3-6 所示。主机上有发射器、接收器以及连接示波器的 BNC 接口共四个。换能器架子由两个超声压电换能器和游标卡尺组成。超声压电换能器可以实现声压和电压之间的相互转换，分别与主机上的发射器、接收器相连接，用于发射和接收超声波；游标卡尺用来测量声波发射面和接收面之间的距离。

2. 主机上的发射器：提供适当频率的正弦电信号给压电换能器来发射超声波。

3. 双踪示波器：用来观察显示李萨如图形。

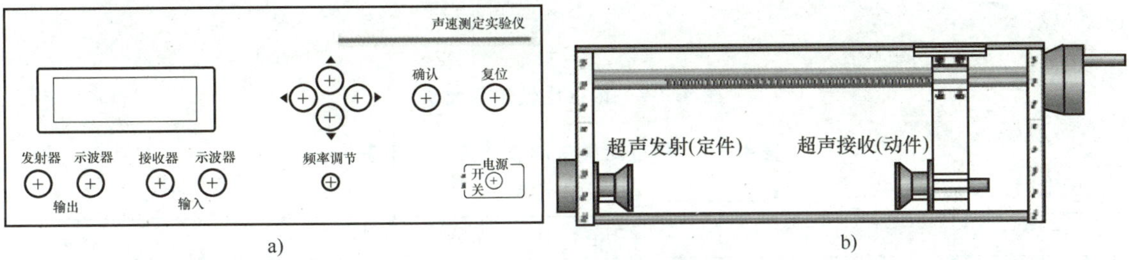

图 4. 3-6 声速测定实验仪

a）面板图 b）换能器架子

【实验内容】

1. 基础内容

（1）超声压电陶瓷换能器的谐振频率测量。

① 按图 4. 3-3 接线，示波器 CH1 通道的耦合方式选择 GND（接地）功能，CH2 通道的耦合方式选择直流（DC）或交流（AC）功能，即示波器只显示 CH2 通道的正弦波。调节 S_1、S_2 使两端面相互平行，且与移动方向相垂直。

② 调节仪器使系统处于最佳工作状态，测量谐振频率f（谐振频率范围$f=35\sim39$kHz）。只有当换能器发射面S_1和接收面S_2保持平行才有较好的接收效果。为了得到较清晰的接收波形，需要将发射器正弦电信号频率调至发射换能器的谐振频率f处。

将接收器移至游标卡尺中间位置，然后调节信号频率（35~39kHz），使接收器接收到的信号振幅最大；然后频率不变，在该位置左右微调接收器位置，使接收到的信号振幅最大；最后保持接收器位置不变，微调频率，使接收到的信号振幅最大。此时该频率为压电陶瓷换能器的谐振频率f。

（2）用共振干涉法（驻波法）测波长和声速。从S_1和S_2相距5cm开始移动S_2，观察波的干涉现象。当示波器上出现振幅最大信号时，记下S_2的位置L_1。由近而远改变接收器S_2的位置，可以观察到正弦波的幅度发生周期性的变化，逐个记下振幅最大的位置，共12个点，用最小二乘法求得波长，并求出声速及其不确定度（$P=0.95$）。

（3）记下室温t，计算理论值v_t，与测量值比较。

（4）用相位比较法测量空气中的声速。按图4.3-3连接仪器，发射器输出正弦信号，调节频率使其为换能器的谐振频率（约37kHz），记下谐振频率f。这时，换能器发射出的超声波能量最强。

用示波器观察李萨如图形，寻找同相或反相时椭圆退化为右斜或左斜直线的点测出波长。移动S_2，使S_1、S_2两换能器相距1cm左右，选择李萨如图形中斜率为正（或为负）的直线作为测量基准线，如图4.3-7所示。沿传播方向由近及远移动接收换能器S_2，连续测量16个出现正（或负）斜率的直线时接收换能器S_2的位置读数，即游标卡尺的读数L_1，L_2，…，L_{16}，将数据记录于表4.3-1中。用作图法求出波长，进而求出声速。

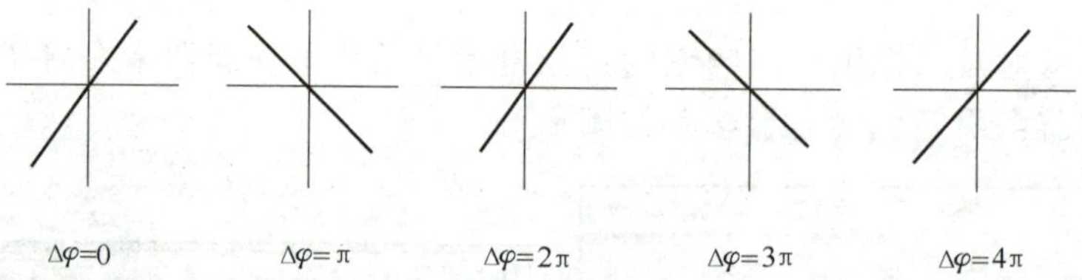

图4.3-7 相位比较法测波长

表4.3-1 相位比较法测波长实验数据表

压电陶瓷换能器的共振频率f=________Hz，实验室温度t=________℃

次数i	1	2	3	4	5	6	7	8
S_2位置L_i/mm								
S_2位置L_{i+8}/mm								

2. 提升内容

用相位比较法测量不同无色散液体（水、酒精等）介质中的声速。

在储液槽中装入液体至刻度线，将换能器置于储液槽中，观察李萨如图形，用相位比较法记录10个值，测出声波在该液体中传播的声速。

3. 进阶内容

（1）用时差法测量无色散固体介质（尼龙杆）中的声速。

① 将专用信号源上的“测试方法”调至“脉冲波”的位置，“传播介质”调至“非金

属”的位置。

② 先将发射换能器尾部的连接插头拔出，将待测的测试棒一端面的小螺柱旋入接收换能器的中心螺孔内，再将另一端面的小螺柱也旋入能旋转的发射换能器，使固体棒的两端面与两换能器的平面紧密地接触。旋紧时应用力均匀，不可以用力过猛，以免损坏螺纹，拧紧程度要求两只换能器端面与被测棒两端紧密接触即可。调换测试棒时，要先拔出发射换能器尾部的连接插头，然后旋出发射换能器的一端，再旋出接收换能器的一端。

③ 将发射换能器尾部的连接插头插入接线盒的插座中，即可开始测量。

④ 用游标卡尺测量尼龙棒的长度差 L_1-L_2，记录信号源测出的测试棒的时间读数差 t_1-t_2，单位为 μs。

⑤ 利用公式 $v=(L_1-L_2)/(t_1-t_2)$，即可计算出不同材质测试棒中的声速。

（2）利用共振干涉原理（驻波法），用声压极小值测声速，并与用极大值测得的结果进行比较。

（3）发射换能器与接收换能器间距一定时的变频测量法。当发射换能器与接收换能器间距 L 一定时，改变发射信号频率，根据接收信号特征点（等相或振幅极值点），找出频率特征值，进而求出空气中的声波波长和声速。

（4）分析影响不同介质中声速测量的因素，并讨论不确定度的来源。

4. 高阶内容

（1）利用声光衍射法测量液体中的声速。

（2）利用多普勒效应测量声速。

（3）观察声悬浮现象并测量空气中的声速。

（4）结合 Phyphox（手机物理工坊）软件中“声音频谱”模块设计实验测量空气中的声速。

【实验注意】

1. 实验时必须轻而缓慢地调节，手勿压游标卡尺，以免尺身弯曲而引起误差。
2. 两换能器端面要保持互相平行且不能接触。
3. 测量时保持谐振频率不变。
4. 测量时记录超声波传播介质的温度。

【实验报告思考题】

1. 实验中为什么要在超声换能器谐振状态下测量？
2. 实验中怎样找到超声换能器的谐振频率？
3. 声速测量中驻波法、相位比较法、时差法有何异同？

【参考文献】

［1］ 张增明，韦先涛，浦其荣，等．大学物理实验：第一册［M］．北京：高等教育出版社，2024.

［2］ 李相银，徐永祥，王海林，等．大学物理实验［M］．2 版．北京：高等教育出版社，2010.

［3］　吴平. 大学物理实验教程［M］. 2 版. 北京：机械工业出版社，2015.
［4］　张映辉. 大学物理实验［M］. 2 版. 北京：机械工业出版社，2017.
［5］　张映辉. 大学物理实验学习指导书［M］. 2 版. 北京：高等教育出版社，2021.
［6］　张映辉. 大学物理实验数字课程［M］. 北京：高等教育出版社，2020.

【本实验相关数字资源】

1-讲课视频

2-调节出换能器的谐振频率

3-相位比较法测波长

4-共振干涉法测波长

5-物理思想与物理方法解析

思维导图（知识图谱）

实验 4.4 稳态平板法测量材料导热系数

导热系数（热导率）是反映材料热性能的物理量，导热是热交换三种基本形式（导热、对流和辐射）之一，是工程热物理、材料科学、固体物理及能源、环保等各个研究领域的课题之一。要认识导热的本质和特征，需了解粒子物理，而目前对导热机理的理解大多数来自固体物理的实验。材料的导热机理在很大程度上取决于它的微观结构，热量的传递依靠原子、分子围绕平衡位置的振动以及自由电子的迁移，在金属中电子流起支配作用，在绝缘体和大部分半导体中则以晶格振动起主导作用。因此，材料的导热系数不仅与构成材料的物质种类密切相关，而且与它的微观结构、温度、压力及杂质含量相联系。在科学实验和工程设计中所用材料的导热系数都需要用实验的方法测定。粗略估计，可从热学参数手册或教科书的数据和图表中查寻。

1882 年法国科学家傅里叶奠定了热传导理论，目前各种测量导热系数的方法都是建立在傅里叶热传导定律基础之上。从测量方法来说，可分为两大类：稳态法和动态法。本实验采用的是稳态平板法测量材料的导热系数。

【实验目的】

1. 了解热传导现象的物理过程。
2. 学习用稳态平板法测量材料的导热系数。
3. 学习用作图法求冷却速率。
4. 掌握一种用热电转换方式进行温度测量的方法。

【预习提示】

1. 了解温度梯度、热传导、比热容的定义及物理意义。
2. 理解实验中热传速率测量方法的转换。
3. 了解用温差电动势代替待测温度计算导热系数的依据。

【实验原理】

热传导定律指出：如果热量是沿着 z 方向传导，那么在 z 轴上任一位置 z_0 处取一个垂直截面积 $\mathrm{d}S$（见图 4.4-1）以 $(\mathrm{d}T/\mathrm{d}z)_{z_0}$ 表示在 z_0 处的温度梯度，以 $\mathrm{d}Q/\mathrm{d}t$ 表示在该处的传热速率（单位时间内通过截面积 $\mathrm{d}S$ 的热量），那么热传导定律可表示为

$$\frac{\mathrm{d}Q}{\mathrm{d}t}=-\lambda\left(\frac{\mathrm{d}T}{\mathrm{d}z}\right)_{z_0}\mathrm{d}S \tag{4.4-1}$$

式中，负号表示热量从高温区向低温区传导（即热传导的方向与温度梯度的方向相反）；比例系数 λ 即为导热系数，它表示：在温度梯度为一个单位的情况下，单位时间内垂直通过单位面积截面的热量。

利用式（4.4-1）测量材料的导热系数 λ，需解决的关键问题有两个：一个是在材料内造成一个温度梯度 $\mathrm{d}T/\mathrm{d}z$，并确定其数值；另一个是测量材料内由高温区向低温区的传热速率 $\mathrm{d}Q/\mathrm{d}t$。

为了在样品内造成一个温度的梯度分布，可以把样品加工成平板状，并把它夹在两块良导体——铜板之间（见图 4.4-2）。使两块铜板分别保持在恒定温度 T_1 和 T_2，就可能在垂直于样品表面的方向上形成温度的梯度分布。当然这需要铜板与样品表面的紧密接触，无缝隙，否则中间的空气层将产生热阻，使得温度梯度测量不准确。为了保证样品中温度场的分布具有良好的对称性，把样品及两块铜板都加工成等大的圆形。样品厚度可做成 $h \leqslant D$（样品直径）。这样，由于样品侧面积比平板面积小得多，由侧面散去的热量可以忽略不计，可以认为热量是沿垂直于样品平面的方向上传导，即只在此方向上有温度梯度。由于铜是热的良导体，在达到平衡时，可以认为同一铜板各处的温度相同，样品内同一平行平面上各处的温度也相同。这样只要测出样品的厚度 h 和两块铜板的温度 T_1、T_2，就可以确定样品内的温度梯度度 $(T_1-T_2)/h$。

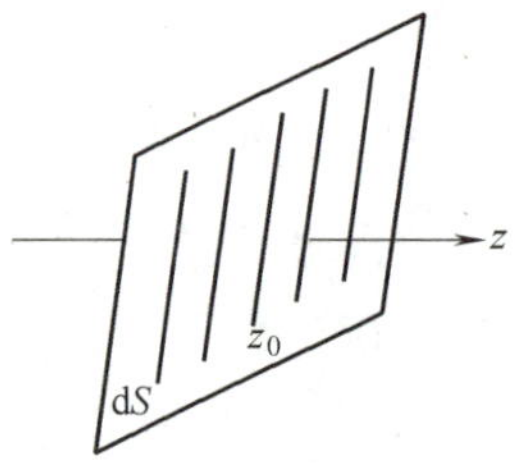

图 4.4-1 热传导示意图

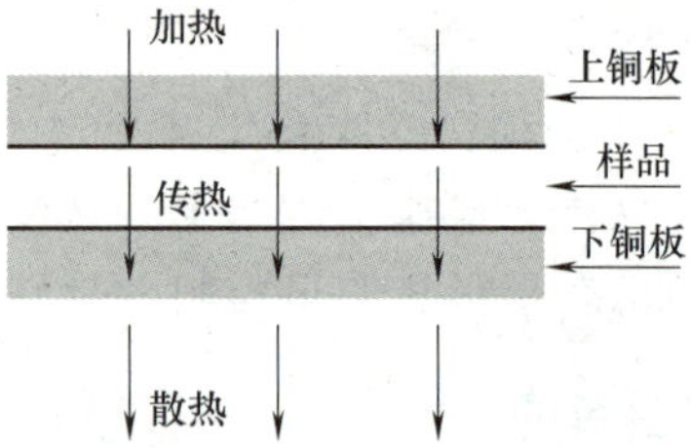

图 4.4-2 平板样品与上下铜板结构

单位时间内通过一截面积的热量 $\mathrm{d}Q/\mathrm{d}t$ 是一个无法直接测定的量，我们设法将这个量转化为较为容易测量的量。为了维持一个恒定的温度梯度分布，必须不断地给高温侧铜板加热。热量通过样品传到低温侧铜板，低温侧铜板则要将热量不断地向周围环境散出。当加热速率、传热速率与散热速率相等时，系统就达到一个动态平衡状态，称之为稳态。此时低温侧铜板的散热速率就是样品内的传热速率。这样，只要测量低温侧铜板在稳态温度 T_2 下散热的速率，也就间接测量出了样品内的传热速率。但是，铜板的散热速率也不易测量，还需要进一步做参量转换。我们已经知道，铜板的散热速率与冷却速率（温度变化率 $\mathrm{d}T/\mathrm{d}t$）有关，其表达式为

$$\left.\frac{\mathrm{d}Q}{\mathrm{d}t}\right|_{T_2}=-mc\left.\frac{\mathrm{d}T}{\mathrm{d}t}\right|_{T_2} \tag{4.4-2}$$

式中，m 为铜板的质量；c 为铜板的比热容；负号表示热量向低温方向传递。因为质量 m 容易直接测量，c 为常数，这样对铜板散热速率的测量又转化为对低温侧铜板冷却速率的测量。铜板的冷却速率可以这样测量：在达到稳态后，移去样品，用加热铜板直接对下金属铜板加热，使其的温度高于稳定温度 T_2（大约高出 10℃）再让其在环境中自然冷却，直到温度低于 T_2。测出温度在大于 T_2 到小于 T_2 区间中随时间的变化关系，描绘出 T-t 曲线，曲线在 T_2 处的斜率就是铜板在稳态温度时 T_2 下的冷却速率。

应该注意的是，这样得出的 $\mathrm{d}T/\mathrm{d}t$ 是在铜板全部表面暴露于空气中的冷却速率，其散热面积为 $2\pi R_{\mathrm{P}}^2+2\pi R_{\mathrm{P}}h_{\mathrm{P}}$（其中 R_{P} 和 h_{P} 分别是下铜板的半径和厚度）。然而，在实验中稳态传热时，铜板的上表面（面积为 πR_{P}^2）是样品覆盖的。考虑到散热面的影响，稳态时，铜板散热速率的表达式应修正为

$$\frac{dQ}{dt}=-mc\frac{dT}{dt}\cdot\frac{\pi R_P^2+2\pi R_P h_P}{2\pi R_P^2+2\pi R_P h_P} \tag{4.4-3}$$

据前面的分析，这个量就是样品的传热速率。将式（4.4-3）代入热传导定律表达式，并考虑到 $dS=\pi R^2$ 可以得到导热系数为

$$\lambda=mc\frac{2h_P+R_P}{2h_P+2R_P}\frac{1}{\pi R^2}\frac{h}{T_1-T_2}\frac{dT}{dt}\bigg|_{T=T_2} \tag{4.4-4}$$

式中，R 为样品的半径；h 为样品的高度；m 为下铜板的质量；c 为铜块的比热容；R_P 和 h_P 分别是下铜板的半径和厚度。式（4.4-4）中等号右侧的各项均为常量或直接易测量。

【实验仪器】

YBF-3 导热系数测试仪，冰点补偿装置，测试样品（硬铝、硅橡胶、胶木板），塞尺，游标卡尺等。

【实验内容】

1. 基础内容

硅橡胶导热系数测定。

（1）用游标卡尺和天平测量样品、下铜板（散热盘）的几何尺寸和质量等必要的物理量，多次测量、然后取平均值。其中铜板的比热容 $c=0.385\text{kJ}\cdot\text{K}^{-1}\cdot\text{kg}^{-1}$。

（2）在上铜板和下铜板中放入硅橡胶，调节支撑下铜板的 3 个固定调节旋钮，使相互接触良好，注意不要过紧或太松。

（3）把测量上铜板温度的热电偶的信号端与仪器面板的Ⅰ信号输入相连，热电偶的热端插在上铜板的小孔中（确保孔中有导热硅脂使导热良好），冷端插在冰点补偿装置中；把测量下铜板温度的热电偶的信号端与仪器面板的Ⅱ信号输入相连，热电偶的热端和冷端分别放在下铜板和冰点补偿装置中。

（4）温度控制器温度设定在 100℃（或其他合适的温度值），开关切换到自动控制。

（5）20~40min 后（时间长短随被测材料、测量温度及环境温度等有所不同），待 U_{T1} 读数稳定后（波动小于 0.01mV），每隔 2min 读取温度示值，直到 U_{T2} 读数也相对稳定（10min 内波动小于 0.01mV）。由于热电偶冷端温度为 0℃，对一定材料的热电偶而言，当温度变化范围不太大时，其温差电动势（mV）与待测温度（℃）的比值为一常数。故可用上、下铜板稳态温度 T_1 和 T_2 对应的温差电动势进行计算。

（6）测量下铜板在稳态值 T_2 附近的散热速率。具体步骤是：先移去样品，调节上铜板的位置，与下铜板对齐，并良好接触，对下铜板加热。当下铜板温度比 T_2 高出 10℃（对应热电势高出 0.39mV）左右时，移开上铜板，让下铜板所有表面均暴露于空气中，使下铜板自然冷却。画出下铜板的 T-t 冷却速率曲线，选取稳态值 T_2 临近的测量数据求出散热速率。

（7）计算硅橡胶的导热系数，分析误差。

2. 提升内容

硬铝导热系数测定。

（1）用游标卡尺和天平测量样品、下铜板的几何尺寸和质量等必要的物理量，多次测

量、然后取平均值。其中铜板的比热容 $c=0.385\text{kJ}\cdot\text{K}^{-1}\cdot\text{kg}^{-1}$。

（2）先在硬铝的两面涂上导热硅脂，在硬铝的上端套上绝热板，下端不用套，然后放入上铜板和下铜板中间，调节支撑下铜板的3个固定调节旋钮，使相互接触良好。

（3）将测量 T_1 和 T_2 的热电偶热端移下来分别插入到硬铝的上端孔和下端孔中，冷端均置于冰点补偿装置中。（在孔中涂上导热硅脂，确保导热良好。）

（4）温度控制器温度设定在100℃，开关切换到自动控制（实验时，温度可以自由设定）。

（5）20~40min后（时间长短随被测材料和环境有所不同），待 U_{T1} 读数稳定后（波动小于0.01mV），每隔2min读取温度示值，直到 U_{T2} 读数也相对稳定（10min内波动小于0.01mV）。

（6）将测量硬铝下孔温度的热电偶热端移出插入到下铜板小孔中，稳定后，记下下铜板在温度 T_3 时对应的温度电势。

（7）测量下铜板在稳态值 T_3 附近的散热速率。具体步骤是：先移去样品，调节上铜板的位置，与下铜板对齐，并良好接触，对下铜板加热。当下铜板温度比 T_3 高出10℃（对应热电势高出0.39mV）左右时，移开上铜板，让下铜板所有表面均暴露于空气中，使下铜板自然冷却。每隔30s记录的温度示值。

（8）计算硬铝的导热系数，分析测量误差。

3. 进阶内容

分析实验误差来源并设计改进实验。

（1）分析样品周围空气对流对导热系数测量的影响。

（2）样品之间及样品和热源间的紧密程度对测量的影响及分析。

（3）加热源散热对热流密度取值的影响及修正方法。

（4）样品厚度对导热系数测量的影响。

4. 高阶内容

（1）利用虚拟仿真实验平台完成不良导体导热系数的测量。

（2）推广测量其他物体比如冰块等的导热系数。

【实验注意】

1. 稳态法测量时，需要40min左右温度稳定。手动测量时，为缩短时间，可先将热板电源电压打在高挡。一定时间后，毫伏表读数接近目标温度对应的热电偶读数，即可将开关拨至低挡。通过调节手动开关的高挡、低挡及断电挡，使上铜板的热电偶输出的毫伏值在±0.03mV范围内。同时每隔30s记下上、下圆盘对应的毫伏读数，待下圆盘的毫伏读数在3min内不变即可认为已达到稳定状态，记下此时的 U_{T1} 和 U_{T2} 值。

2. 测金属的导热系数时，T_1、T_2 值为稳态时金属样品上下两个面的温度，此时散热盘的温度为 T_3。因此金属导热系数应修正为

$$\lambda=mc\frac{2h_{\text{P}}+2R_{\text{P}}-\dfrac{R^2}{R_{\text{P}}}}{2h_{\text{P}}+2R_{\text{P}}}\frac{1}{\pi R^2}\frac{h}{T_1-T_2}\left.\frac{\mathrm{d}T}{\mathrm{d}t}\right|_{T=T_3} \tag{4.4-5}$$

3. 圆筒发热体盘侧面和散热盘侧面，都有供安插热电偶的小孔，安放发热盘时此两小孔都应与冰点补偿装置在同一侧，以免线路错乱，热电偶插入小孔时，要抹上些硅脂，并插到洞孔底部，保证接触良好，热电偶冷端接到冰点补偿器信号输入端。

4. 样品和散热盘的几何尺寸可用游标尺多次测量取平均值。散热盘的质量 m 约 0.8kg。

5. 铜-康铜热电偶，温差 100℃时，温差电动势约 4.27mV，数字电压表量程 0~20mV，并能测到 0.01mV 的电压。

【实验报告思考题】

1. 测量冷却速率时，为什么要在稳态温度附近选值？
2. 计算结果的不确定度主要来源有哪些？

实验 4.5　铁磁材料磁化曲线及居里点的测定

磁性材料种类繁多并具有独特的性质，可应用于电力、通信、测量和信息存储等诸多领域。铁磁材料是一种典型的磁性材料，磁化曲线和居里温度反映了铁磁材料的基本特性。磁化曲线通过磁化过程中磁感应强度 $\boldsymbol{B}$ 与磁场强度 $\boldsymbol{H}$ 的关系反映材料的磁化特性；居里温度则是材料由铁磁性转变为顺磁性的相变温度。

【实验目的】

1. 了解铁磁材料的基本性质，对描述磁场的物理量加深理解。
2. 学习用示波器观察铁磁材料的磁滞回线。
3. 学会测量铁磁材料的基本磁化曲线和居里温度。

【预习提示】

1. 了解铁磁材料的基本性质，理解相关物理量的物理意义。
2. 了解铁磁材料的磁化规律，理解磁滞回线与基本磁化曲线的关系。
3. 掌握基本磁化曲线和居里点测量原理。

【实验原理】

1. 磁化曲线

在磁场的作用下表现出磁性的物质称为磁介质。磁介质的磁化规律可用磁感应强度 $\boldsymbol{B}$、磁化强度 $\boldsymbol{M}$ 和磁场强度 $\boldsymbol{H}$ 来描述，它们满足以下关系：

$$\boldsymbol{B}=\mu_0(\boldsymbol{H}+\boldsymbol{M})=\mu_0(\chi_m+1)\boldsymbol{H}=\mu_0\mu_r\boldsymbol{H}=\mu\boldsymbol{H} \tag{4.5-1}$$

式中，$\mu_0=4\pi\times10^{-7}\text{H}\cdot\text{m}^{-1}$ 为真空磁导率；χ_m 为磁化率；$\mu_r=\chi_m+1$ 为相对磁导率。χ_m 和 μ_r 均无量纲；$\mu=\mu_0\mu_r$ 为绝对磁导率，与 μ_0 具有相同量纲。在国际单位制中，$\boldsymbol{B}$ 的单位是 T，$\boldsymbol{H}$ 的单位是 $\text{A}\cdot\text{m}^{-1}$。

磁化曲线表征物质中的磁感应强度 $\boldsymbol{B}$ 与磁场强度 $\boldsymbol{H}$ 的关系，反映材料在外磁场中的磁化特性。根据相对磁导率的不同可将材料分为三类：顺磁质、抗磁质和铁磁质。顺磁质和抗磁质的磁性较弱，顺磁质 $\chi_m>0$，μ_r 略大于 1，抗磁质 $\chi_m<0$，μ_r 略小于 1。各向同性的弱磁性介质的相对磁导率 μ_r 是一个常数，$\boldsymbol{B}$ 与 $\boldsymbol{H}$ 之间为简单的线性关系。

铁磁质为强磁性材料，$\chi_m\gg0$，故 $\mu_r\gg1$。在温度低于居里点时，铁磁性介质的 $\boldsymbol{B}$ 与 $\boldsymbol{H}$ 之间有着较为复杂的非线性关系，并且与磁化的历史有关，在不同条件下可得到起始磁化曲线、基本磁化曲线和理想磁化曲线三种反映 B-H 关系的曲线。

起始磁化曲线如图 4.5-1 中曲线 A 所示，由材料的磁中性状态（$B=0$，$H=0$）开始，在磁场强度 H 缓慢增大的情况下所测得的 B-H 曲线称为起始磁化曲线。基本磁化曲线如图 4.5-2 所示，经历起始磁化阶段后，使磁场强度按照 $+H_m\to0\to-H_m\to0\to+H_m$ 的规律变化可得到磁滞回线（见图 4.5-3），改变 H_m 的数值可测得一系列磁滞回线，这些磁滞回线顶点的连线即为基本磁化曲线，又称正常磁化曲线。理想磁化曲线又称无磁滞磁化曲线，如图 4.5-1 中曲线 B 所示。对磁性材料施加一个恒定磁场和一个初始强度足够大（能使磁化强度达到饱和）的交变磁场，然后使交变磁场逐渐减弱至零，所获得的 B-H 曲线即为理想磁化曲线。由于在磁化的过程中所加的交变渐弱的磁场克服了磁滞的作用，因此在相同的磁场强度下，其磁化强度 M 值比起始磁化曲线高。

这三种磁化曲线相比，在相同的磁场强度下，理想磁化曲线上的 M 值最高，起始磁化曲线的 M 值最低，基本磁化曲线的 M 值稍高但很接近于起始磁化曲线。这三种磁化曲线均为静态的，反映材料的静态磁特性，除此之外还可以在交变磁场下测得动态磁化曲线，反映材料的动态磁特性。铁磁材料的磁化曲线反映出材料磁导率很高，并且随外磁场变化的性质。

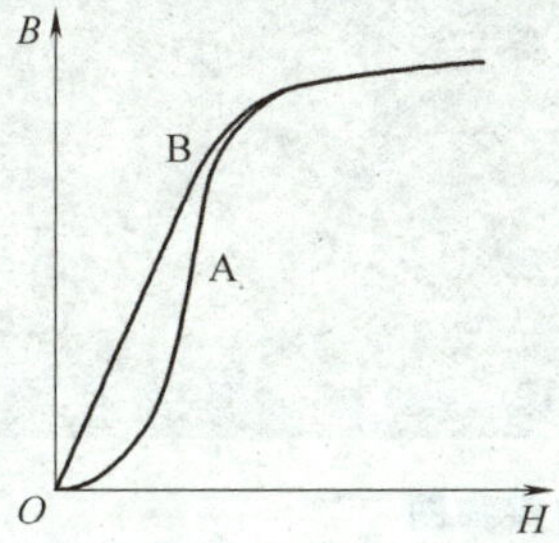

图 4.5-1 起始磁化曲线（A）和理想磁化曲线（B）

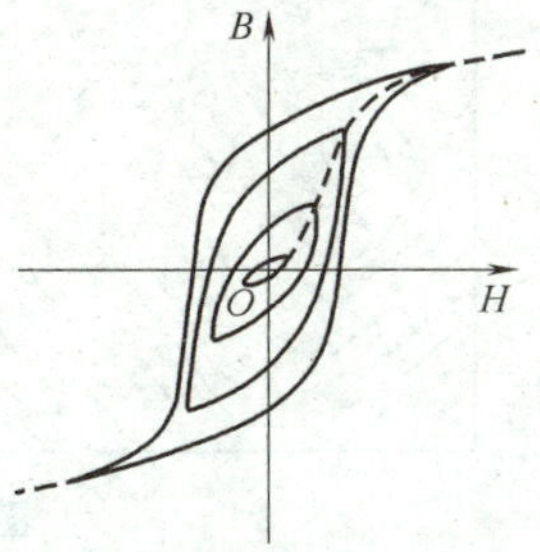

图 4.5-2 基本磁化曲线

2. 磁滞回线

磁滞回线反映了铁磁材料的磁滞特性，如图 4.5-3 所示。在磁场强度 H 的一个变化周期中，当 H 的数值从 $\pm H_m$ 变化为 0 时，材料中的磁感应强度 B 并不为 0，而是等于 $\pm B_r$，数值 B_r 称为剩磁。大小为 H_c 的反向磁场可以去除剩磁，使磁感应强度变为 0，数值 H_c 称为矫顽力。剩磁 B_r 和矫顽力 H_c 的存在表明材料中 B 的变化落后于 H 的变化，即磁滞特性，反应磁滞特性的闭合曲线 *abcdefa* 称为磁滞回线。

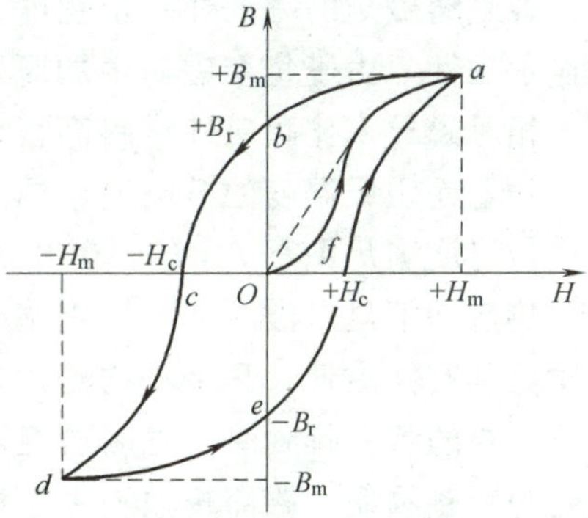

图 4.5-3 磁滞回线

根据剩磁 B_r 和矫顽力 H_c 的大小可以将铁磁材料分为硬磁性和软磁性材料。硬磁性材料矫顽力较大，磁化后去掉外磁场仍能长时间保留其较高的剩磁，且不易受外界干扰，适于作为永久磁铁提供稳定的磁场。软磁性材料矫顽力很小，容易磁化和退磁，适于制作高频器件，如发电机和变压器的铁心。还有一类铁磁材料的磁滞回线形状接近矩形，称为矩磁性材料，可以作为磁记录介质，应用于信息存储设备中，三种材料的磁滞回线如图 4.5-4 所示。

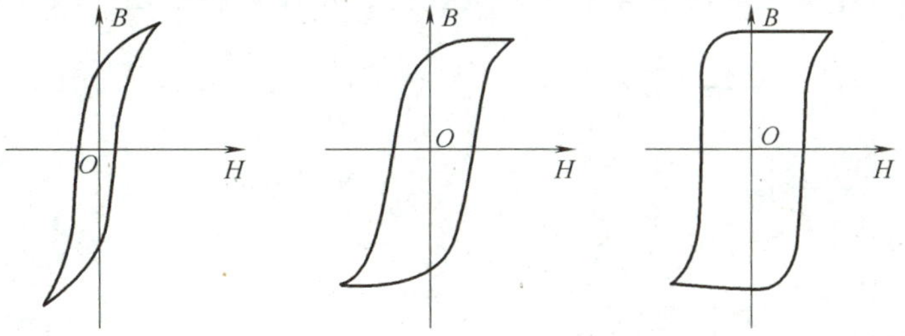

a) b) c)

图 4.5-4 三种材料的磁滞回线

a）软磁性材料 b）硬磁性材料 c）矩磁性材料

3. 铁磁质的微观结构与居里点

在铁磁材料内部，存在着一个个小区域，每个区域包含大量原子，自发磁化使这些原子的磁矩整齐排列，但相邻的不同区域中原子磁矩排列的方向不同，如图 4.5-5 所示。这些小区域称为磁畴，各个磁畴之间的界面称为磁畴壁。磁畴的大小和形状都是不规则的，几何线度可以从微米量级到毫米量级。

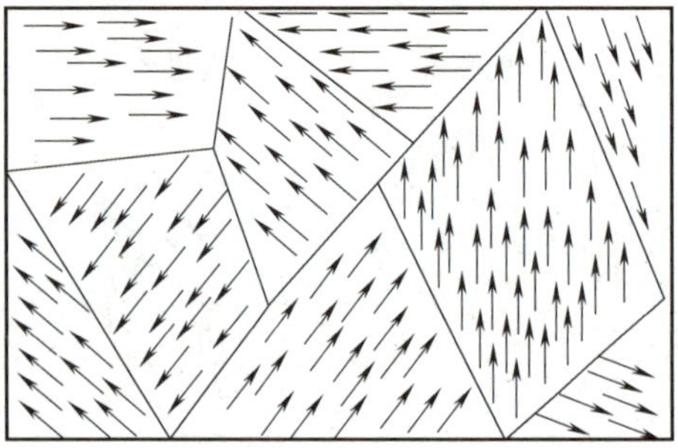

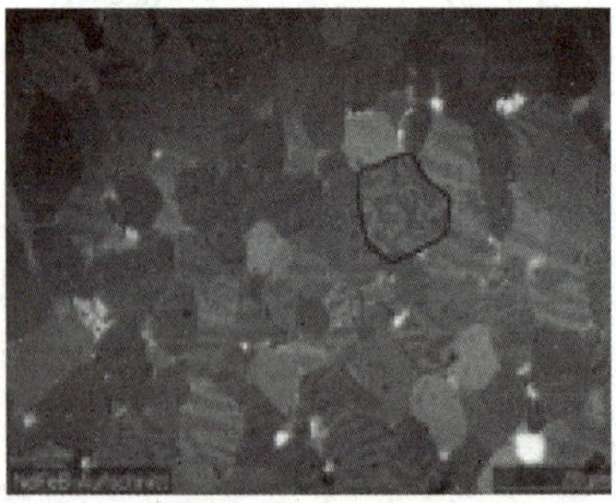

图 4.5-5　磁畴结构的示意图与实物图

在未磁化时，各磁畴的磁矩方向不同，宏观磁矩的矢量和为零，材料不显磁性。磁化后，各磁畴磁矩的方向在一定程度上沿外磁场方向排列，宏观磁矩的矢量和不再等于零，材料显示磁性。由于每个磁畴中的原子磁矩排列得非常整齐，因此磁化后铁磁质具有很强的磁性，相对磁导率比顺磁性材料高很多。可见，铁磁质的微观结构决定了它的宏观性质。

随着铁磁质温度的升高，金属点阵热运动的加剧会影响磁畴中磁矩的有序排列。热运动能量与温度满足关系 $E \propto kT$，其中 k 是玻尔兹曼常数，T 是热力学温度。在未达到一定温度时，热运动不足以破坏磁畴磁矩基本的平行排列，此时任何宏观区域的平均磁矩仍不为零，物质仍具有铁磁性，只是平均磁矩随温度升高而减小。当热运动能量大到足以破坏磁畴内各原子磁矩的整齐排列时，磁畴被瓦解，这时与磁畴联系的一系列铁磁性质全部消失，铁磁质就变为顺磁物质，磁滞现象消失。铁磁质这一磁性转变的临界温度 T_c 称为居里温度或居里点，温度高于居里点时，铁磁质将转变为顺磁质。

4. 磁化曲线的测量原理

如图 4.5-6 所示，根据安培环路定理，U_{Rm} 与磁场强度最大值 H_m 成正比，即示波器水平偏转的大小与样品中的磁场强度 H_m 成正比，$U_{Rm} \propto H_m$。若 R_2 与 C 足够大，根据法拉第电磁感应定律，U_{Cm} 与磁感应强度 B_m 成正比，即示波器垂直偏转的大小与磁感应强度 B_m 成正比，$U_{Cm} \propto B_m$。在磁化电流变化的一个周期内，示波器将绘出一条完整的磁滞回线，以

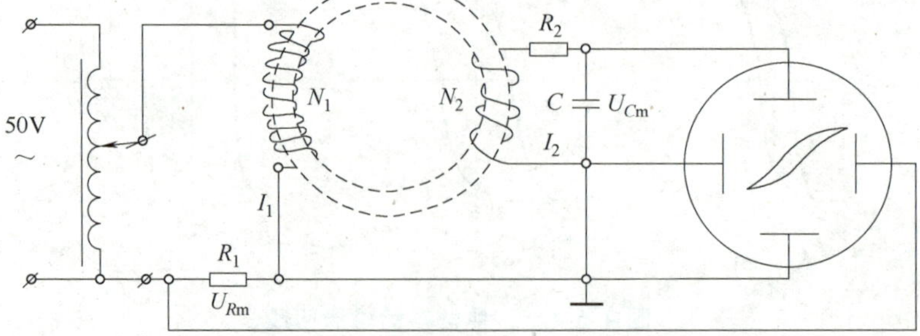

图 4.5-6　磁化曲线测量原理电路图

后每个周期重复此过程，在示波器上即可看到一个稳定的磁滞回线图形。磁滞回线顶点的磁场数值（H_m，B_m）可通过示波器所测量的对应电压值（U_{Rm}，U_{Cm}）进行计算。

5. 居里点的测量原理

方法一：测定磁滞回线的转变温度。

磁滞回线表明材料的磁滞特性，当磁环被加热到超过居里温度时，示波器上的磁滞回线将会转变为直线，表明材料由铁磁性转变为顺磁性。因此磁滞回线变为直线时磁环的温度即为磁环的居里点。

方法二：测量 $\mathscr{E}$-T 曲线。

根据电磁学理论，当铁磁质的温度达到居里温度时，其 M_S-T 曲线与 B-T 曲线近似，在测量精度要求不高时，可通过测定 B-T 曲线来推断居里温度（其中 M_S 为饱和磁化强度，可用与之近似相等的自发磁化强度 M 替代）。在实验中，B 是通过副线圈中磁通量变化产生的感应电动势 $\mathscr{E}$ 来测定的。因此居里点的测量方法为，在 $\mathscr{E}$-T 曲线斜率绝对值最大处作切线，切线与横轴的交点即为样品的居里温度。

【实验仪器】

磁滞回线装置，居里点测试仪，加热炉，铁磁样品环，示波器，导线。

【实验内容】

1. 基础内容

（1）测量基本磁化曲线。

① 按图 4.5-7 接线，接通电源，先将磁滞回线装置的电源电压设置为较小值，适当调节示波器，将扫描范围调到水平，调节水平和垂直方向的增益，再适当增大磁滞回线装置的电源电压，使荧光屏上出现适当大小的磁滞回线。

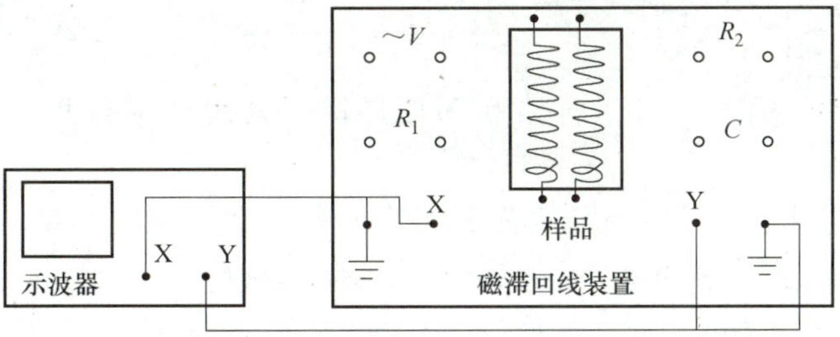

图 4.5-7 测量磁化曲线接线图

② 改变磁滞回线装置的电源电压值，并适当调节水平和垂直两个方向的增益，显示大小适中的磁滞回线，利用示波器分别测量 10 组 U_{Rm} 和 U_{Cm} 的数值，根据水平和垂直两个方向的增益值以正确的有效数字记录测量值。

（2）测量居里点。

方法一：观测磁滞回线，测量临界温度。

① 将加热炉、温度传感器和样品分别接在居里点测试仪前面板上相应位置，将面板上“H 输出”和“B 输出”分别与示波器上 X 输入和 Y 输入连接。

② 把样品磁环放入加热炉。将“升温-降温”开关置于“降温”，接通电源开关，将

“*H* 调节”旋钮调到最大，适当调节示波器，可以观察到磁滞回线。关闭加热炉的两风门（旋钮与加热炉轴线垂直），将“测量-设置”开关置于“设置”，适当设定炉温（在未知居里温度时，可设置最高温度，以保证温度单调升高）。

③ 将仪器设置为“测量”和“升温”状态，“加热速度”置于“快”。炉温开始升高，观察示波器上的磁滞回线的变化，在磁滞回线接近直线时，可将“加热速度”调整为“慢”。记下磁滞回线变为直线时的温度值，即为居里温度 T_c。测量完毕后打开加热炉的风门，选择“降温”，使加热炉和样品降温。

方法二：测定磁感应强度随温度的变化关系。

参照方法一中的①、②两步设置仪器，选择“测量”和“升温”状态，记录温度值 T 和相应感应电动势 $\mathscr{E}$。测量过程中根据温度和感应电动势变化情况随时调节加热速度，以保证充分、正确地记录数据。测量 20 组 $\mathscr{E}$ 和 T 的数值并记录数据。

（3）数据处理。

① 测量磁化曲线。根据所测量数据计算各组 H_m、B_m 以及 μ 的数值，在同一坐标纸上画出 B_m-H_m、μ-H_m 曲线，并分析铁磁材料的特点。

② 测量居里点。作 $\mathscr{E}$-T 曲线，在曲线斜率绝对值最大处作切线，切线与横轴的交点即为样品的居里温度。

2. 提升内容

（1）理解铁磁材料居里点的物理意义，理解量变-质变规律。

（2）利用温度效应对铁磁材料进行退磁处理。

3. 进阶内容

（1）设计、测量起始磁导率（动态退磁）、基本磁化率（升温退磁）。

（2）设计、测量最大磁导率。

（3）设计、测量磁滞损耗。

（4）设计、测量样品的可逆磁导率。

4. 高阶内容

（1）自行设计制作励磁、探测电路和环形样品，实现铁磁材料磁滞回线的动态测量功能。

（2）将铁磁材料动态测量电路与表面磁光克尔效应测量系统相结合，从电学和图像两个角度同步观察铁磁材料在不同磁场下磁畴变化的动态特性。

【实验注意】

1. 实验过程中应适当调节示波器水平和垂直两个方向的增益值，使磁滞回线大小适中，从而获得较为准确的测量结果。为避免样品磁化后温度过高，初级线圈通电时间应尽量缩短，通过电流不可过大。

2. 当样品在炉内加热时，随着炉温的升高，应适当的调节 X 轴增益，使示波器上显现出比较理想的磁滞回线。

3. 测量样品的居里点时，应使炉温从低温开始单调升高，即每次使加热炉降温后再放入新样品进行测量，避免由于样品和温度传感器响应时间的不同而引起的测量误差。

4. 样品加热后温度较高，应小心操作，谨防烫伤，不可在未冷却时更换样品。

【参考文献】

[1]　姚文俊. 大学物理实验［M］. 北京：科学出版社，2022.
[2]　唐贵平，邓小清，贺艺华，等. 大学物理实验［M］. 北京：科学出版社，2022.
[3]　吕播瑞，李坤，魏国东. 大学物理实验［M］. 北京：科学出版社，2023.

【本实验相关数字资源】

1-讲课视频

2-接线演示

3-磁滞回线演示

4-物理思想与物理方法解析

思维导图（知识图谱）

实验 4.6　*RLC* 串联谐振电路特性的研究

含有电感、电容和电阻元件的单口网络，在某些工作频率上，出现端口电压和电流波形相位相同的情况时，称电路发生谐振，能发生谐振的电路称为谐振电路。谐振电路在电子和通信工程中得到广泛应用。本实验讨论最基本的 *RLC* 串联谐振电路的特性。

【实验目的】

1. 加深对 *RLC* 串联电路谐振的理解。
2. 学习测定 *RLC* 串联的频率特性曲线。
3. 学习用示波器测量正弦信号峰-峰值的方法。

【预习提示】

电容器和电感的电抗值的表达，尤其是为什么引进复数表达容抗和感抗的问题。

【实验原理】

1. *RLC* 串联谐振的特性

RLC 串联电路如图 4.6-1 所示，它的阻抗 Z 是电源角频率 ω 的函数，即

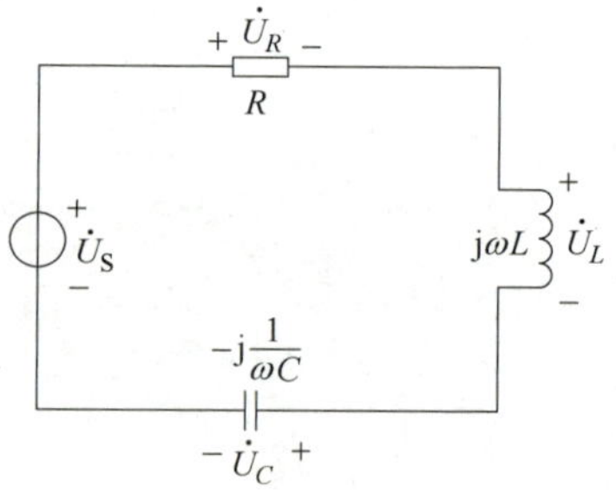

图 4.6-1　*RLC* 串联电路

$$Z=R+\mathrm{j}\left(\omega L-\frac{1}{\omega C}\right)=|Z|\angle\varphi$$

当 $\omega L-\dfrac{1}{\omega C}=0$ 时，电路处于串联谐振状态：

谐振角频率为
$$\omega_0=\frac{1}{\sqrt{LC}}$$

谐振频率为
$$f_0=\frac{1}{2\pi\sqrt{LC}}$$

显然，谐振频率仅与电感 L、电容 C 的数值有关，而与电阻 R 和激励电源的频率无关。当 $f<f_0$ 时，电路呈容性，阻抗角 $\varphi<0$；当 $f>f_0$ 时，电路呈感性，阻抗角 $\varphi>0$。

串联谐振时电路的特点：

（1）由于回路总电抗 $X_0=\omega_0 L-1/\omega_0 C=0$，因此，回路总阻抗 $|Z_0|$ 最小，整个回路相当于一个纯电阻电路，激励电源的电压与回路的响应电流同相位。

（2）在激励电压（有效值）不变的情况下，回路中的电流 $I=U_S/R$ 为最大值。

（3）由于 $\omega_0 L=1/\omega_0 C$，所以 $U_L=U_C$，相位相差 180°。电感上的电压（或电容上的电压）与激励电压之比称为品质因数 Q，即

$$Q=\frac{U_L}{U_S}=\frac{U_C}{U_S}=\frac{\omega_0 L}{R}=\frac{1/\omega_0 C}{R}=\frac{\sqrt{L/C}}{R}$$

在 L 和 C 为定值的条件下，Q 值仅决定于回路电阻 R 的大小。

2. 电流谐振曲线

回路的响应电流与激励电源的角频率的关系称为电流的幅频特性（表明其关系的图形为串联谐振曲线），表达式为

$$I(\omega)=\frac{U_S}{\sqrt{R^2+\left(\omega L-\frac{1}{\omega C}\right)^2}}=\frac{U_S}{R\sqrt{1+Q^2\left(\frac{\omega}{\omega_0}-\frac{\omega_0}{\omega}\right)^2}}$$

当电路的 L 和 C 保持不变时，改变 R 的大小，可以得出不同 Q 值时电流的幅频特性曲线（见图 4.6-2）。显然，Q 值越高，曲线越尖锐，即电路的选择性越高，由此也可以看出 Q 值的重要性。为了反映一般情况，通常研究电流比 I/I_0 与角频率比 ω/ω_0 之间的函数关系，即所谓通用谐振曲线表达式为

$$\frac{I}{I_0}=\frac{1}{\sqrt{1+Q^2\left(\frac{\omega}{\omega_0}-\frac{\omega_0}{\omega}\right)^2}}$$

式中，I_0 为谐振时的回路响应电流。

图 4.6-3 画出了不同 Q 值下的通用谐振曲线。显然，Q 值越高，在一定的频率偏移下，电流比下降得越厉害。

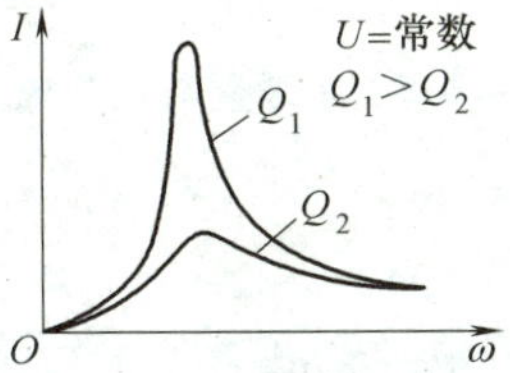

图 4.6-2 电流谐振曲线

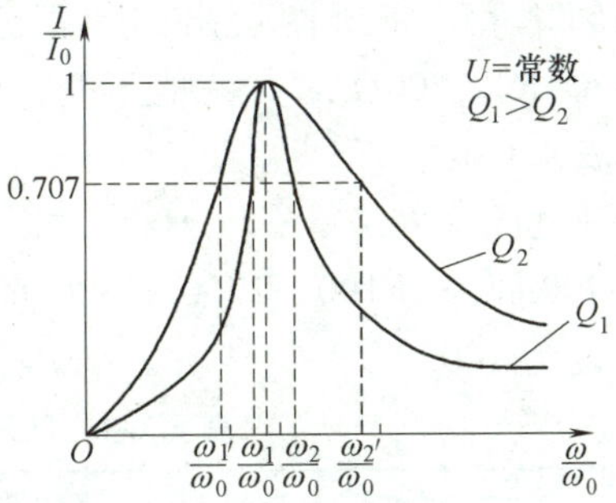

图 4.6-3 通用谐振曲线

为了衡量谐振电路对不同频率的选择能力，定义通用谐振曲线中幅值下降至峰值的 0.707 倍时的频率范围（见图 4.6-3）为相对通频带 B，即

$$B=\frac{\omega_2}{\omega_0}-\frac{\omega_1}{\omega_0}$$

显然，Q 值越高，相对通频带 B 越窄，电路的选择性越好。在串联电路中，电感电压为

$$U_L=I\cdot\omega L=\frac{\omega L U_S}{\sqrt{R^2+\left(\omega L-\frac{1}{\omega C}\right)^2}}$$

电容电压为

$$U_L=I\frac{1}{\omega C}=\frac{U_S}{\omega C\sqrt{R^2+\left(\omega L-\frac{1}{\omega C}\right)^2}}$$

显然，U_L 和 U_C 都是激励源角频率 ω 的函数，$U_L(\omega)$ 和 $U_C(\omega)$ 曲线如图 4.6-4 所示。当 $Q>0.707$ 时，U_L 和 U_C 才能出现峰值，并且 U_C 的峰值出现在 $\omega=\omega_C<\omega_0$ 处，U_L 的峰值出现在 $\omega=\omega_L>\omega_0$ 处。Q 值越高，出现峰值处离 ω_0 越近。

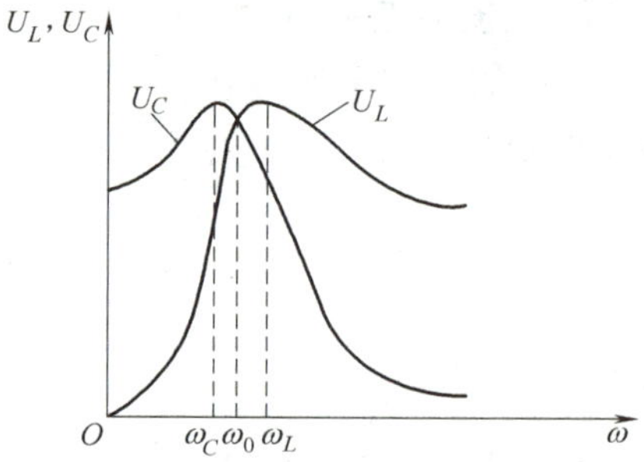

图 4.6-4 串联谐振电路 U_L 和 U_C 的频率特性

【实验仪器】

DH4503 型 *RLC* 电路实验仪，VP-5200D 型双踪示波器。

【实验内容】

1. 基础内容

用示波器测量正弦信号峰-峰值。

2. 提升内容

测量 *RLC* 串联电路的谐振频率与电流谐振曲线。

3. 进阶内容

按图 4.6-5 接线，当电阻 $R=R_1=100\Omega$、$L=50\text{mH}$、$C=0.055\mu\text{F}$ 时，用示波器寻找谐振点并测量出谐振频率 f_0，将所测量出的数据记入表 4.6-1 中。当电阻 $R=R_2=200\Omega$ 时，其他不变，将所测量出的数据记入表 4.6-1 中。

激励电源频率 f（单位 Hz）的数值分三段变化，1600～2700 间隔为 100，2700～3300 间隔为 50，3300～4300 间隔为 100。

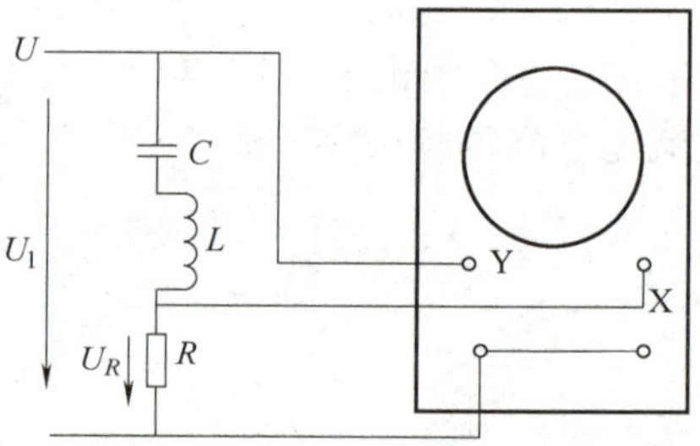

图 4.6-5 示波器与被测电路的连接图

表 4.6-1 数据表格（$L=50\text{mH}$，$C=0.055\mu\text{F}$）

f/Hz	$R_1=100\Omega$		$R_2=200\Omega$		f/Hz	$R_1=100\Omega$		$R_2=200\Omega$	
	u/mV	i/mA	u/mV	i/mA		u/mV	i/mA	u/mV	i/mA
1600					…				
1700					3300				
…					3400				
2700					…				
2750					4300				

4. 高阶内容

对于电容和电感分别做分时段的通电响应研究，即开始通电的瞬间点、之后的充电和充磁过程以及达到静态时的电路状态，从而认识到电压电流出现相位差的真实情况。

【实验注意】

1. 在测量过程中，保持电源的输出电压为 2V 不变。

2. 改变信号电源的频率后，注意调节输出电压（有效值），使其保持为定值。

3. 共地问题，被测电压的元件必须和电源共地。

4. 测量共振频率（f_0，U），必须插入坐标图纸上。

【实验报告思考题】

1. 列出并计算数据表格。

2. 在同一坐标系中画出不同 Q 值的电流谐振曲线。

3. 电阻 R 上的电压和电流符合欧姆定律，为什么电容器 C 和电感器 L 上的电压和电流不符合欧姆定律？

【参考文献】

[1] 张映辉. 大学物理实验［M］. 2 版. 北京：机械工业出版社，2017.

[2] 张映辉. 大学物理实验学习指导书［M］. 2 版. 北京：高等教育出版社，2021.

【本实验相关数字资源】

1-物理思想与物理方法解析

实验 4.7 迈克耳孙干涉仪实验

迈克耳孙干涉仪在近代物理学的发展中具有重要作用。迈克耳孙（Michelson）是美国著名的实验物理学家，迈克耳孙干涉仪就是他为测量“以太”速度而精心设计的。他和莫雷利用迈克耳孙干涉仪对光进行了精确的测量和研究，否定了“以太”的存在，从而促进了爱因斯坦相对论的建立，为近代物理学的发展做出了卓越的贡献。为此，他荣获了 1907 年诺贝尔物理学奖。除了“以太漂移”实验，迈克耳孙还与其合作者用此仪器进行了“标定米尺”与“推断光谱线精细结构”两个著名实验。利用迈克耳孙干涉仪观察到的干涉现象极为丰富，如能观察到定域条纹和非定域条纹，非定域条纹又有直线形、圆形、椭圆形、双曲线形等多种条纹。定域条纹可以是等厚的也可以是等倾的，由于干涉仪实际观测的是光波往返走过任意给定长度的直线路程所用的时间与该路程在空间中的方位有关，因此还可以通过它研究时间、空间的相干性问题。在当今的引力波探测中，就用到了迈克耳孙干涉仪的基本原理。

【实验目的】

1. 了解迈克耳孙干涉仪的结构，学习迈克耳孙干涉仪的调节方法。
2. 观察等倾与等厚干涉条纹，考察干涉条纹特点。
3. 用迈克耳孙干涉仪测量单色光波长。
4. 测量透明薄膜的厚度。
5. 进一步学习用逐差法处理实验数据。

【预习提示】

1. 迈克耳孙干涉仪的结构。
2. 本实验中产生干涉的是哪两束相干光?
3. 迈克耳孙干涉仪中补偿板的作用是什么?

【实验原理】

迈克耳孙干涉仪是用分振幅法产生双光束来实现干涉的仪器。其结构原理如图 4.7-1 所示。其中，A_1、A_2 为放置在干涉仪两臂上互相垂直的两块平面反射镜。A_1 可沿观察轴线（1）方向移动。在两臂相交处放一块与两臂各成 45°度角的分光板 P_1，它能将入射光分成振幅（或光强）近于相等的一束反射光和一束透射光。在另一臂上平行于 P_1 放置一块与分光板厚度相同、折射率相等的平板玻璃 P_2，它起补偿光程的作用，称为补偿板。

来自光源 L 的光照射到分光板 P_1 后被分解为反射光（1）和透射光（2），两光束有近于相等的振幅或光强度。光束（1）垂直照射到平面反射镜 A_1 上，然后沿原路返回并透过平面分光板到达眼睛或接收器；光束（2）通过补偿板 P_2 照射到平面反射镜 A_2，然后自 A_2 返回至分光板 P_1，并由 P_1 上的半反射膜将光线部分地反射，射向人眼或接收器。这样（1）、（2）两光束是相干光，所以在观察位置用眼睛或接收器可看到干涉图样。

如图 4.7-1 所示，对于观察者来说，（1）、（2）两束光线在 P_1 板处会合所引起的干涉

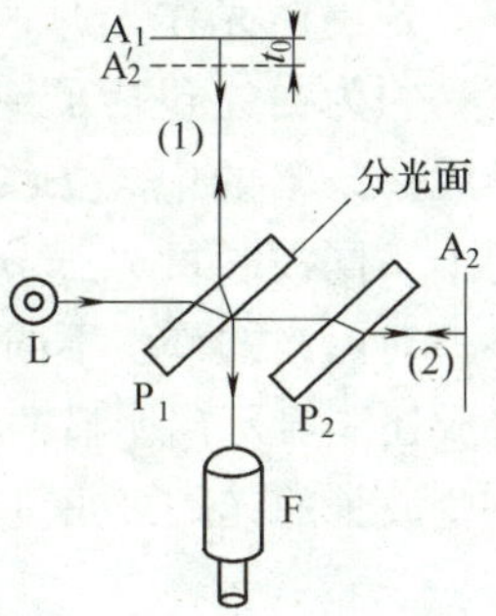

图 4.7-1 迈克耳孙干涉仪原理光路图

显然与镜面 A_1 与 A_2 镜在 P_1 板中反射的虚像 A_2' 所引起的干涉等效。于是迈克耳孙干涉仪中所产生的干涉与厚度为 t_0 的空气平行板所产生的干涉等效。由于是一个虚像，故我们可以随意调节，可以使 A_1、A_2' 完全重合，也可以 A_1、A_2' 相互交错（后者在观察白光的干涉条纹中有重要作用）。

当 A_1、A_2' 两平面相互平行时，A_1、A_2' 组成一空气平板，由光学相关知识可知，此时产生的干涉条纹为等倾条纹。两光束的光程差为

$$\delta=2t_0\cos\theta+\frac{\lambda}{2} \tag{4.7-1}$$

式中，t_0 为两平面间的距离；而 $\frac{\lambda}{2}$ 是由光线（2）在 P_1 板反射时引起的。在圆心处

$$\theta=0,\ \delta_0=2t_0+\frac{\lambda}{2} \tag{4.7-2}$$

由式（4.7-1）和式（4.7-2）得知，每当 t_0 改变 $\lambda/2$ 时，干涉条纹中心出现一次明暗条纹的交替变化，只要数出条纹的变化数 Δk 和测出对应的空气平板厚度的改变量 Δt_0，可以利用式（4.7-3）算出单色光波长

$$\lambda=\frac{2\Delta t_0}{\Delta k} \tag{4.7-3}$$

以 δ_0 为标准，在满足 $\delta_0-\delta=k\lambda$（$k=0,1,2,\cdots$）的方向上，条纹的明暗和圆心处相同。

由式（4.7-1）和式（4.7-2）得

$$\delta_0-\delta=2t_0(1-\cos\theta_k)=4t_0\sin^2\frac{\theta_k}{2}$$

其中 θ_k 称为干涉条纹的角半径。因为 θ_k 一般很小，所以 $\sin\frac{\theta_k}{2}=\frac{\theta_k}{2}$，则

$$\delta_0-\delta=t_0\theta_k^2=k\lambda,\ \theta_k=\left(\frac{k\lambda}{t_0}\right)^{\frac{1}{2}} \tag{4.7-4}$$

当 A_1 与 A_2' 重合时，$t_0=0$，则中央条纹充满整个视场。视场内为均匀光强分布。

由式（4.7-4）可知，对于同一个 k：当两镜间的间距 t_0 越大时，θ_k 越小，干涉条纹越密；当 t_0 越小时，θ_k 越大，干涉条纹越疏。

如观察某一条干涉条纹，因产生该条纹的光程差 δ 为一常数，由 $\delta=2t_0\cos\theta+\frac{\lambda}{2}=$ 常数可知，当 t_0 变小时，$\cos\theta$ 必须变大，即 θ 必须变小，所以看见条纹逐渐缩小，而消失在中心处。反之当 t_0 增大时，条纹自中心生出而后不断向外扩张。

当 A_1、A_2' 面有一微小夹角，且用单色平行光作为光源时，式（4.7-1）变为

$$\delta=2t+\frac{\lambda}{2} \tag{4.7-5}$$

在 A_1、A_2' 的交线上，$t=0$，所以 $\delta=\lambda/2$，因此在交线上产生暗的干涉条纹，称为中央条纹。在中央条纹两侧可观察到与劈尖干涉相同的明暗相间的干涉直线条纹。

若用白光作光源，干涉条纹除在光程差不超过几个波长的情况以外，是完全看不到的。这是因为白光包括了400.0nm以上的各种波长的光。不同颜色的光仅在 $t=0$ 的地方相重合，形成一条暗的中央条纹，因而有图4.7-2所示的光强度分布曲线。为明显起见，这里只画出两个不同波长的光强分布，其中实线代表较短波长的光强分布，虚线代表较长波长的光强分布。对白光的许多不同波长依次画出后，对于零级附近干涉条纹，各种波长的光强分布曲线的合成还能显示出明显的极大和极小。而到较高的干涉级次，每点都有一些波长的光的极大和另一些波长的光的极小重合，因而在合成的光强分布曲线中的对比度很小，看不见干涉条纹。

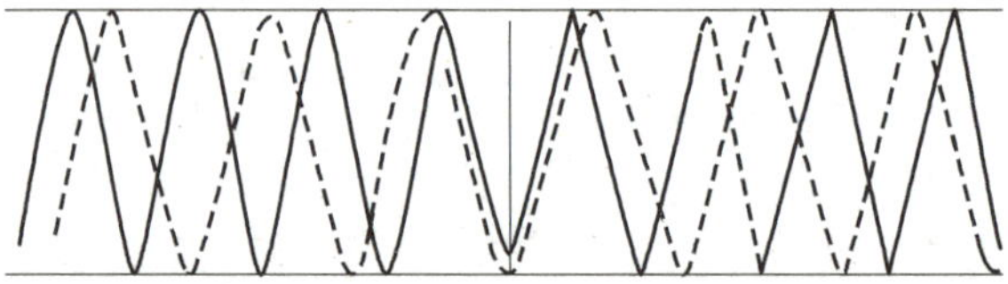

图4.7-2　白光干涉条纹光强分布

【实验仪器】

迈克耳孙干涉仪，氦-氖激光器，白炽光源，扩束镜。

WSM-100型迈克耳孙干涉仪如图4.7-3所示。导轨固定在一个稳定的底座上，座下有三只调平螺钉支承。调平后可拧紧锁圈以保持座架稳定。丝杠螺距为1mm。转动粗动手轮10，丝杠带动镜片3在导轨面上移动，移动距离的毫米数可在机体侧面的毫米刻度尺上读得，通过读数窗口7，在刻度盘上可读到0.01mm的精度。转动微动手轮6，可使读数精确到0.0001mm的精度。可动镜片3与固定镜片4的夹角可分别用背后的三个螺钉调节。固定镜片4附近有两个微调螺钉5，垂直的螺钉使镜面干涉图样上下微动，水平螺钉则使干涉图样水平移动。由于丝杠螺纹齿隙的存在，微动手轮允许有0.03mm的正反间隙，这将给测量带来一定的系统误差。测量时要求手轮向一个方向旋转以消除此系统误差。

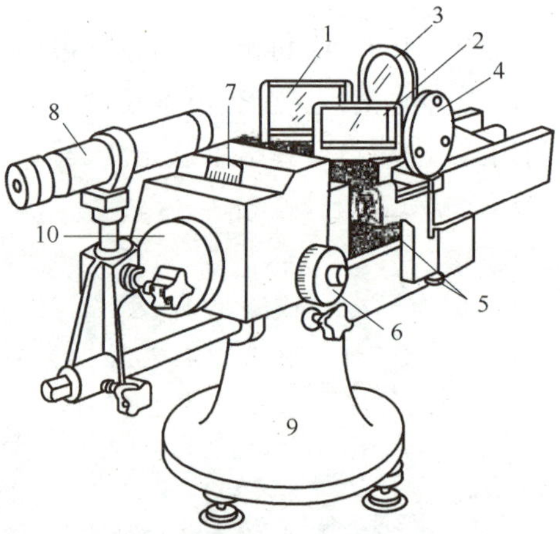

图4.7-3　WSM-100型迈克耳孙干涉仪实物图

1—分光束镜　2—补偿镜　3—可动镜片
4—固定镜片　5—微调螺钉　6—微动手轮
7—读数窗口　8—接收望远镜　9—底座
10—粗动手轮

【实验内容】

1. 基础内容

调节干涉仪，观察干涉条纹，并测定氦-氖激光的波长。

(1) 开启氦-氖激光器，细心地调整固定镜片4背面的倾斜控制螺钉（粗调），使屏上的两组三个斑点完全重合。放上扩束镜，小心地调整微调螺钉5（细调），当把 A_1、A_2' 调整得完全平行时，将看到一个典型的同心圆环状的等倾干涉条纹。

若最初使两平行镜面 A_1、A_2' 分离较远时，圆形等倾条纹较密。转动微动手轮6，使 A_1

慢慢地向 A_2'移近，各圈条纹逐渐收缩并在中心消失。每当 $2t_0$ 减少一个波长时，条纹就消失一圈。随 A_1 逐渐移近 A_2'，干涉条纹将变得稀疏。当 A_1、A_2'完全重合时，在各个方向上光程差皆为零，中心条纹将扩大到整个视场。假如继续推进 A_1，它将穿过 A_2'，这时可以看到新的稀疏条纹从中心生出，且各圈逐渐向外扩展，随着光程的不断增加，干涉条纹将变得越来越密。

（2）当 A_1 与 A_2'有一小的夹角 ϕ 且仍采用扩展光源照射形成干涉时，干涉条纹比较复杂。它们可以是圆、椭圆、抛物线、双曲线、直线等。

当离开 A_1、A_2'交线较远处，可观察到与先前见到的等倾干涉条纹相似的椭圆形、圆形干涉条纹。

随着动镜 A_1 的移动，当 t 不断减少时，可看到干涉条纹向中心处收缩并在中心消失，而且干涉条纹的中心不断向视场的一边偏移。随着向交线的靠近干涉条纹渐渐地变成凸向 A_1、A_2'交线的弧形。随着向交线的不断逼近，干涉条纹曲率变小。当正对交线时，$t=0$，干涉条纹为类似于等厚干涉的直条纹。

随着动镜 A_1 的不断移动，干涉条纹渐渐地变成弯曲方向相反的弧线，进一步又逐渐变成椭圆、圆。

（3）在正对 A_1、A_2'交线（即干涉条纹为直线时）处，将单色光源换成白炽光源，可以看到一条竖直的暗纹两旁对称分布着几条彩色条纹。

（4）测定氦-氖激光的波长。光源用单色扩展光源，调整干涉仪使干涉条纹呈等倾同心圆条纹，转动干涉仪微动手轮每数 50 个中心消失的暗纹，记一次干涉仪的读数。数出 1000 个中心消失的暗纹。

2. 提升内容

用白光测量透明薄膜的厚度。

采用实验内容中观察白光彩色干涉条纹的方法，将白光的彩色干涉条纹找到后，将中央暗纹调节到视场中央。将待测薄膜（云母片）放在干涉仪光轴中，使薄膜的法线与光轴平行。此时白光的彩色干涉条纹消失不见，薄膜的引入使该光路光程差增加，增加量为

$$\Delta=2d(n-1) \tag{4.7-6}$$

式中，n 为薄膜的折射率；d 为薄膜的厚度。

缓慢地调节微动手轮使镜 A_1 前移，当 A_1 向前移动 $\Delta t=\Delta/2$ 时，白光的彩色干涉条纹将重新出现。测出 Δt 后，即可由 $\Delta t=d(n-1)$ 求得待测物质的折射率 n 或薄膜厚度 d。

记录数据，利用式（4.7-3）计算 λ 值，并与理论值（632.8nm）比较。

3. 进阶内容

测量透明介质的折射率。

设计实验方案（利用迈克耳孙干涉仪产生的干涉条纹），测量透明介质折射率［参考公式（4.7-6）］，记录观测数据并与理论值比较，分析误差产生的可能原因。

4. 高阶内容

测量微小长度。

自拟设计实验方案，并与机械法（如螺旋测微器）比较，总结用迈克耳孙干涉仪，即光学的方法测微小长度的优点。

【实验注意】

1. 迈克耳孙干涉仪的全反镜、半反镜、补偿板等均为精密光学元件，调节过程中，严禁用手触摸所有光学表面。同时，A_1、A_2 两反射镜不能受力过大。

2. 全反射镜 A_1 的移动是由丝杠转动带动一个拖板平动，再由拖板推动 A_1 镜在导轨上移动。拖板与 A_1 镜之间有较大间隙，所以测量时，只能向一个方向移动 A_1 镜，中途不能倒退，否则容易引起空程误差。

3. 细调手轮可带动粗调手轮转动，但是粗调手轮不能带动细调手轮转动。因此，在所有测量之前，应使粗、细调手轮的零点调好，否则会出现粗、细调手轮读数不配套的问题，引起读数出错。调零方法为：先将细调手轮调至 0，然后再将粗调手轮对齐任一刻度线，此后沿一个方向移动 A_1 镜时，细调手轮可带动粗调手轮一起旋转。

【实验报告思考题】

1. 等倾干涉条纹的形成条件是什么？等厚条纹呢？

2. 在迈克耳孙干涉仪上如何获得等倾条纹，又如何获得等厚干涉条纹？

3. 移动平面反射镜片 A_1 时，何时使得等倾干涉圆条纹在中心处吞没？又何时从中心处生出？

4. 迈克耳孙干涉实验中，若采用钠光灯（钠双线波长 $\lambda_1=589.6\text{nm}$，$\lambda_2=589.0\text{nm}$）作为光源，视场中的等倾干涉条纹何时清晰？何时模糊？能否利用这个现象设计一个测量钠光双线波长差的实验？

5. 对于厚膜能否用白光测量膜的折射率（或厚度）？

【参考文献】

[1]　张三慧．大学物理学：光学、量子物理［M］．北京：清华大学出版社，2017.

[2]　李晓华．大学物理实验［M］．北京：北京大学出版社，2024.

[3]　朱道云，庞玮，吴肖．大学物理实验［M］．2 版．北京：北京大学出版社，2024.

【本实验相关数字资源】

1-讲课视频

2-干涉条纹吞吐现象

3-迈克耳孙干涉仪读数系统

4-物理思想与物理方法解析

思维导图（知识图谱）

实验 4.8 迈克耳孙干涉仪测量气体折射率

大气中随着海拔高度的上升，空气变得稀薄，大气折射率随气体压强的降低而减小，使得光线在大气中传播发生弯曲，对航海中天顶角的测定有一定影响。而天顶角的测定对船舶的定位起着重要作用，因此，了解气体折射率与大气压强之间的关系具有重要的实际意义。气体折射率随温度和压强而改变，空气折射率对各种波长的光都非常接近于1。气体折射率在很多科学研究领域中，如高温物体周围温度场分布的测量、风洞气流图样绘制、飞行器的空气动力学分析等都有重要应用。所以空气折射率近似为 1 是远远不够的。但气体折射率随温度和压强的变化很小，因此研究空气折射率的精确测量方法是很必要的。

迈克耳孙干涉仪作为一种高精度的光学仪器，在实验中有多种用途，如测量激光的波长，测量透明物质的折射率等。迈克耳孙干涉仪中的两束相干光各有一段光路在空间中是分开的，人们可以在其中一支光路上放进被研究对象而不影响另一支光路，这为它的应用带来方便，因此它常用来测量物质的折射率、厚度和气压等一切可以转化为光程变化的物理量。

【实验目的】

1. 了解迈克耳孙干涉仪的结构、工作原理和使用方法。
2. 学习一种测量气体折射率的方法。
3. 进一步了解光的干涉现象及其形成条件。
4. 在观察并设计测量不同气压变化量引起的干涉条纹的变化数的方法。

【预习提示】

1. 理解迈克耳孙干涉仪产生等倾干涉的原理。
2. 理解气体压强变化对干涉条纹的影响，明确要测量哪些物理量。
3. 设计测量气体折射率的数据记录表格。

【实验原理】

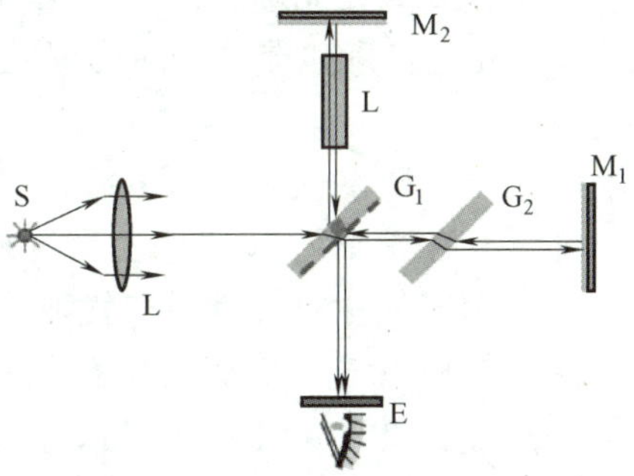

图 4.8-1 迈克耳孙干涉仪光路

迈克耳孙干涉仪光路如图 4.8-1 所示。其中，G 为分束镜，它的一个表面镀有半反射金属膜，使光在金属膜处的反射光束与透射光束的光强基本相等。M_1、M_2 为互相垂直的平面反射镜，M_1、M_2 镜面与分束镜 G 均成 45°角；M_1 可以移动，M_2 固定。M_2'表示 M_2 对 G 金属膜的虚像。从光源 S 发出的一束光，在分束镜 G 的半反射面上被分成反射光束 1 和透射光束 2。光束 1 从 G 反射出后投向 M_1 镜，反射回来再穿过 G；光束 2 投向 M_2 镜，经 M_2 镜反射回来再通过 G 膜面上反射。反射光束 1 与透射光束 2 在空间相遇，发生干涉。

在迈克耳孙干涉仪光路的一个测量光路上放置一个气室（L），干涉图样随气室里气体气压的变化而变化：当气压增加时，干涉圆环从中心“吐出”；反之，干涉圆环向中心“吞入”。通过研究气体压强变化与条纹移动的关系可以得到气体折射率。

当气室内气体压强改变 Δp 时，使气体折射率改变 Δn，光程差改变 $2L|\Delta n|$，从而引起干涉条纹移动 N 个，则有 $2L|\Delta n|=N\lambda$，于是有

$$|\Delta n|=\frac{N\lambda}{2L} \tag{4.8-1}$$

式中，L 为气室长度；λ 是光的真空波长。

通常，在温度处于 15~30℃ 范围时，空气折射率可用下式计算：

$$(n-1)_{t,p}=\frac{2.8793p}{1+0.003671t}\times10^{-9} \tag{4.8-2}$$

式中，温度 t 的单位为℃；气压 p 的单位为 Pa。在温度一定下，气体折射率 $(n-1)_p$ 与气压 p 成正比。因此有

$$\frac{n-1}{p}=\frac{\Delta n}{\Delta p}=\text{常数}$$

整理得

$$n-1=\frac{|\Delta n|}{\Delta p}p$$

将式（4.8-1）代入上式得气压 p 时的空气折射率为

$$n=1+\frac{N\lambda}{2L}\frac{p}{\Delta p} \tag{4.8-3}$$

【实验仪器】

迈克耳孙干涉仪，氦-氖激光器，扩束镜，气室（带充气装置），数字气压计。

【实验内容】

1. 基础内容

测量空气折射率。

（1）打开激光光源，调节迈克耳孙干涉仪的光路，光路调节的要求是：M_1、M_2 两镜相互垂直；经过扩束和准直后的光束应垂直入射到 M_1、M_2 的中心部分，使其在接收屏上观察到干涉条纹。

（2）开启数字气压计的电源，打开充气球上的气阀，使气室中的气压与外界大气压相同，将气压值调零。

（3）用充气球向气室中充气加压，记录气压值 p_1。

（4）缓慢放气，观察干涉条纹随气压变化的情况，当移动 $N=50$ 个干涉条纹时，记录气压值 p_2。重复步骤（2）~（4），测量六次，数据表格见表 4.8-1。

（5）数据处理。求出平均值 $\overline{\Delta p}$，代入式（4.8-3），求出一个大气压 p_0 下的空气折射率 n，与理论值比较。

2. 提升内容

测量空气折射率。

（1）重复内容 1 的前三个步骤，记录气压值 p_1。

（2）缓慢放气，观察干涉条纹随气压变化的情况，当移动 $N=15$、20、25、30、35、

40、45、50 时个干涉条纹时，记录相应的气压值 p_2，数据表格见表 4.8-2。

（3）数据处理。求出气压差平均值 $\overline{\Delta p}$，作 Δp-N 关系图，求出直线斜率 k，并由 $n=1+\frac{\lambda p_0}{2Lk}$ 求出一个大气压 p_0 下的空气折射率 n，与理论值比较。

3. 进阶内容

设计实验方案，测量不同温度下气体的折射率。

4. 高阶内容

设计实验方案，测量一种液体的折射率。

表 4.8-1　等间隔干涉条纹数对应气压的变化数据

$\lambda=$ 632.8nm　$L=$ 87.0mm　$p_0=$ ______ Pa　室温 $t=$ ______ ℃

$N=50$	1	2	3	4	5	6	平均
p_1/kPa							
p_2/kPa							
Δp/kPa							

表 4.8-2　不等间隔干涉条纹数对应气压的变化数据

N	15	20	25	30	35	40	45	50
p_1/kPa								
p_2/kPa								
Δp/kPa								

【实验注意】

1. 不要用手直接触摸迈克耳孙干涉仪中的光学元件和气室两侧的光学玻璃。
2. 实验测量前应检查气室是否漏气。当关闭气阀时，如气压值下降，或迈克耳孙干涉仪接收屏上有条纹移动现象，说明气室漏气。
3. 迈克耳孙干涉仪使用时注意消除空程差。
4. 实验测量完毕后，要将气阀打开，使气室与外界无气压差。

【实验报告思考题】

1. 采用钠光源气室能够测量气体折射率吗？
2. 气室长度 L 对测量气体折射率有什么影响？

【参考文献】

[1]　张映辉．大学物理实验学习指导书［M］．2 版．北京：高等教育出版社，2021.
[2]　张三慧．大学物理学：热学、光学、量子物理［M］．北京：清华大学出版社，2009.

实验 4.9　用分光计测三棱镜顶角和折射率

分光计是一种精确测量光线之间夹角的仪器。许多物理量如折射率、波长、色散率、衍射角等，都可以用分光计测量。本实验通过直接测量某些角度（如最小偏向角）来确定三棱镜的顶角和折射率。

【实验目的】

1. 了解分光计的结构，掌握分光计的调节和使用方法。
2. 掌握测量三棱镜顶角的方法。
3. 学会测量三棱镜的折射率。

【预习提示】

1. 什么是自准法？
2. 三棱镜的折射率与哪些物理量有关？
3. 如何测定最小偏向角？

【实验原理】

1. 三棱镜顶角的测量

(1) 自准法。如图 4.9-1 所示，利用望远镜自身产生平行光，固定载物台，转动望远镜，先使棱镜 AB 面反射的绿十字像与叉丝重合（即望远镜光轴与三棱镜 AB 面垂直），记下读数圆盘上左、右角游标对应的读数 θ_1 和 θ_2；然后再转动望远镜使 AC 面反射的绿十字像与叉丝重合（即望远镜光轴与 AC 面垂直），记下读数 θ_1' 和 θ_2'，两次读数相减即得三棱镜顶角 A 的补角 ϕ。故 $A=180°-\phi$，即

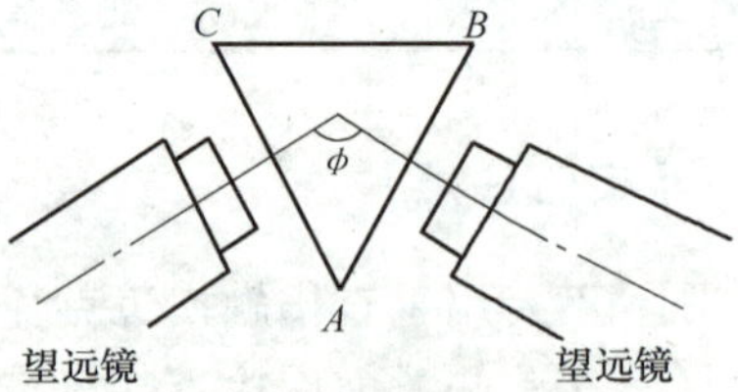

图 4.9-1　自准法测三棱镜顶角

$$A=180°-\phi=180°-\frac{1}{2}(\phi_1+\phi_2)=180°-\frac{1}{2}(|\theta_1-\theta_1'|+|\theta_2-\theta_2'|) \tag{4.9-1}$$

(2) 反射法（又叫平行光法）。如图 4.9-2 所示，平行光管射出的平行光照射在三棱镜的两个光学面上。将望远镜转到一侧（如左边）的反射光方向上观察，使望远镜叉丝对准白色狭缝像，记下读数圆盘上左、右角游标对应的读数 θ_1 与 θ_2；再将望远镜转到另一侧（如右边），使叉丝对准白色狭缝像后记下读数 θ_1' 和 θ_2'，则三棱镜的顶角 A 为两束反射光夹角的一半，即

$$A=\frac{1}{2}\phi=\frac{1}{4}(\phi_1+\phi_2)=\frac{1}{4}(|\theta_1-\theta_1'|+|\theta_2-\theta_2'|) \tag{4.9-2}$$

2. 测量三棱镜的折射率

如图 4.9-3 所示，光线以入射角 i_1 投射到三棱镜的 AB 面上，以出射角 i_2 从 AC 面出射，出射光线和入射光线的夹角 δ 称为偏向角。δ 的大小随入射角 i_1 而改变。当 $i_1=i_2$ 时，偏向角取极小值 δ_{min}，称为最小偏向角。它与三棱镜的顶角 A 和折射率 n 之间有如下的关系：

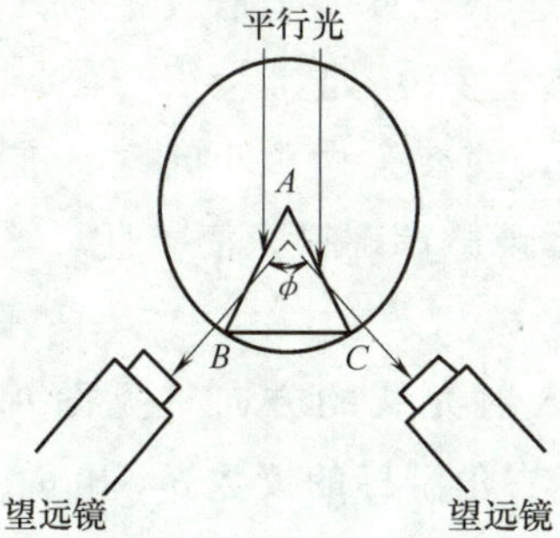

图 4.9-2 反射法测三棱镜顶角

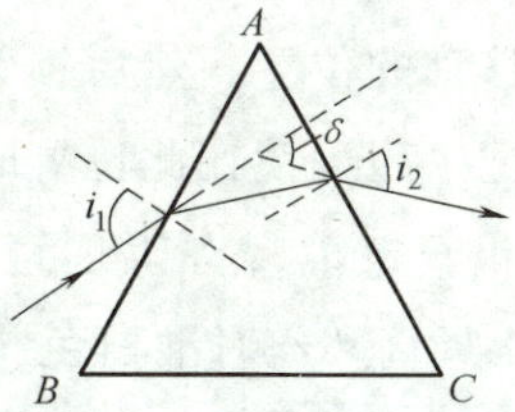

图 4.9-3 单色光经三棱镜折射

$$n=\sin\frac{\delta_{\min}+A}{2}\Big/\sin\frac{A}{2} \tag{4.9-3}$$

只要测出三棱镜的顶角 A 和最小偏向角 $\delta_{\min}$，就可由式（4.9-3）求出三棱镜的折射率 n。

【实验仪器】

分光计（测量精度为 1′），低压汞灯，双面平面镜，三棱镜。

【实验内容】

1. 基础内容

（1）调节分光计。见实验 3.15 分光计的调节与使用。

（2）用反射法测量三棱镜顶角 A。将三棱镜放在载物台上，如图 4.9-2 所示，测量 AB 面与 AC 面的白色反射光的夹角 ϕ，记录实验数据，重复测量 6 次，将实验数据记录于表 4.9-1 中。

（3）用自准法测量三棱镜顶角 A。将三棱镜放在载物台上，如图 4.9-1 所示，测量 AB 面与 AC 面反射的绿十字光的夹角 ϕ，记录实验数据，重复测量 6 次。

（4）数据处理。由式（4.9-1）或式（4.9-2），计算三棱镜顶角 A 及其不确定度，与理论值比较，求其相对误差。

2. 提升内容

用最小偏向角法测量三棱镜的折射率。

用汞灯作光源，测量三棱镜对水银绿谱线（$\lambda=546.1\text{nm}$）的最小偏向角 $\delta_{\min}$。

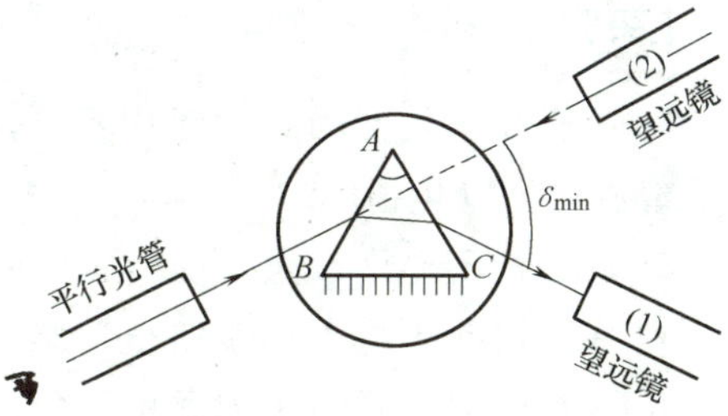

图 4.9-4 观测最小偏向角方

（1）用汞灯照亮平行光管的狭缝，转动载物台，使三棱镜处在图 4.9-4 所示的位置上。转动望远镜至棱镜出射光的方向，观察折射后的狭缝像，此时在望远镜中就能看到水银光谱线。将望远镜对准绿谱线。

（2）慢慢转动载物台，改变入射角 i_1，使谱线往偏向角减小的方向移动，同时转动望远镜跟踪绿谱线。当载物台转到某一位置，绿谱线不再向前移动而开始向相反方向移动时，也就是偏向角变大，那么这个位置就是谱线移动方向的转折点，即棱镜对该谱线的最小偏向角的位置，如图 4.9-4 位置（1）处。

（3）将望远镜的竖直叉丝对准绿谱线，微调游标盘，使棱镜做微小转动，准确找到谱线开始反向移动的位置，然后锁紧游标盘，同时调节望远镜微调螺钉，使竖直叉丝对准绿谱线的中心，记录望远镜在此位置时的左、右角游标的读数 θ_1'' 和 θ_2''。

（4）取下三棱镜，将望远镜（连同刻度盘）转到入射光线的方向［见图 4.9-4 位置（2）处］，让竖直叉丝对准白色狭缝像，记录相应的左、右角游标的读数 θ_{01} 和 θ_{02}。由此可以确定出最小偏向角，即 $\delta_{\min}=\frac{1}{2}[|\theta_{01}-\theta_1''|+|\theta_{02}-\theta_2''|]$。重复测量 5 次，将实验数据记录于表 4.9-2 中。

（5）数据处理。由式（4.9-3）计算三棱镜的折射率 n 及其不确定度。

3. 进阶内容

用掠入射法测量三棱镜的折射率。

设计实验方案（用掠入射法），测量三棱镜的折射率。

4. 高阶内容

用分光计测量透明液体的折射率。

表 4.9-1　测三棱镜顶角实验数据

次数	θ_1/(°)	θ_2/(°)	θ_1'/(°)	θ_2'/(°)	$\phi_1=\|\theta_1-\theta_1'\|$/(°)	$\phi_2=\|\theta_2-\theta_2'\|$/(°)	$\bar{\phi}$/(°)
1							
⋮							
6							

表 4.9-2　测最小偏向角实验数据

次数	绿光谱线位置		白光谱线位置		($\delta_{\min1}=$ $\|\theta_{01}-\theta_1''\|$)/(°)	($\delta_{\min2}=$ $\|\theta_{02}-\theta_2''\|$)/(°)	最小偏向角平均值 $\bar{\delta}_{\min}$/(°)
	θ_1''/(°)	θ_2''/(°)	θ_{01}/(°)	θ_{02}/(°)			
1							
⋮							
5							

【实验注意】

1. 所有光学仪器的光学面均不能用手擦拭，应该用镜头纸轻轻揩擦。三棱镜、平面镜应妥善放置，以免损坏。
2. 分光计不允许在止动螺钉锁紧时强行转动望远镜或游标盘等，也不要随意拧动狭缝。
3. 在读数前先将望远镜的止动螺钉锁紧，以防读数过程中，望远镜或游标盘转动。
4. 测量中应正确使用望远镜的微调螺钉。
5. 读数时，读数圆盘上左、右角游标数据不要弄混。

【实验报告思考题】

1. 测量时，若越过了刻度圆盘的零点，如何计算望远镜转过的角度？

2. 测量三棱镜顶角时，AB、AC 两面观察到的反射光，若在望远镜视场中不在同一高度，如何调节分光计？对测量结果是否有影响？

3. 推导出三棱镜折射率 n 与三棱镜顶角 A、最小偏向角 $\delta_{\min}$ 的关系式（4.9-3）。

【参考文献】

[1] 隋艳丽. 用分光计测量液体的折射率［J］. 大学物理实验，1998（2）：20-21.

[2] 王旗. 大学物理实验［M］. 北京：高等教育出版社，2017.

[3] 张志东，魏怀鹏，展永. 大学物理实验［M］. 6版. 北京：科学出版社，2019.

[4] 张映辉. 大学物理实验［M］. 2版. 北京：机械工业出版社，2017.

[5] 张映辉. 大学物理实验学习指导书［M］. 2版. 北京：高等教育出版社，2021.

[6] 张映辉. 大学物理实验数字课程［M］. 北京：高等教育出版社，2020.

【本实验相关数字资源】

1-讲课视频

2-自准法测 ϕ 角

3-反射法测 ϕ 角

4-测量最小偏向角

5-物理思想与物理方法解析

思维导图（知识图谱）

实验 4.10　衍射光栅的研究

光的衍射现象是光的波动性的一种表现。研究光的衍射不仅有助于加深对光的本性的理解，也是近代光学技术（如光谱分析、晶体分析、全息技术、光学信息处理等）的实验基础。

衍射光栅是根据多缝衍射原理制成的一种分光元件。它利用单缝衍射和多光束干涉作用，将射到光栅上的光束按波长的不同进行色散，再经透镜会聚而形成光谱。由于光栅具有较大的色散率和较高的分辨本领，故已被广泛应用于单色仪、摄谱仪等光谱仪器中。光栅可分为透射式和反射式两类。本实验所用光栅属于透射光栅。天文仪器中应用较多的是反射光栅。

【实验目的】

1. 熟悉分光计的使用方法。
2. 观察光栅衍射现象，理解衍射光栅的分光原理。
3. 用衍射光栅观测水银（汞）灯的光谱。
4. 学会用衍射光栅测定光谱波长和光栅常数。

【预习提示】

1. 生活中有哪些光的衍射现象？
2. 分光计读数圆盘为什么要对称设置两个角游标读数？
3. 如何利用光栅实现分光？

【实验原理】

光栅是由大量等宽、等间距的平行狭缝组成的光学元件。如图 4.10-1 中的 G，是在透明玻璃板上刻出大量等宽等间距的平行刻痕。缝的宽度 a（透光部分）与刻痕的宽度 b（不透光部分）之和称为光栅常数，即 $d=a+b$。本实验所用的全息光栅是利用全息技术使两束高相干的激光束在全息干板上进行干涉成像而制成的，经处理后，感光的部分成为不透明的条纹，而未感光的部分成为透光的狭缝。

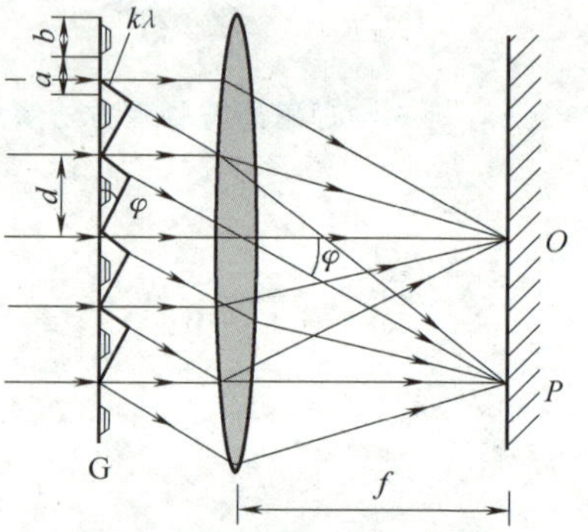

图 4.10-1　光栅衍射

如图 4.10-1 所示，当平行光垂直投射到光栅平面上时，光被衍射，衍射角为 φ 的衍射光会聚于透镜焦平面上的 P 点。

当衍射角满足条件

$$d\sin\varphi=k\lambda \quad (k=0,\pm1,\pm2,\cdots) \qquad (4.10\text{-}1)$$

时，衍射光加强，在透镜焦平面上形成亮线，称为谱线。式（4.10-1）称为光栅方程，其中 λ 为光波波长，k 为光谱线级数。当 $k=0$ 时，即在 $\varphi=0$ 的方向上，各种波长的谱线重叠在一起，形成明亮的零级谱线。对于 k 的其他数值，不同波长的谱线出现在不同的衍射角方向上，并对称地分布在零级谱线的两侧。

若光源为复合光，同一级谱线对于不同波长的光将有不同的衍射角，从而在不同的衍射角方向上出现不同颜色的谱线，称为光谱。图 4. 10-2 为水银光栅光谱图。

若已知光栅常数 d，测出某级谱线的衍射角 φ，可由式（4. 10-1）求出该谱线的波长 λ；反之若已知光波波长 λ，可求出光栅常数 d。

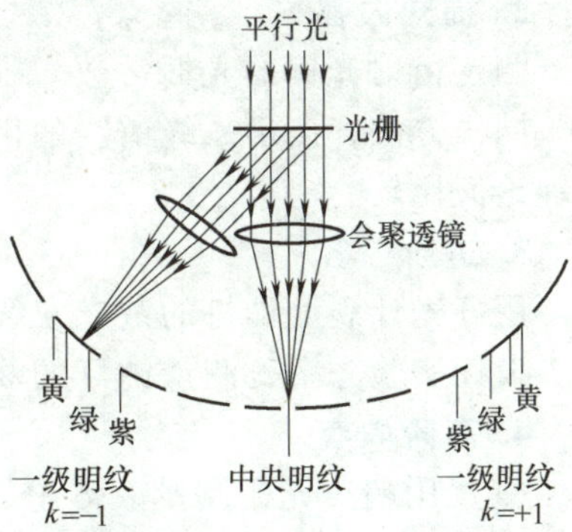

图 4. 10-2 水银光栅光谱

【实验仪器】

分光计（测量精度为 1′），衍射光栅，低压汞灯。

【实验内容】

1. 基础内容

（1）调节分光计，见实验 3. 15 分光计的调节与使用。调节望远镜目镜，直到在目镜视场中看到清晰的十字叉丝。

（2）将已知光栅常数的全息光栅置于载物台中央，并使其平面与平行光管的光轴垂直。

（3）转动望远镜，使其正对平行光管可观察到零级谱线（各个波长的光重叠在一起，观察到的谱线颜色与水银灯发出的光相同）。

（4）向右转动望远镜，可逐次观察到 $k=+1$ 的谱线：两条紫色谱线（其中一条亮度较弱）、一条弱的蓝色谱线、一条强的绿色谱线和两条相邻很近的黄色谱线。向左转动望远镜，在零级谱线的左侧同样可观察到与右侧相对应的谱线（即 $k=-1$ 的谱线）。

（5）将望远镜竖直叉丝对准某条谱线中央，此时读数圆盘左、右两个游标盘对应的读数为 θ、θ'，将望远镜竖直叉丝对准零级谱线，对应的读数为 θ_0、θ_0'。

（6）实际测量时，应将望远镜转到一侧（左侧或右侧），向另一侧逐个测出 $k=0$、±1 时的各种颜色谱线的衍射角，将实验数据记录于表 4. 10-1 中。

（7）数据处理。测一级谱线的衍射角，由式（4. 10-1）计算各色谱线的波长，并与理论值比较，见表 4. 10-2，求其相对误差。

表 4. 10-1 衍射角实验数据

中央零级谱线读数：$\theta_0=$________，$\theta_0'=$________；光栅常数 $d=1/300$mm

颜色	级数	刻度盘读数		衍射角 φ		衍射角平均值$\overline{\varphi}$
	k	θ	θ'	$\varphi=\lvert\theta-\theta_0\rvert$	$\varphi'=\lvert\theta'-\theta_0'\rvert$	
紫	−1					
	+1					
绿	−1					
	+1					
黄$_1$	−1					
	+1					
黄$_2$	−1					
	+1					

表 4. 10-2 水银各色光谱线波长理论值 波长单位：nm

紫	绿	黄$_1$	黄$_2$
435. 8	546. 1	577. 0	579. 1

2. 提升内容

测定衍射光栅的光栅常数。

同样方法，测出二级谱线的衍射角，记录实验数据。由式（4.10-1）计算光栅常数，并与理论值比较。

3. 进阶内容

用分光计观测钠灯的黄光双线。

设计实验方案，测量钠灯的双黄线的波长。

4. 高阶内容

（1）用超声光栅测量液体中的声速。

（2）双光栅测量微弱振动位移。

【实验注意】

1. 测量时，必须锁紧分光计底座与刻度盘止动螺钉，以免转动望远镜时刻度盘和游标盘一起转动。

2. 在读数前先将望远镜的止动螺钉锁紧，以防读数过程中望远镜或游标盘转动。

3. 测量中应正确使用望远镜的微调螺钉。

4. 测量时，先从+1 或-1 级黄$_2$ 谱线测起，沿一个方向转动望远镜，以消除空程差。

5. 望远镜目镜调焦（或者调节平行光管狭缝的宽度），直到能将两条相邻的黄谱线分辨开为准。

【实验报告思考题】

1. 平行光管中狭缝的宽度对该实验有何影响？

2. 测量时，若光谱线与望远镜视场中的竖直叉丝不平行，如何调节？

3. 还有什么其他方法可以实现色散？

【参考文献】

[1] 王旗. 近代物理实验 [M]. 北京：高等教育出版社，2016.

[2] 张志东，魏怀鹏，展永. 大学物理实验 [M]. 6 版. 北京：科学出版社，2019.

[3] 张映辉. 大学物理实验 [M]. 2 版. 北京：机械工业出版社，2017.

[4] 张映辉. 大学物理实验学习指导书 [M]. 2 版. 北京：高等教育出版社，2021.

[5] 张映辉. 大学物理实验数字课程 [M]. 北京：高等教育出版社，2020.

【本实验相关数字资源】

1-讲课视频　2-判断谱线衍射级数　3-测量谱线角度位置　4-物理思想与物理方法解析　思想导图（知识图谱）

实验 4.11　液体旋光率的测定

线偏振光通过某些物质后，偏振光的振动面将旋转一定的角度，这种现象称为旋光现象，旋转的角度称为旋转角或旋光度。能够使线偏振光振动面发生旋转的物质，称为旋光物质。面向光源，如果旋光物质使偏振光的振动面沿逆时针方向旋转，称为左旋物质。反之，若使偏振光的振动面沿顺时针方向旋转，称为右旋物质。最早发现石英晶体中有这种旋光现象，后来相继发现在糖溶液、松节油、硫化汞、氯化钠等液体中和其他一些晶体中都有旋光现象。旋光仪是测定旋光物质旋光度的仪器，通过对旋光度的测定可确定物质的浓度、纯度、比重、含量等，可供一般的成分分析之用，广泛应用于石油、化工、制药、香料、制糖、食品及酿造等工业。

【实验目的】

1. 观察物质的旋光现象，理解其物理机制。
2. 了解旋光仪的结构、原理及使用方法。
3. 掌握测量液体旋光率的方法。

【预习提示】

1. 液体的旋光率与哪些物理量有关？
2. 如何确定旋光仪的零度视场？
3. 本实验采用了什么方法测液体的旋光度？

【实验原理】

单色偏振光通过液体旋光物质时，其振动面将旋转一定的角度，这种现象称为旋光现象，如图 4.11-1 所示。振动面旋转的角度与旋光物质的性质、厚度 L、浓度 C 有关，其关系式为

$$\Delta\Phi = \alpha CL \tag{4.11-1}$$

式中，$\Delta\Phi$ 是用波长为 λ 的偏振光测得的旋转角度，称为旋光度，单位为度（°）；α 为比例系数，称为物质的旋光率。若溶液浓度 C 的单位为 $kg\cdot m^{-3}$，溶液厚度 L 的单位为 m，则 α 的单位为 $(°)\cdot m^2\cdot kg^{-1}$。工业上 α 的单位通常为 $(°)\cdot cm^3\cdot dm^{-1}\cdot g^{-1}$。在数值上等于偏振光通过单位长度（1m）、单位浓度（$1kg\cdot m^{-3}$）的溶液后引起振动面旋转的角度。

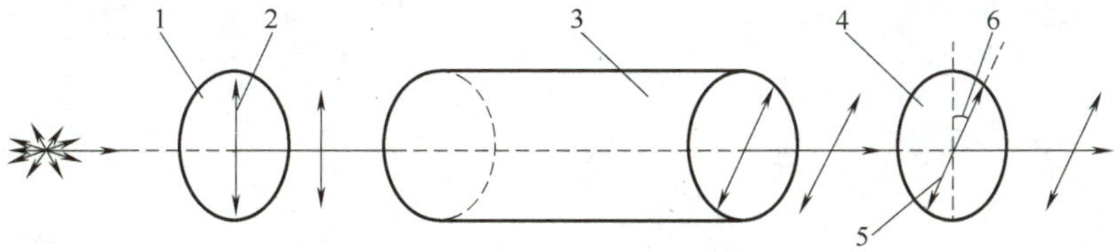

图 4.11-1　旋光的产生示意图

1—起偏镜　2—起偏镜偏振化方向　3—旋光物质
4—检偏镜　5—检偏镜偏振化方向　6—旋光角

实验表明，同一旋光物质对不同波长的光有不同的旋光率。在一定温度下，$\alpha \propto 1/\lambda^2$，即旋光率随波长减小而迅速增大，这种现象称为旋光色散。旋光率还与旋光物质的温度有关，如蔗糖水溶液，温度每升高（或降低）1℃，其旋光率约减小（或增加）$0.024° \mathrm{cm}^3 \cdot \mathrm{dm}^{-1} \cdot \mathrm{g}^{-1}$。

旋光率 α 值可正、可负。面向光源，如果偏振光的振动面沿顺时针方向旋转，则称为右旋光，旋光率用正值表示。反之，如果振动面沿逆时针方向旋转，则称为左旋光，相应的旋光率用负值表示。

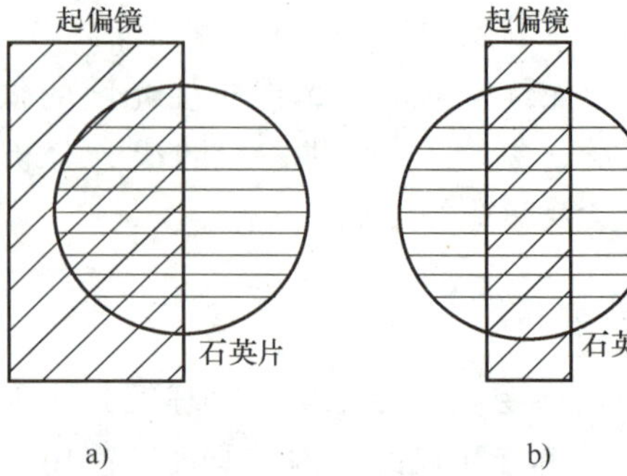

图 4.11-2　石英片的两种安装方法

a）二分视场　b）三分视场

因为人的眼睛难以准确地判断视场是否最暗，故多采用半荫法比较相邻两光束的强度是否相同来确定旋光度。若在起偏镜后加一石英晶片，此石英片和起偏镜的一部分在视场中重叠。随石英片安放的位置不同，可将视场分为两部分（见图 4.11-2a）或三部分（见图 4.11-2b），同时在石英片旁装上一定厚度的玻璃片，补偿由石英片产生的光强变化。取石英片的光轴平行于自身表面并与起偏轴成一角度 θ（仅几度）。入射光经起偏镜后变成线偏振光，其中一部分光再经过石英片（其厚度恰使在石英片内分成的 e 光和 o 光相位差为 π 的奇数倍，出射的合成光仍为线偏振光）出射，其振动面相对于入射光的振动面转过了 2θ，所以进入测试管里的光是振动面间夹角为 2θ 的两束线偏振光。

在图 4.11-3 中，如果以 OP 和 OA 分别表示起偏镜和检偏镜的偏振化方向，OP' 表示透过石英片后偏振光的振动方向，β 表示 OP 与 OA 的夹角，β' 表示 OP' 与 OA 的夹角；以 A_P 和 A'_P 分别表示通过起偏镜和起偏镜加石英片的偏振光在检偏镜轴向的振幅分量；当转动检偏镜时，A_P 和 A'_P 的大小将发生变化，从目镜中见到的视场将出现亮暗交替变化（见图 4.11-3 的下半部分）。

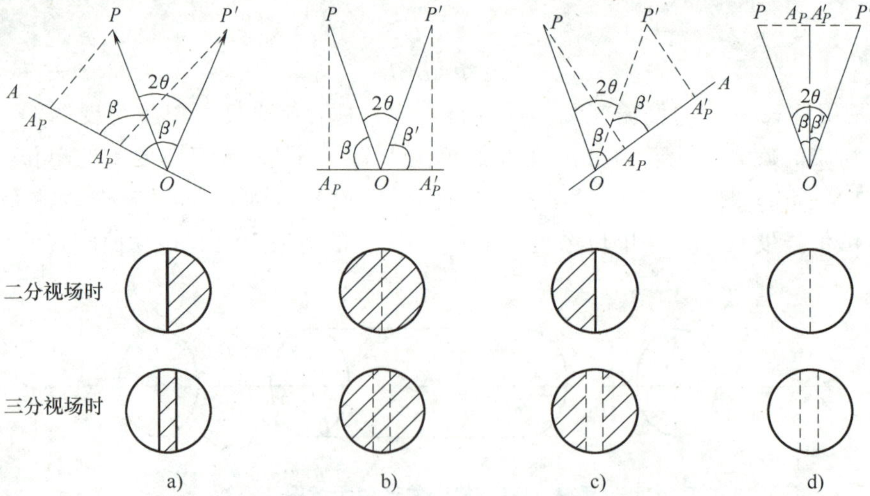

图 4.11-3　转动检偏镜时，目镜中视场的亮暗变化图

a）大于或小于零度视场　b）零度视场　c）小于或大于零度视场　d）全亮视场

图中列出了四种显著不同的情形：

a）$\beta'>\beta$、$A_P>A'_P$通过检偏镜观察时，与石英片对应的部分为暗区，与起偏镜对应的部分为亮区，视场被分成清晰的两（或三）部分。当$\beta'=\pi/2$时，亮暗反差最大。

b）$\beta'=\beta$、$A_P=A'_P$通过检偏镜观察时，视场中两（或三）部分界线消失，亮度相同，较暗。

c）$\beta'<\beta$、$A_P<A'_P$通过检偏镜观察时，视场又被分成清晰的两（或三）部分，与石英片对应的部分为亮区，与起偏镜对应的部分为暗区。当$\beta=\pi/2$时，亮暗反差最大。

d）$\beta'=\beta$、$A_P=A'_P$通过检偏镜观察时，视场中两（或三）部分界线消失，亮度相同，较亮。

由于在亮度不太强的情况下，人眼辨别亮度微小差别的能力较大，所以常取图 4.11-3b 所示的视场作为参考视场（称为零度视场），并将此时检偏镜的偏振化方向的角位置取作刻度盘的零点。在旋光仪中放上测试管后，透过起偏镜和石英片的两束偏振光均通过测试管，它们的振动面转过相同的角度，并保持两振动面间的夹角 2θ 不变。如果转动检偏镜，使视场仍旧回到图 4.11-3b 所示的状态（零度视场），则检偏镜转过的角度即为被测试溶液的旋光度 $\Delta\Phi$。

【实验仪器】

旋光仪，试管，糖溶液。

旋光仪是测量旋光溶液旋光度 $\Delta\Phi$ 的仪器，其结构如图 4.11-4 所示。仪器的读数装置由刻度盘和游标盘组成，其中刻度盘与检偏镜连为一体，利用刻度盘转动手轮调节。刻度盘上等分为 360 个格，每格为 1°，角游标上等分 20 个格，其分度为 0.05°。为消除刻度盘的偏心差，采用双游标读数，取其平均值。

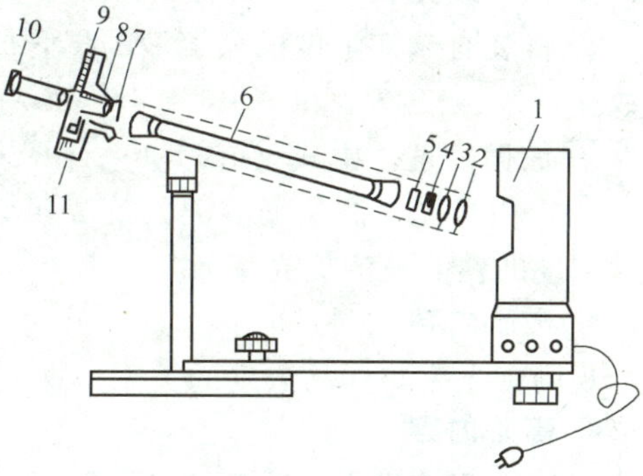

图 4.11-4 旋光仪结构示意图

1—光源 2—会聚透镜 3—滤色片
4—起偏镜 5—石英片 6—试管
7—检偏镜 8—望远镜物镜 9—刻度盘
10—望远镜目镜 11—刻度盘转动手轮

【实验内容】

1. 基础内容

（1）调整旋光仪。

① 接通旋光仪电源，预热 10min，待钠光灯发光正常可开始工作。

② 在没有放试管时，调节望远镜目镜调焦手轮，使三分视场清晰。调节刻度盘转动手轮，观察并熟悉视场明暗变化的规律。

③ 定零度位置。在仪器中放入空试管后，转动刻度盘转动手轮，使三分视场亮度相同且较暗，即为零度视场，此时刻度盘上读数即为零点位置读数。从左右两个读数视窗分别读数 $\Phi_{0左}$、$\Phi_{0右}$，将实验数据记录于表 4.11-1 中。

（2）测量糖溶液的旋光率。

① 将已知浓度的糖溶液注入试管内。

② 转动刻度盘转动手轮，找到零度视场位置，记录左右读数视窗的读数 $\Phi_{左}$、$\Phi_{右}$，重复测量 6 次，将实验数据记录于表 4.11-1 中，求出旋光度 $\Delta\Phi=|\Phi-\Phi_0|$。

③ 测试完毕，关闭开关，切断电源，清洗试管。

表 4.11-1　半荫法测旋光度实验数据

室温 t=____℃，糖溶液的浓度 C_1=______ $kg \cdot m^{-3}$，试管长度：L_1=______ mm，L_2=______ mm，空管零度视场：$\Phi_{0左}$=______，$\Phi_{0右}$=______

次数	$\Phi_{左}/(°)$	$\Phi_{右}/(°)$	$\Delta\Phi_{左}=\Phi_{左}-\overline{\Phi}_{0左}$ /(°)	$\Delta\Phi_{右}=\Phi_{右}-\overline{\Phi}_{0右}$ /(°)	$\Delta\Phi=\frac{1}{2}(\Delta\Phi_{左}+\Delta\Phi_{右})$ /(°)
1					
⋮					
6					

(3) 数据处理。

① 计算已知浓度的糖溶液的旋光度 $\Delta\Phi$ 及其不确定度。

② 由式（4.11-1）计算已知浓度的糖溶液的旋光率 α 及其不确定度。

2. 提升内容

(1) 测量糖溶液的浓度。

① 调整旋光仪。

② 将装有未知浓度的糖溶液的试管放入旋光仪，测量其旋光度 $\Delta\Phi$。多次测量，记录实验数据。

③ 数据处理。由式（4.11-1）计算未知浓度糖溶液的浓度及其不确定度。

(2) 用消光法测量糖溶液的旋光度。多次测量，记录实验数据。由式（4.11-1）计算已知浓度的糖溶液的旋光率 α。

3. 进阶内容

观测旋光率与样品温度的关系，探究温度对旋光物质旋光率的影响。

4. 高阶内容

(1) 观测旋光率与光源波长的关系。

(2) 研究影响手性液晶材料旋光率的因素。

【实验注意】

1. 溶液应装满试管，不能有较大气泡，让残留气泡留在试管中间的凸起部分。
2. 注入溶液后，试管和试管两端透光窗均应擦净才可放入旋光仪中。
3. 测量中应正确使用刻度盘的微调手轮。
4. 只能沿同一方向转动刻度盘转动手轮，以免产生空程误差。
5. 试管的两端经精密磨制，以保证其长度为确定值，使用时应十分小心，以防损坏试管。
6. 所有镜片，包括试管两端的护片玻璃都不能用手直接揩拭，应用柔软的绒布或镜头纸擦拭。
7. 每次调换溶液，试管应清洁干净。

【实验报告思考题】

1. 判断本实验用的糖溶液是何种旋光物质（是左旋还是右旋物质）？

2. 为什么在装待测液的试管中不能留有较大气泡？

3. 为什么用半荫法比消光法更准确？

【参考文献】

[1]　蔡福林．王晓春．探讨温度对旋光度测定法的影响［J］．中国现代应用药学，2001，s1：86-87.

[2]　石星军．大学物理实验［M］．北京：国防工业出版社，2006.

[3]　方利广．大学物理实验［M］．上海：同济大学出版社，2006.

[4]　张映辉．大学物理实验［M］．2 版．北京：机械工业出版社，2017.

[5]　张映辉．大学物理实验学习指导书［M］．2 版．北京：高等教育出版社，2021.

【本实验相关数字资源】

1-零度视场

2-旋光仪读数系统

实验 4.12 菲涅耳双棱镜测量光的波长

频率相同、振动方向相同、相位不随时间而变化的两列光波相遇，在叠加的区域内，光的强度明暗有稳定的分布，这种现象称为光的干涉。法国科学家菲涅耳（Augustin J. Fresnel）在 1826 年进行的双棱镜实验证明了光的干涉现象的存在，为波动光学奠定了坚实的基础。菲涅耳双棱镜实验与杨氏双缝实验、洛埃镜实验都是用分波阵面法产生双光束干涉的，它用毫米级的测量仪器得到纳米级的精度，其物理思想、实验方法与测量技巧至今仍值得我们学习。用双棱镜观察光的干涉，并测量钠光波长是一个典型、重要的光学实验，它对理解光的波动性具有重要的意义。

【实验目的】

1. 观察菲涅耳双棱镜产生的双光束干涉现象，进一步理解产生干涉的条件。
2. 学会用菲涅耳双棱镜测量光波波长。
3. 学会测微目镜的调节与使用。

【预习提示】

1. 什么是菲涅耳双棱镜？
2. 如何利用菲涅耳双棱镜实现光的干涉？
3. 如何调节光学器件等高共轴？

【实验原理】

菲涅耳双棱镜（简称双棱镜）是将一块平玻璃板的上表面加工成两楔形，两端面与棱脊垂直，楔角很小（一般小于 1°），如图 4.12-1 所示。

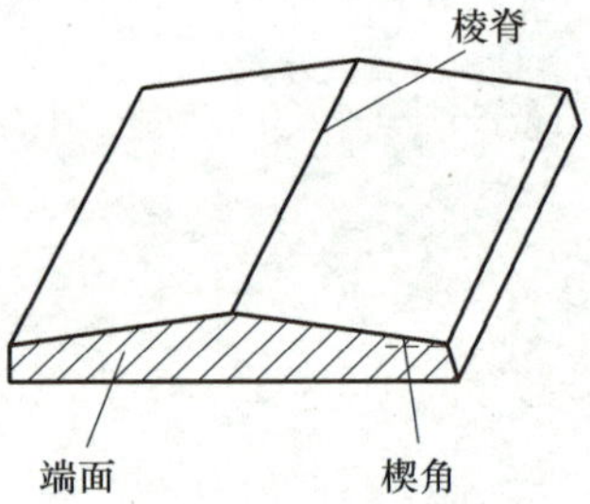

图 4.12-1 菲涅耳双棱镜结构图

菲涅耳利用图 4.12-2 所示的装置，获得了双光束的干涉现象。从单色光源 M 发出的光波，经透镜 L 会聚于狭缝 S，使 S 成为具有较大亮度的线光源。当狭缝 S 发出的光波投射到双棱镜上时，经折射后，其波前便分割成两部分，形成沿不同方向传播的两束相干光。通过双棱镜观察这两束光，就好像它们是由虚光源 S_1 和 S_2 发出的一样，故在两束光相互交叠的区域 P_1P_2 内产生干涉。如果狭缝的宽度较小且双棱镜的棱脊和光源狭缝平行，便可在白屏 P 上观察到平行于狭缝的等间距干涉条纹。

设 d' 代表两虚光源 S_1 和 S_2 的间距，d 为虚光源至白屏的距离，且 $d' \ll d$，干涉条纹宽度为 δx，则实验所用光波波长 λ 为

$$\lambda = \frac{d'}{d}\delta x \tag{4.12-1}$$

式（4.12-1）表明，只要测出 d'、d 和 δx，便可计算出光波波长。

干涉条纹宽度 δx 很小，必须使用测微目镜进行测量。将已知焦距为 f' 的会聚透镜 L′置

于双棱镜 AB 与测微目镜 P 之间，由透镜的二次成像法可以求得两虚光源的间距 d'，如图 4. 12-3 所示。只要使测微目镜到狭缝的距离 $d>4f'$，前后移动透镜，就可以在两个不同位置上观察到两虚光源 S_1 和 S_2 经透镜折射所得到的实像 S_1' 和 S_2'，其中一组为放大的实像，另一组为缩小的实像，如果分别测得两放大像间距 d_1 和两缩小像间距 d_2，则有

$$d'=\sqrt{d_1 d_2} \tag{4.12-2}$$

由式（4. 12-2）即可求得两虚光源之间的间距 d'。

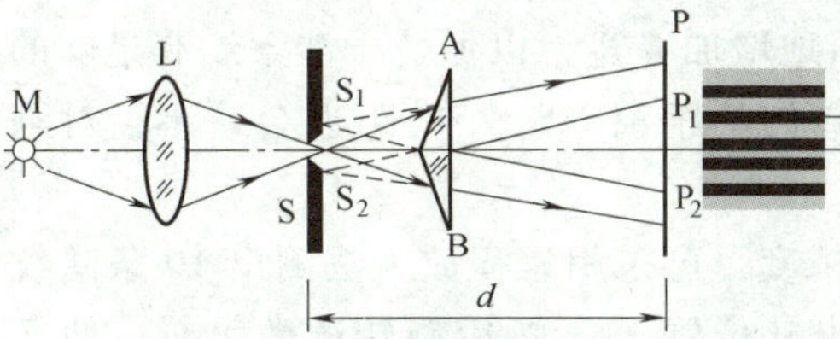

图 4. 12-2　菲涅耳双棱镜光路图

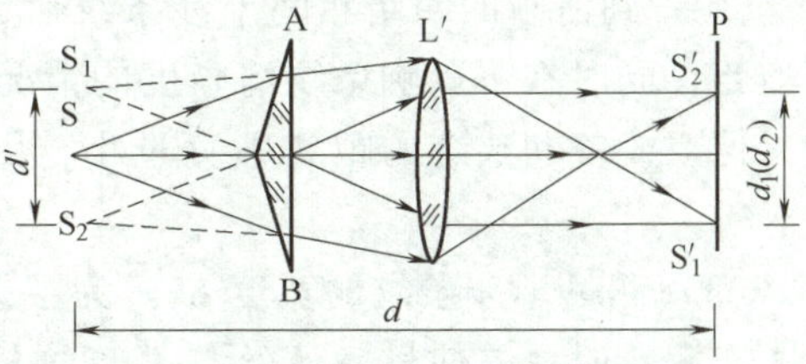

图 4. 12-3　二次成像法光路图

【实验仪器】

菲涅耳双棱镜，钠光灯（波长：589. 3nm），可调狭缝，凸透镜（焦距：50mm 和 150mm），测微目镜，米尺、光具座，白屏。

测微目镜如图 4. 12-4a 所示。测微目镜的主尺是刻线玻璃主尺，刻线分度为 1mm。主尺下方的分划板与读数鼓轮相连，当旋转读数鼓轮时，分划板会左右移动，鼓轮分度值为 0. 01mm。图 4. 12-4b 所示为目镜中的视场。测微目镜使用方法如下：

（1）测量微小实像时，先调节目镜调焦，直至能清晰地观察到分划板上的叉丝。

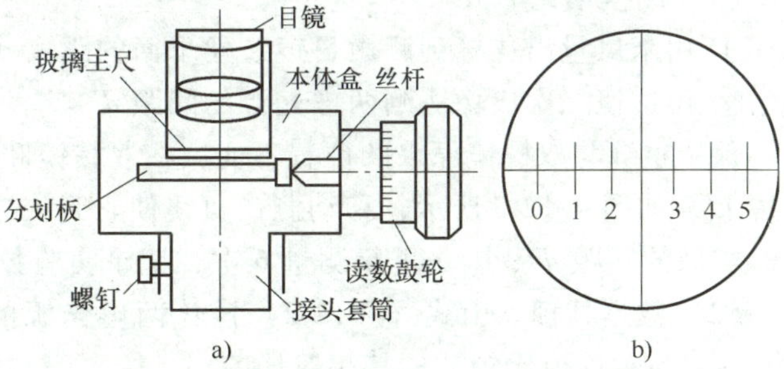

图 4. 12-4　测微目镜

a）测微目镜结构图　b）目镜中的视场

（2）调节测微目镜与待测实像的距离，使实像也清晰，并与叉丝无视差。

（3）旋转鼓轮，使叉丝对准待测像的一边，记录下标尺和鼓轮的读数。

（4）再旋转鼓轮，使叉丝对准待测像的另一边，记录下标尺和鼓轮的读数。

（5）将前后两次读数相减，即得待测像的长度。

【实验内容】

1. 基础内容

（1）调节各光学元件等高共轴。

① 将钠灯 M、会聚透镜 L、狭缝 S、双棱镜 AB 与测微目镜 P，按图 4. 12-2 的次序放置在光具座上，用目视粗略地调整它们的中心等高、共轴，双棱镜底面与系统光轴垂直，棱脊和狭缝的方向大体平行。

② 点亮钠灯 M，通过透镜照亮狭缝 S，在双棱镜后放一白屏，从白屏上可看到一条光

带，此光带就是两束相干光的交叠区。以测微目镜 P 代替白屏，调节目镜高低和左右位置，使光带能进入测微目镜视场，且使两虚光源的两个实像 S_1' 和 S_2' 位于视场中心位置。

（2）调节干涉条纹。

① 减小狭缝的宽度，一般情况下，可从测微目镜中观察到不太清晰的干涉条纹。

② 绕系统光轴缓慢地向右或向左旋转双棱镜 AB，将会出现清晰的干涉条纹。这时棱镜的棱脊与狭缝的方向严格平行。

③ 看到清晰的明暗相间干涉条纹后，将双棱镜或测微目镜前后移动，使干涉条纹的宽度适当，同时在不影响条纹清晰度的情况下，适当地增加缝宽，以保持干涉条纹有足够的亮度。但双棱镜和狭缝的距离不宜过小，因为减小它们的距离，S_1S_2 间距也会减小，对测量 d' 不利。

（3）测量干涉条纹的宽度 δx。为了提高测量精度，可采用累积放大法测出 10 条暗纹的间距。测量时，先使目镜叉丝与某暗纹相切，读出其位置 x_1，然后旋转读数手轮，使叉丝移过 10 条暗纹，再读出第 11 条暗纹的位置 x_{11}，则 10 条暗纹的间距为 $|x_{11}-x_1|$。重复测量 6 次，记录实验数据。

（4）数据处理。求出相邻条纹的宽度 $\delta x=\frac{1}{10}|x_{11}-x_1|$。

2. 提升内容

（1）测量钠光的波长。

① 用米尺量出狭缝到测微目镜叉丝平面的距离 d。

② 用透镜二次成像法测两虚光源的间距 d'。

保持狭缝与双棱镜原来的位置不变，在双棱镜和测微目镜之间放置一已知焦距 f' 的会聚透镜 L′，如图 4.12-3 所示，移动测微目镜使它到狭缝的距离大于 $4f'$，分别测得两次清晰成像时实像的间距 d_1、d_2。重复测量 6 次，记录实验数据。

（2）数据处理。由式（4.12-2）计算两虚光源的距离 d'，由式（4.12-1）计算钠光的波长 λ，与理论值比较，求其相对误差。

3. 进阶内容

设计用分光计做菲涅耳双棱镜实验。

4. 高阶内容

用洛埃镜测量光源的波长，加深对半波损失的理解。

【实验注意】

1. 使用测微目镜时，首先要确定测微目镜读数装置的最小分度；必须沿一个方向旋转鼓轮，以免产生空程误差；旋转读数鼓轮时动作要平稳、缓慢；测量装置要保持稳定。

2. 调节共轴时，可用白屏观察双缝所产生的光束亮度是否均匀，狭缝宽度必须适当。

3. 所有光学元件的光学面均不能用手擦拭，须用镜头纸轻轻揩擦。

【实验报告思考题】

1. 菲涅耳双棱镜是如何实现双光束干涉的？干涉条纹是怎样分布的？干涉条纹的宽度、数目由哪些因素决定？

2. 在实验时，双棱镜和光源之间为什么要放一狭缝？为什么狭缝很窄时，才可以得到清晰的干涉条纹？

3. 试证明公式 $d' = \sqrt{d_1 d_2}$。

【参考文献】

[1] 从守民，袁广宇，杨保华．在分光计上做双棱镜干涉实验［J］．物理实验，2008，28（12）：36-37.

[2] 杨述武．普通物理实验：光学部分［M］．北京：高等教育出版社，2000.

[3] 张志东，魏怀鹏，展永．大学物理实验［M］．6版．北京：科学出版社，2019.

[4] 张映辉．大学物理实验［M］．2版．北京：机械工业出版社，2017.

[5] 张映辉．大学物理实验学习指导书［M］．2版．北京：高等教育出版社，2021.

【本实验相关数字资源】

1-测微目镜的使用

2-调节干涉条纹

实验 4.13　阿贝成像空间滤波和 θ 调制

德国人阿贝在 1873 年研究显微镜成像原理时首次提出了频谱和二次成像的概念，并把傅里叶变换引入光学中，逐步形成了一个新的光学分支——傅里叶光学，成为信息光学发展的起点。阿贝成像原理的意义在于：它以一种新的频谱语言来描述信息，并启发人们用改造频谱的方法来改造信息，为全息术和光学信息处理开辟了广阔的应用前景。通过本实验可把透镜成像与干涉、衍射联系起来，初步了解透镜的傅里叶变换性质，从而加深对空间频谱和空间滤波等概念的理解。

根据阿贝的二次成像理论，可以通过在光学系统的频谱面上放置滤波器来改变频谱结构，从而实现空间滤波。θ 调制属于空间滤波的一种形式，它利用不同取向的光栅对物平面的各个部分进行调制（编码），再通过空间滤波实现对像平面相应部位色彩的控制，从而对白光照射的物实现彩色编码，得到彩色的输出图像。θ 调制作为阿贝成像原理的巧妙应用之一，已广泛应用于彩色胶片的存储、黑白胶片拍摄彩色图像和光逻辑运算等方面。

【实验目的】

1. 了解阿贝成像原理和分光滤波的原理。
2. 加深理解傅里叶光学中空间频谱和空间滤波的概念。
3. 初步了解简单的空间滤波在光信息处理中的实际应用。
4. 理解通过 θ 调制进行空间假彩色编码的原理。

【预习提示】

1. 什么是傅里叶变换？
2. 阿贝成像包括哪两个步骤？
3. 如何实现空间滤波？
4. 如何通过 θ 调制进行空间假彩色编码？

【实验原理】

1. 阿贝成像原理

在相干平行光照明下，物体通过透镜成像可分为两个步骤：第一步是通过物的衍射光在透镜的后焦面上形成一组衍射图样，这些衍射图样被称为物的空间频谱；第二步是衍射图样作为新的子波源，子波源上发出的球面波在像平面上相干叠加成像。这就是阿贝成像原理。

阿贝的二次衍射成像过程实质上就是两次傅里叶变换。物光的复振幅分布为 $U(x,y)$，在物镜的后焦面（频谱面）上的复振幅分布——频谱函数 $U'(x',y')$，它是 $U(x,y)$ 的傅里叶变换。频谱函数 $U'(x',y')$ 再经傅里叶逆变换即获得像平面上的复振幅分布——像函数 $U''(x'',y'')$。这说明透镜具有实现傅里叶变换的功能。

傅里叶变换以积分形式表达为

$$U(x,y) = C\iint U'(f_x,f_y)\,\mathrm{e}^{\mathrm{i}2\pi(f_x x+f_y y)}\,\mathrm{d}f_x\mathrm{d}f_y \tag{4.13-1}$$

$$U'(f_x,f_y)=C'\iint U(x,y)\mathrm{e}^{\mathrm{i}2\pi(f_x x+f_y y)}\mathrm{d}x\mathrm{d}y \tag{4.13-2}$$

式中，C 和 C'是常数；f_x 和 f_y 是频谱面上的坐标点（x'，y'）对应的空间频率，可表示为

$$f_x=\frac{x'}{\lambda f},\ f_y=\frac{y'}{\lambda f} \tag{4.13-3}$$

把频谱函数 $U'(x',y')$ 再进行一次傅里叶逆变换即获得像函数 $U''(x'',y'')$。可以证明在理想的变换条件下有

$$U''(x'',y'')=(\lambda f)^2U(x,y) \tag{4.13-4}$$

式中，λ 是入射光波长；f 是透镜焦距。从式（4.13-4）可以看出像函数与物函数完全相似。

如果以一维光栅做物，图 4.13-1 显示了经凸透镜成像的两个步骤。当单色平行光照射在置于透镜物焦面的光栅上，经衍射成为沿不同方向传播的平行光束（每一束平行光相于一定的空间频率）。然后经透镜聚焦，在频谱面上形成点阵（衍射斑），继而从点阵发出的球面光波在像平面上相干叠加，形成的光强分布就是光栅刻痕的放大实像。上述两步成像过程可概括为：先“衍射分频”，后“干涉合成”。

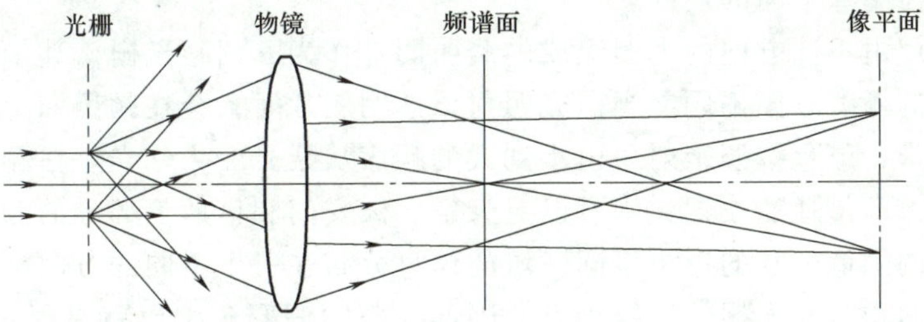

图 4.13-1　阿贝成像光路图

实际应用中，可以将一张复杂的图像作为衍射屏，让平面平行光正入射在图像上，通过衍射，一定空间频率的信息就被一列特定方向的平面衍射波输送出去，其傅里叶频谱图像直观地反映在透镜的后焦平面上。通过分析此频谱图，便可得出原图像的信息。图 4.13-2a 所示为正交光栅的衍射屏，图 4.13-2b 是它所对应的傅里叶变换频谱图。

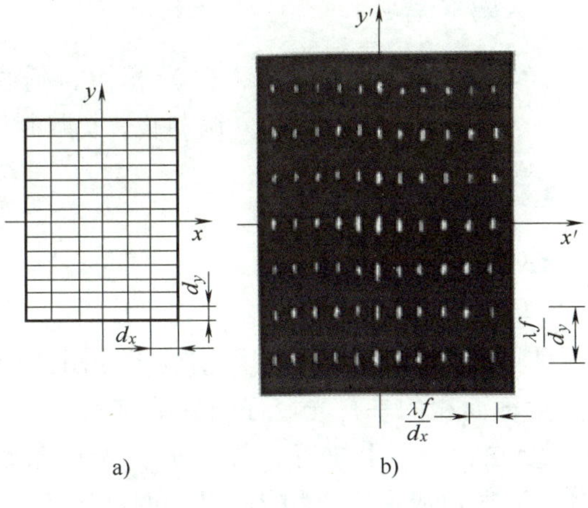

图 4.13-2　傅里叶变换频谱

2. 空间滤波

如果这两次傅里叶变换完全是理想的，信息在变换过程中没有损失，则像和物完全相同。实际上，由于透镜的孔径是有限的，总有一部分衍射角度较大的衍射光（高频信息）不能进入物镜而被丢弃了。所以物所包含的超过一定空间频率的成分就不能包含在像上。高频信息主要反映物的细节。如果高频信息没有到达像平面，则无论显微镜有多大的放大倍数，也不能在像平面上分辨这些细节，这是显微镜的分辨率受到限制的根本原因。特别当场的结构非常精细（如很密的光栅），或物镜的孔径非常小，可能只有 0 级衍射（直流成分）能通过，则在像平面上只有光斑而完全不能形成图像。反之，物镜的孔径越大，则丢

失的信息越少，图像越清晰。因此，物镜的孔径实际上起到高频滤波（即低通滤波）的作用。

根据上面的讨论，我们可以看出，如果人为地改变像平面上频谱分布的光振幅和相位，必然引起像的变化，这种在频谱面上做的光学处理就是空间滤波。最简单的方法就是在频谱面上插入滤波器，如一些特殊形状的光阑，使一部分频率分量能通过，而挡住其他频率分量，使通过光阑的频率分量在像平面的图像中得到相对加强，从而达到改变图像的目的。

3. 分光滤波

根据阿贝成像理论，可以通过空间滤波来达到改造图像的目的，而空间滤波则可以通过在频谱面上放置不同结构的光阑来实现，光阑即为空间滤波器。分光滤波属于空间滤波的一种形式，是阿贝原理的应用。分光滤波利用不同取向的光栅对物平面的各个部分进行编码，再通过沿不同方向放置的光阑来控制像平面相应部位的灰度或色彩。由于这种编码方式是利用不同取向的光栅对图像不同的空间部位进行调制来实现的，故称为 θ 调制。当使用白光对物进行照明时，可控制像平面的色彩，故称为空间假彩色编码；而使用单色光照明时，则可以通过 θ 调制来控制像平面的灰度。

本实验中使用由不同方向的光栅组成的透明图片作为 θ 调制光栅，其中天空、天安门和草地三部分光栅的栅线取向不同。当白光照射该透明图片时，会在频谱面上沿不同方向形成彩色的衍射光谱带，颜色按照衍射角由小到大的顺序从紫光变为红光。在频谱面上放置位置可以调节的光阑，即带通滤波器，则可以对天空、天安门和草地三部分的颜色进行选择，在像面上得到彩色的图像。物的三个不同区域的信息分布在三个不同的方向上，互不干扰，而光谱带的分布方向均与其光栅的栅线垂直。因此，空间假彩色编码就是通过 θ 调制的手段，“提取”白光中所包含的彩色，再对图像进行“着色”（编码）。

【实验仪器】

光具座，氦-氖激光器，白光光源，傅里叶透镜，扩束镜，准直镜，光栅（一维、正交），网格，频谱滤波器，θ 调制板，θ 调制滤波器，干板架，二维调整架，白屏。

【实验内容】

1. 基础内容

（1）空间滤波实验。

① 按图 4.13-3 所示装配实验光路图。用凸透镜 L_1 和 L_2 组成望远镜系统。将激光扩束成较大截面积的平行光。仔细调节该系统，使其产生平行光。

② 在物平面上放置一维光栅，光栅条纹沿竖直方向。前后移动变换透镜 L_3，使光栅（物）清晰地成像于离物 2m 以外的白屏上。此时光栅位置接近于透镜的前焦面，故透镜的后焦面就为频谱面，该面上光强的分布即为物的空间频谱。

③ 用白屏在 L_3 的后焦面附近慢慢移动，在后焦面上可以观察到水平排列的一些清晰光点。这些光点相应于光栅的各级衍射极大值，中间最亮的为 0 级衍射极大，两侧依次为±1，±2，…级衍射极大。

④ 在频谱面上放置一个可调狭缝的频谱滤波器，挡住频谱 0 级以外的点，观察并记录像面图像变化。

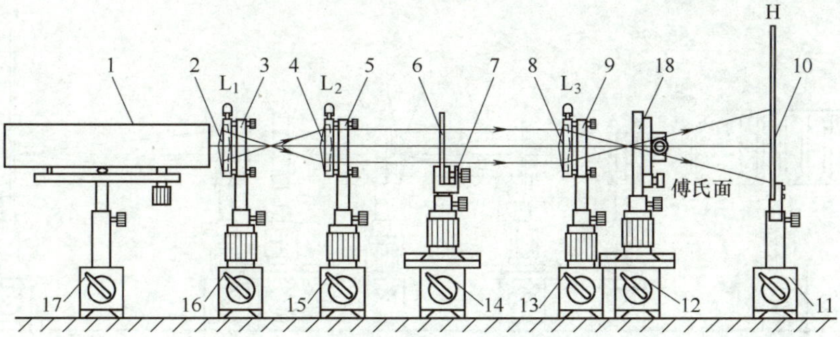

图 4.13-3 空间滤波实验装置图

1—氦-氖激光器 2—扩束镜 3、5、9—二维调整架 4—准直镜 6—光栅
7—干板架 8—傅里叶透镜 10—白屏 11~17—底座 18—频谱滤波器

⑤ 调节狭缝宽度，使频谱的 0 级和 1 级通过狭缝，观察并记录像面图像变化。然后拿掉频谱滤波器，让更高级次的衍射都能通过，观察并记录像面图像变化。比较这两种情况下光栅像有何不同。

⑥ 分别测量频谱面上 0 级衍射极大到 1、2、3 级衍射极大的距离 x'。记录实验数据。

⑦ 用网格字替换一维光栅，其他条件不变，调节频谱滤波器，让竖向的一系列光点通过垂直的狭缝，观察并记录像面上栅缝的方向。

⑧ 将频谱滤波器的狭缝转 90°，观察并记录像面上栅缝的方向。

⑨ 将频谱滤波器的狭缝转 45°，观察并记录像面上栅缝的方向变化。

⑩ 用二维的正交光栅替换网格字，重复⑦~⑨步骤，观察并记录像面上栅缝的方向。

（2）数据处理。

① 由式（4.13-3）计算 1、2、3 级衍射的空间频率 f_x。

② 描述空间滤波实验现象。

Ⅰ. 一维光栅：① 不插入可调狭缝的频谱滤波器：________________

② 让频谱的 0 级衍射光点通过狭缝：________________

③ 让频谱的 1 级衍射光点通过狭缝：________________

④ 让频谱的 0、±1 级衍射光点通过狭缝：________________

Ⅱ. 网字格：① 不插入可调狭缝的频谱滤波器：________________

② 狭缝竖直放置：________________

③ 狭缝水平放置：________________

④ 狭缝左旋（或右旋）45°放置：________________

Ⅲ. 正交光栅：① 不插入可调狭缝的频谱滤波器：________________

② 狭缝竖直放置：________________

③ 狭缝水平放置：________________

④ 狭缝左旋（或右旋）45°放置：________________

2. 提升内容

（1）θ 调制实验。

① 按图 4.13-4 所示装配实验光路图，调节使各装置共轴。

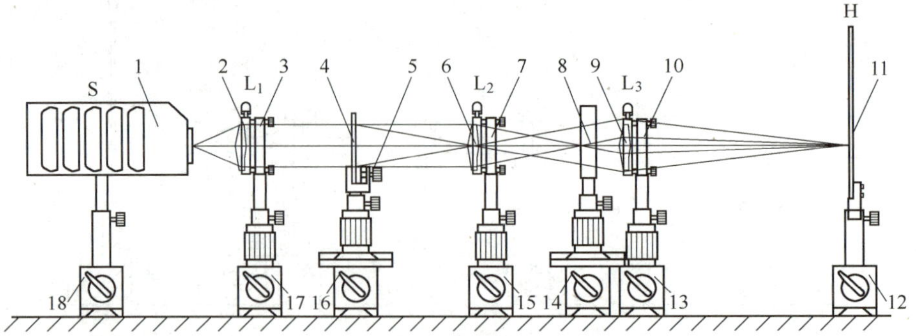

图 4.13-4 θ 调制实验装置图

1—白光光源 2—准直镜 3、7、10—二维调整架 4—θ 调整板 5—干板架
6、9—傅里叶透镜 8—θ 调制滤波器 11—白屏 12～18—底座

② 将光源放在准直镜的焦距处，使通过准直镜的平行光垂直入射 θ 调制板。

③ 使白屏与 θ 调制板距离 1m 左右，前后移动傅里叶透镜，使 θ 调制板在白屏上清晰地成像。

④ 在傅氏面上加入 θ 调制滤波器，在滤波器上观察光栅的衍射图样，找到分别与天空、天安门和草地相对应的光栅衍射谱。

⑤ 调节 θ 调制滤波器上滑块的位置，使对应于草地部分的一级衍射谱带的绿光透过，使相应于天安门部分的一级衍射谱带的红光和相应于天空部分的一级衍射谱带的蓝光透过，此时白屏上的像就会出现蓝色的天空，红色的天安门和绿色的草地。

（2）数据处理。画出 θ 调制板上图片的示意图，根据实验现象确定天空、天安门和草地三部分光栅的栅线方向，并画在示意图中，说明确定栅线方向的理由。

3. 进阶内容

非线性相位调制假彩色编码。

见实验 5.3.11 非线性相位调制假彩色编码。

4. 高阶内容

探究提高遥感图像空间分辨率的方法。

【实验注意】

1. 不要用眼睛直视激光。
2. 所有光学仪器的光学面均不能用手擦拭，应该用镜头纸轻轻揩擦。

【实验报告思考题】

1. 如何从阿贝成像原理来理解显微镜的分辨本领？提高物镜的放大倍数能够提高显微镜的分辨本领吗？

2. 利用阿贝成像原理导出相干光照明条件下显微镜的最小分辨距离公式，并同非相干光照明下的最小分辨距离公式比较。

3. 如有一张细节比较模糊的照片，能否通过空间滤波的方法加以改善？

4. 让频谱面上不同级衍射光点通过，颜色为什么不一样？

5. 如果用钠光或白光进行阿贝成像实验，有何困难？实验光路应做何变动？

【参考文献】

[1] 石星军. 大学物理实验 [M]. 北京：国防工业出版社，2006.
[2] 王旗. 近代物理实验 [M]. 北京：高等教育出版社，2016.
[3] 张映辉. 大学物理实验 [M]. 2版. 北京：机械工业出版社，2017.

实验 4.14　数值孔径和光纤分束器性质的研究

光纤的数值孔径（NA）是光纤的一个重要参数，它在一定程度上表征光纤集光能力和与光源耦合的难易程度，同时对连接损耗及衰减特性也有影响。光纤数值孔径的一种定义是远场强度有效数值孔径。远场强度有效数值孔径是通过测量光纤远场强度分布来确定的。它被定义为光纤远场辐射图上光强下降到最大值的 5%处的半张角的正弦值。光纤的数值孔径大小与纤芯折射率、纤芯和包层相对折射率差有关。从原理上看，光纤的数值孔径表示光纤接收入射光的能力。数值孔径越大，则光纤接收光的能力也越强。从增加进入光纤的光功率的观点来看，数值孔径越大越好，因为光纤的数值孔径大对于光纤的对接是有利的。但是 NA 太大时，光纤的模畸变加大，会影响光纤的带宽。

光纤分束器是对光信号实现分路、合路和分配的无源器件，是波分复用、光纤局域网、光纤有线电视网以及某些测量仪表中不可缺少的光学器件。将两根单模光纤扭绞在一起，然后加热并拉伸，使它在一定长度的距离内均匀熔融，这样就形成 2×2 结构耦合器。在耦合区，纤芯直径变小，数值越小则光模场超过光纤直径的部分越多。这样，一个光模式的更多部分在耦合区的包层部分传播，然后被耦合到另一根光纤的纤芯中，这是最简单的 2×2 结构的光纤耦合器原理。星型光纤分束器有多个输入端口和多个输出端口，它通常完成将单个输入信号分配给多个输出信号的功能。星型耦合器常用多个 2×2 光纤分束器耦合级联而成。

【实验目的】

1. 掌握测量光纤数值孔径的一种方法。
2. 了解光纤数值孔径的物理意义。
3. 了解光纤分束器的特性及其参数的测量方法。
4. 掌握光纤分束器工作原理。

【预习提示】

1. 光纤数值孔径的定义。
2. 光纤分束器工作原理。
3. 光纤分束器插入损耗和附加损耗等特性参数。

【实验原理】

1. 光纤数值孔径的测量原理

光纤数值孔径是表征光纤集光能力的主要参数，其理论表达式为

$$NA=(n_1^2-n_2^2)^{\frac{1}{2}} \tag{4.14-1}$$

式中，n_1 是纤芯折射率；n_2 是包层折射率。光纤的数值孔径与光纤直径无关。

实际测量中一般采用远场法，按有关规定光纤远场辐射强度分布下降到最大值的 5%时，远场辐射半角的正弦定义为数值孔径 $NA_{\text{eff}}=\sin\theta$，与理论值关系为 $NA_{\text{eff}}=K\cdot NA$，公式中 K 是比例因子。光纤数值孔径测量原理如图 4.14-1 所示。

2. 光纤分束器的工作原理与特性参数

光纤分束器是使光纤中传输的光信号在特殊结构的耦合器中发生耦合而实现功率再分配的器件。光纤分束器工作原理如图 4.14-2 所示。光纤分束器的制作方法有磨抛法、腐蚀法和熔融拉锥三种。

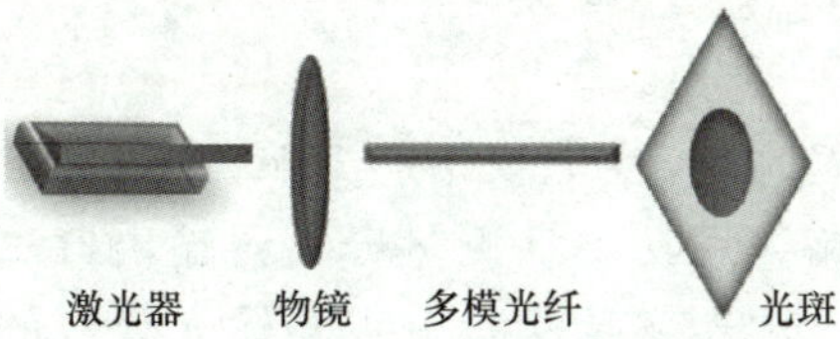

图 4.14-1　数值孔径测量原理图

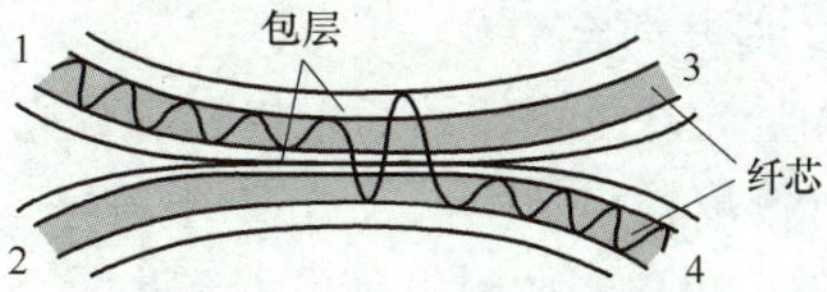

图 4.14-2　光纤分束器工作原理

光纤分束器的几个主要特性参数如下。

(1) 插入损耗。插入损耗定义为输出端口的光功率相对于全部输入光功率的减少。该值通常以分贝（dB）表示，则

$$I.\,L_i. = -10\lg\frac{P_{\mathrm{out}i}}{P_{\mathrm{in}}} \tag{4.14-2}$$

式中，$I.\,L_i.$ 是第 i 个输出端口的插入损耗；$P_{\mathrm{out}i}$ 第 i 个输出端口的输出功率；P_{in} 是输入功率。

(2) 附加损耗。附加损耗是所有输出端口的光功率总和相对于全部输入光功率的减小值，它可以表示为

$$E.\,L. = -10\lg\frac{P_{\mathrm{out}}}{P_{\mathrm{in}}} \tag{4.14-3}$$

(3) 分光比。分光比是分束器各输出端口的输出功率与总的输出功率的比值，在具体应用中常用相对输出总功率的百分比表示，即

$$C.\,R. = \frac{P_{\mathrm{out}i}}{\sum P_{\mathrm{out}}}\times 100\% \tag{4.14-4}$$

式中，$\sum P_{\mathrm{out}}$ 是所有的输出端口的输出功率之和。

(4) 方向性。方向性表征器件的定向传输特性，定义为分束器正常工作时，输入一侧非注入光的一端输出光功率与全部输入光功率的比值，则

$$D.\,L. = -10\lg\frac{P_{\mathrm{out2}}}{P_{\mathrm{in1}}} \tag{4.14-5}$$

式中，P_{in1} 代表输入光功率；P_{out2} 代表输入一侧非注入光一端的输出光功率。实验原理图如图 4.14-3 所示。

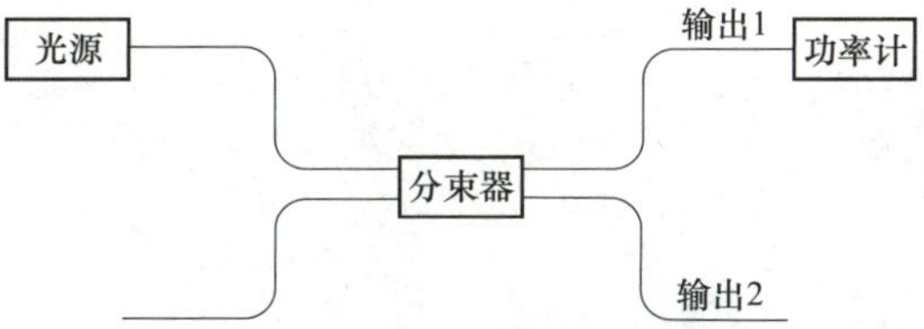

图 4.14-3　光纤分束器实验原理图

【实验仪器】

氦-氖激光器及电源，10 倍显微物镜，光纤微调架，直尺，接收屏，多模光纤，实验仪中的 1550nm 光源、1310nm 光源，双窗口分束器，光纤功率计，光纤跳线（FC/PC 接头），法兰盘。

【实验内容】

1. 基础内容

测量光纤的数值孔径。计算距离平均值 L，计算输出光斑直径平均值 D，计算输出孔径角 $\theta_{mo}=\arctan[D/(2L)]$，计算光纤数值孔径 $NA=\sin\theta_{mo}$。

2. 提升内容

测量光纤分束器的插入损耗、分光比等特性参数。打开实验仪中的1550nm光源，用光功率计测取输出功率。接着按图4.14-3接好光纤链路，用功率计测量分束器输出臂1的功率 P_{out1}，用功率计测出分束器输出臂2的功率 P_{out2}，用功率计测量分束器输入臂2的功率 P_{in2}。打开实验仪中的1310nm光源，重复上述步骤。根据实验原理，计算光纤分束器的各个特性参数。

3. 进阶内容

研究光纤光栅温度传感器特性。

4. 高阶内容

研究掺饵光纤放大器特性。

【实验注意】

1. 调整氦-氖激光器，使激光束平行于实验台面。

2. 取待测光纤，对其两端处理，一端经光纤微调架与激光束耦合，一端夹持于接收屏前，并与接收屏保持垂直。

【参考文献】

张映辉．大学物理实验［M］．2版．北京：机械工业出版社，2017．

实验 4.15 音频信号光纤传输技术实验

随着 Internet 网路时代的到来，人们对数据通信的带宽、速度的要求越来越高。光纤通信具有频带宽、高速、不受电磁干扰影响等一系列优点，正在得到不断发展和应用。通过使用 YOF-B 型光纤音频信号传输实验仪，让学生熟悉了解信号光纤传输的基本原理；同时学生可以了解光纤传输系统的基本结构及各部件选配原则，初步认识光发送器件 LED 的电光特性及使用方法，光检测器件光电二极管 SPD 的光电特性及使用方法，基本的信号调制与解调方法，完成光纤通信原理基本实验。

光纤即为光导纤维的简称。光纤通信是以光波为载波，以光导纤维为传输媒质的一种通信方式。光纤广泛应用于各种工业控制、分布式数据采集场合，特别适合电力系统自动化、交通控制等部门。

【实验目的】

1. 熟悉半导体电光/光电器件的基本性能及主要特性的测试方法。
2. 了解音频信号光纤传输系统的结构及选配各主要部件的原则。
3. 学习分析集成运放电路的基本方法。
4. 训练音频信号光纤传输系统的调试技术。

【预习提示】

1. 音频信号直接光强调制光纤传输系统由几部分组成？
2. 光纤通信的优点是什么？

【实验原理】

1. 系统的组成

图 4.15-1 示出了一个音频信号光强调制光纤传输系统的结构原理图，它主要包括由 LED 及其调制、驱动电路组成的光信号发送器，传输光纤和由光电转换、I-V 变换及功放电路组成的光信号接收器三个部分。光源器件 LED 的发光中心波长必须在传输光纤呈现低损耗的 0.85μm、1.3μm 或 1.5μm 附近，本实验采用中心波长 0.85μm 附近的 GaAs 半导体发光二极管作光源、峰值响应波长为 0.8~0.9μm 的硅光二极管（SPD）作光电检测元件。

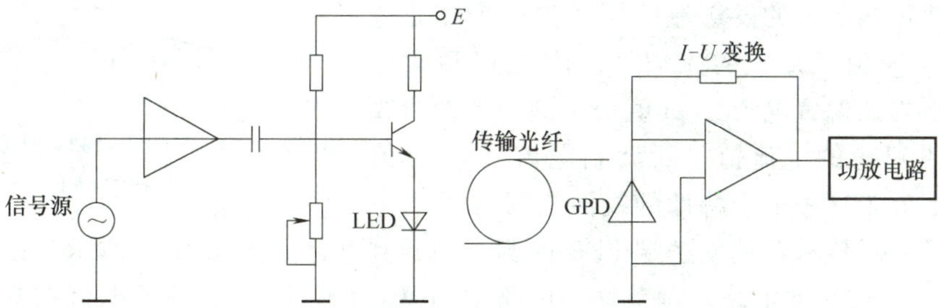

图 4.15-1 音频信号光纤传输实验系统原理图

为了避免或减少谐波失真，要求整个传输系统的频带宽度能够覆盖被传信号的频谱范围，对于语音信号，其频谱在300~3400Hz的范围内。由于光导纤维对光信号具有很宽的频带，故在音频范围内，整个系统的频带宽度主要决定于发送端调制放大电路和接收端功放电路的幅频特性。

2. 半导体发光二极管结构、工作原理、特性及驱动、调制电路

光纤通信系统中对光源器件在发光波长、电光效率、工作寿命、光谱宽度和调制性能等许多方面均有特殊要求。所以不是随便哪种光源器件都能胜任光纤通信任务，目前在以上各个方面都能较好满足要求的光源器件主要有半导体发光二极管（LED）和半导体激光二极管（LD）。本实验采用LED作光源器件。光纤传输系统中常用半导体发光二极管是一个如图4.15-2所示的N-P-P三层结构的半导体器件，中间层通常是由GaAs（砷化镓）P型半导体材料组成，称有源层，其带隙宽度较窄，两侧分别由GaAlAs的N型和P型半导体材料组成，与有源层相比，它们都具有较宽的带隙。

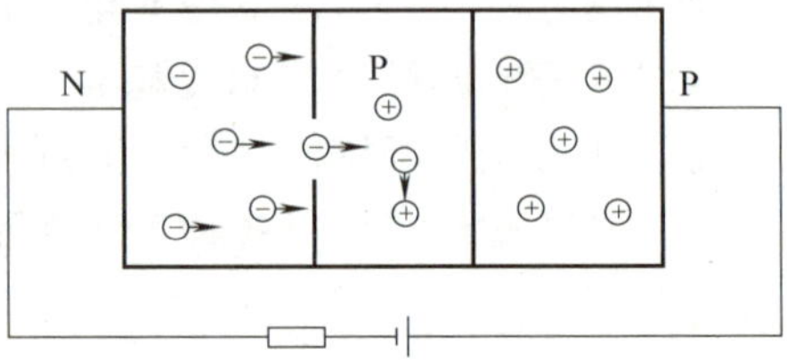

图4.15-2 半导体发光二极管的结构及工作原理

具有不同带隙宽度的两种半导体单晶之间的结构称为异质结。在图4.15-2中，有源层与左侧的N层之间形成的是P-N异质结，而与右侧P层之间形成的是P-P异质结，故这种结构又称N-P-P双异质结构。当给这种结构加上正向偏压时，就能使N层向有源层注入导电电子，这些导电电子一旦进入有源层后，因受到右边P-P异质结的阻挡作用不能再进入右侧的P层，它们只能被限制在有源层与空穴复合，导电电子在有源层与空穴复合过程中，其中有不少电子要释放出能量满足以下关系的光子：

$$h\nu=E_1-E_2=E_g \tag{4.15-1}$$

式中，h是普朗克常量；ν是光波的频率；E_1是有源层内导电电子的能量；E_2是导电电子与空穴复合后处于价健束缚状态时的能量。E_1和E_2的差值E_g与DH结构中各层材料及其组分的选取等多种因素有关，制作LED时只要这些材料的选取和组分的控制适当，就可使得LED发光中心波长与传输光纤低损耗波长一致。

本实验采用的HFBR-1424型半导体发光二极管的正向伏安特性如图4.15-3所示，与普通的二极管相比，在正向电压大于1V以后，才开始导通，在正常使用情况下，正向压降为1.6V左右。半导体发光二极管输出的光功率与其驱动电流的关系称LED的电光特性。为了使传输系统的发送端能够产生一个无非线性失真、而峰-峰值又最大的光信号，使用LED时应先给它一个适当的偏置电流，其值等于这一特性曲线线性部分中点对应的电流值，而调制电流的峰-峰值应尽可能大地处于这一电光特性的线性范围内。

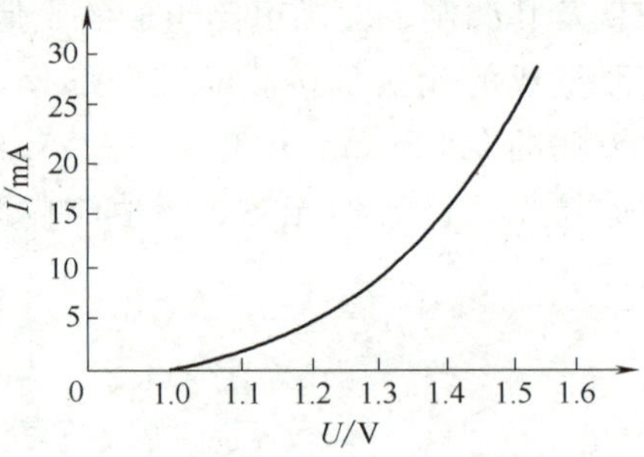

图4.15-3 HFBR-1424型LED的正向伏安特性

音频信号光纤传输系统发送端LED的驱动和调制电路如图4.15-4所示，以BG_1为主构成的电路是LED的驱动电路，调节这一电路中的W_2可使LED的偏置电流在0~30mA的范围内变化。被传音频信号由IC_1为主构成的音频放大电路放大后经电容器C_4耦合到BG_1基极，对 LED 的工作电流进行调制，从而使 LED 发送出光强随音频信号变化的光信号，并经光导纤维把这一信号传至接收端。

根据理想运放电路开环电压增益大（可近似为无限大）、同相和反相输入端输入阻抗大（也可近似为无限大）和虚地等三个基本性质，可以推导出图 4.15-4 所示音频放大电路的闭环增益为

$$G(j\omega)=V_0/V_i=1+Z_2/Z_1 \qquad (4.15\text{-}2)$$

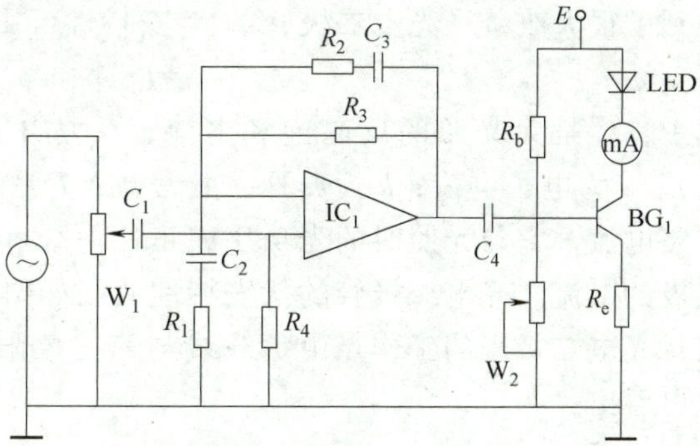

图 4.15-4 LED 的驱动和调制电路

式中，Z_2、Z_1 分别为放大器反馈阻抗和反相输入端的接地阻抗。只要 C_3 选得足够小，C_2 选得足够大，则在要求带宽的中频范围内，C_3 的阻抗很大，它所在支路可视为开路，而 C_2 的阻抗很小，它可视为短路。在此情况下，放大电路的闭环增益 $G(j\omega)=1+R_3/R_1$。C_3 的大小决定了高频端的截止频率 f_2，而 C_2 的值决定着低频端的截止频率 f_1。故该电路中的 R_1、R_2、R_3 和 C_2、C_3 是决定音频放大电路增益和带宽的几个重要参数。

3. 半导体光电二极管的结构、工作原理及特性

与普通的半导体二极管相比，光电二极管在外形结构方面有它自身的特点，这主要表现在光电二极管的管壳上有一个能让光线射入其光敏区的窗口。此外，与普通二极管不同，它经常工作在反向偏置电压状态（见图 4.15-5a）或无偏压状态（见图 4.15-5b）。在反偏电压下 P-N 结的空间电荷区的势垒增高、宽度加大、结电阻增加和结电容减小，所有这些均有利于提高光电二极管的高频响应性能。无光照时，反向偏置的 PN 结只有很小的反向漏电流，称为暗电流。当有光子能量大于 PN 结半导体材料的带隙宽度，E_g 的光波照射到光电二极管的管芯时，PN 结各区域中的价电子吸收光能后将挣脱价键的束缚而成为自由电子，与此同时也产生一个自由空穴，这些由光照产生的自由电子空穴对统称为光生载流子。在远离空间电荷区（亦称耗尽区）的 P 区和 N 区内，电场强度很弱，光生载流子只有扩散运动，它们在向空间电荷区扩散的途中因复合而被消失掉，故不能形成光电流。形成光电流的主要靠空间电荷区的光生载流子，因为在空间电荷区内电场很强，在此强电场作用下，光生自由电子-空穴对将以很高的速度分别向 N 区和 P 区运动，并很快越过这些区域到达电极沿外电路闭合形成光电流，光电流的方向是从二极管的负极流向它的正极，并且在无偏压短路的情况下与入射的光功率成正比，因此在光电二极管的 P-N 结中，增加空间电荷区的宽度对提高光电转换效率有着密切关系。

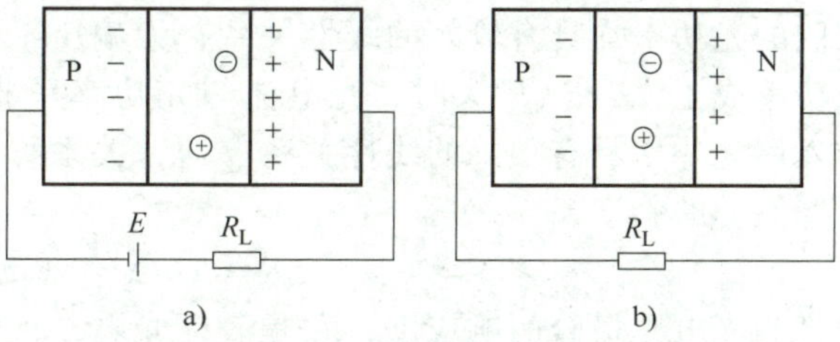

图 4.15-5 光电二极管的结构及工作方式

为此目的，若在 PN 结的 P 区和 N 区之间再加一层杂质浓度很低以致可近似为本征半导体（用 I 表示）的 I 层，就形成了具有 P-I-N 三层结构的半导体光电二极管，简称 PIN 光电二极管，PIN 光电二极管的 PN 结除具有较宽空间电荷区外，还具有很大的结电阻和很小的结电容，这些特点使 PIN 管在光电转换效率和高频响应特性方面与普通光电二极管相比均

得到了很大改善。光电二极管的伏-安特性可用下式表示：

$$I = I_0 [1 - \exp(qU/kT)] + I_L \tag{4.15-3}$$

式中，I_0 是无光照的反向饱和电流；U 是二极管的端电压（正向电压为正，反向电压为负）；q 为电子电荷；k 为玻耳兹曼常数；T 是结温，单位为 K；I_L 是无偏压状态下光照时的短路电流，它与光照时的光功率成正比。I_0 和 I_L 均是反向电流，即从光电二极管负极流向正极的电流。光电二极管的伏安特性曲线如图 4.15-6 所示，对应图 4.15-5a 所示反偏工作状态，光电二极管的工作点由负载线与第三象限的伏安特性曲线交点确定。由图 4.15-6 所示可以看出：

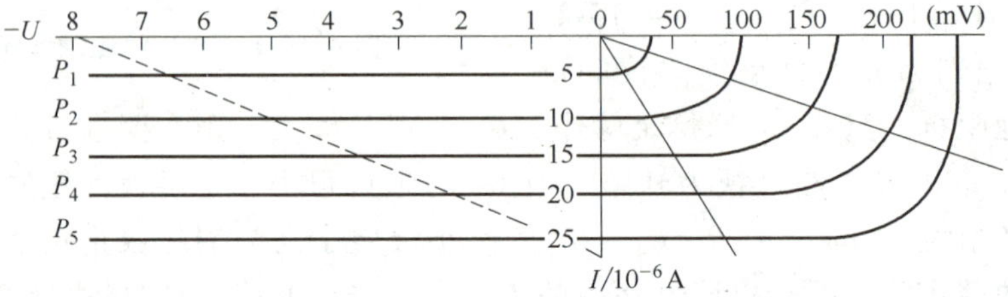

图 4.15-6　光电二极管的伏安特性曲线及工作点的确定

(1) 光电二极管即使在无偏压的工作状态下，也有反向电流流过，这与普通二极管只具有单向导电性相比有着本质的差别，认识和熟悉光电二极管的这一特点对于在光电转换技术中正确使用光电器件具有十分重要意义。

(2) 反向偏压工作状态下，在外加电压 E 和负载电阻 R_L 的很大变化范围内，光电流与入照的光功率均具有较好的线性关系；无偏压工作状态下，只有 R_L 较小时光电流才与入照光功率成正比，R_L 增大时，光电流与光功率呈非线性关系；无偏压短路状态下，短路电流与入照光功率具有很好的线性关系，这一关系称为光电二极管的光电特性，这一特性在 I-P 坐标系中的斜率

$$R \equiv \Delta I / \Delta P \quad (\mu A \cdot \mu W^{-1}) \tag{4.15-4}$$

定义为光电二极管的响应度，它是表征光电二极管光电转换效率的重要参数。

(3) 在光电二极管处于开路状态情况下，光照时产生的光生载流子不能形成闭合光电流，它们只能在 P-N 结空间电荷区的内电场作用下，分别堆积在 P-N 结空间电荷区两侧的 N 层和 P 层内，产生外电场，此时光电二极管表现出有一定的开路电压。不同光照情况下的开路电压就是图 4.15-6 所示伏安特性曲线与横坐标轴交点所对应的电压值。由图 4.15-6 可见，光电二极管开路电压与入照光功率也是呈非线性关系。

(4) 反向偏压状态下的光电二极管，由于在很大的动态范围内其光电流与偏压和负载电阻几乎无关，故在入照光功率一定时可视为一个恒流源；而在无偏压工作状态下光电二极管的光电流随负载电阻变化很大，此时它不具有恒流源性质，只起光电池作用。光电二极管的响应度 R 值与入照光波的波长有关。本实验中采用的硅光电二极管，其光谱响应波长在 0.4~1.1μm 之间、峰值响应波长在 0.8~0.9μm 范围内。在峰值响应波长下，响应度 R 的典型值在 0.25~0.5μA·μW^{-1} 的范围内。

【实验仪器】

本实验使用的仪器是 YOF-B 型音频信号光纤传输技术实验仪，它由以下三部分组成：

(1) YOF-B 型音频信号光纤传输技术实验仪（发送器）。

（2）YOF-B 型音频信号光纤传输技术实验仪（接收器）。

（3）含光源器件 LED 和 SPD 光电探头的光纤信道。

各部分的布局分别如图 4.15-7、图 4.15-8 和图 4.15-9 所示。

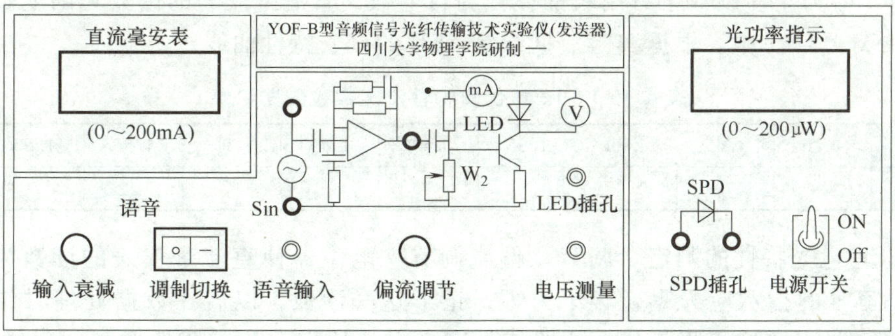

图 4.15-7 YOF-B 型音频信号光纤传输技术实验仪（发送器）前面板布局

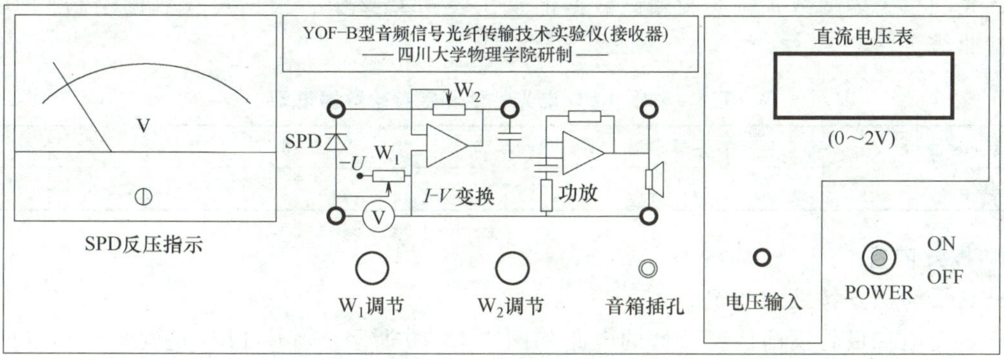

图 4.15-8 YOF-B 型音频信号光纤传输技术实验仪（接收器）前面板布局

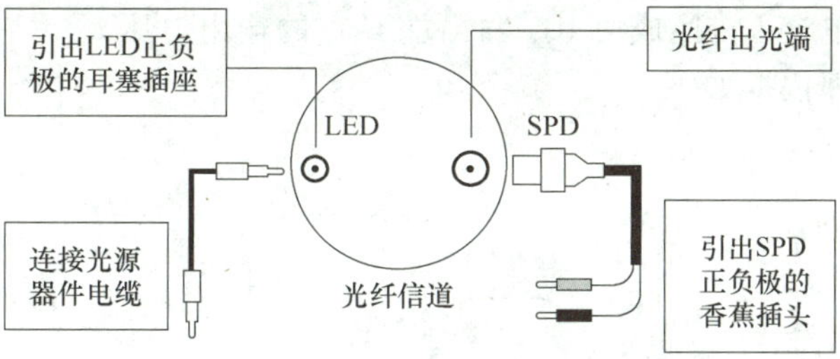

图 4.15-9 光纤信道

【实验内容】

1. 基础内容

LED 伏安特性及电光特性的测定。

（1）LED 伏安特性的测定。把发送器面板上“调制切换”开关拨至“语音”一侧。调节“偏流调节”电位器（W_2），使指示 LED 工作电流的“直流毫安表”从零开始慢慢增加，当有不为零的指示出现时表示 LED 开始导通，此时数字万用表对应的读数大约在

1.1V。在此基础上，再次调节“偏流调节”电位器，使数字万用表在小数点后的第一位读数取整（比如为1.2V）。记下直流毫安表相应的读数。然后，继续调节“偏流调节”电位器，使数字万用表读数增加，每增加50mV读取一次直流毫安表读数，直到直流毫安表的读数超过30mA时为止。以数字万用表的读数为自变数，直流毫安表的读数为因变数，把实验数据记录在表4.15-1中。根据实验数据绘制LED的伏安特性曲线。

表4.15-1 LED伏安特性测定实验数据记录

电压/V	1.20	1.25	1.30	1.35	1.40	1.45	1.50	1.55	1.60	1.65
电流/mA										

（2）LED电光特性的测定。调节“偏流调节”电位器使直流毫安表的读数为零。在此情况下光功率计的指示应为零，若不为零，记下这一读数，以后在数据处理时作为零点扣除。然后继续调节“偏流调节”电位器使直流毫安表的指示从零开始增加，每增加3mA读取一次光功率指示器的读数，直到直流毫安表的指示超过30mA为止。以LED的电流为自变数，光功率为因变数，将实验测试数据记录在表4.15-2中，根据实验数据绘制LED的电光特性曲线。

表4.15-2 LED电光特性测定实验数据记录

电流/mA	0	3	6	9	12	15	18	21	24	27
光功率/μW										

2. 提升内容

SPD反向伏安特性的测定。

测定光电二极管反向伏安特性的电路如图4.15-10所示。其中LED是发光中心波长与被测光电二极管的峰值响应波长很接近的GaAs半导体发光二极管，在这里它作光源使用，其光功率由光导纤维输出。由IC_1为主构成的电路是一个电流-电压变换电路，它的作用是将流过光电二极管的光电流I转换成由IC_1输出端C点的输出电压U_o，它与光电流成正比。整个测试电路的工作原理依据如下：

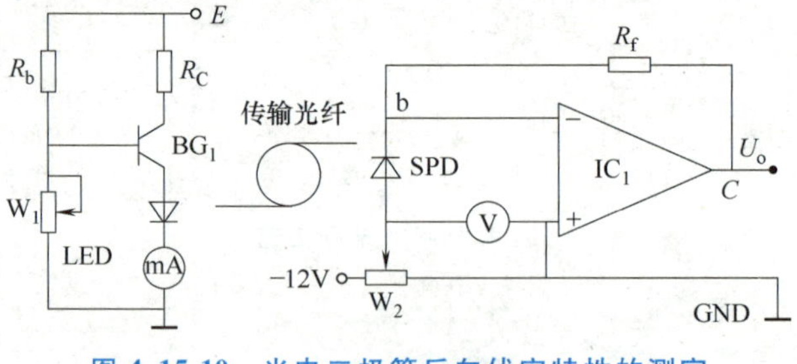

图4.15-10 光电二极管反向伏安特性的测定

由于IC_1的反相输入端具有很大的输入阻抗，光电二极管受光照时产生的光电流几乎全部流过R_f并在其上产生电压降$U_{cb}=R_fI$。另外，又因IC_1具有很高的开环电压增益，反相输入端具有与同相输入端相同的地电位，故IC_1的输出电压为

$$U_o=IR_f \tag{4.15-5}$$

已知R_f后，就可根据式（4.15-5）由U_o计算出相应的光电流I。

(1) 调节发送器面板上的“偏流调节”使直流毫安表的读数为零。并把光纤信道的SPD探头先接入发送器面板上光功率指示器“SPD插孔”内，记录下光功率指示器的初始值。

(2) 把光纤信道的SPD探头改接到接收器面板上电流-电压变换电路的SPD插孔内，调节接收器面板上“W_1调节”电位器，使指示SPD反压的电压表读数从零开始增加，每增加1V读取和记录一次接收器面板上右侧的数字电压表的读数，直到SPD的反压为8V止。

(3) 反复以上两项测量。每反复一次测量，都需调节发送器面板上“偏流调节”电位器，使光功率指示器的读数在原有基础上增加5μW，直到光功率指示器的读数为25μW止。

(4) 以光功率指示器的读数（包括$P=0$）为参数，SPD的反压为自变数，SPD光电流I_0为因变数，将实验测试数据记录在表4.15-3中，并根据这些实验数据绘制不同光照下SPD的反向伏安特性曲线。

表4.15-3 SPD反向伏安特性测定实验数据记录

功率	光电流 I_0/μA	反向电压 U/V								
		0	1	2	3	4	5	6	7	8
0μW										
5μW										
10μW										
15μW										
20μW										
25μW										

(5) 根据以上实验数据，绘制SPD的光电特性曲线。

3. 进阶内容

利用SPD、电流-电压变换电路和数字毫伏表，设计光功率计。

4. 高阶内容

测定SPD第四象限的正向伏安特性曲线。

【实验注意】

根据以上实验测定结果，按光纤传输系统既具有无非线性失真的最大光信号、LED的偏置电流又处于安全工作范围（为了使LED安全工作起见，本仪器规定为0~30mA）的原则，确定本实验的音频信号光纤传输系统中LED的最佳偏置电流及相应的最大光信号幅度。

【实验报告思考题】

1. 如何判定光信号的非线性失真？
2. 如何根据以上观测结果的实验数据确定光中光信号幅度的峰-峰值？

【参考文献】

张映辉. 大学物理实验［M］. 2版. 北京：机械工业出版社，2017.

实验 4.16　光敏传感器的光电特性研究

凡是将光信号转换为电信号的传感器称为光敏传感器，也称光电传感器。它可用于检测直接引起光强度变化的非电量，如光强、光照度、辐射测温等；也可用来间接检测能转换成光学量变化的其他非电量，如零件直径、表面粗糙度、位移、速度、加速度等。光敏传感器具有非接触、响应快、性能可靠等特点，在工业自动控制及智能机器人中具有广泛应用。

【实验目的】

1. 了解光敏电阻的基本特性，测量其伏安特性曲线和光照特性曲线。
2. 了解硅光电池的基本特性，测量其光照特性曲线。
3. 了解光敏二极管和光敏三极管的基本特性，测量其伏安特性曲线和光照特性曲线。

【预习提示】

1. 理解什么是光电导效应和光生伏特效应。
2. 明确光敏电阻和硅光电池的主要特性。
3. 明确什么是硅光电池的短路电流和开路电压。

【实验原理】

1. 光电效应

光敏传感器的物理基础是光电效应，通常分为外光电效应和内光电效应两大类。在光辐射作用下电子逸出材料表面，产生光电子发射的现象，称为外光电效应或光电子发射效应。基于这种效应的光电器件有光电管、光电倍增管等。如果电子并不逸出材料表面，而只在材料内部产生光电子的现象，则称为内光电效应。光电导效应、光生伏特效应都属于内光电效应。半导体材料的很多电学特性都因受到光照而发生变化，这均是内光电效应的范畴。本实验所涉及的光敏电阻和硅光电池即是基于内光电效应的传感器。

(1) 光电导效应。由于光照引起半导体材料电导率发生变化的现象称为光电导效应。如图 4.16-1 所示，当能量足够大（大于或等于半导体材料的禁带宽度）的光照射到半导体材料上时，材料吸收光子的能量，使得某些电子从原来的束缚态变成导电的自由态，在外电场的作用下，流过半导体的电流会增加，即半导体的电导会增大，而电阻值降低。光敏电阻就是具有光电导效应的传感器。

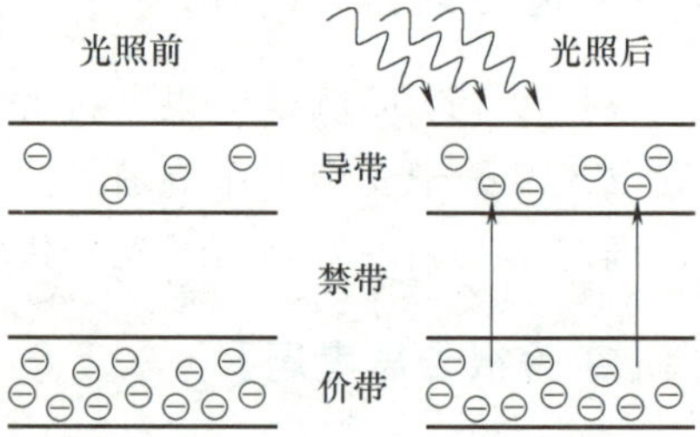

图 4.16-1　光电导效应原理图

(2) 光生伏特效应。无光照时，半导体 PN 结内部有内建电场。如图 4.16-2 所示，当能量足够大的光照射在 PN 结及其附近时，会产生电子-空穴对，当产生的电子-空穴对在结区外时，靠扩散进入结区；在结区中时，则在内建电场的作用下，电子向 N 区漂移，空穴向 P 区漂移，结果使 N 区带负电荷，P 区带正电荷，N 区和 P 区之间产生一个附加电势差，此电势差称为光生电动势，这种现象称为光生伏特效应。硅光电池就是基于这种效应工作的光电器件。

2. 光敏传感器的基本特性

光敏传感器的基本特性包括伏安特性和光照特性等。

(1) 伏安特性。在一定强度的入射光照射下，光敏元件两端所加电压 U 和流过的电流 I 之间的关系，称为光敏传感器的伏安特性。改变光照度可以得到一簇伏安特性曲线。伏安特性是传感器应用设计时选择电参数的重要依据。

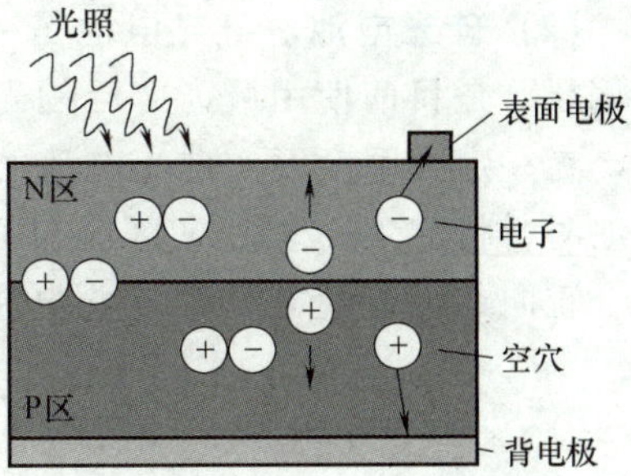

图 4.16-2　光生伏特效应原理图

(2) 光照特性。光敏传感器的感光灵敏度与入射光强之间的关系称为光照特性。有时也将光敏传感器的输出电压或电流与入射光强之间的关系称为光照特性。光照特性也是光敏传感器应用设计时选择参数的重要依据之一。

3. 光敏传感器简介

(1) 光敏电阻。光敏电阻是采用半导体材料制作，利用光电导效应工作的一种光敏传感器。当光敏电阻受到光照时，因发生内光电效应，光敏电阻电导率发生改变，其改变量为

$$\Delta\sigma = \Delta p e\mu_p + \Delta n e\mu_n \tag{4.16-1}$$

式中，e 为电子电量；Δp 为空穴浓度的改变量；Δn 为电子浓度的改变量；μ 表示迁移率。当光敏电阻两端施加电压 U 后，光电流为

$$I_{ph} = \frac{A}{d}\Delta\sigma U \tag{4.16-2}$$

式中，A 为与电流垂直的表面积；d 为电极间的间距。在一定的光照度下，$\Delta\sigma$ 为恒定值，因而光电流和电压呈线性关系。

图 4.16-3a 所示为光敏电阻的伏安特性曲线，在光照度不变的情况下，光敏电阻的伏安特性近似呈线性变化，没有饱和现象出现。然而，受耗散功率的限制，在使用光敏电阻时，施加在其两端的电压不能超过最高工作电压，图 4.16-3a 中的曲线为允许功耗曲线，由此可确定光敏电阻正常工作电压。图 4.16-3b 为施加不同端电压时光敏电阻的光照特性曲线。由于流过光敏电阻的光电流与光照强度之间满足非线性变化关系，因此光敏电阻不适宜用作线性敏感元件。在自动控制领域，光敏电阻常用作开关式的光电传感器。

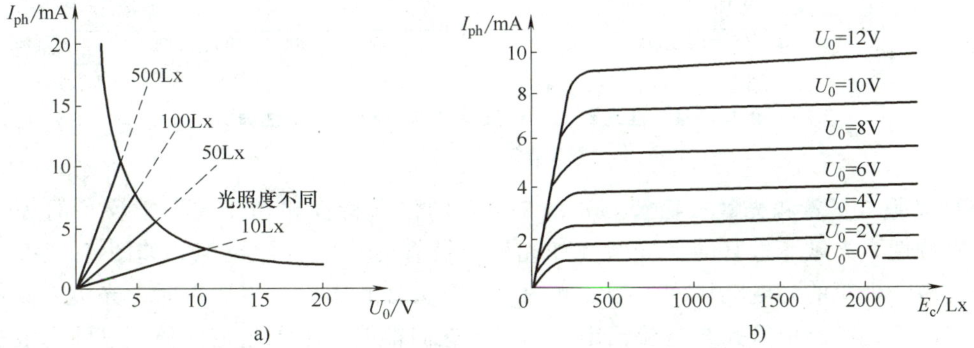

图 4.16-3　光敏电阻的伏安特性曲线和光照特性曲线

a) 伏安特性曲线　b) 光照特性曲线

（2）硅光电池。硅光电池是一种直接将光能转换成电能的器件，其在工作时不需要外加偏压，是目前使用最为广泛的光伏探测器之一。

在一定光照度下，硅光电池的伏安特性呈非线性，如图 4.16-4a 所示。当光照射到硅光电池时，将产生一个由 N 区流向 P 区的光生电流 I_{ph}；同时由于 PN 结二极管的特性，存在一个正向二极管管电流 I_D，此电流方向与光生电流方向相反，所以流过 PN 结的实际电流为

$$I=I_{ph}-I_D=I_{ph}-I_0\left[\exp\left(\frac{qU}{nkT}\right)-1\right] \tag{4.16-3}$$

式中，U 为结电压；I_0 为二极管反向饱和电流；k 为玻耳兹曼常数；T 为绝对温度；n 为理想系数，表示 PN 结的特性，其值通常在 1~2 之间。

短路电流（I_{SC}）是指在一定光照强度下，硅光电池被短路（负载电阻为零或相对于硅光电池的内阻来讲很小）时所输出的电流。当硅光电池被短路时，结电压 $U=0$，则有

$$I_{SC}=I_{ph} \tag{4.16-4}$$

负载电阻在 20Ω 以下时，短路电流与光照度满足较好的线性关系，如图 4.16-4b 所示。若负载电阻阻值过大，其线性度会变坏。

开路电压（U_{OC}）是指在一定光照条件下，负载电阻远大于硅光电池的内阻时硅光电池的光生电动势。当硅光电池的输出端开路时，流过的电流 $I=0$，由式（4.16-3）和式（4.16-4）可得开路电压为

$$U_{OC}=\frac{nkT}{q}\ln\left(\frac{I_{SC}}{I_0}+1\right) \tag{4.16-5}$$

如图 4.16-4b 所示，U_{OC} 与光照度之间满足对数关系，其具有饱和性。因此，当把硅光电池用作敏感元件时，其应当作电流源使用，即利用短路电流与光照度呈线性关系的特点，这是硅光电池的主要优点。

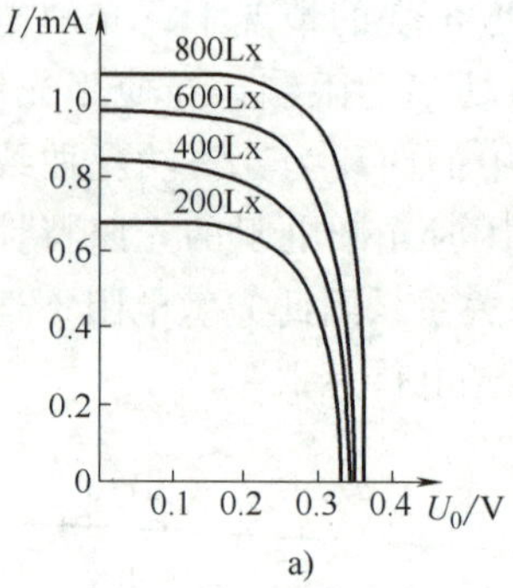

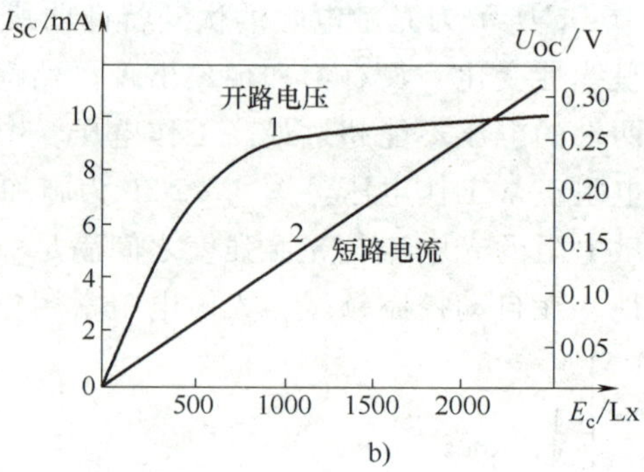

图 4.16-4　硅光电池的伏安特性曲线和光照特性曲线

a）伏安特性曲线　b）光照特性曲线

（3）光敏二极管和光敏三极管。光敏二极管的伏安特性相当于向下平移了的普通二极管的伏安特性，光敏三极管的伏安特性和光敏二极管的伏安特性类似，如图 4.16-5a、b 所示。但光敏三极管的光电流比同类型的光敏二极管大好几十倍，零偏压时，光敏二极管有光电流输出，而光敏三极管无光电流输出。原因是它们都能产生光生电动势，只因光敏三极管的集电结在无反向偏压时没有放大作用，所以此时没有电流输出（或仅有很小的漏电流）。光敏二极管和光敏三极管的光照特性也呈良好线性，如图 4.16-5c、d 所示。光敏二极管的

电流灵敏度一般为常数。而光敏三极管在弱光时灵敏度低些，在强光时则有饱和现象，这是由于电流放大倍数的非线性所致，对弱信号的检测不利。故一般在作线性检测元件时，应选择光敏二极管而不能用光敏三极管。

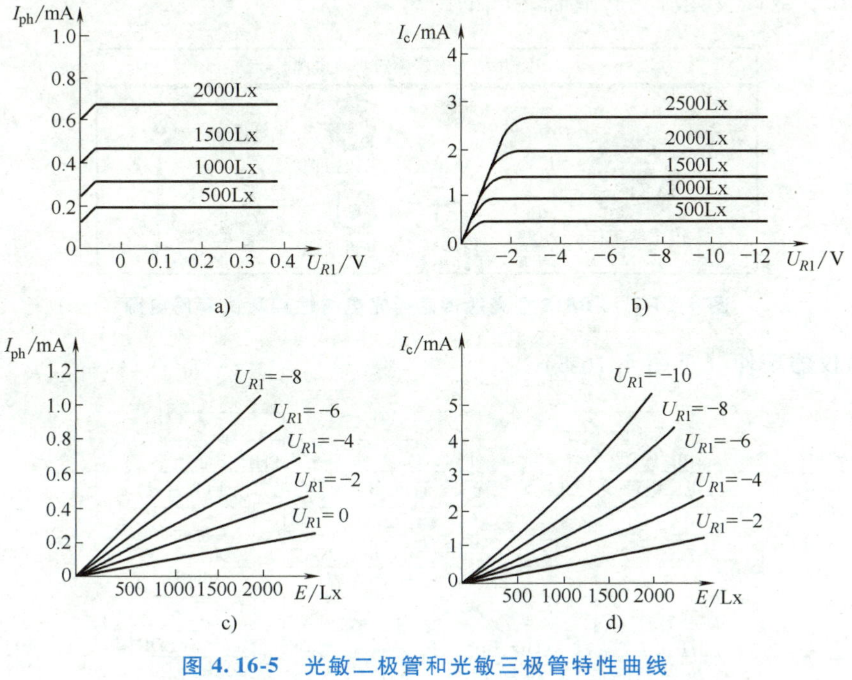

图 4.16-5 光敏二极管和光敏三极管特性曲线

a）光敏二极管的伏安特性曲线 b）光敏三极管的伏安特性曲线

c）光敏二极管的光照特性曲线 d）光敏三极管的光照特性曲线

【实验仪器】

FB815 型光敏传感器光电特性实验仪。

该实验仪由光敏电阻、硅光电池、光敏二极管和光敏三极管等光敏传感器及可调电源、电阻箱、数字万用表、九孔接线板和光学暗箱组成。具体介绍如下：

1. 光学暗箱（见图 4.16-6）

光学暗箱的中间位置是九孔实验板，学生可以在上面根据自己的需要搭建实验电路。在箱子左边内部有编号为 L1,L2,…,L8 的八个插孔，外部也有 L1,L2,…,L8 的八个插孔，里外一一对应，实验时将外用电源、测量万用表及变阻箱等通过不同的插孔与箱内的实验电路相连接。当暗箱关闭以后，里面就与外界完全隔绝，工作时照明光路置于暗箱中，从而可消除杂散光对实验的影响。

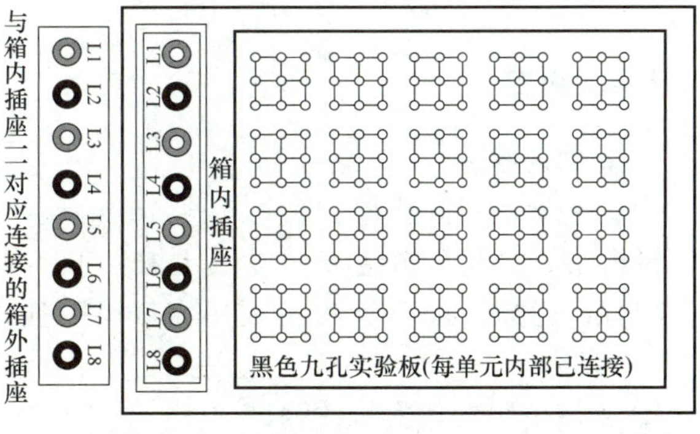

图 4.16-6 实验暗箱结构图

2. JK-30 工作电源（见图 4.16-7）

本实验仪配有 JK-30 工作电源，

图 4.16-7 为专用电源面板功能分布图。主要提供两路工作电压，一路为光电源输出，供白炽灯发光，电压可在 0~12V 连续调节。另一路为传感器工作电源，有±2V、±4V、±6V、±8V、±10V 和±12V 挡可选，以保证实验的不同需要。光敏传感器的照度可以通过调节给光源施加的电压，或改变光源与传感器之间的距离来实现。

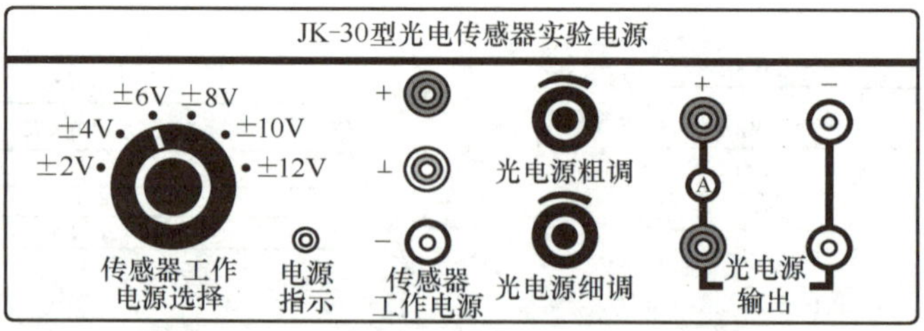

图 4.16-7　FB815 型光敏传感器光电特性实验仪专用电源

3. 其他仪器配件（见图 4.16-8）

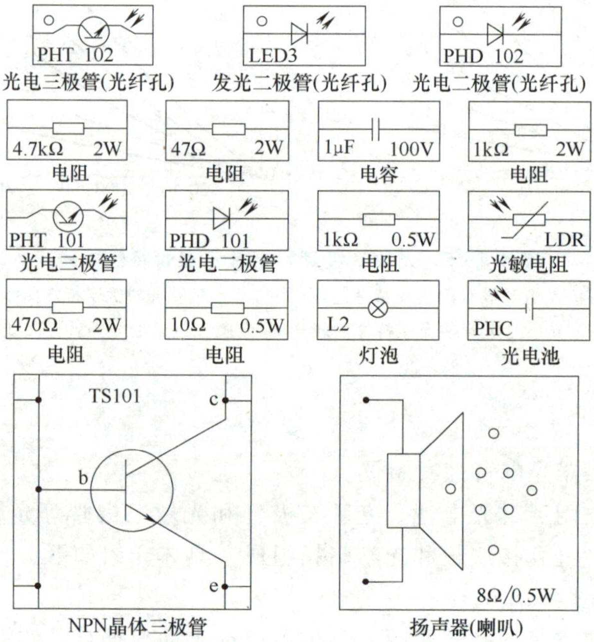

图 4.16-8　FB815 型仪器元件图

【实验内容】

1. 基础内容

（1）光敏电阻的特性测试。图 4.16-9 所示为光敏电阻的特性测量电路。在九孔实验板上按图 4.16-9 接好实验线路，光源用白炽灯，连接电源 U_L，将检测用光敏电阻插入插孔，连接电源 U_1。

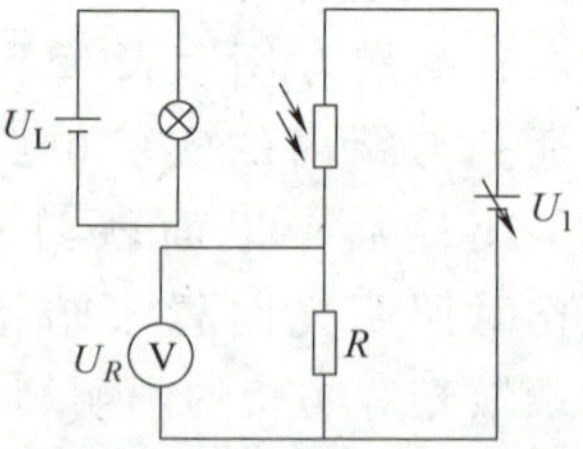

图 4.16-9　光敏电阻的特性测量电路

① 光敏电阻的伏安特性测试。

A. 将白炽灯光源调至一定的光照度，利用万用表测量在光敏电阻两端施加不同电压 U_1（取为+2V、+4V、+6V、+8V、+10V 和+12V）时电阻 R（取为 1kΩ）两端的电压 U_R，从而得到 6 个光电流数据 $I_{ph}=U_R/1k\Omega$，同时还可求得光敏电阻的电阻值，即 $R_g=(U_1-U_R)/I_{ph}$。

B. 数据处理：根据实验数据画出光敏电阻的伏安特性曲线，即（U_1-U_R）-I_{ph} 曲线。

② 光敏电阻的光照特性测试。

A. 固定给白炽灯施加的电源电压 U_L，通过调节光敏电阻和白炽灯之间的距离改变光照强度。调节施加在光敏电阻两端的电源电压 U_1，测量光敏电阻在不同光照度下的光电流数据，具体方法同上，即测量串联电阻 R 两端的电压 U_R，利用 $I_{ph}=U_R/1k\Omega$ 计算光电流。

B. 数据处理：根据实验数据画出光敏电阻的光照特性曲线，即 I_{ph}-$1/r^2$ 曲线。

（2）硅光电池的特性测试。图 4.16-10 所示为硅光电池的特性测量电路，其中开关 S 为虚拟开关，仅用其断开表示测量开路电压 U_{OC}，闭合时测量短路电流 I_{SC}。

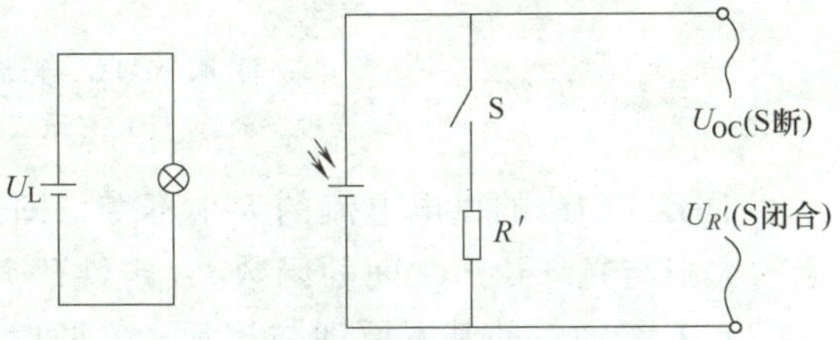

图 4.16-10　硅光电池的特性测量电路

① 测量 U_{OC}。在九孔实验板上按图 4.16-10 中 S 断开的情况连接好实验电路。固定白炽灯光源的供电电压 U_L，通过调节硅光电池和光源之间的距离改变光照度，测量不同光照度条件下的 U_{OC}。

② 测量 I_{SC}。在九孔实验板上按图 4.16-10 中 S 闭合的情况连接好实验电路。保持白炽灯光源的供电电压 U_L 不变，改变硅光电池和白炽灯光源的距离，测量不同光照度条件下取样电阻 R'两端的电压 $U_{R'}$，则可得短路电流为 $I_{SC}=U_{R'}/R'$（近似值，这里 R'取为 1kΩ）。

③ 数据处理。根据实验数据绘制硅光电池的光照特性曲线，即 U_{OC}-$1/r^2$ 与 I_{SC}-$1/r^2$ 曲线。

2. 提升内容

（1）设计电路，测量硅光电池的输出特性，包括输出电压、输出电流、输出功率随负载电阻变化的关系，求最佳负载电阻（即最大功率对应的负载电阻）。

（2）参考光敏电阻的特性测试电路，设计电路，测量光敏二极管和光敏三极管的伏安特性和光照特性，绘制光敏二极管和光敏三极管的伏安特性曲线和光照特性曲线。

3. 进阶内容

设计应用电路。

利用光敏电阻设计一个应用电路，画出电路图，阐述其工作原理。

4. 高阶内容

（1）设计实验方案，研究光纤传感器的基本特性。图 4.16-11a 和 b 分别是用光敏二极管和光敏三极管构成的光纤传感器原理图。图中 LED_3 为红光发射二极管，提供光纤光源；光通过光纤传输后由光敏二极管或光敏三极管接收。LED、PHT101、PHD101 上面的光纤插孔用于插入光纤用。

① 通过改变 LED_3 的供电电流来改变光强，分别测量通过光纤传输后，光敏三极管和光敏二极管上产生的光电流，得出它们之间的函数关系。注意：流过 LED_3 的最大电流不要超过 40mA；光敏三极管的最大集电极电流为 20mA，功耗最大为 75mW/25℃。

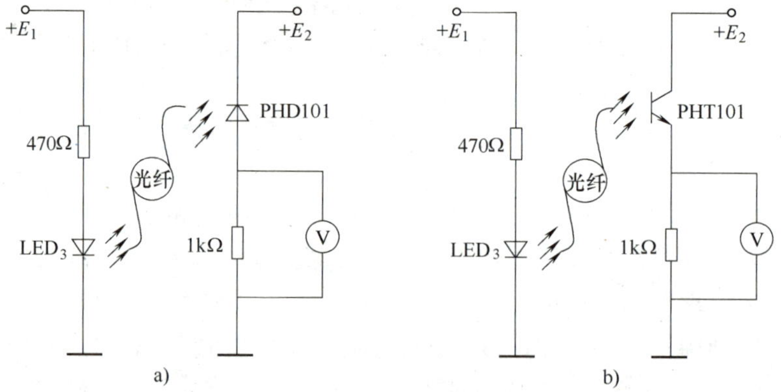

图 4.16-11　光纤传感器原理图

a）光敏二极管　b）光敏三极管光纤输出特性测试电路

② 固定 LED_3 的供电电流的大小不变，即光强不变，通过改变光纤的长短测量产生的光电流的大小与光纤长短之间的函数。（定性研究）

（2）光纤通信的基本原理与演示。实验时按图 4.16-12 进行接线，把波形发生器设定为正弦波输出，幅度调到合适值，示波器将会有波形输出；改变正弦波的幅度和频率，接收的波形也将随之改变，并且喇叭盒也发出频率和响度不一样的单频声音。注意：流过 LED 的最高峰值电流为 180mA/1kHz。

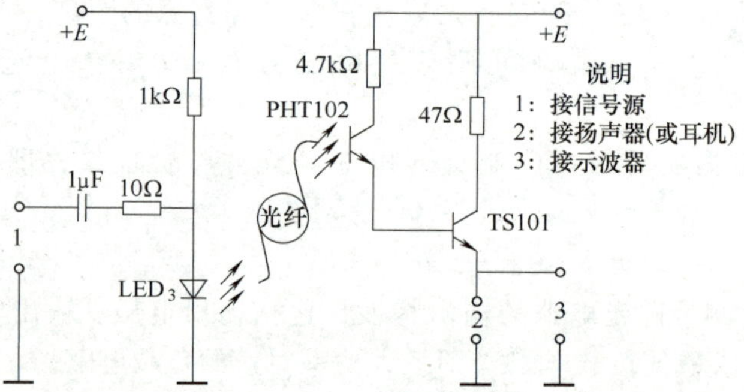

图 4.16-12　光纤传输实验电路

【实验注意】

1. 连接电路时，切记关闭电源，当电路连接好确认无误后，方可打开电源开始实验。
2. 注意光敏电阻和硅光电池的受光面应面对白炽灯光源。
3. 注意选取合适的万用表测试量程。

【实验报告思考题】

1. 光敏传感器感应光照有一个滞后时间，即光敏传感器的响应时间，如何来测试光敏传感器的响应时间？
2. 当光强固定时，光照度与光源距离的关系如何？
3. 分析讨论硅光电池开路电压、短路电流与受光面积之间的关系。

【参考文献】

［1］　张天春，鲁婷婷．大学物理实验教程［M］．哈尔滨：哈尔滨工业大学出版社，2010.

［2］　张映辉．大学物理实验学习指导书［M］．2版．北京：高等教育出版社，2021.

【本实验相关数字资源】

1-物理思想与物理方法解析

实验 4.17　光电效应实验

光电效应是指：当一定频率的光照射到金属表面时有电子从金属表面逸出。这一现象是由德国物理学家赫兹（H. Hertz）在 1887 年研究电磁波的性质时偶然发现的。1888 年以后，勒纳德（P. Lénárd）等人对光电效应进行了详细的研究。但对实验中得到的一些结论进行分析时发现，经典物理学理论无法对其做出合理的解释。

1905 年，爱因斯坦（A. Einstein）在普朗克（M. Planck）能量子假说的基础上，大胆提出了光量子假说，建立了在物理学发展史上具有里程碑意义的爱因斯坦光电效应方程，成功地解释了光电效应现象。密立根（R. Millikan）历经约十年，用实验证实了爱因斯坦的光量子假说，并精确测出了普朗克常量 h。爱因斯坦和密立根都因光电效应方面的杰出贡献，分别获得了 1921 年和 1923 年的诺贝尔物理学奖。

光电效应实验及其对光量子假说的解释，对量子理论的确立与发展、对揭示光的波粒二象性等方面都具有划时代的深远意义。目前，光电效应在材料结构分析和表征技术上得到重要应用，发展出新的科研分支。例如，X 射线光电子能谱（X-ray Photoelectron Spectroscopy, XPS）和紫外光电子能谱（Ultraviolet Photoelectron Spectroscopy, UPS）都是基于光电效应原理研究元素的组成、化学态和分子结构，以及价层电子的结合能。利用光电效应制成的光电器件在科学技术中也得到广泛的应用，常见的有光探测器件、光伏电池、光敏电阻等，并且至今还在不断开辟新的应用领域，具有广阔的应用前景。

【实验目的】

1. 了解光电效应的基本概念和实验规律。
2. 掌握普朗克常量的测量方法。
3. 理解光电管伏安特性曲线规律，计算光电管阴极材料的金属电子逸出功和照射光的红限频率。
4. 了解光电效应的实际应用。

【预习提示】

1. 简要了解光电效应发现的历史，熟悉光电效应的产生条件。
2. 什么是光电效应？有哪些基本实验事实。
3. 光电效应实验仪各部分有什么作用？
4. 什么是截止电压？它与入射光频率有何关系？
5. 爱因斯坦光电效应方程的物理意义是什么？
6. 阳极反向电流、暗电流、本底电流对测量结果有什么影响？

【实验原理】

光电效应的实验装置如图 4.17-1 所示。其中 S 为真空光电管，K 为阴极，A 为阳极。在没有入射光照射光电管时，回路中没有电流。当频率为 ν、光强为 P 的单色光照射在光电管阴极金属板 K 上时，有电子从金属板表面逸出。逸出的电子称为光电子，光电子在加速

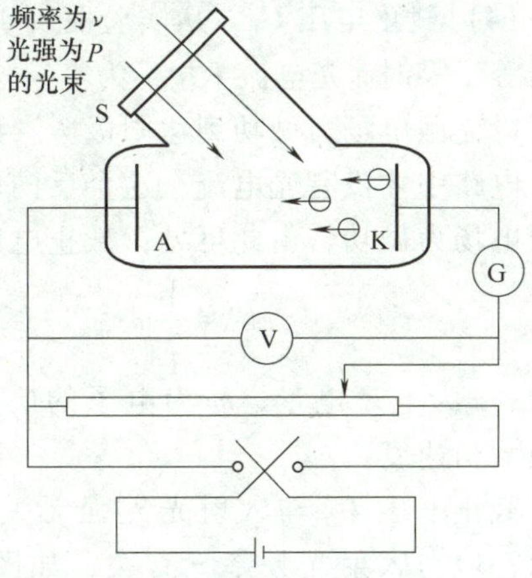

图 4.17-1　光电效应实验装置示意图

电压作用下从阴极 K 向阳极 A 运动，从而在外回路形成电流，称为光电流。

1. 光电效应的基本实验事实

(1) 红限频率 ν_0。并不是任何频率的入射光都能引起光电效应。对于某种金属材料，只有当入射光的频率 ν 大于某一频率（阈值）ν_0 时，电子才能从金属表面逸出，形成光电流，如图 4.17-2a 所示。这一频率 ν_0 称为红限频率。如果入射光的频率 ν 小于红限频率 ν_0，那么，无论入射光的光强多大，照射时间多长，都不能产生光电效应。红限频率与阴极材料有关，不同金属材料的红限频率 ν_0 一般不同，如图 4.17-2b 所示。

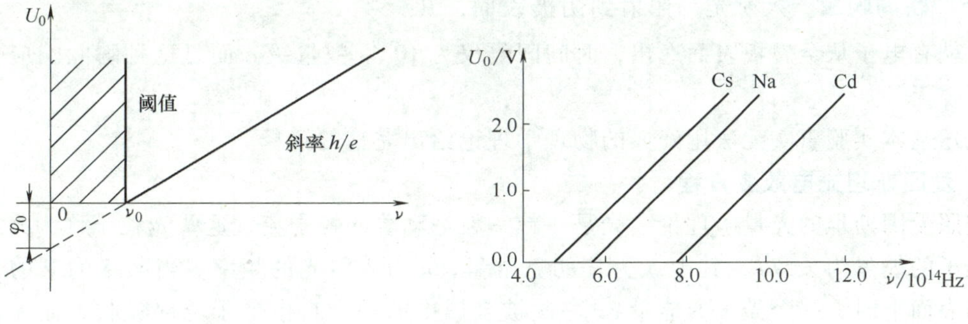

a)　　　　b)

图 4.17-2　截止电压 U_0 与频率 ν 的关系

a）红限频率 ν_0　b）不同金属材料的红限频率 ν_0

(2) 伏安特性曲线。光电流 I 随加在光电管两极电压 U 变化的曲线，称为伏安特性曲线。对于频率和光强一定的入射光，光电流 I 随施加在阳极与阴极之间的电压 U 的增大而增大，实验曲线如图 4.17-3 所示。

(3) 饱和光电流 I_M。如图 4.17-3 所示，当电压增至足够大时，所有的光电子都到达阳极 A，光电流 I 达到最大值 I_M，I_M 称为饱和光电流。对于频率一定的入射光，饱和光电流 I_M 随入射光光强 P 的增大而线性增大，如图 4.17-4 所示。对于光强一定的入射光，频率不同时，饱和光电流相同，即饱和光电流不依赖于入射光的频率，如图 4.17-5 所示。

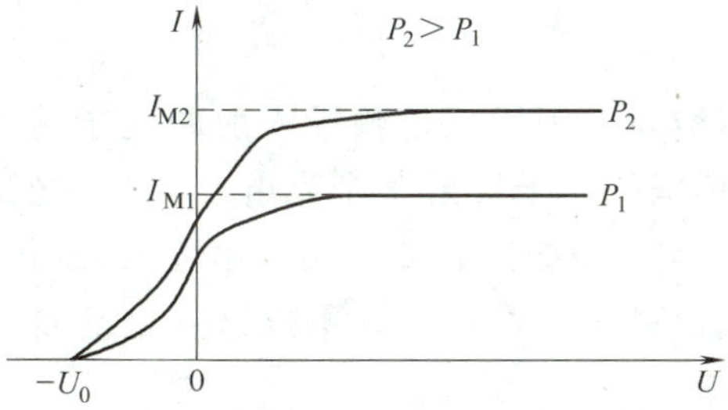

图 4.17-3　光电管的伏安特性曲线

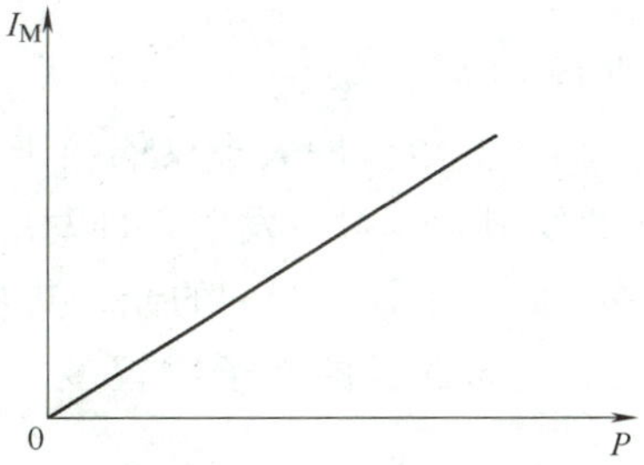

图 4.17-4　入射光强对饱和光电流的影响

(4) 截止电压 U_0。从实验曲线4.17-3显示，当加速电压 U 减小时，光电流减小，但当电压等于零时，光电流 I 并不为零。这表明，即使没有加速电压，有些光电子依靠自己的动能可以克服电场力做功到达阳极A。只有当光电管阳极与阴极之间加上一定的反向电压 $-U_0$ 时，电路中才没有光电流。这个反向电压 $-U_0$ 称为截止电压。此时光电子的初动能全部用于克服电场力做功，由此可见，截止电压 U_0 反映了光电子的最大初动能。根据功能原理，有

$$eU_0=\frac{1}{2}mv_m^2 \tag{4.17-1}$$

式中，e 为电子电量；m 为电子的质量；v_m 为电子的最大初速度。

截止电压 U_0 与入射光光强无关，如图4.17-3所示；但与入射光频率 ν 有关，如图4.17-5所示。当 $\nu>\nu_0$ 时，U_0 与 ν 成正比关系，如图4.17-2所示。

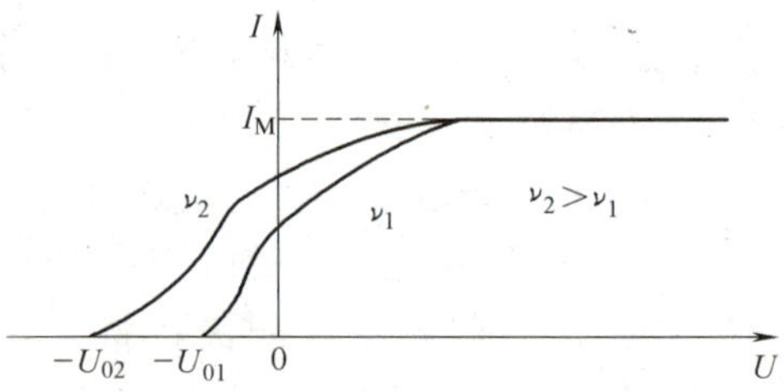

图4.17-5　饱和光电流与入射光频率的关系

(5) 瞬间响应。入射光一照射到阴极表面，几乎同时就有电子从金属板表面逸出，时间间隔仅为 10^{-9}s 数量级。而且这种瞬间响应与入射光的光强无关。

上述基本实验事实无法用经典的物理学理论给出完整的解释。

2. 爱因斯坦光电效应方程

按照爱因斯坦的光量子理论，光是一粒一粒运动着的粒子流，这些光粒子称为光子。每一个光子的能量为 $\varepsilon=h\nu$，其中 h 为普朗克常量，ν 为入射光的频率。当频率为 ν 的光照射到金属表面上时，一个光子的能量 $h\nu$ 一次被金属中的一个自由电子全部吸收，而无须积累能量的时间。如在途中不因碰撞而损失能量，则电子把这一能量的一部分消耗于克服电子的逸出功 A，剩下的能量就是电子逸出金属表面后具有的最大初动能。由能量守恒定律有

$$h\nu=\frac{1}{2}mv_m^2+A \tag{4.17-2}$$

式（4.17-2）称为爱因斯坦光电效应方程。

3. 爱因斯坦的光量子理论成功地解释了光电效应的实验结果

(1) 当入射光子的能量 $h\nu<$逸出功 A 时，电子无法获得足够能量脱离金属表面，不能产生光电效应。只有当能量 $h\nu\geqslant A$ 时，才会有光电子发射，产生光电效应。这就解释了为什么会存在红限频率 ν_0。恰能产生光电效应的入射光频率（红限频率）为

$$\nu_0=\frac{A}{h} \tag{4.17-3}$$

则逸出功为 $A=h\nu_0$。

(2) 由于光电流的大小只依赖于逸出的光电子数量，因而只依赖于入射的光子的数量（光电子的发射是一对一发射，即每一个具有适当频率的光子发射一个光电子），与光子的能量无关。而对于频率为 ν 的光，其强度（$I=nh\nu$）与光子数成正比。当入射光较强时，单位时间内到达金属板的光子数较多，获得能量而逸出的电子数也多，所以饱和电流自然也就大。

(3) 由于 h 和 ν_0 为常量，由式（4.17-1）~式（4.17-3）可得

$$eU_0 = \frac{1}{2}mv_{\mathrm{m}}^2 = h\nu - h\nu_0 \tag{4.17-4}$$

这表明截止电压 U_0（或光电子的初动能）直接正比于入射光的频率 ν。

（4）光电子的发射是由于光子与电子的碰撞，光子的入射和光电子的发射之间不可能有明显的时间滞后，所以这个响应是瞬间响应。

4. 由截止电压 U_0 求普朗克常量 h、逸出功 A 和红限频率 ν_0

由式（4.17-4）可得

$$U_0 = \frac{h}{e}\nu - \frac{A}{e} \tag{4.17-5}$$

由于金属材料的逸出功 A 是金属的固有属性，它与入射光的频率无关。则由式（4.17-5）可知，对同一种光电阴极来说，截止电压 U_0 与入射光频率 ν 呈线性关系。直线的斜率为 $k = h/e$，截距为 A/e。只要用实验方法测出不同频率 ν 的入射光对应的截止电压 U_0，作出 U_0-ν 曲线，求出该曲线的斜率和截距，就可求得普朗克常量 h、逸出功 A 和红限频率 ν_0。

5. 阳极反向电流、暗电流、本底电流的影响

阳极反向电流：在制造光电管的过程中，阳极往往被污染，沾上少许阴极材料。入射光照射阳极或入射光从阴极反射到阳极后都会造成阳极光电子发射，加在光电管两极电压 U 为负值时，阳极发射的电子向阴极迁移，构成了阳极反向电流。

暗电流：在完全没有光照射光电管的情形下，由于阴极本身的热电子发射等原因所产生的电流。

本底电流：由外界各种漫反射光入射到光电管上所产生的电流。

理论上，测出各频率 ν 光照射下阴极电流为零时对应的 U，其绝对值即该频率的截止电压 U_0，由 U_0-ν 直线的斜率即可求出普朗克常量 h。然而，由于光电管的阳极反向电流、暗电流、本底电流及极间接触电位差的影响，实际测得电流并非阴极电流，实测电流为零时对应的 U 也并非截止电压 U_0。

由于以上各种原因，实际光电管的伏安特性曲线如图 4.17-6 所示。

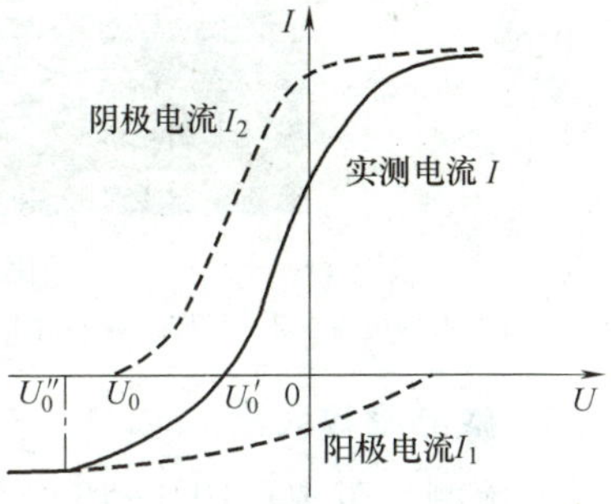

图 4.17-6　实际光电管的伏安特性曲线

暗电流和本底电流属于实验中的系统影响，实验时需将它们测出，并在作图时消去其影响。

极间接触电位差的大小与入射光频率无关，与金属逸出功 A 有关，只影响 U_0 的准确性，不影响 U_0-ν 直线的斜率，对测定 h 无影响。

此外，由于截止电压是光电流为零时对应的电压，若电流放大器灵敏度不够，或稳定性不好，都会给测量带来较大误差。

6. 测量截止电压的方法

本实验所用仪器采用了新型结构的光电管，其特殊结构使光不能直接照射到阳极。由阴极反射照射到阳极的光也很少，再加上采用新型的阴、阳极材料及制造工艺，使得阳极反向电流大大降低，暗电流和本底电流都很小，在测量不同频率光照射的截止电压 U_0 时，可用“零电流法（也称交点法）”“补偿法”或“拐点法”。

(1)“零电流法”是直接将各频率光照射下测得的电流为零时对应的电压 U 的绝对值作为截止电压 U_0。此法的前提是阳极反向电流、暗电流和本底电流都很小。

用零电流法测得的截止电压与真实值相差很小，且各谱线的截止电压都相差 ΔU，对 U_0-ν 曲线的斜率无大的影响，因此对 h 的测量不会产生大的影响。

(2)“补偿法”是调解电位差 U 使电流为零后，保持 U 不变，遮挡汞灯光源，此时测得的电流 I' 为电位差接近截止电压时的暗电流和本底电流。重新让汞灯照射光电管，调解电位差 U 使电流值至 I'，将此时对应的电位差 U 的绝对值作为截止电压 U_0。此法可补偿暗电流和本底电流对测量结果的影响。

(3)“拐点法”是光电管阳极反向光电流虽然较大，但在结构设计上，若反向光电流能较快地饱和，则伏安特性曲线在反向电流进入饱和段后有着明显的拐点，如图 4.17-6 所示，此拐点的电位差即为截止电压 U_0。

【实验仪器】

光电效应实验仪如图 4.17-7 中部件 1~7 所示，由汞灯电源、汞灯、光电管、测试仪（含光电管电源和微电流放大器）、滤色片、光阑、基座构成。

测试仪有手动和自动两种工作模式，可自动采集、存储数据，实时显示采集数据，动态显示采集曲线（连接普通示波器，见图 4.17-7 中部件 8），采集完成后可查询数据。

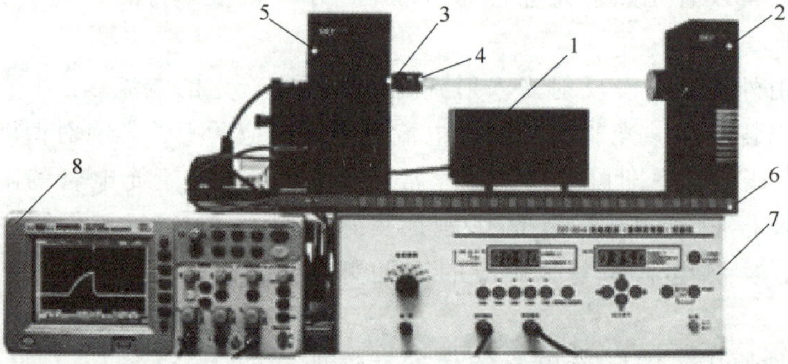

图 4.17-7　光电效应实验仪结构图

1—汞灯电源　2—汞灯　3—光阑　4—滤色片　5—光电管　6—基座　7—测试仪主机面板　8—示波器

1. 微电流放大器

电流测量范围：10^{-8}~10^{-13}A，分 6 挡，三位半数显，最小显示位 10^{-14}A。

零漂：开机 20min 后、30min 内不大于满度读数的±0.2%（10^{-13}A 挡）。

2. 光电管工作电源

三位半数显，电压调解范围：-2~0V 挡，示值精度≤1%，最小调解电压 2mV；-1~+50V 挡，示值精度≤5%，最小调解电压 0.5V。

3. 光电管

光谱响应范围：340~700nm。

最小阴极灵敏度≥1μA/Lm。

阳极：镍圈。

暗电流：$I \leqslant 2\times10^{-12}$A（$-2\text{V} \leqslant U \leqslant 0\text{V}$）。

4. 色片组

5 片，中心波长分别为 365nm、405nm、436nm、546nm、577nm。

5. 汞灯

可用谱线：365. 0nm、404. 7nm、435. 8nm、546. 1nm、577. 0nm。

6. 光阑

光阑孔直径：ϕ2mm、ϕ4mm、ϕ8mm 三种。

【实验内容】

1. 基础内容

光电效应法测量普朗克常量。

（1）用“零电流法”测量波长分别为 365nm、405nm、436nm、546nm、577nm 入射光的截止电压 U_0。

① 实验前准备工作：

A. 先将 ϕ4mm 的光阑套在光电管暗箱入光口上，再将汞灯出光口及光电管暗箱入光口用遮光盖盖上，接通测试仪及汞灯电源，预热。

B. 在导轨上调节光电管与汞灯距离（约为 400mm）并保持不变，汞灯出光口对准光电管暗箱入光口。

C. 用专用导线将光电管电压输入端与测试仪的电源输出端（后面板上）连接起来（注意：红-红，蓝-蓝）。

D. 将测试仪面板上的“电流量程”选择旋钮置于所选挡位（如“10^{-13}A”挡），仪器预热 20min 后，进行测试前调零。将光电管暗箱电流输出端 K 与测试仪微电流输入端（后面板上）断开，旋转“电流调零”旋钮使电流指示为 000. 0。测试仪在开机或改变电流量程后，都要进行调零。

E. 采用手动测试，光电效应测试仪面板上“手动/自动”键切换到手动模式。

② 光电效应测试仪面板上“伏安特性测试/截止电压测试”键设置为“截止电压测试”状态，“电流量程”选择旋钮置于“10^{-13}A”挡位，调零。

③ 用高频匹配电缆将光电管暗箱电流输出端 K 与测试仪微电流输入端连接起来，按测试仪面板上的“调零确认/系统清零”键，系统进入测试状态。

④ 打开光电管遮光盖，将 365nm 的滤色片套在光电管暗箱光输入口上。打开汞灯遮光盖。

⑤ 从低到高调节测试仪电压（绝对值减小，←、→选择调节位，↑、↓调节值的大小）。寻找电流为零时对应的电压值，以其作为 U_0 的值。

⑥ 依次更换 405nm、436nm、546nm、577nm 的滤色片，重复第④、⑤步测量，得到对应的 U_0 值，将数据记录于表 4. 17-1 中。

表 4. 17-1 测量截止电压 U_0 与频率 ν 关系数据表格

光阑孔直径 ϕ=________ mm；光电管与汞灯距离（入射距离）L=________ mm

波长 λ_i/nm	365. 0	405. 0	436. 0	546. 0	577. 0
频率 $\nu_i/10^{14}$Hz	8. 219	7. 407	6. 881	5. 495	5. 199
截止电压 U_0/V(零电流法)					
截止电压 U_0/V(伏安特性)					

(2) 测量不同频率（入射光波长分别为365nm、405nm、436nm、546nm、577nm）光照射下，光电管的伏安特性曲线，分析频率对光电流的影响。

① 光电效应测试仪面板上“伏安特性测试/截止电压测试”键设置为“伏安特性测试”状态，“电流量程”选择旋钮置于“10^{-10}A”挡位，“手动/自动”键切换到自动模式，调零。此时电压表显示 U 的值，单位为V；电流表显示对应的光电流值，单位为所选的“电流量程”单位。

② 用高频匹配电缆将光电管暗箱电流输出端K与测试仪微电流输入端连接起来，按测试仪面板上的“调零确认/系统清零”键，系统进入测试状态。

③ 打开光电管遮光盖，将365nm的滤色片套在光电管暗箱光输入口上。打开汞灯遮光盖。

④ 自动测试起始电压设置为-1.0V，终止电压设置为50.0V。记录不同电压值及其对应的电流值于表4.17-2中。

表4.17-2 测量光电管伏安特性数据表格

入射光波长 λ=________nm；光阑孔直径 ϕ=________mm；入射距离 L=________mm

U/V	-1.0	0.0	1.0	2.0	3.0	…	47.0	48.0	49.0	50.0
$I/10^{-10}$A										

⑤ 依次换上405nm、436nm、546nm、577nm的滤色片，重复第④步测量。

⑥ 分别作出光电管的伏安特性曲线，根据曲线确定截止电压，填入表4.17-1中。并分析频率对光电流的影响。

(3) 求普朗克常量 h、逸出功 A 和红限频率 ν_0。根据表4.17-1的实验数据，作 U_0-ν 的关系曲线。由最小二乘法拟合直线斜率，求得普朗克常量 h，并与公认值 h_0 比较，求相对误差 $E=\frac{|h-h_0|}{h_0}\times 100\%$，其中 $h_0=6.626\times 10^{-34}\text{J}\cdot\text{s}$。计算实验所用光电管阴极材料的红限频率 ν_0、电子逸出功 A。

对(1)、(2)两种方法求得的 h 值进行比较。

2. 提升内容

(1) 分别用补偿法和拐点法测量截止电压 U_0，比较零电流法、补偿法和拐点法对截止电压测量结果的不同和影响。

(2) 测量饱和光电流与光强的关系。

① 选择一种单色光，固定光电管阴阳极电压（在饱和区）；改变不同光阑（直径 ϕ）大小来改变光照强度，获得饱和光电流与光强的关系（光强正比于 ϕ^2）。数据记录于表4.17-3中。

表4.17-3 测量不同光阑直径对应的光电流 I 数据表格

入射光波长 λ=________nm；U=________V；入射距离 L=________mm

光阑孔直径 ϕ/mm	2	4	8
$I/10^{-10}$A			

② 选择一种单色光，固定光电管阴阳极之间的电压（在饱和区）；改变光电管与汞灯光源的距离 L，来改变光强，获得饱和光电流与光强的关系（光强正比于 $1/L^2$）。数据记录于

表 4.17-4 中。

表 4.17-4 测量光电管与光源不同距离光电流 I 数据表格

入射光波长 λ =________ nm；U =________ V；光阑孔直径 ϕ =________ mm

入射距离 L/cm	10.0	20.0	30.0	40.0
$I/10^{-10}$A				

③ 两种测量内容，分别画图、验证饱和光电流与入射光强的正比关系。

3. 进阶内容

(1) 将光源更换为 LED 灯、钨丝灯等，自主设计实验方案，分析不同光源对光电效应规律的影响。

随着半导体技术的日益发展，目前有大量的单色 LED（light emitting diode，发光二极管）灯被生产出来，从红外、可见光到紫外，各色灯应有尽有。由于 LED 灯就是一类二极管，加载 2~3V 导通电压，即可正常发光。厂家出售这些灯时，一般会标注中心波长以及带宽，实验前有必要使用实验室光谱仪进行进一步测试和标定。

自主设计实验方案，选择几种不同波长的单色 LED 灯作为光源，直接照射光电管或聚光后再照射光电管来产生光电流。分析不同光源对光电效应规律的影响。

(2) 了解光电倍增管的工作原理，自主设计实验方案，研究光电倍增管的工作特性及应用。

光电倍增管（photomultiplier tube，PMT）是一种具有极高灵敏度和超快时间响应的光探测器件。包括光电发射阴极（光阴极）、聚焦极、电子倍增极和电子收集极（阳极）的真空管，利用的是光电子发射效应和二次电子发射效应。当光照射光电倍增管阴极时，阴极向真空中激发出光电子（一次激发），这些光电子从聚焦极电场进入倍增系统，由倍增电极激发的电子（二次激发）被下一倍增极的电场加速，飞向该极并撞击在该极上再次激发出更多的电子，这样通过逐级的二次电子发射得到倍增放大，放大后的电子被阳极收集作为信号输出。光电倍增管具有高灵敏度、低噪声、快速响应、低成本和大面积阴极等特点。

自主设计实验方案，研究光电倍增管的工作特性及应用。

4. 高阶内容

(1) 利用虚拟仿真光电效应实验资源，分析光电管伏安特性曲线和普朗克常量测量的影响因素。

(2) 了解 XPS、UPS 等分析测试技术的基本原理及其在科学研究中的应用。

【实验注意】

1. 测试仪在开机或改变电流量程后，会自动进入调零状态。调零时，必须将光电管暗箱电流输出端与测试仪微电流输入端（后面板上）断开，且必须断开测试仪微电流输入端接线，目的是使微电流计与光电管隔离，零输入。

2. 汞灯一旦开启，不要随意关闭。实验过程中，仪器暂不使用时，均需将汞灯和光电管暗箱用遮光盖盖上，使光电管暗箱处于完全闭光状态。切忌汞灯直接照射光电管。实验完毕，汞灯和光电管的通光孔都要盖上。

3. 实验中，光电管暗箱入光口套上的 ϕ4mm 光阑不要拿下来，不要让进入光电管的光通量太大，更换滤色片时要盖上汞灯遮光盖，以免损坏光电管。

4. 动态显示采集曲线时，需将光电效应测试仪“信号输出”端口接至示波器的“CH1通道”（或“CH2 通道”）输入端，“同步输出”端口接至示波器的“外触发（EXT TRIG）”输入端。调节通道对应的幅度调节旋钮，随着加在光电管两极电压 U 的增大，就可观察到动态的伏安特性曲线，如图 4.17-6 所示。横轴代表电压 U，纵轴代表电流 I。

5. 存储区清零后，原来存储的数据将无法恢复，此功能要谨慎使用。

【实验报告思考题】

1. 逸出功大小是由什么因素决定的？

2. 实验误差产生的主要原因有哪些？

3. 光电效应测试仪选择不同的电流灵敏度（即不同的电流测量挡），是否会影响普朗克常量的测量结果？

4. 能否将滤色片放在汞灯的通光孔上，为什么？

【参考文献】

[1] 张增明，韦先涛，浦其荣，等．大学物理实验：第一册［M］．北京：高等教育出版社，2024.

[2] 吴平．大学物理实验教程［M］．2 版．北京：机械工业出版社，2015.

[3] 毛骏健，顾牡．大学物理学：下册［M］．北京：高等教育出版社，2013.

[4] 孙晶华，梁艺军，关春颖，等．操纵物理仪器 获取实验方法——物理实验教程［M］．北京：国防工业出版社，2009.

[5] 张映辉．大学物理实验［M］．2 版．北京：机械工业出版社，2017.

[6] 张映辉．大学物理实验学习指导书［M］．2 版．北京：高等教育出版社，2021.

[7] 张映辉．大学物理实验数字课程［M］．北京：高等教育出版社，2020.

【本实验相关数字资源】

1-讲课视频

2-手动测试截止电压和伏安特性曲线

3-自动测试、示波器显示伏安特性曲线

4-物理思想与物理方法解析

思维导图（知识图谱）

实验 4.18 用密立根油滴仪测量电子电荷

电子是人类认识的第一个基本粒子。1897 年汤姆逊在英国剑桥大学卡文迪什实验室测定了电子的荷质比。1911 年，美国物理学家密立根在前人工作的基础上，以宏观的力学模式、严谨的构思、巧妙的方法、简单的设备设计出著名的油滴实验，揭示了微观粒子带电的量子性，并精确测定了基本电荷的数值，为在实验上测定其他微观物理量提供了可能性。密立根因油滴实验和光电效应方面的杰出工作获得了 1923 年的诺贝尔物理奖。

【实验目的】

1. 通过对带电油滴在重力场和静电场中运动的测量，验证电荷的不连续性，并测定电子的电荷值 e。

2. 学习密立根油滴实验通过对宏观量的测量间接测量微观量的设计思想和实验方法。

【预习提示】

1. 用密立根油滴仪测电子电荷的原理是什么?

2. 试叙述什么是量子化。

【实验原理】

用油滴法测量电子的电荷，可以用静态（平衡）测量法或动态（非平衡）测量法，也可以通过改变油滴的带电量，用静态法或动态法测量油滴带电量的改变。测量方法分述如下：

1. 静态（平衡）测量法

用喷雾器将油滴喷入两块相距为 d 的水平放置的平行电极板之间，油在喷射撕裂成油滴时，由于摩擦，一般都是带电的。设油滴的质量为 m，所带的电荷为 q，两极板间的电压为 U，则油滴在平行极板间同时受到重力 $m\boldsymbol{g}$ 和静电力 $q\boldsymbol{E}$ 的作用，如图 4.18-1 所示。

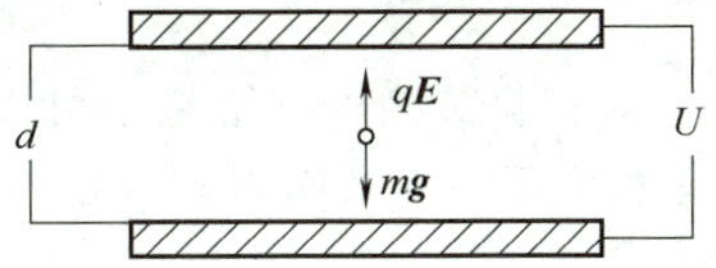

图 4.18-1 油滴在电场中受力

如果调节两极板间的电压 U，可使该两力达到平衡，这时有

$$mg = qE = q\frac{U}{d} \tag{4.18-1}$$

可见，为了测出油滴所带的电量，除了需要测定平衡电压 U 和极板间距离 d 外，还需要测量油滴的质量 m。因 m 很小，无法直接测量，需用如下特殊方法测量：平行极板不加电压时，油滴受重力作用而加速下降，由于空气阻力的作用，下降一段距离达到某一速度 v_g 后，阻力 $\boldsymbol{F}_r$ 与重力 $m\boldsymbol{g}$ 平衡，如图 4.18-2 所示（忽略空气浮力），油滴将匀速下降。根据斯托克斯定律，油滴匀速下降时有

$$F_r = 6\pi a\eta v_g = mg \tag{4.18-2}$$

式中，η 是空气的黏度；a 是油滴的半径（由于表面张力的原因，油滴总是呈小球状）。

设油滴的密度为 ρ，油滴的质量 m 可表示为

$$m=\frac{4}{3}\pi a^{3}\rho \tag{4.18-3}$$

得到用平衡测量法测定油滴所带电量的理论公式为

$$q=\frac{18\pi}{\sqrt{2\rho g}}\left[\frac{\eta l}{t_{g}\left(1+\frac{b}{pa}\right)}\right]^{\frac{3}{2}}\frac{d}{U} \tag{4.18-4}$$

式中，b 为修正常数；p 为大气压强；l 为油滴匀速下降的距离；t_g 为所用时间。

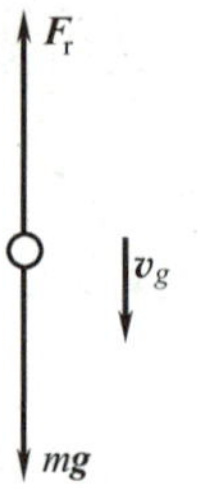

图 4.18-2　油滴在下降过程中的受力

2. 动态（非平衡）测量法

平衡测量法是在静电力 $q\boldsymbol{E}$ 和重力 $m\boldsymbol{g}$ 达到平衡时导出公式进行实验测量的。非平衡测量法则是在平行极板上加以适当的电压 U，但并不调节 U 使静电力和重力达到平衡，而是使油滴受静电力作用加速上升。由于空气阻力的作用，上升一段距离达到某一速度 v_e 后，空气阻力、重力与静电力达到平衡（空气浮力忽略不计），油滴将匀速上升，如图 4.18-3 所示。这时，$6\pi a\eta v_e=qU/d-mg$。当去掉平行极板上所加的电压 U 后，油滴受重力作用而加速下降。当空气阻力和重力平衡时，油滴将以匀速 v_g 下降，这时 $6\pi a\eta v_g=mg$。取油滴匀速下降和匀速上升的距离相等，设都为 l。测出油滴匀速下降的时间为 t_g，匀速上升的时间为 t_e，则 $v_g=\frac{l}{t_g}$，$v_e=\frac{l}{t_e}$，可以得

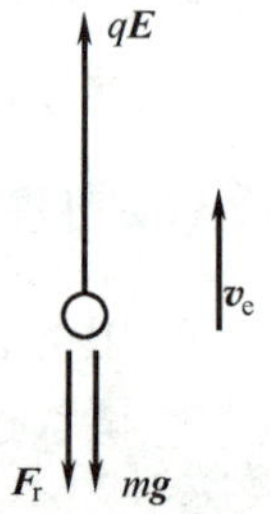

图 4.18-3　油滴上升过程中的受力

$$q=K\left(\frac{1}{t_e}+\frac{1}{t_g}\right)\left(\frac{1}{t_g}\right)^{\frac{1}{2}}\frac{1}{U} \tag{4.18-5}$$

其中

$$K=\frac{18\pi}{\sqrt{2\rho g}}\left[\frac{\eta l}{1+\frac{b}{pa}}\right]^{\frac{3}{2}}d$$

从实验所测得的结果，可以分析出 q 只能为某一数值的整数倍，由此可以得出油滴所带电子的总数 n，从而得到一个电子的电荷值为

$$e=q/n \tag{4.18-6}$$

【实验仪器】

MOD-5C 型密立根油滴仪，喷雾器，实验油。

MOD-5C 型油滴仪的基本结构由油滴盒、油滴照明装置、调平系统、CCD、计时器、供电电源、喷雾器等部分组成。

油滴盒是用两块经过精磨的平行极板（上、下电极板）中间垫以绝缘环组成。平行极板间的距离为 d。绝缘环上有照明发光二极管进光孔和紫外线进光石英玻璃窗口。油滴盒放在有机玻璃防风罩中。上电极板中央有一个 $\phi0.4$mm 的小孔，油滴从油雾室经油雾孔落入小孔，进入上、下电极之间，整套装置如图 4.18-4 所示。油滴由高亮度发光二极管照明。

油滴盒可用调平螺钉调节水平，并由水准仪气泡进行检查。

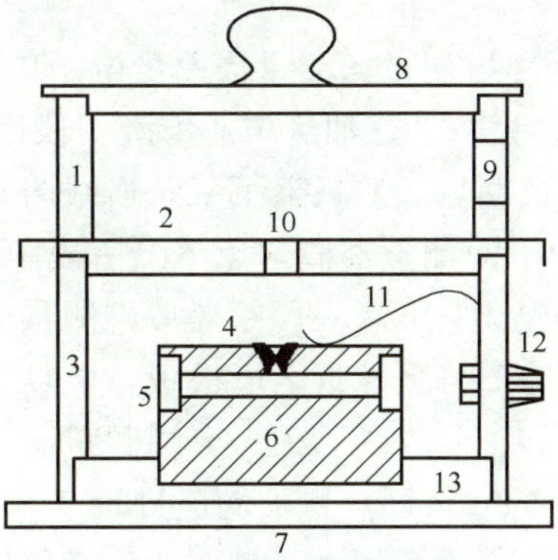

图 4.18-4 油滴盒装置

1—油雾室 2—油雾孔开关 3—防风罩 4—上电极板 5—胶木圆环 6—下电极板 7—底板 8—上盖板 9—喷雾口 10—油雾孔 11—上电极板压簧 12—上电极板电源插孔 13—油滴盒基座

电源部分提供四种电压：

（1）500V 直流工作电压，接平行极板，使两极板间产生电场。该电压可连续调节，电压值从数字电压表上读出，并受工作电压选择开关控制。开关分三挡，“平衡”挡提供极板平衡电压（在用非平衡法实验时，略使不平衡）；“下落”挡除去平衡电压，使油滴自由下落；“提升”挡是在平衡电压上叠加一个 200V 左右的提升电压，将油滴从视场的下端提升上来，作下次测量。

（2）200V 左右的提升电压。

（3）5V 的数字电压表、数字计时器、发光二极管等的电源电压。

（4）12V 的 CCD 电源电压。

仪器配有液晶显示的电子秒表作为计时用，其精度为 0.1s。油滴的运动时间，由数字计时器计时。

【实验内容】

1. 基础内容

用平衡测量法测量电子电荷。

（1）调整仪器。将仪器放平稳，调节仪器底部左右两只调平螺钉，使水准泡指示水平（即气泡在正中），这时平行极板处于水平位置。打开电源，预热仪器 10min，利用预热时间，打开监视器上电源开关，将监视器上的对比度旋钮（CONTRAST）顺时针调到最大，亮度旋钮（BRIGHT）调到适中。

将油从油雾室旁的喷雾口喷入（喷一次即可），喷雾时喷雾器应竖拿，喷雾器对准油雾室的喷雾口，轻轻喷入少许油滴即可。切勿将喷雾器插入油雾室，甚至将油倒出来。更不应该将油雾室拿掉后对准上电极板落油小孔喷油。否则会把油滴盒周围弄脏，甚至把落油孔堵塞。微调调焦手轮，这时监视器荧光屏上即出现大量清晰的油滴，如夜空繁星。

（2）测量练习。

① 练习控制油滴。如果用平衡法实验，喷入油滴后在平行极板上加工作电压（平衡）250V 左右，工作电压选择开关置“平衡”挡，驱走不需要的油滴，直到剩下几颗缓慢运动的油滴为止。选择一颗中等大小的油滴，仔细调节平衡电压，使这颗油滴静止不动。然后去掉平衡电压，让它自由下降，下降一段距离后再加上“提升”电压，使油滴上升。如此反复多次地进行练习，以掌握控制油滴方法。

② 练习选择油滴。要做好本实验，很重要的一点是选择合适的油滴。选的油滴体积不能太大，太大的油滴虽然比较亮，但一般带的电量比较多，下降速度也比较快，时间不易测准确。油滴也不能选得太小，太小则布朗运动明显。通常可以选择平衡电压在 200V 以上、在 20s 左右时间内匀速下降 2mm 的油滴，其大小和带电量都比较合适。

③ 练习测量油滴运动的时间。任意选择几颗运动速度快慢不同的油滴，用计时器测量油滴下降一段距离所需要的时间。或者加上一定的电压，测出它们上升一段距离所需要的时间。如此反复多练几次，以掌握测量油滴运动时间的方法。

(3) 正式测量。

① 用平衡测量法测量电子电荷。用平衡测量法实验时要测量两个量：一个是平衡电压 U，另一个是油滴匀速下降一段距离 l 所需要的时间 t_g。平衡电压必须经过仔细的调节，并将油滴置于监视器上某条横线附近，以便准确判断出这颗油滴是否平衡了。

② 测量油滴匀速下降一段距离 l 所需要的时间 t_g 时，为了在按动计时器时有思想准备，应先让它下降一段距离后再测量时间。选定测量的一段距离 l，应该在平衡极板之间的中央部分。若太靠近上电极板，电场不均匀，会影响测量结果。太靠近下电极板，测量完时间 t_g 后，油滴容易丢失，影响测量。一般取 $l=0.200\text{cm}$ 比较合适（即监视器上 0~2 之间距离）。

③ 对同一颗油滴应进行 3~6 次测量，而且每次测量都要重新调整平衡电压。如果油滴逐渐变得模糊，要微调调焦手轮跟踪油滴，勿使丢失。

④ 用同样方法分别对多颗油滴进行测量，求得电子电量 e。

油的密度 $\rho=981\text{kg}\cdot\text{m}^{-3}$；重力加速度 $g=9.80\text{m}\cdot\text{s}^{-2}$；空气的黏度 $\eta=1.83\times10^{-5}\text{kg}\cdot\text{m}^{-1}\cdot\text{s}^{-1}$；油滴匀速下降的距离 $l=0.200\text{cm}$；修正常数 $b=8.23\times10^{-3}\text{m}\cdot\text{Pa}$；大气压强 $p=101.3\times10^{3}\text{Pa}$；平行极板距离 $d=5.00\times10^{-3}\text{m}$。将以上数据代入式（4.18-4），并考虑到 $a=\sqrt{9\eta l/2\rho g t_g}$，得

$$q=\frac{1.43\times10^{-14}}{\left[t_g\left(1+0.02\sqrt{t_g}\right)\right]^{\frac{3}{2}}}\frac{1}{U} \tag{4.18-7}$$

由于油的密度 ρ、空气的黏度 η 都是温度的函数，重力加速度 g 和大气压强 p 又随实验地点和条件的变化而变化，因此，式（4.18-7）的计算是近似的。在一般条件下，这样计算引起的误差为 1%左右，但它带来的好处是使运算方便得多。为证明电荷的不连续性和所有电荷都是基本电荷 e 的整数倍，并得到基本电荷值，应对实验测得的各个电荷量求最大公约数。这个最大公约数就是基本电荷值，也就是电子的电荷值。

2. 提升内容

实验数据处理中采用“倒过来验证”的方法进行数据处理。即用公认的电子电荷值 $e=1.60\times10^{-19}\text{C}$ 去除实验测得的油滴电荷值，得到一个很接近于某一整数的数值，这个整数就是油滴所带的基本电荷的数目 n。再用 n 去除实验测得的电量，即得电子的电荷值 e。

用这种方法处理数据，只能是作为一种实验验证。而且仅在油滴带电量比较少（少数几个电子）时，可以采用。当值较大时［这时的平衡电压很低（100V 以下）］，匀速下降 2mm 的时间很短（10s 以下），带来误差的 0.5 个电子的电荷在分配给 n 个电子时，误差必然很小，则其结果 e 值总是十分接近于 $1.60\times10^{-19}\text{C}$。这也是实验中不宜选用带电量比较多的油滴的原因。油滴实验也可用作图法处理数据，即以电荷量为纵坐标，所选用的油滴的序号为横坐标。这种方法必须对大量油滴测出大量数据。

3. 进阶内容

用非平衡测量法测量电子电荷。

动态（非平衡）测量法是在平行极板上加以适当电压，使静电力大于重力而让油滴加速上升。由于空气阻力的作用，在上升一段距离油滴速度达到一定值后，空气阻力、油滴重力与静电力达到平衡（忽略空气浮力），油滴将处于匀速上升的状态。当去掉平行极板上所加的电压后，油滴受重力作用而加速下降。当空气阻力和重力平衡时，油滴将以匀速下降

（据此物理原理自己推导油滴电荷的计算公式）。

4. 高阶内容

（1）密立根油滴实验中将微观量测量转化为宏观量测量的巧妙构思，以及用较简单的仪器测得比较精确的结果等，都是富有创造性的，请自己设计一个实验实现将微观量测量转化为宏观量测量，步骤自拟。

（2）总结平衡测量法和动态测量法的优缺点。

【实验注意】

1. 仪器使用之前要认真调焦。

2. 调整仪器时，如要打开有机玻璃油雾室，应先将工作电压选择开关放在“下落”位置，这时上、下电极板短路，并且不带电。

3. 每次测量都要重新调整平衡电压。如果油滴逐渐变得模糊，要微调调焦手轮跟踪油滴，勿使丢失。

【实验报告思考题】

1. 为什么必须使油滴做匀速运动？实验中如何保证油滴在测量范围内做匀速运动？

2. 若油滴平衡调整不好对实验结果有何影响？为什么每测量一次 t_g 均要对油滴进行一次平衡调整？

3. 在不改变油滴仪调焦手轮的情况下，有时为什么原来清晰的油滴变模糊了？

4. 长时间观测一个油滴，由于油滴挥发，测量的哪些量发生变化？对测量结果有无影响？

【参考文献】

［1］ 张增明，韦先涛，浦其荣，等．大学物理实验：第一册［M］．2版．北京：高等教育出版社，2024．

［2］ 吴平．大学物理实验教程［M］．2版．北京：机械工业出版社，2017．

［3］ 朱道云，庞玮，吴肖．大学物理实验［M］．2版．北京：北京大学出版社，2024．

［4］ 张映辉．大学物理实验．［M］．2版．北京：机械工业出版社，2017．

［5］ 张映辉．大学物理实验学习指导书［M］．2版．北京：高等教育出版社，2021．

【本实验相关数字资源】

1-讲课视频

2-实验操作

3-物理思想与物理方法解析

思维导图（知识图谱）

实验 4.19　弗兰克-赫兹实验

1914 年，德国物理学家弗兰克（J. Frank）和赫兹（G. Hertz）用一种很直接的方法研究证实原子能级的存在。他们采用慢电子（能量小于几十 eV）与稀薄气体的原子碰撞的方法，观察、研究电子与原子碰撞前后电子能量的变化情况，发现原子与电子碰撞时能量总是以一定值交换，且用实验的方法测量了汞原子的第一激发电位。后又改进电路，测出了汞原子的较高激发电位及电离电位，从而证明了原子能级的存在，以及原子发生跃迁时吸收和发射的能量是完全确定的、不连续的，为早一年玻尔发表的原子结构理论的假说提供了直接的而且是独立于光谱研究方法的实验证据。为此他们获得了 1925 年的诺贝尔物理学奖。

弗兰克-赫兹实验至今仍是探索原子结构的重要手段之一，实验中用“拒斥电压”筛去小能量电子的方法已成为广泛应用的实验技术。通过这一实验，可以了解弗兰克-赫兹在研究原子内部能量状态时，将难于直接观测的电子与原子碰撞、能量交换以及能量状态变化的微观过程用宏观量反映出来的科学方法。学习其巧妙的科学实验设计思想和创造性的实验方法。

【实验目的】

1. 理解弗兰克-赫兹（F-H）实验的设计思想、工作原理和实验方法。
2. 掌握氩原子第一激发电位的测量方法。
3. 了解电子与原子碰撞及能量交换过程的微观图像，进一步理解玻尔的原子理论。

【预习提示】

1. 玻尔关于原子结构的假说。
2. 理解弗兰克-赫兹实验的设计思想，了解弗兰克-赫兹管中设置的各个电极及其作用。
3. 考虑如何布置实验数据测量点，如何找准波峰和波谷的位置。

【实验原理】

1. 玻尔理论

在卢瑟福原子模型基础上，玻尔提出的原子理论指出：

（1）原子存在一系列定态，定态的能量取离散值 $E_1, E_2, \cdots, E_n$，又称为能级，原子在定态中不发射也不吸收电磁辐射能。能量最低的定态称为基态，其他定态称为激发态。

（2）当原子在能级 E_m、E_n 之间跃迁时，以发射或吸收特定频率 ν 光子的形式与电磁辐射场交换能量。光子的频率满足关系式

$$h\nu = E_m - E_n \tag{4.19-1}$$

式中，h 为普朗克常量，$h = 6.626\times10^{-34}\,\text{J}\cdot\text{s}$。

2. F-H 管内电子的碰撞过程

为实现原子从低能级 E_n 向高能级 E_m 的跃迁，可以通过吸收确定频率 ν 的光子来实现［见式（4.19-1）］；也可以通过使具有一定能量的电子和原子碰撞来实现。弗兰克-赫兹实验采用了后者。

假设与原子碰撞的电子是在电势差为 U_0 的加速电场作用下，速度从零增加到 v，则当电子的能量满足

$$\Delta E=E_m-E_n=eU_0=\frac{1}{2}mv^2 \tag{4.19-2}$$

时，电子将全部能量交换给原子。由于 E_m-E_n 具有确定的值，对应的 U_0 就应该有确定的大小。当原子吸收电子能量从基态跃迁到第一激发态时，相应的 U_0 称为原子的第一激发电位（或中肯电位）。因此，第一激发电位 U_0 所对应的就是第一激发态与基态的能量差。处于激发态的原子不稳定，它将以辐射光子的形式释放能量而自发跃迁到低能级。如果电子的能量达到原子电离的能量，会有电离发生，相应的 U_0 称为该原子的电离电位。

实验中原子与电子碰撞是在弗兰克-赫兹管（F-H 管）内进行的。真空管内充以不同的元素（常用的是 Hg、Ne 和 Ar 等）就可以测出相应元素的第一激发电位。F-H 管结构如图 4.19-1 所示，包括电极灯丝 F，阴极 K，两个栅极 G1、G2 和板极 A。阴极 K 罩在灯丝 F 外，由灯丝 F 加热阴极 K，改变 F 的电压可以控制 K 发射电子的强度。靠近阴极 K 的是第一栅极 G1，在 G1 和 K 之间加有一个小正电压 U_{G1K}，其作用一是控制管内电子流的大小，二是抵消阴极 K 附近电子云形成的负电位的影响。第二栅极 G2 用于加速电子，G2 远离 G1 而靠近板极 A。G2 和 A 之间加一小的反向拒斥电压 U_{G2A}，使得与原子发生了非弹性碰撞、损失了能量的那些电子不能到达板极。G1 和 G2 之间距离较大，为电子与气体原子提供较大的碰撞空间从而保证足够高的碰撞概率。

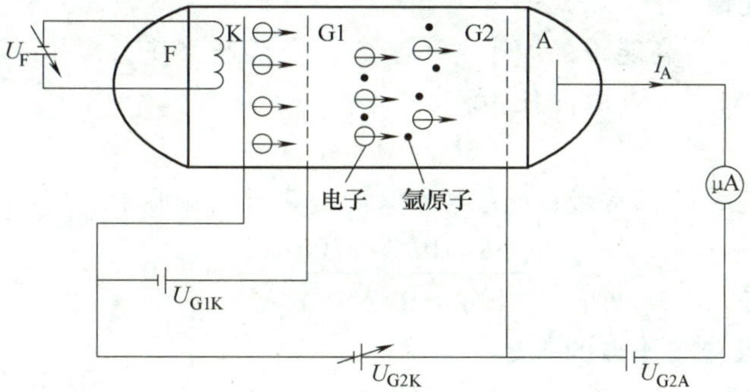

图 4.19-1　F-H 管结构示意图

在充氩的 F-H 管中，由 K 发射的电子经 G2、K 间电压 U_{G2K} 的加速而获得能量，它们在 KG2 空间与氩原子不断遭遇碰撞，把部分或全部能量交换给氩原子，并在 G2、A 间经反向拒斥电场作用减速到达板极 A，微电流计 μA 显示出穿过第二栅极的电子所形成的板极电流 I_A 的大小。I_A 随 U_{G2K} 的变化情况反映了氩原子在 KG2 空间与电子进行能量交换的过程。

3. 第一激发电位

实验中保持 U_{G1K}、U_{G2A} 不变，使栅极电压 U_{G2K} 逐渐增加，观察微电流计的示值，得到 I_A 与 U_{G2K} 的关系曲线如图 4.19-2 所示。在起始阶段，由于电压较低，电子的能量较小，即使运动

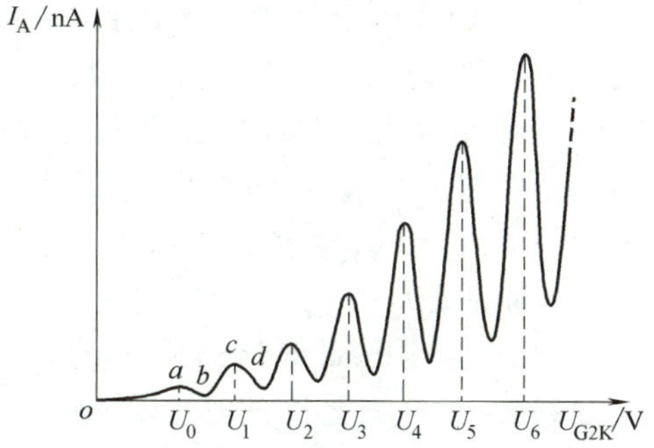

图 4.19-2　F-H 管 I_A-U_{G2K} 曲线

过程中电子与氩原子碰撞，电子的能量几乎不减少，因而电子与氩原子的碰撞是弹性的；同时，随着 U_{G2K} 逐渐增大，电子的能量也逐渐增大，I_A 也随之增加，即图 4.19-2 的 oa 段。随着 U_{G2K} 上升，当 KG2 间的电压 U_{G2K} 达到氩原子的第一激发电位 U_0 时，电子在栅极 G2 附近与氩原子发生非弹性碰撞，将自己从加速电场中获得的能量全部传递给氩原子，并使氩原子从基态跃迁到第一激发态；而电子由于把能量给了氩原子，即使穿过了第二栅极也不能克服反向拒斥电场 U_{G2A} 的作用到达板级，而被折回第二栅极（被筛选掉），致使到达板级的电子急剧减少，所以板极电流陡然下降，形成第一个峰，如图 4.19-2 的 ab 段。继续增加 U_{G2K}，电子又获得加速，其能量也随之增大，克服反向拒斥电场而达到板极的电子流 I_A 又继续增大，即曲线 4.19-2 的 bc 段。直到 KG2 间的电压 $U_{G2K}=U_1=2U_0$ 时，电子在 KG2 间又会因与氩原子发生二次碰撞而失去能量，使得大多数电子又不能到达板级，造成第二次板极电流急剧下降，形成第二个峰，如图 4.19-2 中 cd 段。同样的道理，随着 U_{G2K} 的继续增加，电子会在栅极 G2 附近与氩原子发生第三次、第四次……非弹性碰撞，因而板级电流 I_A 就会相应下跌，形成有规则峰谷的 I_A-U_{G2K} 曲线。

由 I_A-U_{G2K} 曲线可知：各次板极电流开始下降（或上升），即曲线上相邻两峰（或谷）之间的电位差 $(U_{G2K})_{n+1}-(U_{G2K})_n$ 都相等，且都为 11.6V，这就是氩原子的第一激发电位 U_0。因此根据 I_A-U_{G2K} 曲线，即可求得氩原子的第一激发电位 U_0。又由于曲线的峰、谷的出现呈现明显的规律性，这是量子化能量被吸收的结果。原子只吸收特定能量而不是任意能量，这证明了氩原子能量状态的不连续性、原子能级的存在。

4. F-H 管发射光谱

被慢电子碰撞激发到高能级的原子并不稳定，会跃迁回基态，并以光子的形式将激发态能量 eU_0 向外辐射。对应光谱的波长为

$$eU_0=h\nu=hc/\lambda \tag{4.19-3}$$

式中，c 为光速；h 为普朗克常量；e 为电子电荷量。对于氩原子

$$\lambda=\frac{hc}{eU_0}=\frac{6.63\times10^{-34}\times3.00\times10^{8}}{1.60\times10^{-19}\times11.6}\text{m}=107\text{nm}$$

5. 充氩 F-H 管最佳工作点的确定

在 F-H 实验中，影响 I_A-U_{G2K} 曲线（即板极电流和栅极电压关系曲线）的因素非常多，如 F-H 管中工作物质的种类、F-H 管的结构、F-H 管各工作电压的取值（包括灯丝电压 U_F、第一加速电压 U_{G1K}、拒斥电压 U_{G2A}）、F-H 管的工作温度等。在采用氩管进行实验时，工作物质种类、管的结构、工作温度等无法改变，只能调节 F-H 管各工作电压的数据。

如图 4.19-3 所示，定性来说灯丝电压 U_F 决定总发射电子的多少，从而决定图中 I_{Amax} 的数值，U_F 越大，I_{Amax} 值越大，曲线峰谷之间的差值越大，曲线起伏越明显。U_{G1K} 起到收集热发射电子的作用，在相同的 U_F 下，U_{G1K} 越大，则更多的发射电子被收集至加速区，I_A-U_{G2K} 曲线的起始电压 U_S 将变小。U_{G2A} 将通过加速区而未到达阳极的电子排斥回栅极，起到抑制本底电流的作用，减小电离，使得 U_{G2K} 增大时，I_A 出现饱和的趋势，I_A-U_{G2K} 关系曲

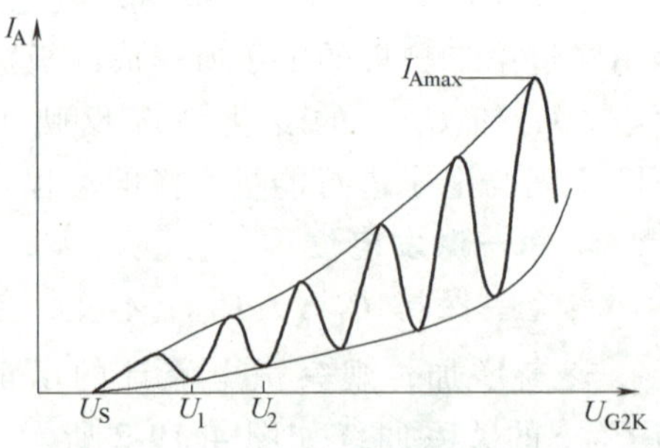

图 4.19-3　氩管实验曲线

线峰位和谷位的拟合曲线呈现纺锤的形状。若 U_{G2A} 和 U_F 参数选择不合适，I_A-U_{G2K} 曲线的峰位拟合线尾部明显上翘，F-H 管容易电离。如图 4.19-3 所示的曲线就可观察到电离的趋势。

这需要采集大量实验数据，定量研究上述各种工作电压对 I_A-U_{G2K} 曲线的影响作用。在研究某一电压的影响时，其他工作电压的值需设置为出厂参数。在此定量研究的基础上，再尝试找出一组最佳的工作参数，并与出厂参数进行比较。

【实验仪器】

FH-2 智能弗兰克-赫兹实验仪和示波器。

FH-2 智能弗兰克-赫兹实验仪（管内充以稀薄氩气）面板如图 4.19-4 所示，按功能划分为八个区：

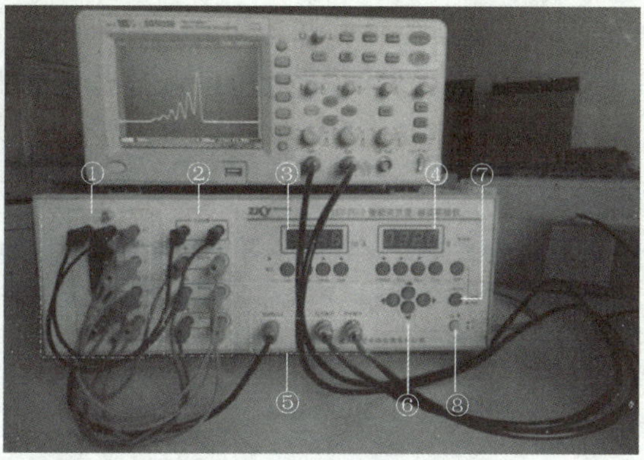

图 4.19-4 弗兰克-赫兹实验仪

① 区为弗兰克-赫兹管各输入电压连接插孔和板极电流输出插座。

② 区为弗兰克-赫兹管所需激励电压的输出连接插孔，其中左侧输出孔为正极，右侧为负极。

③ 区为测试电流指示区。有四个电流量程挡位，每一个量程同时备有一个选择指示灯指示当前选择的电流量程挡。

④ 区为测试电压指示区。四个电压源选择按键用于选择不同的电压源，每个电压源选择都备有一个指示灯指示当前选择的电压源。

⑤ 区为测试信号输入输出区。电流输入插座输入弗兰克-赫兹管板极电流。信号输出和同步输出插座可将信号送示波器或电脑显示。

⑥ 区为调整按键区，用于改变当前电压源电压设定值；设置查询电压点。

⑦ 区为工作状态指示区：通信指示灯指示实验仪与计算机的通信状态；启动按键与工作方式按键共同完成多种手动测试或自动测试操作。

⑧ 区为电源开关。

【实验内容】

1. 基础内容

（1）测量 F-H 管的 I_A-U_{G2K} 特性曲线（手动测量）。

① 按照要求连接 F-H 管各组工作电源线，如图 4. 19-4 所示。确认连线无误后打开电源，将实验仪预热 20~30min。

② 开机后仪器显示正常工作状态如下：

A. “1mA”电流挡指示灯亮，表明此时电流的量程为 1mA；电流显示值为 0000. (10^{-7}A)。

B. “灯丝电压”挡指示灯亮，表明此时修改的电压为灯丝电压；电压显示值为 000. 0V；最后一位在闪动，表明现在修改位为最后一位。

C. “手动”指示灯亮，表明此时实验操作方式为手动操作。

③ 参考机箱盖上提供的数据，设定电流量程。电流量程先取 1μA 挡（氩管），当溢出指示灯点亮时，再选择 10μA 挡或更大量程。

④ 设置氩管工作电压：用电压调节键“←”“→”调节位、“↑”“↓”调节值的大小，参考机箱盖上提供的数据设定灯丝电压 U_F、第一加速电压 U_{G1K}、拒斥电压 U_{G2A} 的值。

⑤ 按下“启动”键和“U_{G2K}”挡位键，开始实验。用电压调节键“↑”“↓”“←”“→”，从 0. 0V 开始，按步长 1V（或 0. 5V）的电压值调节电压源 U_{G2K}，记录 U_{G2K} 及相应的 I_A 值时，合理选择 U_{G2K} 的间隔，峰谷值附近取点要多一些（至少要测量 5 个峰值和 5 个谷值）。将实验数据记录于表 4. 19-1 中。

表 4. 19-1　弗兰克-赫兹管板极电流 I_A 随栅极电压 U_{G2K} 变化数据表

U_{G2K}/V	谷 1				峰 1				谷 2
$I_A/10^{-7}$A									
U_{G2K}/V				峰 2				…	
$I_A/10^{-7}$A									
U_{G2K}/V			谷 6				峰 6		82
$I_A/10^{-7}$A									

(2) 作 I_A-U_{G2K} 关系曲线，求氩原子的第一激发电位。根据实验数据作 I_A-U_{G2K} 曲线，记录下峰或谷处的 U_{G2K} 值，计算每两个相邻峰或谷所对应的 U_{G2K} 之差值 ΔU_{G2K}，并求出其平均值 $\overline{U}_0$，即为氩原子的第一激发电位的实验值。将 $\overline{U}_0$ 与公认值（$U_0=11.6$V）比较，求出相对误差。

2. 提升内容

探究灯丝电压 U_F、第一加速电压 U_{G1K}、拒斥电压 U_{G2A} 等参量对 I_A-U_{G2K} 关系曲线的影响（自动测量）。

(1) 氩管 I_A-U_{G2K} 曲线的自动测量。

① 将示波器与实验仪相连接，示波器设置为“X-Y”模式。将实验仪“手动/自动”键设置为“自动”工作状态。

② 参考机箱上提供的数据设置灯丝电压 U_F、第一加速电压 U_{G1K}、拒斥电压 U_{G2A} 等各工作电压，栅极电压 U_{G2K} 设为 82. 0V。

③ 按 F-H 实验仪的“启动”键开始自动测量，可看到数字示波器显示屏显示的氩管的 I_A-U_{G2K} 曲线（见图 4. 19-4）。

④ 自动测试结束后，用电压调节键“←”“→”“↑”“↓”改变 U_{G2K} 的值，可记录

I_A 的峰值、谷值和对应的 U_{G2K} 值。

（2）测量氩管各工作电压对 I_A-U_{G2K} 曲线的影响。采用上述自动采集数据的方法进行测量。在 F-H 管的工作电压（包括 U_F、U_{G1K}、U_{G2A}）中，改变其中一个电压的大小而其他两个电压保持为出厂值不变，取值不少于 5 个，记录不同电压下的 I_A-U_{G2K} 曲线，作图并说明其异同。依次找出氩管的最佳工作电压组合（即最佳工作点）。

3. 进阶内容

（1）在最佳工作点下测量氩管的 I_A-U_{G2K} 曲线，并计算氩的第一激发电位。

（2）由此计算相应氩原子所辐射光的波长。

4. 高阶内容

（1）设计一个方案，测量汞原子的较高激发电位及电离电位。并与理论值比较，分析影响实验精度的主要因素。

（2）典型的弗兰克-赫兹实验研究对象为：汞原子、氩原子、氖原子，这些研究对象有什么特点？

【实验注意】

1. 各参考电压 U_F、U_{G1K} 和 U_{G2A} 请在建议数据（机箱上提供的数据）附近调节，U_{G2K} 不宜超过 82V，否则将造成管子的老化或击穿。

2. 为保证实验数据的唯一性，U_{G2K} 的值必须从小到大单向调节，不可在过程中反复；记录完最后一组数据后，立即将 U_{G2K} 电压快速归零。

3. 进行自动测试时，必须设置电压 U_{G2K} 的扫描终止电压；且电压源选择选为 U_{G2K}。

4. 微电流指针出现满偏时，应减小灯丝电压 U_F 或第一加速电压 U_{G1K}，或增加拒斥电压 U_{G2A}。在测量过程中，当 U_{G2K} 加到较大时，若发现电流表突然量程过载，应立即将 U_{G2K} 减小到零，然后检查灯丝电压是否偏大，或适当减小 U_F（每次减小 0.1~0.2V 为宜），再进行一次全过程测量。若在全过程测量中，电流表指示偏小，可适当加大 U_F（每次增大 0.1~0.2V 为宜）。

5. 实验结束后先将实验仪各电表示值调为零，再关掉所有电源开关。

【实验报告思考题】

1. 选择工作电压有什么意义？
2. 为什么第一个峰对应的 U_{G2K} 值会比 11.6V 大？这会影响实验的结果吗？
3. 板极电流为什么不降到零？
4. 拒斥电压 U_{G2A} 增大或减小时，I_A 将如何变化？
5. 灯丝电压的改变会对本实验有何影响？对第一激发电位有何影响？
6. I_A-U_{G2K} 曲线为什么呈周期性变化？曲线的峰值为什么越来越高？

【参考文献】

[1] 张增明，王中平，赵伟，等．大学物理实验：第二册［M］．北京：高等教育出版社，2024.

[2] 沈韩．基础物理实验［M］．北京：科学出版社，2015.

[3]　吴平. 大学物理实验教程［M］. 2版. 北京：机械工业出版社，2015.
[4]　张映辉. 大学物理实验［M］. 2版. 北京：机械工业出版社，2017.
[5]　张映辉. 大学物理实验学习指导书［M］. 2版. 北京：高等教育出版社，2021.
[6]　张映辉. 大学物理实验数字课程［M］. 北京：高等教育出版社，2020.

【本实验相关数字资源】

1-物理思想与物理方法解析

思维导图（知识图谱）

实验 4.20　金属电子逸出功的测定

从电子热发射理论知道，若真空二极管的阴极（用被测金属钨丝做成）通以电流加热，并在阳极上加以正电压时，在连接这两个电极的外电路中将有电流通过，如图 4.20-1 所示。从工程学上说，研究热电子发射的目的是用以选择合适的阴极材料，即在相同加热温度下测量不同阴极材料的饱和电流，然后相互比较，加以选择。但从物理学上来说，通过对阴极材料物理性质的研究来掌握其热电子发射的性能更为重要。本实验在方法上采用了里查逊直线法，巧妙地避开了一些难以测量的物理量，而只测量一些容易测量的物理量。因此，可以很容易地测量某种金属材料的电子逸出功。

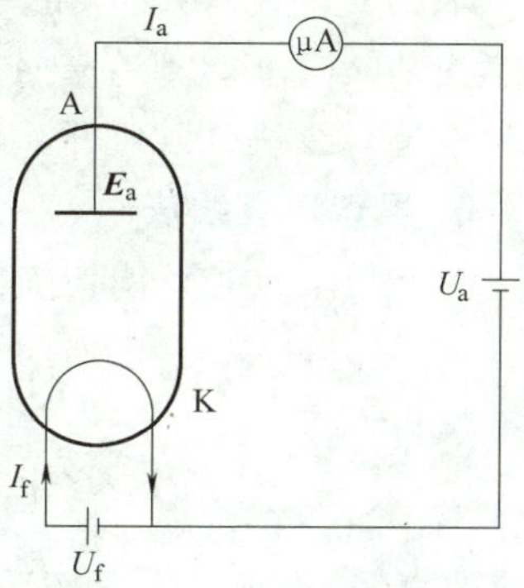

图 4.20-1　热电子发射原理

【实验目的】

1. 了解实验用的电子真空管的结构和热电子发射的基本规律。
2. 掌握测量金属钨溢出功的理查逊直线法。
3. 掌握肖特基效应与求零外场发射电流的外延法。
4. 了解黑体辐射的斯特藩-玻尔兹曼定律及相关修正，了解热电子能量的费米-迪拉克统计分布规律。

【预习提示】

1. 测量金属（钨）电子逸出功的原理是什么？
2. 测量金属（钨）电子逸出功的实验方法是什么？
3. 对数有效数字的取舍原则是什么。

【实验原理】

1. 电子的逸出功

通常温度下，金属表面与外界（真空）之间存在一个势垒 E_b，所以，电子要从金属中逸出至少要具有能量 E_b。因此，在绝对零度时电子逸出金属表面至少需要从外界得到的能量为

$$E_0 = E_b - E_F = e\varphi \tag{4.20-1}$$

式中，E_0（或 $e\varphi$）即称为金属电子的逸出功（或功函数），常用单位为电子伏特（eV）；E_F 为费米能级；φ 称为逸出电位，其数值等于以电子伏特为单位的电子逸出功。

可见，热电子发射就是用提高阴极温度的办法改变电子的能量分布，使一部分电子的能量大于势垒 E_b，则该部分电子就可以从金属中发射出来。

2. 热电子发射公式

热电子发射的里查逊-热西曼公式为

$$I=AST^2\exp\left(-\frac{e\varphi}{kT}\right) \tag{4.20-2}$$

式中，I 为热电子发射的电流；A 为和阴极表面化学纯度有关的系数；S 为阴极的有效发射面积；T 为发射热电子的阴极的热力学温度；k 为玻尔兹曼常数。

原则上，我们只要测定 I、A、S 和 T 等各量，就可以根据式（4.20-2）计算出阴极材料的逸出功 $e\varphi$。但困难在于 A 和 S 这两个量是难以直接测定的，所以在实际测量中常用下述的里查逊直线法，以避开 A 和 S 的测量。

3. 里查逊直线法

将式（4.20-2）两边除以 T^2，再取对数得

$$\lg\frac{I}{T^2}=\lg AS-\frac{e\varphi}{2.30kT}=\lg AS-5.04\times10^3\varphi\frac{1}{T} \tag{4.20-3}$$

从式（4.20-3）可见，$\lg\frac{I}{T^2}$与$\frac{1}{T}$呈线性关系。如以 $\lg\frac{I}{T^2}$为纵坐标、$\frac{1}{T}$为横坐标作图，从所得直线的斜率，即可求出电子的逸出电位 φ，从而求出电子的逸出功 $e\varphi$。该方法叫里查逊直线法。其特点是可以不必求出 A 和 S 的具体数值，直接从 I 和 T 的测量就可以得出 φ 的值，A 和 S 的影响只是使 $\lg\frac{I}{T^2}$与$\frac{1}{T}$直线产生平移。类似的这种处理方法在实验测量中非常重要。

4. 从加速电场外延求零场电流

为了维持阴极发射的热电子能连续不断地飞向阳极，必须在阴极和阳极间外加一个加速电场 E_a。然而由于 E_a 的存在会使阴极表面的势垒 E_b 降低，因而逸出功减小，发射电流增大，这一现象称为肖特基效应。可以证明，在阴极表面加速电场 E_a 的作用下，阴极发射电流 I_a 与 E_a 有如下的关系：

$$I_a=I\exp\left(0.439\frac{\sqrt{E_a}}{T}\right) \tag{4.20-4}$$

式中，I_a和 I 是加速电场分别为 E_a 和零时的发射电流。如果把阴极和阳极做成同轴圆柱形，并忽略接触电位差和其他影响，则加速电场可表示为 $E_a=U_a/r_1\ln\frac{r_2}{r_1}$，$r_1$ 和 r_2 分别为阴极和阳极的半径，U_a为阳极电压，将式（4.20-4）取对数，整理得

$$\lg I_a=\lg I+\frac{0.439}{2.30T}\frac{1}{\sqrt{r_1\ln\frac{r_2}{r_1}}}\sqrt{U_a} \tag{4.20-5}$$

由式（4.20-5）可见，对于一定几何尺寸的管子，当阴极的温度 T 一定时，$\lg I_a$ 和$\sqrt{U_a}$呈线性关系。

如果以 $\lg I_a$ 为纵坐标、$\sqrt{U_a}$为横坐标作图，则由这些直线的延长线在纵轴上的截距即可求出在一定温度下加速电场为零时的发射电流 I。

综上所述，要测定金属材料的逸出功，首先把被测材料做成二极管的阴极。当测定了阴极温度 T、阳极电压 U_a和发射电流 I_a 后，通过上述的数据处理，得到零场电流 I，再根据式（4.20-3），即可求出逸出功 $e\varphi$（或逸出电位 φ）。

【实验仪器】

金属电子逸出功测定仪。

其中，理想二极管的结构如图 4.20-2 所示。理想二极管的阴极（灯丝）材料为钨。所谓“理想”，是指把电极设计成能够严格地进行分析的规则几何形状。这里，二极管被设计成同轴圆柱形系统。待测的阴极发射面被限制在温度均匀的一定长度内，电极被近似看为无限长，即无边缘效应。为避免阴极的冷端效应（两端温度较低）和电场不均匀等边缘效应，在阳极两端各装一个保护（补偿）电极，它们在管内相连后再引出管外，但阳极和它们绝缘。因此，保护电极虽和阳极加相同的电压，但其电流并不包括在被测热电子发射电流中。

这是一种用补偿测量的仪器设计。在阳极上还开有一个小孔（辐射孔），通过它可以看到阴极，以便用光测高温计测量阴极温度。

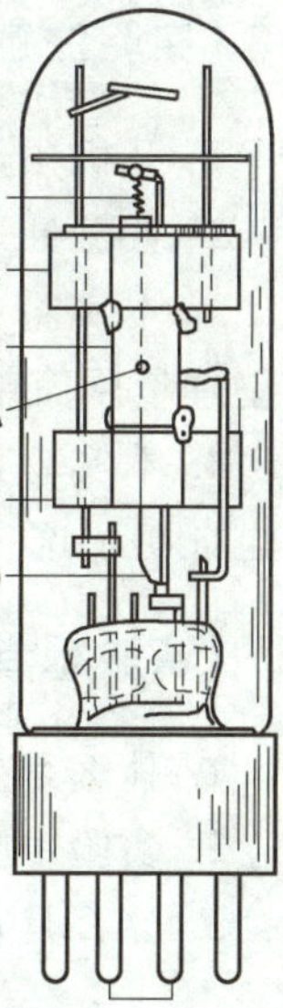

图 4.20-2 理想二极管结构

在灯丝供电电源电压稳定的情况下，阴极（灯丝）温度 T 与理想二极管的灯丝（阴极）电流 I_f 的关系如表 4.20-1 所示。

表 4.20-1 阴极温度 T 与理想二极管的灯丝（阴极）电流 I_f 的关系

灯丝 I_f/A	0.550	0.580	0.600	0.620	0.640	0.660	0.680	0.700	0.720
灯丝温度 $T/10^3$K	1.800	1.848	1.880	1.912	1.944	1.976	2.008	2.040	2.072

【实验内容】

1. 基础内容

熟悉仪器装置，接通电源，预热 10min，测量灯丝电流和阳极电流及阳极电压。

2. 提升内容

测定钨的电子逸出功。

（1）将理想二极管灯丝电流 I_f 从 0.600～0.700A，每间隔 0.020A 进行一次测量。对应每一灯丝电流，在阳极上加 25,36,49,…,121,144（单位：V）电压，各测出一组阳极电流 I_a 并算出其对数值 $\lg I_a$，记录数据于表 4.20-2、表 4.20-3 中。

（2）根据测量结果，以 $\lg I_a$ 为纵坐标、$\sqrt{U_a}$ 为横坐标，作 $\lg I_a$-$\sqrt{U_a}$ 直线。将直线反向延长，求出截距 $\lg I$，记录数据于表 4.20-4 中。

（3）计算不同温度 T 时的$\frac{1}{T}$和 $\lg\frac{I}{T^2}$，以$\frac{1}{T}$为横坐标、$\lg\frac{I}{T^2}$为纵坐标，作 $\lg\frac{I}{T^2}$-$\frac{1}{T}$直线。利用图解法求出钨的逸出功 $e\varphi$（或逸出电位 φ），并与逸出功公认值 $e\varphi=4.54$eV 比较。

3. 进阶内容

设计实验用光电效应法测定金属电子逸出功。

4. 高阶内容

通过适当数据处理理验证热电子能量分布为费米狄拉克分布。

【实验注意】

1. 开机预热 10min 后，开始测量数据。

2. 数据处理转换，作图要按要求一步一步进行，最后求出直线斜率和金属电子逸出功。

3. 本实验重点考察的是一系列处理实验数据的方法，要重点掌握该实验是如何将复杂的物理量用简单的数据处理方法求出的。

4. 本实验是利用一系列的公式计算出金属电子的逸出功的，在误差允许的范围内，同时也证明了这一系列公式的正确性。

【实验报告思考题】

1. 什么是里查逊直线法，怎样应用它测得逸出功 $e\varphi$，优点是什么？

2. 实验中哪个量是直接测量量，怎么测定？

3. 什么是肖脱基效应，实验中怎样消除肖脱基效应的影响？

【实验数据记录表格】

表 4.20-2　测量数据记录 $I_a/10^{-6}$A

I_f/A	U_a/V							
	25.0	36.0	49.0	64.0	81.0	100.0	121.0	144.0
0.600								
0.620								
0.640								
0.660								
0.680								
0.700								

表 4.20-3　测量数据换算 $\lg I_a$

$T/10^3$K	$\sqrt{U_a}/V^{1/2}$							
	5.00	6.00	7.00	8.00	9.00	10.00	11.00	12.00
1.880								
1.912								
1.944								
1.976								
2.008								
2.040								

表 4.20-4　在不同灯丝温度时的零场电流值及其换算值

$T/10^3$ K	1.880	1.912	1.944	1.976	2.008	2.040
$\lg I$						
$\lg \dfrac{I}{T^2}$						
$\dfrac{1}{T}/10^{-4}\mathrm{K}^{-1}$						

【参考文献】

[1]　张映辉. 大学物理实验 [M]. 2 版. 北京：机械工业出版社，2017.

[2]　张映辉. 大学物理实验学习指导书 [M]. 2 版. 北京：高等教育出版社，2021.

[3]　张映辉. 大学物理实验数字课程 [M]. 北京：高等教育出版社，2020.

【本实验相关数字资源】

1-讲课视频

第5章　设计性实验

《理工科类大学物理实验课程教学基本要求》（2023年版）明确提出：物理实验课的任务是“培养学生的基本科学实验技能，提高学生的科学实验基本素质，使学生初步掌握实验科学的思想和方法；培养学生的科学思维和创新意识，使学生掌握实验研究的基本方法，提高学生的分析能力和创新能力。”因此在对学生进行一定数量的基础实验训练后，对学生进行具有科学实验全过程训练性质的设计、研究性实验教学是十分必要的。

基础实验对实验方法、实验设备有较严格的限制，甚至连实验步骤都事先规定好。而教学中的设计性实验是一种介于基础教学实验与实际科学实验之间的、具有对科学实验全过程进行初步训练特点的教学实验；是以基本知识、基本方法、基本技能的灵活运用和提高学生学习主动性，激发创新精神为目的的一种教学实验。因此在遵从科学实验一般程序的总原则下，设计性实验的内容是经过精心挑选的，即具有综合性、典型性和探索性；同时，还要考虑到实验者有可能在给定的教学时间内独立地完成（即具有可行性）。

物理实验教学中，设计性实验可分为三种类型：

1. 测量型实验

对特定的物理量如密度、重力加速度、电动势、电阻、折射率、波长等进行测量。

2. 研究型实验

对物质或元器件的若干物理量进行测量、研究它们之间的相互关系。

3. 制作型实验

设计并组合装置，以实现对给定物理量测量的功能。

设计性实验的核心是设计、制定实验方案，并在实验中检验、修改方案，使其更加完善。在此基础上进行实际测量和数据处理，给出实验结果并检查任务完成情况，最后写出设计性实验的报告或论文。

5.1　制定设计性实验方案的原则

设计性实验一般由实验室或教材给出课题及基本要求，也可由学生自己提出感兴趣的题目由实验中心审批。学生在选定课题、明确任务要求及收集必要资料的基础上，首先要制定一份实验设计方案，一般来说应包括：物理模型的建立；实验方法和测量方法的选择；测量仪器和测量条件的选择；数据处理方法的选择以及综合分析比较和不确定度估算等。从而形成能达到设计要求的最佳方案。

1. 物理模型的建立

建立恰当的物理模型是实验成功的关键。

建立物理模型就是根据实验要求和实验对象的物理性质，研究与实验对象相关的物理过程的原理及过程中各物理量之间的关系，推证数学表达式。比如要测某一地区的重力加速度，可建立一个自由落体运动的物理模型 $g=2h/t^2$；或者建立一个单摆的物理模型 $T=2\pi\sqrt{L/g}$。但在建立物理模型时要注意适用条件，比如单摆模型，只有系小球的细线的质量比小球质量小很多、小球的直径比细线的长度小很多、小球在重力作用下做小角度摆动等，周期 T 才满足上述公式。

此外，对于一个具体的物理量，可能有若干物理过程与之相对应，也就可以建立起多种物理模型。这就需要我们对所能建立起的物理模型进行比较，从中选择一个最佳的物理模型，使其既突出物理概念，又使实验简易可行；既能使测量误差小，又能充分利用现有的条件。比如我们建立的两个测量重力加速度 g 的物理模型：采用自由落体模型，只能测一个单程的时间与位移，当下落行程 h 为 2m 时，所需时间只有 0.6s 多，这就对计时仪器的精度提出了很高的要求；而用单摆模型，可测 n 个周期的累积摆动时间，对于摆长 $L=1\text{m}$ 的单摆，周期 T 约为 2s，若累计测 50 个周期，则时间间隔达 100s 左右，显然采用后一方案，既简单，又准确。从这个意义上讲，选单摆模型比自由落体要好。

物理模型选定了，相应的实验原理公式也就确定了。

2. 实验方法的选择

物理模型确定以后，就要选择适当的实验方法。

一个实验中可能要测量多个物理量，而每个物理量又都可能有多种测量方法。比如，在自由落体运动中测时间 t 可以有光电计时、火花打点计时和频闪照相等多种具体的方法；在测量温度时，可以使用水银温度计、热电偶、热敏电阻等多种器具；测量电压，可以用万用表、数字电压表、电位差计、示波器等。我们必须根据被测对象的性质和特点，把各种可能的实验方法罗列出来，分析各种方法的适用条件，比较各种方法的局限性及可能达到的实验精度，并考虑各种方法实施的可能性、优缺点，综合后做出选择。

一般情况下，为减小误差应尽可能采取等精度多次重复测量；对于等间隔、线性变化的实验数据的处理可采用“最小二乘法”。

3. 测量仪器的选择与配套

(1) 不确定度均分原理。在间接测量中，每个直接测量量的不确定度都会对最终结果的不确定度产生影响。若测量结果的合成标准不确定度为 $u_c(y)$，则 $u_c(y)$ 中的每一项 $\left(\frac{\partial f}{\partial x_i}u(x_i)\right)^2$ 都要大致相等。

(2) 测量仪器的选择。物理模型和实验方法确定以后，就要选择配套的测量仪器。选择的方法是通过待测的间接测量量与各直接测量量的函数关系导出不确定度传递公式，并按照“不确定度均分”原理将对间接测量量的不确定度要求分配给各直接测量量，再由此选择精度等级和量程合适的仪器。例如上述单摆实验中，由函数关系式 $g=4\pi^2L/T^2$ 可导出相对标准不确定度传递公式为

$$\left[\frac{u(g)}{g}\right]^2=\left[\frac{u(L)}{L}\right]^2+4\left[\frac{u(T)}{T}\right]^2$$

若要求相对标准不确定度 $u(g)/g\leqslant 0.5\%$，则 $[u(g)/g]^2\leqslant 0.25\times10^{-4}$。按照“不确定度均分”原理，$[u(L)/L]^2\leqslant 0.125\times10^{-4}$，$4[u(T)/T]^2\leqslant 0.125\times10^{-4}$，即 $u(L)/L\approx$

0.35%，$u(T)/T\approx 0.18\%$。由此可以提出对测长仪器和计时仪器的要求。考虑到测量方便，选摆长 $L\approx 1\text{m}$，则周期 $T\approx 2\text{s}$，由此估算出测长仪器允许的最大不确定度（示值误差）为 3.5mm，计时仪器允许的最大不确定度（示值误差）为 0.0036s。选择分度值为 1mm 的米尺测长完全可以达到要求；考虑到用电子秒表计时时最小显示为 0.01s，又由于操作者技术引起的误差在 0.2s 左右，所以需采用累积计时法，如先测量 100 个周期的时间，再转换成一个周期的时间，就能满足上述设计要求。可见测量误差不仅与测量仪器有关，也与测量方法有关，必须选择恰当的仪器与方法。

当然“不确定度均分”只是一个原则上的分配方法，对某些具体情况还应具体处理。比如由于条件限制，某一物理量测量的不确定度稍大，继续降低不确定度又比较困难，这时可以允许该量的不确定度大一些，而将其他物理量的测量不确定度降得更低，以保证合成不确定度达到设计要求。

另外，由有效数字运算法则可知，所选测量仪器的精度（测量值有效数字位数）应大致相同。为了合理使用仪器，在选择仪器时应根据实际情况，兼顾仪器的精度等级和量程，使仪器的量程略大于测量值即可。否则用高精度仪器测量不会起作用，造成不必要的浪费。例如，若待测电流为60mA，现有 0.5 级量程为 300mA 和 1.0 级量程为 75mA 的两块电流表。用 0.5 级的表测量时，其仪器示值误差限为

$$\Delta_I = A_\text{m}\cdot k\% = 300\text{mA}\times 0.5\% = 1.5\text{mA}$$

误差限值的相对值为

$$\frac{\Delta_I}{I}=\frac{1.5\text{mA}}{60\text{mA}}=2.5\%$$

用 1.0 级的表测量时，其仪器示值误差限为

$$\Delta_I = A_\text{m}\cdot k\% = 75\text{mA}\times 1.0\% = 0.75\text{mA}$$

则

$$\frac{\Delta_I}{I}=\frac{0.75\text{mA}}{60\text{mA}}=1.2\%$$

比较其结果可见，由于待测量的量值与仪器的量程不匹配，用 0.5 级的表测得的结果反而不如 1.0 级的表好。

4. 测量条件与最佳参数的确定

在实验方法及仪器选定的情况下，选择有利的测量条件，可以最大限度地减小系统影响。

如用单摆测重力加速度时，选用的实验装置必须满足：球要小，使小球可看成质点；线要轻，可忽略摆线质量；摆角要小于 5°，忽略空气阻力，以满足公式 $T=2\pi\sqrt{L/g}$ 的要求。

又如一般电表读数的最佳条件是选取电表满刻度的 2/3 附近的区域。另外，环境条件如温度、湿度、气压、射线、电磁场、震动等，对仪器的正常工作都会有一定的影响，也会引起系统影响，所以选定合适的测量环境也是不可忽视的。

5. 实施方案的拟定

制定详细的实验实施方案是一项非常重要的工作。好的实施方案，可以使实验有条理的完成。若没有一个好的实施方案，即使拥有了理想的物理模型和实验仪器，也得不到理想的实验结果。

实验实施方案的拟定应包括以下几个方面：

(1) 按照所选定的物理模型及实验方法，写出实验原理公式，画出相应的实验原理图（电路或光路图）。

(2) 拟定详细的实验步骤：包括装置的安装、仪器的调整、光路的调节、实验操作的先后次序、数据记录的方法等。对于一些预先可估计到的事情要在实验方案的适当位置记录清楚，如力学实验中的过载、电学实验中的超量限、不可逆过程等。并预先考虑一旦实验中出现事故应如何处置。总之，实验步骤是操作者在实验中的动作程序，是实验者顺利完成实验的指导，因此要事先周密计划，以保证实验的顺利进行。

(3) 列数据表格：数据表格是实验者在做实验时将所测试的数据记录在案的一项重要依据。要分析实验中需测量哪些量，每个量测几次等，列出一个明确的数据表格，并且注明计量单位。且不可随处乱记数据，以免造成混乱或数据丢失。

(4) 列出所用器具详细清单，包括仪器名称、规格、使用条件等，以备组配实验装置时查询。同时做好记录环境条件如日期、天气、气压、温度以及仪器参数的准备。列出结尾工作的备忘录，如恢复仪器至初始状态，切断电源、水源，整理仪器，清洁卫生等。

6. 实验准备报告

以上内容完成后应写出实验准备报告，内容包括实验目的、物理模型的建立和各种方案的比较分析、所确定的方案及采用此方案的理由、样品的选择、实验仪器的选择（包括名称、规格、精度等级、件数等）；实验参数的确定、具体的实验步骤、数据表格以及参考资料等。对制作型实验还应该包括装置的校准方法。

7. 实验操作

实验准备报告通过检查，获得批准后，就可以进行正式实验。

设计性实验一般分两次完成。第一次完成粗测，以便发现实验中存在的问题，修改和完善实验设计方案；第二次实验时按照修改后的方案进行。

8. 数据处理及撰写报告

测出实验数据后，还需进行数据处理、得出结果，并写出完整的实验报告。

实验报告是实验的书面总结，是记录自己工作过程及成果的依据，也是提供给评阅者评价自己实验结果的依据，所以应真实、认真地用自己的语言清楚表达所做内容、依据的物理思想及反映的物理规律、实验数据处理结果及分析、自己对实验的见解与收获。与以前所做常规实验相比，设计性实验的实验报告应进一步接近科学论文的形式及水准。一般应包括五个部分：

(1) 引言：简明扼要的说明实验的目的要求、内容及对实验结果的评价。

(2) 实验方法描述：介绍实验基本原理，简明扼要地进行公式推导，简述基本方法、实验装置、测试条件等的选择。

(3) 数据及处理：列出数据表格，进行计算及不确定度处理，给出最后结果。

(4) 实验总结：评价实验结果；分析实验过程中观察到的异常现象及其可能的解释；分析误差来源及消除措施；也可分析假设物理模型中某条件不被满足（如单摆摆角大于5°、取不同摆长、累积测不同个周期的时间等）时，会对实验结果产生多大的影响；详细介绍实验中遇到的困难及解决的办法。也可以对实验方案及其改进意见进行讨论评述；还可以谈实验的心得体会，等等。这部分最能反映学生的实验能力和素养。

(5) 参考文献：列出实验过程中主要参考资料的名称、出处、作者、出版社及出版时间。

【本节相关数字资源】

1-讲课视频

5.2　设计举例

实验课题：测量一电阻器的电阻值（大约 1.2kΩ，额定功率 0.25W）。

要求：测量相对标准不确定度满足 $u(R)/R \leqslant 3\%$。

设计程序和方法概述如下：

1. 收集资料，确定物理模型（实验原理）

测量电阻的方法有“伏安法”“电桥法”“电位差计法”“电容充放电法”等。但是测中高值电阻最简便实用的方法是伏安法，计算公式为 $R=U/I$，直接测量量为 U 和 I。I 为流过电阻的电流，U 为电阻两端的电压。根据所给课题测量相对标准不确定度的要求，本实验采用伏安法测量即可。

2. 实验方法和测量方法的选择

伏安法测电阻分内接法和外接法，如图 5.2-1 和图 5.2-2 所示。由于电流表和电压表内阻的影响，用图 5.2-1 和图 5.2-2 两个电路测量电阻时都存在系统影响。简单分析可知，用内接法测 I 准确，但测得的 U 偏大，故结果使待测电阻 R_x 的测量值也偏大；外接法恰好相反。只有在 R_x 较大（$\gg R_A$）（R_A 为电流表内阻）时，内接法测 R_x 才较准确；R_x 较小（$\ll R_V$）（R_V 为电压表内阻）时，外接法测 R_x 较准确。为此，应尽可能选用高内阻的电压表和低内阻的电流表。本课题中，待测电阻阻值大约为 1.2kΩ，因此我们选择图 5.2-1（内接法）作为测量电阻的原理电路图，且用下面的公式对测量值进行系统影响修正：

$$R_x=R_1=R-R_A$$

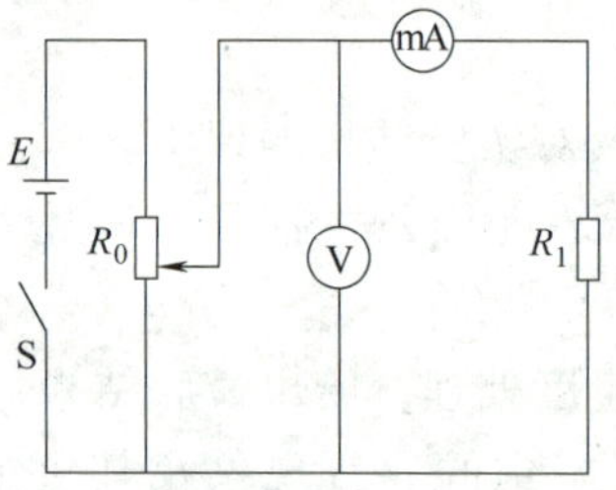

图 5.2-1　伏安法测电阻（内接法）

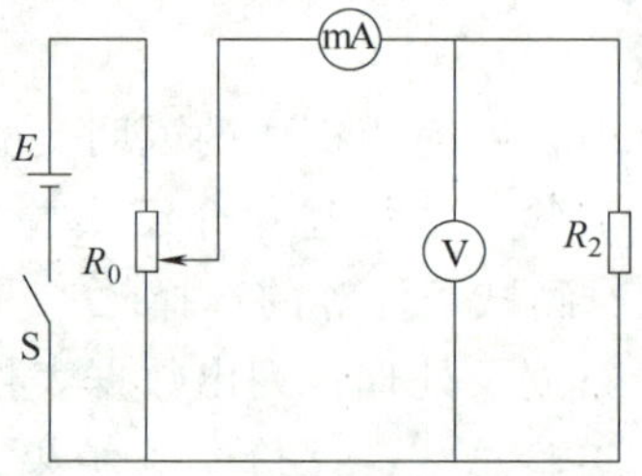

图 5.2-2　伏安法测电阻（外接法）

3. 测量仪器的选择与配套

根据伏安法原理，本实验需要选择以下器具：

电源、滑线变阻器、开关、电流表、电压表各一个，导线若干。

(1) 电源的选择。实验中选用晶体管直流稳压电源，并取电源电压 $E=3\text{V}$。为了调整方便，将工作电源组成分压电路，如图 5.2-1 所示。

(2) 电压表和电流表精度等级的选择。由公式 $R=U/I$ 得相对合成标准不确定度公式为

$$\left[\frac{u(R)}{R}\right]^2=\left[\frac{u(U)}{U}\right]^2+\left[\frac{u(I)}{I}\right]^2$$

由测量要求和不确定度均分原理得

$$u(U)/U\leqslant \sqrt{2}u(R)/2R=0.0212$$

$$u(I)/I\leqslant \sqrt{2}U(R)/2R=0.0212$$

则电表的示值误差限应满足

$$\Delta_U/U=u(U)/U\leqslant 0.0212$$

$$\Delta_I/I=u(I)/I\leqslant 0.0212$$

通常使用电表时，应使表针指在满量程的 1/2 以上的位置，所以取 $U=U_{\max}/2$，$I=I_{\max}/2$ 的较坏情况，我们有

$$\Delta_U/U_{\max}\leqslant 0.011$$

$$\Delta_I/I_{\max}\leqslant 0.011$$

由此可见，选用 1.0 级的电流表和电压表即可满足测量要求。

(3) 电压表和电流表量程的选择。由于电源电压选为 3V，所以电压表的量程选 3V 为宜。

因为电压的取值范围为 $U_{\max}/2\sim U_{\max}$，即 1.50~3.00V，又

$$I_{\max}=U_{\max}/R\approx 3.00/1200\text{A}=2.50\times10^{-3}\text{A}=2.50\text{mA}$$

$$I\geqslant 2.50/2\text{mA}=1.25\text{mA}$$

故电流的取值范围为 1.25~2.50mA。

根据电表量程应略大于测量值的原则，可选电流表的量程为 2.5mA。考虑到实验室现有仪器及待测电阻的额定功率为 0.25W（允许通过的最大电流为 14.4mA），故本实验选用 1.0 级、3mA 量程的电流表。

4. 实验实施方案的拟定

因本实验是大家较为熟悉的基础实验，此处实验步骤及数据表格等内容从略。

【参考文献】

[1] 张映辉. 大学物理实验 [M]. 2 版. 北京：机械工业出版社，2017.
[2] 张映辉. 大学物理实验学习指导书 [M]. 2 版. 北京：高等教育出版社，2021.
[3] 张映辉. 大学物理实验数字课程 [M]. 北京：高等教育出版社，2020.

5.3 设计性实验选题

5.3.1 重力加速度的测定（自由落体法）

重力加速度是一个重要的地球物理常数。它首先由伽利略（1564—1642）证明，如果

忽略空气阻力的影响，所有落地物体都将以同一加速度下降，这个加速度称为重力加速度 g。准确测定它的量值，在理论上、生产上以至科研上都有极其重要的意义，如计算火箭的运行轨道、重力探矿等。历史上，人们曾花费了很多精力和时间研究这个问题，例如波茨坦大地测量研究所曾花了 8 年时间用凯特摆准确测得当地的重力加速度。地球上各地区重力加速度的数值都随该地区的地理纬度和海拔高度不同而不同，赤道附近重力加速度最小，南北两极最大，二者相差大约 1/300。重力加速度的测量方法有：单摆法、谐振子法、自由落体法等。本实验着重讨论在现有条件下，如何获得最佳结果。从设计思想和实验技能来看，本实验也使我们得到很多教益。

【实验目的】

1. 学会应用光电计时装置。
2. 学习使用组合测量方法处理数据。
3. 掌握使用自由落体方法测定重力加速度。

【预习提示】

1. 理解实验原理，设计实验方法及实验步骤。
2. 熟悉实验仪器的使用方法，明确要测量的物理量，根据实验内容设计实验数据表格。
3. 分析测量重力加速度的主要误差来源，以及如何减小误差。
4. 思考除了利用自由落体方法以外，还有哪些方法可以测量重力加速度？

【实验原理】

1. 根据自由落体运动公式

$$h=\frac{1}{2}gt^2 \tag{5.3.1-1}$$

在小球开始下落的同时计时，则 t 是小球下落时间，h 是在 t 时间内小球下落的距离。如图 5.3.1-1 所示，当小球在竖直方向从 O 点开始由静止自由下落，到小球前沿分别遮住 A、B 位置处光电门，计数计时计速仪将显示 t_1 和 t_2，h_1 和 h_2 为下光电门到 O 点距离，则

$$g=\frac{2(h_2-h_1)}{t_2^2-t_1^2} \tag{5.3.1-2}$$

2. 利用双光电门计时方式测量 g

单光电门测量有两个困难：一是 h 不容易测量准确；二是电磁铁有剩磁，t 不易测量准确。为了解决这个问题采用双光电门计时方式，可以有效地减小实验误差。如图 5.3.1-2 所示，小球在竖直方向从 O 点开始自由下落，设它到达 A 点的速度为 v_1，从 A 点起，经过时间 t_1 后小球到达 B 点。令 A、B 两点间的距离为 h_1，则

$$h_1=v_1t_1+\frac{1}{2}gt_1^2 \tag{5.3.1-3}$$

若保持上述条件不变，从 A 点起，经过时间 t_2 后，小球到达 B' 点，令 A、B' 两点间的距离为 h_2，则

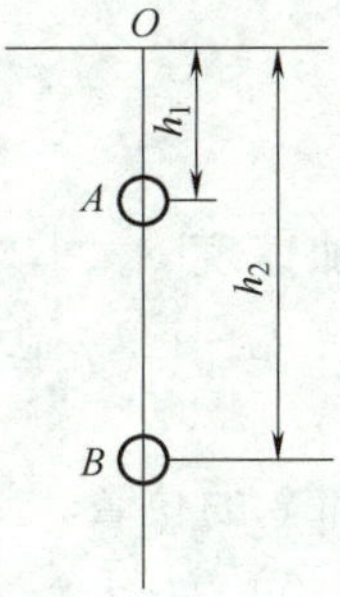

图 5.3.1-1 自由落体运动（一）

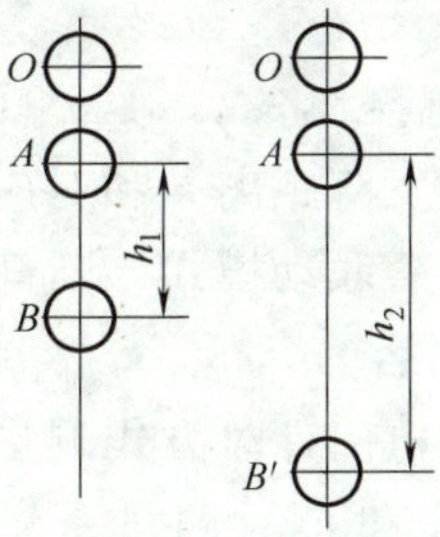

图 5.3.1-2 自由落体运动（二）

$$h_2 = v_2 t_2 + \frac{1}{2} g t_2^2 \tag{5.3.1-4}$$

由式（5.3.1-3）和式（5.3.1-4）可以得出

$$g = \frac{2(h_2/t_2 - h_1/t_1)}{t_2 - t_1} \tag{5.3.1-5}$$

3. 等时间隔测量

如图 5.3.1-3 所示，为了尽可能消除上、下光电门位置读数与数字毫秒计计时开始或结束不相符而产生的误差，可测量一组时间数据 $nt(n=1、2、3、4)$ 及其对应的高度 $h_n = x_n - x_0 (n=1、2、3、4)$，$x_0$ 为上光电门位置，x_n 为下光电门位置。结合公式 5.3.1-3，可令

$A_1 = h_3 - h_1 = (x_3 - x_0) - (x_1 - x_0) = x_3 - x_1 = v_0(2t) + 4gt^2$

$A_2 = h_4 - h_2 = (x_4 - x_0) - (x_2 - x_0) = x_4 - x_2 = v_0(2t) + 6gt^2$

令 $H = A_2 - A_1 = (x_4 - x_2) - (x_3 - x_1) = x_4 + x_1 - x_2 - x_3 = 2gt^2$，则

$$g = \frac{H}{2t^2} = \frac{(x_4 + x_1) - (x_2 + x_3)}{2t^2} \tag{5.3.1-6}$$

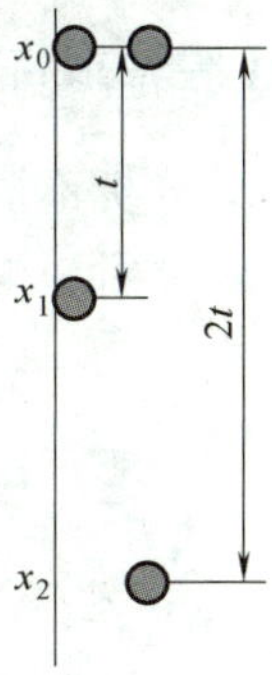

图 5.3.1-3 自由落体运动（三）

此方法的优点是与上光电门的读数 x_0 无关，且 x_1、x_2、x_3、x_4 为下光电门位置读数，其读数误差相同，因而减少了系统误差；难点为 $1t$、$2t$、$3t$、$4t$ 的时间控制。

4. 利用手机物理工坊 Phyphox 或视频处理软件 Tracker

由式（5.3.1-1）可知，利用手机物理工坊 Phyphox 记录刚性小球在高度 h 处以初速 0 自由下落到地面，弹起之后重复下落的过程，若测得两次接触地面的时间间隔为 Δt，则可得到 $g = 8h/(\Delta t)^2$。

利用视频处理软件 Tracker，逐帧分析自由下落的小球轨迹视频，通过定义坐标，追踪质点位置，拟合出 h 关于 t 的抛物曲线，$h = at^2 + bt + c$，可测得 $g = 2a$。

【实验仪器】

自由落体装置，小球，光电计时装置，手机物理工坊 Phyphox，视频软件 Tracker 等。

【实验内容】

1. 基础内容

测量小球下落距离 h 和对应时间 t，就可以计算得到重力加速度 g。小球自由下落可以利用毫秒计电磁联动模式，断开电磁开关同时计时，小球经过光电门时，显示下落时间 t。

2. 提升内容

利用双光电门计时方式测量 g。确定落球装置、光电门 1 和 2 的位置，调整光电门 2 的位置，记录 h_1 和 h_2。测量下落时间 t_1 和 t_2，利用式（5.3.1-5）计算 g。分析结果不确定度。

3. 进阶内容

测量一组等时间隔数据及其对应的下光电门位置，利用式（5.3.1-6）计算 g。

4. 高阶内容

利用手机物理工坊 Phyphox 或视频处理软件 Tracker 测量，或者设计其他测量方法。

【实验注意】

自由落体装置需要调整铅直，小球需放置在刚好不挡光的位置，下落应避免晃动，高度读数时应注意视差。

【实验报告思考题】

1. 分析不同测量方法的主要误差来源。
2. 针对影响实验结果准确度的主要因素，提出可行改进方案。

5.3.2 重力加速度的测定（单摆、凯特摆）

重力加速度是一个非常重要的物理量，其值对航空航天、地下资源勘探等领域有重要影响。由于地球表面上的重力加速度在不同纬度和不同的海平面高度条件下会略有不同，因此精确地测定各地区的重力加速度无论是对当地的国防、经济生产建设，还是科学研究，都具有非常重要的意义。在测量重力加速度的方法中，单摆法是一种传统且简单的测量方法，根据单摆的运动周期公式，只需测得摆长和摆动周期，即可求得当地的重力加速度。

【实验目的】

1. 加深对单摆周期公式的理解，了解单摆周期公式成立的前提条件。
2. 能够利用单摆测量出当地的重力加速度。
3. 学会用累积放大法减小测量误差。

【预习提示】

1. 了解累计放大法测量周期的原理。
2. 用公式 $g=4\pi^2\dfrac{L}{T^2}$测量重力加速度的实验条件是什么？实验中应如何选择测量条件？

【实验原理】

1. 单摆法测重力加速度

单摆是将一个不可伸长的轻质细线的上端固定，同时在其下端悬挂一个体积很小的重球而构成的实验装置。设单摆的摆长为 L，摆球质量为 m。当摆长 L 远大于球的直径 d，且细线的质量远小于摆球质量时，如果把摆球稍微拉开一定距离（使摆角 θ 小于 5°）后释放，摆球即可在平衡位置左右做周期性摆动，如图 5.3.2-1 所示。此时，摆球所受的切向力为

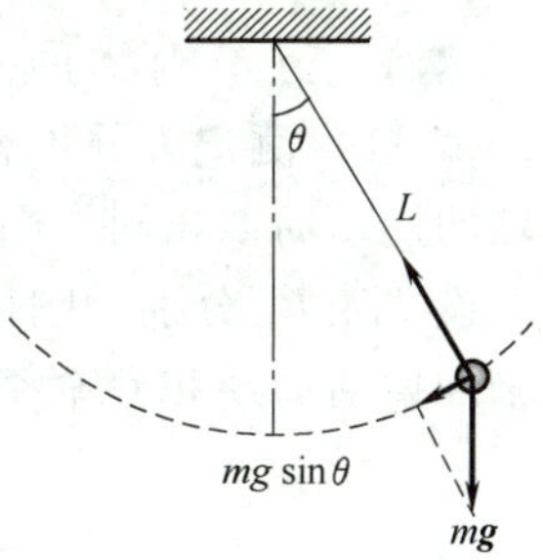

图 5.3.2-1 单摆示意图

$$F_t=G\sin\theta=-mg\sin\theta \tag{5.3.2-1}$$

式中，负号表示 F_t 与摆角 θ 的方向相反。当摆角很小时，$\sin\theta\approx\theta$，根据牛顿第二定律，可得

$$ma_t=-mg\theta \tag{5.3.2-2}$$

$$mL\frac{d^2\theta}{dt^2}=-mg\theta \tag{5.3.2-3}$$

则有

$$\frac{d^2\theta}{dt^2}=-\frac{g}{L}\theta \tag{5.3.2-4}$$

式（5.3.2-4）是一个简谐振动方程，其角频率为

$$\omega=\sqrt{\frac{g}{L}} \tag{5.3.2-5}$$

所以，单摆运动周期为

$$T=\frac{2\pi}{\omega}=2\pi\sqrt{\frac{L}{g}} \tag{5.3.2-6}$$

变换可得

$$g=4\pi^2\frac{L}{T^2} \tag{5.3.2-7}$$

因此，通过精确测量摆长 L 和摆动周期 T，即可求得当地的重力加速度 g。

2. 凯特摆测重力加速度

设一质量为 m 的刚体，其重心 G 到转轴 O 的距离为 h，绕 O 轴的转动惯量为 J，当摆幅很小时（摆角不超过 5°），可推导出刚体绕 O 轴摆动的周期 T 为

$$T=2\pi\sqrt{\frac{J}{mgh}} \tag{5.3.2-8}$$

设刚体绕通过重心 G 的轴的转动惯量为 J_G，当 G 轴与 O 轴平行时，根据平行轴定理得

$$J=J_G+mh^2 \tag{5.3.2-9}$$

将上式代入式（5.3.2-8）得

$$T=2\pi\sqrt{\frac{J_G+mh^2}{mgh}} \tag{5.3.2-10}$$

由式（5.3.2-6）可得

$$L=\frac{J_G+mh^2}{mh} \tag{5.3.2-11}$$

式中，L 称为等效摆长。可见，只需测得摆动周期 T 和等效摆长 L 即可求出重力加速度 g。

然而，由于刚体的重心位置不易确定，且 J_G 的精确测量比较困难，因此通过式（5.3.2-11）测定 L 并不容易。如能在重心 G 两旁找到两点 O 和 O'，使其分别以 O 和 O' 为转轴的摆动周期相同，则可以证明 OO' 的距离就是等效摆长。

设 T_1、h_1 分别为刚体绕 O 轴的摆动周期和 O 轴到重心的距离，T_2、h_2 分别为刚体绕 O' 轴的摆动周期和 O' 轴到重心的距离，L 为两转轴间的距离，则有

$$T_1=2\pi\sqrt{\frac{J_G+mh_1^2}{mgh_1}} \tag{5.3.2-12}$$

$$T_2=2\pi\sqrt{\frac{J_G+mh_2^2}{mgh_2}} \tag{5.3.2-13}$$

由以上两式消去 J_G，可得

$$\frac{4\pi^2}{g}=\frac{T_1^2+T_2^2}{2L}+\frac{T_1^2-T_2^2}{2(2h_1-L)} \tag{5.3.2-14}$$

式中，T_1、T_2、L 均可精确测得，而 h_1 则不易测准。但当 $T_1\approx T_2$ 时，h_1 的不精确对测量结果产生的影响就微乎其微了。因此，根据式（5.3.2-14）可测得重力加速度 g。

【实验仪器】

单摆，凯特摆，电子秒表，米尺，游标卡尺。

【实验内容】

1. 基础内容

(1) 用米尺测量悬点 O 到小球最低点的距离 L_1，再用游标卡尺测量小球的直径 d，通过计算得到摆长 $L=L_1-\frac{d}{2}$，重复测量 6 次。

(2) 使单摆做小角度摆动，摆角小于 5°，待摆动稳定后，用秒表采用累积放大法测量摆动 50 次所需的时间，重复测量 6 次。

(3) 计算重力加速度及其不确定度。

2. 提升内容

(1) 改变摆长 L，分别用秒表测出不同摆长摆动 50 次所需的时间 t_{50}，进而计算出摆动周期 T。

(2) 通过作图法做出 T^2-L 关系曲线，求出斜率 k，根据 k 值计算重力加速度 g。

3. 进阶内容

利用视频追踪技术记录单摆的运动轨迹，研究大摆角（>5°）条件下单摆的运动规律。对运动轨迹数据进行拟合分析。

4. 高阶内容

了解提升单摆测量精度的方法，采用凯特摆测量重力加速度。

【实验注意】

1. 测量摆长时，应取摆线长度加上小球的半径，即摆线悬点到摆球质心的距离。
2. 单摆摆动角度要小于 5°。
3. 单摆必须在竖直平面内摆动，防止形成锥摆。
4. 测量周期时，应从摆球通过平衡位置时开始计时。

【实验报告思考题】

1. 根据间接测量量不确定度公式分析：本实验中哪个量的测量对 g 的影响最大？应采取何种方法减小此误差？
2. 试分析用凯特摆测量重力加速度实验中的误差因素。

【参考文献】

[1] 张映辉. 大学物理实验 [M]. 2 版. 北京：机械工业出版社，2017.

[2] 张映辉. 大学物理实验学习指导书 [M]. 2 版. 北京：高等教育出版社，2021.

[3] 崔金玉. 大学物理实验 [M]. 北京：化学工业出版社，2018.

[4] 陶向阳，燕安. 基础物理实验教程 [M]. 南昌：江西教育出版社，2007.

[5] 游佩林，郑仲森，刘昂贵. 大学物理实验 [M]. 广州：华南理工大学出版社，2005.

[6] 谢行恕，康士秀，霍剑青. 大学物理实验：第二册 [M]. 北京：高等教育出版社，2001.

5.3.3　直流控制电路输出特性研究

电学实验的电路通常由电源、控制电路和测量电路三部分组成。

测量电路是事先根据实验要求确定好的，例如要校准某一电流表，先要选好一块标准电流表，使其与待校表串联，这就是测量电路。它可以等效为一个负载，这个负载可能是容性的、感性的或简单的电阻，通常以 R_Z 表示。

测量电路往往需要电源提供在某一范围内数值连续可调的电压或电流，而由负载 R_Z 所要求的电压最大值和电流最大值即可确定电源 E。但电源电动势往往是某一固定值，因此当负载和电源确定后，就需要设计控制电路，对电源进行控制与调节，使负载能获得所需要的各个不同的电压和电流值。常用的控制电路有分压电路和制流电路两种形式。控制元件主要使用滑线变阻器或电阻箱。这在电子线路中有广泛应用。例如，前者可用于音频放大器的音量调节，音量随电位器中心触头的位置在近乎线性地增减；后者多在电路中作偏流电阻使用。

分压电路和制流电路的性能指标可用调节范围、细调程度和线性程度（控制电路的输出特性曲线）来表征，这三者的综合就是直流控制电路的输出特性。

两种控制电路在实际应用中，滑线变阻器参数（阻值、额定电流、总圈数）的选择至关重要，参数选择合适，电压（电流）就能连续、稳定地调节，实验就能顺利进行；选择不当，电压（电流）不稳定，实验就不能稳定进行，甚至损坏仪表。

【实验目的】

1. 掌握分压和制流两种控制电路的连接方法、性能和特点。
2. 学会设计滑线变阻器参数（阻值、额定电流、总圈数），实现电压（电流）连续、稳定地调节。

【预习提示】

1. 了解分压电路的输出特性。
2. 了解制流电路的输出特性。

【实验原理】

1. 分压电路

分压电路如图 5.3.3-1 所示。图中 E 为直流电源，R_0 为滑线变阻器，Ⓥ为伏特表，R_Z 为负载，本实验采用电阻箱，S 为电源开关。滑线变阻器两个固定端 A、B 与电源 E 相接，负载 R_Z 接滑动端 C 和固定端 A（或 B）上，滑动端 C 将 R_0 分成 R_1 和 R_2 两部分。合上电源开关 S，移动 R_0 滑动端 C 的位置就可以连续改变 AC 之间的电压值，从而实现对负载电压的控制，使之符合要求。

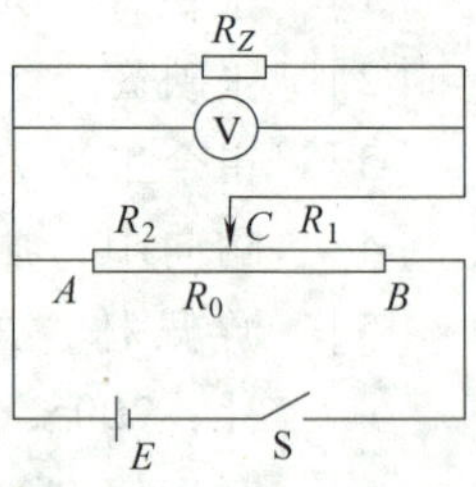

图 5.3.3-1　分压电路

(1) 调节范围。如图 5.3.3-1 所示，不考虑电源内阻，控制电路的输出电压（给负载 R_Z 提供的电压）U 为

$$U=\frac{R_2R_Z}{R_1(R_2+R_Z)+R_2R_Z}E=\frac{R_2R_Z}{(R_0-R_2)(R_2+R_Z)+R_2R_Z}E \quad (5.3.3\text{-}1)$$

移动 R_0 滑动端 C 至 A 点，$R_2=0$，控制电路的输出电压最小，为 $U_{\min}=0$；当 C 滑至 B 点，$R_2=R_0$，控制电路的输出电压最大，为 $U_{\max}=E$。分压电路电压的调节范围 $U_{\min}\to U_{\max}$ 为：$0\to E$。

(2) 细调程度。引进参数 $X=\dfrac{R_2}{R_0}$，$K=\dfrac{R_Z}{R_0}$。K 是负载电阻 R_Z 相对于滑线电阻 R_0 阻值大小的参数，X 为滑线变阻器滑动端 C 在滑线电阻上的相对位置参数。将 X 和 K 代入式(5.3.3-1)，可得

$$U=\frac{XK}{X+K-X^2}E=\frac{KER_2}{R_Z+XR_1} \quad (5.3.3\text{-}2)$$

当 $K\ll 1$（即 $R_Z\ll R_0$）时，略去式（5.3.3-2）分母中的 R_Z 项，近似有

$$U=\frac{ER_Z}{R_1}$$

对上式微分得

$$\Delta U=-\frac{ER_Z}{R_1^2}\Delta R_1=-\frac{U^2}{R_ZE}\Delta R_1$$

由此可见，分压电路的电压是靠滑线变阻器滑动端位置移动（即 R_1 的改变）来改变的，最小位移是一圈，因此一圈电阻 ΔR_0 的大小就决定了电压的最小改变量，即

$$(\Delta U)_{\min}=\frac{U^2}{R_ZE}\Delta R_1=\frac{U^2}{R_ZE}\Delta R_0=\frac{U^2}{R_ZE}\frac{R_0}{N} \quad (5.3.3\text{-}3)$$

式中，N 为滑线变阻器总圈数。式（5.3.3-3）表明细调程度是有一定限制的，R_Z 越小调节越不均匀。

当 $K\gg 1$（即 $R_Z\gg R_0$）时，略去式（5.3.3-2）分母中的 XR_1 项，近似有

$$U=\frac{ER_2}{R_0}$$

对上式微分得

$$\Delta U=\frac{E}{R_0}\Delta R_2$$

同理，细调最小的分压值即滑动端移动一圈位置所改变的电压值，所以

$$(\Delta U)_{\min}=\left(\frac{E}{R_0}\Delta R_2\right)_{\min}=\left(\frac{E}{R_0}\Delta R_0\right)_{\min}=\frac{E}{N} \quad (5.3.3\text{-}4)$$

从式（5.3.3-4）可知，当滑线变阻器选定后，E、R_0、N 均为定值，故当 $K\gg 1$ 时，$(\Delta U)_{\min}$ 为一个常数，它表示在整个调节范围内调节的精细程度处处一样。从调节的均匀度考虑，R_0 越小越好。但 R_0 上的功耗也将变大，因此还要考虑到功耗不能太大，则 R_0 不宜取得过小，实际中取 $R_0=\dfrac{R_Z}{2}$ 即可兼顾两者的要求。与此同时应注意流过滑线变阻器的总电流不能超过它的额定值。

若一般分压不能达到细调要求，可以如图 5.3.3-2 所示将两个电阻 R_{10} 和 R_{20} 串联进行

分压，其中 R_{10} 阻值大，作粗调用，R_{20} 阻值小，作细调用。一般 R_{20} 取 $R_{10}/10$。

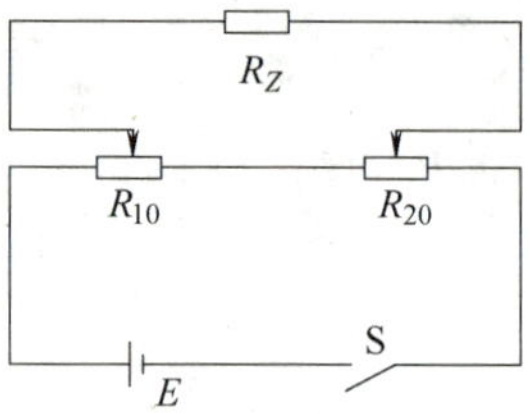

图 5.3.3-2　二段分压电路

(3) 分压电路的输出特性曲线。分压电路的输出特性曲线（简称分压特性曲线）是控制电路输出电压 U 与其最大值 U_{max} 的比值 U/U_{max} 随滑线变阻器滑动端位置 X 改变而变化的曲线。由它可以直观看出分压电路输出电压在调节范围内的变化规律。由式（5.3.3-2）可知，滑动端 C 在任一位置 $R_2(=R_0-R_1)$ 时，

$$\frac{U}{U_{max}}=\frac{U}{E}=\frac{XK}{X+K-X^2} \tag{5.3.3-5}$$

对不同 K 值，测出 U/U_{max}-X 的关系曲线，即得其分压特性曲线。从曲线可以看到移动滑线变阻器滑动端 C 时输出电压 U 变化的线性程度及细调程度。

2. 制流电路

制流电路如图 5.3.3-3 所示。将负载 R_Z 与滑线变阻器 R_0 的 A、C 两端串联，滑动端 C 将 R_0 分成 R_1 和 R_2 两部分。合上电源开关 S，移动 R_0 滑动端 C 的位置就可以连续改变 AC 之间的电阻值 R_1，从而改变了整个电路的电流，实现对负载电流的控制，使之符合要求。

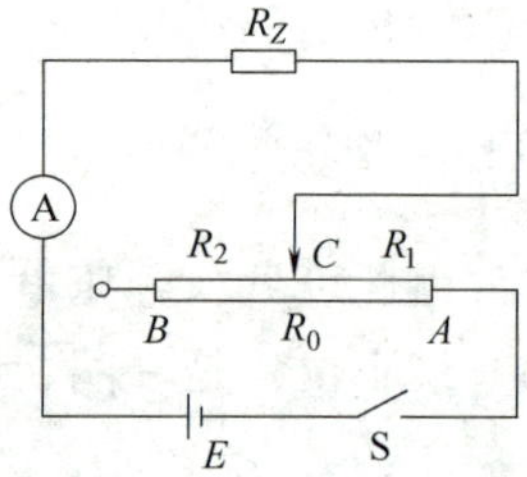

图 5.3.3-3　制流电路

(1) 调节范围。如图 5.3.3-3 所示，控制电路的输出电流（给负载 R_Z 提供的电流，没考虑电源内阻）I 为

$$I=\frac{E}{R_Z+R_0-R_2}$$

移动 R_0 滑动端 C，当 C 滑至 A 点，控制电路的输出电流最大，即 $I_{max}=\frac{E}{R_Z}$；当 C 滑至 B 点，控制电路的输出电流最小，即 $I_{min}=\frac{E}{R_0+R_Z}$。制流电路电流的调节范围 $I_{min}\to I_{max}$，即 $\frac{E}{R_0+R_Z}\to\frac{E}{R_Z}$。

负载 R_Z 是既定的客观值，电源 E 也已确定，所以调节范围只与滑线变阻器 R_0 有关，R_0 越大，I_{min} 调节范围越大。

(2) 细调程度。制流电路的电流是靠滑线变阻器滑动端位置移动来改变的，最小位移是一圈，因此一圈电阻 ΔR_0 的大小就决定了电流的最小改变量。

因为
$$I=\frac{E}{R_Z+R_0-R_2}=\frac{E}{R_Z+R_1}$$

对 R_1 微分得

$$\Delta I=-\frac{E}{(R_Z+R_1)^2}\Delta R_1,\ (\Delta I)_{min}=\frac{I^2}{E}\Delta R_0=\frac{I^2}{E}\frac{R_0}{N}$$

式中，N 为滑线变阻器总圈数。从上式可见，当电路中的 E、R_Z、R_0 确定后，ΔI 与 I^2 成正比，故电流越大，则细调越困难。假如负载的电流在最大时能满足细调要求，而小电流时也能满足要求，这就要使 $(\Delta I)_{min}$ 变小，而 R_0 不能太小，否则会影响电流的调节范围，所以

只能使 N 变大。由于 N 大而使滑线变阻器体积变得很大，故 N 又不能增加得太多，因此经常再串一变阻器，采用二级制流，如图 5.3.3-4 所示，其中大电阻用于粗调，小电阻用于细调，但 R_{10}、R_{20} 的额定电流必须大于电路中的最大电流。

(3) 制流电路的输出特性曲线。一般情况下负载 R_Z 中的电流为

$$I=\frac{E}{R_Z+R_0-R_2}=\frac{E/R_Z}{1+\frac{R_0}{R_Z}-\frac{R_2}{R_Z}}=\frac{I_{max}}{1+\frac{1}{K}-\frac{X}{K}}=\frac{K}{K+1-X}I_{max} \quad (5.3.3\text{-}6)$$

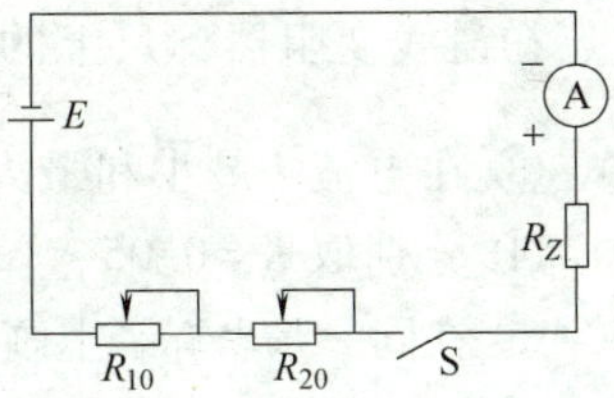

图 5.3.3-4 二级制流电路

K、X 定义同前。

对不同的 K 值，测出其 $\frac{I}{I_{max}}$-X 关系曲线，即得其制流输出特性曲线。从曲线也可以看到移动滑线变阻器滑动端 C 时输出电流 I 变化的线性程度及细调程度。

【实验仪器】

直流稳压电源，滑线变阻器（4 种规格），电阻箱，电压表，毫安表，开关，导线等。

【实验内容】

1. 基础内容

选择合适的电源、滑线变阻器（阻值、额定电流、总圈数）、电阻箱，分别对分压电路和制流电路的特性进行研究。

（1）分压电路特性研究。

① 分压电路如图 5.3.3-1 所示，用电阻箱当负载 R_Z，取 $K\left(即\frac{R_Z}{R_0}\right)=0.1$，确定 R_Z。参照滑线变阻器的额定电流和 R_Z 的容许电流，确定电源电压 E 的值。

注意，滑线变阻器 BC 段的电流 I_{BC} 是 I_Z 和 I_{CA} 之和，确定 E 值时，特别要注意 BC 段的电流 I_{BC} 不能大于额定电流。

② 移动滑线变阻器滑动头 C，使加到负载 R_Z 上的电压从最小变到最大，在此过程中，测量 10 次电压值 U 及滑动头 C 点在滑线变阻器标尺上的位置 $X\left(=\frac{R_2}{R_0}\right)$，以 X 为横坐标、$\frac{U}{U_{max}}$ 为纵坐标作图。

③ 当电压值最小和最大时，测量滑动头 C 移动一小格时电压值的变化 ΔU。

④ 分别取 $K=0.01$、1、2、10，重复上述测量，数据记录于表 5.3.3-1 中。

⑤ 在同一张坐标纸上画出分压电路输出特性曲线 U/U_{max}-X，分别取 $K=0.01$、0.1、1、2、10。

（2）制流电路特性研究。

① 电路如图 5.3.3-3 所示，用电阻箱当负载 R_Z，取 $K=0.5$，确定 R_Z。根据所用毫安表的量程和 R_Z 的最大容许电流，确定实验时的最大电流 I_{max} 及电源电压 E 值。

注意，I_{max} 值应小于 R_Z 最大容许电流。

闭合开关S（如发现电流过大要立即切断电源!），移动滑线变阻器滑动头 C 观察电流值的变化是否符合设计要求。

② 移动滑线变阻器滑动头 C，在电流从最小到最大过程中，测量10次电流值 I 及相应 C 点在滑线变阻器标尺上的位置 $X\left(=\frac{R_2}{R_0}\right)$，以 X 为横坐标、$\frac{I}{I_{max}}$ 为纵坐标作图。

③ 在电流 I 最小和最大时，测量滑动头 C 移动一小格时电流值的变化 ΔI。

④ 分别取 K=0.05、1、2、10，重复上述测量，数据记录于表5.3.3-2中。

⑤ 在同一张坐标纸上画出制流电路输出特性曲线 I/I_{max}-X，分别取 K=0.05、0.5、1、2、10。

表5.3.3-1　分压电路输出特性研究实验数据

K		X									
		0.1	0.2	0.3	0.4	0.5	0.6	0.7	0.8	0.9	1.0
0.01	U/V										
	U/U_{max}										
0.1	U/V										
	U/U_{max}										
1	U/V										
	U/U_{max}										
2	U/V										
	U/U_{max}										
10	U/V										
	U/U_{max}										

表5.3.3-2　制流电路输出特性研究实验数据

K		X									
		0.1	0.2	0.3	0.4	0.5	0.6	0.7	0.8	0.9	1.0
0.05	I/A										
	I/I_{max}										
0.5	I/A										
	I/I_{max}										
1	I/A										
	I/I_{max}										
2	I/A										
	I/I_{max}										
10	I/A										
	I/I_{max}										

2. 提升内容

（1）参照图5.3.3-2连接二段分压电路，测量滑动头 C 移动一小格时的 ΔU。

（2）参照图5.3.3-4连接二级制流电路，测量滑动头 C 移动一小格时的 ΔI。

（3）对设计和验证的结果进行综合分析讨论，对滑线变阻器控制电路特性进行总结：

① 选择分压电路或制流电路的主要依据是什么？

② 若已确定选择制流电路（或分压电路），选择滑线变阻器参数（阻值、额定电流、总圈数）时，应考虑的主要因素是什么？

3. 进阶内容

（1）根据你所画出的输出特性曲线，分析应如何连接控制电路，才能对输出电压（电流）进行细调？确定分压电路（或制流电路）的细调范围。

（2）对制流电路（或分压电路），选择合适的滑线变阻器参数（阻值、额定电流、总圈数），使对输出电流（或电压）进行细调。

4. 高阶内容

（1）在分压电路输出特性测量中，如电压表内阻不能远大于 R_Z，会产生什么影响？

（2）在制流电路输出特性测量中，如电流表内阻不能远小于 R_Z，会产生什么影响？

【实验注意】

1. 电源不能短路。
2. 电表不能超量程。
3. 电路中的最大电流不能超过负载和滑线变阻器的额定电流。

【实验报告思考题】

1. 如何确定制流电路的细调范围？
2. 如何确定分压电路的细调范围？
3. 分压电路与制流电路的差别是什么？如何选择？

【参考文献】

[1] 张增明，韦先涛，浦其荣，等. 大学物理实验：第一册［M］. 北京：高等教育出版社，2024.

[2] 杨述武，赵立竹，沈国土. 普通物理实验 2：电磁学部分［M］. 4 版. 北京：高等教育出版社，2007.

[3] 张映辉. 大学物理实验［M］. 2 版. 北京：机械工业出版社，2017.

[4] 张映辉. 大学物理实验学习指导书［M］. 2 版. 北京：高等教育出版社，2021.

[5] 张映辉. 大学物理实验数字课程［M］. 北京：高等教育出版社，2020.

【本实验相关数字资源】

1-讲课视频

5.3.4 电表的改装

电表是电学工程中最常用的仪器之一，它可分为电流表（又名安培表）、电压表（又名伏特表）和万用表三种，尤其是电流表和电压表几乎是每个电学实验中必用的仪器。虽然它们在内部结构、接线方法和用途方面都存在不同，但对于测量精度都有要求，否则测量就没有意义了。所以，对于实验者而言，熟练掌握电表的内部结构，能够设计多量程的电表并确定其精度等级是很必要的。

【实验目的】

1. 学会用实验方法测定表头的内阻。
2. 掌握电流表和电压表的基本结构和工作原理。
3. 掌握扩大电表量程的原理和方法。
4. 学会对改装电表进行校准和测绘校准曲线，并理解电表精度等级的含义。

【预习提示】

1. 如何测量毫安表（表头）的量程和内阻？
2. 如何扩大毫安表的量程？
3. 如何校准改装电表？
4. 扩大毫安表的量程时，分流电阻 R_S 的大小对改装电流表的量程有何影响？
5. 在校准改装电压表时，若发现改装表的读数相对于标准表的读数都偏高，应如何调节分压电阻 R_V？

【实验原理】

1. 扩大电流表的量程

磁电式电流表的工作原理是通电线圈在磁场中受力矩作用而发生偏转，其偏转角度的大小与所通电流的大小成正比，于是与线圈相连的指针就可指出所通电流的大小。

用于改装的毫安表，习惯上称为“表头”。使表针偏转到满刻度所需要的电流 I_g 称表头的（电流）量程，I_g 越小，表头的灵敏度就越高。表头内线圈的电阻 R_g 称为表头的内阻。表头的内阻 R_g 一般很小，欲用该表头测量超过其量程的电流，就必须扩大它的量程。扩大量程的方法是在表头上并联一个分流电阻 R_S，如图 5.3.4-1a 所示。使超量程部分的电流从分流电阻 R_S 上流过，而表头仍保持原来允许流过的最大电流 I_g。

设表头改装后的量程为 I_m，根据欧姆定律有

$$I_gR_g=(I_m-I_g)R_S$$

故得

$$R_S=\frac{I_gR_g}{I_m-I_g} \tag{5.3.4-1}$$

若表头的量程要扩大 $n_i=\frac{I_m}{I_g}$ 倍，则 $R_S=\frac{R_g}{n_i-1}$。

若已知表头的量程 I_g 和内阻 R_g，扩大量程的大小是由分流电阻 R_S 的大小所决定的。

2. 将电流表改装成电压表

表头的电压量程为 I_gR_g，虽然可以直接用来测量电压，但是电压量程 I_gR_g 很小，不能满足实际需要。为了能测量较高的电压，就必须扩大它的电压量程。扩大电压量程的方法是在表头上串联一个分压电阻 R_V，如图 5.3.4-1b 所示。使超出量程部分的电压加在分压电阻 R_V 上，表头上的电压仍不超过原来的电压量程 I_gR_g。

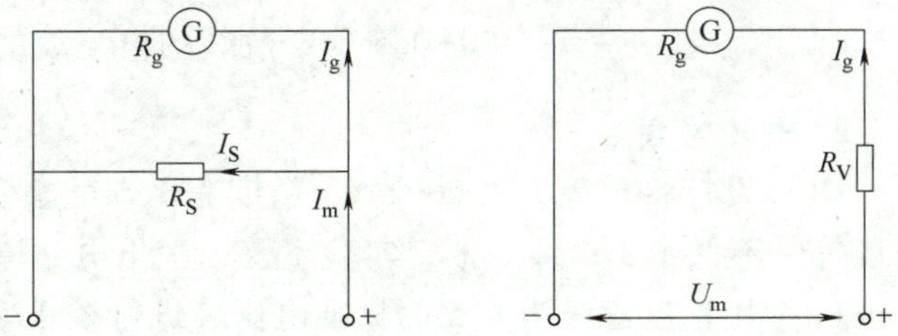

a)　　b)

图 5.3.4-1　安培表与伏特表的内部结构

a）安培表内部结构　b）伏特表内部结构

设改成的电压表的量程为 U_m，根据欧姆定律有

$$U_m = I_g(R_g + R_V)$$

故得

$$R_V = \frac{U_m}{I_g} - R_g \qquad (5.3.4\text{-}2)$$

可见，要将量程为 I_g 的表头改装成量程为 U_m 的电压表，须在表头上串联一个阻值为 R_V 的分压电阻。同一表头，串联不同的分压电阻就可得到不同量程的电压表。

【实验仪器】

被改装毫安表，电流表，电压表，稳压电源，变阻器，电阻箱，开关及导线，如图 5.3.4-2 所示。

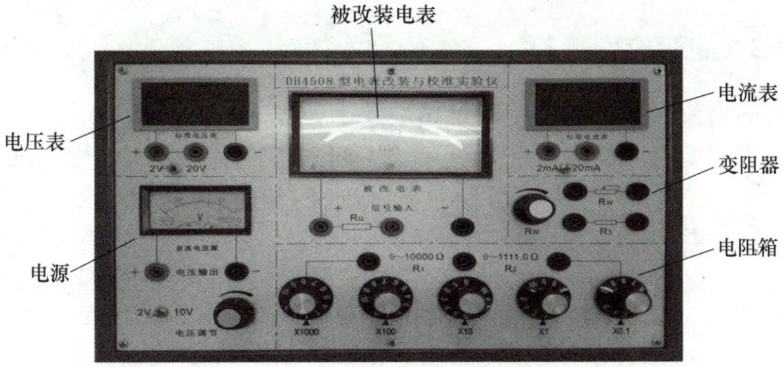

图 5.3.4-2　电表改装与校准实验仪

【实验内容】

1. 基础内容

（1）测定被改装毫安表的内阻，拟定实验步骤，画出电路原理图。

（2）设计将量程为 1.000mA、精度为 1.5 的毫安表，改装成量程为 10mA 的电流表，要求精度等级不低于 1.5 级。拟定实验步骤，画出电路原理图。

（3）用精度等级为 0.5 的标准毫安表进行校正。拟定实验步骤，画出电路原理图。

（4）数据处理。通过校准后，得出分流电阻 R'_S，画出电流表的 ΔI-I 校准曲线图，由公式 $K_{改装电流表}=\frac{|\Delta I_{max}|}{I_m}\times100+0.5$ 确定改装的电流表的精度等级。

2. 提升内容

（1）设计将量程为 1.000mA、精度为 1.5 的毫安表，改装成量程为 1V 的电压表，要求精度等级不低于 1.5 级。拟定实验步骤，画出电路原理图。

（2）用精度等级为 0.5 的标准电压表进行校正。拟定实验步骤，画出电路原理图。

（3）数据处理。通过校准后，得出分压电阻 R'_V，画出电压表的 ΔU-U 校准曲线图，由公式 $K_{改装电压表}=\frac{|\Delta U_{max}|}{U_m}\times100+0.5$ 确定改装的电流表的精度等级。

3. 进阶内容

将毫安表改装成量程为 3mA 和 10mA 的双量程电流表、量程为 1V 和 3V 的双量程电压表，精度等级不低于 1.5 级。

4. 高阶内容

设计组装万用表，实现测量直流电流挡、直流电压挡、交流电压挡和电阻挡四个功能。

【实验注意】

1. 被改装的毫安表的量程较小，流过的电流不要过大，避免超过其量程，损坏电表。
2. 连接电路时，采用回流接线法。
3. 注意电源、电表的正负极不要接反。
4. 使用滑线变阻器时，制流电路中需先将电阻调至最大。
5. 在接通和断开电源前，先将其电源电压输出调为零。

【实验报告思考题】

1. 如果改装的电流表或电压表不满足精度要求，怎么办？
2. 在被改装表的零点和满度校准好之后，中间的各刻度仍然不准确，试分析原因。
3. 在确定改装电表精度等级的公式 $K_{改装表}=\frac{|\Delta A_{max}|}{A_m}\times100+0.5$ 中，为什么要加 0.5？

【参考文献】

[1]　王旗. 近代物理实验［M］. 北京：高等教育出版社，2016.

[2]　张志东，魏怀鹏，展永. 大学物理实验［M］. 6 版. 北京：科学出版社，2019.

[3]　张映辉. 大学物理实验［M］. 2 版. 北京：机械工业出版社，2017.

[4]　张映辉. 大学物理实验学习指导书［M］. 2 版. 北京：高等教育出版社，2021.

5.3.5 *LC* 串联电路测量电感

电感是一种由线圈组成的无源电气元件，它拥有一种奇妙的特性，那就是能够将电能转化为磁能并储存起来。当电流增加时，电感会感应到磁场的变化，从而阻碍电流的增加；当电流减小时，电感也会感应到磁场的变化，从而阻碍电流的减小。这种阻碍作用使得电流的变化变得缓慢，因此电感在电路中可以起到滤波和稳定电流的作用。除了滤波作用外，电感还有其他重要的作用。它可以与电阻器和电容器一起组成高通或低通滤波器、移相电路及谐振电路等。测量电感具有极其重要的意义，它不仅可以帮助我们深入了解电路的性质和参数，优化电路设计，还可以检测电路中电感是否正常，避免因电感故障而引起的电路故障，保证电路的可靠性和安全性。本实验基于串联电路谐振特性，设计一种测量电感大小的实验。

【实验目的】

1. 了解 *LC* 串联电路谐振特性。
2. 了解电感工作原理。
3. 掌握利用 *LC* 串联电路谐振特性测量电感大小的方法。

【预习提示】

1. 掌握示波器的使用方法。
2. 掌握确定电路谐振频率的方法。

【实验原理】

可以基于 *LC* 串联电路谐振特性，设计一种测量电感的方法。原理如图 5.3.5-1 所示，*AC* 为交流信号源，R_0 为保护电阻，C 为标准电容，L 为待测电感，U_L 为电感 L 两端电压，U_C 为电容 C 两端电压。

LC 串联电路如图 5.3.5-1 所示，它的阻抗 Z 是电源角频率 ω 的函数，即

$$Z=R+\mathrm{j}\left(\omega L-\frac{1}{\omega C}\right) \tag{5.3.5-1}$$

当 $\omega L=1/(\omega C)$ 时，电路处于串联谐振状态。由此可以根据 $\omega=2\pi f_0$ 确定电路谐振频率 f_0。当电路处于串联谐振状态时，由于 $\omega L=1/(\omega C)$，则电感 L 两端电压等于电容 C 两端电压，即 $U_L=U_C$。

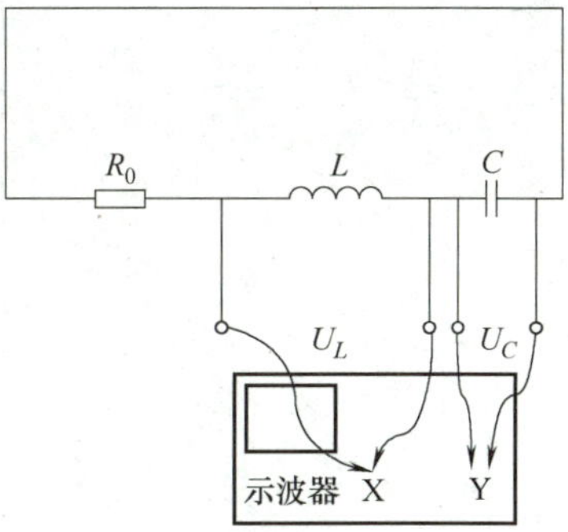

图 5.3.5-1 实验原理图

【实验仪器】

变频电源，保护电阻 R_0，标准电容 C，示波器、待测电感，导线若干。

【实验内容】

1. 基础内容

根据实验设计的电路图，选用电器元件组成电路。

2. 提升内容

通过示波器比较 U_L、U_C 大小，找到电路谐振频率 f_0。

3. 进阶内容

调节电容大小，重复实验内容 2。

4. 高阶内容

绘制 $1/(2\pi f)^2$-C 关系曲线，求斜率，确定电感。

【实验注意】

1. 测量过程，保证交流电压、电阻保持不变。
2. 交流电源与待测元件必须共接地。
3. $1/(2\pi f)^2$-C 曲线必须在坐标纸上完成。

【实验报告思考题】

利用 LC 串联电路其他谐振特性设计电感测量。

5.3.6 电容制作及固体材料介电常数的测定

介电常数是反映材料极化性能的一个重要参数。本实验基于串联电路谐振特性，利用标准电感线圈和自制的固体电容器，设计一种测量固体介电常数的实验。

【实验目的】

1. 了解 LC 串联电路谐振特性。
2. 了解电容原理，并自制固体电容器。
3. 掌握利用标准电感线圈和固体电容器测量固体介电常数的方法。

【预习提示】

1. 理解介电常数的物理意义。
2. 圆柱形电容与哪些物理量有关。

【实验原理】

材料的介电常数是频率的函数，且是复数，实部反映材料容纳电荷的能力，虚部反映传导中的耗散能力。可以基于 LC 串联电路谐振特性，设计一种间接测量介电常数的方法。将交流信号源 AC、保护电阻 R_0、标准电感线圈 L、自制圆柱形电容器 C 串联介入到电路中。

电路中输入阻抗为

$$R_x = R_0 + \mathrm{j}\left(\omega L - \frac{1}{\omega C}\right) \tag{5.3.6-1}$$

式中，ω 为输入信号的圆频率。

当 $\omega L<1/(\omega C)$ 时，$\omega<1/\sqrt{LC}$，电路呈现电容性；$\omega L>1/(\omega C)$ 时，$\omega>1/\sqrt{LC}$，电路呈现电感性；$\omega L=1/(\omega C)$ 时，$\omega=1/\sqrt{LC}$，此时电路的输入阻抗最小，LC 两端电压存在极小值，对应的输入信号频率记为 f_0，如果测量出 U 随输入信号频率 f 的变化曲线，则在电路谐振频率 f_0 处能观测到 LC 两端电压极小值 $U_{\min}$ 为

$$U_{\min} = F(f_0) \tag{5.3.6-2}$$

此时，电路满足电路的输入阻抗最小，LC 两端电压存在极小值状态的频率方程为

$$\omega L = \frac{1}{\omega C} \tag{5.3.6-3}$$

$$\omega = 2\pi f_0 \tag{5.3.6-4}$$

实验中选中圆柱形电容器，其电容值为

$$C = \frac{2\pi\varepsilon_0\varepsilon_r h}{\ln(r_2/r_1)} \tag{5.3.6-5}$$

式中，ε_r 为极间填充介质的相对介电常数（介电常数）；ε_0 为真空介电常数，$\varepsilon_0=8.85\times10^{-12}\mathrm{F\cdot m^{-1}}$；$h$ 为圆柱形电容器的高度；r_1 为圆柱形电容器的内径；r_2 为圆柱形电容器的外径。

由式（5.3.6-3）~式（5.3.6-5）可得待测相对介电常数 ε_r 表达式为

$$\varepsilon_r=\frac{\ln(r_2/r_1)}{8\pi^3 f_0^2\varepsilon_0 hL} \tag{5.3.6-6}$$

式中，电路谐振频率 f_0 可以通过 U-f 曲线得到，其他物理量都是已知值。

【实验仪器】

变频电源，保护电阻 R_0，标准电感线圈 L，PVC 管，铝箔纸，导线若干。

【实验内容】

1. 基础内容

利用 PVC 管子、铝箔纸、导线等材料自行设计并制作固体电容器。

2. 提升内容

自主设计实验电路图，选用电器元件组成电路。

3. 进阶内容

通过 U-f 曲线得到满足 $\omega L=1/(\omega C)$ 关系的频率。

4. 高阶内容

通过式（5.3.6-6）计算待测介电常数 ε_r。

【实验注意】

1. 测量过程，保证交流电压、电阻、电感保持不变。
2. 交流电源与待测元件必须共接地。
3. U-f 曲线必须在坐标纸上完成。

【实验报告思考题】

1. 电容器的制作原理是什么？
2. 利用电路其他谐振特性设计固体介电常数测量实验。
3. 利用 LC 串联电路其他谐振特性确定满足 $\omega L=1/(\omega C)$ 关系的频率。

5.3.7　*RC* 串联电路充放电特性研究

由电阻 R、电容 C 与直流电源组成的 RC 串联电路中，当电源由一个电平的稳定状态变为另一个不同电平的稳定状态时（如接通或断开），由于电路中电容上的电压不会瞬间突变，这样，电路由一个稳定状态变到另一个稳定状态时，中间要经历一个变化过程，这个变化过程称为暂态过程，即为电容器的充放电过程。在电子技术中，掌握 RC 串联电路的充放电特性具有重要意义。

【实验目的】

1. 了解电容器的特性和 RC 串联电路的充放电过程规律。
2. 学会使用 RC 特性实验仪。
3. 通过实验观察 RC 串联电路充放电时的电压-时间（U-t）特性曲线。
4. 熟悉并掌握 PC 机虚拟实验的原理及实验方法，学会虚拟实验的连接和操作。

【预习提示】

1. 了解 RC 组合串联电路充放电特性。
2. 了解时间常数和半衰期概念。

【实验原理】

电容具有存储电荷的能力，在一定条件下也可放出电荷。RC 串联电路如图 5.3.7-1 所示，开关 S 接到 1 端时，电源 E 开始对电容充电，电容上所带的电荷逐渐增多，电容两端的电压 U_C 也逐渐升高，随着电压 U_C 的升高电流逐渐下降，直至电容两端电压 U_C 等于电源电压 U_E 时，充电电流下降到零，充电过程结束。将开关 S 从 1 端拨到 2 端，电容就通过电阻放电。

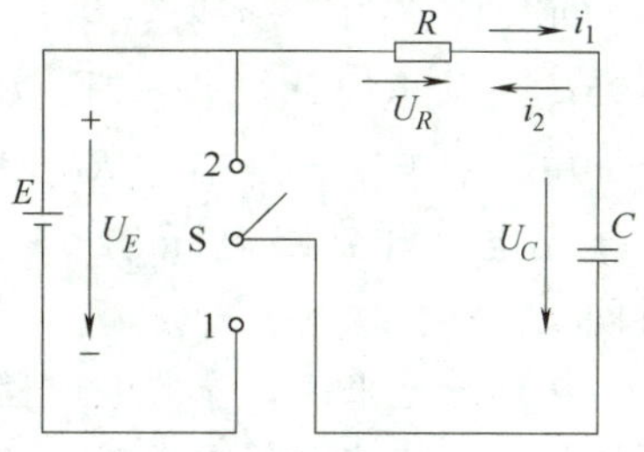

图 5.3.7-1　*RC* 串联电路

充电过程中电压之间的关系为 $U_E=U_R+U_C=i_1R+\dfrac{q}{C}$，其中 i_1 为电路中的瞬时电流，且 $i_1=\mathrm{d}q/\mathrm{d}t=C\mathrm{d}U_C/\mathrm{d}t$，因此有 $RC\dfrac{\mathrm{d}U_C}{\mathrm{d}t}+U_C=U_E$。由充电初始条件 $t=0$ 时，$U_C=0$，可求出微分方程的解为

$$U_C=U_E(1-\mathrm{e}^{-\frac{t}{RC}}) \tag{5.3.7-1}$$

式（5.3.7-1）表明，电容充电时电容两端电压 U_C 随时间 t 按指数规律上升，直到与电源电压相等为止，如图 5.3.7-2 所示。

同样可以得到放电过程中电压之间的关系为

$$U_C=U_E\mathrm{e}^{-\frac{t}{RC}} \tag{5.3.7-2}$$

式（5.3.7-2）表明，电容放电时电容两端电压 U_C 随时间 t 按指数规律下降，直到电容两端电压为零，如图 5.3.7-3 所示。

充放电电压变化的快慢只取决于电路本身，即电阻和电容的乘积 RC，与电源电压的大

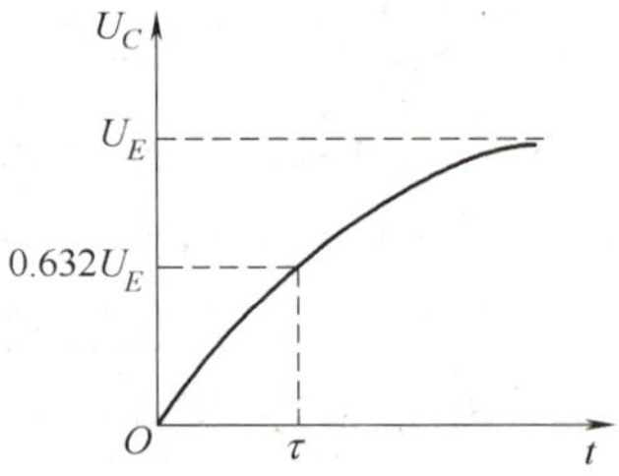

图 5.3.7-2　电容器充电时电压变化图

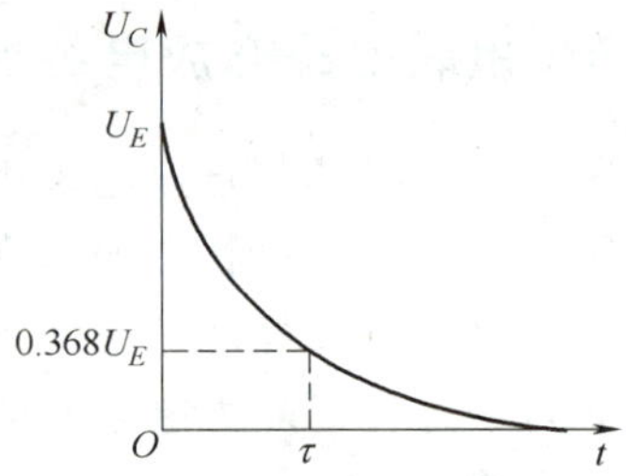

图 5.3.7-3　电容器放电时电压变化

小无关，如图 5.3.7-4 所示。通常将 RC 乘积称为 RC 串联电路的时间常数，用 $\tau=RC$ 表示，单位为 s。

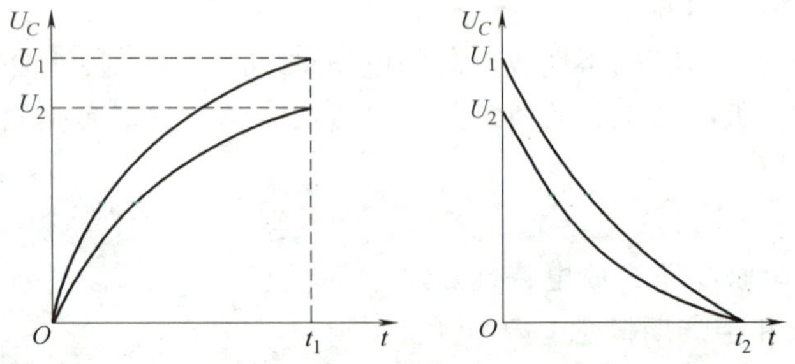

图 5.3.7-4　电源电压不同时的充放电曲线

充电时，当 $t=\tau$ 时，$U_C=U_E(1-e^{-1})=0.632U_E$，当 $t=3\tau$ 时，$U_C=U_E(1-e^{-3})=0.95U_E$。放电时，当 $t=\tau$ 时，$U_C=U_Ee^{-1}=0.368U_E$，当 $t=3\tau$ 时，$U_C=U_Ee^{-3}=0.05U_E$。

由此可知，τ 是描述 RC 串联电路充放电过程快慢的物理量，在数值上等于电容的电压充电上升到终电压的 63.2% 所需的时间或放电下降到初始电压的 36.8% 所需的时间。

从理论上来说，充放电过程结束所需时间 t 应为无穷大。实际操作过程中，当 $t=3\tau$ 时，可认为充电和放电基本完毕。

与时间常数 τ 有关的另一个特征量为半衰期 $T_{1/2}$，即电容电压 U_C 上升到终值（或下降到初值）的一半时所需要的时间，它同样反映了充放电过程的快慢程度。由 $U_C=U_Ee^{-T_{1/2}/RC}=\frac{1}{2}U_E$ 可得

$$T_{1/2}=RC\ln2=\tau\ln2 \tag{5.3.7-3}$$

【实验仪器】

RC 充放电特性实验仪，PC 端接口软件，示波器，配套导线若干。

1. RC 充放电特性实验仪

RC 充放电特性实验仪系统图和面板图分别如图 5.3.7-5 和图 5.3.7-6 所示。

图 5.3.7-7 是 RC 充放电特性实验仪的俯视图，上面标示了各个部分的功能名称。在装

配的时候，要区分串联电容的正负极性，不要接反（正极朝向电阻侧）。

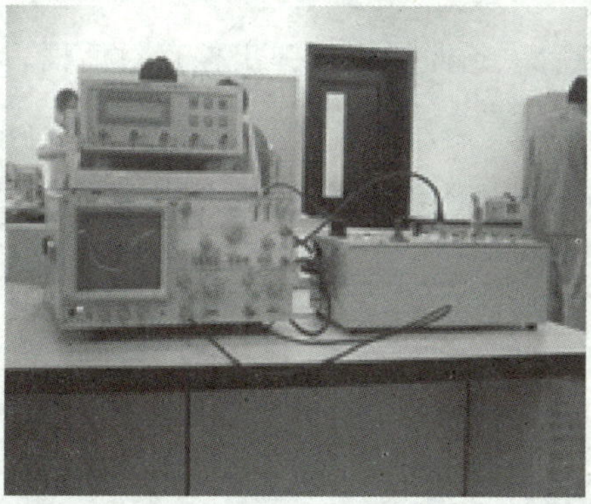

图 5.3.7-5　*RC* 充放电特性实验仪系统图

图 5.3.7-6　*RC* 充放电特性实验仪面板图

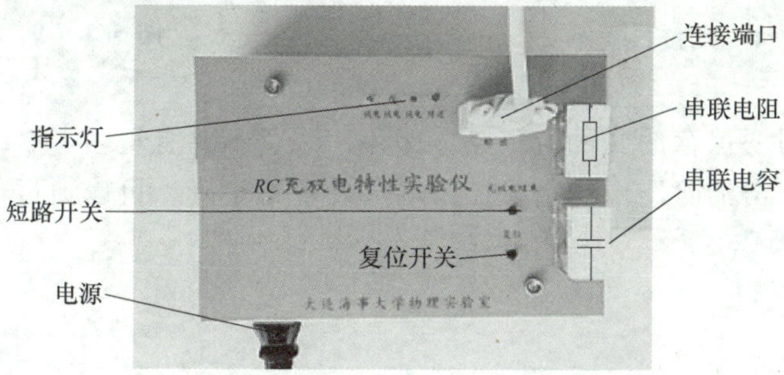

图 5.3.7-7　*RC* 充放电特性实验仪俯视图

本仪器接通电源后自动启动，只在发生故障时才需要按动复位开关进行调整。在进行大电容和大电阻串联实验时，由于充放电时间长，故可用短路开关加速其进入稳态，进入下一轮实验。

2. PC 端接口软件

PC 机虚拟实验，是一种以 PC 机为媒介、PC 机接口为渠道、外部设备为操作对象，构成的实验系统。“虚拟”是指在 PC 机上，利用接口程序“虚拟”地表现出外部设备中实验对象的某些物理特性。虚拟实验的最大好处就是可以使难以直接观察、测量的物理量能以量化的形式显示。比如本实验中的电压-时间（U-t）关系是很难实时观测记录的，使用虚拟实验，则可直接作出 U-t 曲线，给观察和测量带来很大的方便并使其更加形象化；另一个好处就是：一次性记录了大量数据，便于分析。

本实验通过使用“*RC* 充放电特性实验仪”，来再现 *RC* 串联充放电时的物理特性。

如图 5.3.7-8 所示，在操作按钮区中，从左到右依次排列：开始、停止、充/放电选择、自动选择充放电、曲线颜色选择器、显示 τ、保存最后一条曲线、清除图像、端口选择等一系列操作钮。

操作过程：每做一个实验之前，先点击自动选择充放电，如发现左边按钮上提示未就绪……字样，按住短路开关一定时间，使其过渡过程结束，再点击自动选择充放电，让它自动选择充放电操作。

选择了充电或者放电之后，点击开始钮开始实验，停止钮停止实验。

不同实验可以选择不同曲线颜色加以区分。

实验后，点击显示 τ 显示时间常数；点击保存最后一条曲线则可弹出保存对话框，保存最后一条曲线的数据，如图 5.3.7-9 所示。

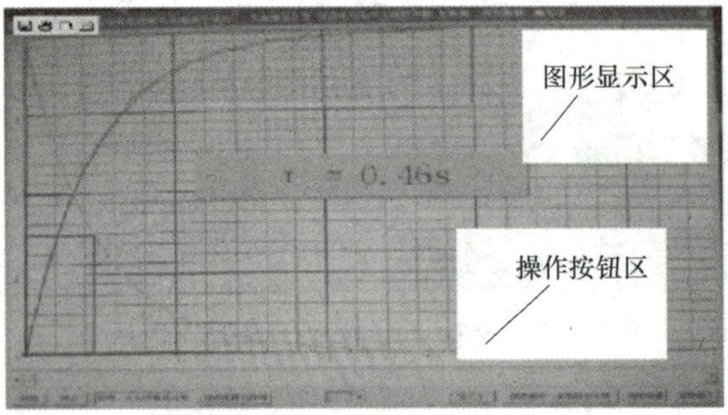

图 5.3.7-8　PC 端接口软件

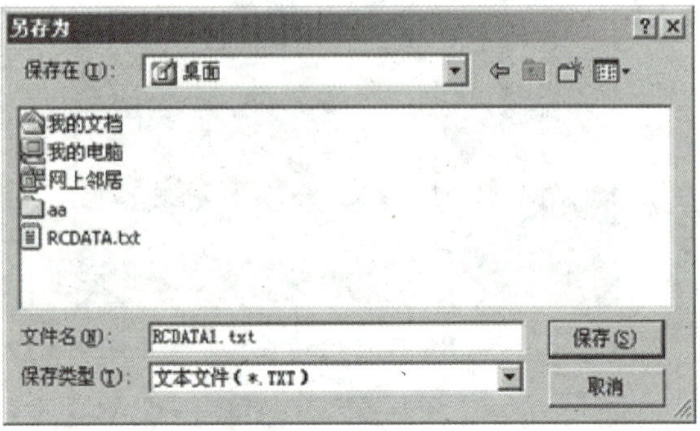

图 5.3.7-9　对话框

在文件名里填写要保存的文件名，点击保存，注意不要有重名。

曲线过多可以点击清除图像清空；如果端口设置不正确，可以通过选择端口来实现。

3. 示波器基本操作

详见本书实验 3.11。

【实验内容】

1. 基础内容

用示波器观测不同 RC 组合串联电路充放电曲线。

设计不同 RC 组合，用 RC 测试仪观察并记录相应 RC 组合串联充、放电的特性曲线，测充放电常数 τ，并分别存成文件。（文件不要重名，换电容时，注意电容极性。）

2. 提升内容

比较 RC 值相同的情况下，充放电曲线及 τ 是否一致。

3. 进阶内容

测量时间常数和半衰期。

通过计算验证充电时：$U_C=U_E(1-e^{-\frac{t}{RC}})$，放电时：$U_C=U_Ee^{-\frac{t}{RC}}$。

4. 高阶内容

设计虚拟实验内容。

（1）对不同 RC 组合，观察充放电过程，并求 τ。

（2）对不同 RC 组合，观察充放电过程的微分效应。

（3）对不同 RC 组合，观察充放电过程的积分效应。

【实验报告思考题】

1. 在 RC 串联电路中，固定方波的频率，改变 R 值的大小，充放电曲线会有什么变化？而改变方波的频率，波形会有类似的变化吗？

2. 将示波器探头接于 RC 串联电路中电阻的两端，观察到的充放电曲线会有什么变化？
3. 在 RC 串联电路中，再串联一电感 L，充放电曲线会有什么变化？

【参考文献】

[1] 赵大田，宗波. 大学物理实验［M］. 2 版. 北京：化学工业出版社，2015.
[2] 张映辉. 大学物理实验学习指导书［M］. 2 版. 北京：高等教育出版社，2021.

5.3.8　电子荷质比的测量

电子电量 e 和静质量 m 的比值 e/m 称为电子荷质比。1897 年汤姆孙通过电磁偏转的方法测量了阴极射线粒子的荷质比，该数值比单价氢离子的荷质比约大 2000 倍，从而发现了比氢原子更小的组成原子的物质单元，定名为电子。目前，测量的电子荷质比的值为 $1.75881962\times10^{11}\mathrm{C\cdot kg^{-1}}$。根据测定的电子电荷，可推导出电子的质量。20 世纪初考夫曼用电磁偏转法测量 β 射线（快速运动的电子束）的荷质比，发现 e/m 随速度增大而减小。这是电荷不变而质量随速度增加而增大的表现，与狭义相对论的质速关系一致，是狭义相对论实验基础之一。

【实验目的】

1. 用磁控法测量电子荷质比，并与理论值比较。
2. 用 origin 软件作图并处理实验数据。

【预习提示】

1. 金属的热电子发射理论。
2. 金属电子逸出功的测量。

【实验原理】

如果将理想二极管置于磁场中，二极管中径向运动的电子将受到洛伦兹力的作用而做曲线运动。当磁感应强度达到一定值时，做曲线运动的径向电子流将不能再到达阳极而“断流”。利用这一现象可以测定电子的荷质比，此种方法称为磁控法。

在单电子中，从阴极发射出质量为 m 的电子的动能应由阳极加速电场能 eU_a 和灯丝加热后电子“热激发”所具有的能量 E 两部分构成，根据能量守恒定律有

$$\frac{1}{2}mv^2=eU_\mathrm{a}+E \tag{5.3.8-1}$$

式中，v 是电子的运动速度。电子在磁场的作用下做半径为 R 的圆周运动，应满足如下关系：

$$m\frac{v^2}{R}=evB \tag{5.3.8-2}$$

式中，B 是螺线管线圈的磁感应强度，B 与励磁电流 I_s 成正比，即 $B=\mu_0 nI_\mathrm{s}$，由此可得

$$\frac{U_\mathrm{a}+\frac{E}{e}}{I_\mathrm{s}^2}=\frac{e}{m}\frac{R^2}{2}\mu_0^2n^2 \tag{5.3.8-3}$$

式中，μ_0 是真空磁导率，$\mu_0=4\pi\times10^{-7}\mathrm{H\cdot m^{-1}}$；$n$ 是线圈单位长度的匝数。

设 $K=\frac{e}{m}\frac{R^2}{2}\mu_0^2n^2$，阳极内半径为 r，阴极也即灯丝半径忽略不计，处于“断流”的临界状态下有：$R=r/2$，$I_\mathrm{s}=I_\mathrm{c}$，阳极电压 U_a 与 I_c 关系可写为

$$U_a = KI_c^2 - \frac{E}{e} \tag{5.3.8-4}$$

根据上面的公式可知 U_a 与 I_c^2 呈线性关系。改变不同的阳极电压 U_a 有不同的 I_c 值与之对应，如图 5.3.8-1 所示，其中 I_a 是在一定阳极电压 U_a 下对应不同励磁电流 I_s 时测量的阳极电流值。

同一个理想二极管在不同的阳极电压下用图解法可测得不同的 I_c 值，根据 U_a-I_c^2 曲线，求得斜率 K，根据 K 的数值就可以求得电子的荷质比：

$$\frac{e}{m} = K\frac{2}{R^2}\frac{1}{\mu_0^2 n^2} \tag{5.3.8-5}$$

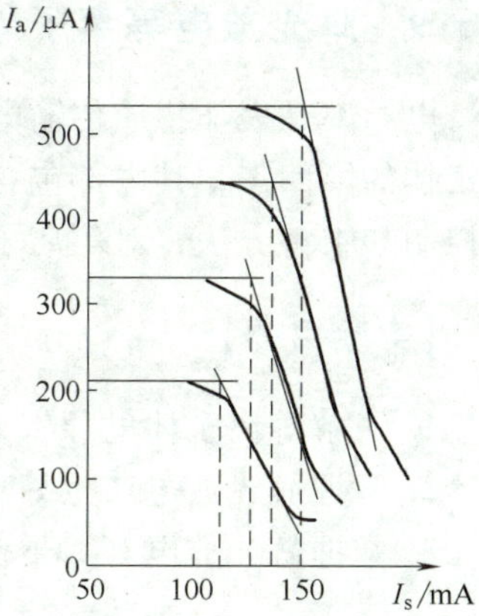

图 5.3.8-1 I_a 与 I_s 关系图

【实验仪器】

荷质比实验测定仪，WF-3 型组合数字电表，理想二极管及座架，励磁螺线管等。

【实验内容】

1. 基础内容

根据上面的原理测量电子荷质比。

根据上面的原理，使用荷质比实验测定仪，测量不同阳极电压 U_a 和励磁电流 I_s 对应的阳极电流 I_a 值。根据 I_a-I_s 关系曲线求出不同 U_a 对应“断流”状态时的电流。

2. 提升内容

快速运动的电子会在阴极射线管的荧光屏上留下运动的痕迹，可以利用观察光痕迹的方法来研究电子在电场和磁场中的运动规律。辅以聚焦、偏转和强度控制等系统，可以使电子束在荧光屏上清晰地成像。电子束的聚焦和偏转可以通过电场和磁场对电子的作用来实现，前者称为电聚焦和电偏转，后者称为磁聚焦和磁偏转。通过磁聚焦可测出电子的荷质比。请根据磁聚焦的原理设计电子荷质比的测量方案。

3. 进阶内容

参考实验 4.18，自行设计方案，用密立根油滴平衡法测定荷质比。

4. 高阶内容

基于理想二极管，自主搭建测量电子荷质比的实验系统。

【参考文献】

张映辉. 大学物理实验［M］. 2 版. 北京：机械工业出版社，2017.

5.3.9 辉光放电等离子体电导率的测定

电导率是表征物质传输电流能力强弱的物理量。等离子体是自然界中不同于固体、液体和气体的第四态，其内部包含大量自由电子。测量等离子体的电导率，有助于优化等离子体的控制和维持方法，对等离子体电导率的精确测定具有重要意义。

【实验目的】

1. 了解等离子体电导率计算公式推导过程。
2. 掌握辉光放电产生等离子体的方法。
3. 掌握辉光放电等离子体电导率的测定。

【预习提示】

1. 了解辉光放电和双探针诊断的原理和方法。
2. 了解等离子体电导率计算公式。

【实验原理】

辉光放电是指低压气体中显示辉光的气体放电现象。放电管中正柱区电子密度通常为每立方米 $10^{15}\sim10^{16}$ 个电子，电子温度通常为几电子伏特，电子能量分布遵循麦克斯韦分布规律。正柱区发光能力强，电子浓度高，导电性能好。因此，测量正柱区电导率具有实践意义。

朗缪尔双探针是等离子体诊断中常用的诊断技术，由两根材料、形状、尺寸完全相同的细金属丝构成。探针头部采用高熔点的金属材料（如钨、铂、金、钼等）或石墨制作，本实验可采用钼丝。

探针上的电流服从玻尔兹曼关系，等离子区与探针组成的回路中电流遵守基尔霍夫电流定律。

I_{1-}、I_{1+}、I_{2-}、I_{2+}分别表示探针 1 和 2 的电子电流和离子电流，V_1 和 V_2 分别表示探针 1 和 2 对等离子体区的电位，A_1 和 A_2 分别表示探针 1 和 2 的表面积，j_1 和 j_2 分别表示探针 1 和 2 周围等离子体区的杂乱电子流密度。

由基尔霍夫电流定律得

$$I_D=I_{1-}-I_{1+}=I_{2+}-I_{2-} \tag{5.3.9-1}$$

根据玻尔兹曼关系式

$$I_{1-}=A_1j_1\exp\left(\frac{eV_1}{kT_e}\right),I_{2-}=A_2j_2\exp\left(\frac{eV_2}{kT_e}\right) \tag{5.3.9-2}$$

两探针间电位差为

$$U_D=V_1-V_2 \tag{5.3.9-3}$$

若两探针完全相同，表面积 $A_1=A_2=A$，离子电流 $I_{1+}=I_{2+}=I_+$，由式（5.3.9-1）~式（5.3.9-3）可得 I_D-U_D 特性曲线的零点斜率

$$\left.\frac{dI_D}{dU_D}\right|_0=\frac{e}{kT_e}\frac{I_+}{2} \tag{5.3.9-4}$$

电子密度 n_e 可由下式得出：

$$I_+=\frac{1}{2}n_eAe\left(\frac{kT_e}{m}\right)^{1/2} \tag{5.3.9-5}$$

式中，m 为放电气体的原子质量；k 为玻尔兹曼常量；e 为单位电荷。

等离子体电导率为

$$\sigma=\frac{e^2n_e}{m_e\nu_{ce}} \tag{5.3.9-6}$$

式中，e 为单位电荷；n_e 为电子密度；m_e 为电子质量，ν_{ce} 为电子同中性粒子的碰撞频率。

在经典统计下碰撞频率理论中，当等离子体遵循麦克斯韦速率分布时，电子-中性粒子的平均碰撞频率为

$$\nu_{ce}=N\sigma_{ce}\sqrt{\frac{8kT_e}{\pi m_e}}\approx N\pi r_n^2\sqrt{\frac{8kT_e}{\pi m_e}} \tag{5.3.9-7}$$

式中，N 为中性粒子数密度，$N=\frac{P}{kT}$；k 为玻尔兹曼常量。

令 I_D-U_D 特性曲线的零点斜率 $\left.\frac{\mathrm{d}I_D}{\mathrm{d}U_D}\right|_0$ 为 β，由式（5.3.9-4）得电子温度

$$T_e=\frac{I_+e}{2k\beta} \tag{5.3.9-8}$$

由式（5.3.9-5）和式（5.3.9-8）得

$$n_e=\frac{2I_+}{Ae\left(\frac{kI_+e}{2k\beta m}\right)^{\frac{1}{2}}}=\frac{2(2k\beta mI_+)^{\frac{1}{2}}}{Ae(ke)^{\frac{1}{2}}} \tag{5.3.9-9}$$

此时 n_e 和 T_e 均用 β 和 I_+ 表示，根据式（5.3.9-7）~式（5.3.9-9）可求电导率

$$\sigma=\frac{e^2n_e}{m_e\nu_{ce}}=\frac{\sqrt{2m}\,kT\beta}{Apr_n^2\sqrt{\pi m_e}} \tag{5.3.9-10}$$

式（5.3.9-10）合理避开了式（5.3.9-6）中难以获得的 ν_{ce}，当探针表面积 A、放电气体的相对原子质量 m、温度 T、压强 p 以及原子半径 r_n 已知时，通过求出关键的零点斜率 β，即可得到等离子体电导率。

【实验仪器】

自耦调压器（输入：220V AC；输出：0～250V AC），高压发生器（PRI：220V AC；SEC：15000V AC），硅堆（2CL 2A 35kV），真空箱，真空泵，数显温度计，数字压力表，铝电极（针状和柱状），双探针，直流可调稳压电源，Arduino 单片机，数控可调电源模块，指针式微安表，数显式微安表，继电器，计算机。

【实验内容】

1. 基础内容

利用所列实验仪器，组装辉光放电等离子体电导率测量装置。

2. 提升内容

利用组装好的装置，实现现象明显的空气辉光放电，产生等离子体。

3. 进阶内容

选取合适的电压和针-柱间距，测量放电区域的电压和电流值。

4. 高阶内容

采用 MATLAB 拟合得到放电区域伏安特性曲线，通过式（5.3.9-10）计算空气辉光放电等离子体电导率。

【实验注意】

1. 电路连接采用回路接线法。
2. 放电电压控制在 6~15kV 范围内，针-柱电极间距为 2.00cm、3.00cm、4.00cm。
3. 伏安特性曲线使用 MATLAB 拟合。

【实验报告思考题】

1. 空气辉光放电的原理是什么？
2. 讨论不同放电电压和电极间距下的伏安特性。

5.3.10　显微镜和望远镜的设计和组装

显微镜和望远镜都是助视光学仪器。显微镜主要用来帮助人眼观察近处的微小物体和测量微小目标，而望远镜则主要用来帮助人眼观察远处的物体，当位于远处物体的细节对眼睛的视角小于人眼的分辨极限时，人们必须借助望远镜才能分辨它。他们的作用都是增大被观察物体对人眼的张角，起到视角放大的作用，具有广泛的用途。

实验中常用的光学显微镜有读数显微镜、生物显微镜、工具显微镜和偏光显微镜等。读数显微镜是物理实验中最常用的一种显微镜，它主要用来进行长度测量，测量范围在几到几十毫米，分度值一般为 0.01mm。生物显微镜的放大率较大，在物理实验中它主要是作为观察工具，用来观察一些微小结构特征。工具显微镜是几何尺寸测量常用的一种仪器，借助精密导轨和转盘使显微镜或样品可以按照直角坐标系或极坐标系移动，通过显微镜瞄准，从而完成对样品的长度或角度以及各种几何形状的精密测量。偏光显微镜是利用偏振光的干涉原理来检验晶体各向异性，在光学实验中经常被用来检验偏振器件。

望远镜有两种基本类型：开普勒望远镜和伽利略望远镜。开普勒望远镜的目镜和物镜均为会聚透镜（凸透镜）。伽利略望远镜的目镜是发散透镜（凹透镜），而物镜是会聚透镜。

【实验目的】

1. 了解显微镜和望远镜的构造及其工作原理。
2. 学会组装显微镜和望远镜，掌握其使用方法。
3. 学会测定显微镜和望远镜的放大率。

【预习提示】

1. 显微镜的成像原理是什么？
2. 望远镜的成像原理是什么？
3. 如何用薄透镜组装显微镜和望远镜？
4. 如何提高显微镜的放大率？
5. 在显微镜中能观察到哪些像差？

【实验原理】

1. 显微镜

显微镜的光学系统由物镜和目镜两部分组成，其构造一般可认为是由两个会聚透镜共轴组成，如图 5.3.10-1 所示。显微镜的放大率定义为像长与物长之比。由于经过物镜和目镜的两次放大，显微镜的放大率 M 等于物镜放大率 M_o 和目镜放大率 M_e 的乘积，即

$$M=M_oM_e=-\frac{\Delta\cdot s_0}{f_of_e} \tag{5.3.10-1}$$

式中，f_o、f_e 分别为物镜和目镜的焦距；Δ 是物镜的像方焦点与目镜物方焦点间的距离，称为光学间隔；$s_0=-250\text{mm}$，为正常人眼的明视距离。由式（5.3.10-1）可知，显微镜的物镜和目镜的焦距越短，则其放大率越大。

2. 望远镜

望远镜放大光路如图 5.3.10-2 所示，其视角放大率定义为像对眼睛的张角与不用望远镜时远处的物对眼睛的张角之比。在观察有限远物体时的视角放大率为

$$m=\frac{\tan\omega'}{\tan\omega}=\frac{s_2(s_1+s_2+s_3)}{s_1s_3} \tag{5.3.10-2}$$

式中，s_1 为物体到物镜的距离；s_2 为物体通过物镜所成的实像到物镜的距离；s_3 为实像到目镜的距离。

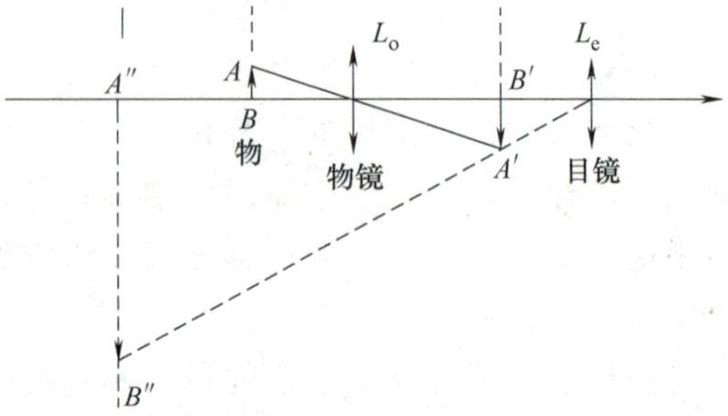

图 5.3.10-1　显微镜的放大光路

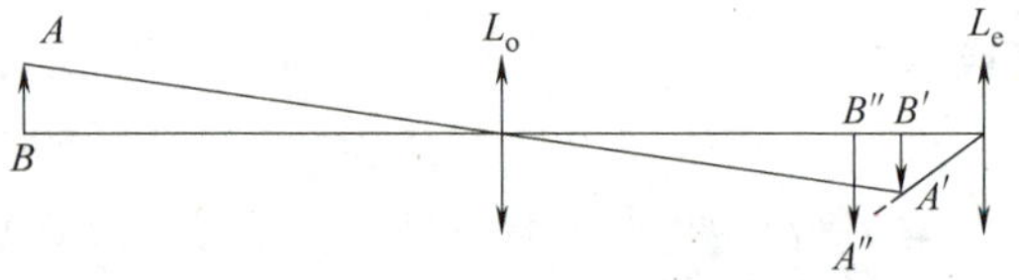

图 5.3.10-2　望远镜的放大光路

3. 方法提示

（1）把所需器件按照设计的光路图的顺序摆放在光学导轨上，要求调至等高共轴。

（2）通过凸透镜可以成虚像和实像的特性进行透镜的适当选择。

（3）测量透镜焦距的方法：自准法、物距像距法、位移法。

【实验仪器】

光学导轨，凸透镜，凹透镜，白光源，测微目镜，二维调整架，底座，分化板（测量精度为 0.1mm），毫米尺（测量精度为 0.5mm），米尺，白屏。

【实验内容】

1. 基础内容

（1）设计由薄凸透镜组装显微镜的光路。

（2）组装显微镜，通过测微目镜观察到分化板的刻度线。

（3）设计测量显微镜放大率的实验方案，计算其放大率。

2. 提升内容

（1）设计由薄凸透镜组装望远镜的光路。

（2）组装望远镜，通过测微目镜观察到毫米尺的刻度线。

（3）设计测量望远镜放大率的实验方案，计算其放大率。

3. 进阶内容

根据伽利略望远镜成像原理，设计组装伽利略望远镜。

4. 高阶内容

组装透射式幻灯机，实现将图片的像放映在远处的屏幕上。

【实验注意】

1. 光学元件应轻拿轻放，光学面不能用手擦拭，须用镜头纸轻轻揩擦。
2. 调节光路时，应先粗调再细调。
3. 使用测微目镜时，需进行目镜调焦，看清叉丝。

【实验报告思考题】

1. 显微镜和望远镜的调焦方式有何不同？
2. 将显微镜倒置使用，即将目镜部分作为物镜，物镜部分作为目镜，将会出现什么现象？
3. 设计放大率 $M=40$ 的显微镜（$f_o=50.0\text{mm}$，$f_e=12.5\text{mm}$），求物镜与目镜的间距是多少？

【参考文献】

[1] 张志东，魏怀鹏，展永．大学物理实验［M］．6 版．北京：科学出版社，2019.
[2] 张映辉．大学物理实验［M］．2 版．北京：机械工业出版社，2017.
[3] 张映辉．大学物理实验学习指导书［M］．2 版．北京：高等教育出版社，2021.

5.3.11　非线性相位调制假彩色编码

与普通彩色摄影不同，假彩色是为了适应不便于用彩色技术拍摄的黑白图像的彩色化技术。如医用 X 光片，探伤用的胶片，超声、微波、核磁共振等形成的图片，还有用红外技术摄制的遥感胶片，往往都是黑白照片。人的眼睛对黑白图片不同的黑白程度——灰度，不太敏感，分辨率较低，而对于颜色的差别特别敏感。因此，我们如能把黑白图片的灰度分布转化为彩色分布，那么分辨率就会大大提高，也增加了美感。光信息处理在发展过程中，创造了一种将黑白图片按灰度分布转化为彩色的光学技术，所赋予的颜色并非原物体的真实颜色，所以称假彩色。

【实验目的】

1. 掌握 4F 系统白光信息处理的理论基础。
2. 了解非线性相位调制假彩色编码的原理；初步理解线性、非线性、编码解码、滤波等概念。
3. 学习并掌握透镜的同轴调节，平行光调节，调节焦平面观察光谱，调整滤波孔观察滤波效果。掌握控制曝光量、显影、定影、漂白等暗室技术。
4. 能熟练使用曝光暗盒、显影罐、暗袋等暗室器材。

【预习提示】

1. 了解非线性相位调制假彩色编码的原理。
2. 熟悉透镜的同轴调节。

【实验原理】

利用乳胶的感光特性曲线（见图 5.3.11-1）将有灰度分布的黑白乳胶负片改变为假彩色片的原理是：先用白光透过灰度负片，使乳胶感光产生胶片上的光密度 D，不同的灰度级产生不同的光密度，如图 5.3.11-1 所示。再将感光的乳胶片显影、定影和漂白后得到与密度有线性关系的浮雕，不同的光密度产生不同厚度的浮雕，即浮雕厚度 d 与光密度有下列关系（β 是漂白系数）：

$$d=\beta D \qquad (5.3.11\text{-}1)$$

浮雕厚度将改变入射光波的相位。不同厚度的浮雕改变趾点和肩点的相位不同，形成浮雕对光波的相位调制。

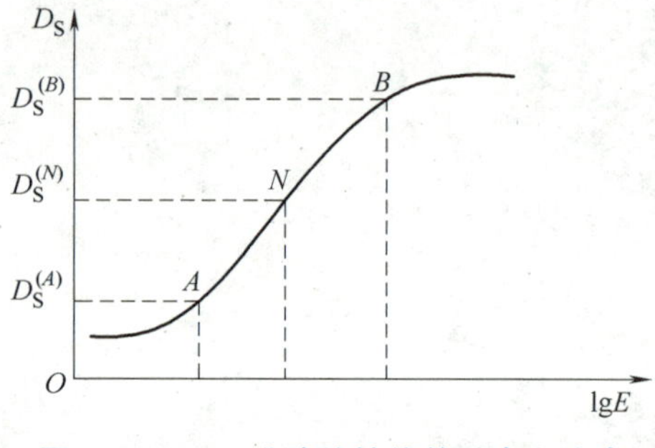

图 5.3.11-1　乳胶特性线的趾点和肩点

由此，利用特性曲线上的趾点 A 或肩点 B 分别进行一次曝光。对趾点，使全片按趾点曝光量做一次曝光，但暂不冲洗。保留乳胶上的潜影，称为潜影胶片，保存备用。对肩点，用光栅与胶片密接触做一次曝光，也作为潜影胶片，保留备用。

当将某一黑白负片进行假彩色化时，取出潜影胶片，将黑白负片与潜影胶片密接触。若为趾点调制的潜影胶片时，在黑白负片上面还应压上光栅，使其不透光部分保护潜影不再受照曝光。而对肩点调制的潜影胶片，则不必用光栅。二次曝光时，二者都按乳胶特性曲线的线性区进行曝光。然后经过显影、定影和漂白，制成浮雕。潜影所产生的浮雕厚度与特性曲线上二次曝光所产生的浮雕厚度形成了浮雕厚度差，称为有效浮雕厚度，即

$$\Delta d_j = d - d_j = \beta \Delta D_j \tag{5.3.11-2}$$

$j=A$ 为趾点调制，$j=B$ 为肩点调制。由于趾点和肩点都是特性曲线上的非线性区，故称为非线性相位调制。潜影的浮雕是一次曝光所形成的，它保持不变而与二次曝光无关。二次曝光时，透过不同灰度的光对胶片的曝光量不同，且落在乳胶特性曲线的线性区的不同点上，得到不同的光密度，由式（5.3.11-1）和式（5.3.11-2），就有不同的有效浮雕厚度。可见，黑白负片上不同的灰度经过非线性相位调制后转化为不同的有效浮雕厚度。不同的有效浮雕厚度使通过它们的光波产生不同的相位变化。

其次，如何使黑白灰度图片变为假彩色的图片呢？上述的光栅起了作用。利用光栅对白光衍射为彩色光谱的原理，在制作浮雕时使光栅与灰度片密接触，同时曝光，则制成了栅状的浮雕，如图 5.3.11-2 和图 5.3.11-3 所示。因为趾点与肩点的浮雕厚度都保持不变，只有相应于线性区某点产生的浮雕才会生成栅状，而光对不同的有效浮雕厚度有不同的光程差。利用光栅将通过不同有效浮雕厚度的白光分解为不同的颜色，而且落在光谱面上不同的位置，形成一条彩带。

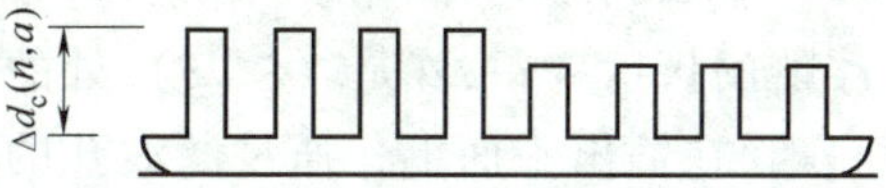

图 5.3.11-2 趾部调制浮雕的矩形模型

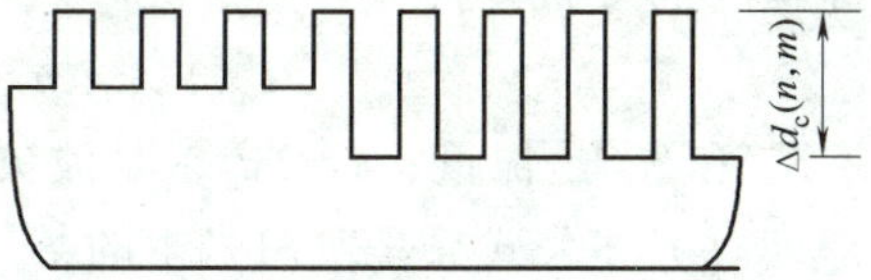

图 5.3.11-3 肩部调制浮雕的矩形模型

为达到光谱分解的目的，在实验装置上，用平行光照射经过非线性相位调制编码的栅状浮雕片，用一个会聚透镜使透过栅状浮雕片的平行光聚焦在焦平面上，分解为彩色光谱。这个光谱就是携带了灰度被“染色”的图像的信息。不同的灰度染上了不同的颜色。这就是假彩色仪所用的系统的前一个透镜的作用。

频谱平面上的振幅公式由很多因素决定。但对同一张图片来说，大多因素是固定的，只有浮雕片的有效厚度 d 影响振幅，进而影响混合后的颜色。

如果白光经过光栅调制后，不经过浮雕就会聚在透镜的焦平面上，将还是白色。但再经过浮雕后，各色波强度均发生了变化，故在焦平面上混合后，就不是白色，而是某种颜色了。

图 5.3.11-4 中，S 是白光源，L_1 透镜产生平行光，P_1 是放编码片平面，透镜 L_2 的作用是将透过浮雕片的白光实行了一次光栅衍射的变换（称为傅里叶变换，用符号 F 表示）。若已经过编码的浮雕可以用函数 $f(x, y)$ 描写，则变换所得的彩色空间频谱函数一般可写为

$$p(\alpha,\beta) = F(f(x,y)) \tag{5.3.11-3}$$

式中，$p(\alpha, \beta)$ 是代表彩色空间频谱的函数。为了控制彩色，可以选择彩色频谱中的某一级频谱，如零级频谱，让它通过而阻止其他部分通过频谱平面，只要在该级所在位置开一个孔就可以了，这一措施称为光学滤波。用滤波函数 $H(\alpha, \beta)$ 描述孔的形状，则通过滤波孔的光可以描述为 $p(\alpha, \beta)H(\alpha, \beta)$，它就是携带被“染了某级谱色”的原灰度分布的信息。

只要将“染了各种色”的原黑白图片上的灰度分布复原，就完成了将黑白图片变成假彩色的目的。由于灰度分布的图像先要变成乳胶感光的光密度分布，才能够使其染色成像，所以又称为密度假彩色编码。

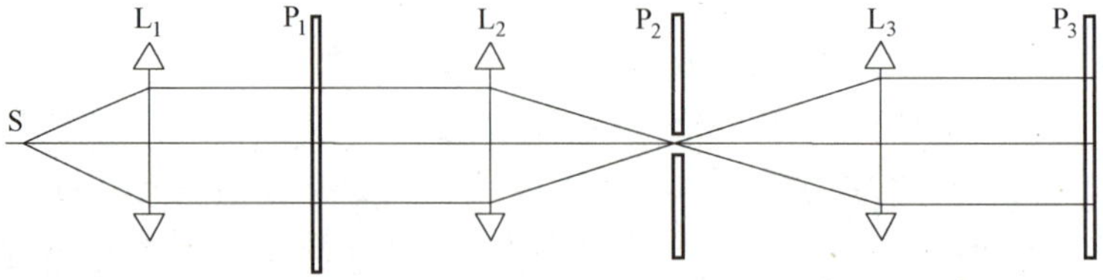

图 5.3.11-4　假彩色仪中的 4F 系统

光学滤波的作用很像调水彩，通过调节各色波强度，再混合形成不同颜色。

如果以频谱面为对称面，在滤波孔后 f 距离处放一个成像透镜 L_3，f 为其焦距，则通过滤波孔的光将照射 L_3 恢复染了色的原图像。所不同的只是原来的灰度分布变成了按密度的彩色分布，实现了黑白图像的假彩色化。换言之，L_2 实现的是空间频谱变换，而 L_3 实现的是它的反变换（傅里叶逆变换）。以（ξ，ζ）表示彩色的坐标，如果按照图 5.3.11-2 或图 5.3.11-3 所表示的矩形浮雕对白光中的某一单色光做近似的强度的理论计算，则可得某一单色光强度的分布公式为

$$I_\lambda(\xi,\zeta,\lambda)=K_1+K_2\cos[k(\mu-1)\Delta d] \tag{5.3.11-4}$$

式中，K_1 和 K_2 是恒量；$k=2\pi/\lambda$ 是波矢；μ 是乳胶浮雕的折射率；Δd 是（ξ，ζ）处的有效浮雕厚度。上述公式只是对白光中的某一波长的光而言，在输出平面上，通过滤波孔的所有单色光的混合色应当与光源中光功率分布 $G(\lambda)$ 有关，因此，所观察到的混合色应表为

$$P(\xi,\zeta)=\sum G(\lambda)I_\lambda(\xi,\zeta,\lambda)\Delta\lambda \tag{5.3.11-5}$$

【实验仪器】

LB-1 型假彩色编码仪（60mm 孔径），45mm×50mm 的全息干板（或全息胶片），显影、定影和漂白的药液，45mm×50mm 的朗其光栅，待实现彩色化的黑白负片。进阶内容和高阶内容还需要等级曝光器，干湿显微镜，白光功率计，标准全息干板，计算机。

LB-1 型假彩色编码仪由可组合的光学实验桌及附件显影罐、暗袋、曝光暗盒组成。光学桌由光学暗箱和光电控制器组成。光学暗箱是相对密封的暗室，里面有白点光源、光阑、准直镜、输入面、傅里叶透镜、频谱面及滤波板、成像透镜、反射镜和观察屏等 4F 系统的全部零部件。系统光路如图 5.3.11-5 所示。

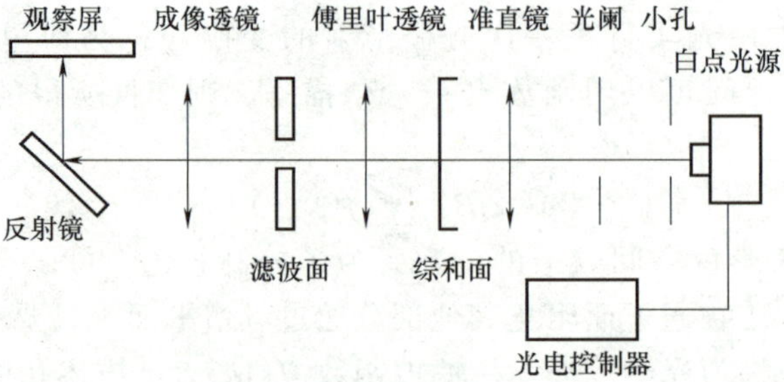

图 5.3.11-5　假彩色编码仪 4F 系统光路图

【实验内容】

1. 基础内容

（1）进行黑白负片的假彩色化实验。将有灰度分布的黑白乳胶负片变为假彩色片。

（2）定性了解 4F 系统的原理和作用。

2. 提升内容

将经过曝光、显影、定影、漂白后得到的相位调制编码的全息干板放入 4F 系统中，观察其形成的假彩色。

3. 进阶内容

正灰度级及其相应正浮雕和负浮雕的制作。

制作标准正灰度片。

4. 高阶内容

制作标准浮雕片。

【实验报告思考题】

1. 让频谱面上不同级通过，颜色为什么不一样？
2. 如何提高某一特定区域颜色的层次？有什么重要意义？
3. 色彩不丰富与哪些因素有关？
4. 有效浮雕厚度是怎样形成的？如何控制？

【参考文献】

[1] 鲍宏志，张映辉．相位调制假彩色编码实验［J］．大学物理实验，2003，16（2）：9-13.
[2] 张映辉．大学物理实验［M］．2 版．北京：机械工业出版社，2017.
[3] 张映辉．大学物理实验学习指导书［M］．2 版．北京：高等教育出版社，2021.

5.3.12　非接触法测定透明液体折射率

折射率是光在真空中的传播速度与光在该介质中的传播速度之比，表征透明物质光学性质的基本物理量之一，折射率不仅反映材料的光学性能还能反映材料的介电常数、纯度、浓度以及色散等性质。液体折射率对浓度、密度、温度、电磁特性等物理量非常敏感，在生产实践和实验中通过测定介质内折射率变化，进而定性分析或定量确定各种相关物理量已有许多重要的实际应用，如鉴别物质、分析物性、测定参数等。目前基于折射率的检测技术已被广泛应用于制糖、石油化工、食品安全、生物医药等领域。因此，准确测量液体材料的折射率是非常重要的。目前，测量液体折射率方法有折射法、全反射法、干涉法和椭圆偏光法。本实验着重讨论在现有条件下，如何通过设计和测量获得最佳结果。

分光计是一种能测量角度的精密光学仪器，通过测量某些角度（例如衍射角、最小偏向角和布儒斯特角等）来确定光波波长、光栅常数、物质折射率、色散率等物理量。

【实验目的】

1. 学会分光计的使用方法。
2. 设计一种分光计测量液体折射率的方法。
3. 掌握使用非接触法测定液体折射率。

【预习提示】

1. 理解实验原理，设计实验方法及实验步骤。
2. 熟悉实验仪器的使用方法，明确要测量的物理量，根据要求设计实验数据表格。
3. 分析测量液体折射率的主要误差来源，以及如何减小误差。

【实验原理】

分光计的原理和使用情况见分光计的调节与使用实验。如图 5.3.12-1 所示，当一束单色平行光入射三棱镜时，光通过三棱镜时的偏向角与入射角的大小有关，当入射角 i_1 等于出射角 i_2 时，偏向角最小，此时的偏向角称为最小偏向角。入射光线和折射光线满足最小偏向角 δ_{min} 时，δ_{min} 与棱镜折射率 n（或液体折射率）、棱镜顶角 α 有下列关系式：

$$n=\sin\frac{1}{2}(\delta_{min}+a)/\sin\frac{a}{2} \tag{5.3.12-1}$$

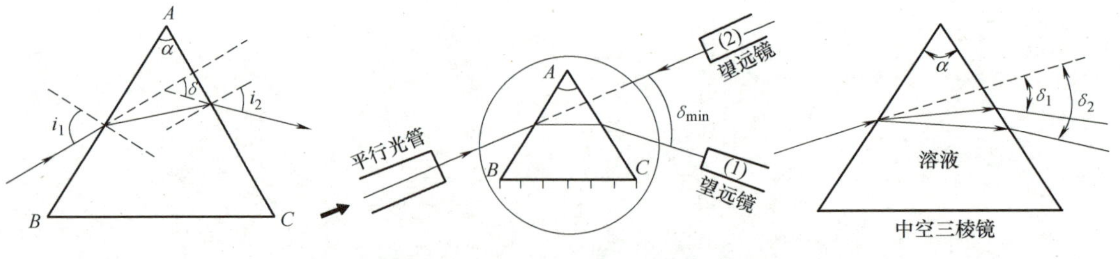

图 5.3.12-1　单色光经过三棱镜折射

将中空三棱镜内注入液体，由于中空三棱镜内的折射率与液体浓度有关，故在棱镜顶角一定时，当溶液浓度改变时，折射率会随之改变，同时光线的最小偏向角也会发生变化，如图 5. 3. 12-1 所示。利用分光计测量出液体对应的最小偏向角 δ 和中空三棱镜顶角，代入式（5. 3. 12-1）可以获得待测液体的折射率。

【实验仪器】

分光计，汞灯光源，钠灯光源，平面镜，三棱镜，中空三棱镜，待测液体。

【实验内容】

1. 基础内容

利用分光计测量中空三棱镜中透明液体的最小偏向角 $\delta_{\min}$ 和中空三棱镜的顶角 α，就可以计算透明液体的折射率。选择一种光源和待测液体，自行设计，测量中空三棱镜的顶角和该液体的最小偏向角。

2. 提升内容

选用汞灯作为光源，测量待测液体对水银紫、绿、黄$_1$ 和黄$_2$ 四条谱线对应的最小偏向角，计算出液体的折射率，分析结果不确定度以及不同波长谱线对测量结果的影响。

3. 进阶内容

同时选用单色钠灯光源和汞灯光源，针对同一种待测液体，设计相同的测量方法，测定液体的最小偏向角，计算液体的折射率及不确定度。

4. 高阶内容

针对一种溶液，设计一系列不同浓度，测量出对应的折射率，测定待测溶液折射率与浓度的关系式，设计出一种非接触法测量液体浓度的方法。

【实验报告思考题】

1. 中空三棱镜壁的厚度对测量液体折射率的结果是否有影响？
2. 分析非接触法测量液体折射率的优缺点及产生主要误差的来源，提出改进方案。

【参考文献】

［1］ 张映辉. 大学物理实验［M］. 2 版. 北京：机械工业出版社，2017.

［2］ 张三慧. 大学物理学：热学、光学、量子物理［M］. 北京：清华大学出版社，2009.

*5.3.13 声波探伤

【设计目的】

1. 研究声波在固体中的传播特性。
2. 制作一个利用声波进行探伤的实际应用装置或实验研究装置。

【设计要求】

1. 设计实验方案（含原理）。
2. 制作一个实验装置。
3. 结合实验结果，讨论声波参数对结果的影响以及适用范围。
4. 讨论测量精度和不确定度。

*5.3.14 光纤

【设计目的】

研究光纤的特性，制作一种能够用于精密测量的光纤传感器。

【设计要求】

1. 设计一种光纤传感器，实现温度、浓度或振动（选择其中之一即可）的测量，给出设计原理。
2. 制作一个实验装置。
3. 结合实验结果，讨论该光纤传感器的主要静态和动态特性指标。
4. 讨论测量精度和不确定度。

*5.3.15 微弱磁场测量

【设计目的】

研究测量微弱磁场的方法和手段，制作一个微弱磁场测量装置。

【设计要求】

1. 设计实验方案（含原理）。
2. 制作一个实验装置，实现微弱磁场测量。
3. 结合实验结果，讨论该方法的适用范围。
4. 讨论测量精度和不确定度。

*5.3.16 热力学第二定律

【设计目的】

实现电或机械功率输出的“热机”，在此基础上探究热力学第二定律。

【设计要求】

1. 设计实验方案（含原理及物理模型）。

2. 制作一个展示热力学第二定律的“热机”，其电或机械输出功率不小于 0.5W；装置表面（可触摸到的）温度不高于 50℃。

3. 测量出该装置的最大输出功率和输出效率，讨论与卡诺循环的差异以及进一步提高效率的方法。

4. 讨论测量精度和不确定度。

*5.3.17 热辐射

【设计目的】

1. 研究热辐射现象与规律。
2. 制作一个和热辐射相关的实际应用装置或实验研究装置。

【设计要求】

1. 设计实验方案（含原理）。
2. 制作一个实验装置。
3. 给出实验结果，分析热辐射的规律。
4. 讨论测量精度和不确定度。

*5.3.18 导电性

【设计目的】

研究某种物质的导电特性，并利用该物质制作一个实际应用装置。

【设计要求】

1. 设计实验方案（含原理）。
2. 制作一个导电性测量实验装置。
3. 测量特定物质的导电特性，给出实验结果，讨论测量精度和不确定度。
4. 利用该物质设计制作相关实际应用装置或实验研究装置。

*5.3.19 复杂结构的衍射与干涉

【设计目的】

设计制作或采集复杂结构，研究其衍射与干涉特点（复杂结构指的是常规结构之外的结构：常规的单孔、双孔、单缝、双缝、周期性多缝不属于复杂结构）。

【设计要求】

1. 设计实验方案（含原理）。

2. 设计、制作或采集复杂结构。
3. 测量、研究复杂结构的衍射与干涉特点。
4. 给出实验结果，并讨论测量精度和不确定度。

*5.3.20　利用霍尔传感器设计实验装置

【设计目的】

1. 学习霍尔效应原理。
2. 了解霍尔传感器的用途。
3. 学会利用霍尔传感器设计应用电路并实现其性能。

【设计要求】

1. 利用线性型霍尔传感器做电流传感器并定标。
2. 利用线性型霍尔传感器做高斯计。
3. 用开关型霍尔传感器做计数装置（检测金属球的个数）。
4. 用开关型霍尔传感器做液位控制。

5.4　物理思想与物理方法解析

设计性实验和研究性实验，是关于知识和技能如何应用的学习，是更深入、更生动、更有效率的学习。

学习的最终目的是应用，评价学习的标准也是应用。

1. 在实践中学习（设计性实验和研究性实验关于知识和技能如何应用的学习），是更高层次的学习，是书本知识（包括实验技能）向能力转化的过程，是学习（智识）的第二次飞跃。

毛主席说，“读书是学习，使用也是学习，而且是更重要的学习”。

从中学到大学，我们学了很多知识（包括物理原理、定律），又通过基础性实验、综合性实验，学习了很多技能（技术、操作方法），其最终目的是要在实践中灵活运用这些原理（定律、定理）、技能（方法、技术）解决实际问题，或发明、创造（制造）出解决问题的工具，这就是设计性、研究性实验的主旨（教学目的、目标）。也就是说，设计性、研究性实验的教学内容是知识和技能的进一步消化和自主运用，是把知识转化为能力（实践创新能力）的学习和训练。所以，从总体上讲，设计性实验和研究性实验体现的哲学思想就是在实践中学习。

2. “在实践中学习”这一原理告诉我们，一个人的成长不仅需要知识的积累、技能的训练，更重要的是学会如何运用这些知识和技能解决实际问题，或提供解决实际问题的方法、机制（如解决一类问题的仪器设备）。

这种如何在实践中运用知识和技能的学习和训练，不仅能够加深对知识的理解，贯通、检验已有的知识（和技能），而且是对人的主观能动性的培养和强化，同时，还有利于坚定信心，提高学习效率。

【本章相关数字资源】

思维导图（知识图谱）

第6章　研究性实验

实验 6.1　玻璃材料的设计与制备

随着科学技术的不断进步，人们对物质世界的认识也不断加深。从物质的形态上一般把物质分为四种状态，即固态、液态、气态和等离子态，也有学者认为还应划分出液晶态和超流体态。在物理科学上，人们又把固态、液态和高稠密的气体习惯上称为凝聚态，指的是由大量粒子组成并且粒子间有很强的相互作用的系统。自然界中凝聚态物质十分丰富，从组成物质的原子空间分布角度又把凝聚态物质划分为晶态和非晶态。玻璃态即是非晶态中的一种。

玻璃材料已经渗透到人们日常生活的各个领域。例如，日常生活中的玻璃门窗、餐具、眼镜；现代信息领域中的光纤、激光介质；军事上用的防弹玻璃以及航空航天领域的光学透镜系统等。可以说玻璃材料无处不在，并在人们的生活和生产实践中发挥着巨大的作用。因此，作为理工科本科学生了解玻璃的基本概念和合成方法以及性质是非常必要的。本实验将首先介绍有关玻璃的基本概念和形成条件。在此基础上，要求学生进行玻璃材料的组分设计，并对设计的玻璃体系进行实验制备。

【实验目的】

1. 了解玻璃材料基本概念。
2. 探讨无机玻璃材料的基本分类和常规条件下能够合成的玻璃材料的体系。
3. 从基本概念和玻璃的组分特点出发，设计 1~2 种玻璃体系并进行合成实验。

【预习提示】

1. 玻璃是如何形成的？
2. 在常规冷却的条件下合成玻璃材料都需要哪些成分？各成分的作用是什么？

【实验原理】

玻璃的生成过程可通过图 6.1-1 进行描述。图中所示为一个熔融状态的体系当温度降低时内能随温度变化的关系曲线。纵轴 U 表示体系的内能，横轴表示温度，带有箭头的线段表示体系的变化过程。各种材料的熔融液体在冷却凝固时，可能出现两种情况：一种是降温速度较慢的正常结晶生成晶体过程，如图 $AB \rightarrow BE \rightarrow EF$ 段所示，其中 BE 段为结晶过程，T_f 为熔点；另一种降温速度较快的情况，即为玻璃（或其他非晶态）的生成过程，如图中 AB

→BC 和 AB→BD 段所示。在凝固点附近熔体的黏度和冷却速度是能否形成玻璃的重要条件。

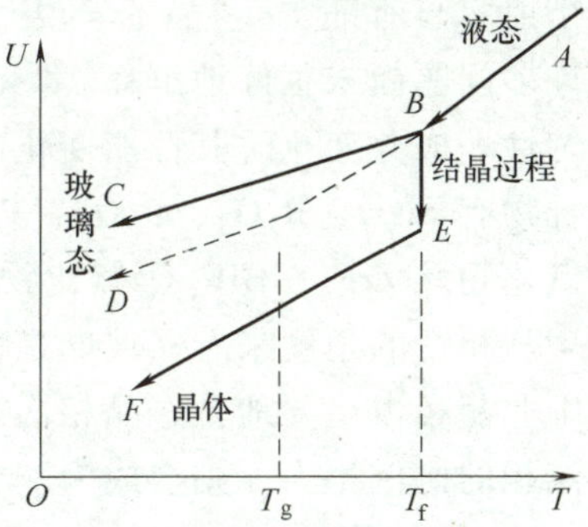

图 6.1-1　非晶态材料形成过程

1. 在熔点附近黏度较大的熔体凝固时容易形成玻璃

在液体的冷却过程中，无规则排列的原子（离子）必须进行迁移和调整，先凝聚成小的结晶核，然后晶核再继续长大，才能形成晶体结构。如果熔融流体的黏度很大，原子的迁移和调整十分困难，则凝聚后就会保留液态的无序结构，从而形成玻璃。理论上来讲，在熔融状态下具有较复杂的链状或层状结构的化合物，黏度大，易成玻璃。在图 6.1-1 的 U-T 曲线中，T_g 是玻璃的转变温度，是玻璃材料的重要特征温度。它不是一个确定的数值，而是一个温度区间，并且会随冷却速度的不同而略有不同。对于相似的温度和黏度变化规律，熔点温度比较低的材料，冷却时更容易形成玻璃。一些黏度较高的熔体化合物有 As_2O_3、B_2O_3、GeO_2、SiO_2、BeF_2、TeO_2 等。在熔制玻璃材料时如果体系的黏度不够，可以考虑加入合适比例的上述化合物。虽然说熔体的黏度越大越有利于玻璃的生成，但黏度太大不仅会给熔制的操作过程带来不便，而且还可能使玻璃中含有较多的气泡，影响玻璃材料的性能。

2. 冷却条件是能否形成玻璃的外部条件

熔融液体的冷却速度对于形成玻璃有着重要影响。当冷却速度很大时，温度急剧下降，与温度成指数关系的黏度陡然上升，原子的扩散和迁移受到抑制，来不及形成晶核，液态的非晶结构可能保留下来，形成玻璃态固体。对于不同组成的玻璃体系可以采用不同的降温方法。常用的冷却装置如图 6.1-2 所示。在图 6.1-2 中，(1)、(2) 是把熔体倒在高速旋转的冷却体上，为了获得高的导热效率，一般冷却体由铜制成，这种装置可以获得 $10^2 K \cdot s^{-1}$ 冷却速率；(3) 是一般实验室常用的冷却方法，即把熔体倾倒在一块铜板上，随即用另一块铜板压在上面，该法可获得 $10^{-1} K \cdot s^{-1}$ 冷却速率。如将下面的铜板用液氮冷却，便可获得高达 $10^5 K \cdot s^{-1}$ 的冷却速率。

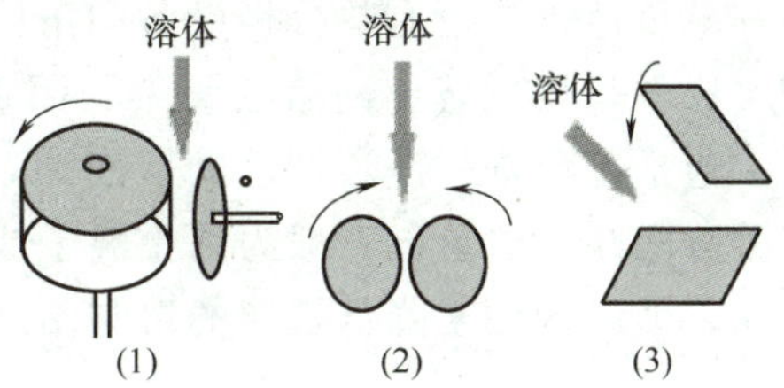

图 6.1-2　常用冷却装置图

3. 玻璃材料的稳定性问题

从相变的角度看，玻璃材料的形成过程是亚稳相之间的相变过程。因此，亚稳相的稳定性问题也是研究玻璃材料物理性质不可忽略的问题。玻璃的化学稳定性与玻璃的化学组成、温度及腐蚀时间有关。硅酸盐玻璃会与氢氟酸作用形成具有强挥发性的 SiF_4。酸可通过将玻璃网络中碱金属离子（Na^+、K^+）置换而造成腐蚀，加入碱土金属可使玻璃的网络强化，提高其抗腐蚀能力。碱（OH^-）会导致氧化物玻璃网络中氧桥的断裂而造成腐蚀，而 Al_2O_3 及 B_2O_3 可将断裂的网络“缝合”。

4. 玻璃的结构

目前文献支持的玻璃结构理论有“晶子学说”和“无规则网络学说”两种。前者认为玻璃是由无数“晶子”组成的。“晶子”是带有变形晶格的有序排列小区域，它们分散在无定型介质中，并且从“晶子”到无定形的过渡是逐步完成的。故晶子不同于一般微晶。这种学说较好地解释了硅酸盐玻璃在急冷时引起的折射率变化等一系列实验现象，并被 X 射线衍射实验所证实。“晶子学说”揭示了玻璃结构的微观不均匀和短程有序特征，但该学说有许多问题尚未很好地解释。“无规则网络学说”能满意地解释玻璃各向同性、内部性质的均匀性、成分变化时其性能变化的连续性等现象。目前文献研究较多的作为玻璃形成网络的化合物有 SiO_2、B_2O_3、P_2O_3、P_2O_5、As_2O_5、Sb_2O_5、V_2O_5、Nb_2O_5、Ta_2O_5、GeO_2、TeO_2 等氧化物及 ZrF_4、HfF_4 等氟化物。

从相变的角度来看，玻璃是由汽相、非晶相、晶相这三个相组成的，但它们比例不同。其中非晶相占主要地位，晶相次之，汽相则占很少部分。这样的结构使玻璃成为透明状。如果汽相的比例稍大，则会成为陶瓷或一般的非晶。

5. 玻璃的配料

为了得到在室温下可以浇铸的玻璃样品，必须考虑配料的比例。首先，要估计设计体系的玻璃生成能力。在这方面没有一个严格的理论来指导实验。20 世纪 60 年代，温特等人得到了“原子外层轨道中若有 4 个 p 电子则最有利于形成玻璃骨架”的结论，这些元素为第Ⅳ族。这是因为，若原子外层轨道中的 s 或 p 电子未与自旋相反的电子构成对则可以产生共价键。这种具有一个或一个以上未成对的 p 电子的原子当与其他原子（外层轨道中也有未成对的 p 电子之同类或异类元素）接近时，自旋不同的 p 电子组成公有电子对，从而形成一种共价键，即玻璃网络。若组成玻璃形成物的元素原子没有 4 个 p 电子，则至少有一个组分应有 4 个或 4 个以上 p 电子，而另一些组分至少应有一个 p 电子。过渡元素和Ⅱ族元素原子在基态没有 p 电子，但它们有的在激发态表现得好像有一个或一个以上 p 电子，这样系统也能够形成玻璃结构，即第Ⅲ、Ⅴ和Ⅵ族元素化合物。

玻璃组分一般包括主要原料和辅助原料。在设计玻璃组分时，主要原料的选择和比例是关键，表 6.1-1 给出了目前研究较多的玻璃体系主要原料出现在周期表中的位置（阴影区）及其电负性，在没有热分析设备的条件下，可以根据上述结论设计所需要的玻璃系统组分。主要原料是构成玻璃网络的骨架，用量较大；而辅助原料则对玻璃的性能起一定的调节作用，包括着色剂、澄清剂、助熔剂等。辅助原料用量相对主要原料来说比较少，有的甚至只有千分之几。着色剂一般为稀土离子或过渡金属离子，澄清剂是用来促进熔融玻璃中气泡的排除，助熔剂用来降低玻璃的熔制温度。表 6.1-2 给出了常用玻璃原料的作用。

表 6.1-1 玻璃原料常用元素及其电负性

Li 1.0	Be 1.5											B 2.0	C 2.5	N 3.0	O 3.5	F 4.0
Na 0.9	Mg 1.2											Al 1.5	Si 1.8	P 2.1	S 2.5	Cl 3.0
K 0.8	Ca 1.0	Sc 1.3	Ti 1.5	V 1.6	Cr 1.6	Mn 1.5	Fe 1.8	Co 1.8	Ni 1.8	Cu 1.9	Zn 1.6	Ga 1.6	Ge 1.8	As 2.0	Se 2.4	Br 2.8
Rb 0.8	Sr 1.0	Y 1.2	Zr 1.4	Nb 1.6	Mo 1.8	Tc 1.9	Ru 2.2	Rh 2.2	Pd 2.2	Ag 1.9	Cd 1.7	In 1.7	Sn 1.8	Sb 1.9	Te 2.1	I 2.5
Cs 0.7	Ba 0.9	La Lu	Hf 1.4	Ta 1.5	W 1.7	Rc 1.9	Os 2.2	Ir 2.2	Pt 2.2	Au 2.4	Hg 1.9	Tl 1.8	Pb 1.8	Bi 1.9	Po 2.0	At 2.2
Fr 0.7	Ra 0.9	Ac 1.1	Th 1.3	Pa 1.5	U 1.7	Np										

表 6.1-2 常用玻璃原料的作用

化合物	作 用	化合物	作 用
GeO_2	形成体，增加黏度	BaO	调整剂，减小软化温度，提高稳定性
TeO_2	形成体，增加黏度	SrO	介于 CaO 和 BaO 之间
Ga_2O_3	形成体，增加黏度	Li_2O	调整剂，降低黏度
P_2O_5	形成体，增加黏度	ZrF_4	重金属氟化物玻璃主要原料
SiO_2	形成体，增加黏度	InF_3	重金属氟化物玻璃主要原料
B_2O_3	形成体，增加黏度	AlF_3	这些氟化物与氧化物的作用基本类似，如果加入的比例不同，可能对玻璃的形成产生不同的影响，但它们有一个共同的特点是可以降低熔融温度。
Y_2O_3	调整剂，提高黏度	BaF_2	
Al_2O_3	辅助原料，提高黏度，减小析晶	NaF	
PbO	调整剂，提高黏度，减小析晶	PbF_2	
CaO	调整剂，析晶较强	YF_3	
K_2O	调整剂，提高热胀系数	MgF_2	
Na_2O	与 K_2O 类似	ZnF_2	
MgO	调整剂，析晶增强，提高光洁度	KF	
ZnO	辅助原料，增加稳定性，减小热胀		

6. 样品的熔制

设计好所需样品的配比后，首先按样品要求的总量计算各化合物的需要量。然后根据计算的结果称量各化合物质量，放入玛瑙研钵中进行研磨，直到混合均匀后装入陶瓷坩埚中。坩埚预先应进行必要的清洁处理：首先用浓硝酸充分浸泡，取出后用稀硝酸煮沸，然后取出用去离子水冲洗干净。如果表面有有机物物质污染，可以在马弗炉中加热到 1000～1200℃，恒温一段时间后取出。这些清洁工作可避免其他杂质的引入。

对配料进行熔制。对于不易挥发的配料可以从室温放入炉中进行加热，这样有利于除去原料中和坩埚材料中的水汽。对于一些具有挥发或升华成分的配料，不宜长时间放入坩埚中加热。特别是配料组分的熔点相差较大、加热温度又要求很高时，这样的系统更不宜从室温下放入马弗炉中加热，应该在炉温升到合适温度时再放入。对于不同的系统应该先估计需要的熔化温度，这主要根据各个原料的熔点来确定。一般说来主要原料的熔点是必须考虑的。对于比较难熔的体系应加入助熔剂，不同的体系可以采用不同的助熔剂。表 6.1-3 给出了常用玻璃原料的熔点、沸点及计算称量原料时所用的相对分子质量的数据。在实验过程中，把熔融的液态混合物从马弗炉中取出倾倒在铜块或铝块上，如果有必要可以用另一个铁块或铝块压在上面，这样一方面可以获得更高的冷却速度，另一方面还有利于样品的后期处理（抛光）。制作出来的样品为了加强它的物理性能一般要进行退火处理。

7. 样品的退火

如前所述，玻璃材料的生长是一个快冷却过程。由于玻璃材料中各个部分的降温速度一般来说是不同的，所以玻璃内部的应力释放是不同的，也就是说存在内应力，导致玻璃材料的力学性能较差；另外，在玻璃形成过程中，局域范围内造成的不均匀，由于快冷却可能来不及进行弛豫。通过退火过程就可以一定程度地改善玻璃材料的力学性能以及玻璃的微观均匀性。

表 6.1-3　常用玻璃原料的熔点、沸点及其相对分子质量

化合物	熔点/℃	沸点/℃	相对分子质量	化合物	熔点/℃	沸点/℃	相对分子质量
ZrF_4	932		93.24	WO_3	1472	1830	231.85
ZnF_2	872	1500	103.38	W_2O_5	800	800 挥发	447.70
YF_3	1152		145.9	SrO	2665		103.62
YbF_3	1157	2380	394.08	SiO_2(石英)	1423		60.08
WF_6	205		297.84	SiO_2(磷石英)	1703		60.08
TmF_3	1158	2330	225.93	P_4O_{10}	340		283.89
ThF_4	1110		308.03	MgO	2825		40.30
NaF	996	1787	41.99	PbO_2	752		329.81
AgF_2	690		145.87	La_2O_3	2320		325.82
AgF	435		126.87	GeO_2(可溶)	1115		104.59
SmF_3	1306		207.36	GeO_2(不溶)	1086		104.59
PrF_3	1395	2327	179.91	Eu_2O_3	2050		351.92
KF	858	1517	58.10	Dy_2O_3	2340		373.00
MgF_2	1263	2263	62.30	Al_2O_3(刚玉)	2054		101.96
LiF	846	1717	25.941	Al_2O_3(矾土)	2018		101.96
PbF_2	830	1303	245.20	K_2O	881		94.20
LaF_3	1493	2327	195.9	Na_2O	1132	1950	61.98
InF_3	1170		171.82	CaO	2927	3500	56.08
$InF_3.H_2O$	100-150			TeO_2			159.60
HoF_3	1143	2230	221.93	Ga_2O_3	1900		187.44
GaF_3	950	950 挥发	126.72	ZnO	1970		187.44
EuF_3	1276	2277	208.96	BaO	2013	3088	153.34
ErF_3	1140	2230	224.26	Sr_2O	2665		
DyF_3	1154		219.5	Er_2O_3			382.52
CrF_2	1110		89.99	Gd_2O_3			362.50
CaF_2	1418	2510	78.08	Ho_2O_3			377.86
BiF_3	151		265.98	La_2O_3			325.82
BaF_2	1368	2272	175.33	PbO			239.21
AlF_3	1040	1276 挥发	83.98	Li_2O			29.88
NH_4F	挥发		37.04	Yb_2O_3			394.08
NH_4HF	125.6		57.04	$Zr(OH)_4$			159.25
GeF_3	1430	2327	197.12	Tm_2O_3			385.87
GdF_3	1231	2277	214.25	Sm_2O_3			348.72
SrF_2	1477	2486	125.62	P_2O_5			141.94
NdF_3	1374	2327	201.24				

【实验仪器】

1. 实验仪器

高温马弗炉（主要技术参数见表 6.1-4），电子天平（主要技术参数见表 6.1-5），控温系统，坩埚钳，石棉手套，铜制模具，坩埚，无机化学试剂若干（可根据实验准备）。

表 6.1-4 马弗炉主要技术参数

最高温度	有效容积	控制器	工作模式	温度控制
1232℃	11.04L	Sentry 数字式，LCD 显示，带三键控制器	一、单点温度；二、8 步升温-温度水平停留编程模式	4 个升温保持程序

表 6.1-5 精密电子天平主要技术参数

量程/g	可读性/mg	称盘尺寸/mm	重复性/mg	线性/mg
100	0.1	ϕ80	≤+0.05	≤+0.1

2. 仪器描述

（1）E10XPRESS 型 1232℃ 马弗炉，如图 6.1-3 所示。

（2）Sartorius P 精密电子天平，如图 6.1-4 所示。

图 6.1-3 E10XPRESS 型 1232℃ 马弗炉

图 6.1-4 Sartorius P 精密电子天平

【实验内容】

1. 基础内容（含数据处理要求）

（1）参考说明书熟悉精密电子天平及马弗炉的使用方法。

（2）设计一个三元玻璃样品组分，根据设计组分计算获得 5g 玻璃样品所需要的化学试剂各组分的质量。对试剂进行称量，研磨混合。送入马弗炉进行熔融，熔融后取出进行淬火，获得样品。

2. 提升内容（含数据处理要求）

对样品进行观察，并总结成功和失败的原因。

3. 进阶内容

（1）改变实验条件，包括熔制温度和模具温度，重新制备样品。

（2）对样品进行认真观察，分析样品制备成功或失败的原因。

4. 高阶内容

（1）根据前面实验的结果，重新设计样品组分。

（2）再次制备样品，并分析样品制备成功失败原因。

【实验注意】

1. 实验试剂安全使用。了解实验试剂性能和毒性，按使用要求操作。

2. 做好高温防护。马弗炉属于高温运转设备，使用过程中注意做好安全防护，按照指导教师要求进行操作。

3. 实验仪器设备正确使用。认真阅读实验仪器使用说明书，按说明书要求操作。如遇问题请勿擅自操作，要向指导教师请教。

【实验报告思考题】

1. 什么是玻璃？

2. 非晶态材料透明的条件是什么？

【参考文献】

[1] 周玉. 陶瓷材料科学［M］. 哈尔滨：哈尔滨工业大学出版社，1995.

[2] 黄胜涛. 非晶态材料的结构和结构分析［M］. 北京：科学出版社，1987.

[3] 莫特. 材料-微结构及物理性能的概述［M］. 中国科技大学，译. 北京：科学出版社，1975.

[4] 托利. 玻璃制造手册［M］. 刘时衡，岑超南，彭金安，译. 北京：建筑工业出版社，1983.

[5] 张宇航. 离子激活宽谱带发光锗酸盐玻璃光谱性质研究［D］. 博士学位论文，大连海事大学，2023.

[6] 张映辉. 大学物理实验［M］. 2版. 北京：机械工业出版社，2017.

[7] 张映辉. 大学物理实验学习指导书［M］. 2版. 北京：高等教育出版社，2021.

[8] 张映辉. 大学物理实验数字课程［M］. 北京：高等教育出版社，2020.

【本实验相关数字资源】

1-讲课视频　　2-物理思想与物理方法解析　　思维导图（知识图谱）

实验 6.2 固相法合成上转换荧光粉及光谱测量

在光学领域，上转换也叫升频转换或频率上转换，是指把长波长的光转换成短波长的光。上转换发光是用长波长的光激发某种材料，而该材料产生短波长发光。发光是非平衡态辐射过程，因此并不是所有的上转换过程都是上转换发光过程，例如谐波产生（和频、倍频等）过程是平衡辐射过程，因此不是上转换发光过程。频率上转换是反斯托克斯过程，因此上转换发光也称为反斯托克斯荧光。还有一类特殊的上转换过程被称为光激励发光，它是类似长余辉材料中发生的一种过程。在该类材料中电子陷阱很深，因此通过短波长的光激发而进入陷阱的电子不能被室温热激发释放出来，而必须通过能量高于阱深的光（一般是红外光）把电子激发出来，然后传递给发光中心，发射可见光。

上转换发光在有机材料、半导体材料和稀土掺杂的无机材料中均已被观察到。一般来说，在有机材料中上转换发光常称为多光子过程，并且效率较高，然而有机物的稳定性较差，限制了其在很多领域的应用。稀土离子掺杂的无机材料的上转换发光过程被研究得较广泛，主要是由于无机物比较稳定，可应用于许多领域，例如红外光探测、短波激光及生物荧光标记等，但到目前为止在稀土掺杂的材料中实现的上转换发光效率最高仅有10%。同时，还应该提到的是实现稀土离子掺杂材料的上转换发光必须满足一定的激发密度，即使激发功率很大，若没有足够的激发密度也不能实现上转换发光。而光激励发光材料的激发阈值低，在很低激发密度下就能实现强的发射，因此光激励发光材料更适合于作为光辐射剂量探测应用。

固相法也叫固相反应法，是合成荧光材料的重要方法之一，固相法也是工业生产荧光粉的主要方法。固相法合成荧光粉具有成本低、生产工艺简单、合成速度快等优点。该方法是利用固相粉末原材料，通过在高温下煅烧使原材料在固相条件下产生化学反应得到最终产物。

上转换发光的测量一般需要激发源（红外半导体激光器或红外光纤激光器）、单色仪和探测器（也可用荧光光谱仪）。测量过程中用激发源照射样品，通过调整光路使样品发射的光会聚到单色仪接收端（狭缝），在单色仪出射端探测器采集上转换荧光信号。

【实验目的】

1. 掌握上转换发光的基本概念。
2. 掌握固相法合成荧光粉的基本操作步骤。
3. 熟悉上转换发光光谱的测量技术。

【预习提示】

1. 什么是荧光粉？
2. 什么是上转换发光过程？
3. 上转换发光光谱是怎么测量的？

【实验原理】

1. 根据给定的样品的化学式，计算合成3g最终产物荧光粉所需各原材料的质量。

2. 准备好所需的化学试剂，根据计算结果进行各试剂的称量。

3. 将称量好的各试剂放入玛瑙研钵中进行混合、研磨，直至达到均匀为止。经研磨混合的原材料可在紫外灯下进行观察，看颜色和亮度是否均匀，如均匀说明原材料混合较好。

4. 将混合试样装入刚玉坩埚，送入高温马弗炉，将马弗炉按要求升温曲线进行设定，并启动马弗炉对试样进行煅烧。

5. 待煅烧结束，马弗炉自然冷却到室温后取出试样，对试样进行研磨，然后收集试样并装入样品盒待用。

6. 将样品装入固体样品池中，并将样品池装入样品架，放入 F-4600 荧光光谱仪。

7. 将光纤激光器光纤输出端引入光谱仪的样品室，打开激光器电源，调节工作电流，使激光功率输出适中，调节激光器输出端位置，使光谱仪能够较好地收集到上转换发光。

8. 测量所制备样品的上转换发光光谱，改变测试条件，研究激发功率密度对上转换发光的影响。

【实验仪器】

1. 马弗炉：天津中环 1300℃ 高温马弗炉、天津中环 1600℃ 高温马弗炉、美国产 Orton1232℃ 程控马弗炉、自行研制 1200℃ 程控马弗炉。

2. 德国 Sartorius 高精密天平、玛瑙研钵、日立 F-4600 荧光光谱仪、980nm 光纤激光器、固体样品架、紫外灯。

【实验内容】

1. 基础内容

(1) 根据指导教师要求，每组同学制备 1~2 个上转换发光荧光粉。同学可根据教师提供的参考文献，自行设计蓝色、绿色或红色上转换荧光粉，并与指导教师讨论可行性，制备条件，所需实验器材及试剂等。

(2) 学生根据指导教师对光谱系统的介绍，实际操作并完成所合成样品的上转换发光光谱的测量。

2. 提升内容

(1) 查阅资料了解上转换发光的机理。

(2) 查阅资料了解影响上转换发光强度的因素。

3. 进阶内容

(1) 根据前面分析，设计一系列样品，对影响上转换发光强度的因素进行优化。

(2) 制备样品，对样品的上转换发光进行测量。分析测量结果，获得最优上转换样品。

4. 高阶内容

(1) 根据已有知识，对前面实验的结果进行机理分析。

(2) 根据学习的相关理论，对样品的上转换性能进行预言。

【实验注意】

1. 实验试剂安全使用。了解实验试剂性能和毒性，按使用要求操作。

2. 做好高温防护。马弗炉属于高温运转设备，使用过程中注意做好安全防护，按照指导教师要求进行操作。

3. 实验仪器设备正确使用。认真阅读实验仪器使用说明书，按说明书要求操作。如遇问题请勿擅自操作，要向指导教师请教。

【实验报告思考题】

1. 上转换发光的机理有哪些？
2. 影响上转换发光强度的因素有哪些？

【参考文献】

[1] 陈宝玖. 稀土离子掺杂的玻璃材料制备及上转换发光［D/OL］. 长春：中国科学院长春物理研究所，1999.

[2] 孟庆裕. 纳米颗粒表面效应和尺寸限制对稀土离子发光的影响［D/OL］. 长春：中国科学院长春光学精密机械与物理研究所，2007.

[3] 王博. 三价铒离子在 ZBLAN 中光学跃迁的研究［D/OL］. 大连：大连海事大学，2008.

[4] 徐东勇，臧竞存. 上转换激光和上转换发光材料的研究进展［J］. 人工晶体学报，2001，30（2）：203-210.

[5] 陈晓波，张光寅，宋增福. 稀土化合物材料上转换发光与激光的研究与进展［J］. 光谱学与光谱分析，1995，15（3）：1-6

[6] 杨建虎，戴世勋，姜中宏. 稀土离子的上转换发光及研究进展［J］. 物理学进展，2003，23（3）：284-298.

[7] 张映辉. 大学物理实验［M］. 2 版. 北京：机械工业出版社，2017.

[8] 张映辉. 大学物理实验学习指导书［M］. 2 版. 北京：高等教育出版社，2021.

【本实验相关数字资源】

1-物理思想与物理方法解析

实验 6.3　液晶电光效应实验

液晶是介于液体与晶体之间的一种物质状态，既具有液体的流动性，其分子又按一定规律有序排列，使它呈现晶体的各向异性。当光通过液晶时，会产生偏振面旋转、双折射等效应。液晶分子在电场作用下，分子的排列方式发生变化，从而液晶的光学性质也随之发生改变，这种因外电场引起的液晶光学性质的改变称为液晶的电光效应。利用液晶电光效应工作的液晶显示器件具有驱动电压低（一般为几伏）、功耗小、寿命长、环保无辐射等优点，在当今各种显示器件的竞争中独领风骚。

【实验目的】

1. 了解扭曲向列相液晶显示器件（TN-LCD）的显示原理。
2. 测定液晶样品常黑模式的电光特性曲线，根据电光特性曲线，求出样品的阈值电压 U_{th}、饱和电压 U_{sat}、对比度 C_r、陡度 β 等电光效应的主要参数。
3. 测定液晶样品常白模式的电光特性曲线，根据电光特性曲线，求出样品的阈值电压 U_{th}、饱和电压 U_{sat}、对比度 C_r、陡度 β 等电光效应的主要参数。
4. 测定液晶样品的电光响应曲线，测得液晶样品的上升时间 T_r 和下降时间 T_f。
5. 测定液晶样品的阈值电压、饱和电压和对比度的视角特性。

【预习提示】

1. 什么是液晶？
2. 什么是液晶的电光效应？
3. 什么是常黑模式电光效应和常白模式电光效应？
4. 什么是阈值电压、饱和电压、对比度、陡度？
5. 什么是上升时间、下降时间？
6. 什么是液晶器件的视角特性？

【实验原理】

1. 液晶

液晶态是一种介于液体和晶体之间的中间态，既有液体的流动性、黏度、无定形等机械性质，又有晶体的热、光、电、磁等物理性质的各向异性。液晶与液体、晶体之间的区别是：液体是各向同性的，分子取向无序；液晶分子的分子取向有序，但位置无序，其中近晶相液晶具有分层排列的有序性；晶体具有三维周期性的有序性。

就形成液晶方式而言，液晶可分为热致液晶和溶致液晶。按排列方式液晶可分为近晶相、向列相和胆甾相。按分子量大小液晶可分为高分子液晶和小分子液晶。其中热致的小分子向列相液晶是液晶显示器件的主要材料。

2. 液晶电光效应

液晶分子的介电常数、折射率等物理性能具有各向异性，如果对这样的物质施加电场，液晶分子会受到电场力的转矩作用，分子的排列状态会发生改变，它的光学特性也随之变化，这就是通常说的液晶的电光效应。

液晶的电光效应种类繁多，主要有扭曲向列相型（TN）、超扭曲向列相型（STN）、共平面开关型（IPS）、多畴垂直取向型（MVA）、边缘场开关型（FFS）等。其中，IPS 型、MVA 型、FFS 型——视角宽，显示性能好，主要用于液晶电视、计算机显示器等高性能显示产品；STN 型——无源矩阵驱动扫描行数多，主要用仪器仪表产品的显示；TN 型——主要用于电子表、计算器、仪器仪表、家用电等产品的显示。TFT 有源矩阵驱动的 TN 型液晶显示器，扫描行数多，成本低，但视角范围不如 IPS 型、MVA 型、FFS 型。TN 型液晶显示器件显示性能良好，工艺难度低，具有较高的性能价格比，应用范围广泛。本实验测试的液晶器件样品即是 TN 型液晶光阀。

3. TN 型液晶光阀的工作原理

TN 型液晶光阀结构如图 6.3-1 所示。在两块玻璃板之间夹有正性向列相液晶，液晶层厚度一般为 5~8μm，玻璃板的内表面涂有透明电极，电极的表面预先做了定向处理，使电极表面的液晶分子按一定方向排列，且上下电极上的定向方向相互垂直。从俯视方向看，液晶分子的排列从上电极方向均匀地扭曲到下电极的排列方向，扭曲了 90°，如图 6.3-1 所示。

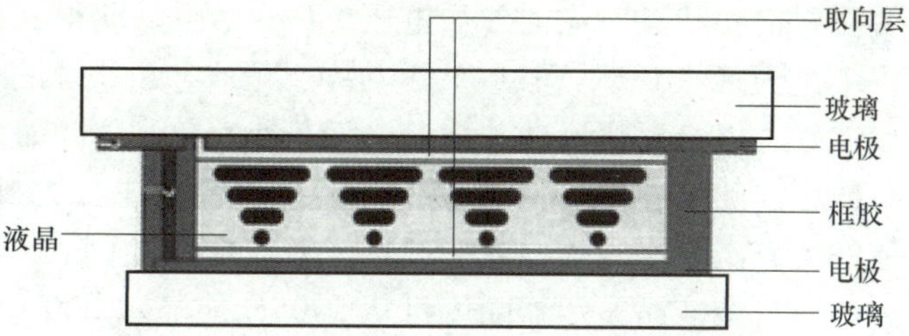

图 6.3-1 TN 型液晶光阀结构图

当 TN 型液晶光阀前后各放置一片偏振片 P_1、P_2，偏振片的偏振化方向平行或垂直于邻近侧玻璃表面的液晶分子取向方向。液晶光阀具有光波导的性质，即偏振光从上电极表面透过扭曲排列的液晶传播到下电极表面时，偏振方向会旋转 90°（见图 6.3-2 左图）。在未加驱动电压的情况下，如果 P_1 与 P_2 的偏振化方向夹角为 90°，出射偏振光的振动方向与出射偏振片 P_2 的偏振化方向平行，透过 P_2 的光较强，这种被称为常白模式；如果 P_1 与 P_2 的偏振化方向夹角为 0°，出射偏振光的振动方向与出射偏振片 P_2 的偏振化方向垂直，透过 P_2 的光呈消光状态，这种被称为常黑模式。

需要强调的是，TN 型液晶光阀只有偏振片的偏振化方向垂直或平行邻近侧玻璃表面的液晶分子取向方向时，才满足旋光效应的条件。偏振片放置方向如存在较大的偏离，将表现为具有颜色依赖性的双折射干涉效应。而旋光效应的颜色依赖性较小，白光入射时，光阀会表现为黑白开关的特性。

在施加足够高的电压情况下，除了基片附近的液晶分子被基片“锚定”以外，其他液晶分子逐渐趋于平行于电场方向排列，扭曲结构被破坏（见图 6.3-2 右图）。从 P_1 透射出来的偏振光的偏振方向在液晶中传播时不再旋转，对常白模式的液晶光阀到达下电极时光的偏振方向与 P_2 正交，因而出射光接近于消光状态。出射光的光强度是随着施加电压逐渐变化的，当电压较高时才接近于消光状态，出射光强度随施加电压由高变到低。对常黑模式的液晶光阀恰好相反，出射光强度随施加电压由低变到高。

液晶光阀存在阈值特性，当施加电压低于阈值电压时，输出光强几乎不随着外施加电压发生改变，当施加电压高于阈值电压 U_{th} 后，出射光强才会随施加电压显著变化。为了统一阈值电压的判定标准，光强改变到最大光强度改变量的 10%所对应的外加电压值称为阈值

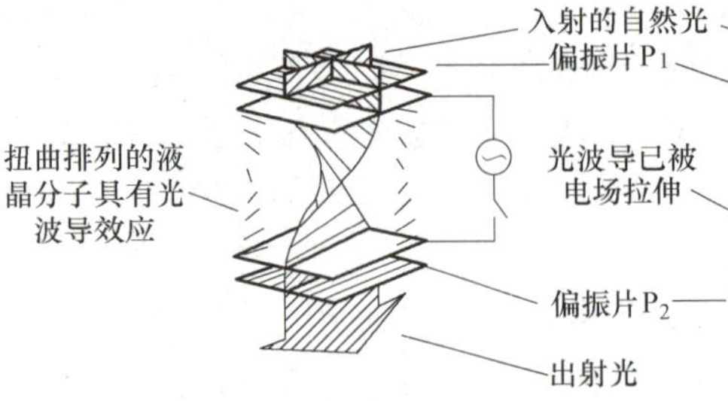

图 6.3-2　TN 型液晶光阀工作原理

电压（U_{th}），标志了液晶电光效应有可观察的输出光强改变，阈值电压低，液晶光阀的驱动电压低，一般液晶光阀的阈值电压在 1~3V 间，所以液晶显示器的工作电压低、功耗低。光强改变到最大光强度改变量的 90%对应的外加电压值称为饱和电压（U_{sat}），标志了输出光强变化到饱和状态对应的外加电压，U_{sat} 小则易获得良好的显示效果。对比度 $C_r = I_{max}/I_{min}$，其中 I_{max} 为最大观察（接收）亮度（光强），I_{min} 为最小亮度。对比度高，液晶光阀的光开关性能好。提高对比度的关键是降低最小亮度 I_{min}，如果存在较强的外界的背景光，对比度将会减小。陡度 $\beta = U_{sat}/U_{th}$ 即饱和电压与阈值电压之比。陡度 β 与液晶显示器的多行驱动性能有关，陡度小，液晶光阀的电光效应曲线陡峭，多行驱动行数多，液晶显示器的显示容量大。STN 型液晶显示器陡度可达 1.05，能显示 200~300 行的显示内容。TN 型液晶显示器的陡度大，显示行数一般少于 10 行，不能满足汉字等非英文字符的显示需要。常黑模式的液晶光阀电光曲线如图 6.3-3 所示。需要注意的是，图中的透过率是相对透过率，最大光强透过率定义为 100%，最小光强透过率定义为 0。由于入射偏振片吸收了 50%以上的入射光，实际液晶光阀的透过率将低于 50%。另外，计算对比度不能用相对透过率的比值，而要用实际的最大光强与最小光强的比，否则会导致无穷大的无意义结果。常白模式的液晶光阀的阈值电压和饱和电压的定义与常黑模式相反，相对透过率 90%对应的电压是阈值电压 U_{th}，相对透过率 10%对应的电压是饱和电压 U_{sat}。

液晶分子的重新排序需要一定时间，反映在时间响应曲线上，用上升时间 T_r 和下降时间 T_f 描述。给液晶加上一个如图 6.3-4a 所示的周期性变化的电压，就可以得到液晶的时间响应曲线、上升时间和下降时间，如图 6.3-4b 所示。

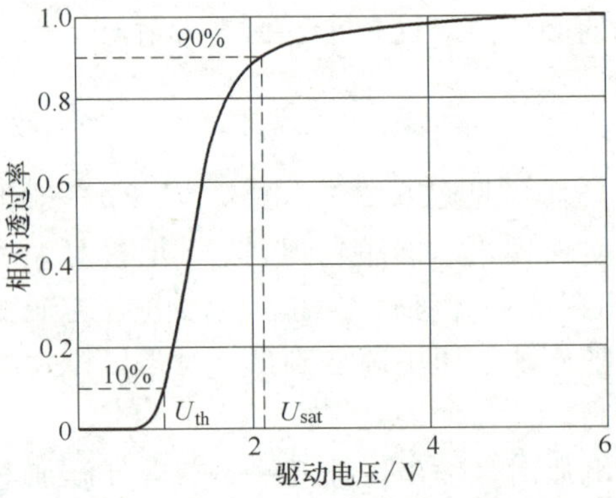

图 6.3-3　常黑模式液晶光阀电光曲线

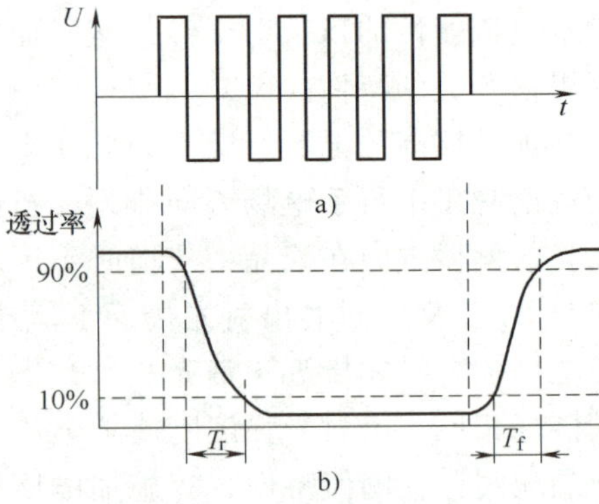

图 6.3-4　液晶光阀响应时间测试施加波形和响应时间曲线

上升时间 T_r：施加电压过程，相对透过率由变化到 10%至变化到 90%所需时间。

下降时间 T_f：撤出电压过程，相对透过率由变化到 10%至变化到 90%所需时间。

液晶光阀的响应时间越短，显示动态图像的效果越好，这是液晶显示器的重要指标。液晶光阀的响应时间与液晶材料的黏度和液晶层厚度的平方的乘积成正比，上升时间与施加电压的平方成反比，下降时间与液晶材料的弹性系数成反比。一般液晶显示器的响应时间在几十毫秒，在显示快速变化的图像时会导致显示质量的下降。并且随着温度的降低，液晶的黏度显著增大，导致响应时间显著增加。

【实验仪器】

FD-LCE-I 液晶电光效应实验仪，数字示波器。

光学导轨上依次为：半导体激光器、起偏器、液晶盒、检偏器、光电探测器，如图 6.3-5 所示。

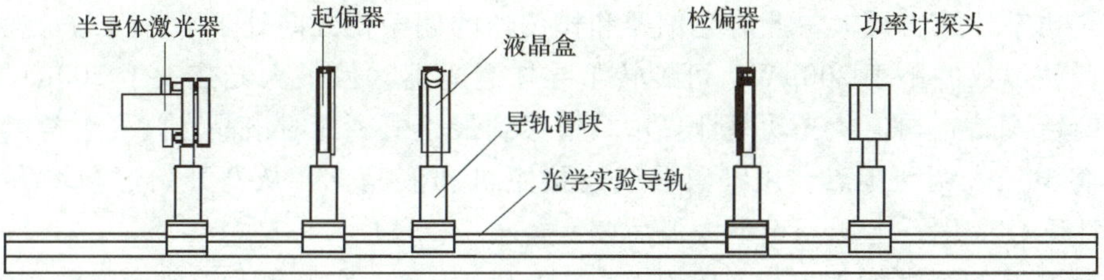

图 6.3-5 实验装置示意图

主机箱面板功能：

主机箱“液晶驱动电源”主要功能为液晶盒的工作电压、间歇频率、驱动频率的调节，以及液晶盒的工作状态等。各面板元器件作用与功能如下：

(1) 液晶实验主机前面板如图 6.3-6 所示。

① 表头：3 位半数字表头，用于指示液晶盒工作电压的大小，可通过驱动电压旋钮进行调节。

② 间歇/连续按钮：液晶盒的工作状态，开或关。

③ 间歇频率旋钮。

④ 驱动频率旋钮。

⑤ 驱动电压旋钮：液晶盒工作电压旋钮，调整范围为 0~10V。

(2) 液晶实验主机后面板如图 6.3-7 所示。

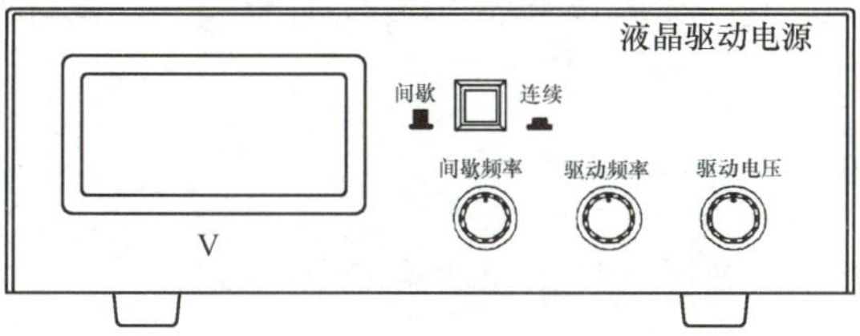

图 6.3-6 液晶实验主机前面板示意图

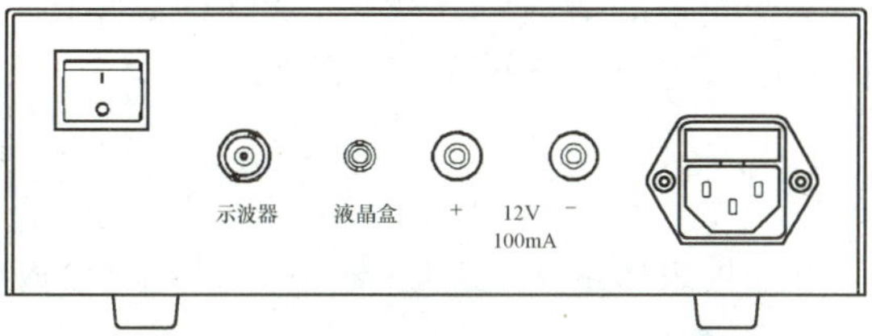

图 6.3-7 液晶实验主机后面板示意图

① 电源开关按钮：主机的电源开关（220VAC）。

② 示波器插座：通过导线与示波器 1 通道相连。

③ 液晶盒插座：与液晶盒相连。

④ “+” 插座：通过红色导线与光电二极管探头相连。

⑤ “-” 插座：通过黑色导线与光电二极管探头相连。

⑥ 电源插座：通过 220V 电源线与接线板相连。

【实验内容】

1. 基础内容

常黑模式 TN 液晶光阀电光效应实验。

（1）光学导轨上依次为：半导体激光器、起偏器、液晶盒、检偏器、光电探测器。接通主机电源，调节各元件高度，使激光依次穿过起偏器、液晶盒、检偏器，打在光电探测器的通光孔上，预热 15min。

（2）在起偏器前遮挡半导体激光器的输出光，将光功率计调零。移除液晶光阀，旋转检偏器使光功率计输出最大，此时起偏器和检偏器的偏振化方向处于平行状态。观察光功率计数值，若显示数值小于 200μW，可旋转半导体激光器，使最大光强大于 200μW。移入液晶光阀，旋转液晶光阀，使光功率计显示数值达到最小值，此时液晶光阀处于常黑模式。

（3）将电压表调至零点，用红黑导线连接主机和液晶盒，从 0 开始逐渐增大电压，观察光功率计读数变化，电压调至最大值后归零。

（4）从 0 开始逐渐增加电压，0~0.8V 每隔 0.2V 记一次电压及透射光强值，0.8V 后每隔 0.1V 左右记一次数据，6.0V 后再每隔 0.5V 记一次数据，在关键点附近宜多测几组数据。

（5）作电光曲线图，纵坐标为透射光强值，横坐标为外加电压值。

（6）根据作好的电光曲线，求出样品的阈值电压 U_{th}、饱和电压 U_{sat}、对比度 C_r 及陡度 β。求取过程首先确定最大光强 I_{max} 和最小光强 I_{min}，由对比度 $C_r=I_{max}/I_{min}$ 求得对比度。然后由式（6.3-1）求得阈值电压对应的光强，由式（6.3-2）求得饱和电压对应的光强：

$$I_{th}=(I_{max}-I_{min})\times10\%+I_{min} \tag{6.3-1}$$

$$I_{sat}=(I_{max}-I_{min})\times90\%+I_{min} \tag{6.3-2}$$

在测得的数据中寻找 I_{th} 所在的数据区间（I_1，U_1）、（I_2，U_2）。假设 $I_2>I_1$，则所求的阈值电压可由式（6.3-3）求得，即

$$U_{th}=\frac{(I_{th}-I_1)}{I_2-I_1}(U_2-U_1)+U_1 \tag{6.3-3}$$

在测得的数据中寻找 I_{sat} 所在的数据区间（I_3，U_3）、（I_4，U_4）。假设 $I_4>I_3$，则所求的阈值电压可由式（6.3-4）求得，即

$$U_{sat}=\frac{(I_{sat}-I_3)}{I_4-I_3}(U_4-U_3)+U_3 \tag{6.3-4}$$

如果求得的 I_{th} 或 I_{sat} 数据恰好与测量数据相等，则可直接采用测得的电压数据。

2. 提升内容

常白模式 TN 液晶光阀电光效应实验。

（1）光学导轨上依次为：半导体激光器、起偏器、液晶盒、检偏器、光电探测器。接通主机电源，调节各元件高度，使激光依次穿过起偏器、液晶盒、检偏器，打在光电探测器

的通光孔上，预热 15min。

（2）在起偏器前遮挡半导体激光器的输出光，将光功率计调零。移除液晶光阀，旋转检偏器使光功率计输出最大，此时起偏器和检偏器的偏振化方向处于平行状态。观察光功率计数值，若显示数值小于 200μW，可旋转半导体激光器，使最大光强大于 200μW。旋转检偏器使光功率计输出最小，此时起偏器和检偏器的偏振化方向处于垂直状态。移入液晶光阀，旋转液晶光阀，使光功率计显示数值达到最大值，此时液晶光阀处于常白模式。

（3）将电压表调至零点，用红黑导线连接主机和液晶盒，从 0 开始逐渐增大电压，观察光功率计读数变化，电压调至最大值后归零。

（4）从 0 开始逐渐增加电压，0~0.8V 每隔 0.2V 记一次电压及透射光强值，0.8V 后每隔 0.1V 左右记一次数据，6.0V 后再每隔 0.5V 记一次数据，在关键点附近宜多测几组数据。

（5）作电光曲线图，纵坐标为透射光强值，横坐标为外加电压值。

（6）根据作好的电光曲线，求出样品的阈值电压 U_{th}、饱和电压 U_{sat}、对比度 C_r 及陡度 β。求取过程首先确定最大光强 I_{max} 和最小光强 I_{min}，由对比度 $C_r=I_{max}/I_{min}$ 求得对比度。然后由式（6.3-5）求得阈值电压对应的光强，由式（6.3-6）求得饱和电压对应的光强：

$$I_{th}=I_{max}-(I_{max}-I_{min})\times 10\% \tag{6.3-5}$$

$$I_{sat}=I_{max}-(I_{max}-I_{min})\times 90\% \tag{6.3-6}$$

在测得的数据中寻找 I_{th} 所在的数据区间（I_5，U_5）、（I_6，U_6）。假设 $I_5>I_6$，则所求的阈值电压可由式（6.3-7）求得，即

$$U_{th}=\frac{(I_{th}-I_5)}{I_5-I_6}(U_5-U_6)+U_5 \tag{6.3-7}$$

在测得的数据中寻找 I_{sat} 所在的数据区间（I_7，U_7）、（I_8，U_8）。假设 $I_7>I_8$，则所求的阈值电压可由式（6.3-8）求得，即

$$U_{sat}=\frac{(I_{sat}-I_7)}{I_7-I_8}(U_7-U_8)+U_7 \tag{6.3-8}$$

如果求得的 I_{th} 或 I_{sat} 数据恰好与测量数据相等，则可直接采用测得的电压数据。

3. 进阶内容

液晶光阀响应时间的测量。

（1）光学导轨上依次为：半导体激光器、起偏器、液晶盒、检偏器、光电探测器。接通主机电源，调节各元件高度，使激光依次穿过起偏器、液晶盒、检偏器，打在光电探测器的通光孔上，预热 15min。采用上节调整方法，调整仪器处于常白模式测试状态。

（2）用光电二极管探头替换光功率计探头，连接好 12V 电源线（红为+，黑为-，红对红，黑对黑）。打开数字存储示波器电源，将示波器 CH1 通道用信号线与液晶驱动信号相连，CH2 通道的示波器探头与光电二极管探头相连，示波器探头的地线接探头 12V 的地线，示波器探头的挂钩接光电二极管探头线路板上的挂环。

（3）设置示波器工作于双踪显示状态，设置 CH1 通道作为上升沿触发，观察 CH1 通道上的波形，了解液晶驱动信号的波形。

（4）将功能键置于间歇状态，调整间歇频率旋钮，观察 CH2 通道显示的输出光变化情况，调节示波器的垂直灵敏度和扫描时间参数，使 CH2 能清晰地显示液晶光阀开关状态。

（5）根据定义，在示波器上测量上升时间 T_r 和下降时间 T_f。

4. 高阶内容

液晶光阀视角特性实验。

（1）光学导轨上依次为：半导体激光器、起偏器、液晶盒、检偏器、光电探测器。接通主机电源，调节各元件高度，使激光依次穿过起偏器、液晶盒、检偏器，打在光电探测器的通光孔上，预热15min。采用上节调整方法，调整仪器处于常白模式测试状态。

（2）旋转液晶光阀的支撑杆，使液晶光阀的反射光斑与起偏器上的光斑重合，入射角为0°。采用实验内容2的方法测试液晶光阀的电光特性曲线，求出样品的阈值电压 U_{th}、饱和电压 U_{sat}、对比度 C_r 及陡度 β。

（3）旋转液晶光阀的支撑杆，使液晶光阀入射角为+20°（可用量角器测量角度）。

（4）采用上述方法测试液晶光阀的电光特性曲线，求出样品的阈值电压 U_{th}、饱和电压 U_{sat}、对比度 C_r 及陡度 β。

（5）旋转液晶光阀的支撑杆，使液晶光阀入射角为-20°［向步骤（3）的相反方向旋转］。

（6）采用上述方法测试液晶光阀的电光特性曲线，求出样品的阈值电压 U_{th}、饱和电压 U_{sat}、对比度 C_r 及陡度 β。

（7）比较入射角为0°、+20°、-20°条件下的阈值电压 U_{th}、饱和电压 U_{sat}、对比度 C_r 及陡度 β 的变化，了解液晶光阀光电效应的视角依赖特性。

【实验注意】

1. 保持液晶盒表面清洁，不要用手触摸液晶盒表面，不要对液晶盒造成划痕；防止液晶盒受阳光直射。

2. 驱动电压不能为直流。

3. 切勿直视激光器，以免对眼睛造成伤害。

【实验报告思考题】

1. 随着视角增大，液晶光阀的阈值电压降低，会导致什么显示缺陷？
2. 为什么当电压比较高时还有光透过？

【参考文献】

［1］　谢毓章．液晶物理学［M］．北京：科学出版社，1988.

［2］　黄锡珉，黄辉光，李之榕．液晶器件手册［M］．北京：航空工业出版社，1992.

［3］　黄子强．液晶显示原理［M］．北京：国防工业出版社，2008.

实验 6.4 燃烧产生 OH 自由基的光谱实验

大气是人类赖以生存和发展的必不可少的环境要素之一。随着人类经济活动和生产的迅速发展，在大量消耗能源的同时也将大量的废气、烟尘物质排入大气中，严重影响了大气环境的质量。大气污染将直接或间接影响到人们的健康，控制和根治大气污染是一项艰巨而重要的任务。OH 自由基是地球大气层的最重要的清洁剂，由于具有非常强的氧化能力，它消除了大气层中绝大多数的空气污染物。燃烧是一种放热与发光的反应，大多数有机物燃烧会产生淡蓝色的光，这些淡蓝色的光是由燃烧生成的 OH 自由基发出 307~320nm 的光。

【实验目的】

1. 利用燃烧烷烃的发光光谱测量 OH 自由基。
2. 掌握分子电子结构与精细光谱的原理，从而了解量子力学基本原理与精密光谱之间的关系。

【预习提示】

1. 了解燃烧的基本概念、特点。
2. 熟悉 OH 自由基的电子结构及谱项标识。
3. 了解高效的光电检测技术及其原理。

【实验原理】

OH 自由基的电子基态是 $X^2\Pi$ 态，第一电子激发态为 $A^2\Sigma^+$态，在 $A^2\Sigma^+ \sim X^2\Pi$ 之间的电子跃迁形成了它的所谓 γ 带光谱，图 6.4-1 给出了 OH 自由基的电子基态与第一电子激发态的势能曲线。

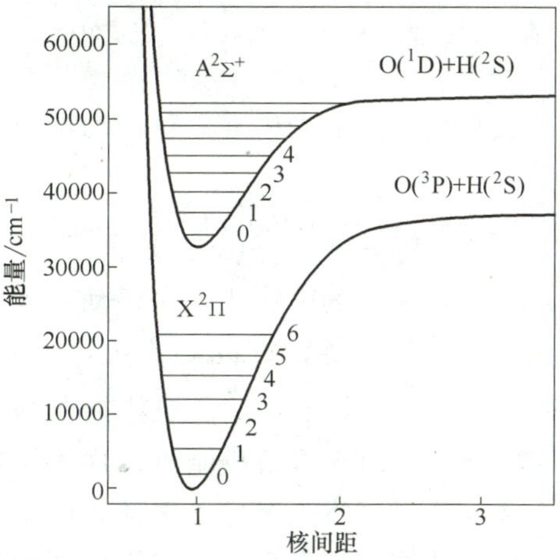

图 6.4-1 OH 分子的 $X^2\Pi$ 与 $A^2\Sigma^+$态势能曲线

【实验仪器】

燃烧装置：气体预混系统、射流燃烧器、平流燃烧器、自点火系统以及光路系统等。

OH 自由基光谱检测装置：

1. Acton 光谱单色仪

Acton 光谱单色仪如图 6.4-2 所示，利用光栅分光原理将燃烧火焰的光进行分离。

2. Princeton ICCD

Princeton ICCD 如图 6.4-3 所示，用于光谱数据采集。

图 6.4-2　Acton 光谱单色仪

图 6.4-3　Princeton ICCD

【实验内容】

1. 基础内容

乙醇燃烧产生 OH 自由基的光谱采集。

参考仪器的使用记录对光谱仪及 ICCD 开机预热，利用远程控制 ICCD 制冷；

选择合适的燃烧器，调整火焰高度、聚焦透镜与单色仪的入口狭缝在相同高度上；

选择燃料进行点火，待火焰稳定后打开采集器的高压电源；

利用 Spec 光谱采集软件对 OH 自由基的光谱进行采集。

利用 origin 对燃烧实验光谱数据作图，纵坐标为发射光谱的相对强度，横坐标为光谱的波长；要求调解光谱单色仪的狭缝，让光谱的分辨率尽可能地高。

2. 提升内容

OH 光谱谱线位置的确定。

在 Born-Oppenheimer 近似下，可以把电子的运动与原子核的运动分开考虑，能够把能量进行分离，对于电子态不同的分子的振动和转动：

$$E=E_e+E_v+E_{v\text{-}r}=E_e+hcG(v)+hcF_v(J) \tag{6.4-1}$$

式中，E_e 为电子能；$G(v)$ 是振动项；$F_v(J)$ 为给定振动能级中的各转动项。振动项可以表示为

$$G(v)=\omega_e\left(v+\frac{1}{2}\right)-\omega_e\kappa_e\left(v+\frac{1}{2}\right)^2+\omega_e y_e\left(v+\frac{1}{2}\right)^3+\omega_e z_e\left(v+\frac{1}{2}\right)^4+\cdots \tag{6.4-2}$$

我们用已知的光谱常数对振动项进行分析，$G(v)=3737.7941\left(v+\frac{1}{2}\right)-84.9146\left(v+\frac{1}{2}\right)^2+0.5584\left(v+\frac{1}{2}\right)^3-0.0260\left(v+\frac{1}{2}\right)^4$，由于更高次项的值在振动量子数较小时可以忽略，因此我们取其中前四项的表达式。在振动项里，已经考虑了振动与电子运动之间相互作用。选择这样的振动能级，使 ω_e、$\omega_e\kappa_e$、$\omega_e y_e$、$\omega_e z_e$ 适合电子态的势能函数 $U(r-r_e)=E^{el}+V_n=f(r-r_e)^2-g(r-r_e)^3+h(r-r_e)^4$，把势能函数代入薛定谔波动方程，就可以求出非谐振子的能级 $E_v=hcG(v)$。由于这条势能曲线代表了电子能量（包括原子核的斥力）相对于核间距的依赖关系，所以基本上考虑了振动和电子运动之间相互作用的主要部分。电子能量与原子核的库仑势能值之和（$E^{el}+V_n$）起着使原子核振动的那种势能的作用。

转动项可以表示为

$$F_v(J)=B_vJ(J+1)-D_vJ^2(J+1)^2+H_vJ^3(J+1)^3+\cdots \tag{6.4-3}$$

其中

$$B_v = B_e - \alpha_e\left(v+\frac{1}{2}\right) + \gamma_e\left(v+\frac{1}{2}\right)^2 + \cdots \tag{6.4-4}$$

$$D_v = D_e + \beta_e\left(v+\frac{1}{2}\right) \tag{6.4-5}$$

$$\beta_e = D_e\left(\frac{8\omega_e\kappa_e}{\omega_e} - \frac{5\alpha_e}{B_e} - \frac{\alpha_e^2\omega_e}{24B_e^3}\right) \tag{6.4-6}$$

$$H_v \approx H_e = \frac{2D_e}{3\omega_e^3}(12B_e^2 - \alpha_e\omega_e) \tag{6.4-7}$$

对于振动量子数 v 比较小的情况，β_e 相比于 D_e 小很多，D_v 远远大于 $\beta_e\left(v+\frac{1}{2}\right)$，$D_v \approx D_e$；$H_v$ 的值相对于 D_v 的值小很多，对于转动量子数 J 比较小的情况，$H_vJ^3(J+1)^3$ 的值相对于前两项而言小得多，因此这一项可以忽略不计。我们通过使用 B_v 和 D_v 这两个依赖于 v 和振动常数的量，把振动和转动之间相互作用的主要部分考虑进来。

根据量子力学与电子结构原理，考虑燃烧生成 OH 自由基的振动与转动，利用表 6.4-1 OH 光谱所用到的光谱常数计算出 OH 自由基光谱的理论谱线位置；并与实验得到的 OH 光谱进行比较，给出实验误差。

表 6.4-1 OH 光谱所用到的光谱常数

态	T_e	ω_e	$\omega_e\kappa_e$	$\omega_e\gamma_e$	B_e	α_e	D_e10^{-4}	r_e
$A^2\Sigma^+$	32684.1	3178.86	92.92	−1.7731	17.3580	0.7868	20.39	1.0121
$X^2\begin{cases}^2\Pi_{1/2}\\ ^2\Pi_{3/2}\end{cases}$	$\begin{cases}126.23\\0\end{cases}$	3737.76	84.88	0.5584	18.9108	0.7242	19.38	0.9697

3. 进阶内容

OH 光谱谱线强度的确定。

如果转动分布达到热平衡时，转动能级的分布是玻尔兹曼分布。在温度 T 下，最低振动态的转动能级 J 中的布居数

$$N_J \propto (2J+1)e^{-F(J)hc/kT} \tag{6.4-8}$$

给定转动跃迁的光谱强度与基态振转布居 $N(J'', v'')$ 的关系可以表示为

$$I_F \propto \frac{N(J'',v'')\,q_{v'v''}S_{J'J''}}{(2J''+1)}f(v_0,v) \tag{6.4-9}$$

式中，$q_{v'v''}$是已知的 OH A-X 跃迁的 Franck-Condon 因子（$q_{00}=0.90497$，$q_{11}=0.7086$）；$S_{J'J''}$ 是 OH A-X 单光子转动跃迁的线强度因子；$f(v_0, v)$ 为激光线形函数。

利用热平衡原理确定 OH 自由基光谱的谱线强度，并给出玻尔兹曼分布的振转布居 $N(J'', v'')$。

4. 高阶内容

设计特定的燃烧实验，采集其燃烧光谱数据并分析燃烧产物与 OH 自由基的火焰温度标定。

【实验注意】

1. 燃料都是易燃品，一定要严格按照操作流程及安全要求进行实验。
2. ICCD 属于昂贵的科研仪器，在使用前必须由专业人员进行培训。
3. 避免强光直接进入光谱采集器。
4. 每一次采集实验数据后都需要关闭采集器的高压电源。

【实验报告思考题】

1. 如何获得分辨率更高的 OH 自由基的转动谱？
2. 如何把课本中学到的基本原理与实验更加紧密地结合起来？
3. 利用计算机语言编程，对所获得的实验数据进行仿真拟合。

【参考文献】

[1] CHENG S B, ZHOU C H, YIN* H M, et. Photolysis of *o*-nitrobenzaldehyde in gas phase: a new OH formation channel [J]. Chem. Phys. chem. 2009, 10, 1135-1142.

[2] 韩冬雪，蒋鹏，尹鸿鸣. 二甲醚燃烧双火焰及排放特性 [J]. 大连海事大学学报：自然科学版，2018，44（4）：106-114.

[3] HERZBERG G. Molecular Spectra and Molecular Structure. I. Spectra of Diatomic Molecules [M]. 3rd ed. New york: Van Nostrand 1953.

[4] LUQUE J, CROSLEY D R. Transition probabilities in the $A^2\Sigma^+-X^2\Pi$ electronic system of OH [J]. Chem. Phys., 1998, 109: 439-448.

实验 6.5 聚焦离子束系统虚拟仿真实验

聚焦离子束技术已广泛应用于科研和生产。聚焦离子束系统是高精度大型科研实验设备，具有放大倍数可调范围宽、图像分辨率高、景深大等特点。由于设备昂贵、技术精密、能耗大、操作流程非常严格，学生在学习相关基础知识时缺乏直观、系统的了解，对本科学生难以实现规模教学。

该仿真实验从学习者的一般实验能力（经验）和认知过程（能力）出发，采用3D仿真技术将聚焦离子束系统所具备的样品制备、扫描电子显微镜观测和离子束刻蚀沉积三大功能，以及相应的实验过程（共32个步骤）、实验景象和结果一一展示给学习者，旨在帮助他们熟悉使用聚焦离子束系统的原理、操作流程和注意事项，帮助他们了解相关实验的景象（仿真模拟），熟悉全部实验过程。可以通过仿真实验为真实实验做好各种必要准备，也可以直接通过模拟仿真实验加深对离子束/电子束与物质相互作用理论的理解，加深对电子扫描显微镜观测技术、离子束刻蚀沉积技术的学习和理解。

【实验目的】

1. 理解聚焦离子束系统的基本结构和工作原理。
2. 理解电子束与固体样品作用产生的信号在测试分析中的作用。
3. 熟悉扫描电镜的参数设置和操作流程。
4. 熟悉离子束刻蚀和沉积的技术特性。

【预习提示】

1. 聚焦离子束系统的核心部件是什么？其作用是什么？
2. 影响电子显微镜分辨率的因素有哪些？如何提高显微镜的分辨率？
3. 二次电子像是如何成像的？
4. 背反射电子像有哪些应用？
5. 如何进行离子束刻蚀、沉积？

【实验原理】

本虚拟仿真项目的实验原理主要是聚焦离子束系统实验的相关物理过程。利用计算机3D仿真技术将聚焦离子束系统的基本结构、工作原理和交互式操作规程等通过虚拟仿真的手段再现出来，让学生通过仿真实验直观认识扫描电子显微镜和离子束刻蚀沉积的基本运行原理，又能通过动手操作达到实践训练，从而提高实践和创新能力。

聚焦离子束系统是介于透射电镜和光学显微镜之间的一种微观观测手段，包括扫描电子显微镜和离子束刻蚀沉积。扫描电子显微镜是由电子光学系统，信号收集处理、图像显示和记录系统，真空系统三个部分组成。其中电子光学系统包括电子枪、电磁透镜、扫描线圈和样品室。入射电子束与固体样品的相互作用可产生多种物理信号，如图6.5-1所示。背反射电子是指被固体样品原子反射回来的一部分入射电子。背反射电子的产生范围在100nm～1mm深度，如图6.5-2所示。背反射电子束成像分辨率一般为50～200nm（与电子束斑直径相当)。背反射电子的产额随原子序数的增加而增加，所以，利用背反射电子作为成像信号不仅能分析形貌特征，也可以用原子序数衬度定性进行成分分析。二次电子来自表面5～10nm的区域，能量为0～50eV。它对试样表面状态非常敏感，能有效地显示试样表面的微观形貌。X射线一般在试样的500nm～5mm深处发出。俄歇电子是由试样表面几个原子层中发出，俄歇电子信号适用于表层化学成分分析。

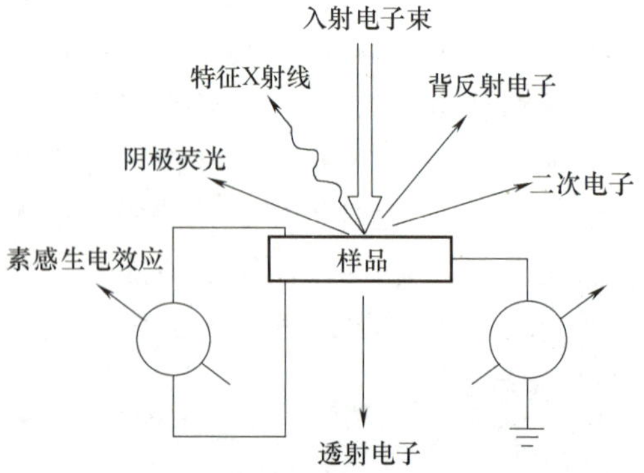

图 6.5-1　电子束和样品表面作用的现象

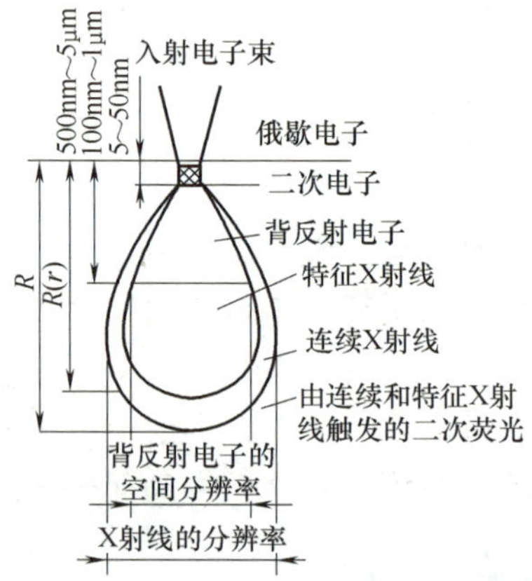

图 6.5-2　电子束在样品中的散射现象

扫描电子显微镜分辨率的高低和检测信号的种类有关，由表6.5-1可以看出，二次电子和俄歇电子的分辨率高，而特征X射线调制成显微图像的分辨率低。影响分辨本领的主要因素是入射电子束斑的大小和成像信号（二次电子、背散射电子等)。

表 6.5-1　各种信号成像分辨率（单位：nm）

信号	二次电子	背散射电子	吸收电子	特征X射线	俄歇电子
分辨率	5～10	50～200	100～1000	100～1000	5～10

聚焦离子束系统的场深是指电子束在试样上扫描时，可获得清晰图像的深度范围。场深与放大倍数及孔径光阑有关。当电子束做光栅扫描时，若电子束在样品表面扫描的幅度为A_s，相应的在荧光屏上阴极射线同步扫描的幅度是A_c，A_c和A_s的比值就是扫描电子显微镜的放大倍数。

聚焦离子束刻蚀是指当定向高能离子向固体靶撞击时，能量从入射离子转移到固体表面原子上，当固体表面原子间结合能低于入射离子能量时，固体表面原子就会被移开或从表面上被除掉。通常离子束刻蚀所用的离子来自惰性气体。聚焦离子束刻蚀的束斑可达100nm以下，最小的达到10nm加工结果。相比电子与固体相互作用，离子在固体中的散射效应较小，并能以较快的速度进行小于50nm的刻蚀，故而聚焦离子束刻蚀是纳米加工的一种理想方法。聚焦离子束沉积是利用离子束能量分解金属蒸气或气相绝缘材料，在样品局部区域沉积。

【实验仪器】

聚焦离子束系统虚拟仿真实验软件，电脑。

如图6.5-3所示，实验中的主要仪器包括：聚焦离子束系统、Microscope Control 软件、

Vacuum control 软件、手动操作盘和工具箱。

实验材料、工具：待测样品，导电胶，螺丝刀，离子源。

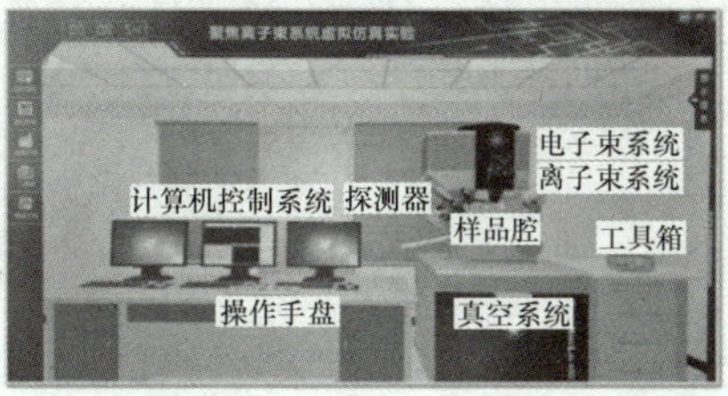

图 6. 5-3 聚焦离子束系统虚拟仿真实验装置图

【实验内容】

1. 基础内容

（1）检查实验仪器设备，查看工具箱、样品室、电镜、离子源、真空系统和加热系统。

（2）样品制备：①打开工具箱，点击样品托支架，移动到桌面；②点击样品托，移动到样品托支架上，点击螺丝刀，固定样品托和样品托支架；③点击另一块样品托支架移动到桌面上，挨着第一块样品托支架放置；④点击导电胶，粘贴到样品托上；⑤点击样品，移动到样品托上的导电胶上并粘贴好；⑥点击导电胶，粘贴到样品表面，放置样品托支架的夹子，完成样品制备。

（3）样品装载。打开控制软件，点击“Vent”按钮，给样品腔充入氮气，气压达到常压时打开样品腔的门。点击制备好的样品，移动到样品腔内，点击“固定样品”按钮，用螺丝刀固定样品。

（4）样品腔抽真空。点击真空控制栏中的“pump”，开始抽气。抽气最开始时，要帮推样品室门，样品室开始抽真空，直到抽成真空。

2. 提升内容

扫描电子显微镜参数设置并观测样品。

（1）点击菜单栏中束流选择下拉框，选择电子束扫描。

（2）点击“Beam on”按钮，打开电子束，待电子束打开以后，按钮会变成黄色。

（3）点击菜单栏中“Scan”，选择“Pause”选项，激活电子束的扫描窗口，开始扫描。

（4）根据样品的特性选择合适的电流和电压。

（5）调节亮度和对比度，将扫描到的图像调节清晰。

（6）调节自动聚焦，将扫描图像调节清晰。

（7）点击菜单栏中的“Link”图标，同步样品台的高度参数。

（8）设置样品台的高度为 4mm，点击“GoTo”，设置样品台的高度。

（9）通过手动调节盘调节样品放大的倍率，按照上述步骤重新将扫描图像调整清晰。

（10）图像扫描结束后，观察并截图保存扫描图像于表 6. 5-2 中。

3. 进阶内容

离子束参数设置、刻蚀，刻蚀样品图像保存与分析。

（1）选择离子束扫描窗口，点击“Beam on”按钮开启离子束。

（2）点击“Link”按钮，样品台高度调为 4mm。

表 6.5-2　电镜观测样品的实验数据和实验现象记录表

<table>
<tr><td rowspan="8">扫描电镜观测样品</td><td rowspan="8">电子束参数：
电压________kV
选择合适
电流________nA
样品台：
Z 轴________mm
倾角 T________°</td><td>扫描图像 1（100~500 倍）</td></tr>
<tr><td></td></tr>
<tr><td>扫描图像 2（40000~60000 倍）</td></tr>
<tr><td></td></tr>
<tr><td>扫描图像 3（200000 倍）</td></tr>
<tr><td></td></tr>
<tr><td>样品台图像</td></tr>
<tr><td></td></tr>
</table>

（3）将样品台角度 T 调至 52°，找准刻蚀位置，暂停扫描窗口（当前窗口还是离子束窗口）。

（4）选择刻蚀的形状、参数等。

（5）单击刻蚀图标开始离子束刻蚀，激活扫描窗口观察并截图保存刻蚀图案于表 6.5-3 中。

（6）实验完成后，关闭离子束。

4. 高阶内容

离子束沉积，沉积样品图像保存与分析。

（1）选择离子束扫描窗口，点击“Beam on”按钮开启离子束。

（2）点击“Link”按钮，样品台高度调为 4mm。

（3）将样品台角度 T 调至 52°，找准沉积位置，选择沉积形状，暂停扫描窗口（当前窗口还是离子束窗口）。

（4）关闭离子束，设置沉积参数，选择沉积物质，点击“Warm”按钮并加热。

（5）打开加热气体，进行诱导沉积，关闭加热气体，开启离子束。

（6）单击沉积按钮，随后激活扫描窗口，观察沉积图案并截图保存于表 6.5-3 中。

（7）沉积完成后，关闭离子束。

表 6.5-3　离子束刻蚀和沉积的实验数据和实验现象记录表

<table>
<tr><td rowspan="4">离子束刻蚀</td><td rowspan="4">离子束参数：
电压________kV
电流________pA
样品台：
Z 轴________mm
倾角 T________°
选用物质________</td><td>刻蚀前图像</td></tr>
<tr><td></td></tr>
<tr><td>刻蚀后图像</td></tr>
<tr><td></td></tr>
<tr><td rowspan="4">离子束沉积</td><td rowspan="4">离子束参数：
电压________kV
电流________pA
样品台：
Z 轴________mm
倾角 T________°
选用物质________</td><td>沉积前图像</td></tr>
<tr><td></td></tr>
<tr><td>沉积后图像</td></tr>
<tr><td></td></tr>
</table>

【实验注意】

1. 实验开始前，需要详细了解虚拟仿真实验中待观测样品的特性，设置合理的初始电流和电压，避免输入参数偏离过大，难以扫描到清晰图像。

2. 放置样品前务必给样品室充入氮气实现放空；开启电子束前，务必抽气，满足实验所需真空度要求。

3. 离子束沉积时，在对沉积物质加热前务必关闭离子束。

【实验报告思考题】

1. 如何正确使用聚焦离子束实验系统观测样品形貌特征和分析样品成分？

2. 通过实验你认为聚焦离子束系统有哪些特点和用途？

3. 请根据实验中你采集样品的电镜图像，自选并标记出不同的目标物 2 个，采用比较法求出其相对大小（尺寸）。

【参考文献】

[1]　吴泳华，霍剑青，浦其荣．大学物理实验［M］．北京：高等教育出版社，1993.

[2]　陆廷济，费定曜，胡德敬．物理实验［M］．上海：同济大学出版社，1991.

[3]　曹泽淳，安其霖，黄家美．国产硅太阳电池参数的研究［J］．应用科学学报，1983（03）：267-269.

[4]　张映辉．大学物理实验学习指导书［M］．2 版．北京：高等教育出版社，2021.

[5]　http：//www. ilab-x. com/login

【本实验相关数字资源】

1-项目简价

2-教学引导

3-物理思想与物理方法解析

思维导图（知识图谱）

实验 6.6　固相法合成上转换荧光粉及光谱测量虚拟仿真实验

发光是一种奇特的现象，发光物质已成为人们日常生活中不可缺少的材料，广泛地应用于照明、显示、激光防伪、医疗诊断、荧光免疫检测等领域。上转换发光属于光致发光的一种，是一个反斯托克斯过程。有关上转换发光的研究起始于 20 世纪 60 年代，并在激光技术、光纤通信、光信息存储和显示等领域得到了广泛应用。近年来，随着人们对生物荧光标记发光性能和稳定性等要求的不断提高，上转换荧光粉因其独特的发光特性，再次在生物医学领域显示出巨大的应用潜力。合成上转换发光材料，开展发光性能表征与研究，对制备小尺寸、高稳定性、高发光效率的上转换发光材料及荧光标记具有重要意义。

【实验目的】

1. 掌握固相法制备上转换荧光粉的步骤和仪器使用方法。
2. 熟悉光谱测量的参数设置和操作流程。
3. 掌握稀土离子上转换发光的基本原理及其荧光发射光谱测试分析方法。

【预习提示】

1. 固相法合成荧光粉的方法步骤有哪些？系统了解烘箱、马弗炉温度控制方法，思考如何正确设置温度控制程序。
2. 思考上转换发光光谱是怎么测量的，光谱仪中发射端光栅的主要作用是什么。
3. 思考激发光功率对上转换发光的影响及其机制。

【实验原理】

1. 上转换发光

上转换材料的发光机理是基于双光子或多光子过程。发光中心相继吸收两个或多个光子，再经过无辐射弛豫达到发光能级，由此跃迁到基态放出一可见光子。为了有效实现双光子或多光子效应，发光中心的亚稳态需要有较长的能级寿命。稀土离子能级之间的跃迁属于禁戒的 f-f 跃迁，因此有长的寿命，符合此条件。图 6.6-1 简略地表示出上转换过程的基本原理。图中 A 为基态能级，B 和 C 为激发态能级。能级 B 与 A 间的能量差和能级 C 与 B 间的能量差相等。当激发能量与上述能量差一致时，离子会从基态能级 A 激发到能级 B。如果能级 B 的寿命足够长，离子将被进一步激发到能级 C，最终产生能级 C 到 A 的发射。在发射过程中，如果对应的能级间能量差足够大，就会辐射出光子，光子波长与能极间能量差有关。如果能级间能量差太小就不会产生光子，能量会以热辐射的方式损失掉，即辐射产生声子。

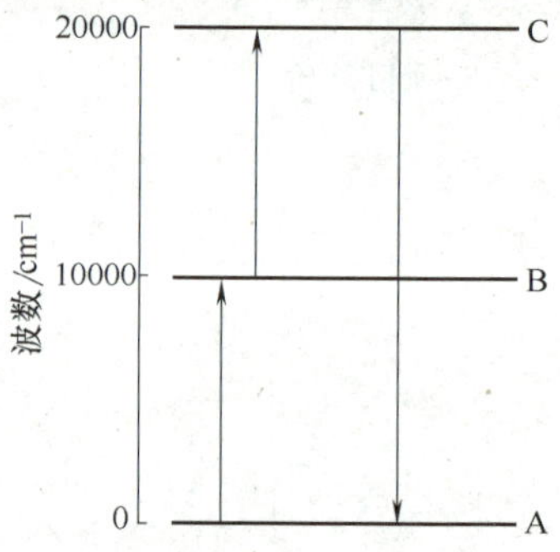

图 6.6-1　上转换原理图

此过程是一种最简单、理想化的上转换情况，实际上存在着多种更加复杂的上转换过程，如图 6.6-2 所示：

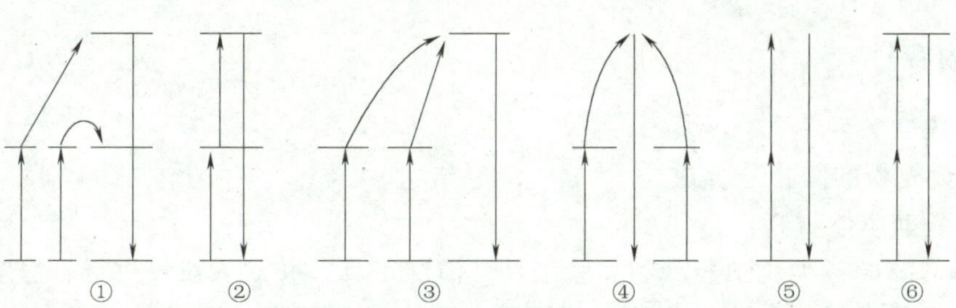

图 6.6-2 几种上转换过程的能级示意图

①能量传递；②两步吸收；③协同敏化；④协同发光；⑤二阶谐波；⑥双光子吸收

①能量传递：离子 A 连续不断地将它们的激发能量传递给离子 B，从而能从一个较高能级产生发射。②两步吸收：此过程仅由 B 离子单独完成。③协同敏化：两个 A 离子同时将它们的激发能量传递给 C 离子，在 A 的激发能级位置上 C 没有能级。最后，由 C 的激发能级产生发射。④协同发光：将两个 A 离子的激发能量相结合，形成一个产生发射的光量子。⑤二阶谐波（倍频）：辐射光频率被加倍，没有发生任何吸收跃迁。⑥双光子吸收：在完全不借助任何中间能级的情况下，双光子同时被吸收。然后一个光子从其激发能级产生发射。

2. 上转换发光强度与激发功率的关系

上转换发光强度与激发功率之间有如下关系：

$$I_{up} \propto I_p^n$$

式中，I_{up} 表示上转换荧光粉的发光强度；I_p 表示激发源的激发功率；$n=(1, 2, 3, \cdots)$ 表示到达相应的激发态所需要的光子数量。根据上述关系式，如果能够获得上转换荧光粉在不同激发功率 I_p 下的发射光谱，做发射峰强度 I_{up} 随激发功率 I_p 的变化曲线，将横纵坐标均变换为对数坐标后进行直线拟合，所得拟合直线的斜率即为该发射峰对应的上转换过程所需吸收的激发光光子数量 n。

3. 荧光粉固相合成方法

固相法，也叫固相反应法，具有成本低、生产工艺简单、合成速度快等优点。该方法是利用固相粉末原材料，通过在高温下煅烧使原材料在固相条件下产生化学反应，实现稀土离子向基质材料中的掺杂，得到最终产物。本实验中，基质材料为 Y_2O_3，掺杂离子为 Er^{3+}、Yb^{3+}。

4. 上转换发光的测量

激发光谱和发射光谱是表征发光材料两个重要的性能指标。上转换发光的测量实际上是单一波长红外激发源激发下，发射光谱的测量过程。一般需要激发源（红外激光器）、单色仪和探测器。测量过程中用激发源照射样品，通过调整光路使样品发射的光汇聚到单色仪接收端（狭缝），在单色仪出射端用探测器采集上转换荧光信号。现代光谱仪已实现了对上述仪器部件的整合，并通过计算机完成对测量参数调节、控制以及测量结果的显示。

【实验药品与仪器】

氧化钇，氧化铒，氧化镱，药勺，称量纸，研钵，坩埚，托盘，橡胶手套，样品盒，电子天平，烘箱，马弗炉，荧光光谱仪，980nm 光纤激光器，固体样品架，酒精棉，样品池。

【实验内容】

1. 基础内容

上转换荧光粉的固相法合成。

(1) 准备前躯体材料。

① 选择需要的各类化学药品和实验工具，清洗工具，并放入烘箱烘干，温度45℃。

② 通过电子天平逐一称量药品。利用玛瑙研钵对药品进行混合、研磨，直至均匀，并装入刚玉坩埚。

(2) 上转换荧光粉的制备。

① 将盛有试样的坩埚送入马弗炉，设定升温程序并启动。升温程序：室温经2h升温至800℃，之后800℃恒温2h。

② 煅烧结束并冷却至室温后，用坩埚钳取出坩埚，将里面的试样倒入玛瑙研钵中进行研磨，并装入样品盒待用。

2. 提升内容

(1) 荧光光谱仪的光路认知。

① 激活荧光光谱仪光路模块，学习光谱仪光传输特性，了解主要光学元件的功能。

② 将各光学元件拆解，分析元件作用，依据光激发和荧光测试原理，将元件逐一装回。

③ 观察光激发与荧光测试模拟演示，了解光谱仪荧光测试原理和光学元件主要功能。

(2) 上转换荧光粉发射光谱测试与分析。

① 将样品装入光谱仪样品池，并将样品池装入样品架，放入荧光光谱仪。关闭光谱仪氙灯，选择外接光源（CW laser），出射光狭缝宽度调整为2.5nm。

② 将980nm光纤激光器固定在光谱仪外接光源接口，打开激光器电源，调节工作电流，使激光功率输出适中。设置发射光谱测量参数，测量所制备样品的上转换发光光谱。

③ 使用光谱仪游标按钮，对光谱进行分析，记录发射光谱的发射峰峰位，发射峰强度。对光谱截屏输出，标记发射峰峰位和强度。

④ 改变激光器工作电流，研究激发功率对上转换发光的影响。至少完成五组不同激光器工作电流下的发射光谱测量，截屏输出光谱，标记发射峰峰位和强度。

3. 进阶内容

设计实验方案，学习激发光谱和发射光谱的测量和分析方法。根据上转换发射光谱特性，测量 Y_2O_3：1%Er，8%Yb 荧光粉的激发光谱，并获得最佳下转换发射光谱。

4. 高阶内容

设计实验方案，取红光（660nm 左右）为研究对象，测量并分析多光子吸收过程。依据上转换发光的基本原理，结合 Er-Yb 离子能级图，分析阐述能量传递过程和电子跃迁机制。

【实验注意】

1. 注意按照高精密电子天平的操作规范，使用前务必调平，且勿损坏和污染天平。
2. 进行虚拟操作时，注意光谱仪的操作规范，实时保存实验测量结果，避免丢失。
3. 实验过程中内置了操作扣分设置，请认真、仔细完成实验操作。

【实验报告思考题】

1. 上转换发光的测量是测量样品的激发光谱还是发射光谱？实验中，如何设置光源及光谱仪的激发条件？

2. 根据不同激发条件下的上转换发射光谱，分析激光器工作电流、出射光狭缝大小对上转换发光测量结果的影响，并说明原因。

【参考文献】

[1]　孙家跃，杜海燕，胡文祥．固体发光材［M］．北京：化学工业出版社，2004.
[2]　王育华．无机固体光致发光材料与应用［M］．北京：科学出版社，2021.
[3]　张映辉．大学物理实验［M］．2 版．北京：机械工业出版社，2017.

【本实验相关数字资源】

1-准备前驱体材料

2-上转换荧光粉制备

3-荧光光谱仪的光路认知

4-氙灯激发下荧光粉激发光谱与发射光谱测量

5-上转换荧光粉发射光谱测量

实验 6.7　大气压下电晕放电的产生与伏安特性

大气压放电等离子体的产生与应用是等离子体科学技术领域非常重要的分支之一。由于不需要真空设备，它的产生、维持与操控相对简单，运行成本也不高，在材料表面改性、臭氧合成、除尘与废气处理、污水处理、薄膜制备等方面获得了广泛的应用。大气压放电等离子体的产生主要有电弧放电、电晕放电、火花放电等几种方法，其中，电晕放电是目前工业领域中应用最广泛、最成熟的高气压放电技术，在静电除尘、静电涂装、静电复印、材料表面改性等领域有着重要的应用价值。因此，了解大气压下电晕放电的产生与特性对掌握现代气体放电技术及应用非常必要。

【实验目的】

1. 了解高电压产生及其静电电压表使用方法。
2. 掌握大气压电晕放电的产生机理、电极结构特征及其放电特性。
3. 学习安全操作高电压的方法。

【预习提示】

1. 什么是电晕放电？其主要特征是什么？
2. 高电压产生方法有哪些？进行高电压操作要注意哪些问题？
3. 了解静电电压表的测量原理与使用。

【实验原理】

1. 电晕放电现象与主要特征

电晕放电是极不均匀电场所特有的一种自持放电形式，通常发生在不均匀电场中局部电场较强的地方，并伴随有类似“月晕”的局部发光现象，这种发生在高场强电极附近发光薄层区域内的气体放电电离现象称为电晕放电。电晕放电通常发生在高气压（>100Torr）下曲率半径很小的电极附近，如尖端、细丝、尖锐边缘、粗糙表面、刻痕等，这些地方的局部电场较强，容易引发气体电离。

电晕放电现象可以在很多场合观察到，如电除尘器的电晕极周围、高压输电线表面、同轴圆筒所包围导线的表面等。图 6.7-1 给出了大气压下不均匀电场电晕放电的照片，从中可以清楚地观察到“电晕”的发生。在曲率半径较小的电极附近，电场强度足够高，电子电离系数相当大，其余绝大部分空间内电场强度非常低，电离系数太小，很难引发气体电离。因此，电晕放电仅局限于高电场强度电极附近的薄层区域。

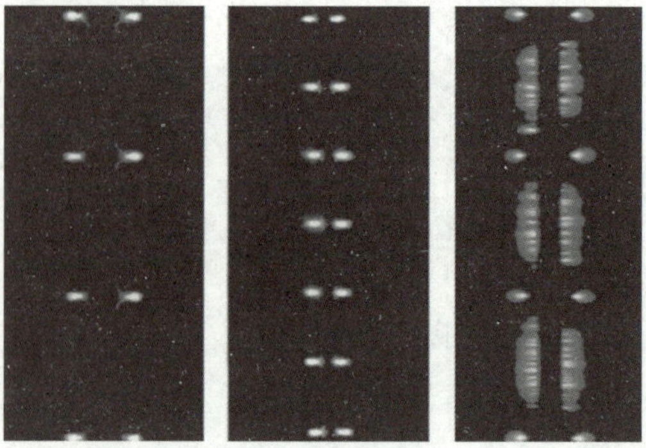

图 6.7-1　不均匀电场的电晕放电

电晕放电的特征之一是放电空间内的电压降较大，通常为千伏数量级，但放电电流很小，为微安或毫安数量级。在电晕放电情况下，如果提高外加激励电压，在电源功率不够大时电晕放电将转变为火花放电，而在电源功率足够大时电晕放电将转变为弧光放电。

电晕放电的另一特征是电极几何构形对电晕放电效果影响大。良好的电极几何构形可以使放电电场局限于局部电场很高的电极附近，形成电晕层（电离区）。电晕层之外的区域为迁移区，迁移区电场较弱，一般不发生或很少发生电离，电流传导主要依靠正离子、负离子或电子的迁移运动。如果在两个电极中仅有一个电极起晕，则在电离区域之外基本上只有一种符号的带电粒子，在这种情况下，形成电流的带电粒子是单极性的。当在电晕电极上施加正极性电压时，电晕电流由正离子载流完成；当在电晕电极上施加负极性电压时，电晕电流则由负离子载流完成。

电晕放电电流大小取决于施加到电极之间电压的大小、电极的形状、极间距离、气体的性质和密度等。通常，在每米长度的细导线上能产生微安到毫安级的间歇或连续电流，正极性电晕通常引起连续的直流电流，而负极性电晕则通常要引起脉冲或间歇的电流。电子可以参与活性区域内的电流，但在空气等气体中会很快因附着而形成负离子。正极性电晕与负极性电晕的引发电压与电晕电流在同样条件下相差很小。

2. 电晕放电的形成机理与伏安特性

（1）高气压放电的流注理论。流注是产生电晕放电的主要模式。所谓流注是指高度电离区域快速形成并迅速传播的一种放电现象。流注的形成依赖于空间电荷的产生，大量空间电荷能够引起电场的畸变。在放电电场中，由于某种原因通常会在放电空间内存在极少量的偶然电子。以阴极附近的偶然电子为种子，在激励电场的作用下，电子在向阳极迁移过程中会不断引起中性粒子发生碰撞电离，形成电子雪崩并向阳极一侧不断发展。由于电子的迁移速度要比正离子的迁移速度大两个数量级，因此在电子崩发展过程中，正离子距原来的位置移动不多，相对于电子可以认为是静止的。又由于电子的扩散作用，电子崩在其发展过程中横向半径逐渐增大。这样，就会在电子崩中出现大量的空间电荷，电子集中在崩头最前面，其后直到尾部是正离子，形成了最初的电子崩，其形状好像半球头的锥体。

随着电子崩的发展，电子崩中的电子数 $n_{ex}=e^{\alpha x}$ 呈指数增加，大部分电子是在雪崩发展到阳极附近产生。因此，电子崩的电离过程主要集中在雪崩头部，由其产生的空间电荷的分布也是极不均匀的。当电子崩发展到一定程度后，电子崩形成的空间电荷产生的本征电场将大大加强，并使总的合成电场明显畸变，结果崩头电场增强，而电子崩内正、负电荷区域之间的电场则被削弱。

电子崩头部的电子密度很大，电离过程强烈，其明显增强的电场有利于激发或电离中性粒子，当这些激发态的中性原子或分子恢复到基态时，放射出光子。如果外电场相对较弱，这些过程并不强烈，也不会引发流注现象。而当外电场较强，超过气体击穿场强时，情况就会发生质的变化，电子崩头部开始形成流注，并随电场的增强发展越来越快，直至贯通阴阳两极，形成等离子体。

流注的形成可分为两类，一类是正流注，一类是负流注。所谓正流注是指由阳极向阴极发展的流注。与正流注相反，由阴极向阳极发展的流注称为负流注。负流注的发展速度要比正流注小。

（2）正电晕的形成机理。正电晕是发生在阳极附近的局部放电。当施加的激励电压时间周期很长时，所产生的带电粒子最终会在电场中积累起来，形成瞬态或稳态的空间电荷。

如果在某种情况下空间电荷变得很稳定，则原始电场将发生畸变并导致产生新的电离形式。在这种情况下，最初的电离是一个瞬态的发光现象，它的形状是稍有分枝的丝状线，即形成流注。在稳定电场下，流注以变化的频率发展，流注电流大小与它的长度成正比。当电压进一步增加时，流注的发生也更为频繁并逐渐向自持放电过渡，直至全部瞬态的活动停止下来，并在靠近阳极表面出现一个稳定的薄辉光放电层。这个辉光导致一个连续但涨落不定的电流。当电压升高时，电流上升，发光的辉光区域在大小和强度两方面都增加。另一种瞬态放电的形式是突然发生的，这种放电形式具有流注特征，发光很亮，并具有明显的噪音。它们与靠近阳极处的辉光同时发展。如果进一步提高激励电压，最终将形成一个火花，从而发生完全击穿。可以看出，正电晕是由断续流注和稳定辉光两种基本模式形成的。

(3) 负电晕的形成机理。当施加到针-平面间隙两端的稳定电场逐渐增加时，开始可测得 10^{-14}A 数量级的电流，此时放电间隙中并未发生电离，电流是饱和电流。在某一电压处，将会出现一个突然增加的电流，表明一个电离过程发展起来，该电离产生规则的电流脉冲，这些电流脉冲被称为毛发状脉冲。在相同的条件下，毛发状脉冲的起始电压与正流注的起始电压接近，在相当大的电压范围内，提高电压并不能改变这种放电模式。因此，毛发状脉冲存在的区域比起始正流注存在的区域要大得多。在此之后，随着电场的增加同样会出现一个新的电晕模式，在这个模式中，流动着稳定的电流，在阴极处可以观察到辉光。此辉光的起始电压数值并不固定，而是有一个较宽的过渡区域。在该过渡区以上，稳定的辉光电晕继续存在，直至发生火花放电为止。因此，负电晕实际上是基于负流注和稳定辉光两种基本放电模式的合成。

(4) 电晕放电的伏安特性。正电晕放电的平均电流与放电电压的关系如图 6.7-2 所示。在较低的电压下，电流数量级约为 10^{-13}A，该电流是由外界电离源产生的电子和离子引起的。当电压增加时，电流开始缓慢地增加，电离过程开始。此后，由于电子碰撞所引起的电离使电荷载流子数目呈现指数增长趋势而导致稳定非自持放电电流的增加。这两个区域与辉光放电伏安特性曲线中饱和电流与汤生放电区域很相似。而后，断续的流光脉冲使可测量的平均电流增加到 10^{-8}A。这些脉冲频率可从起始时为每秒 5～10 次增加到辉光过渡时每秒几千次的最大值。单个脉冲电流服从统计分布，幅值变化很大，最大值可达 0.3mA，具体数值取决于电极曲率、气体种类、气体纯度以及气压的大小等多种参量。当放电从流光向稳定辉光过渡时，电流会逐渐增加，当击穿流光发生时，电流会继续增加。图中，电流区域 0 为由外界电离源引起的电流；区域 1 为碰撞电离的起始阶段；区域 2 为流光的起始阶段；区域 3 为稳定的无电流脉冲的辉光阶段；区域 4 为辉光和击穿流光阶段；区域 5 为火花击穿阶段。

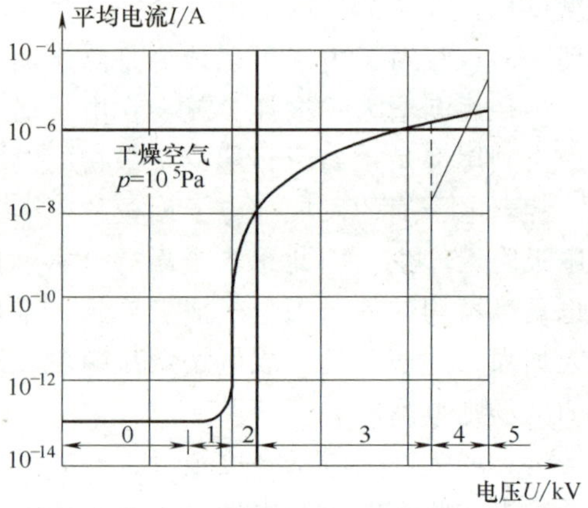

图 6.7-2 针-平面结构正电晕 *I-U* 曲线

连续电晕放电伏安特性的一般式可近似表示如下：

$$I=C\mu U(U-U_s) \tag{6.7-1}$$

式中，μ 为带电粒子的迁移率；U_s 为阈值电压；C 决定于不同电极的几何构形。对于不同的电极，只要适当选取 C 的数值就可以近似求得相应的伏安特性。

3. 电晕放电部分参量的计算

(1) 平行板击穿电场 E_B。对间距为 d（单位 m）的平行板电极，在标准温度和压强下的干燥空气中，其击穿电压用 kV 作单位可表示为 $U_B=3000d+1.35$，由此可求得击穿电场强度为

$$E_B=3000+\frac{1.35}{d} \tag{6.7-2}$$

在标准大气条件下的干燥空气中，一般近似取值为 $3000\text{kV}\cdot\text{m}^{-1}$ 或 $3\text{kV}\cdot\text{mm}^{-1}$。

(2) 阈值场 $(E_r)_s$。电晕起始电场强度，对于小曲率半径的阴极和阳极可由下式近似计算：

$$(E_r)_s=E_0\left(1+\frac{K}{(r/2)^{1/2}}\right) \tag{6.7-3}$$

式中，$E_0=3100\text{kV}\cdot\text{m}^{-1}$（相当于标准状态下空气中放电间隙为 10mm 时的均匀场中的火花场强）；$K=3.08\times10^{-2}\text{m}^{1/2}$；$r$ 为电极半径，单位为 m。

(3) 场强 E_x、E_s。对于针-平面结构，设针顶端的半径为 r，间隙距离为 d，U 为外加激励电压，则沿着间隙轴心离针顶端 x 距离处的场强为

$$E_x=\frac{2U}{(r+2x)\ln[(r+2d)/r]} \tag{6.7-4}$$

对于针-板、平行线、丝-筒、丝-匣及丝-栅等电晕结构，电极表面电场强度 E_s 可用下式估算：

$$E_s=\frac{U}{rF} \tag{6.7-5}$$

式中，U 为电极电位（V）；r 为电极半径（m）；F 为形状因子，对于针-板结构，$F\equiv1-(r/d)$。

(4) 电场不均匀系数 a。描述电场的不均匀程度的参量，定义为

$$a=\frac{E_{max}}{E_{av}} \tag{6.7-6}$$

式中，a 为电场不均匀系数；E_{max} 为最大电场强度；$E_{av}=U/d$，为平均电场强度。利用电场不均匀系数 a 可将电场不均匀程度划分为：均匀电场 $a=1$，稍不均匀电场 $a<2$，极不均匀电场 $a>4$。

(5) 阈值电压 U_s。对于针-平面结构，设针顶端的半径为 r，间隙距离为 d，则

$$U_s=(E_r)_s\,\frac{r}{2}\ln\left[\frac{(r+2d)}{r}\right] \tag{6.7-7}$$

(6) 活性半径 a_0。对于针-平面结构，针尖的活性半径为

$$a_0\approx\sqrt{\frac{rU}{E_B}} \tag{6.7-8}$$

【实验仪器】

自耦调压器（AC 0~220V），升压变压器（220V/15kV），倍压整流箱（由高压电容和

高压整流二极管组成，自行组装），毫安表，Q4-V 静电电压表，电晕放电电极（自行设计），接地板，酒精灯（或蜡烛），火柴，高压电缆，电线等。

（1）静电电压表测量原理与使用。充上电荷的电极会受到静电力的作用。直接测量静电力的大小，或测量由该静电力产生的极板偏移（或偏转）来反映所加电压大小的仪表就称为静电电压表。常用的静电电压表原理示意图如图 6.7-3 所示。对于平板电极，只要极板间电场均匀，则被测电压与静电力 F、极板有效面积 S、电极间距离为 l 的关系可由下式表示：

$$U=l\sqrt{F\cdot 10^6/4.42S}\approx 475.6l\sqrt{F/S}$$

式中，若 U、l、S、F 单位分别为 kV、cm、cm^2、N。可以看出，电场作用力与电压的平方成正比，因此，只要测得静电力 F，就可测量出高电压 U。

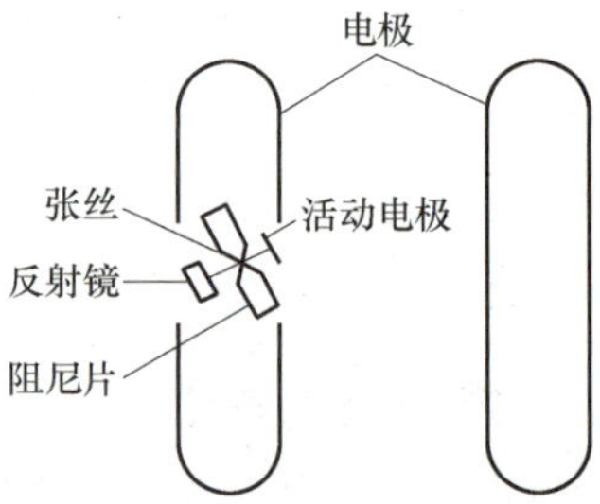

图 6.7-3　静电电压表原理示意图

静电电压表工作时，一个可动电极便产生了位移或偏转，利用设置的张丝所产生的扭矩或弹簧的弹力等产生了反力矩，当反力矩与静电场力矩相平衡时，可动电极位移到一稳定值。用可动电极相连接的指针或反射镜的光线指示，便可读出被测的电压值。静电电压表不仅可以直接测量交、直流高电压，还可测量频率高达 1MHz 的高频高压，其测量结果为有效值。

高压静电电压表在使用时，应注意高压电源及引线对静电电压表电场的影响，引线应水平地从接地极板后侧引入。因为仪表虽已有电场屏蔽装置，但外界电场的影响仍然不同程度地存在着。静电电压表的安放位置或方向及高压引线的路径若处置不当，往往会造成显著的测量误差。此外，高压静电电压表不宜用于有风的环境中，否则活动电极会被风吹动，造成光标指示摇晃而形成测量误差。另外，静电电压表量程是依靠高压极后部量程杆设定的，要注意调整量程杆和显示部分的匹配。

（2）直流高电压产生技术。本实验所用高压电源需自行设计，可依据图 6.7-4 所示原理：

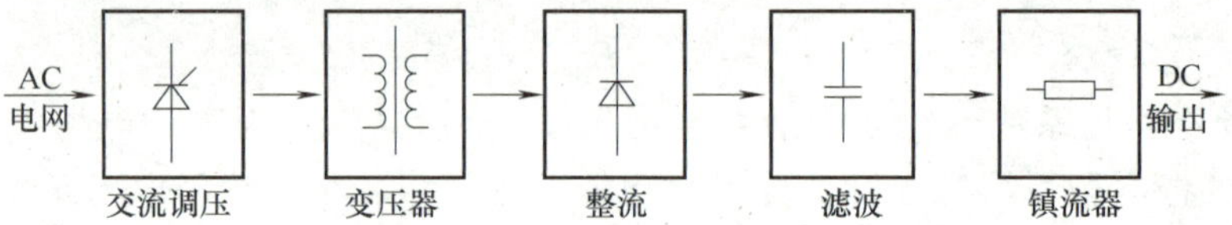

图 6.7-4　直流电源基本结构

对于高气压直流电晕放电，其特点是电压高，电流小，因此要解决好变压器的绝缘问题。整流组件是将变压器输出电压转换成直流电压的最重要部件，包括全桥整流电路、半桥整流电路和倍压整流电路等。全桥整流电路主要用于功率大脉动小的装置中，半桥整流电路主要用于功率较小，对脉动要求不高的装置中；倍压整流电路主要用于需要进一步提升输出电压的整流电路中。高压整流二极管和高压电容是整流电路的重要器件，选择时应注意元件额定整流电流和耐压要高于放电装置的正常工作电流和电压，对于一些正常工作状态下经常发生击穿或闪络的装置，其额定参数应留有充分的余量，一般不应小于 1 倍。选择元件时还应注意元件的频率特性，许多元件的电流频率低于 3kHz，当工作频率高于 3kHz 时，应选用高频元件。对于一些对电源波动要求严格的装置，增加滤波组件有时是非常必要的。常见的滤波电路可采用电容滤波、电感滤波或 LC 滤波等。为了保护整流电路各组件在事故时的电流不超过允许的过载电流峰值，还需在电源输出端增加镇流器。镇流器通常是一只电阻，有时为了降低能耗，也有使用电感代替的，但对电感的设计要求较高。镇流电阻可按 $R=\sqrt{2}U/I_{sm}$ 选取。其中，U 为电源输出电压，I_{sm} 为电路元件短路允许的过电流峰值。

【实验内容】

本实验以电晕电场对电风形成影响为例，来考察电晕放电的发生体系与伏安特性。

1. 基础内容

正电晕放电电场对电风形成的影响，估算能使蜡烛熄灭的正电晕电场强度范围。

（1）依据预先设计的倍压整流高压电源系统原理图连接好电源，注意接成正直流输出形式。

（2）按照预先设计将放电板、接地板、酒精灯（或蜡烛）等组成的电晕放电系统组装好，注意调整蜡烛火焰根部与针尖平行且距离适当。

（3）检查放电电路连接是否正确，接地和高压连线是否安全、牢固，高压裸露部位与墙壁、设备、仪器、人员是否保持了足够的安全距离。

（4）接入高压静电电压表，调整量程，点亮测量光标。

（5）将自耦调压器归零，将电源接入 AC220V 插座，按照设计程序开始实验，考察放电电压、针烛间距、针板间距对火焰变化的影响，记录实验现象，绘制关系曲线，估算使蜡烛熄灭的正电晕放电电场强度。

（6）将实验现象记录于表 6.7-1 中。实验数据自行设计表格记录，并用 Origin 软件绘制成图。并注意对放电电场的估算应充分考虑放电结构与特征。

2. 提升内容

负电晕放电电场对电风形成的影响，分析正、负电晕电风的异同。

（1）将直流高压电源由正输出形式改为负输出形式，完成与实验内容 1 相同的实验；

（2）比较正、负电晕放电对电风影响的异同，从气体电离的角度分析产生差异的原因。

表 6.7-1 电晕电风对燃烧蜡烛的影响观察

实验地点			日期	
实验人员				
实验仪器				
环境状况		环境温度：	相对湿度：	
结构参数		针板间距：	针烛间距：	放电极性：
序号	放电电压/kV	蜡烛燃烧状况		
1				
2				
3				
…				

3. 进阶内容

设计电流较大的电晕放电体系，比如多针-板放电系统，作正电晕或负电晕放电的伏安特性，绘制相应的伏安特性曲线。

4. 高阶内容

分析伏安特性曲线的特点和形成原因。

【实验注意】

1. 实验前需要设计好高压电源系统和所用电晕放电体系结构，准备好实验器件和实验材料。

2. 实验系统多处带有高电压，应与仪器、设备、人身保持足够的安全距离，决不允许用手或金属物体指点带电部位，谨防触电。

3. 即使断开电源，高压电容仍会带有高电压，要用放电棒接触高压部位，将高压电容储存的电荷全部泄放掉后，才可变动实验系统部件。

4. 真正弄懂并熟知操作和安全规程后，才可连线和操作，注意放电电压不宜过高，要在 30kV 以内，以免损坏仪器。

5. 针电极对着蜡烛火焰根部并保持整个实验过程一致，会取得较明显的实验效果，蜡烛燃烧时间过长会使火焰根部偏离放电针水平位置。

6. 实验结果会受温度、湿度、粉尘、放电结构参数等多种因素影响，不同的状况会使实验结果产生很大的差异。

【实验报告思考题】

1. 电晕电风是怎样形成的？为什么正电晕电风和负电晕电风使蜡烛火焰的偏移方向相同？

2. 电晕放电伏安特性的特点是什么？

3. 对于大空间多电晕极的电晕电场，如何从结构角度提高电晕放电电流？

【参考文献】

[1] 徐学基，诸定昌. 气体放电物理［M］. 上海：复旦大学出版社，1995.

[2] ROTH J R. 工业等离子体工程（第一卷：基本原理）［M］. 北京：科学出版社，1998.

[3] 管井秀郎. 等离子体电子工程学［M］. 北京：科学出版社，2002.

[4] BECKER K H，KOGELSCHATZ U，SCHOENBACH K H，et al. Non-equilibrium air plasma at atmospheric pressure［M］. Bristol and Philadelphia：Institute of Physics Publishing，2005.

实验 6.8 低温等离子体参量的双探针诊断

朗缪尔（Langmuir）探针又称为静电探针，是测量等离子体电子密度 n_e 和电子温度 T_e 的重要手段。它的优点是结构简单，成本低，仅仅使用一或两根细金属丝及少量的外部电路测量其 U-I 特性曲线就可实现，适用于诊断多种等离子体。

常用的探针结构有两种，一种是单探针结构，一种是双探针结构。单探针结构测量时必须以放电装置的阴极或阳极作为参考点，其缺点是既可能造成探针电流过大而使探针烧坏，又可能使在绝缘管内产生的等离子体不能正常维持，因此使单探针的应用范围受到很大限制。同单探针诊断方法相比，双探针不以放电装置的阴极或阳极作为参考点，而是引入一根与测量探针完全相同的探针为参考极，从而使两根探针均处于悬浮电位，进而减少了探针对等离子体的扰动，使测量结果更为可靠。

【实验目的】

1. 掌握朗缪尔双探针诊断电子温度、电子密度的原理，学习双探针的制作方法。
2. 了解利用双探针研究等离子体参量的变化规律，体会物理现象与测量过程之间的内在联系。
3. 了解实验研究数据的复杂性，体会利用实验数据分析物理现象和过程的方法。

【预习提示】

1. 熟悉朗缪尔探针诊断电子温度、电子密度的原理，了解单探针和双探针诊断方法的异同。
2. 了解等离子体鞘层的形成理论及其在朗缪尔探针诊断等离子体参量中的作用。
3. 学习探针的制作方法和注意事项，能够正确操作和使用探针。
4. 掌握朗缪尔探针诊断等离子体参量的适用条件。

【实验原理】

朗缪尔探针法测量等离子体参量，首先要通过实验获得探针的伏安特性曲线，根据该曲线再进一步计算出等离子体参量。要获得理想的伏安特性曲线，探针要满足如下条件：

（1）不存在磁场。

（2）插入等离子体的探针是平面探针，探针附近的空间电荷鞘层的厚度要远小于探针尺寸，即 $\lambda_D \ll r_a$，这样可以忽略探针的边缘效应，并近似认为鞘层面积与探针平面面积相等。

（3）探针的尺寸要小于电子的平均自由程，即 $r_a < \lambda_e$，这样不会对等离子体产生过大的扰动。

（4）等离子体满足电中性条件，鞘层以外的等离子体基本不受探针干扰，带电粒子满足麦克斯韦速度分布。

（5）探针鞘层中不发生激发和电离。

（6）探针材料不会在等离子体中发生化学反应，探针本身不产生热电子发射或二次电子发射。

双探针诊断等离子体参量的实验装置如图 6.8-1a 所示。它由两根材料、形状、尺寸完全相同的探针 p_1 和 p_2 构成，其伏安特性如图 6.8-1b 所示。双探针的伏安特性曲线要满足下面一些方程：

$$I_D = I_{i02} - I_{e2} = I_{e1} - I_{i01} \quad (6.8\text{-}1)$$

$$U_D = U_{p1} - U_{p2} + U_c \quad (6.8\text{-}2)$$

$$I_{e1} = I_{e01}\exp\left(-\frac{eU_{p1}}{kT_{e1}}\right) \quad (6.8\text{-}3)$$

$$I_{e2} = I_{e02}\exp\left(-\frac{eU_{p2}}{kT_{e2}}\right) \quad (6.8\text{-}4)$$

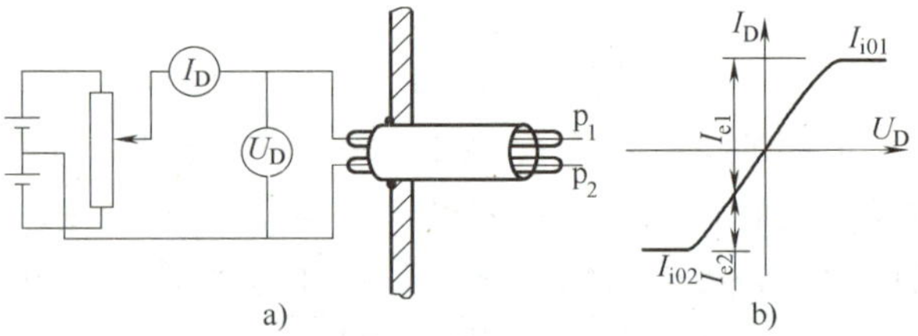

图 6.8-1 双探针测量原理示意图与伏安特性

式中，I_{i01}、I_{i02} 是探针 1、2 的离子饱和电流；I_{e1}、I_{e2} 是电子电流；I_{e01}、I_{e02} 是电子饱和电流；U_{p1}、U_{p2} 是探针鞘层电位；U_c 是两探针间的电位差。

如果两根探针靠得足够近，且等离子体均匀，则有 $kT_{e1}=kT_{e2}$，$n_{e01}=n_{e02}$，由式(6.8-1)~式（6.8-4）得

$$\frac{I_{e1}}{I_{e2}} = \frac{I_{e01}}{I_{e02}}\exp\left(-\frac{eU_{p1}-eU_{p2}}{kT_e}\right) = \frac{I_{e01}}{I_{e02}}\exp\left(-\frac{eU_D-eU_c}{kT_e}\right) \quad (6.8\text{-}5)$$

对式（6.8-5）两边取对数，并对 U_D 微分后得

$$\frac{1}{I_{e1}}\frac{dI_{e1}}{dU_D} - \frac{1}{I_{e2}}\frac{dI_{e2}}{dU_D} = \frac{e}{kT_e} \quad (6.8\text{-}6)$$

将式（6.8-1）代入式（6.8-6），并令 $U_D=0$ 得

$$kT_e = -e\frac{I_{i01}I_{i02}}{I_{i01}+I_{i02}}\left(\frac{dU_D}{dI_D}\right)\Bigg|_{U_D=0} \quad (6.8\text{-}7)$$

如果两探针完全相同，则 $I_{i01}\approx I_{i02}$，则有

$$kT_e = -e\frac{I_{i0}}{2}\left(\frac{dU_D}{dI_D}\right)\Bigg|_{U_D=0} \quad (6.8\text{-}8)$$

式（6.8-7）和式（6.8-8）就是双探针测量电子温度的计算公式。

如果电子能量服从麦克斯韦分布，则单位时间内打在探针单位面积上的电子数为

$$N_e = \frac{1}{4}n_e\bar{u}_e \quad (6.8\text{-}9)$$

假设探针接受电子的有效面积为 S_e，则探针上接受的饱和电流为

$$I_{e0} = \frac{1}{4}en_e\bar{u}_eS_e \quad (6.8\text{-}10)$$

电子的平均速度为

$$\bar{u}_e = \sqrt{\frac{8kT_e}{\pi m_e}} \quad (6.8\text{-}11)$$

由式（6.8-10）与式（6.8-11）求得电子密度的计算公式为

$$n_e = \frac{4I_{e0}}{eS_e}\sqrt{\frac{\pi m_e}{8kT_e}} \quad (6.8\text{-}12)$$

式中，I_{e0} 的单位为 A；S_e 的单位为 cm^2；kT_e 的单位为 eV；n_e 的单位为 cm^{-3}。

【实验仪器】

1. 实验仪器

放电管，激励电源，真空抽气平台，实验气体，钨丝（0.21mm），内径 5mm 玻璃管，密封剂，探针电源（±100V），直流电压表（200V），微安表（200μA）。

2. 仪器描述

激励电源、探针电源（±100V）、直流电压表（200V）、微安表（200μA）的性能参数及使用方法参阅相关仪器使用说明书。

实验室自制朗缪尔双探针如图 6.8-2 所示。一般采用高熔点的金属（如钨、钽、铂等）作为探针材料。探针经限位固定间距后放入玻璃管或陶瓷管内，进行真空密封处理。探针针尖裸露部分不宜过长，一般低于 5mm。原则上讲，制作探针的金属丝越细越好。因为探针越细，对等离子体的干扰就越小。但是，探针太细了，制作起来就很困难。通常，实验室自制探针一般采用直径为零点零几毫米至零点几毫米的金属丝制作能够满足一般实验的要求。探针表面的清洁非常重要，微小锈斑与污物要仔细用丙酮与酒精擦加以清除，也可先用细砂纸打磨后再用丙酮与酒精擦加以清除，否则利用探针测量就会产生严重的误差。

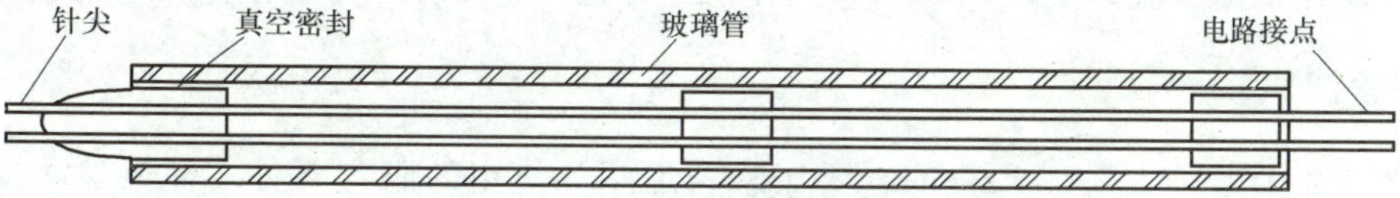

图 6.8-2 朗缪尔双探针基本结构

【实验内容】

1. 基础内容

参照朗缪尔双探针原理结构和注意事项在实验室制作双探针。

2. 提升内容

利用放电管、激励电源、真空抽气平台、自制双探针、探针电源（±100V）、直流电压表（200V）、微安表（200μA）等设计并组装辉光放电实验系统。

3. 进阶内容

（1）学习朗缪尔双探针诊断等离子体参量实验原理，实验记录表格见表 6.8-1，绘制双探针 *U-I* 特性曲线，计算辉光放电的电子温度和电子密度。

表 6.8-1 朗缪尔双探针实验记录表

实验地点		日期	
实验人员			
实验仪器			
环境状况	环境温度： 相对湿度：		
放电条件	放电管长度： 放电管端电压： 放电管电流： 放电管气压： 实验气体： 探针直径：		

（续）

序号	探针电压	探针电流	序号	探针电压	探针电流

（2）饱和电流 I_{i01}、斜率 dU_D/dI_D 的取值如图 6.8-3 所示，dU_D/dI_D 使用 Origin 软件对 $U_D=0$ 附近的取值利用最小二乘法拟合成直线后读出斜率值。

（3）如果双探针 U-I 曲线不对称，饱和电流可取正负半轴的平均值再利用式（6.8-8）进行计算或直接利用式（6.8-7）进行计算，求得电子温度，然后利用式（6.8-12）计算电子密度。

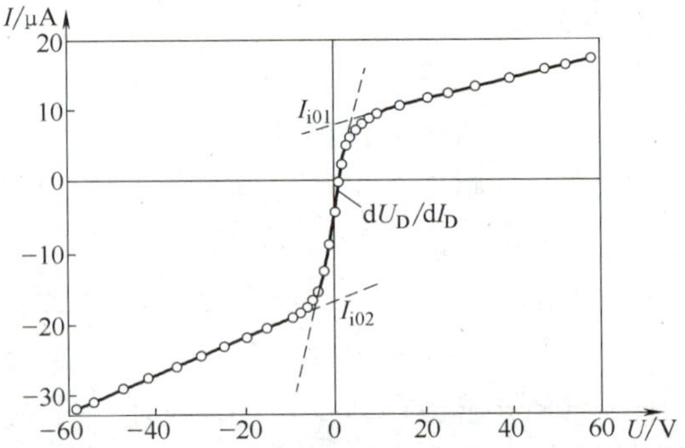

图 6.8-3　探针法测量电子温度 U-I 曲线

4. 高阶内容

自行设计一个实验，利用朗缪尔双探针研究辉光放电正柱区等离子体参量的变化规律。

【实验注意】

1. 探针制作要求是非常严格的，要注意满足探针使用的限定条件。探针尖端要保持平面，无毛刺，两探针结构、材料、尺寸要相同，探针间距 3~5mm，裸露长度小于 5mm，探针的引入不能对辉光放电产生干扰，还要注意探针的清洁。

2. 设计的辉光放电系统要注意调整电压、电流及气压，保证辉光放电的稳定，要估算等离子体的平均自由程，对比探针直径，检验探针是否满足测量条件。

3. 利用实验数据绘制的双探针 U-I 特性曲线同理论曲线会有很大差距，绘制 U-I 特性曲线时要有足够的数据量，斜率 dU_D/dI_D 取值要注意是在 $U_D=0$ 附近，饱和电流 I_{i0} 一般用实验曲线中 I_{i01} 和 I_{i02} 延长线与纵轴的交点确定。

【实验报告思考题】

1. 使用探针诊断等离子体的电子密度和电子温度必须满足哪些条件？

2. 为什么双探针 U-I 特性曲线饱和段的斜率不为零？

3. 在双探针中，如果两根探针完全相同，为什么还会出现正负半轴对原点不对称的情况？为了减少测量误差，应如何解决这些问题？

【参考文献】

[1]　余虹，秦颖，王艳辉，等. 大学物理实验［M］. 北京：科学出版社，2007.

[2]　丘军林. 气体电子学［M］. 武汉：华中理工大学出版社，1999.

实验 6.9 电荷电压法测量介质阻挡放电功率

利用电荷电压图形法测量介质阻挡放电（Dielectric Barrier Discharge，DBD）等离子体的放电参量是将一无损耗标准测量电容器串入 DBD 装置的接地端，通过对外加激励电压及测量电容器上积累电荷量的测量，可以在示波器上获得一个电荷电压图形，在较低频率（小于 20kHz）时该图形是一个平行四边形，该平行四边形的面积就是 DBD 等离子体在一个周期内的功率损耗。不仅如此，由于电荷电压图形的几何参数与 DBD 装置的物理结构及运行状态密切相关，因此还可以得出放电气隙等效电容、电介质层等效电容、着火电压、间隙电压、峰值电压及放电气隙电场强度等放电参量，并根据电荷电压图形随工作条件及状态的变化判断 DBD 等离子体的工作稳定性及其变化规律。

【实验目的】

1. 了解电荷电压法测量 DBD 等离子体放电参量原理。
2. 掌握利用电荷电压诊断 DBD 等离子体参量的使用方法。

【预习提示】

1. 电荷电压法测量 DBD 放电功率的基本原理是什么？
2. 学习利用示波器测量李萨如图形的操作方法。
3. 选择测量电容应注意哪些问题？

【实验原理】

DBD 是将电介质绝缘材料插入放电空间的一种气体放电，介质可以覆盖在电极上，也可以悬挂在放电空间里。根据介质阻挡放电装置的物理结构可知，介质阻挡放电装置实际上是由放电电极、电介质层、放电间隙构成的有损耗电容器，对激励电源来说可等效为阻容性负载。图 6.9-1a 为介质阻挡放电装置的等效电路图。其中，C_g 为放电间隙等效电容；C_s 为电介质层等效电容；V 为放电间隙等效电压。如果在 DBD 装置上施加的电压为正弦波，如图 6.9-1b 所示，在低频情况下，激励电压的一个周期可分为 A-B、B-C、C-D、D-E 四个工

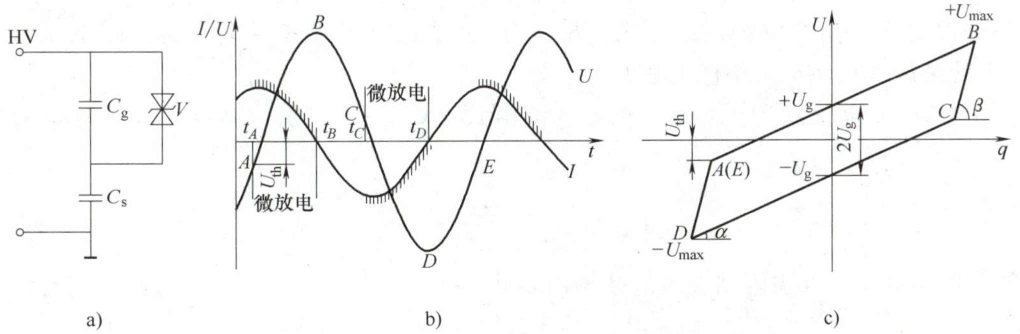

图 6.9-1 DBD 等效电路及放电参量

a）DBD 等效电路 b）电压电流波形图 c）q-U 波形图

作阶段。通常条件下，DBD 是由大量微放电脉冲组成的，这些微放电脉冲会叠加到 DBD 装置的工作电流上，引起工作电流的畸变。因此，利用电流电压波形测量 DBD 放电参量是十分困难的。如果在放电装置的接地端串接一只无损耗测量电容器，利用电容的积分特性就可以将包含大量微放电电流脉冲的电流波形转换成电容器上平滑的电压波形，将该电容器上的电压信号与激励电压信号同时送到示波器的 X、Y 端子上，将得到一个平行四边形，如图 6.9-1c 所示，其四条边分别对应于图 6.9-1b 的四个阶段。其中 A-B、C-D 为微放电发生阶段。在这一阶段内，微放电的数量随激励电压和频率的增加从几千赫兹扩展到几兆赫兹。这些数量庞大的微放电脉冲均匀地分布于整个放电空间内，其集体效应的结果是在宏观上表现出明显的齐纳二极管效应，即放电间隙内的等效电压保持恒定。B-C、D-A 为微放电截止阶段，在该阶段内反向电流为电介质电容充电，在电介质表面积累大量电荷从而为下半周期的微放电积累能量。A、C 两点为微放电截止到发生的临界电压值（着火电压），B、D 两点为微放电发生到截止的转换电压，其值为外加电压的正、负峰值。

假设在 DBD 装置上施加的激励电压为

$$U_t = U_{\mathrm{m}}\sin(\omega t+\varphi) \tag{6.9-1}$$

根据 DBD 等效电路，在 AB、CD 放电阶段内，放电间隙等效电压 U_{g} 保持恒定，因此可以导出 AB、CD 阶段的 $q(t)$-$U(t)$ 方程为

AB 阶段：
$$U_t = \frac{1}{C_{\mathrm{s}}}q(t)+U_{\mathrm{g}} \tag{6.9-2}$$

CD 阶段：
$$U_t = \frac{1}{C_{\mathrm{s}}}q(t)-U_{\mathrm{g}} \tag{6.9-3}$$

在 BC、DE 非放电阶段，放电间隙等效电压 U_{g} 不再保持恒定，而是由 C_{s} 与 C_{g} 组成的串联电路的分压决定，因此可以导出 BC、DE 阶段的 $q(t)$-$U(t)$ 方程为

BC 阶段：
$$U_t = \frac{C_{\mathrm{s}}+C_{\mathrm{g}}}{C_{\mathrm{g}}C_{\mathrm{s}}}q(t)+\left[\left(1+\frac{C_{\mathrm{s}}}{C_{\mathrm{g}}}\right)U_{\mathrm{g}}-\frac{C_{\mathrm{s}}}{C_{\mathrm{g}}}U_{\mathrm{m}}\right] \tag{6.9-4}$$

DE 阶段：
$$U_t = \frac{C_{\mathrm{s}}+C_{\mathrm{g}}}{C_{\mathrm{g}}C_{\mathrm{s}}}q(t)-\left[\left(1+\frac{C_{\mathrm{s}}}{C_{\mathrm{g}}}\right)U_{\mathrm{g}}-\frac{C_{\mathrm{s}}}{C_{\mathrm{g}}}U_{\mathrm{m}}\right] \tag{6.9-5}$$

根据式（6.9-2）~式（6.9-5）可知，AB、CD 阶段的 $q(t)$-$U(t)$ 方程是斜率为 $1/C_{\mathrm{s}}$ 的平行直线，BC、DE 阶段是斜率为 $\frac{C_{\mathrm{s}}+C_{\mathrm{g}}}{C_{\mathrm{g}}C_{\mathrm{s}}}$ 的平行直线。因此，由这四条直线围成的四边形是一个平行四边形。由式（6.2-2）、式（6.9-3）之差还可得在任一电量时，两电压差值为 $2U_{\mathrm{g}}$，也就是说 AB、CD 两条直线是由 $2U_{\mathrm{g}}$ 分开的。

由于 DBD 放电是在 C、A 两点转换，可由式（6.9-3）、式（6.9-4）求得放电起始电压为

$$U_{\mathrm{th}} = U_{\mathrm{m}}-2\frac{(C_{\mathrm{g}}+C_{\mathrm{s}})}{C_{\mathrm{s}}}U_{\mathrm{g}} \tag{6.9-6}$$

根据电路理论，介质阻挡放电的功率由下式给出：

$$P = \frac{1}{T}\int_{t_A}^{t_E}u(t)i(t)\,\mathrm{d}t = \frac{1}{T}\int_{t_A}^{t_E}u(t)\,\mathrm{d}q(t) \tag{6.9-7}$$

由式（6.9-7）可以看出，平行四边形的面积等于一个周期内 DBD 的能量消耗。由于该

能量消耗只发生在微放电阶段内，式（6.9-7）又可写成为

$$P=\frac{2U_g}{T}q_{AB}=\frac{2U_g}{T}C_s(U_{max}+U_{th})$$

整理得 DBD 放电功率计算公式为

$$P=4fU_gC_s\left\{U_m-U_g\left(\frac{C_g+C_s}{C_s}\right)\right\} \tag{6.9-8}$$

从以上的推导可以看出，利用 q-U 图形可以得出放电间隙等效电压、放电气隙等效电容、电介质层等效电容、放电功率等许多表征 DBD 集体效应的放电参量。

【实验仪器】

1. 实验仪器

20kHz 以下交流高压电源，DBD 放电组件，高压分压器，无损耗测量电容器，示波器。

2. 仪器描述

交流高压电源、DBD 放电组件、高压分压器、示波器的性能参数及使用方法参阅相关仪器使用说明书，无损耗标准测量电容要满足 $\tan\delta<0.0001$。

【实验内容】

1. 基础内容

（1）利用电桥测量取样电容 C 的值，同时检验电容损耗角正切值是否高于 0.0001，否则替换符合标准的测量电容。

（2）按图 6.9-2 连接好 q-U 图形测量系统，其中高电压分压器输出端连接到示波器 Y 通道，取样电容输出连接到示波器 X 通道，调整 DBD 放电组件符合设计实验要求。

（3）缓慢提升激励电压，使间隙内放电发生，测量电源工作频率 f，选择示波器的 X-Y 键，调整示波器旋钮，获得满意的 q-U 图形，测量 U_g、U_m、平行四边形各边斜率并记录于表格 6.9-1 中。

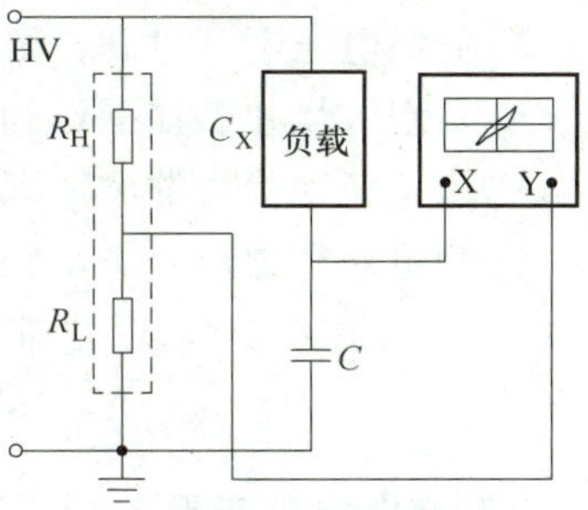

图 6.9-2 q-U 图形测量系统

表 6.9-1 电荷电压法测量介质阻挡放电参量记录表

实验地点				日期	
实验人员					
实验仪器					
环境状况		环境温度：	相对湿度：		
放电组件		放电面积：	介电材料/厚度：	间隙距离：	
序号	参量名称	符号	测量显示值	变比或修正关系	转换后的测量值
1	取样电容	C	(μF)	$\times10^{-6}$	(F)
2	电源频率	f	(kHz)	×1000	(Hz)
3	峰值电压	U_m	(V)	$\times K_1$	(V)

（续）

序号	参量名称	符号	测量显示值	变比或修正关系	转换后的测量值
4	间隙电压	U_g	（V）	$\times K_1$	（V）
5	放电段斜率	$\frac{1}{C_s}$		$\frac{U_Y}{U_X \times K_1} \times \frac{2000}{C \times 10^{-6}}$	
6	非放电段斜率	$\frac{C_s + C_g}{C_s C_g}$		$\frac{U_Y}{U_X \times K_1} \times \frac{2000}{C \times 10^{-6}}$	

2. 提升内容

描绘 q-U 图形，使用 Origin 软件绘制电压-功率关系图，计算 C_s、C_g 与 DBD 放电功率 P。

3. 进阶内容

改变激励电压，重复上述实验，绘制电压-功率关系图。

4. 高阶内容

观察 DBD q-U 图形，分析波形叠加大量电荷脉冲的原因。

【实验注意】

1. 实验系统多处带有高电压，应与仪器、设备、人身保持足够的安全距离，不允许用手或金属物体指点带电部位，谨防触电。

2. 放电电压不宜过高，要在 5kV 以内，以免损坏仪器。

3. 真正弄懂并熟知操作和安全规程后，才可连线和操作。

4. 为了获得稳定的波形图，要合理选择示波器的触发源。

5. 测量 q-U 图形时，X 轴测量的实际是电容 C 上的电压，因此应乘以测量电容 C 值和示波器探头的变比 K_2 后才能转换成电荷量。同样，电压取样也应乘以高压分压器的变比 K_1。

【实验报告思考题】

1. 测量电容 C 的介电损耗对测量结果有何影响？

2. 测量误差的来源主要有哪些？

3. 如果测量的电荷电压图形接近椭圆，最可能的原因是什么？

【参考文献】

[1]　徐学基，诸定昌. 气体放电物理［M］. 上海：复旦大学出版社，1995.

[2]　张芝涛，鲜于泽，白敏冬，等. 电荷电压法测量 DBD 等离子体的放电参量［J］. 物理，2003，32（7）：458-463.

实验 6.10 长余辉发光材料的制备实验

长余辉发光是指激发停止后仍可以观察到长时间发光的现象。这有别于常规的荧光或磷光，其发光持续时间通常在微秒量级。要达到实用程度，长余辉发光材料的激发源最好是灯光或日光等可见光，还要有较长的余辉发光时间（>10h），以实现白天吸光、整晚发光指示的要求。

长余辉发光材料的研究始于20世纪初，第二次世界大战军事和防空的需要又促进了这类材料的发展。早期的长余辉材料研究以硫化物为主，但这些材料存在发光时间短、化学性质不稳定、不能应用于室外环境等问题。从20世纪90年代中后期开始，人们开始陆续在硅酸盐、铝酸盐、稀土硫氧化物基质中发现了新一代的稀土掺杂长余辉发光材料，如 $Sr_2MgSi_2O_7$：Eu，Dy（$\lambda=470nm$，$\tau>1800min$），$SrAl_2O_4$：Eu，Dy（$\lambda=520nm$，$\tau>3000min$）和 Y_2O_2S：Eu，Mg，Ti（$\lambda=626nm$，$\tau\approx300min$）。其发光时间比传统硫化物材料提高了10倍以上，化学稳定性也得到极大的提高。目前，长余辉发光材料在交通交通运输工具、军事设施、消防安全、建筑装饰等行业得到了广泛应用。同时，在辐射探测、材料结构损伤传感器、温度传感器、医学诊断等领域也展现出新的应用潜力。

【实验目的】

1. 了解长余辉材料的发光过程。
2. 掌握长余辉材料的制备流程，熟悉相关设备的使用方法。

【预习提示】

1. 学习电子天平、马弗炉、光谱仪等设备的操作。
2. 了解常规的实验室安全规范。
3. 学习影响材料长余辉发光性能的主要因素。

【实验原理】

有关长余辉材料发光机理的研究，始终是一个复杂而热点的基础性课题。长余辉发光的本质是来自于载流子（电子和空穴）被陷阱俘获与释放。图6.10-1给出了长余辉发光简单的电子俘获-去俘获概念性模型。

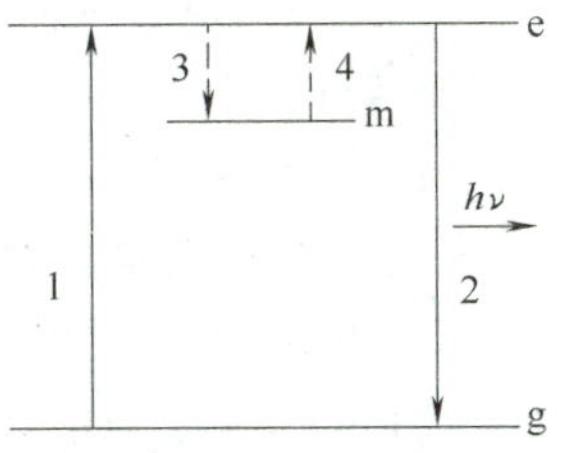

图 6.10-1 长余辉发光的机理模型

当材料受到外部光、高能射线或外电场的激发，电子将从基态（g）跃迁至激发态（e）（跃迁1）；然后，激发态电子释放至基态，发射光子（跃迁2），该发光称为荧光。跃迁1与2之间的时间间隔很短（通常 $<10^{-8}$s），该过程与温度不相关。但是，如果存在亚稳态陷阱能级m，激发态e上的电子将以一定的概率被俘获至陷阱能态m（过程3），携带能量的电子被存储在该陷阱里，当样品再次受到激发（加热或辐照等），得到足够能量的电子从陷阱能级m返回激发态e（过程4），然后，电子从激发态e跃迁回基态并发射光子（跃迁2）。因此，在跃迁1和2之间将产生延迟，延迟时间取决于电子在陷阱里的时间，可

达数秒甚至数十小时。

【实验仪器】

电子天平，马弗炉，研钵，刚玉坩埚，荧光光谱仪，化学试剂（$SrCO_3$、Al_2O_3、Eu_2O_3、Dy_2O_3、H_3BO_3）。

【实验内容】

1. 基础内容

采用固相法制备 $SrAl_2O_4$：Eu,Dy 长余辉发光材料，主要步骤如下：

（1）根据刚玉坩埚容量及原料的松装比重计算配比，用电子天平称量原材料 $SrCO_3$、Al_2O_3、Eu_2O_3、Dy_2O_3 和 H_3BO_3。

（2）将称量好的原材料放入研钵，通过研磨混合均匀。

（3）将研磨后的混合物料装入刚玉坩埚，并置于马弗炉中在还原气氛下于 1400℃ 煅烧 2h。

（4）待样品冷却，经研磨和后处理，进行光谱测试。

（5）用 Excel、Origin 等软件处理光谱数据，并解析光谱。

2. 提升内容

以 $SrAl_2O_4$：Eu,Dy 为目标产产物，设计实验，合成系列样品，考察 Eu、Dy 掺杂浓度对发光性能的影响。主要步骤如下：

（1）根据刚玉坩埚容量及原料的松装比重计算配比，用电子天平称量原材料 $SrCO_3$、Al_2O_3、Eu_2O_3、Dy_2O_3 和 H_3BO_3。

（2）将称量好的原材料放入研钵，通过研磨混合均匀。

（3）将研磨后的混合物料装入刚玉坩埚，并置于马弗炉中在还原气氛下于 1400℃ 煅烧 2h。

（4）待样品冷却，经研磨和后处理，进行光谱测试。

（5）分别改变 Eu_2O_3 和 Dy_2O_3 的加入量，重复步骤（1）~（4）。

（6）用 Excel、Origin 等软件处理光谱数据，将不同样品的光谱数据进行比较分析，确定 Eu、Dy 的最佳掺杂浓度。

3. 进阶内容

以 $SrAl_2O_4$：Eu,Dy 为目标产产物，设计实验，合成系列样品，考察 Eu、Dy 掺杂浓度、煅烧温度、煅烧时间等因素对发光性能的影响。主要步骤如下：

（1）根据刚玉坩埚容量及原料的松装比重计算配比，用电子天平称量原材料 $SrCO_3$、Al_2O_3、Eu_2O_3、Dy_2O_3 和 H_3BO_3。

（2）将称量好的原材料放入研钵，通过研磨混合均匀。

（3）将研磨后的混合物料装入刚玉坩埚，并置于马弗炉中在还原气氛下高温煅烧一段时间。

（4）待样品冷却，经研磨和后处理，进行光谱测试。

（5）分别改变 Eu_2O_3、Dy_2O_3 的加入量、煅烧温度和煅烧时间，重复步骤（1）~（4）。

（6）用 Excel、Origin 等软件处理光谱数据，将不同样品的光谱数据进行比较分析，研究 Eu、Dy 的掺杂浓度、煅烧温度和煅烧时间对发光性能的影响。

4. 高阶内容

以 $Sr_2MgSi_2O_7$：Eu,Dy、$SrAl_2O_4$：Eu,Dy 和 Y_2O_2S：Eu,Mg,Ti 为目标产物，制备红、绿、蓝三基色长余辉发光材料。

【实验注意】

1. 电子天平使用前需调水平，使用过程中勿损坏和污染天平。
2. 实验前马弗炉要预烧一次。
3. 马弗炉使用时勿超过额定最高温度。

【实验报告思考题】

1. 讨论影响长余辉样品发光性能的各种因素，哪些因素是最重要的？
2. 如果实验成功了，有哪些环节可以改进；如果实验效果不好或失败，学会追索实验失败的原因。

【参考文献】

[1] 张映辉. 大学物理实验［M］. 2版. 北京：机械工业出版社，2017.
[2] 肖志国，罗昔贤. 蓄光型发光材料及其制品［M］. 2版. 北京：化学工业出版社，2005.

实验6.11　太阳能光伏电池组的特性研究

太阳能（solar energy）是一种取之不尽用之不竭的绿色能源。太阳能发电的原理基于光电效应。太阳能电池（solar cell）又称光生伏特电池，是一种能够将光能直接转换成电能的器件。太阳能电池按结构分三类：同质结、异质结及肖特基结；按照材料分为硅、硫化镉、砷化镓三类半导体材料，其中硅光电池是应用最广泛的。太阳能电池已应用于诸多领域，如国防的人造卫星、太空站和航空航天领域，民用的太阳能电站、太阳能卫星地面接收站、太阳能微波中继站、太阳能飞机、太阳能路灯、太阳能手表等。本实验主要研究太阳能电池的基本结构和工作特性。

TRM-FD1A太阳能电池组件演示测量实验台能够对太阳能电池伏安特性、温度特性、转换效率、太阳光照射角度、太阳能板串联和并联等进行直观演示，让学生深入了解太阳能发电的特性和原理。

【实验目的】

1. 研究太阳能电池的基本结构和工作特性（伏安特性、光照特性和方向特性）。
2. 掌握太阳能电池基本特性参数测试原理与方法。
3. 通过太阳能电池基本特性参数测试数据，熟悉实验数据分析与处理的方法，分析实验数据与理论结果间存在差异的原因。
4. 了解太阳能电池在生产生活中的工作原理。

【预习提示】

1. 什么是光生伏特效应？什么是太阳能电池？
2. 太阳能电池的基本工作原理是什么？
3. 太阳能电池的基本特性和主要参数有哪些？

【实验原理】

1. 太阳能电池的基本结构与工作原理

太阳能电池发电原理是基于光电效应中的光生伏特效应。太阳能电池是由N型半导体材料和P型半导体材料接触形成PN结。如图6.11-1所示，当特定频率的光辐照到一块非均匀半导体上时，由于内建电场的作用，载流子重新分布导致半导体材料内部产生电动势。

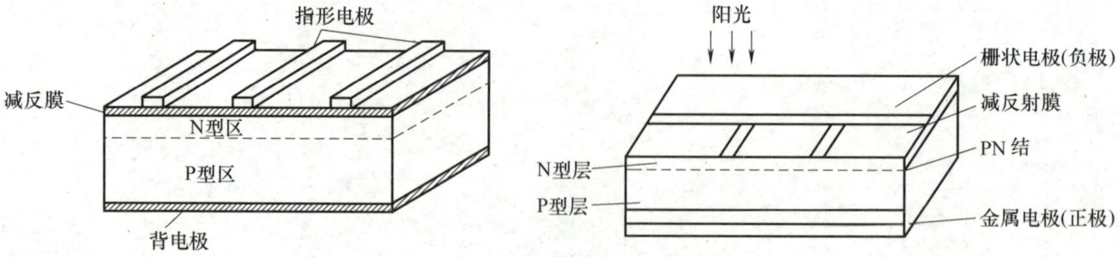

图6.11-1　PN结结构示意图

如果构成回路就会产生电流。这种电流叫作光生电流，这种内建电场引起的光电效应就是光生伏特效应。

当太阳光照射到半导体表面，入射光子会透过 PN 结区域甚至能深入半导体内部。如图 6.11-2 所示，如果入射光子能量满足关系 $h\nu>E_g$（E_g 为半导体材料的禁带宽度），那么这些光子会被材料中电子本征吸收，在 PN 结区域产生非平衡状态的电子-空穴对。于是，在 PN 结区域形成内建电场，在内建电场的驱动下 P 区光生少子电子向 N 区运动，N 区光生少子空穴向 P 运动。

(1) 光生电流。光生少子在内建电场驱动下定向运动产生电流，这就是光生电流，它由电子电流和空穴电流组成，方向都是由 N 区指向 P 区，与内建电场方向一致。

(2) 光生电动势。光生少子的定向运动与扩散运动方向相反，减弱了扩散运动的强度，PN 结势垒高度降低，于是宏观上在 PN 结两端产生电动势，也就是光生电动势。光生伏特效应就是光能转化为电能的过程。

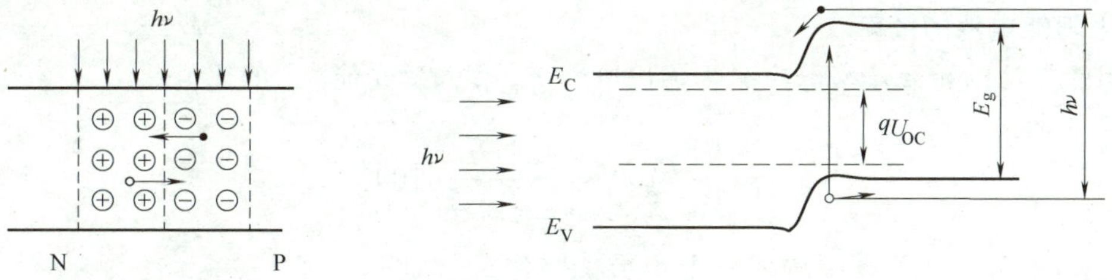

图 6.11-2 光辐照下的 PN 结

2. 太阳能电池光照情况下的电流电压关系

当电流流过霍尔元件时，光生少子在内建电场驱动下定向的运动在 PN 结内部产生了 N 区指向 P 区的光生电流 I_L，光生电动势等价于加载在 PN 结上的正向电压 U，它使得 PN 结势垒高度降低 qU_D-qU。开路情况下光生电流与正向电流相等时，PN 结处于稳态，两端具有稳定的电势差 U_{OC}，这就是太阳能电池的开路电压 U_{OC}。如图 6.11-3 所示，在闭路情况下，光照作用下会有电流流过 PN 结，显然 PN 结相当于一个电源。

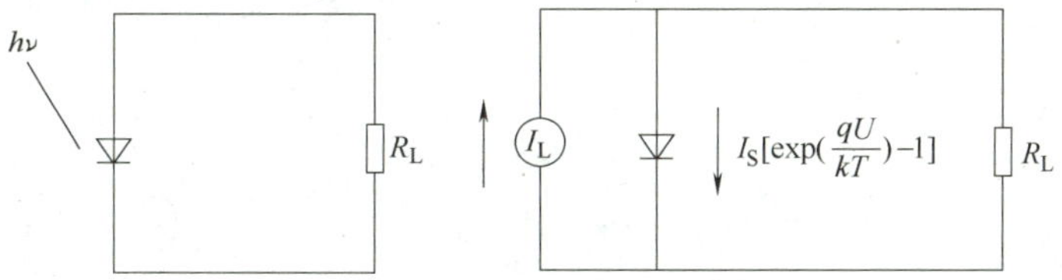

图 6.11-3 太阳能电池等效电路图

光电流 I_L 在负载上产生电压降，这个电压降可以使 PN 结正偏。如图 6.11-3 所示，正偏电源产生正偏电流 I_F。在反偏情况下，PN 结电流为

$$I=I_L-I_F=I_L-I_S\left[\exp\left(\frac{eU}{k_0T}-1\right)\right] \tag{6.11-1}$$

随着二极管正偏，空间电荷区的电场变弱，但是不可能变为零或者反偏。光电流总是反向电流，由此太阳能电池的电流总是反向的。

根据图 6.11-3 的等效电路图，有两种极端情况是在太阳能电池特性分析中必须考虑的。

其一是负载电阻 $R_L=0$，这种情况下加载在负载电阻上的电压为零，PN 结处于短路状态，此时光电池输出电流我们称为短路电流 I_{SC}：

$$I=I_{SC}=I_L \tag{6.11-2}$$

其二是负载电阻 $R_L\to\infty$，外电路处于开路状态。流过负载电阻电流为零，根据等效电路图，光电流正好被正向结电流抵消，光电池两端电压 U_{OC} 就是所谓的开路电压。有 $I=0=I_L-I_S\left[\exp\left(\dfrac{eU}{kT}-1\right)\right]$，得到开路电压 U_{OC} 为

$$U_{OC}=\frac{k_0T}{e}\ln\left(1+\frac{I_L}{I_S}\right) \tag{6.11-3}$$

开路电压 U_{OC} 和短路电流 I_{SC} 是光电池的两个重要参数。实验上这两个参数通过确定稳定光照下太阳能电池 I-U 特性曲线与电流、电压轴的截距得到。

3. 太阳能电池的效率

太阳能电池的转换效率 η 定义为输出电能 P_m 和入射光能 P_{in} 的比值：

$$\eta=\frac{P_m}{P_{in}}\times100\%=\frac{I_m\cdot U_m}{P_{in}}\times100\% \tag{6.11-4}$$

式中，I_m、U_m 在 I-U 关系中构成一个矩形，叫作最大功率矩形。如图 6.11-4 光特性 I-U 曲线与电流、电压轴交点分别是短路电流和开路电压。最大功率矩形取值点 P_m 的物理含义是太阳能电池最大输出功率点。P_{in} 为入射到太阳能电池表面的光功率，该光功率由辐射表测得：$P=IS$，其中 I 为辐射表测得光强值，S 为太阳能电池板有效采光面积。

填充因子 $F.F$ 定义太阳能电池最大功率与开路电压和短路电流乘积的比值：

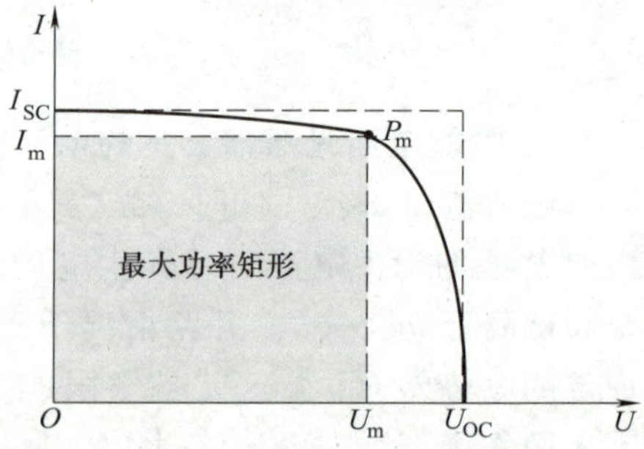

图 6.11-4　太阳能电池最大功率矩形

$$F.F=\frac{P_m}{I_{SC}\cdot U_{OC}} \tag{6.11-5}$$

填空因子是表征太阳能电池性能优劣的一个重要参数，其值越大，电池的光电转换效率越高，一般的硅光电池 FF 值在 0.75~0.8 之间。

4. 太阳能电池温度特性

温度特性是太阳能电池的一个重要特征。对于太阳能电池，随着温度的上升，短路电流上升，开路电压减少，转换效率降低。

由于阳光的作用，太阳能电池在使用过程中温度可能变化比较大，因此温度系数是室外使用太阳能电池板时需要考虑的一个重要参数。

【实验仪器】

实验操作台，太阳能电池组，太阳能控制器，温控装置，导线。

【实验内容】

1. 基础内容

（1）不同的光照强度下太阳能电池的开路电压和短路电流。

① 按图 6. 11-5 接线，打开卤灯，将卤灯调到最亮。调节负载调节旋钮，使负载处于开路状态，读取并记录测试仪显示屏上的总辐射数值，直流电压数值。

② 调节负载调节旋钮，使负载处于短路状态。读取并记录测试仪显示屏上的直流电流数值，数据表格见表 6. 11-1。

③ 分析光照强度与开路电压和短路电流的关系。

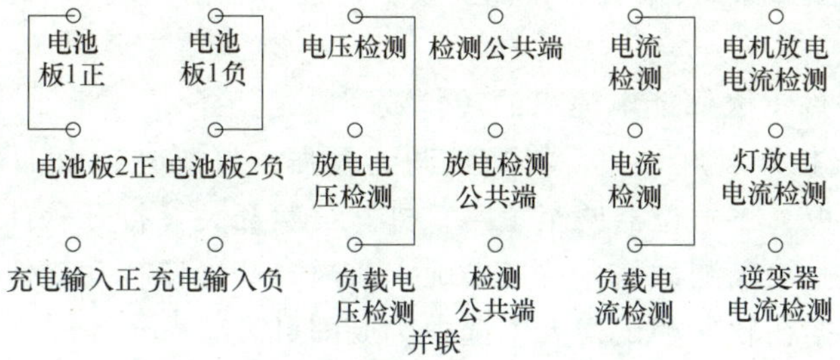

图 6. 11-5　太阳能电池并联实验板

（2）太阳能电池的串并联的特性。

① 按太阳能电池并联（见图 6. 11-5）接线，将卤灯调到最亮。调节负载处于开路状态，分别记录测试仪显示屏上的直流电压数值，数据表格见表 6. 11-2。

② 调节负载调节旋钮，使负载处于短路状态。分别记录测试仪显示屏上的直流电流数值。

③ 按串联接线，重复①、②，记录数据。

④ 单电池板情况下，重复①、②，记录数据，分析太阳能电池板的串并联特性。

（3）不同光照强度下太阳能电池的伏安特性曲线。

① 并联连接电路，打开仪器电源，打开卤灯开关，旋转卤灯调光旋钮，使光强变暗，测量太阳能电池板的输出特性，数据表格见表 6. 11-3。

② 计算填充因子和转换效率。

③ 研究光照强度与开路电压，转换效率之间的关系。

2. 提升内容

太阳能电池的伏安特性曲线和转换效率，按串联、并联、单独电池板接线，测试三种连接时的太阳能电池板的 I-U 曲线，并计算输出最大功率、填充因子和转换效率。

（1）两个太阳能电池板并联的伏安特性曲线和转换效率。

① 按并联接线，打开卤灯开关，将光强调到最强，将负载调节到开路状态。

② 打开实验软件，实时监测页面下单击开始测试，填写好实验信息，实验类型选择太阳能，单击确定后即开始测试。

③ 匀速旋转负载调节旋钮，使负载由开路状态变为短路状态。

④ 旋转完成后，单击结束测试。实验结果显示在测试列表内。选择相应实验记录，单

击生成报表，查看实验数据和生成的曲线，记录数据，数据表格见表6.11-4，分析测试结果。

（2）两个太阳能电池板串联的伏安特性曲线和转换效率。

① 按串联接线，重复（1）内容步骤，记录数据并通过数据报表生成伏安特性曲线。

② 根据实验数据（电脑软件记录）及计算公式，计算太阳能电池板的填充因子和转换效率，数据表格见表6.11-4，分析测试结果。

（3）单太阳能电池板的伏安特性曲线和转换效率。

① 按单太阳能电池板接线，重复（1）内容步骤，记录数据并通过数据报表生成伏安特性曲线。

② 计算太阳能电池板的填充因子和转换效率，数据表格见表6.11-4，分析测试结果。

3. 进阶内容

（1）不同遮蔽条件下太阳能电池组的转化效率。

① 按并联接线，打开卤灯开关，将光强调到最强，将遮光布全部卷起，让卤灯的灯光照射整个太阳能电池板，将电位器调至短路，打开负载开关。打开软件通信后进入实时监测页面，点击开始测试。输入测试信息后点击确定。逆时针慢慢转动旋钮至开路一端。在软件中点击结束测试。数据在软件测试列表中选中生成即可。

② 将遮光布放下1/4，让卤灯的灯光照射3/4太阳能电池板，再次测试太阳能电池板的输出特性，记录数据，数据表格见表6.11-5。

③ 研究遮蔽度对太阳能电池板转换效率的影响。

（2）模拟一天从日出到日落环境下太阳能电池的工作情况。

① 按并联接线，打开卤灯开关，将光强调到最强，调整太阳能电池板角度为90°和45°时的输出特性，计算其转换效率，数据表格见表6.11-6。

② 分析实验结果，研究太阳能照射角度对太阳能电池板转换效率的影响。

4. 高阶内容

（1）设计一款太阳能发电装置满足普通家庭照明。

（2）设计实验方案，研究温度对太阳能电池发电效率的影响。

表6.11-1　不同光照强度下太阳能电池的开路电压和短路电流

光强/$W\cdot m^{-2}$	开路电压/V	短路电流/A
300		
150		
50		

表6.11-2　串/并联下太阳能电池的开路电压和短路电流

连接方式	开路电压/V	短路电流/A
并联		
串联		
电池板1		

表 6.11-3 不同光照强度下的太阳能电池的伏安特性曲线

光强/W·m^{-2}	I_{SC}/A	U_{OC}/V	P_{max}/W	I_{max}/A	U_{max}/V	填充因子	转换效率 η
50							
150							
300							

表 6.11-4 太阳能电池的伏安特性曲线和转换效率

连接方式	I_{SC}/A	U_{OC}/V	P_{max}/W	I_{max}/A	U_{max}/V	填充因子	转换效率 η
并联							
串联							
电池板 1							

表 6.11-5 不同遮蔽条件下太阳能电池组的特性

遮挡面积	I_{SC}/A	U_{OC}/V	P_{max}/W	I_{max}/A	U_{max}/V	填充因子	转换效率 η
无遮挡							
1/4 遮挡							

表 6.11-6 模拟一天从日出到日落环境下太阳能电池的工作情况

角度	I_{SC}/A	U_{OC}/V	P_{max}/W	I_{max}/A	U_{max}/V	填充因子	转换效率 η
90°							
45°							

【实验注意】

1. 卤灯点亮会变热，请勿触摸，否则会烫伤。

2. 实验过程中，请严格按照实验步骤进行操作，如果自行连线可能损坏实验设备。

3. 太阳能电池板直接为蓄电池充电比较缓慢，实验时可以按下充电开关，直接使用测试仪为蓄电池快速充电。

【实验报告思考题】

1. 如何提高太阳能电池的转化效率？
2. 光伏发电的优点和缺点？
3. 太阳能控制器如何实现对蓄电池的过充和过放保护？

【参考文献】

[1] 张映辉. 大学物理实验学习指导书 [M]. 2 版. 北京：高等教育出版社，2021.
[2] 付跃强，丁猛，彭爱红. 风光互补发电系统教程 [M]. 北京：科学出版社，2013.
[3] 张三慧. 大学物理学：热学、光学、量子物理 [M]. 北京：清华大学出版社，2009.

【本实验相关数字资源】

1-物理思想与物理方法解析

实验 6.12　太阳能风光互补发电特性研究

太阳能（solar energy），是指太阳的热辐射能，它是一种取之不尽用之不竭的绿色能源。太阳能的利用主要有太阳能光热转换和太阳能光电转换两种方式。太阳能发电主要是依靠太阳能电池（solar cell）将太阳辐射能转化为电能。风能（wind energy）是太阳能的一种转化形式，风能是因空气流做功而提供给人类的一种可利用的可再生能源。风能发电主要依靠风力发电机的涡轮叶片将气流的机械能转为电能。2022 年，风能和太阳能发电量创历史新高，约占全球发电量的 12%，国际可再生能源署预测，2030 年全球电力中太阳能和风能发电的份额将会翻倍。因此，光伏发电和风能发电有广阔的发展前景。

本实验主要探讨太阳能风光互补发电系统、太阳能充电控制器原理和作用、离网型和并网型逆变器的工作原理和主要功能。风光互补发电系统利用了太阳能和风能资源的互补性，具有较高性价比的一种新型能源发电系统，具有很好的应用前景。

【实验目的】

1. 观测太阳能电池的伏安特性。
2. 掌握太阳能充电控制器原理和作用。
3. 了解离网型和并网型逆变器的工作原理和主要功能。
4. 掌握太阳能发电应用原理。
5. 学会操作风光互补发电系统。

【预习提示】

1. 太阳能发电的原理是什么？
2. 太阳能充电控制器都有哪些作用？
3. 什么是离网/并网逆变器，其功能是什么？
4. 如何实现太阳能光伏并网发电？

【实验原理】

1. 太阳能电池的基本结构与工作原理

太阳能电池发电原理是基于光电效应中的光生伏特效应，将光能转化为电能。所谓光生伏特效应，太阳能电池由 N 型和 P 型半导体材料接触形成 PN 结。如图 6.12-1 所示，当特定频率的光（太阳光或其他光）辐照到一块非均匀半导体上时，由于内建电场的作用，载流子重新分布导致半导体 PN 结两端产生电动势，称为光生电动势。如果构成回路就会产生电流，即光生电流。这种内建电场引起的光电效应就是光生伏特效应。详细参见实验 6.11。

2. 太阳能电池的应用原理

太阳能发电系统原理如图 6.12-1 所示。

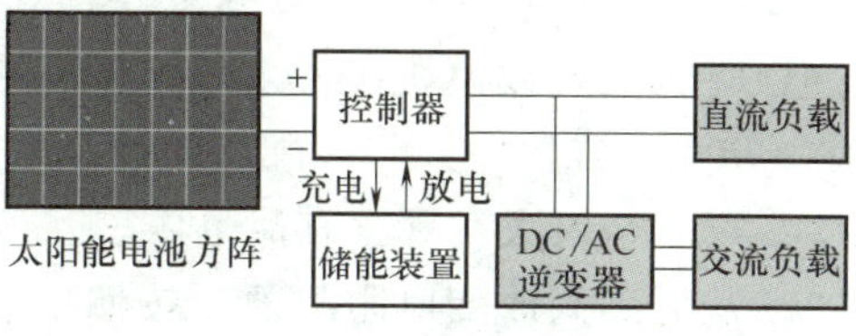

图 6.12-1　太阳能发电系统原理图

太阳能电池板转换的电能通过太阳能充电控制器储存到蓄电池中，当我们需要使用电能时，太阳能充电控制器便将蓄电池中的电能提供给负载，如果需要使用交流电压，再经过DC/AC 逆变器即可。

【实验仪器】

太阳能风光互补发电系统实验台如图 6.12-2 所示，它包括太阳能电池组、离网逆变器、并网逆变器、太阳能控制器、蓄电池、直流负载（指示灯与风机）、交流负载（电机和灯泡）、数字式直流电压电流表、数字式交流电压电流表、双路稳压电源、风力发电机模型、人造光源、人工风源和导线。

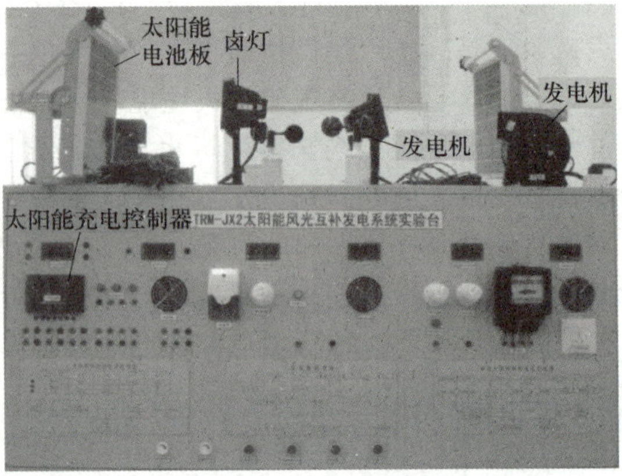

图 6.12-2　太阳能风光互补发电系统实验台

(1) 太阳能电池板。太阳能电池组是太阳能发电系统中的核心部分，也是太阳能发电系统中价值最高的部分。其作用是将太阳的辐射能力转换为电能，或送往蓄电池中存储起来，或推动负载工作。具体参数：峰值功率：15W；最大功率电压：17.5V；最大功率电流：1.95A；开路电压：22V；短路电流：2.2A。

(2) 太阳能控制器。太阳能控制器的作用是控制整个系统的工作状态，并对蓄电池起到过充电保护、过放电保护的作用。它使用单片机和专用软件，实现智能控制，自动识别12V 系统，采用串联式 PWM 充电控制方式，过充和过放电保护。同时具有丰富的工作模式，如光控、光控+延时、通用控制等模式。

(3) 离网逆变器。太阳能的直接输出一般都是 12VDC、24VDC、48VDC。离网 DC-AC 逆变器主要作用是将太阳能发电系统所发出的直流电能转换成交流电能，为交流电器提供电能。DC-AC 逆变器为正弦波逆变器，具体功能参数：输入输出完全隔离设计；三色指示灯显示，输入电压，输出电压，负载水准和故障情形；过压/欠压/短路/过载/超温保护。

(4) 并网逆变器。并网逆变器是光伏并网系统中的核心部分。该并网逆变器具有 DC-AC 能量变换结构。DC-AC 逆变环节主要使输出电流与电网电压同相位，将逆变后的交流220V 直接接入所在位置的电网中，电功率表计量进入电网的电功率值，根据记录的功率值计算系统逆变器效率。

【实验内容】

1. 基础内容

（1）太阳能电池板的 U-I 伏安特性和功率。

① 将匹配负载模块作为太阳能电池的可变电阻，连接电路。将电池板固定在某一位置，即在一定光照强度下。将匹配电阻旋至最小，观察直流电流表，记录下太阳能电池的短路电流 I_{sc}；再旋至最大，观察直流电压表，记录下太阳能电池的开路电压 U_{OC}。

② 从低到高改变电阻阻值，按照电压变化从 2V 到 18V，每增加 2V 记录 1 次电流值，绘出太阳能电池板的 U-I 伏安特性曲线。计算输出功率，数据表格见表 6.12-1。

③ 观察逆变器的功能。连接电路，将光源照射在太阳能电池上，观察通过逆变器连接的负载节能灯有什么变化，观察交流电压表的读数。

④ 太阳能电池对电容的充电。用光照在太阳能电池上，将电容充放电模块右侧的拨动开关扳到充电状态，此时充电指示灯长亮，观察直流电压表变化；开关扳到放电状态，指示灯不亮，观察直流电压表的变化。

（2）环境对光伏转换影响。研究不同光照角度下太阳能板直接负载的伏安特性，按图 6.12-3 接线，打开卤灯直至最亮，电风扇开始工作。然后，调节光照角度，依次为 90°、80°、70°、60°、50°和 40°。记录每次的电压和电流值。研究太阳光入射角度与电压电流的关系，并计算输出功率，找出最大输出功率，数据表格见表 6.12-2。

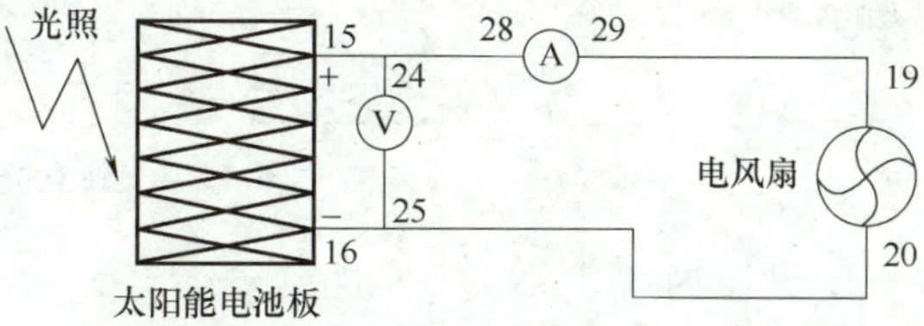

图 6.12-3　太阳能板直接负载的伏安特性接线图

（3）不同遮蔽条件下太阳能板的开路电压。打开总电源开关，打开卤灯直最亮，电池板直接接电压表，测量不同遮蔽条件下的电压：遮蔽度 0、1/4、1/2、3/4。研究不同遮蔽度太阳能电池板产生电压的影响。

表 6.12-1　太阳能电池板的 U-I 伏安特性和功率

U/V	2.0	4.0	6.0	8.0	10.0	12.0	14.0	16.0	18.0
I/mA									
P_0/mW									

表 6.12-2　不同光照角度下太阳能电池板直接负载电风扇的伏安特性

光照角度	电压 U/V	电流 I/mA	功率 $P=UI$/mW
90.0°			
80.0°			
70.0°			
60.0°			
50.0°			
40.0°			

2. 提升内容

（1）太阳能控制器工作原理及对蓄电池的过充保护。

① 观察电流表在蓄电池电压过低、过高、光控、光控加延时时的变化。

② 验证过保护。接线，打开卤灯，模拟阳光照射太阳能电池板，因 24V 电池电压高于充电控制器过充保护电压，所以充电控制器自动终止对蓄电池充电，观察直流电流表。

③ 验证欠压保护。打开电源，观察电流表，因 5V 电压低于充电控制器过放保护电压，所以充电控制器自动终止蓄电池对负载的放电，电流表无电流流过。

（2）离网下独立光伏发电。

① 按电路图 6.12-4 连线，打开总电源开关，打开卤灯调至卤灯最亮。打开离网逆变器开关，此时负载指示灯点亮，负载灯泡和负载风扇开始工作。

② 理解12V直流电转为220交流电并为负载供电的过程，观察交流电流、电压表指示值。

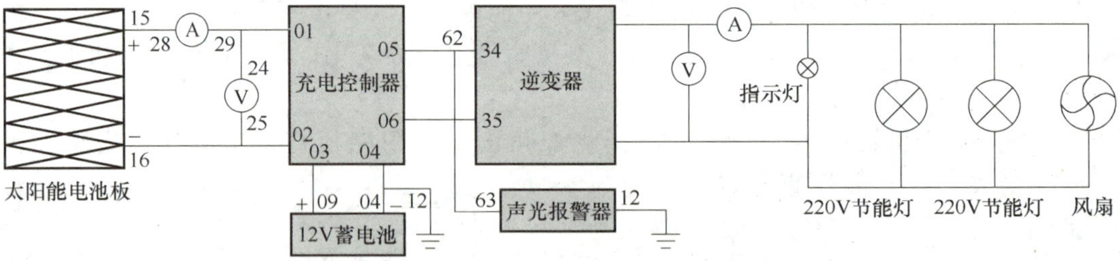

图 6.12-4　独立光伏发电实验接线图

3. 进阶内容

（1）光伏并网发电。

① 按电路图6.12-5连线，打开总电源开关，打开卤灯调至卤灯最亮。打开并网逆变器开关，此时负载指示灯点亮，负载灯泡和负载风扇开始工作。

② 观察电功率表、交流电流表、交流电压表指示值。通过功率表可以观察对公共电网输出的电功率。

③ 分析影响光伏并网发电的影响因素。

（2）风光互补发电实验。

① 连线，打开总电源开关，用遮挡布将太阳能板遮住，打开风机看是否有电流指示。

② 关闭风机，去掉太阳能板上的遮挡布模拟阳光照射，看是否有电流指示。

③ 关掉模拟阳光，同时关闭风机，看是否有电流指示。

④ 分析风光互补发电的影响因素。

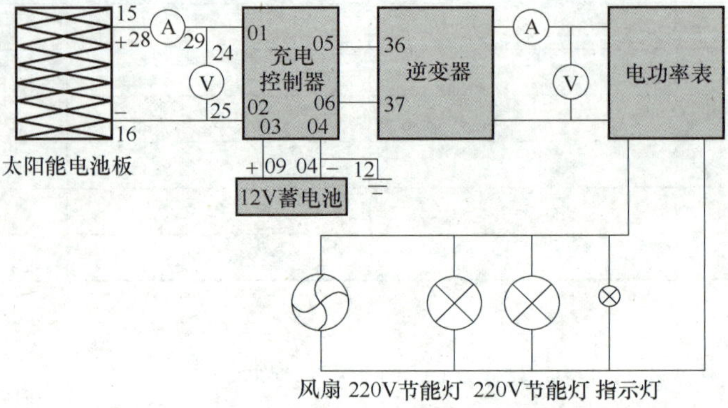

图 6.12-5　光伏并网实验接线图

4. 高阶内容

（1）根据太阳能电池发电原理，设计一款应用太阳能电池的产品。

（2）设计一款风光互补的景观照明灯。

【实验注意】

1. 卤灯点亮会变热，请勿触摸，否则会烫伤。

2. 实验过程中，请严格按照实验步骤进行操作，如果自行连线可能损坏实验设备。

3. 太阳能电池板直接为蓄电池充电比较缓慢，实验时可以按下充电开关，直接使用测试仪为蓄电池快速充电。

【实验报告思考题】

1. 太阳能控制器如何实现对蓄电池的过充和过放保护？
2. 测量的短路电流与光照强度不能完全成正比的原因是什么？
3. 如何提高太阳能电池的转化效率？

【参考文献】

[1] 张映辉. 大学物理实验学习指导书［M］. 2版. 北京：高等教育出版社，2021.

[2] 付跃强，丁猛，彭爱红. 风光互补发电系统教程［M］. 北京：科学出版社，2013.

[3] 张三慧. 大学物理学：热学、光学、量子物理［M］. 北京：清华大学出版社，2009.

【本实验相关数字资源】

1-物理思想与物理方法解析

实验 6.13 吸光度测定实验

随着社会的发展和人们生活水平的提高，水环境出现的问题日益严重，新型水治理技术越来越受到人们的关注。作为高级氧化技术的一种方法，以臭氧（O_3）、二氧化氯（ClO_2）和氯气（Cl_2）为主要氧化剂的湿式氧化法在水处理方面显现了极其广阔的应用前景，目前已经成为该领域的研究热点。从这种意义上讲，研究简单有效的水中总残余氧化剂（Total residual oxidants，TRO）的测定方法十分必要。基于吸光度测定的分光光度分析法具有步骤简单、准确快速的特点，已经成为行业标准并广泛地应用于水中总残余氧化剂的测定。

此外，作为一种新型微量、高速和自动化的分析技术，流动注射分析法是 1974 年丹麦化学家 Ruzicka 等人首次提出的一种可在非化学平衡动态条件下高速微量溶液自动分析方法，该方法具有设备简单、适用于大量试样分析的特点，同时结合结构简单、价格低廉、易于推广使用的吸光度检测器，流动注射-分光光度分析法在降低使用条件限制的同时极大地推动了分析自动化和相关仪器设备的发展，拓宽了流动注射分析法的应用范围，使其在农业、工业、医药、临床化验、环境监测、水质分析等领域得到越来越广泛的应用。

【实验目的】

1. 了解分光光度计的结构、组成及其用于样品吸光度测定的原理和方法。
2. 学会分光光度计的正确操作方法，能够准确测定样品的吸光度值。
3. 掌握流动注射-分光光度分析联用仪的结构、组成及其使用方法。
4. 了解 DPD 分光光度法、流动注射-分光光度法测定水中 TRO 的基本原理，掌握 Origin 软件绘制标准工作曲线的方法，能够获得线性方程并求出相关系数，能够根据吸光度和标准工作曲线，求出待测样品的 TRO 浓度。
5. 掌握电子分析天平和移液枪的正确使用方法。

【预习提示】

1. 分光光度计的主要组成部件及其作用是什么？分光光度计的光源、比色皿有哪几种，其适用对象是什么？
2. 流动注射分析仪的主要组成部件及其作用是什么？如何正确使用流动注射-分光光度联用仪？
3. 分光光度分析法进行定量分析的原理是什么？水体中总残余氧化剂分光光度法测定的基本过程是什么？
4. 什么是流动注射分析法？和常规手工分析比较，流动注射分析具有什么优势？
5. 如何正确使用流动注射-分光光度联用仪、电子分析天平和移液枪？

【实验原理】

1. 朗伯-比尔定律

分光光度法又称紫外-可见分光光度法（Ultraviolet-visible spectrophotometry），是以溶液中物质分子对光的选择性吸收为基础而建立起来的一类分析方法。紫外-可见分光光度法的产生是由于分子的外层价电子跃迁的结果，但在电子能级发生跃迁的同时，不可避免地亦伴随有分子振动能级和转动能级的跃迁，因此紫外-可见光谱为带状光谱。

紫外-可见分光光度法进行定量分析的依据是朗伯-比尔定律，其数学表达式为

$$A = \lg \frac{I_0}{I} = \varepsilon bc \tag{6.13-1}$$

式中：A 为吸光度；I_0 和 I 分别为入射光强度和透射光强度；ε 为摩尔吸光系数（$L \cdot cm^{-1} \cdot mol^{-1}$）；$b$ 为物质吸收层的厚度（cm）；c 为物质的浓度（$mol \cdot L^{-1}$）。即当一定波长的单色光通过某物质的溶液后，溶液的吸光度 A 与该物质的浓度 c 与液层的厚度 b 成正比。

根据朗伯-比尔定律，物质的浓度 c 可以通过测量吸光度 A 的方法进行测定。分光光度分析时，分别将空白（参比）溶液和待测溶液装入厚度为 b 的两个吸收池中，让一束一定波长的平行单色光分别照射空白和待测溶液，通过空白溶液的透过光强度为 I_0，通过待测溶液的透过光强为 I，根据式（6.13-1），由仪器直接给出 I_0 与 I 之比的对数值即吸光度。当吸收池与入射光的波长和强度一定时，吸光度正比于待测物质的浓度，因此，可以根据测得的吸光度求出待测溶液的浓度。

2. 流动注射分析法

流动注射分析（Flow Injection Analysis，FIA）是一种基于将试样溶液注入一种适当载流溶液的无气泡间隔的连续液流方法。即在非化学平衡动态条件下，通过流体驱动单元和进样阀把一定体积的试样溶液注入一个流动着的、非空气间隔的载流溶液中，形成一个混合区带，在反应盘管中试样与载流溶液混合、反应并运动至流通式比色皿，检测器连续记录待测试样经过流通式比色皿引起的吸光度、电导或其他物理量的变化，实现对待测试样响应信号的测定。大量实践证明，流动注射分析比常规手工分析、程序分析器和连续流动分析具有操作简便、分析速度快、重现性好、试剂消耗小、应用范围广等优点。

3. 水中总残余氧化剂测定的基本过程

在分光光度法定量分析中，通常是将待测物质与显色剂反应，使之直接或间接生成有色物质，然后测其吸光度，进而求得待测物质的含量。因此显色反应的完全程度和吸光度的测量条件都会影响到测定结果的准确性。为了使测定有较高的灵敏度和准确度，必须选择适宜的显色反应条件和仪器测量条件。通常所研究的显色反应条件有显色温度和时间、显色剂用量、显色液酸度、干扰物质的影响及消除等。通常所选择的测量条件主要是测量波长和参比溶液。

实验条件的一般选择方法为控制变量法，即改变其中一个因素（例如介质的 pH 值），暂且固定其他因素，显色后测量相应溶液的吸光度，通过吸光度-pH 曲线确定显色反应的适宜酸度范围。然后在此基础上依次获得其他几个影响因素的适宜值。

本实验以 N，N-二乙基对苯二胺（DPD）为显色剂，在已获得最佳显色条件和测量条件的基础上，以碘化钾（KI）为显色转化剂，间接测定水中总残余氧化剂（TRO）的含量。该法的基本原理为：在 pH 6.2~6.5 的条件下，水中的 TRO 和碘离子（I^-）反应，将碘离子氧化成碘单质（I_2），碘单质与 N,N-二乙基对苯二胺反应生成红色络合物，在 515.0nm 波长下，使用分光光度计测定该红色络合物的吸光度。

4. 外标法

本实验中，外标法是一种通过建立标准曲线来定量分析未知水样总残余氧化剂浓度的方

法。首先，制备一系列已知浓度的高锰酸钾标准溶液，使用分光光度计分别测量这些溶液在515.0nm特定波长下的吸光度，以吸光度为纵坐标（Y轴）、浓度为横坐标（X轴），绘制出标准曲线。该曲线通常呈线性关系，即$Y=aX+b$，其中a为斜率，b为截距。接着，测定未知样品的吸光度，将其代入标准曲线方程，计算得到样品的浓度。这种方法的优势在于准确性高，操作简便，适用于多种分析物，但需要确保标准溶液的准确制备和仪器的校准。外标法在水质分析中尤为重要，因为它能够准确测定水中的总氧化剂残留量，通过外标法，研究人员可以有效地监测和控制水中的总残余氧化剂浓度，从而保障水处理工艺的效率和水质的安全。

【实验仪器】

1. 实验仪器

分光光度计，流动注射分析仪，电子分析天平，移液枪，具塞比色管和棕色试剂。

2. 仪器描述

（1）分光光度计。分光光度计如图6.13-1所示，由光源发出的复合光经过单色器分光后可获得任一波长的平行单色光，该单色光通过样品池经样品溶液吸收后，透过光照射到光电管或光电倍增管等检测器上产生光电流，该光电流由信号处理器直接显示出吸光度。分光光度计常用的光源有钨灯和氘灯，常用的吸收池由石英和玻璃两种材质制成。可见光区采用钨灯光源、玻璃吸收池；紫外光区采用氘灯光源、石英吸收池。

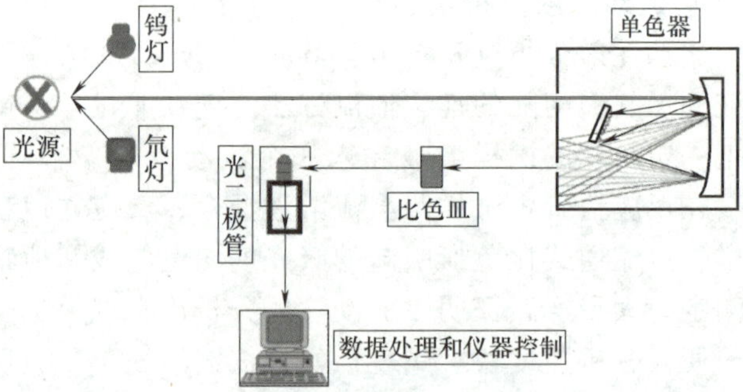

图6.13-1　分光光度计的组成结构示意图

（2）流动注射分析仪。流动注射分析仪如图6.13-2所示。实验时，流体驱动单元通过进样阀把一定体积的试样溶液注入一个流动着的、非空气间隔的载流中，形成一个混合区带，经在反应盘管中混合、反应后，进入流通式检测器测定记录待测试样的响应信号。

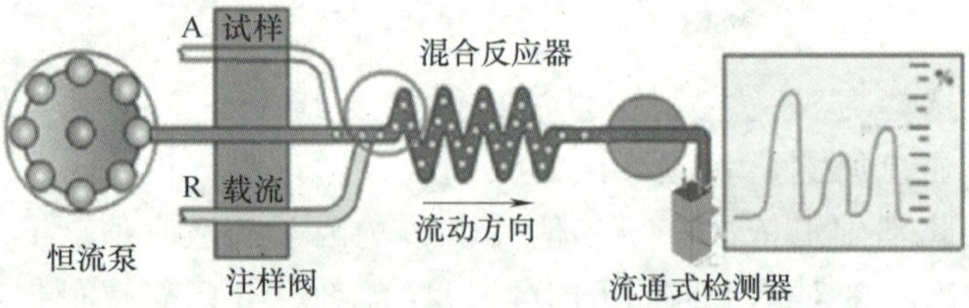

图6.13-2　流动注射分析仪的组成结构示意图

（3）电子分析天平。电子分析天平是一种基于电磁力平衡原理的精密测量仪器，它利用电磁力来平衡被测物体的重力，从而实现高精度的称量。与传统的机械天平相比，电子天平具有显著的优势：它全量程无须使用砝码，操作简便快捷，只需将待测物品放置在称量盘上，天平即可在数秒内自动达到平衡状态，并直接显示精确的读数。这种设计不仅提高了称量效率，而且减少了人为操作的误差，确保了称量结果的准确性和可重复性。此外，电子分析天平还具备自动校正、自动去皮、超载显示、故障报警等智能化功能，极大地提升了电子天平的易用性和可靠性，使其成为实验室、制药、化工、食品加工等行业不可或缺的工具。

(4) 移液枪。移液枪是一种用于精确量取和分配液体的仪器。它利用“空气垫”原理来控制液体的吸取和排放。移液枪的下端配备有可装卸、可更换的尖管形吸头，上部设有推进按钮，通过操作这个按钮，可以逐步调节并锁定所需的量程，从而精确控制吸取或分配的液体体积。移液枪具有比传统吸量管更高的精密度和准确度，通常有固定式和可调式两种类型，微升级（μL 级）和毫升级（mL 级）两种规格，以适应不同实验对液体体积精确量取的要求。为了确保量取的准确性，移液枪需要定期进行校准。在实验室的日常操作中，移液枪因其简便、快速和高精度的特点，已成为不可或缺的实验工具之一。

【实验内容】

1. 基础内容

常规法测定水样的吸光度。

(1) 碘化钾称量。按照电子分析天平操作方法，准确称取 (0.1000±0.0010)g 碘化钾 3 份，分别置于 3 支具塞比色管中，避光保存。

(2) 样品溶液采集。按照移液枪操作方法，准确量取 1.000mL 待测水样样品溶液 3 次，分别置于上述含有碘化钾的比色管中，这时溶液颜色呈黄色，表明碘离子已被水体中的总残余氧化剂氧化成了碘单质。

(3) 样品溶液测定。使用蒸馏水分别将上述具塞比色管定容至 10.0mL，依次加入 0.500mL 磷酸盐缓冲溶液、0.500mL DPD 溶液，混合均匀后于 515.0nm、1.0cm 比色皿，以蒸馏水作参比，按照分光光度计的使用操作方法，测定其吸光度，并记录于表 6.13-1 中。

表 6.13-1　水体中总残余氧化剂常规法浓度测定数据记录表

实验地点		日期	
实验人员			
实验仪器			
待测试样			
序号	吸光度 A	样品浓度/μg·mL^{-1}	样品浓度平均值/μg·mL^{-1}
1			
2			
3			

(4) 标准工作曲线绘制。根据表 6.13-2 标准物浓度及其相应吸光度，采用 Origin 软件绘制标准工作曲线，并拟合获得线性方程、求出相关系数 γ，并记录于表 6.13-2 中。

表 6.13-2　标准物浓度及其相应的吸光度

浓度/μg·mL^{-1}	0.00	0.50	1.00	2.00	4.00	8.00
吸光度 A	0.000	0.012	0.022	0.042	0.081	0.162
线性方程					相关系数 γ	

（5）样品浓度计算。根据绘制的标准工作曲线，分别将3次平行实验测得的吸光度值代入线性方程中，求得待测样品中残余氧化剂的浓度，记录于表6.13-1中，然后求取平均值。

2. 提升内容

流动注射法测定水样吸光度。

在基础实验操作过程中涉及了大量的手工操作如碘化钾的称量、溶液的量取、吸光度的测定等，稍有不慎这些手工操作就会给测量带来误差，而且大量的手工操作会耗费劳力、增加成本，本部分内容使用流动注射-分光光度联用技术在线测定水样的吸光度，旨在展示一种使用技术方法解决问题的范例。

（1）载流溶液配制。按照移液枪操作方法，使用规格为10.00mL移液枪分别准确量取15.00mL KI-PBS溶液（该溶液将10.00g KI、50.00mL PBS稀释定容至1000mL配制而成）、5.000mL蒸馏水置于棕色玻璃瓶中，再使用规格为1.000mL移液枪将1.500mL DPD溶液移入该玻璃瓶中配制成载流溶液。注意载流溶液配制完成后应立即使用。

（2）待测试样溶液。按照移液枪操作方法，使用规格为10.00mL移液枪将20.00mL待测试样溶液经两次移液操作移入另外一支棕色玻璃瓶中，并在表6.13-3中记录待测试样溶液编号。

表6.13-3　水体中总残余氧化剂流动注射法测定数据记录

实验地点		日期	
实验人员			
实验仪器	流动注射-分光光度联用仪		
待测试样			
序号	吸光度 A（峰值）	试样浓度 $c/\mu g \cdot mL^{-1}$	平均值 $\bar{c}/\mu g \cdot mL^{-1}$
1			
2			
3			
4			

（3）试样溶液测定。以蒸馏水作为参比溶液，分别将流动注射分析仪试样管、载流管插入试样、载流棕色玻璃瓶中，按照流动注射分析仪、分光光度检测器使用说明启动仪器，测定试样溶液中总残余氧化剂的流动注射-分光光度谱图，并从谱图上获取总残余氧化剂4次等精度测定的吸光度值，记录在表6.13-3中。

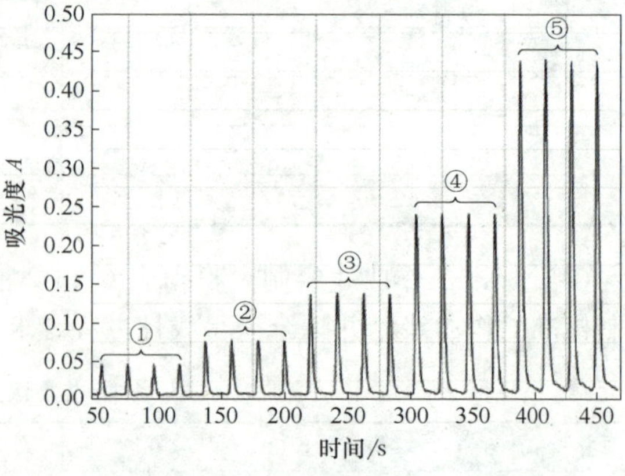

图6.13-3　$KMnO_4$标准物系列浓度的流动注射-分光光度谱图

（4）标准曲线绘制。图6.13-3为$KMnO_4$标准物系列浓度的流动注射-分光光度谱图，图中标准物浓度从左向右（①~⑤）依次为0.50、1.00、2.00、4.00、8.00（单位：$\mu g \cdot mL^{-1}$），每一浓度等精度测定 4 次。使用 Origin 软件获取标准物每一浓度 4 次等精度测定的吸光度峰值，填入表 6.13-4 并计算出每一浓度相应吸光度的平均值，以吸光度为纵坐标、标准物浓度为横坐标绘制标准工作曲线，并拟合求出线性回归方程、相关系数 γ。

表 6.13-4 标准物的浓度及其相应的吸光度

标准物浓度 $c/\mu g \cdot mL^{-1}$	0.50				1.00				2.00				4.00				8.00			
吸光度 A																				
平均值 $\overline{A}$																				
线性方程									相关系数 γ											

（5）试样浓度计算。根据绘制的标准工作曲线，分别将待测试样溶液的流动注射-分光光度谱图中 4 次等精度测定的吸光度峰值代入线性方程中，求得待测试样中残余氧化剂的浓度，记录于表 6.13-3 中，并求出其平均值。

3. 进阶内容

改进的流动注射法测定水样吸光度。

在提升实验内容中，KI-PBS 溶液和 DPD 溶液混合配制而成的载流溶液体系不够稳定，需要配制完成后即刻使用，否则会因载流溶液变色导致基线升高给水样吸光度测定带来误差。本部分在熟悉流动注射分析方法的基础上，要求设计新型的流路控制方案，新增一 DPD 溶液流路控制，使用创新方法中的分离原理，将上述不稳定的载流溶液体系分开单独控制。

本部分要求使用控制变量法，优化实验参数，获得最佳实验条件，建立改进的流动注射法测定水样吸光度方法，为构建便携式水样吸光度测定系统奠定基础。

4. 高阶内容

便携式水样吸光度测定系统。

为了满足现场水质检测，需要构建便携式水样吸光度测定系统。本部分要求在上述实验的基础上，使用单片机最小系统研制流动注射功能模块、光二极管阵列吸光度检测模块，通过光、机、电、软件综合设计研究，并将该功能模块组合创新，构建便携式水样吸光度测定系统进行整体调试和综合应用示范。

【实验注意】

1. 流动注射分析仪和分光光度计应放置在稳固的实验台面上，环境温度 15～28℃、干燥、无腐蚀性气体、光线不宜过强。

2. 流动注射分析仪和分光光度计使用交流电源的电压应稳定在 220V，最好配备稳压器；为了延长光源使用寿命，仪器不用时不要打开光源。

3. 实验前必须清洗流路，获取足够低而稳定的基线，并确保管路、流动比色皿中无气泡。

4. 分光光度计运行过程中，为避免损坏单色器，严禁台面剧烈振动。

5. 正确使用比色皿，使用时必须把比色皿外面的液体用滤纸吸干，方可放入样品池架内，使用流动比色皿时要避免比色皿通道中产生气泡，影响测定结果的准确性。

6. 避免光电转换元件长时间曝光，仪器在运行中严禁将样品池盖长时间敞开，以防止光电管疲劳。

7. 仪器使用完后，必须关闭电源，用蒸馏水把比色皿冲洗干净，并将其外部的水用滤纸吸干后放入比色皿盒内待用。

8. 流动注射-分光光度联用仪使用完后，必须使用蒸馏水将管路、流动比色皿冲洗干净，再关闭电源。

【实验报告思考题】

1. 为获得准确数据，在使用分光光度计时，哪些操作必不可少？

2. 为什么完成一系列标准溶液测量后必须冲洗流路至基线值足够低且稳定才可以测定水体中总残余氧化剂的浓度？

3. 该法能否用于测定自来水中残余氯、二氧化氯等常用消毒剂？

【参考文献】

[1] SP-723/723PC 可见分光光度计基本使用说明书. 上海光谱. 2011.10.

[2] DataStream-Plus 用户手册. Cecil 设备有限公司. 1999.12.

[3] DPD 分光光度法测定海水中总活性物质. 北京谱尼测试公司. 2008.10.

[4] 张增明，韦先涛，浦其荣，等. 大学物理实验：第一册 [M]. 2 版. 北京：高等教育出版社，2024.

[5] 张映辉. 大学物理实验 [M]. 2 版. 北京：机械工业出版社，2017.

[6] 张映辉. 大学物理实验学习指导书 [M]. 2 版. 北京：高等教育出版社，2021.

[7] 张映辉. 大学物理实验数字课程 [M]. 北京：高等教育出版社，2020.

【本实验相关数字资源】

1-常规法测定水样吸光度讲解

2-流动注射法测定水样吸光度讲解

3-物理思想与物理方法解析

实验 6.14　真空蒸镀法制备薄膜

真空镀膜技术是近三十年来迅速发展的一门新技术，它不只是真空应用技术，而是综合了物理、化学一系列新技术的结果。在日常生活中有反射膜、增透膜和吸收膜等一类传统光学镀膜，人们熟悉的光学仪器，如望远镜、显微镜、放大镜等都离不开镀膜技术。在激光通信行业，镀制各种高反膜、增透膜、分光膜、衰减膜、偏振膜和各种带通滤光片；在电子行业中，采用镀膜技术制造集体管路保护层、电子管线等。

真空镀膜是在真空条件下利用各种物理方法，将镀料气化成原子、分子或使其离化为离子，直接沉积到基体表面上，属于物理气相沉积，由于镀制环境为真空，无杂质介入，使得镀层质量优异，镀膜厚度可控，因此真空镀膜技术成为光学、电子学等各类尖端学科中不可或缺的重要手段。

【实验目的】

1. 了解真空镀膜的原理。
2. 认识真空镀膜机的基本结构。
3. 掌握真空镀膜机的使用方法和工艺条件。

【预习提示】

1. 机械泵工作原理。
2. 油扩散泵工作原理。
3. 真空计的工作原理。

【实验原理】

在真空中把金属、合金或化合物进行蒸发或溅射，使其沉积在被涂覆的基片上的方法称为真空镀膜法，具体包括很多种类，包括真空离子蒸发、磁控溅射、分子束外延、激光溅射沉积等很多种。主要分成蒸发和溅射两种，本实验中所使用的是真空蒸发镀。对于蒸发镀膜一般是加热靶材使表面组分以原子团或离子形式被蒸发出来，并且沉降在基片表面，通过成膜过程形成薄膜。与其他真空镀膜方法相比，蒸发镀膜设备简单，具有较高的沉积速率，可镀制单质和不易热分解的化合物膜。但是镀层和基板表面之间结合力较弱，对高熔点、低蒸汽压的物质应用蒸发镀膜较为困难。

真空镀膜机主要由三部分组成，抽真空系统、电气室、镀膜室，如图 6.14-1 所示。其中镀膜室是仪器的核心组成部分，真空腔的腔体是由石英玻璃材料制造的，真空腔室各部分有衔接阀，用来衔接机械泵和油扩散泵。镀膜室抽真空的过程分成两个步骤：机械泵先将真空腔室抽至低真空状况，为油扩散泵的后继抽真空做准备；当油扩散泵抽真空腔室时，机械泵又配合油扩散泵构成串联，完成抽真空的操作。

蒸发物质如金属、化合物等置于坩埚内或挂在加热丝上作为蒸发源，待镀工件，如金属、陶瓷、塑料等基片置于加热电阻丝的下方。待系统抽至高真空后，加热电阻丝使其中的物质蒸发。蒸发物质的原子或分子以冷凝方式沉积在基片表面。薄膜厚度可达到纳米至微米

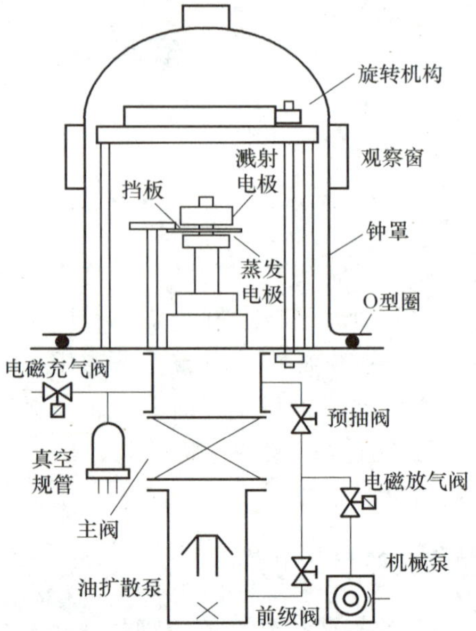

图 6.14-1　蒸发镀膜设备示意图

量级。膜厚是由蒸发源的蒸发速率和时间控制的，并与源和基片的距离有关。对于大面积镀膜，从蒸发源到基片的距离应小于蒸气分子在残余气体中的平均自由程，以免蒸气分子与残气分子碰撞引起化学作用。蒸气分子平均动能一般为 0.1~0.2eV。

蒸发源有三种类型：电阻加热源、电子束加热源、高频感应加热源。对不同的成膜材料要选择不同加热器材料，蒸发源的选取要求有良好的热稳定性，化学性质不活泼，达到蒸发温度时加热器本身的蒸汽压要足够低；蒸发源的熔点要高于被蒸发物的蒸发温度；蒸发物质和蒸发源材料的互熔性必须很低，不易形成合金。对于不易制成丝状或蒸发材料与丝状蒸发源的表面张力较小时，可采用舟状蒸发源。

本实验采用电阻加热源，电阻蒸发根据其结构和工作原理是目前为止应用最多、最广泛的蒸发方式，也是应用时间最长的蒸发方式。它的工作方式是：将钨做成电阻丝形状，然后安装在两个电极中间，在钨丝中央加上金属材料，再缓缓给电极通电，电流通过钨丝，钨丝通电发热，这些低电压、大电流使高熔点的钨丝产生热量，再热传导给镀膜材料，当钨丝的热量高于镀膜材料熔点的时候，材料就升华或者蒸发了。此方法由于操作方便，结构简单，成本低廉，故被很多设备应用，但是其蒸发出来的薄膜由于致密性不佳，加上很多材料无法采用这种方式蒸镀，所以其有一定局限性。钨丝蒸发镀膜材料的时候，材料的熔点必须小于钨丝的熔点，否则就没有办法进行。电阻加热源主要用于蒸发 Cd、Pb、Ag、Al、Cu、Cr、Au、Ni 等材料。

【实验仪器】

多功能真空实验镀膜仪。

【实验内容】

1. 基础内容

在载玻片上蒸镀铝膜。

第 1 步，准备工作。打开冷凝水，开启总电源，进入操作界面，启动放气阀。打开腔室，调节好钨丝，放置蒸镀材料铝丝，放置载玻片。

第 2 步，抽真空。关闭放气阀，打开机械泵、旁路阀。打开真空计，真空度抽至小于 5Pa。关闭旁路阀，打开前级阀，将系统的真空度抽至几帕的量级。此时，打开油扩散泵和主阀，进一步把系统的真空度抽至 10^{-3}Pa 量级。

第 3 步，镀膜。打开电流加热装置，电流缓慢增大，打开观察窗口旋转装置。观察蒸发材料铝丝蒸发一段时间后，缓慢降低电流至零，关闭蒸发电源。

第 4 步，取样品。关闭主阀、油扩散泵，关闭前级阀、机械泵。打开放气阀，放气完毕，取出样品。

第5步，抽真空。关闭放气阀，打开机械泵，开旁路阀，抽真空至5Pa以下。关闭所有阀门，关总电源，关冷凝水，实验结束。

2. 提升内容

根据迈克耳孙干涉仪的原理，测量薄膜的厚度。

3. 进阶内容

根据劈尖干涉的原理，检测薄膜表面的平整度。

4. 高阶内容

在真空腔体中获得高真空状态，测量真空度。

【实验注意】

1. 机械泵停止工作前要先关闭进气阀门，再停电并开放气阀，将大气通过进气口放入泵中。
2. 基板要保存在干燥器中，在无尘环境中烘干。
3. 镀膜结束后，先断开真空测量装置，再打开放气阀。
4. 关机时待油扩散泵温度降至室温时再关闭机械泵。

【参考文献】

[1]　侯录登，郭革新．近代物理实验［M］．北京：科学出版社，2010.

[2]　王魁香，韩炜，杜晓波．新编近代物理实验［M］．北京：科学出版社，2007.